环境生态学

（第二版）

主　编　胡荣桂　刘　康
副主编　雷泽湘　李科林　杜青平
　　　　李　捷　马文林
参　编　牛晓霞　翟　胜　王　俊
　　　　郭瑞超　林　杉

华中科技大学出版社
中国·武汉

内 容 提 要

本书共14章，包括绪论、生物与环境、种群生态学、群落生态学、生态系统生态学、景观生态学、全球生态学、生态系统服务功能、生物多样性与生物安全、干扰生态学和恢复生态学、污染生态系统修复、生态监测与生态风险评价、生态系统管理、可持续发展与生态文明建设等内容。前7章是理论生态学部分，从生物个体、种群、群落、生态系统、景观等层次介绍生态学的基本规律与理论；后7章是应用生态学部分，较详细地论述了生态学基本规律与理论在干扰、退化环境的恢复，生态系统的自然服务功能、价值评估及生态补偿，生态系统管理，生态风险评价以及可持续发展与生态文明建设中的应用。

本书可作为高等院校环境科学、环境工程专业的教材，也可供环境保护等专业的科技人员参考。

图书在版编目(CIP)数据

环境生态学/胡荣桂，刘康主编．—2版．—武汉：华中科技大学出版社，2018.8(2022.1重印)
全国高等院校环境科学与工程统编教材
ISBN 978-7-5680-4104-1

Ⅰ.①环…　Ⅱ.①胡…　②刘…　Ⅲ.①环境生态学-高等学校-教材　Ⅳ.①X171

中国版本图书馆CIP数据核字(2018)第184848号

环境生态学(第二版)　　胡荣桂　刘　康　主编
Huanjing Shengtaixue

策划编辑：王新华
责任编辑：王新华
封面设计：潘　群
责任校对：刘　竣
责任监印：周治超
出版发行：华中科技大学出版社(中国·武汉)　　电话：(027)81321913
武汉市东湖新技术开发区华工科技园　　邮编：430223
录　　排：华中科技大学惠友文印中心
印　　刷：武汉市籍缘印刷厂
开　　本：787mm×1092mm　1/16
印　　张：25.75
字　　数：673千字
版　　次：2022年1月第2版第3次印刷
定　　价：58.00元

本书若有印装质量问题，请向出版社营销中心调换
全国免费服务热线：400-6679-118　竭诚为您服务
版权所有　侵权必究

全国高等院校环境科学与工程统编教材

作者所在院校

（排名不分先后）

南开大学
湖南大学
武汉大学
厦门大学
北京理工大学
北京科技大学
北京建筑大学
天津工业大学
天津科技大学
天津理工大学
西北工业大学
西北大学
西安理工大学
西安工程大学
西安科技大学
长安大学
中国石油大学(华东)
山东科技大学
青岛农业大学
山东农业大学
聊城大学
泰山医学院
西南林业大学
长沙学院
青岛理工大学
中山大学
重庆大学
中国矿业大学
华中科技大学
大连民族学院
东北大学
江苏大学
常州大学
扬州大学
中南大学
长沙理工大学
南华大学
华中师范大学
华中农业大学
武汉理工大学
中南民族大学
湖北大学
长江大学
江汉大学
福建师范大学
西南交通大学
成都理工大学
唐山学院
上海电力学院
中国地质大学
四川大学
华东理工大学
中国海洋大学
成都信息工程大学
华东交通大学
南昌大学
景德镇陶瓷大学
长春工业大学
东北农业大学
哈尔滨理工大学
河南大学
河南工业大学
河南理工大学
河南农业大学
湖南科技大学
洛阳理工学院
河南城建学院
韶关学院
郑州大学
郑州轻工业大学
河北大学
江苏理工学院
东北石油大学
东南大学
东华大学
中国人民大学
北京交通大学
华北理工大学
华北电力大学
广西师范大学
桂林电子科技大学
桂林理工大学
仲恺农业工程学院
华南师范大学
嘉应学院
广东石油化工学院
浙江工商大学
浙江农林大学
太原理工大学
兰州理工大学
石河子大学
内蒙古大学
内蒙古科技大学
内蒙古农业大学
中南林业科技大学
武汉工程大学
广东工业大学

第二版前言

环境生态学是生态学和环境科学之间的交叉学科，是生态学的重要应用学科之一。环境生态学是研究在人为干扰下，生态系统内在的变化机理、规律和对人类的反效应，寻求受损生态系统恢复、重建和保护对策的科学，即运用生态学理论，阐明人与环境间的相互作用及解决环境问题的生态途径。因此，环境生态学不同于以研究生物与其生存环境之间相互关系为主的经典生态学，也不同于只研究污染物在生态系统中的行为规律和危害的污染生态学和研究社会生态系统结构、功能、演化机制以及人的个体和组织与周围自然、社会环境相互作用的社会生态学，它是解决环境污染和生态破坏这两类环境问题的学科。

国内外以“环境生态学”为名的专著和教科书并不多，作为有明确研究领域和学科任务的分支学科，环境生态学的地位已得到越来越多学者的认可。但自 2001 年至今，全国公开出版的环境生态学教材或专著的数量与我国环境学科的教学与科研的高速发展是不相匹配的。为此，在华中科技大学出版社的组织下，来自华中农业大学、西北大学等多所大学的教师共同编写了这本《环境生态学》，希望能对学科发展和环境类本科教育尽绵薄之力。在此也对同行的支持和帮助表示真挚的感谢。

全书共 14 章。第 1 章介绍环境问题的产生、环境生态学的发展以及环境生态学与相邻学科的关系；第 2 章在个体水平上介绍生物个体与环境之间的相互作用；第 3 章在种群层次上介绍种群的动态及相互关系；第 4 章介绍生物群落的组成、结构以及演替规律；第 5 章介绍生态系统的组成与结构、物质生产、能量流动、物质循环、信息传递、生态系统平衡及自我调节，以及全球重要的生态系统概况；第 6 章在景观层次上介绍景观生态学的基本原理、景观生态过程以及研究方法；第 7 章在全球层次上介绍全球变化对生态系统的组成、结构的影响，以及生态系统对全球变化的响应；第 8 章介绍生态系统的服务功能、价值评估及生态补偿；第 9 章介绍生物多样性与生物安全；第 10 章介绍生态学理论在干扰与退化环境中的应用；第 11 章介绍污染生态系统修复；第 12 章介绍生态监测与生态风险评价；第 13 章结合我国不同生态系统介绍生态管理的内容与途径；第 14 章介绍生态学理论在可持续发展与生态文明建设中的应用。

本书由胡荣桂、刘康主编。参加本书编写工作的有：华中农业大学胡荣桂、林杉，西北大学刘康、王俊，仲恺农业工程学院雷泽湘，中南林业科技大学李科林，广东工业大学杜青平，青岛理工大学李捷，北京建筑大学马文林，郑州轻工业大学牛晓霞，聊城大学翟胜，河南大学郭瑞超。全书由胡荣桂统稿，胡荣桂、刘康对书中部分内容作了修改。第一版作者付出了大量的劳动，打下了良好的基础，在此表示衷心的感谢！

在本书出版之际，我们向书中所引用的文献资料的作者表示衷心的感谢。

由于编者水平和编写经验有限，书中难免存在不足之处，恳请有关专家、老师、学生与科学工作者提出宝贵意见，以便再版修订时不断完善。

编　者

目　　录

第1章　绪　　论

1.1　环境问题的产生

1.1.1　环境与环境问题

环境(environment)是指生物有机体周围空间以及其中可以直接或间接影响有机体生活和发展的各种因素的总和。环境必须相对于某一中心或主体才有意义,不同的主体其相应的环境范畴不同。如以地球上的生物为主体,环境的范畴包括大气、水、土壤、岩石等;以人为主体,还应包括整个生物圈(biosphere),除了这些自然因素,还有社会因素和经济因素。

环境科学所研究的主体是人类,故其环境指的是人类的生存环境。其内涵可以概括为:作用于人的一切外界事物或力量的总和。

人类与环境是相互作用、相互影响、相互依存的对立统一体。人类的生产和生活活动作用于环境,会对环境产生有利或不利的影响;反过来,变化了的环境也会对人类社会产生各种影响。

人类在生存和发展过程中不恰当的生产和生活活动引起全球环境或区域环境质量恶化,出现了不利于人类生存和发展的现象,即所谓环境问题(environmental problems)。人类环境问题按成因的不同,可分为自然的和人为的两类。前者是指自然灾害问题,如火山爆发、地震、台风、海啸、洪水、旱灾、沙尘暴等,这类问题在环境科学中称为原生环境问题(original environmental problems)或第一环境问题(primary environmental problems)。后者是指由于人类不恰当的生产与生活活动所造成的环境污染、生态破坏、人口急剧增加和资源的破坏与枯竭等问题,这类问题称为次生环境问题(secondary environmental problems)或第二环境问题。我们在环境科学中着重研究的不是自然灾害问题,而是人为的环境问题即次生环境问题。由于环境是人类生存和发展的物质基础,环境问题日益严重,引起人们的普遍关注和重视,同时也促进了环境科学的发展。

1.1.2　环境问题的产生

人类是环境的产物,又是环境的改造者。人类在发展自身的同时,不断地改造自然,创造新的生存条件。然而,由于认识自然的能力和科学技术水平的限制,人类在改造环境的过程中,往往会产生意想不到的后果,造成环境的污染和破坏。

环境问题伴随着人类社会的发展而不断发生改变。在原始社会,人类以采集天然植物和猎获野生动物为生,生产力水平低下,人类对环境基本上不构成危害和破坏,即使局部环境受到了破坏,生态系统也很容易通过自身的调节得以恢复。到了奴隶社会和封建社会,随着生产工具不断改进,生产力水平不断提高,人类改造自然的能力也随之提高,其生产或生活活动使得局部区域内的环境受到破坏。古代经济发达的美索不达米亚、希腊等地区,就是由于不合理的开垦和灌溉变成荒芜不毛之地的;我国的黄河流域是人类文明的重要发源地之一,原本森林茂密、土地肥沃，西汉末年和东汉时期的大规模开垦，促进了当时农业生产的发展，但长期的滥砍森林，使该区水土流失严重，甚至造成了某些物种灭绝。许多人类文明中心如苏美尔文明、中美洲的玛雅文化、中亚丝绸之路沿线的古文明均随着环境问题的出现而消亡。

18 世纪后半叶开始第一次工业革命，蒸汽机的发明和使用，使人类改造自然的能力显著增强，西方国家也因此由农业社会转变为工业社会，人类对环境的影响发生转折性变化。小规模的手工业被以畜力、风力、水力等为能源的机械所代替。工业迅速崛起，工业企业集中分布的工业区和城市大量涌现，城市和工矿区出现了不同程度的环境污染问题。如英国伦敦从 1873 年至 1892 年间发生了多起烟雾污染事件，并夺走了数千人的生命；工业废水和城市生活污水使河流和湖泊水质急剧下降，泰晤士河几乎成为“臭水沟”；对矿物的大量开采使土地和植被受到严重破坏和污染，大片矿区及其邻近土地成为不毛之地。这时期环境问题的特点是工业污染和工业原材料开发引起的环境破坏。不过从全球角度看，由于地球各区域经济发展不平衡，这一时期环境问题仍然是区域性的。

19 世纪随着电的发现和电气设备的应用，人类进入第二次产业革命时期。特别是在第二次世界大战以后，社会生产力突飞猛进，导致电力、石油、化工及机器制造业等在世界经济中占主导地位。能源、原材料消耗数量急剧增加，自然资源开发与污染物排放达到空前的规模。一些工业发达国家普遍出现环境污染问题，如著名的“八大公害”事件。人类首次感觉到环境污染和生态破坏已成为关系到自身生存和发展的重大现实问题。

从 20 世纪 60 年代开始，西方发达国家公众的环境意识日益增强，展开了声势浩大的环境运动，要求政府采取有效手段治理日益严重的环境污染。罗马俱乐部提交了著名的报告——《增长的极限》，并成功地使全世界对环境问题产生了“严肃的忧虑”。1972 年，联合国在瑞典首都斯德哥尔摩召开人类环境会议，通过了《人类环境宣言》，可以说这是人类社会对严峻的全球环境问题的正式挑战。1987 年世界环境与发展委员会(WCED)向联合国大会提交的研究报告《我们共同的未来》则标志着人类对环境与发展的认识在思想上有了重要飞跃。1992 年联合国在巴西里约热内卢召开的“环境与发展”大会，标志着人类对环境与发展的观念升华到一个崭新阶段。1994 年，人类首次观察到南极上空臭氧层空洞面积相当于欧洲大小；1997 年 12 月，联合国气候变化框架公约大会在日本京都通过《京都议定书》。这些会议和活动表明环境问题是当代世界上一个重大的社会、经济、技术问题。特别是随着社会、经济的发展，环境污染正以一种新的形态在发展，生态破坏的规模和范围也在进一步扩大。而环境污染和生态破坏所造成的影响，已从局部向区域和全球范围扩展，并上升为严肃的国际政治问题和经济问题。

1.1.3　全球性环境问题及危害

全球性环境问题的产生是多种因素共同作用的结果。其影响范围也从区域扩展为全球，并给人类的生存和发展造成了极大的威胁。当前威胁人类生存的主要环境问题可归纳如下。

1. 全球气候变化

人类活动产生大量二氧化碳(CO_2)、甲烷(CH_4)、氧化亚氮(N_2O)等气体，当它们在大气中的含量不断增加时，即产生所谓温室效应(greenhouse effect)，使气候逐渐变暖。全球气候的变化，给全球生态系统带来严峻的考验。例如：全球升温使极地冰川融化，海水膨胀，从而使海平面上升；全球气候变化还使全球降雨和大气环流发生变化，使气候反常，易造成旱涝灾害等。

2015年3月，美国国家海洋和大气管理局（NOAA）发布，全球CO_2月平均浓度（质量分数）达到4.0083×10^{-4}，CO_2及其他温室气体增加致全球气温升高，海平面上升。而气温的升高和极端气候频发将对农业和生态系统产生严重影响。

2. 臭氧层破坏

在离地球表面10～50 km的大气平流层中集中了地球上90%的臭氧（O_3）气体，在离地面25 km处臭氧浓度最大，并形成了厚度约为3 mm的臭氧集中层，称为臭氧层（ozonosphere）。臭氧层能吸收太阳的紫外线，以保护地球上的生命免遭过量紫外线的伤害，并将能量储存在上层大气中，起到调节气候的作用。但臭氧层是一个很脆弱的气体层，如果一些会和臭氧发生化学作用的物质进入臭氧层，臭氧层就会遭到破坏，这将使地面受到紫外线辐射的强度增强，给地球上的生命带来很大的危害。

大量观测和研究结果表明，南北半球高纬度大气中臭氧已经损耗了5%～10%，在南极的上空臭氧层损失高达50%以上，形成了所谓的臭氧层空洞。臭氧的减少使到达地面的短波长紫外辐射（UV-B）的辐射强度增强，导致皮肤病和白内障的发病率增高，植物的光合作用受到抑制，海洋中的浮游生物减少，进而影响水生生物的生存，并对整个生态系统构成威胁。

3. 生物多样性减少

生物多样性是指一定范围内多种多样活的有机体有规律地结合所构成的稳定生态综合体，它包括物种内部、物种之间和生态系统的多样性。在漫长的生物进化过程中会产生一些新的物种，而随着生态环境的变化，也会有一些物种消失。近年来，由于人口的急剧增加和人类对资源的不合理开发，以及环境污染导致的生态破坏等，地球上的各种生物及其生态系统受到了极大的冲击，生物多样性也受到了很大的损害。

联合国千年生态评估计划研究发现，世界上每年至少有5万种生物物种灭绝，平均每天灭绝的物种达150～200个。约41%的两栖类动物、33%的珊瑚、25%的哺乳动物及13%的禽类处于濒危境地。专家警告，地球已经经历过五次物种大灭绝（包括发生在6500年前的恐龙爬行动物的灭绝），第六次物种大灭绝即将到来。因此，保护和拯救生物多样性以及这些生物赖以生存的生活条件，同样是摆在我们面前的重要任务。

4. 酸雨危害

酸雨是指pH值低于5.6的雨、雪或其他形式的大气降水，是大气污染的一种表现。酸雨对人类环境的影响是多方面的：酸雨降落到河流、湖泊中，会妨碍水中鱼、虾的生长，以致鱼虾减少甚至绝迹；酸雨导致土壤酸化，破坏土壤的营养，使土壤贫瘠化；酸雨还危害植物的生长，造成作物减产或森林退化。此外，酸雨还腐蚀建筑材料。有关资料表明，近十几年来，酸雨地区的一些古迹特别是石刻、石雕或铜塑像的损坏超过以往数百年甚至千年的影响，如我国乐山大佛、加拿大的议会大厦等。全球已形成三大酸雨区。我国有200多万平方千米的酸雨区，其中华南地区降水酸化率之高、面积扩大之快，在全世界也属罕见。另两个酸雨区是波及大半个欧洲的北欧酸雨区和包含美国、加拿大在内的北美酸雨区。

5. 土地退化和荒漠化

全世界有80%的人口生活在以农业和土地为基本谋生资源的国家里，然而土地资源退化及荒漠化是全球面临的严重问题。全球退化土地估计有19.6亿公顷（UNEP，1997），其中38%为轻度退化，46.5%为中度退化，15%为严重退化，0.5%为极严重退化。

人类活动，尤其是农业活动，是造成土地退化的主要原因。在北美，这类活动影响了不少于52%的退化干旱地区,墨西哥北部以及美国和加拿大的大平原和大草原地区受到的影响最大。农业活动还在不同程度上造成了发展中国家不同形式的土地退化。许多农村开发项目的目标都是增加农作物产量和缩短耕地休闲期,这些活动导致土壤营养的净流失,大大降低了土壤的肥力。而化肥、农药的大量施用,则对一些土地造成了严重污染。

对森林的过量砍伐是造成土地退化的另一个原因。毁林导致土地退化情况最严重的地区是亚洲,其次是拉丁美洲和加勒比地区。

在草场、灌木林和牧场过度放牧也会导致土地退化。当前过度放牧面积已达6.8亿公顷,占退化干旱土地总面积的三分之一以上。

除人类活动外,年降雨量和雨水蒸发量等重要的气候因素的变化也是土地退化的主要原因,而这些变化又是与农业、城市发展及工业等行业强化使用土地相伴随的。在干旱地区,退化土地总面积中有近一半是水土流失作用造成的。水土流失使非洲5000多万公顷干旱土地严重退化。

6.海洋污染与渔业资源锐减

海洋是生命之源。由于过度捕捞,海洋的渔业资源正以无法想象的速度减少,许多靠捕捞海产品为生的渔民正面临着生存危机。不仅如此,海产品中的重金属和一些有机污染物等有可能对人类的健康带来威胁。人类活动使近海区的氮和磷增加了50%~200%,过量营养物导致沿海藻类大量生长,波罗的海、北海、黑海、东海等海域经常出现赤潮。

7.人口爆炸,城市无序扩大

人口、资源、环境是困扰当今社会最严峻的问题,而人口问题则是这些问题中起关键作用的因素。人口的大量增加以及城市的无序扩大,使城市的生活条件恶化,造成拥挤、水污染、卫生条件差、无安全感等一系列问题,对环境造成了严重破坏。

几千年来,人类文明的发展基本上是以消耗大量环境资源为代价换来的。这一过程使生态环境不断恶化,并累积和形成了许多重大的生态环境问题。我国是一个开发历史悠久、人口众多的国家,生态环境的恶化更为显著,问题更为严重,因此,解决重大的生态环境问题,改善生态环境,提高生态环境质量,逐步走上可持续发展道路,是我国生态环境保护的基本国策。

1.2 环境生态学的产生及发展趋势

1.2.1 环境生态学的定义

环境生态学(environmental ecology)是生态学和环境科学之间的交叉学科,是生态学的重要应用学科之一。环境生态学是研究在人为干扰下,生态系统内在的变化机理、规律和对人类的反效应,寻求受损生态系统恢复、重建和保护对策的科学,即运用生态学理论,阐明人与环境间的相互作用及解决环境问题的生态途径。因此,环境生态学不同于以研究生物与其生存环境之间相互关系为主的传统生态学,也不同于只研究污染物在生态系统中的行为规律和危害的污染生态学和研究社会生态系统结构、功能、演化机制以及人的个体和组织与周围自然、社会环境相互作用的社会生态学,它是侧重于研究人类干扰条件下的环境污染和生态破坏引起的生态系统自身的变化规律及解决环境问题的生态途径的学科。

1.2.2 环境生态学的产生

20世纪中叶，环境问题频频困扰着人类。全球气候变化、酸雨、臭氧层破坏、荒漠化、生物多样性减少等严重生态危机，使全球面临环境和生态系统失衡的危险。从无数现实教训中人类认识到，地球的环境是脆弱的，各种资源也不是取之不尽的，当环境被破坏、资源被过度利用后要恢复是很难的。20世纪50年代美国海洋生物学家R. Carson在研究美国使用杀虫剂所产生的种种危害后，于1962年出版了《寂静的春天》一书。该书是科普著作，但R. Carson的科学素养使这本书成功地论述了生机勃勃的春天"寂静"的主要原因，描述了使用农药造成的严重污染，以及污染物在环境中的转化和污染对生态系统的影响；揭示了人类生产活动与春天"寂静"间的内在机制；阐述了人类同大气、海洋、河流、土壤及生物之间的密切关系；批评了"控制自然"这种妄自尊大的思想。这些论述有力地促进了生态系统与现代环境科学的结合。作为环境保护的先行者，R. Carson的思想在世界范围内引发了人类对自身的传统行为和观念的反思。在同一时期，另外一些著作的发表更加深了人类对环境问题的认识，如《人类与环境》(R. Arvill，1967)和《人类对环境的影响》(T. Detwuler，1971)等使人们更加清晰地认识到人类活动已经影响地球表面大气圈、水圈、土壤-岩石圈和生物圈的一些自然过程。人们意识到，生态学的原理和方法在人类维护赖以生存的环境和持续利用资源方面起着重要的作用。环境生态学正是在这样的基础上诞生的。

1968年，来自世界各国的几十位科学家、教育家、经济学家聚会于罗马，成立了一个非正式的国际协会——罗马俱乐部。1972年罗马俱乐部提交了成立后的第一份研究报告——《增长的极限》。该报告深刻阐明了环境的重要性以及资源与人口之间的基本联系。由于世界人口增长、粮食生产、工业发展、资源消耗和环境污染这五项基本因素的运行方式是呈指数增长而非线性增长的，全球的增长将会因为粮食短缺和环境破坏于21世纪某个时段内达到极限，经济增长将发生不可控制的衰退，因此，要避免因超越地球资源极限而导致世界崩溃的最好方法是限制增长，即"零增长"。尽管《增长的极限》的结论和观点存在一些明显的缺陷，但这份报告以全世界范围为空间尺度，以大量的数据和事实提醒世人，产业革命以来的经济增长模式所倡导的"人类征服自然"，其后果使人处于与自然的尖锐矛盾之中，并不断地受到了自然的报复。《增长的极限》对人类发展历程的理性思考，唤起了人类自身的觉醒。其所阐述的"合理的、持久的均衡发展"，为孕育可持续发展的思想萌芽提供了土壤，为环境生态学的理论体系奠定了基础。

1972年，联合国人类环境会议在斯德哥尔摩召开，来自世界113个国家和地区的代表共同讨论了环境对人类的影响问题。这是人类第一次将环境问题纳入世界各国政府和国际政治事务。大会通过的《人类环境宣言》，其意义在于唤起了各国政府共同对环境问题的反思、觉醒和关注。在同一年，W. Barbra等出版了《只有一个地球》一书，该书从整个地球的发展前景出发，从社会、经济和政治的不同角度，论述了经济发展和环境污染对不同国家产生的影响，指出人类所面临的环境问题，呼吁各国重视维护人类赖以生存的地球。该书的出版对环境生态学的发展起到了重要的作用，其学术思想和观点丰富了环境生态学的理论，促进了环境生态学理论体系的完善和发展。而L. T. White的《我们生态危机的历史根源》、K. Baulding的《未来宇宙飞船的经济》等著作从不同的角度和不同的研究领域为环境生态学的形成与发展作出了积极贡献。

20世纪70年代后，研究者们在受干扰和受害生态系统的恢复和重建的理论与实际应用方面做了大量工作。美国生态学家 Odum E. 1971 编写了《生态学基础》，详细论述了生态系统结构与功能，该书对环境生态学发展有很大影响。他因此于 1977 年获得美国生态学最高荣誉——泰勒生态学奖。1975 年在美国召开了题为“受害生态系统的恢复”的国际会议。专家们第一次讨论了受害生态系统的恢复和重建等许多重要的环境生态学问题。J. Carins 等在 1980 年出版了《受害生态系统的恢复过程》一书，广泛探讨了受害生态系统恢复过程中的重要生态学理论的应用问题。1983 年美、法两国专家召开了“干扰与生态系统”的学术讨论会，系统地探讨了人类的干扰对生物圈、自然景观、生态系统、种群和生物个体的生理学特性的影响。1996 年在北京召开了第一届世界恢复生态学大会。1987 年，B. Freedman 出版了第一本环境生态学教科书，其主要内容包括空气污染、有毒元素、酸化、森林退化、油污染、淡水富营养化和杀虫剂等。该书的副标题为“污染和其他压力对生态系统结构和功能的影响”。该书的出版对环境生态学的发展起到了积极的推动作用。

国内外以《环境生态学》为名的专著和教科书并不多，作为有明确研究领域和学科任务的分支学科，环境生态学的地位已得到越来越多学者的认可。金岚等(1991)编著的《环境生态学》是我国第一本系统的环境生态学教材，出版以来，已经多次印刷，为我国高等学校的环境生态学教育作出了贡献。进入新世纪，盛连喜等(2001)编著的《环境生态学导论》较全面地介绍了环境生态学的发展、内容及其动态。近 10 多年来，我国学者已陆续出版了部分环境生态学教材与专著，但数量与内容与我国环境生态学教学与科研的快速发展的需求之间尚有很大的差距。

1.2.3　环境生态学的研究内容及发展趋势

进入 21 世纪后，环境生态学的研究内容也在不断丰富。根据国内外的研究进展，环境生态学的研究内容除了涉及传统生态学的基本理论外，主要包括以下几方面的问题。

(1) 人为干扰下生态系统内在变化机理和规律。环境生态学研究的对象是受人类干扰的生态系统。人类对生态系统的干扰主要表现在对环境的污染和生态的破坏上。自然生态系统的干扰效应在系统内不同组分间是如何相互作用的，有哪些内在规律，各种污染物在各类生态系统中的行为变化规律和危害方式是什么，等等，都是环境生态学研究的主要内容之一。

(2) 生态系统受损程度及危害性的判断研究。受损后的生态系统，在结构和功能上有哪些影响，其退化特征是什么，这些退化现象的生态效应和性质、危害性程度如何等，都需要作出准确和量化的评价。物理、化学、生态学和系统理论的方法是环境质量评价和预测所常用的四个最基本的手段，而生态学判断所需的大量信息就来自生态监测。因此，生态监测与评价是环境生态学研究的另一主要内容。

(3) 生态系统退化的机理及其修复。在人类干扰和其他因素的影响下，大量的生态系统处于不良状态，如森林的功能衰退、土地荒漠化、水土流失、水源枯竭等。脆弱、低效和衰退已成为这一类生态系统的显著特征。重点研究的内容有：人类活动造成这些生态系统退化的机理及恢复途径；人类活动对生态系统干扰效应的生态监测技术；防止人类活动与环境失调的措施；保持生态系统平衡与可持续发展的途径。另外，还要研究自然资源综合利用以及污染物的处理技术，使退化的生态系统恢复成为清洁和健康的系统；研究对脆弱生态系统(如黄土高原水土流失区、西南石灰岩发育区)的恢复机理；研究石油、煤炭、矿山等开发过程中或开发后生态系统恢复、重建问题等。

(4) 各类生态系统的功能和保护措施的研究。各类生态系统在生物圈中发挥着不同的功能,它们是人类生存的基础。当前,各类生态系统正遭受损害和破坏,出现了生态危机。环境生态学要研究各类生态系统的结构、功能、保护和合理利用的途径与对策,探索不同生态系统的演变规律和调节技术,为防治人类活动对自然生态系统的干扰,有效地保护自然资源,合理利用资源提供科学依据。以森林生态系统为例,要研究各类森林生态系统在人类活动下的变化与影响、提高森林生态系统生产力的途径、森林生态系统的生态服务功能、人工林的营造和丰产技术、生态防护林的建设、森林生态系统的复原及演替理论、酸雨和其他污染物对森林的危害及防治技术、农林复合生态系统、森林在全球变化中的作用等问题。

(5) 解决环境问题的生态学对策研究。单纯依靠工程技术解决人类面临的环境问题,已被实践证明是行不通的,而采用生态学方法治理环境污染和解决生态破坏问题,尤其在区域环境的综合整治上,已经初见成效。结合环境问题的特点,依据生态学的理论,采取适当的生态学对策并辅之以其他方法或工程技术来改善环境质量,恢复和重建受损的生态系统是环境生态学的重要研究内容,包括各种废物的处理和资源化的生态工程技术,以及对生态系统实施科学的管理。

(6) 全球性环境生态问题的研究。近几十年来,许多全球性的生态问题严重威胁着人类的生存和发展,面对这些全新的问题,如臭氧层破坏、温室效应等,人类只有共同努力才能解决。21世纪人类面临全球性的生态环境变化的挑战,因此,要在监测全球生态系统变化的基础上,研究全球变化对生物多样性和生态系统的影响,探寻生存环境历史演变的规律,了解地球敏感地带和生态系统对环境变化的响应情况;模拟全球环境变化及其与生态系统的相互作用,建立适应全球变化的生态系统发展模型,提出减缓全球变化中自然资源合理利用和环境污染控制的对策和措施等。

综上所述,维护生物圈的正常功能,改善人类生存环境,并使两者间得到协调发展,是环境生态学的根本目的。运用生态学理论,保护和合理利用自然资源,治理被污染和被破坏的生态环境,恢复和重建受损的生态系统,实现保护环境与发展经济的协调,以满足人类生存发展需要,是环境生态学的核心研究内容。

进入21世纪后,世界环境问题既有历史的延续,也有些新的变化和发展,将更加关注以下几方面的问题,并努力取得突破性进展。

(1) 人为干扰的方式及强度。虽然人类的干扰已经改变了全球所有生态系统,但人类社会的生存与发展还是要不断地对生态系统施加各种干扰。环境生态学所研究的干扰主要是人为干扰,且人类活动对生态系统的干扰已经成为许多学科研究的热点,并被认为是驱动种群、群落和生态系统退化的主要动因。随着近几十年来人类干扰空间的扩大和强度的加剧,人为干扰的方式及强度的研究越来越为人们所关注。人类干扰对生态系统产生的效应和表现形式是多样的,人为干扰涉及干扰的类型、损害强度、作用范围和持续时间,以及发生频率、潜在突变、诱因波动等方面。但人为干扰也有破坏和增益的双重性,环境生态学最关注的是人为干扰的方式和强度与生态效应的关系,通过诊断和排除消极干扰,把危害降到最低,按照符合生态系统健康发展的原则,主动采取措施进行生态恢复甚至使之达到增益的目的。

(2) 退化生态系统的特征判定。各种干扰的方式和强度不同,对生态系统的危害性和产生的生态效应也不同。如何判定一个生态系统是否受到人为干扰的损害及其程度、受损生态系统的结构和功能变化有何共同特征,对此目前仍有不同的看法,还没有一个公认的判断和评价指标体系。

(3) 人为干扰下的生态演替规律。受损生态系统恢复与重建的最重要理论基础之一是生态演替理论。各种人为干扰的演替能否预测？在什么条件下，人为干扰后的生态演替会出现加速、延缓、改变方向甚至向相反方向进行？斑块的大小及形状对生态演替有何影响？生态异质性与干扰过程中生态演替的关系如何？这些重要的理论问题也是未来环境生态学的主要研究对象。

(4) 受损生态系统恢复和重建技术。受损生态系统的恢复与重建常因政策、目的的不同而产生不同的结果。如何使受损生态系统尽快地恢复、改建或重建，这既是个理论问题，也是个实践问题。目前，关于各类受损生态系统恢复与重建的具体原则和方法已有了大量的实践，包括森林、草地、农田、湿地及水域等受损生态系统，都有实际研究的成功事例。然而，这个研究领域仍不能满足实践的需要。一些恢复技术缺乏整体的、系统的考虑，还不能实现生态、社会和经济效益的统一。成功的生态恢复应包括生态保护、生态支持和生态安全三个方面，生态恢复和重建技术的研究是环境生态学中最具有吸引力和最有发展前景的内容。

(5) 生态系统服务功能评价。生态系统服务是指生态系统与生态过程所形成及所维持的人类生存环境的各种功能与效用，它是生态系统存在价值的真实和全面体现，也是人类对生态系统整体功能认识的深化。地球上大大小小的生态系统都是生命支持系统，为人类的生存与发展提供各种形式的服务。但是，由于生态系统的复杂性和不确定性，人们对生态系统服务功能的评价在方法上仍然很不成熟。对生态系统服务功能的正确评价，能较好地反映生态系统和自然资本的价值，可为一个国家、地区的决策者、计划部门和管理者提供背景资料，也有利于建立环境与经济综合核算新体系和制定合理的自然资源价格体系，因此，生态系统服务功能评价研究，是环境生态学研究的基础，是生态系统受损程度判断和实施恢复的依据。

(6) 生态系统管理。生态系统管理的概念是在环境生态学的发展过程中逐渐形成和发展的。在探索人类与自然和谐发展的道路上，生态系统的可持续性已成为生态系统管理的首要目标。生态系统的科学管理是合理利用和保护资源、实现可持续发展的有效途径。在实践中，由于对生态系统功能及其动态变化规律还缺乏全面认识，往往注重的是短期产出和直接经济效益，而对于生态系统的许多公益性价值，如污染空气的净化、减灾防灾、植物授粉和种子传播、气候调节等功能，以及维护生态系统长期可持续性的研究还重视不够，对于恢复和重建生态系统的科学管理更缺乏经验，因此，加强生态系统管理的研究，也是环境生态学的重要任务。

(7) 生态规划和生态效应预测。生态规划一般是指按照生态学的原理，对某地区的社会、经济、技术和生态环境进行全面综合规划，以便充分、有效和科学地利用各种资源，促进生态系统的良性循环，使社会经济持续稳定发展。这是人类解决环境问题的有效途径。生态规划所要解决的中心问题之一就是人类社会的生存和持续发展问题，这是涉及许多领域而又极其复杂的问题。环境生态规划是减少生态破坏、设计生态恢复和重建的有效手段，是依据生态学原理实现社会、经济和环境协调发展的途径。全球生态环境变化的现状是已经历的一系列发展变化的新阶段，同时也是即将经历的未来演替的起点，研究发生在生物圈各类生态系统内并受人类活动影响的物理、化学、生物的相互作用过程及其生态效应，提高对全球环境和生态过程重大变化的预测能力，将是今后一段时期内环境生态学必须努力探索的重要课题。

1.3 环境生态学的相关学科

1.3.1 生态学

1. 生态学的定义

生态学(ecology)起源于19世纪下半叶。它是研究生物有机体与其周围环境(包括生物环境和非生物环境)相互关系的科学。

生态学是人类在认识自然过程中逐渐发展起来的。在我国的古农书和古希腊的一些著作中已有记载。例如,《管子·地员篇》就详细介绍了植物分布与水文地质环境的关系。在秦汉时期就确定了反映农作物和昆虫等生物现象与气候之间联系的24节气。Aristotle在《自然史》一书中按栖息地把动物分为陆栖、水栖等大类,还按食性分为肉食、草食、杂食及特殊食性等四类。以上这些实例都孕育着朴素的生态学思想。

17世纪至19世纪末,生态学开始作为一门学科出现。1670年R. Boyle发表的有关低气压对动物影响的试验,标志着动物生理生态学的开端。而1798年T. Malthus的《人口论》分析了人口增长与食物生产的关系。1859年,C. Darwin出版了著名的《物种起源》,提出生物进化论,对生物与环境的关系作了深入探讨。1866年,E. Hacekel首次提出了生态学定义,标志着生态学的诞生。

20世纪传统生态学学科体系逐渐形成。在动、植物生态学领域均引入了生理学、统计学等学科研究的技术与方法。这一时期出版了《动物生态学》(R. N. Chapman, 1931)、《动物生态学》(C. Elton,1927)、《实验室及野外生态学》(V. E. Shelford, 1929)、《动物生态学纲要》(费鸿年,1937)、《动物生态学基础》(Кашкаров, 1945)、《动物生态学原理》(W. C. Allee等,1949)、《近代植物社会学方法论基础》(G. E. Du Rietz,1921)、《植物社会学》(J. Braun-Blanquet,1928)、《实用植物生态学》(A. G. Tansley)、《植物生态学》(J. E. Weaver,1929)、《植物群落学》(B. H. Sukachev,1908)等书。这些研究从最初的生态效应描述、解释走向机理研究。特别是1935年A. G. Tansley提出了生态系统的概念,标志着生态学进入以研究生态系统为中心的近代生态学发展阶段。而R. L. Lindeman(1942)提出了著名的十分之一定律,发展了"食物链"和"生态金字塔"理论,为生态系统研究奠定了基础。

20世纪80年代以来,现代生态学得到了快速发展。首先,生态学自身的学科积累已经到了一定的程度,形成了自己独特的理论体系和方法论;其次,高精度的分析测试技术、电子计算机技术、遥感技术和地理信息系统技术的发展,为现代生态学的发展提供了物质基础和技术条件;再次,社会的发展为生态学提出了新的需求。

2. 生态学的研究对象

生态学源于生物学,是生物科学的一个分支学科。传统的生态学认为,"生态学是研究以种群、群落、生态系统为中心的宏观生物学","生态学研究的最低层次是有机体"(孙儒泳,2001)。而现代分子生物学的发展使生态学研究进入到分子水平。因此,现代生态学研究的范畴,按有机体层次结构划分,可从分子、个体、种群、群落、生态系统、景观直到全球。

(1) 个体生态学(autecology)是以生物个体为研究对象,探讨生物与环境的关系,特别是生物体对环境的适应性及其机制的科学,其核心是生理生态学(physiological ecology)。随着现代生态学的发展,衍生出了细胞生态学、分子生态学等分支学科。

(2) 种群生态学(population ecology)是研究栖息在同一地区同种生物个体的集合体所具备的特性,包括种群的年龄组成、性比、数量变动与调节等及其与环境的关系的科学。研究种群生态学对保护和合理利用生物资源以及防治有害生物具有特别重要的意义。

(3) 群落生态学(community ecology)是研究栖息于同一地域中所有种群集合体的组合特性、群落的形成与发展,以及种群、群落与环境之间的相互关系等的科学。群落生态学对保护自然环境和生物多样性有重要的指导意义。

(4) 生态系统生态学(ecosystem ecology)是主要研究生态系统的组成要素、结构与功能、发展与演替,以及人为影响与调控机制的生态科学。20 世纪 60 年代以后,全球出现了人口、环境、资源等威胁人类生存的挑战问题,生态系统研究成为生态学研究的主流。

(5) 生物圈(biosphere)是指地球上全部生物和一切适合于生物栖息的场所,其范围包括大气圈的下层、岩石圈的上层以及全部水圈和土圈。地球上所有生命都在这个"薄层"里生活,故称为生物圈。生物圈生态学(biosphere ecology)主要研究生命必需元素和重要污染物在大气、海洋、陆地之间的生物地球化学循环,海-气交换过程、陆-海相互作用、火山活动、太阳黑子活动、核污染对地球影响及其在全球变化中的作用等。生物圈生态学也称全球生态学(global ecology),它需要多学科、多部门配合来进行综合性研究,是至今为止尚未充分研究的最高组织层次的生态学。

综上可见,生态学的研究虽然以宏观生物学为主,但现代生态学出现了许多新变化,生态系统成为学科研究的重点对象,同时,学科发展也呈现出"两极化"的态势,即宏观扩展到生物圈的功能研究,微观则向分子领域深入。

按照环境或栖息地的类型分类,生态学可分为陆地生态学、淡水生态学和海洋生态学。在更小范围内它们还可细分,如陆地生态学可再划分为森林生态学、草原生态学和荒漠生态学等。按环境划分的生态学分支其基本原理是相同的,但栖息在不同环境中生物的种类组成、研究方法大相径庭。

当生态学的理论与人口、资源和环境等实际问题相结合则产生了应用生态学,它是研究人对生物圈的破坏机制及自然资源合理利用原则的科学。目前,应用生态学已发展成为独立的生态学分支,如环境生态学、农业生态学、恢复生态学、污染生态学、自然资源生态学、人类生态学、城市生态学、持续发展生态学、全球生态学等。此外,生态学与其他学科间的相互渗透,则形成了一些新型的边缘学科,如数学生态学、化学生态学和经济生态学等。这些交叉学科对推动生态学的发展具有重要意义。

1.3.2 环境科学

1. 环境科学的研究对象

环境科学(environmental science)是一门研究人类社会活动与环境演化规律之间相互作用关系,寻求人类社会与环境协同演化、持续发展途径与方法的科学。环境科学的研究对象是"人类和环境"这对矛盾之间的关系,其目的是要通过调整或协调人类的社会行为来保护、发展和建设环境,从而使环境永远为人类社会的持续发展提供良好的支撑和保障。

20 世纪 50 年代以来,环境问题成为全球性的重大问题,各学科科学家对环境问题共同进行调查和研究,他们在各自原有学科的基础上,用原有学科的理论和方法,研究环境问题。通过这种研究,逐渐形成了一些新的分支交叉学科,如环境地学、环境生物学、环境化学、环境物理学、环境医学、环境工程学、环境经济学、环境法学、环境管理学等,在这些分支学科的基础上于20世纪70年代孕育产生了环境科学。

环境科学所涉及的内容异常广阔，包括自然科学和社会科学的许多重要方面。近年来，自然科学和工程技术不断地向它渗透并赋予其新的内容，所以环境科学已成为一门自然科学、技术科学及社会科学相互渗透、相互交叉的新兴学科。随着环境问题的发展和人类对其认识的提高，环境科学的研究内容将不断得到丰富和发展。

2. 环境科学研究的主要内容

(1) 探索全球范围内环境系统演化的规律。环境总是在不断地变化，环境变异也随时随地产生。使环境向有利于人类的方向发展，避免向不利于人类的方向发展，这是环境科学研究的基本目的。

(2) 揭示人类活动同环境的关系。环境为人类提供生存和发展的物质条件，人类在生产和消费过程中不断影响环境。人类生产和消费系统中物质和能量的迁移、转化过程虽然十分复杂，但必须使物质和能量的输入、输出之间保持相对平衡。即：一要使排入环境的废物不超过环境自净能力，以免造成环境污染；二要使从环境中获取的资源有一定限度，保障它们能被持续利用，以求人类和环境的协调发展。

(3) 探索环境变化对人类生存的影响。环境是一个多要素组成的复杂系统，其中有许多正、负反馈机制。人类活动造成的一些暂时性或局部性的影响，常常会通过这些已知的或未知的反馈机制积累、放大或抵消，从而引起环境变化。因此，必须研究污染物在环境中的物理、化学变化过程，在生态系统中迁移转化的机理，以及进入人体后发生的各种作用，还必须研究环境退化同物质循环之间的关系，为保护人类生存环境提供依据。

(4) 研究人类生存发展对全球环境的整体影响。人类活动造成的不同环境问题有不同的范围，如温室效应、臭氧层破坏等属于全球性环境问题，而酸雨的污染则具有区域性。因此，要解决全球环境问题需从其学科范围和特点出发，系统、全面地对环境问题及其产生的整体影响进行研究。

(5) 研究区域环境污染综合防治和生态保护与恢复重建的技术措施和管理措施。引起环境问题的因素很多，需要综合运用多种技术措施和管理手段，从区域环境的整体出发，利用现代科学理论、技术和方法寻求解决环境问题的最优方案。

1.3.3 其他相关学科

1. 恢复生态学

从20世纪90年代中期开始，恢复生态学迅速兴起并得到快速发展。恢复生态学是研究生态系统退化原因、退化生态系统恢复和重建技术与方法、生态过程与机制的科学。恢复生态学的研究内容与环境生态学有交叉，但侧重点不同。首先，在学科的研究范畴上，恢复生态学更侧重于恢复与重建技术的研究，属于技术科学的范畴，而环境生态学则更侧重于基本理论和统筹规划的探讨，属于基础学科。其次，在学科的研究内容上，恢复生态学的重点在受损生态系统恢复这一领域，注重研究生态恢复的可能性与方法，更关注恢复与重建后生态系统“正向演替”的动态变化，以及如何加快这种演替的措施；而环境生态学则注重研究受损后生态系统变化过程的机制和产生的生态效应，关注的是“逆向演替”的动态规律。再次，在学科的研究方法上，恢复生态学对生态工程学的理论及其技术的发展十分关注，而环境生态学更注意生态监测与评价，以及有关生态模拟研究方法和技术的发展。有关恢复生态学的内容将在以后章节中详细论述。

2. 人类生态学

人类生态学以人类生态系统为研究对象。人类生态系统是人类及其环境相互作用的网络结构,人类作为地球生命的最高发展形式,无论是在智力、身体上还是在社会组织上进化到怎样的水平,最终都不能超越自己是生命有机体这一基本事实,因此,人类生态系统是人类对自然环境的适应、改造、开发和利用而建造起来的人工生态系统。在这个系统中,人类在同地球环境进行物质、能量、信息的交换过程中存在和发展着,人类也构成了食物网中最重要的一环,是人类生态系统中最活跃的因素。

人类生态学的任务就是要揭示人与自然环境和社会环境间的关系,研究生命的演化与环境的关系、人种及人的体质形态的形成及其与环境的关系、人类健康与环境的关系、人类文化和文明与环境的关系,人类种群生态与人口、资源与环境的关系以及生态文化的内涵。可持续发展理论是人类生态学研究的核心,人类生态学以自然-社会-经济复合的人类生态系统为研究对象,以城市生态系统和农业生态系统的可持续发展为人类社会与经济的可持续发展目标,研究可持续发展的生态体制建设、生态工程建设及生态产业建设,研究可持续发展的生态文化建设,特别是生态伦理建设,从而实现可持续发展。

3. 污染生态学

污染生态学研究的对象是受污染的生态系统,是研究生态系统与被污染的环境系统之间的相互作用规律及采用生态学原理和方法对污染环境进行控制和修复的科学。污染生态学有两个方面的基本内涵:①污染物的输入及其对生态系统的作用过程和生态系统对污染物的反应及适应性,即污染的生态过程;②人类有意识地对污染生态系统进行控制、改造和修复的过程,即污染控制与污染修复生态工程。

4. 生态经济学

生态经济学是生态学和经济学相互交叉、渗透、有机结合形成的新兴边缘学科。它以生态学原理为基础,以人类经济活动为中心,围绕着人类经济活动与自然生态之间相互发展的关系,研究生态系统和经济系统复合而成的经济生态系统的结构与功能,研究其矛盾运动过程中所发生的生态经济问题,阐明它们产生的生态经济原因和解决的理论原则,揭示生态经济运动和发展的客观规律。它侧重于在人口、资源和环境的整体作用上,探讨人类物质生产所依赖的社会经济系统与自然生态系统的多元关系。

思考与练习题

1. 环境生态学与哪些学科联系紧密?为什么?
2. 当前人类面临着哪些全球性的重大环境问题?它们是如何产生的?
3. 论述环境生态学的研究内容和方法。
4. 讨论环境生态学的研究进展和发展趋势。

第 2 章　生物与环境

2.1　生命的起源与地球环境的演变

生命是地球所具有的重要属性，也是地球区别于浩瀚宇宙中其他星球的最本质特征。地球形成于约 46 亿年前，是宇宙中目前已知唯一拥有生命的星球。生命起源是地球乃至宇宙中最重要的过程。地球上最早的生物化石大约见于 35 亿年，但研究表明，地球生命可能起源于距今 36 亿～39 亿年之间。在生命的起源、化学组成及早期演化过程中，地球环境演变扮演了重要角色。

自早期地球生物圈形成以来，生命的演化始终与环境密切相关，表现出明显的协同进化关系。一方面，环境对生命的起源和演化具有显著的控制作用；另一方面，生物体也通过自身的生命活动和生物化学过程影响并改造周边的环境。地球史上的两次大气圈氧化过程和元古宙中期海洋整体化学条件转变就是生物影响、改造地球表层环境的典型例证。同样，大气-海洋系统氧化和海洋化学条件变化，促发真核生物崛起和后生动物快速多样化进程，这又是环境控制生命发展的突出表现。因此，从地球与生命的长期演化过程来看，生命与环境的作用是双向的协同进化关系。

2.1.1　生命的起源与早期地球环境的演变

1. 生命起源的环境条件

地球生命的起源历来存在生命的宇宙起源和源自地球本身两种假说。现代地质学研究则更多地支持生命源于地球本身的化学演化的说法。生命的化学演化实验（又叫米勒实验，见图 2-1）模拟研究显示，通过非生物的有机合成构成生命的重要分子是可能的。同时也表明在适当条件下，由氨基酸、核苷酸聚合成蛋白质与核酸这类生物大分子也是可能的。这些生命化学演化需要特定的地质条件（如固态岩石圈）、适宜温度、适当的化学成分（如含碳、氮化合物）和特定的物理条件（如还原性大气圈和偏碱性海水），在这些适当的条件下，就可能自发地产生最简单的生命。

水是生命产生的必需条件。早期地球表层水的形成与幔源岩浆分层和脱气过程相关，地幔较浅深度的岩浆充分脱气，可形成化学形态的水。一般认为，地球海洋至少在 39 亿年前就已经存在。

早期大气演化可能经历了三个阶段：①初始大气捕获于太阳星云，以 H_2 和 He 气为主；②在地球形成的早期，大量陨石撞击使地球物质中的挥发组分释放，形成了以水蒸气、CO_2 为主，含有 N_2、H_2S、CO、CH_4 和 H_2 等成分的还原性大气圈；③在微生物出现之后（35 亿年前至 32 亿年前），才开始逐渐形成类似现今的含氧大气圈。在原始大气演化中，CH_4 和 CO 的出现对生命的化学演化非常重要：前者是复杂有机分子形成的基础；后者有利于生化碳循环和有机分子化学演化。

黏土矿物和金属硫化物作为催化剂，对生命的化学演化至关重要。它们在较高温度下可

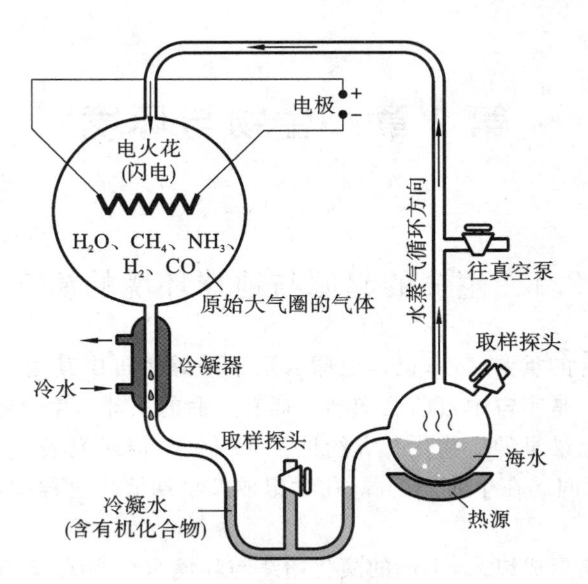

图 2-1 米勒实验示意图

以催化有机化合物的合成,是生命热起源理论的基础。

氮、磷元素由无机态向有机态的转化是生命起源的重要条件。在水热系统中,进入生命体的水溶性氮可能源于火山含氮气体和大气氮。

早期地球的海洋-大气系统为还原态,海水富含铁,大气富含 CO_2。由于缺乏臭氧层保护,地球表层受强烈紫外线辐射;火山活动强烈,受天体撞击的频率很高。故普遍认为此时地球上适合生命发展的环境非常有限,其生态、生理特征也与现代生物有很大差别。

2. 大气圈氧化与海洋化学演化

大气圈氧化对早期地球表层系统和生物圈演化影响巨大,而大气氧化主要是产氧光合作用及其产生的自由氧与还原物质(包括气体和固态)相互作用并平衡的结果(图 2-2)。

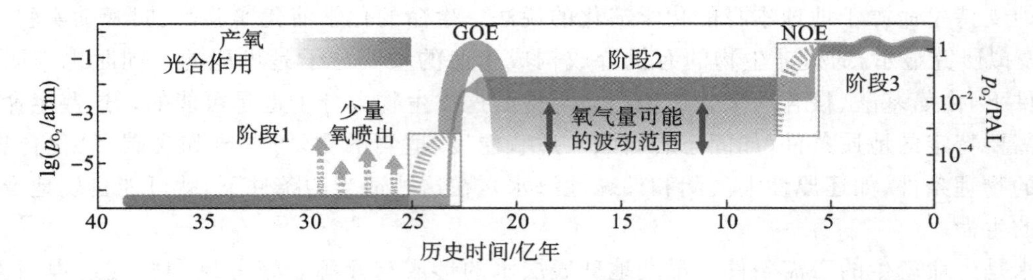

图 2-2 地球大气圈氧含量在地质时间上的演化

注:GOE 为大氧化事件,NOE 为第二次成氧事件,p_{O_2} 为氧分压,PAL(present atmospheric level)为现代大气水平。

与大气圈氧化相伴随,海洋化学最显著的变化是由太古宙缺氧-富铁海水向元古宙贫铁-富硫状态的转换。

大氧化事件(GOE)标志着地球史上表层环境最重大变化的开始,从此进入海洋化学条件的整体转化和生命演化的新阶段(图 2-3)。图 2-3 反映了地圈与生物圈的协同演化关系。地圈为早期生物圈提供了化学合成的基本成分和生态灶,而生物圈为地圈提供了氧。氧气积累不仅改变了地球表层的风化作用、营养循环,以及化学元素活性,而且提供了生命演化沿着新的路径发展的重要驱动力。

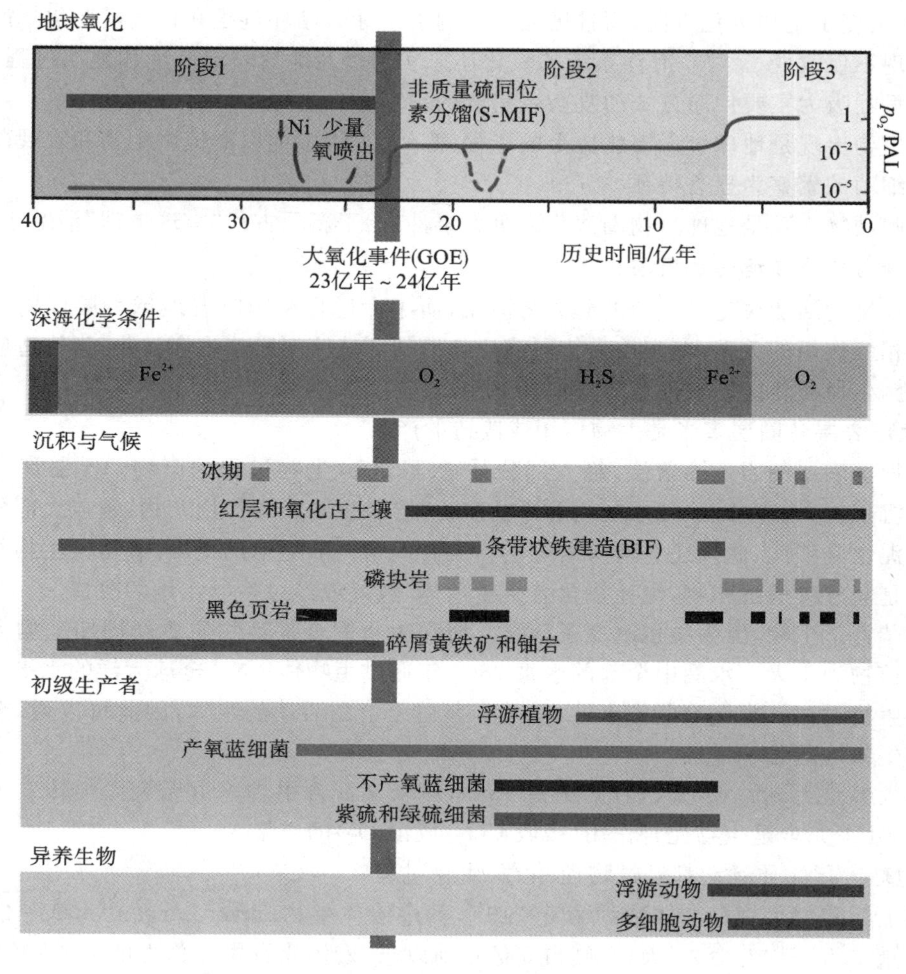

图 2-3　海洋-大气氧化三阶段的海水地化和地质事件

水和氮、氢、磷、碳等元素是有机分子形成的必备条件，黏土矿物和金属硫化物是促进生命合成的催化剂，而有热液活动参与的碱性海洋环境则是有利于生命发生的孵化场。约自 35 亿年前原核生物演化之后，生物圈作为地球系统的重要组成部分，与大气、海洋相互作用，加速了地球表层系统的演变。在这个长期过程中，生命与环境始终表现出协同进化的关系。大气圈氧化是地球史上最重大的地质事件之一，它不仅改变了地表环境，加速了表层地质作用过程，而且改变了大气-海洋化学条件和元素循环。大气圈氧化的根本原因在于产氧蓝细菌的演化与发展，元古宙中期海洋由缺氧富铁、贫硫酸盐向氧化分层、贫铁富硫状态的整体转换也与微生物密切相关。而这些环境变化又反过来进一步促进了生命演化及其主导生物-化学过程的转变。

3. 生物圈的演化

最初的生命都是最低等的原核单细胞生物。目前最古老生命证据主要来自西澳和南非 34.5 亿～35 亿年前的硅质沉积岩，包括实体化石和叠层石。太古宙的生物圈可能以起源于深海环境的化能自养细菌和厌氧光合自养细菌为主。

蓝细菌是地球上已知最早出现的产氧光合微生物，也是早期地球大气自由氧的唯一生产者。它的出现被认为是继生命起源之后最重大的突破性生物进化事件，不仅加速了地球表层环境演化，改变了生物进化方向，而且极大地影响了全球碳循环过程和古气候变化。产氧光合作用的出现不仅改变了大气-海洋系统的氧化还原状态以及地球表层环境和地质过程，而且促进了以有氧呼吸为主要代谢方式的复杂生物群的出现。

真核生物出现是地球生命演化史上的里程碑。元古宙中期以真核微生物和宏观藻类的出现以及蓝细菌的繁盛为显著特征。

多细胞动物出现是地球生物圈演化的重大事件，始于新元古代“雪球地球”消融之后。

4. 生命与地球环境的协同演化

地球环境的演变决定了生命的起源与演化，而生命过程又影响着地球表层环境。二者之间存在着相互作用的关系，其实质是协同演化。地球环境演变影响生命演化，生物适应于环境变化；反之，生命演化能影响地球环境演变，生物过程能影响地球环境。

1）地球表层各圈层多半是生物作用或改造的产物

当今地球表层的岩土圈盖层，绝大部分是物理-化学-生物过程的产物。覆盖许多浅海区的碳酸盐沉积物，大部分（除粒屑灰岩和砾状灰岩外）是生物成岩作用产物；覆盖大部分深海区的硅质软泥也是如此，此外还有磷灰岩等生物成岩产物。陆地上的土壤，都是微生物作用的产物。即使是泥沙碎屑沉积物，也往往含有生物遗体、遗迹或经过生物作用的改造。

海洋孕育了生物，但生物也改变了海洋。海洋生物圈全部活物质更新周期平均为 33 天，海洋浮游植物为 1 天。水圈中全部的水每 2800 年通过生物体一次，全球大洋的水平均每半年通过浮游生物过滤一次。除蒸馏水外，几乎不存在无生命活动的水体，因此可以说，全部水圈都经历过生物地球化学过程。

原始大气是无氧大气，开始时 CO_2 占 98%，后来又富含甲烷。由无氧大气转变为当代的富氧大气，几乎完全是生物光合作用（吸收 CO_2，放出 O_2）的结果。

2）地球表层物质运动都经过物理-化学-生物过程

地球上活着的生物总个体数约为 5×10^{22}，其中宏体生物（macro-organisms）占 2%，若按其平均体重 1 g，平均寿命 20 天计，则自 6 亿年前以来，宏体化石累计总质量达 6.7×10^{30} g，是地球总质量（6×10^{27} g）的约 1000 倍。其所转移的物质总量又为自身质量的许多倍。占 98% 总生物量的微生物，其转移的物质量倍数更大。由于生物圈覆盖整个地表，因此，在地球表层物质运动中，几乎不存在未经历生物过程的物质。

3）地球表层的能量——太阳能主要靠生物吸收、转换和储存

生命活动吸收、储存太阳能，否则，大部分太阳能将会被反射和散失，地球表层物质运动速率将会大大减慢。当今人类利用的岩石圈中储存的化学能，90%以上来自地球历史生物圈吸收太阳能并转换为有机碳等形式的化石能源（煤、油气）。以当前的太阳能和地质时期形成的化学能库为主，加上地球释放的内能（火山、地热、构造活动），保证了地球表层系统稳定的能量供应。

地球表层目前的状态在很大程度上是靠生命活动来调控和维持的。如果没有生物圈的调控，地球表层就会回复到月球或火星的状态：缺氧的二氧化碳大气，没有确证的液态水圈，以及裸露无生命的岩石和粉尘。古生代-中生代之交的一次生物大规模灭绝，使宏体生物种数减少了 90%，在这次灭绝后的 5 百万年时间中，碳同位素比值有大幅度的波动，表明地球环境变动剧烈，倒退到地球历史早期的状况。这就说明生物圈的存在对维持地球表层目前状态的重要性，可作为当今全球变化和生物多样性危机未来演变的借鉴。

由此可见，生物圈与地球表层存在着相互作用而不是单向作用，生物圈与地球内层的相互

作用也正在研究中，如深部生态系。35 亿年地球与生命共存的历史是一部地球与生命协同演化史。不仅地球系统影响生物圈，而且生物圈也影响地球系统。这种相互作用或影响，从地球历史早期到现在，是一直在协同地、耦合地进行着。科学家已经能够勾画出环境与生物协同演化的轮廓。图 2-4 显示了两者相互作用的大致过程。从图 2-4 中可见生命的起源、辐射、灭绝和复苏等重大生命事件的发生，与地球海-陆-气环境过程密切相关，而后者又受地球深部过程的控制及影响。

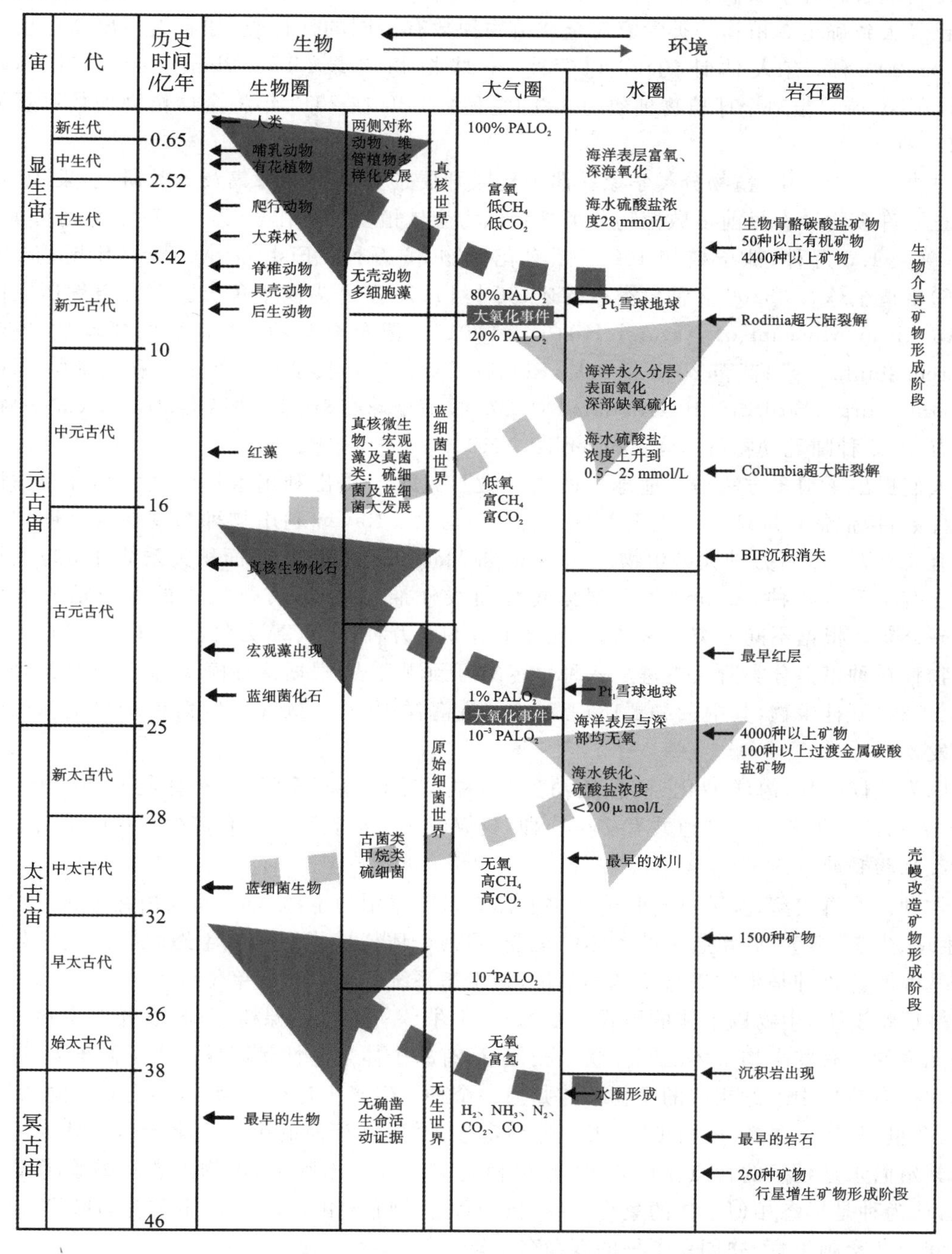

图 2-4　地球历史时期生物圈与大气圈、水圈和岩石圈的相互作用与协同演化

注：图中的箭头表示作用的方向。

2.1.2 地球上的生物

1. 地球上物种的估测数

地球上到底有多少物种?自从理论生态学家 May 提出这一问题以来,就一直困扰着生物学家们。

尽管随着新种不断被发现,全球植物与脊椎动物种数还在增加,但是全球植物与脊椎动物种数已经大致确定。植物分类学家对全球植物种数有不同的估计数,如有人指出全球植物种数约 422000 种,有人估计约 260000 种,全球植物名录(The Plant List, TPL, www.theplantlist.org)报道全球植物种数约 300000 种。TPL 在 2013 年将全球植物种数更新为约 350699 种。

过去二三十年中,植物分类学家在热带地区开展了大量野外采集及分类研究,发现、描述和订正了许多物种。目前多数植物分类学者认为全球植物种数在 30 万～35 万,包括苔藓 1.6 万种、蕨类 1.3 万种、裸子植物 1000 种、有花植物 26 万种。Fish Data(www.fishbase.org)(2016)报道全球有 33200 多种鱼类被描述,其中 14000 多种为淡水鱼类。美国自然历史博物馆(American Museum of Natural History)(2016)记录全球有 7493 种两栖动物(www.research.amnh.org);截至 2015 年 8 月,Reptile Data Base 收录了 10272 种爬行动物(www.iucnredlist.org);Bird Life International (2016)报道全球有 10426 种鸟类;IUCN (2016)报道全球有 5515 种哺乳动物(www.iucnredlist.org)。

人们提出了很多方法估计地球上的物种数目。May 提出利用生物体型大小分布估计地球物种数目,他估计地球上有 1 千万～5 千万种动物。Raven 利用物种纬度梯度丰度估计地球上有 3 百万～5 百万种大型生物。Grassle 和 Maciolek 根据物种-面积关系估计地球的深海海床上有 1 千万物种。Joppa 等人根据物种曲线外推法估计,有待发现的有花植物比例为 13%～18%。根据不同分类专家估计,地球上有 500 万种昆虫、20 万种海洋生物。Mora 等人发现物种在种以上分类阶元中遵从一种恒定的可预测模式,根据这种模式,他们估计地球上有(870±130)万种生物,其中(220±18)万种生活在海洋中,86%的陆上生物和 91%的海洋生物有待发现。

因为气候变化、海洋酸化、栖息地消失、物种入侵和污染等问题,有些物种正慢慢消失。Mora 表示:"如果我们不知道共有多少物种,我们就无法准确地知道有多少物种已消失。"

2. 生物种的概念

物种是一群表型、基因型与其他生物群体有显著差别的生物个体,是由内在因素(生殖、遗传、生理、生态、行为)联系起来的个体的集合,同种个体构成了一个在生态时间尺度中相对稳定的基因库。物种是生物进化的基本单位,是生态系统的基本功能单位。

一般情况下,生物以个体的形式存在,如一头牛、一只鸟、一棵树等,自然界的生物个体几乎是无穷的。有些生物个体之间性状很相似,而有些个体之间性状迥异。为了便于识别,分类学家常把自然界中形态相似的生物个体归为一个种。但对于什么是物种,存在着不同的认识。早在 17 世纪,Ray 在其《植物史》一书中把种定义为"形态相似的个体之集合",并认为种具有通过繁殖而永远延续的特点。1753 年,瑞典植物学家林奈出版了《植物种志》,继承了 Ray 的观点,认为种是形态相似个体的集合,并指出同种个体可自由交配,能产生可育的后代,而不同种之间的杂交则不育,并创立了种的双命名法。

由于大多数物种在形态上易于识别和区分,后来的多数分类学家主要以形态特征作为识别和区分物种的依据。不同分类学家之间对物种的划分标准是不同的。不管用什么方法所确定的物种，总是部分是客观的，部分是主观的。尽管如此，物种还是客观存在的实体，不同物种之间明显存在形态上的不连续性及不同形式的生殖隔离。

在生物界的漫长历史中，种的分化是生物对环境异质性适应的结果，一个种能代代相传并保存种的特性，取决于遗传物质或生化控制机制。没有这种控制机制，种就不会存在。但种又是适应环境的产物，它不能脱离其生存环境，环境的变动和一个种的分布区内环境的异质性，常常会引起物种性状的改变。

种的性状可分两类：基因型与表型。前者是种的遗传本质，即生物性状表现所必须具备的内在因素；后者是与环境结合后实际表现出的性状。一个物种的性状随环境条件而改变的程度称为该物种的可塑性。另一类变异来自基因型的改变，主要是通过“基因突变”与基因的重组实现。这类变异是可以遗传的，如果变异幅度朝一个方向继续变化，则导致种的分化。

可见，一个种内的所有个体并非是完全同质的，而是存在着各种各样的变异。

3. 生物的协同进化

生物的协同进化，主要是由于生物个体的进化过程是在其环境的选择压力下进行的。因此，一个物种的进化必然改变作用于其他生物的选择压力，引起其他生物也发生变化，这些变化反过来又引起相关物种的进一步变化。这种两个相互作用的物种在进化过程中发生的相互适应的共同进化过程称为协同进化（coevolution）。在很多情况下，两个或更多物种的单独进化常常互相影响，形成一个相互作用的协同适应系统（coadapted system）。

捕食者和猎物之间的相互作用是这种协同进化的最好实例。捕食对于捕食者和猎物都是一种强有力的选择，捕食者为了生存必须获得狩猎成功，而猎物生存则依赖逃避捕食的能力。在捕食者的压力下，猎物必须通过增加隐蔽性、提高感官的敏锐性和逃避技能等方式减少被捕食的风险。例如，瞪羚为了不被猎豹所捕食，就要提高奔跑速度，但反过来这又将成为猎豹的一种选择压力，促使猎豹也要提高奔跑速度。因此，捕食者或猎物任何一方的进化都会成为一种新的选择压力而促进对方的变化，这一过程就是协同进化。

1）昆虫与植物间的协同进化

昆虫与植物间的相互作用同捕食者与猎物之间的相互作用非常相似，植食昆虫可给植物造成严重的损害，这对植物来说可能是非常重要的选择压力，对这种压力作出反应的结果是植物会发展自身的防卫能力。对于在演替早期阶段定居的一年生植物来说，主要靠植物体小、分散分布和短生命周期等对策来逃避捕食。对多年生植物来说，由于受到昆虫攻击频率的增加，它们必须发展其他防卫方法，很多植物靠物理防卫阻止具有刺吸式口器昆虫的攻击，如表皮加厚变得坚韧、多毛或生有棘刺等；还有一些植物则发展了化学防卫。所有植物都含有许多化学物质，其中许多物质对植物的主要代谢途径（如呼吸和光合作用）没有明显的作用，但可以履行防卫功能。例如，甘蓝可以分泌出具有特殊气味的次生化学物质，从而防止一些昆虫的接近，并且这些化合物对于许多昆虫是有毒的。

2）大型草食动物与植物的协同进化

对植物而言，大型草食动物（又叫食草动物）的取食活动无疑也是一种强大的选择压力。在这种压力下，几乎所有的植物都具有化学或物理学方面的防护对策，如高位的生长点可保证草食动物的啃食不会影响他们的生长。大型草食动物的存在对植物群落结构和物种组成有显著影响，如通过它们的啃食，能淘汰那些对啃食敏感的植物，或能抑制抗性较强植物的营养生长，从而减弱种间竞争，使一些植物得以定居，这在一定程度上保持了物种的多样性。

詹森(Janzen)认为,动物对所食植物采取何种对策,取决于动物的相对大小。如果与食物相比,动物显得很小(如昆虫,不仅体小,世代也很短),那么就很可能采取寡食性或单食性对策;如果与食物相比,动物很大,则更可能采取多食性对策。动物在适应植物防卫上所采取的不同对策,导致了植食动物与植物间的相互作用方式表现出不同类型。

3) 互惠共生物种间的协同进化

生物之间的相互适应过程是一个持续的螺旋式发展过程,选择压力不断地起作用,更有可能导致一种稳定状态,此时每一方都以尽量减少对方的干扰或损害而发生适应,从而最大限度地减少对方的反应。Janzen 曾详尽地描述了一种金合欢和一种蚂蚁之间的共生关系。这种金合欢树的特点是长有膨大的叶形刺,栖于空心刺的蚂蚁能保护金合欢不受植食动物的危害,并攻击在树上遇到的其他昆虫。此外,蚁群还攻击生长在金合欢树下方圆 150 cm 以内的任何外来植物。因此,一棵拥有足量共生蚁的成年金合欢树,可因蚁群的保护而使天敌减少并在其周围创造了一个无竞争的环境。而且在同蚂蚁共生之前,金合欢幼苗的生长非常缓慢,一旦同蚁群建立了共生关系,生长速率就明显加快,如果不同蚁群建立这种关系,金合欢树就不能发育成熟。

4) 协同适应系统

互惠共生的物种间,常以尽量减少损害对方的方式而实现互利共生和协同进化。

上面的讨论只限于两个物种之间的进化关系,实际上,每一个物种都处在一个由很多物种组成的群落环境之中,一种树栖昆虫不可能孤立地只同树木发生关系,而是与树上的所有其他昆虫都存在相互作用。协同进化不仅仅存在于一对物种之间,而且存在于同一群落的所有成员之间。所有种类的捕食者之间也存在着互相影响、互相作用和互相竞争的关系。捕食者要适应它们的每一种猎物,而每种猎物也要适应捕杀它们的每一种捕食者。

总之,所有物种都处在协同进化的相互适应之中。不同的捕食动物采取不同的猎食方式并依据年龄、性别选择自己的食物,以便最大限度地减少它们之间的竞争。在坦桑尼亚的草原上,各种草食动物(如斑马、野牛、转角牛羚和汤姆森瞪羚)按照严格的次序一种接一种地陆续穿过草原,每一种都取食草的不同部分,并为下一种到来的动物留有食物。每种草食动物不仅直接与植被相互作用,而且与草食序列中的其他动物相互作用。虽然自然选择是在个体或由亲缘个体组成的群体水平上起作用,但是由于群落中生物之间的相互作用总是包含着对相关物种的巨大选择压力,协同进化总是导致生态系统的进化,这种协同进化压力对决定群落的结构和多样性也起着重要作用。

2.1.3 地球的自我调节理论——Gaia 理论

Gaia 理论(Gaia hypothesis)又称盖亚理论、盖亚假说,是由英国大气学家拉伍洛克(James Lovelock)在 20 世纪 60 年代末提出的地球自我调节理论。后来经过他和美国生物学家马古利斯(Lynn Margulis)共同推进,逐渐受到西方科学界的重视,并对人们的地球观产生着越来越大的影响。

1. Gaia 理论的提出背景

20 世纪 60 年代,美国航空航天局(NASA)在探测火星生物证据之初,设计了火星土壤化学实验,以发掘生命活动的指示物——蛋白质和氨基酸。后来,Lovelock 提出新的思路,希望能找到“熵值减少”(entropy reduction)——这一生命活动的一般特征。假定任何星球上的生物都通过流体介质传输新鲜物质或生物残渣,在介质中就会显现熵值减少的特征,并且改变原来无生命条件下的化学组成。

地球上的流体介质主要为海洋和大气。火星上没有海洋，大气为其主要介质。因而Lovelock设想通过对其大气圈进行化学分析来检测生命的存在。如果一个星球没有生命活动，则大气组成完全由物理和化学性质决定，并接近于平衡。但如果存在生命，那么大气就会作为新鲜物质或残渣的储库，这将改变大气的组成并使之失衡。

火星和地球的大气组成如图 2-5 所示，地球上有氧气存在，同时有一定量的碳氢化合物。在一个无生命的星球上，大量氧气和甲烷（及其他反应气体）是不可能共存的。正是这种持久的不稳定性表明了地球是具有生命的，能够保持其自身大气组成的动态平衡。Lovelock提出这样一个观点：化合物的浓度需要一个活性控制系统加以调节。这种思想的萌发最终导致 Gaia 理论的形成。

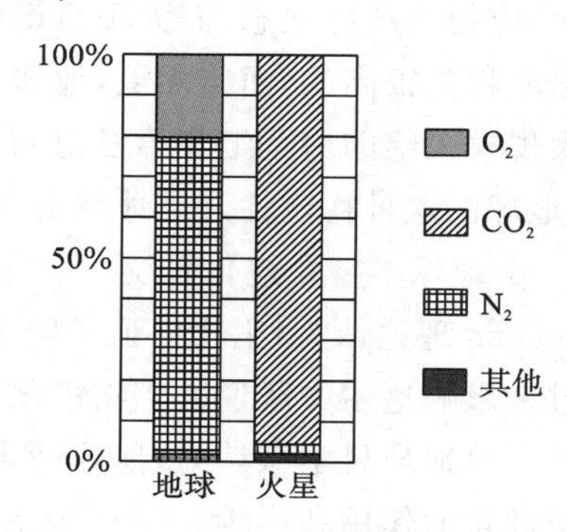

图 2-5　地球与火星大气组成比较

2. Gaia 理论的主要论点

Gaia 理论认为生物与地球组成了一个类似生物的整体，具备自我调节能力。将所有生物活动当成一个独立的系统，其功能远远超过各组成部分的功能之和，生物活动将地球大气调节至适合生物需要。Gaia 的自我调节由生物反馈作用实现，主要是负反馈作用，抑制地球系统偏离原状态。这种生物反馈由达尔文所说的自然选择（或适者生存）产生。地球上的生物，特别是细菌，与地球的无机系统相互作用，无意识地稳定了全球的环境以保持对生物有利的环境。

1）地球上所有生物都起着调控作用

Gaia 理论认为，地球上所有生物对其环境不断地起着主动调节作用。地球上生物有机体将以大气层作为原料源和废物库，这就改变了大气的化学组成，使大气偏离平衡。将有生物的地球和其相邻而无生命的火星或金星的大气气体构成相对比（表 2-1），可以看出火星上因没有生物而不能实现 CO_2 和 O_2 的转换，始终以 CO_2 为主，且基本处于平衡状态，而地球上生命系统的出现，使大气中原有的还原性气体（如 H_2、CH_4、NH_3）部分转化为氧化性气体（如 O_2、CO_2、N_2O），而且转变的幅度相当大，如氧气约占 1/5，氮气约占 4/5，地球的 CO_2 则由原来的主要气体（占 98.0%）退位到目前的非主要气体。另外，大气中高浓度氮和水的存在，也表明生物改变了其化学组成，显示生命存在方式是处于非平衡状态。如地球上没有生命的出现，地球大气中的各种气体浓度就可能同火星或金星相似。

表 2-1　地球和火星、金星大气主要成分、浓度等因素的对比

		金星	没有生命的地球	火星	现在的地球
浓度	CO_2	96.5%	98.0%	95.0%	0.03%
	N_2	3.5%	1.9%	2.7%	78.084%
	O_2	痕量	0.0%	0.1%	20.946%
	Ar	70 mL/L	0.1%	1.6%	0.946%
	CH_4	0.0%	0.0%	0.0%	1.7 mL/L
表面温度/℃		459	240～340	−53	13
气压/(10^5 Pa)		90	60	0.0064	1.0

2）地球生态系统具有稳定性

Gaia 系统不是无生命的、机械的和被动的系统，其内部生物的各个部分有序、相互协调，才保证了整个地球系统的稳定性。尽管地球受到频繁的干扰和破坏，但它能表现出一定的稳定性。例如，如果地球温度只由太阳辐射强度决定，那么地球在生命出现的早期（10 亿～15 亿年前）应处于冰冻状态，而太阳自诞生以来其辐射强度已增长 25%左右，若按此计算，地球上的温度将是很高的，而实际上，地球表面平均温度一直保持在 13 ℃左右，即使在地球上出现生物大规模灭绝的白垩纪和第三纪间，地球大气和地表温度的变化也很小。因此，Gaia 理论认为，地球的这种稳定性乃是地球上调节系统即生物总体对环境主动影响的结果。

3）地球本身是进化系统

Gaia 理论认为，生物保证了整个地球系统的稳定性。生物体影响其生存环境，而环境又反过来影响达尔文所说的生物进化过程，两者是共同进化的。

一些地球科学家认为，地球进化主要是地球化学或者物理学的进化。他们忽视了生物对地球进化的作用和影响。Gaia 理论则不同，它认为地球环境是由地球上所有生物及其物质环境构成的，两者密不可分。气候、化学组成的调节是该系统的应变特性，这种应变性完全是自动的，并不具有目的性。但生物自身这种生物学的进化则是有目的的、应变性更强的进化过程。地球作为一个系统，在长期的自动调控过程中逐渐进化，但有时出现间断，这是生物与环境间的偶然突变引起的。这种变化能使系统进化到一个高级的新状态。地球进化期间曾有飞跃，如 25 亿年前太古代的厌氧生物进化到元古代的富氧生物。关于进化是渐进的还是突变的问题，Gaia 理论认为，进化是渐进和间断的结合。Gaia 理论与达尔文进化理论并不相悖，它也认为，自然选择的生物进化是行星自我调节的一个重要部分。

4）地球系统是有机整体

Gaia 理论强调，整个地球是生物区系和大气、土壤以及海洋所组成的一个综合有机整体。生物和环境之间相互作用，不可分割。生物区系的发展、进化会影响到整个地球的物理和化学进化进程，从而影响到大气、海洋和土壤。例如，生物区系发展得好，对区域气候调节的作用就强，可以使当地的土地肥沃，大气清洁，水体清澈。否则的话，将造成水土流失，或大气、水体易被污染，人类生存的环境质量下降。反之，若土壤肥沃，大气、水体清洁，也将会促使生物区系更好地发展。生物与环境的联系如此紧密，只有把它们看成一个整体，而不是孤立地看待它的每一部分，才能真正了解地球。“地球上所有的生物，从鲸鱼到病毒，从橡树到藻类，一起构成了一个实体。这个实体能够使地球的生物圈满足她的全部需要，并且赋予她远远大于其各部分的功能”；“没有整体观念，生物学、工程学和 Gaia 理论就会完全失去力量。”（Lovelock）

5）地球生理学是地球进化的方式

Lovelock 认为，地球物理学并不能说明 Gaia 理论的起源，于是他提出地球生理学这一新概念。Gaia 理论认为，一旦地球能够保持环境的稳定性，那么一定有一个复杂的系统在起作用。太古代模拟研究发现，随着陆地行星地球物理和地球化学的不断演化，发展进化过程中出现一个适合生物生存的时期时，地球上就出现光合生物和厌氧生物，这些有机体的发展壮大对地球化学进化产生强烈的影响和调节。

在生态系统进化过程中，光合生物通过转化二氧化碳和增强分化造成的冷却作用而形成寒冷气候，而厌氧生物则通过形成温室气体起着增温的作用。发展到后来，生态系统形成了由生产者、分解者和消费者所组成的功能系统，地球行星的生命系统进化到一个新的时期。所以地球上的生物不能过于稀少，否则会影响地球物理和地球化学的进化，对环境的调节能力也会明显下降甚至消失，行星条件就将不断朝着无机化学的方向发展。

3. Gaia 理论与生物进化

1）"生命造就生命"

Gaia 理论强调生物圈集体作用调节环境，生物对于全球环境起到反馈作用，主要是负反馈作用，遏制了地球系统向极端情况发展，最终受益者仍然是生物圈。简化这一过程，不难发现生命活动维持了自身生存环境，使地球成为可居住(habitable)星球，并促使生物不断演化发展，亦即"生命造就生命"(life begets life)。例如：颗石藻释放二甲基硫化物(DMS)，有助于云层的形成，对局部地区气候进行调节；在较长的时间尺度里，植物光合作用对全球气温的调节作用；海洋生物维持了海水盐度，以及 N、P 等生物营养元素含量比值；太古宙产烷微生物对地球的保温作用；在地球的"不正常状态"，即地质事件发生后，通过生物作用，最终全球环境逐步回复；等等。这些事例不断被发现，也使"生命造就生命"这一 Gaia 理论的本质属性逐渐得到越来越多自然科学家的认可。

2）生物与环境的协同进化

自生物形成以来，生命与环境之间就在相互联系中不断发展着(图 2-6)。地球大气和环境的演化过程，简而言之，从海洋形成、小行星撞击事件、太古宙富甲烷大气、氧化事件、雪球地球到大气中 CO_2 含量降低、氧含量升高。在此过程中，生命形式也从低级向高级、由简单向复杂进化。从图 2-6 中可看出，地球环境的每一次变化，都导致了生物的进化，同时，生物的发展对环境的演化也具有重要的影响。自海洋形成、小行星撞击事件之后，生命就开始形成。太古宙产烷生物(methanogen)作用造成大气富集甲烷，第一次氧化事件与光合作用生物出现直接相关，第二次氧化事件与新元古代雪球地球与真核细菌的作用相关，而寒武纪生命大暴发及维管植物的繁盛，将生命活动推入一个高峰期，最终也使大气中 CO_2 含量进一步降低，氧含量上升。总之，生物在全球环境的演化过程中不断进化，而生物对环境演化产生直接或间接的影响，而改变后的环境有利于生物向高级、更复杂的形式不断发展。

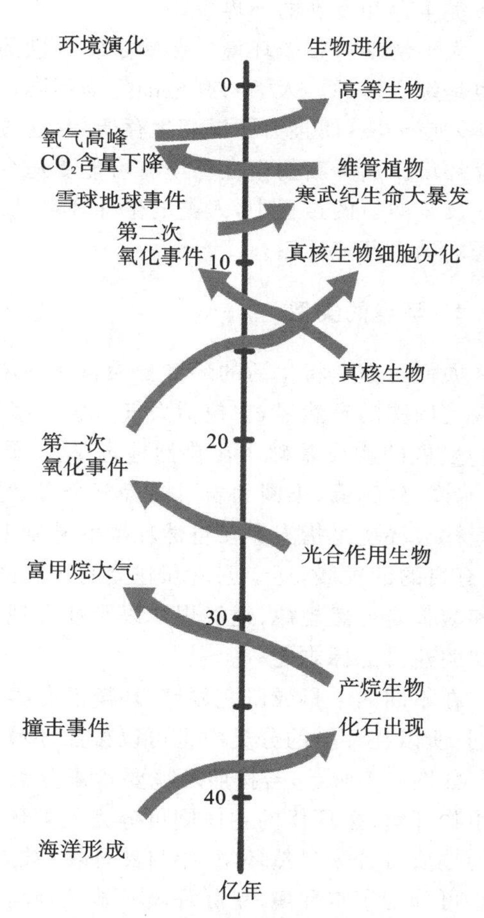

图 2-6　生物与环境的共同演化

Gaia 理论强调生物圈对整个地球系统的调节作用。生物圈不仅是地球具有生命的直观体现，更是地球系统各圈层相互作用的关键环节。生物不仅仅是被动地适应环境，它对环境具有调节作用，并使环境演化有利于生物进化。

2.2　环境的概念及其类型

2.2.1　环境的概念

环境(environment)总是相对于某一中心事物而言的,因中心事物的不同而不同,随中心事物的变化而变化。围绕中心事物的外部空间、条件和状况,构成中心事物的环境。我们通常所称的环境是指人类的环境。

环境是指某一特定生物体或生物群体以外的空间,以及直接、间接影响该生物体或生物群体生存的一切事物的总和,它由许多环境要素构成。

《中华人民共和国环境保护法》所指的环境是从法学的角度对环境概念的阐述:"本法所称环境,是指影响人类生存和发展的各种天然的和经过人工改造的自然因素的总体,包括大气、水、海洋、土地、矿藏、森林、草原、湿地、野生生物、自然遗迹、人文遗迹、自然保护区、风景名胜区、城市和乡村等。"由此可见,环境保护法所指的环境是人类生存的环境,是作用于人类并影响人类生存和发展的外界事物。

人类活动对整个环境的影响是综合性的,而环境系统也是从各个方面反作用于人类,其效应也是综合性的。人类与其他的生物不同,不仅仅以自己的生存为目的来影响环境,使自己的身体适应环境,而且为了提高生存质量,通过自己的劳动来改造环境,把自然环境转变为新的生存环境。这种新的生存环境有可能更适合人类生存,但也有可能恶化人类的生存环境。在这一反复曲折的过程中,人类的生存环境已形成一个庞大的、结构复杂的,多层次、多组元相互交融的动态环境体系。

2.2.2　环境的类型

人们习惯上将生活的环境分为自然环境和社会环境。自然环境亦称地理环境,是指环绕于人类周围的自然界,它包括大气、水、土壤、生物和各种矿物资源等。自然环境是人类赖以生存和发展的物质基础。在自然地理学上,通常把这些构成自然环境总体的因素,划分为大气圈、水圈、生物圈、土圈和岩石圈等五个自然圈。

社会环境是指人类在自然环境的基础上,为不断提高物质和精神生活水平,通过长期有计划、有目的的发展,逐步创造和建立起来的人工环境,如城市、农村、工矿区等。社会环境的发展和演替受自然规律、经济规律以及社会规律的支配和制约,其质量是人类物质文明建设和精神文明建设的标志之一。

在不同的学科或研究领域,环境的分类有很大差异,这主要是研究的环境主体和性质等的不同,所以在环境的分类中也可以按照环境的主体、环境的性质、环境的范围或环境要素等分类。如图 2-7 所示,若按照环境要素来分类,可以分为大气环境、水环境、地质环境、土壤环境及生物环境;按环境的主体则可分为人类环境(以人为主体)和自然环境(以生物为主体);按环境的性质可分为自然环境、半自然环境(被人类破坏后的自然环境)和社会环境;按环境的范围大小可分为宇宙环境(星际环境)、地球环境、区域环境、微环境和内环境。

1. 宇宙环境

宇宙环境(space environment)又称为星际环境,是指地球大气圈以外的宇宙空间环境,由广漠的空间、各种天体、弥漫物质及各类飞行器组成。它是人类活动进入地球邻近的天体和大

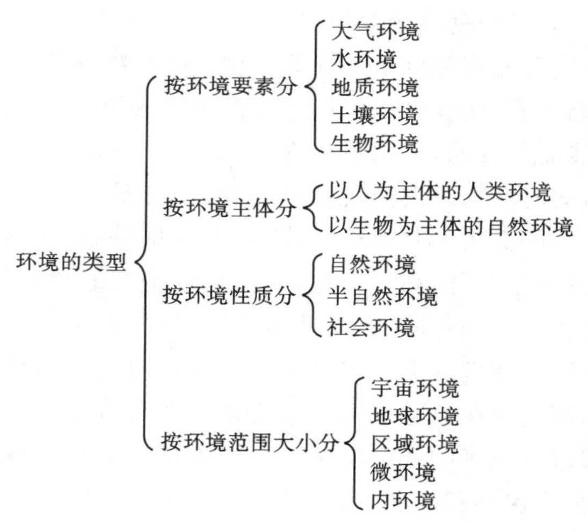

图 2-7　环境的类型

气层以外的空间的过程中提出的概念，是人类生存环境的最外层部分。太阳辐射能为地球的人类生存提供主要的能量。太阳的辐射能量变化和对地球的引力作用会影响地球的地理环境，与地球的降水量、潮汐现象、风暴和海啸等自然灾害有明显的相关性。随着科学技术的发展，人类活动越来越多地延伸到大气层以外的空间，发射的人造卫星、运载火箭、空间探测工具等飞行器本身失效和遗弃的废物，将给宇宙环境以及相邻的地球环境带来新的环境问题。

2. 地球环境

地球环境(global environment)又称地理环境或全球环境，地理学上所指的地球环境位于地球表层，处于岩石圈、水圈、大气圈、土壤圈和生物圈相互制约、相互渗透、相互转化的交融带上。它下自岩石圈的表层，上至大气圈下部的对流层顶，厚 10～20 km，包括全部的土壤圈，其范围大致与水圈和生物圈相当。概括地说，地球环境是由与人类生存与发展密切相关的，直接影响到人类衣、食、住、行的非生物和生物等因子构成的复杂的对立统一体，是具有一定结构的多级自然系统，水圈、土壤圈、大气圈、生物圈都是它的子系统，每个子系统在整个系统中有着各自特定的地位和作用。非生物环境都是生物(植物、动物和微生物)赖以生存的主要环境要素，它们与生物种群共同组成生物的生存环境。这里是来自地球内部的内能和来自太阳辐射的外能的交融地带，有着适合人类生存的物理条件、化学条件和生物条件，因而构成了人类活动的基础。

3. 区域环境

区域环境(regional environment)是指占有某一特定地域空间的自然环境或社会环境。区域环境按功能可分为自然区域环境、社会区域环境、农业区域环境、旅游区域环境等，它们具有各自独特的结构和特征。划分区域环境的目的是进行区域对比，并按各区域特点来研究和解决有关环境问题。

1) 自然区域环境

自然区域环境按自然特点可划分为森林、草原、草甸、荒漠、冰川、海洋、湖泊、河流、山地、盆地、平原等。同一类型的自然区域环境可以出现在地球上不同的空间，例如亚洲有温带草原，北美洲也有温带草原。同一类型的自然区域环境也有差异，例如森林区域环境有寒带针叶林环境、温带阔叶林环境、亚热带常绿林环境、热带雨林环境等。自然区域环境的出现和分布符合自然地带的水平分布规律和垂直分布规律。一个完整的自然区域环境，往往就是一个生态系统，如寒带针叶林环境有高等绿色植物群落和相应的动物群落，林下发育着灰化类型的土壤并栖息着相应的微生物区系，这些生态特点是与热带雨林环境不相同的。自然区域环境是随着地球自身的演变发展而形成的，我们现在所见到的海洋和陆地以及陆地上各种类型的自然区域环境，都是地质历史的产物。例如，喜马拉雅山在白垩纪以前还沉睡在海底，在白垩纪晚期至第三纪初期，由于印度板块向北漂移，与欧亚板块相碰撞，喜马拉雅山才开始上升为陆地，并逐渐成为被称为“世界屋脊”的高大山脉，而且至今仍在继续上升。但是，自然区域环境在人类影响下，会发生变化。例如：森林的无计划砍伐，会造成森林植被的消失，引起严重的水土流失和气候异常，森林区域环境就会变成另一种类型的自然区域环境；草原的过度放牧，会引起草原退化和沙漠化，富饶的草原会成为不毛之地。如果人类合理利用或改造自然区域环境，则可以保持并且能够改善原来的环境质量。例如森林的合理砍伐，加上人工培育更新，原来的森林类型不仅可以得到保存和发展，木材的储积量还会增加。

2）社会区域环境

社会区域环境可按社会经济文化特点划分为城市区域环境、工业区域环境等，它们分别构成一个独特的人类生态系统。城市区域环境与自然区域环境不同，它是人口密集、活动频繁的区域。在城市区域环境中还包含次一级的区域，如工业区、商业区、文化区、交通枢纽区等。城市类型不同，社会区域环境特点也有差异：有的城市主要功能是一个政治中心，如德国的波恩，这样的区域环境主要包含行政机关、居民区和商业区等；有的是以科学文化事业为主的，如日本的筑波；有的是以旅游业为主的，如意大利的威尼斯；许多城市是以工业为主体的，如日本的四日市以石油化工为主。

在城市区域环境中，由于工业迅速发展和人口急剧增加，大量废弃物排入周围的大气、水体和土壤中，造成环境污染，使环境质量下降。一些城市开始对环境污染进行治理和控制，城市区域环境有了一定的改善。

3）农业区域环境

农业区域环境与城市区域环境不同，人口的密集程度和交通的发达程度都较低，它在很大程度上受到自然条件(特别是气候和地形)和经济技术条件的影响。例如：中国南方的气候条件适宜种植水稻，长江以南的农业区域环境中，农田主要由稻田构成；中国北方的气候适于种植小麦、玉米、高粱等旱地作物，农田主要由旱地构成。一些国家经营集约型农业，种植单一的作物(如咖啡、甘蔗、棉花等)，这种农业区域环境就不同于多种经营的农业区域环境。农业区域环境的共同特点是以生产农产品和畜产品为主，有的兼营农产品加工业及其他工业。

4）旅游区域环境

旅游区域环境主要作为观赏、娱乐、休息和疗养的场所，大多数处在风景优美的自然区域环境中，并有人工建筑物以及各种文化娱乐、体育、居住、交通、医疗等生活服务设施。中国许多旅游区域环境都是闻名世界的，如浙江的杭州西湖、广西的桂林、江西的庐山和安徽的黄山等。

4. 微环境

微环境(micro-environment)是指区域环境中，由于某一个(或几个)圈层的细微变化而产生的环境差异所形成的小环境。例如，生物群落的镶嵌就是微环境作用的结果。

5. 内环境

内环境(inner environment)是指生物体内组织或细胞间的环境，对生物体的生长和繁育具有直接的影响。

2.3　环境因子与生态因子

2.3.1　环境因子

1. 环境因子的概念

任何一种环境都包含多种多样的组成要素，环境就是由许多环境要素所构成，这些环境要素即称为环境因子(environmental factors)。

2. 环境因子的分类

环境因子具有综合性和可调剂性，它包括生物有机体以外所有的环境要素。美国生态学家 R. F. Daubenminre(1947)将环境因子分为三大类(气候类、土壤类和生物类)和 7 个并列的项目(土壤、水分、温度、光照、大气、火和生物因子)。这是以环境因子特点为标准进行分类的代表。Dajoz(1972)依据生物有机体对环境的反应和适应性进行分类，将环境因子分为第一性周期因子、次生性周期因子及非周期性因子。Gill(1975)将非生物的环境因子分为三个层次：第一层，植物生长所必需的环境因子(如温度、光照、水分等)；第二层，不以植被是否存在而发生的对植物有影响的环境因子(如风暴、火山爆发、洪涝等)；第三层，存在与发生受植被影响，反过来又直接或间接影响植被的环境因子(如放牧、火烧等)。其他的一些分类见表 2-2。

表 2-2　环境因子的分类举例

W. C. Allee(1949)	Nicholson(1933)	Smith(1935)	Мончадский(1953)	综合性
				气候因素
			稳定因素	光
				温度
			变动因素	相对湿度
非生物因素	非反应因素	非密度制约因素	(有周期性变动)	水
				其他因素
			变动因素	气候以外的自然因素
			(非周期性变动)	水域环境
				土壤环境
生物因素	反应因素	密度制约因素	基本上是	生物因素
			变动因素	食物
				种内
				种间

2.3.2　生态因子

生态因子(ecological factor)是指环境中对生物的生长、发育、生殖、行为和分布有着直接或间接影响的环境要素，如温度、湿度、食物、氧气、二氧化碳和其他相关生物等。生态因子中生物生存所不可缺少的环境条件，称为生物的生存条件。所有生态因子构成生物的生态环境。具体的生物个体和群体生活地段上的生态环境称为生境，其中包括生物本身对环境的影响。

生态因子和环境因子是两个既有联系又有区别的概念,生态因子是环境中对生物起作用的因子,而环境因子则是指生物体外部的全部要素。

任何一个自然环境中都包含许多种生态因子,各种生态因子的作用并不是独立的,而是相互关系、相互影响的,因此,在进行生态因子分析时,不能只片面地注意到某一生态因子而忽略了其他因子。在一定条件下,生态因子的重要性不同,具有主次之分,即非等价性。根据生态因子的相对重要性可以将它们分为主要生态因子和次要生态因子。

再者,随着时间、地点等各种条件的变化,生态因子的重要性及其作用方式也可能发生相应的改变。例如,鸡蛋在孵化期间,环境当中的温度、湿度、氧气等生态因子都对其胚胎发育起着影响作用,其中,温度和湿度起着决定性的作用,是主要生态因子,但是,到了胚胎破壳的时候,充足的氧气就特别重要,因为此时胚胎的呼吸已经由胚膜呼吸转变为肺呼吸了。

在自然环境中,各种生态因子的作用之间存在着明显的相互影响,各种生态因子的相互影响可以发生在非生物因子与非生物因子之间(例如,当土壤中的氮不足时,草本植物对干旱的抗性就会降低。又如,恒温动物对高温的耐受范围受大气湿度的影响,大气湿度适当地降低有利于蒸发散热,在这种条件下,恒温动物的耐热能力较强,相反,大气湿度太高则耐热能力较弱),也可以发生在生物因子和非生物因子之间,还可以发生在生物因子与生物因子之间,因此,在人工环境条件下仅对单一生态因子进行实验研究的意义是有限的。

2.3.3 生态因子的类型

生态因子的类型多种多样,分类方法也不统一。简单、传统的方法是把生态因子分为生物因子(biotic factor)和非生物因子(abiotic factor)两类。前者包括生物种内和种间的相互关系,后者则包括气候、土壤、地形等。

1. 气候因子

气候因子(climatic factor)也称地理因子,包括光、温度、水分、空气等。根据各因子的特点和性质,还可再细分为若干因子,如光因子可分为光强、光质和光周期等,温度因子可分为平均温度、积温、节律性变温和非节律性变温等。

2. 土壤因子

土壤是气候因子和生物因子共同作用的产物。土壤因子(edaphic factor)包括土壤的物理与化学性质、土壤肥力、土壤生物等。

3. 地形因子

地形因子(topographic factor)指地面的起伏、坡度、坡向、阴坡和阳坡等,通过影响气候或水热分配,间接地影响植物的生长和分布。

4. 生物因子

生物因子(biotic factor)包括生物之间的各种相互关系,如捕食、寄生、竞争和互惠共生等。

5. 人为因子

把人为因子(anthropogenic factor)从生物因子中分离出来,是为了强调人的作用的特殊性和重要性。人类活动对自然界的影响越来越大且越来越带有全球性,分布在地球各地的生物都直接或间接地受到人类活动的影响。

生态因子的划分是人为的,其目的只是研究或叙述的方便。实际上,在环境中,各种生态因子的作用并不是单独的,而是相互联系并共同对生物产生影响的,因此,在进行生态因子分析时,不能只片面地注意到某一生态因子,而忽略了其他因子。另一方面,各种生态因子也存在着相互补偿或增强作用。在生态因子影响生物的生存和生活的同时,生物体也在改变生态因子的状况。

2.4 生物与环境关系的基本规律

2.4.1 生态因子作用的一般特征

环境中的生态因子不是独立地对生物产生作用,而是作为一个整体发挥综合作用,这主要表现为生态因子间的相互影响、相互作用,生态因子的不可替代性以及生态因子的主次关系和直接与间接关系。

1. 综合作用

环境中的各种生态因子彼此联系、互相促进、互相制约,任何一个单因子的变化必将引起其他因子不同程度的变化,对生物起到不是单一的而是综合的作用。例如,光照强度的变化必然引起大气和土壤温度、湿度的改变,而所有这些改变都同时对生物产生影响,这就是生态因子的综合作用。

2. 主导因子作用

组成环境的生态因子都是生物所必需的,但对生物起作用的诸多因子是非等价的,其中有1～2个是起主要作用的生态因子,即主导因子。主导因子的改变常会引起其他生态因子发生明显变化或使生物的生长发育发生明显变化。例如:光合作用时,光照是主导因子,温度和CO_2是次要因子;春化作用时,温度为主导因子,湿度和通气条件是次要因子。

3. 直接作用和间接作用

生态因子对生物的作用有的是直接的,有的是间接的。直接影响或直接参与生物体新陈代谢的生态因子为直接因子,如光、温度、水、气、土壤等。不直接影响生物,而是通过影响直接因子来影响生物的生态因子为间接因子,如地形、地势、海拔等。间接因子对生物的作用虽然是间接的,但往往也是非常重要的,它一般支配着直接因子,而且作用范围广,作用强度大,有时甚至构成地区性影响及小气候环境的差异。区分生态因子的直接作用和间接作用对生物的生长、发育、繁殖及分布很重要。

4. 阶段性作用

在自然界,各生态因子组合随时间的推移而发生阶段性变化,并对生物产生不同的生态效应,生物在生长发育的不同阶段对外界生态条件的要求也存在阶段性变化,因此,生态因子对生物的作用也具有阶段性。例如,小麦的春化阶段要求有相应的低温作保证,而一旦通过春化阶段,低温对小麦的生长发育就显得不很重要,有时,低温还会对小麦产生有害的影响。

5. 不可代替性和补偿作用

各种生态因子的存在都有其必要性,主导因子的缺乏可影响生物生长甚至导致其死亡,所以不可代替,但在综合作用过程中可局部补偿。生态因子虽非等价,但都不可缺少,一个因子的缺失不能由另一个因子来代替。所以从总体上说生态因子是不可替代的,但是局部是能补偿的。如在一个由多个生态因子综合作用的过程中,某因子在量上的不足,可由其他因子进行补偿,获得相似的生态效应。以植物进行光合作用来说,光照不足所引起的光合作用的下降可由 CO_2 浓度的增加得到补偿。

2.4.2 生物对生态因子的耐受限度

1. 最小因子定律

1840 年,德国化学家 B. J. Liebig 在研究各种生态因子对植物生长的影响时发现,作物的产量往往不是受其大量需要的营养物质(如 CO_2 和水)所制约,因为它们在自然环境中很丰富,而是取决于那些在土壤中较为稀少且又是植物所需要的营养物质(如硼、镁、铁、磷等),因此,Liebig 提出了“植物的生长取决于环境中那些处于最小量状态的营养物质”的观点。进一步的研究表明,Liebig 所提出的理论也同样适用于其他生物种类或生态因子,因此,Liebig 的理论被称为最小因子定律(law of the minimum)。这与系统论中的“木桶原理”含义一致,即一个由多块木板拼成的水桶,当其中一块木板较短时,不管其他木板多高,水桶装水量总是受最短木板制约的。

E. P. Odum 认为,应用 Liebig 最小因子定律时,应作两点补充:①Liebig 定律只有在环境条件处于严格的稳定状态下,即在物质和能量的输入和输出处于平衡状态时才能应用;②应用 Liebig 定律时还应考虑到各种因子之间的相互作用,当一个特定因子处于最小量时,其他处于高浓度或过量状态的物质可能起着补偿作用。

每一种植物都需要一定种类和一定数量的营养物:如果其中有一种营养物完全缺失,植物就不能生存;如果这种营养物质数量极微,植物的生长就会受到不良影响。因此,对最小因子法则的概念必须作以上两点补充才能使它更为实用。

2. 耐受定律

Liebig 定律指出了因子低于最小量时成为影响生物生存的因子。实际上,因子过量时同样也会影响生物生存。1913 年,美国生态学家 V. E. Shelford 提出了耐性定律(law of tolerance)(图 2-8)。他认为,任何一个生态因子在数量上或质量上的不足或过多,即当其接近或达到某种生物的耐受限度时,就会影响该种生物的生存和分布。该定律把最低量因子和最高量因子相提并论,把任何接近或超过耐性下限或耐性上限的因子都称为限制因子。Shelford 耐性定律也表明,那些对生态因子具有较大耐受范围的种类,分布就比较广泛(图 2-9),这些种类就是所谓的广适性生物(eurytropic organism),反之则称为狭适性生物(stenotropic organism)。

3. 限制因子

生物的生存和繁殖依赖于各种生态因子的综合作用,但是其中必有一种或少数几种因子是限制生物生存和繁殖的关键性因子,这些关键性因子就是所谓的限制因子(limiting factor)。任何一种生态因子只要接近或超过生物的耐性下限或耐性上限,它就会成为这种生物的限制因子。

如果生物对某个生态因子的耐受范围很广,而这个因子在环境中又比较稳定,那么这个因子就不可能成为一个限制因子;如果生物对某个生态因子耐受范围很窄,而这个因子在环境中又容易变化,那么这种因子就很可能是一个限制因子。例如,在陆地上生活的动物一般不会缺氧,但是,氧气在水中的含量比在空气中的低得多,在高密度养殖池塘中,溶解氧含量往往就成为限制因子,在水质监测中是一个必测的生态因子。

限制因子的概念指明了研究生物与环境复杂关系的一个出发点,即在研究某个特定环境

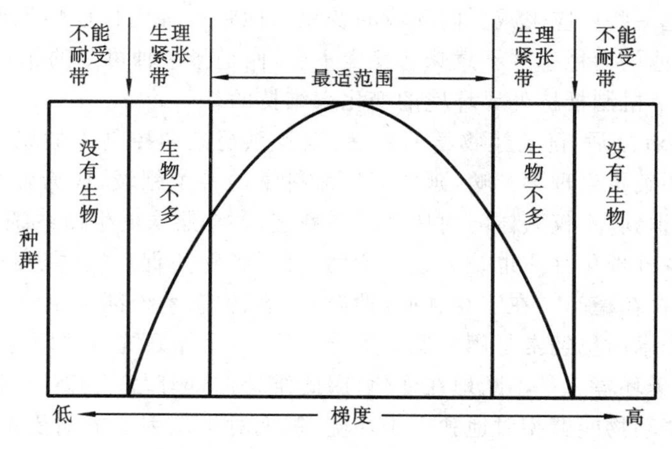

图 2-8　Shelford 耐性定律图解

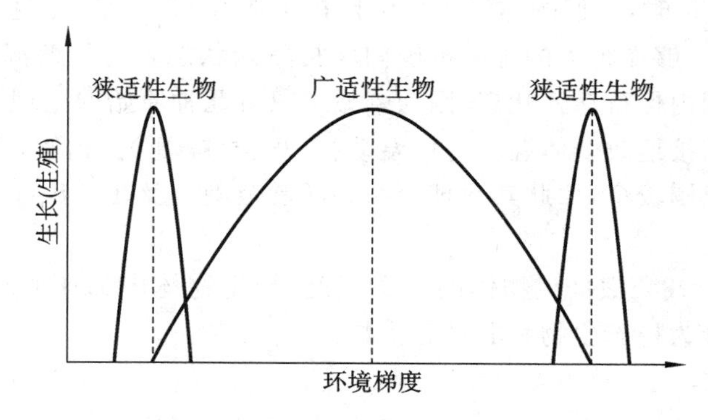

图 2-9　广适性和狭适性生物

时，首先应该关注那些影响生物生存和发展的限制因子，这就是这个概念的最主要价值。它使生态学家掌握了一把研究生物与环境复杂关系的钥匙，因为各种生态因子对生物来说并非同等重要，生态学家一旦找到了限制因子，就意味着找到了影响生物生存和发展的关键性因子，并可集中力量研究它。

2.4.3　生命系统的稳态特性

1. 稳态

稳态(homeostasis)是生命系统的重要特征，是生命系统在与外界环境的物质、能量和信息交流过程中，通过自身的调节机制而维持的相对稳定状态。稳态是生命系统能够独立存在的必要条件。生物体内的各种代谢过程，都将维持自身的稳态作为目标。稳态的维持靠的是生命系统内部的自动调节机制。

稳态的概念源于人体内环境的研究。1857 年，法国生理学家 C. Bernard 首先指出，细胞外液是机体细胞直接生活于其中的外环境，也就是身体的内环境。虽然机体的外部环境经常变化，但内环境基本不变，从而给细胞提供了一个比较稳定的理化环境。“内环境的稳定是独立自由的生命的条件。”失去了这些条件，代谢活动就不能正常进行，细胞的生存就会出现危机。1926 年，美国生理学家 W. B. Cannon 发展了内环境稳定的概念，指出内环境的稳定状态只有通过细致地协调各种生理过程才能达成。内环境的任何变化都会引起机体自动调节组织和器官的活动,产生一些反应来减少内环境的变化。他将这种由代偿性调节反应所形成的稳定状态称为稳态。他认为稳态并不意味着稳定不变,而是指一种可变的相对稳定的状态,这种状态是靠完善的调节机制抵抗外界环境的变化来维持的。

在 W. B. Cannon 之后,随着生物学的发展,以及系统论和控制论的思想方法对生物学的影响,稳态的概念突破了生理学范畴,延伸至生命科学的各个领域,成为整个生命科学的一大基本概念。人们认识到,不仅人体的内环境存在稳态,各个层次的生命系统都存在稳态。在微观领域,细胞内的各种理化性质也是大致维持稳定的,各种酶促反应的进行受到反馈调节;基因表达过程中同样存在稳态。在宏观领域,种群、群落、生态系统都存在稳态。

但是,稳态这个术语更经常是用来反映生物个体,即个体系统内部环境的平衡,如体温、血糖、氧、体液等。由于环境总是不断地在变化,因此维持内部环境平衡对于许多动物来说是相当重要的,它使这些动物能够相对地独立于环境,扩大对生态因子的耐受范围,从而开发更多的潜在栖息地。例如,哺乳类具有许多种温度调节机制以维持体温的平衡,当环境温度在 $-20\sim40$ ℃范围内变化时,它们的体温仍可维持在正常值 37 ℃左右,偏离不超过 5 ℃。哺乳类作为恒温动物因此能够在很大的温度范围内保持活跃状态。对于变温动物,如蜥蜴类则只能够在 $25\sim35$ ℃范围内保持活跃状态,因为蜥蜴类只有几种原始的生理调节方式与行为调节方式,如晒太阳可以间接地改变体温。与恒温动物(鸟类、哺乳类)相比,变温动物(两栖类、爬行类)的温度的耐受范围较窄,因此其地理分布和活动范围以及在一年甚至一天当中的活动时间也就受到限制。

R. J. Putman 等(1984)根据生物体的稳态程度,即生物体内部环境平衡与外部环境条件变化的关系,把生物分为稳态生物和非稳态生物。

2. 生物内稳态特性

内稳态机制,即生物控制自身的体内环境使其保持相对稳定,是进化发展过程中形成的一种更进步的机制,它能够或多或少地减少生物对外界条件的依赖性。具有内稳态机制的生物借助于内环境的稳定而相对独立于外界条件,大大提高了生物对生态因子的耐受范围。

生物的内稳态是有其生理和行为基础的。很多动物都表现出一定程度的恒温性(homeothermy),即能控制自身的体温。控制体温的方法在恒温动物主要是靠控制体内产热的生理过程,在变温动物则主要靠减少热量散失或利用环境热源使身体增温,这类动物主要是靠行为来调节自己的体温,而且这种方法也十分有效。除调节自身体温的机制以外,许多生物还可以借助于渗透压调节机制来调节体内的盐浓度,或调节体内的其他各种状态。

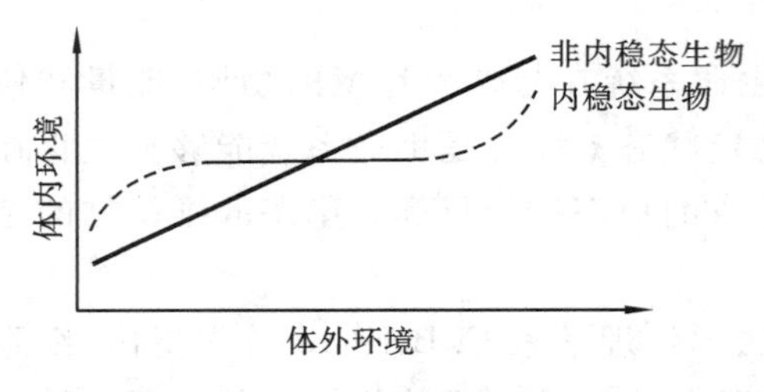

图 2-10　环境条件变化对内稳态和非内稳态生物体内环境的影响

(R. J. Putman 等,1984)

维持体内环境的稳定性是生物扩大环境耐受限度的一种主要机制,并被各种生物广泛利用。但是,内稳态机制虽然能使生物扩大耐受范围,却不能完全摆脱环境所施加的限制,因为扩大耐受范围不可能是无限的。事实上,具有内稳态机制的生物只能增加自己的生态耐受幅度,使自身变为一个广生态幅物种或广适性物种。有人根据生物体内状态对外界环境变化的反应,将生物分为内稳态生物(homeostatic organisms)与非内稳态生物(non-homeostatic organisms),它们之间的基本区别是控制其耐性限度的机制不同(图 2-10)。非内稳态生物的耐性限度仅取决于体内酶系统在什么生态因子范围内起作用;而对内稳态生物而言，其耐性限度除取决于体内酶系统的性质外，还有赖于内稳态机制发挥作用的大小。

生物为保持内稳态发展了很多复杂的形态和生理适应，但是最简单、最普遍的方法是借助于行为的适应，例如借助于行为回避不利的环境条件。

在外界条件的一定范围内，动物和植物都能利用各种行为机制使体内环境保持恒定。虽然高等植物一般不能移动位置，但许多植物的叶子和花瓣有昼夜的运动和变化。例如豆叶的昼挺夜垂的变化或睡眠运动、向日葵花序随太阳的方向而徐徐转动等。动物也常利用各种行为使自己保持稳定的体温。在清晨温度比较低时，沙漠蜥（*Amphibolurus fordi*）常使身体的侧面迎向太阳，并把身体紧贴在温暖的岩石上，这样就能尽快地使体温上升到最适于活动的水平。随着白天温度逐渐升高，沙漠蜥会改变身体的姿势，抬起头对着太阳使身体迎热面最小，同时趾尖着地把身体抬高使空气能在身体周围流动散热。有些种类则尽可能减少与地面的接触，除把身体抬高外，两对足则轮流支撑身体。这种姿势可使蜥蜴在一个有限的环境温度范围内保持体温的相对恒定。

除了靠身体的姿势外，动物还常常在比较冷和热的两个地点（都不是最适温度）之间往返移动，当体温过高时则移向比较冷的地点，当体温过低时则移向比较热的地点。又如动物可在每天不同的时间占有不同的地理小区，而这些地理小区在被占有时总是对动物最适宜的。生活在特立尼达雨林中的两种按蚊（*Anopheles billator* 和 *A. homunculus*）就有这样的行为机制。这两种按蚊都有一种特定的最为有利的空气湿度，因此它们便在每天不同的时间集中在雨林内的不同高度。比较两种按蚊的行为发现，后一种按蚊对湿度的垂直梯度利用范围较窄，它们通常不会离开地面太远，而是把自己的活动局限在每天湿度较大的时候。同样，沙漠蜥也总是在一天的一定时间内才在土壤岩石表面觅食，此时的地面温度处于43～50 ℃之间。以上谈到的几种行为机制（即身体姿势、往返移动和追寻适宜栖地）可以在很大程度上将身体内环境控制在一个适宜的水平上，并且可以大大增加生物的活动时间。

生物借助于其他的行为机制为自身创造一个适于生存和活动的小环境，是使自身适应更大环境变化的又一种方式。鼠兔靠躲进洞穴内生活可以抵御－10 ℃以下的严寒天气，因为仅在地下10 cm深处，温度的变动范围就不会超过1～4 ℃。各种白蚁巢所创造的小环境大大减少了白蚁生活对外界环境条件的依赖性。例如，当外界温度为22～25 ℃时，大白蚁（*Macrotermes natalensis*）巢内却可维持（30.0±0.1）℃的恒温和98%的相对湿度。实际上，白蚁巢结构本身就具有调节温、湿度的作用。白蚁巢的外壁可厚达半米，几乎可使巢内环境与外界条件相隔绝，而白蚁的新陈代谢和巢内的菌圃都能够产生热量，这就为白蚁群体提供了可靠的内热来源。巢内的恒温则靠控制气流来调节，因为在巢的外壁中有许多温度较低的叶片状构造，其间形成了很多可供气体流动的通风管道，空气可自上而下地流入地下各室，从而使整个蚁巢都能通风。蚁巢内的湿度是靠专职的运水白蚁来调节的，这些运水白蚁有时可从地下50 m或更深的地方把水带到蚁巢中来。

澳大利亚眼斑冢雉（*Leipoa ocellata*）也有类似的行为机制保持鸟巢的恒温。这种奇特的鸟不是靠亲鸟的体热孵卵，而是依靠太阳的辐射热和植物腐败所产生的热孵卵（图2-11）。生殖期开始前，雄雉收集大量的湿草并把它们埋藏在大约3 m深的巢穴内，不断地翻挖、通风，促其腐败产热，直到使巢穴温度达到适宜时为止。然后雌雉开始产卵，此后巢穴的温度将保持在34.5 ℃左右，上下波动不会超过1.0 ℃。随着夏天的到来，太阳辐射会成为白天巢穴的主要热源，只有在夜间才需要植物腐败所产生的热量。为此，早晨雄雉在巢堆上挖掘许多通风管道，让植物腐败所产生的热量由此散出，到了晚上散热口又会被堵死。随着时间的推移，腐败过程会逐渐变缓,冢雉不得不全部依靠太阳辐射的热来维持巢穴的温度。但此时白天太阳的热量太多,夜晚植物腐败所产生的热量又太少。于是,雄雉开始在巢堆上铺上一层起隔热作用的沙子,白天可减少太阳的热力,晚上则可减少热量的散失。冢雉的孵卵时间需持续好几周,直到入秋。入秋后,不仅植物的分解热会耗尽,而且太阳的热也会逐渐减弱。为了使鸟卵能在白天最大限度地吸收热量,雄雉此时会把覆盖在卵上的沙层减薄到只有几厘米厚,以便卵能接受全部热量。为了准备度过寒冷的夜晚,雄雉会把白天从巢堆上扒下的沙子薄薄地铺在地面上,待它们充分吸收太阳热量后,晚上又把这些晒热的沙子全部收集起来盖在巢穴上,以便维持夜间巢穴的温度。这种十分吃力和复杂的行为却能在整个孵化期成功地把巢穴的温度保持在 34.5 ℃附近。

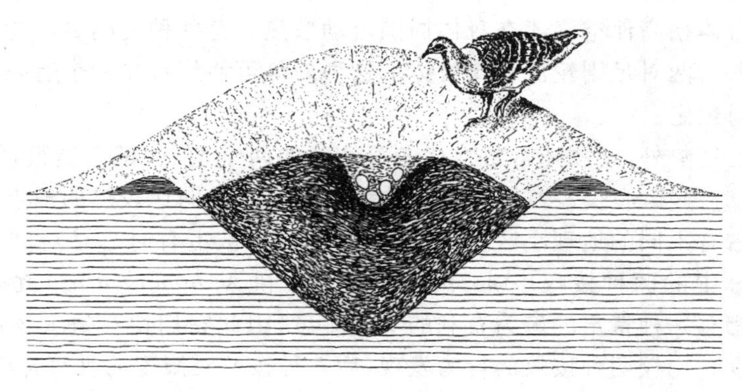

图 2-11　冢雉利用热孵卵示意图

(R. J. Putman 等, 1984)

在稳态的获得和保持过程中,负反馈是共同的,也是基本机制。所谓反馈(feedback),是指系统当中的某一成分变化引起其他成分发生一系列的变化,而后者的变化最终又回过来影响首先变化的成分。各种类型的系统都有反馈现象。如果反馈的作用能抑制或减少最早发生变化的成分的改变,那么,这种反馈就称为负反馈(negative feedback);反之,如果反馈的作用能加剧或增加最早发生变化的成分的改变,则称为正反馈(positive feedback)。

负反馈能抑制变化,因此能维持系统的稳态;相反,正反馈加剧变化,则使系统更加偏离稳态。例如:由于临近地区草食动物的迁入,某一草地上的草食动物种群数量将增大,系统当中"草食动物"这一成分发生变化;如果动物的数量大量增加,草地载畜量过大,那么系统的另一个成分,即"草地"成分也会发生变化,即草地食物的供给量减少,草地食物供给量减少的最终效应是限制该地方的草食动物数量,因此减少"草食动物"成分的增加率,产生负反馈作用(图 2-12)。

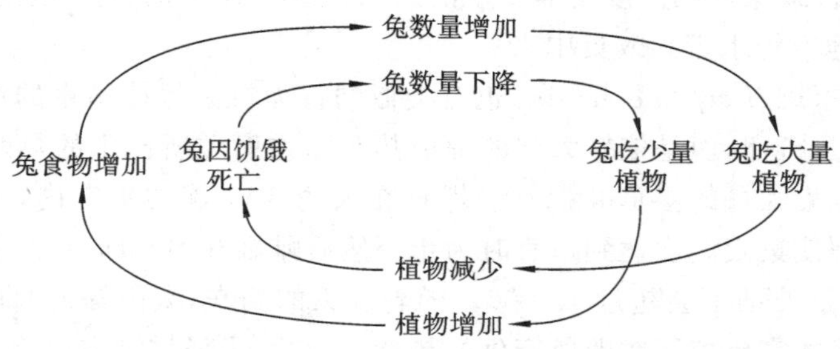

图 2-12　兔种群与植物种群之间的负反馈

和负反馈相比，自然系统较少发生正反馈现象。但也有个别实例。例如，湖泊受污染时，污染物会毒死一些鱼类，导致"鱼类种群"这一系统成分减少。鱼类尸体的腐败将会加剧污染并且引发更多鱼类死亡。因此，鱼类死亡率将被增大，属于正反馈作用。自然系统发生正反馈现象一般是短暂的，具有很大的破坏作用。在长时间范围内，负反馈和自我调节占更大的优势。

2.4.4　生物对环境的适应

1. 适应的概念与类型

适应具有许多不同的含义，但主要是指生物对其环境压力的调整过程。生物在与环境的长期相互作用中，形成一些具有生存意义的特征，生物依靠这些特征能免受各种环境因素的不利影响，同时还能有效地从其生境中获取所需的物质、能量，以确保个体发育的正常进行，自然界的这种现象称为生态适应(ecological adaptation)。

适应(adaptation)是指生物对其环境压力的调整过程。生物为了能够在某一环境更好地生存繁衍，不断地从形态、生理、发育或行为各个方面进行调整，以适应特定环境中的生态因子及其变化。生物对环境的生态适应可概括为：①进化适应(evolutionary adaptation)，生物通过漫长的过程，调整其遗传组成以适合于改变的环境条件；②生理适应(physiological adaptation)，生物个体通过生理过程，调整以适应于气候条件、食物质量等环境条件的改变；③学习适应(adaptation by learning)，生物通过学习、行为以适应于多种多样的环境改变。

适应可以使生物对生态因子的耐受范围发生改变。自然环境的多种生态因子是相互联系、相互影响的，因此，对一组特定环境条件的适应也必定表现出彼此之间的相互关联性，这一整套协同的适应特性就称为适应组合(adaptive suite)。

应当强调的是，无论生物通过哪一种适应方式来调整、扩大它们对生态因子的耐受范围，或生存在更多的复杂环境当中，都不能逃脱生态因子的限制。耐受极限只能改变而不能去除，因此，生物的生理状态和分布会由于它们对特定生态因子耐受范围的有限性而受到限制。生物对特定生态因子的耐受范围由该生物的遗传结构所决定，因此是生物的物种特性。例如，厩蝇(*Stomoxys calcitrans*)对温度的耐受范围是 14～32 ℃，家蝇(*Musca domestica*)对温度的耐受范围则是 20～40 ℃。

桦尺蛾(*Biston betularia*)的工业黑化就是基因型适应的实例。刚开始的时候，桦尺蛾是浅色的，并且能够隐蔽在有地衣覆盖的浅色树干环境当中。但是随着当地的工业化，树干被工厂排出的烟雾逐渐熏成黑色。与这种黑色背景相对应，浅色的桦尺蛾非常醒目。逐渐地，该地区桦尺蛾种群当中的黑色变异个体变为占优势，因为黑色个体在黑色树干环境下能够得到更好的隐蔽，逃避捕食而得到生存。经过如此的一个进化过程，这种昆虫适应了其栖息地的改变(图 2-13)。

骆驼(*Camelus ferus*)是对沙漠环境进行适应组合的最好例子。和其他沙漠动物一样，骆驼能够高度浓缩尿液、干燥粪便以减少水分丧失，还能够在清晨取食含有露水的植物嫩叶或取食多汁植物以获得更多的水分。骆驼耐受沙漠条件的能力表现在能够耐受脱水和外界较大的昼夜温差。

骆驼在夏季的沙漠中能够耐受使体重减少 25%～30%的脱水。其他哺乳动物，如狗和大鼠，在温和条件，当脱水程度达到体重减轻 12%～14%时就会死亡。动物体内的血浆容积一旦下降会使心血管系统发生严重阻碍，从而使体液向体表传导热量的速率减缓，因此，高温条

(a)

(b)

图 2-13 桦尺蛾的工业黑化

件下会引起生命危险。而骆驼脱水时,其血浆容积的减少量比其他动物小。

骆驼能够耐受外界较大的昼夜温差,起着储热库的作用,可以限制蒸发失水。在缺水条件下,骆驼白天最高体温可达到 40 ℃,夜晚体温可降至 34 ℃,存在着 6 ℃的昼夜温差(图 2-14)。骆驼耐受较大的昼夜温差可以减少失水。因为白天的环境温度较高,如果骆驼要保持体温恒定,一定要靠蒸发水分才能把热量散发掉。骆驼白天让体温增高,储存热量,意味着减少了蒸发失水。例如,500 kg 的骆驼比热容为 3.35 J/(g·℃),体温升高 6 ℃,就意味着可以储存大约 10000 kJ 的热。若要蒸发和散发这些热量,需要消耗多于 4 L 的水。夜晚环境温度较低,骆驼可以通过传导和辐射散发体热,以代替蒸发。让体温在白天上升的附带利益是降低了热量从环境向骆驼传导的梯度。

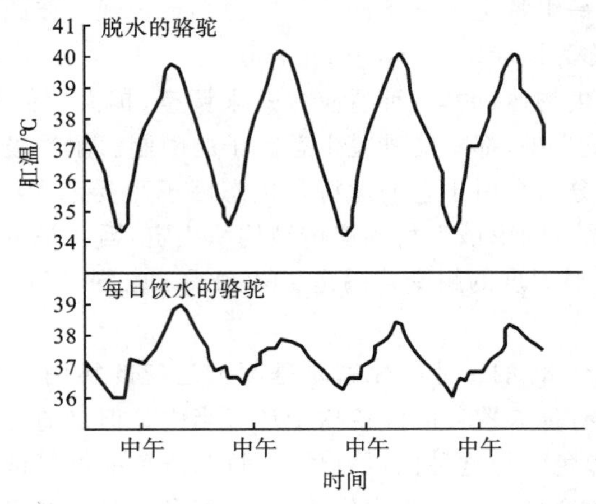

图 2-14 骆驼在得不到饮水时肛温可出现高达 5～6 ℃的昼夜波动;
在饮水情况下,体温的昼夜波动小得多
(仿哈迪,1984)

2. 生态型与生活型

1) 生态型

生态型是生物适应外界环境的一种重要类型。同种生物的不同个体,由于长期生活在不同的自然生态条件或人为培育条件下,会发生趋异适应。经过自然选择或人工选择分化形成的形态、生理、生态特性不同的可以遗传的类群,称为生态型(ecotype)。生态型是同一种生物对不同环境条件趋异适应的结果。

同一种内的不同生态型，有的在形态上表现出差异，有的只在生理或生化上有差异，形态上并没有差异。这种差异的形成主要是生态因子对种内许多基因型选择和控制的结果。根据形成生态型的主导因子的不同，植物的生态型可分为气候生态型、土壤生态型和生物生态型。

(1) 气候生态型：主要是由于长期受气候因素(如光周期、气温和降水等)影响所形成的生态型。例如，水稻的早、中、晚稻属于不同的光照生态型。

(2) 土壤生态型：在不同土壤水分、温度和土壤肥力等自然和栽培条件影响下形成的生态型。例如：水稻和陆稻主要是由于土壤水分条件不同而分化形成的土壤生态型；作物的耐肥品种或耐瘠品种，是与一定的土壤肥力相适应的土壤生态型。

(3) 生物生态型：同种生物的不同个体群，长期生活在不同的生物条件下分化形成的生态型。例如对病虫害具有不同抗性的作物品种，可看作不同的生态型。

对动物而言，由于生活在不同的环境下，同样存在生态型的分化。例如我国猪的品种，按照地理及生态条件大致分为华北、华中、江淮、华南、西南和高原六个生态型。自北向南，猪的品种在形态和生态特性方面的变化趋势是：体型由大而小；鬃毛由密而疏，绒毛由多而稀或无；背腰由平直逐渐凹陷；脂肪比重逐渐增加；繁殖力以江淮型、华中型较强；毛色由黑而花；地理上西南的猪种大多耐粗饲，抗性强，生产力不高，特别是高原型的藏猪。

内温动物身体突出的部分，如四肢、尾巴、外耳等在气候寒冷的地方有变短的趋向。分布于不同地区的狐狸是一个很好的例子。沙漠地区的狐狸耳朵最大，温带地区的狐狸耳朵大小适中，北极狐的耳朵最小(图 2-15)。

(a)大耳廓狐

(b)赤狐

(c)北极狐

图 2-15　不同气候条件下狐狸耳朵大小的变化

2) 生活型

不同种生物，由于长期生存在相同的自然生态或人为培育环境条件下，发生趋同适应(图 2-16)，并经自然选择或人工选择后形成的，具有类似形态、生理和生态特征的物种类群，称为生活型(life form)。

植物的生活型主要从形态外貌上进行划分(见 4.3.1 节)。在不同的气候生态区域，生活型的类别组成是不同的。例如：在热带潮湿地区，以高位芽植物为主，乔木和灌木占大多数，附生植物也较多；在干燥炎热的沙漠地区和草原地区，以一年生植物占的比重最大；在温带和北极地区，则以地面芽植物占的比重最大。

不同种类的动物长期生活在相同的生态条件下也产生趋同适应。如爬行类中的鳖、哺乳类的海豚，其亲缘关系相隔甚远，但由于共同生活在海洋环境中，形成了适于游泳的体形、划水用的鳍或附肢等。

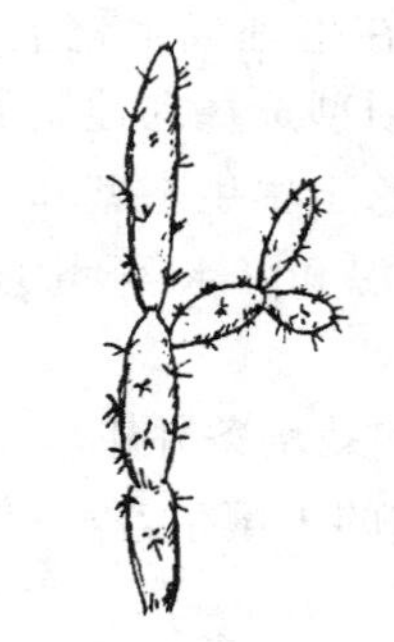
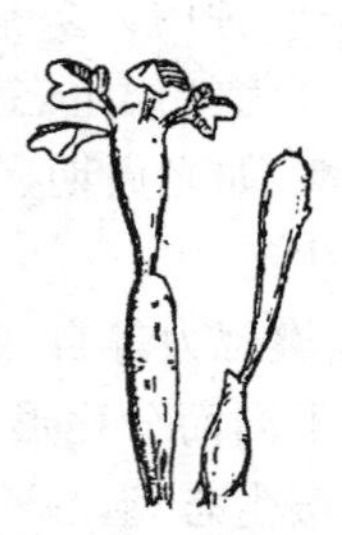
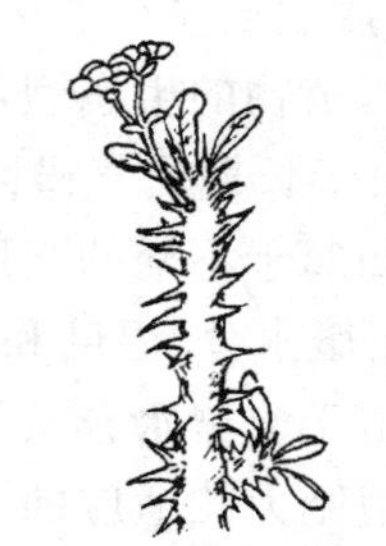

(a)仙人掌(仙人掌科)　(b)仙人笔(菊科)　(c)霸王鞭(大戟科)　(d)海星花(萝藦科)

图 2-16　植物的趋同适应

(引自河北师范大学编《生物进化论》)

3. 动物的迁飞与滞育

迁飞与滞育是动物重要的生活史对策,是动物在空间上和时间上对外界环境变化的适应。

1) 迁飞与扩散

在生态学上,扩散(dispersal)是指个体或种群进入或离开种群和种群栖息地的空间位置变动或运动状况。扩散有三种类型:分离出去而不复归来的单方向移动,称为迁出(emigration);进入的单方向移动,称为迁入(immigration);有周期性的离开和返回,称为迁移(migration)或迁飞。由此可知,生态学上的迁飞只是扩散的一种类型。

但一般来说,像小型动物(如昆虫)扩散是指其个体发育过程中日常或偶然的、小量范围内的分散或集中活动,而迁飞是指一种成群地、通常有规律地从一个发生地长距离地飞到另一发生地,如黏虫从南方向北方或北方向南方的大范围的迁飞等。

迁飞是动物生活史的一个重要特征,是在多变环境里对空间在行为上、生理上的适应。迁飞把动物带进一个新生境,而滞育使它留在原处。

2) 休眠与滞育

动物在不良的气候或食物条件下,常表现生长发育停止,新陈代谢速率显著下降,体内营养物质积累急剧增加,体内含水量特别是游离水显著减少,并常潜伏在一定保护环境下,以适应不利环境条件的一种现象,称为动物的"越冬"(如昆虫在冬季休眠)或"越夏"(如昆虫在夏季休眠)。

2.5　生态因子的作用及生物的适应

2.5.1　光的生态作用与生物的适应

光是地球上所有生物得以生存和繁衍的最基本的能量源泉,地球上生物生活所必需的全部能量都直接或间接地源于太阳光。生态系统内部的平衡状态是建立在能量基础上的,绿色植物的光合系统是太阳能以化学能的形式进入生态系统的唯一通路,也是食物链的起点。光本身又是一个十分复杂的环境因子,太阳辐射的强度、质量及其周期性变化对生物的生长发育和地理分布都产生着深远的影响,而生物本身对这些变化的光因子也有着极其多样的反应。光是一个十分复杂而重要的生态因子,包括光强、光质和光照长度。光因子的变化对生物有着深刻的影响。

1. 光强的生态作用与生物的适应

1）光强与植物

光对植物的形态建成和生殖器官的发育有重要影响。植物的光合器官叶绿体中的叶绿素必须在一定光强条件下才能形成，许多其他器官的形成也有赖于一定的光强。在黑暗条件下，植物就会出现"黄化现象"。在植物完成光周期诱导和花芽开始分化的基础上，光照时间越长，强度越大，形成的有机物越多，越有利于花的发育。光强还有利于果实的成熟，对果实的品质也有良好作用。

不同植物对光强的反应是不一样的，根据植物对光强适应的生态类型可将其分为阳性植物、阴性植物和中性植物（耐阴植物）。在一定范围内，光合作用效率与光强成正比，达到一定强度后实现饱和，再增加光强，光合效率不再提高，这时的光强称为光饱和点。当光合作用合成的有机物量刚好与呼吸作用的消耗量相等时的光强称为光补偿点。阳性植物对光要求比较迫切，只有在足够光照条件下才能正常生长，其光饱和点、光补偿点都较高（图 2-17(a)）。阴性植物对光的需求远较阳性植物低，光饱和点和光补偿点都较低（图 2-17(b)）。中性植物对光照具有较广的适应能力，对光的需要介于上述两者之间，但最适在完全的光照下生长。

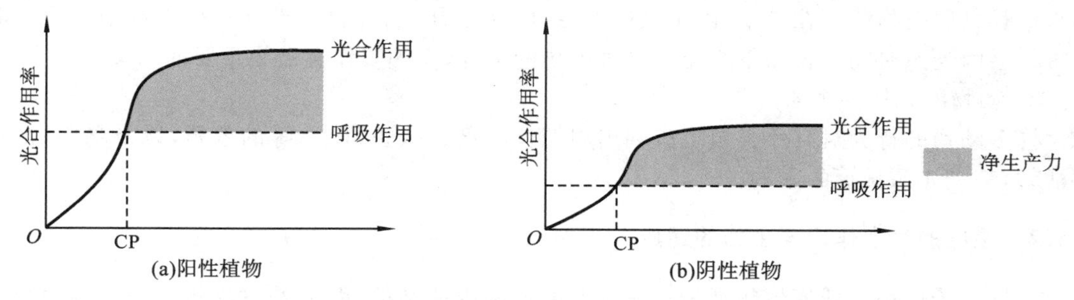

图 2-17　阳性植物和阴性植物的光补偿点位置示意图

（引自 J. C. Emberlin，1983；CP 为光补偿点）

2）光强与动物

光照强度与很多动物的行为有着密切的关系。有些动物适应于在白天的强光下活动，如灵长类、有蹄类和蝴蝶等，称为昼行性动物；有些动物则适应于在夜晚、早晨或黄昏的弱光下活动，如蝙蝠、家鼠和蛾类等，称为夜行性动物或晨昏性动物；还有一些动物既能适应于弱光，也能适应于强光，白天黑夜都能活动，如田鼠等。昼行性动物（夜行性动物）只有当光照强度上升到一定水平（下降到一定水平）时，才开始一天的活动，因此这些动物将随着每天日出日落时间的季节性变化而改变其开始活动的时间。

2. 光质的生态作用与生物的适应

1）光质与植物

植物的光合作用不能利用光谱中所有波长的光，只是可见光区（400～760 nm），这部分辐射通常称为生理有效辐射，占总辐射的 40%～50%。可见光中红、橙光是被叶绿素吸收最多的成分，其次是蓝、紫光，绿光很少被吸收，因此又称绿光为生理无效光。此外，长波光（红光）有促进延长生长的作用，短波光（蓝紫光、紫外线）有利于花青素的形成，并抑制茎的伸长。

2）光质与动物

大多数脊椎动物的可见光波范围与人接近，但昆虫则偏于短波光，在 250～700 nm 之间，它们看不见红外光，却看得见紫外光。而且许多昆虫对紫外光有趋光性，这种趋光现象已被用来诱杀农业害虫。

3. 光照长度与生物的光周期现象

地球的公转与自转，带来了地球上日照长短的周期性变化，长期生活在这种昼夜变化环境中的动植物，借助于自然选择和进化形成了各类生物所特有的对日照长度变化的反应方式，这就是生物的光周期现象。

1) 植物的光周期现象

根据对日照长度的反应类型，可把植物分为长日照植物、短日照植物、中日照植物和中间型植物。长日照植物是指在日照时间长于一定数值(一般 14 h 以上)才能开花的植物，如冬小麦、大麦、油菜和甜菜等，而且光照时间越长，开花越早。短日照植物则是日照时间短于一定数值(一般 14 h 以上的黑暗)才能开花的植物，如水稻、棉花、大豆和烟草等。中日照植物的开花要求昼夜长短接近相等(12 h 左右)，如甘蔗等。在任何日照条件下都能开花的植物是中间型植物，如番茄、黄瓜和辣椒等。

光周期对植物的地理分布有较大影响。短日照植物大多数原产地是日照时间短的热带、亚热带；长日照植物大多数原产于温带和寒带，在生长发育旺盛的夏季，一昼夜中光照时间长。如果把长日照植物栽培在热带，由于光照不足，就不会开花。同样，短日照植物栽培在温带和寒带也会因光照时间过长而不开花。这对植物的引种、育种工作有极为重要的意义。

2) 动物的光周期现象

许多动物的行为对日照长短也表现出周期性。鸟、兽、鱼、昆虫等的繁殖，以及鸟、鱼的迁移活动，都受光照长短的影响。

2.5.2　温度的生态作用与生物的适应

主导因子作用于任何生物都是在一定温度范围内活动的，温度是对生物影响最为明显的环境因素之一。

1. 温度对生物生长的影响

生物正常的生命活动是在相对狭窄的温度范围内进行的，一般在零下几度到 50 ℃之间。温度对生物的作用可分为最低温度、最适温度和最高温度，即生物的三基点温度。当环境温度在最低和最适温度之间时，生物体内的生理生化反应会随着温度的升高而加快，代谢活动加强，从而加快生长发育速率；当温度高于最适温度后，参与生理生化反应的酶系统受到影响，代谢活动受阻，势必影响到生物正常的生长发育；当环境温度低于最低温度或高于最高温度时，生物将受到严重危害，甚至死亡。不同生物的三基点温度是不一样的，即使是同一生物，在不同的发育阶段所能忍受的温度范围也有很大差异。

2. 温度对生物发育的影响与有效积温法则

温度与生物发育的关系一方面体现在某些植物需要经过一个低温“春化”阶段，才能开花结果，完成生命周期；另一方面反映在有效积温法则上。有效积温法则的主要含义是植物在生长发育过程中，必须从环境中摄取一定的热量才能完成某一阶段的发育，而且植物各个发育阶段所需要的总热量是一个常数。用公式表示为

$$K = N(T - T_0) \tag{2.1}$$

式中：K 为有效积温(常数)；N 为发育历期，即生长发育所需时间；T 为发育期间的平均温度；T_0 为生物发育起点温度(生物零度)。发育时间 N 的倒数为发育速率。

有效积温法则不仅适用于植物，还可应用到昆虫和其他一些变温动物。在生产实践中，有

效积温可作为农业规划、引种、作物布局和预测农时的重要依据，可以用来预测一个地区某种害虫可能发生的时期和世代数以及害虫的分布区和危害猖獗区等。

3. 极端温度对生物的影响

1）低温对生物的影响

温度低于一定数值，生物便会受害，这个数值称为临界温度。在临界温度以下，温度越低，生物受害越重。低温对生物的伤害可分为寒害和冻害两种。

寒害是指温度在 0 ℃以上对喜温生物造成的伤害。植物寒害的主要原因有蛋白质合成受阻、碳水化合物减少和代谢紊乱等。冻害是指 0 ℃以下的低温使生物体内（细胞内和细胞间）形成冰晶而造成的损害。植物在温度降至冰点以下时，会在细胞间隙形成冰晶，原生质因此失水破损。极端低温对动物的致死作用主要是体液的冰冻和结晶，使原生质受到机械损伤、蛋白质脱水变性。昆虫等少数动物的体液能忍受 0 ℃以下的低温仍不结冰，这种现象称为过冷却。过冷却是动物避免低温的一种适应方式。

2）高温对生物的影响

温度超过生物适宜温区的上限后就会对生物产生有害影响，温度越高，对生物的伤害作用越大。高温可减弱光合作用、增强呼吸作用，使植物的这两个重要过程失调；高温还会破坏植物的水分平衡，促使蛋白质凝固、脂类溶解，导致有害代谢产物在体内的积累。高温对动物的有害影响主要是破坏酶的活性，使蛋白质凝固变性，造成缺氧、排泄功能失调和神经系统麻痹等。

4. 生物对温度的适应

生物对温度的适应是多方面的，包括分布地区、物候的形成、休眠及形态行为等。极端温度是限制生物分布的最重要条件。高温限制生物分布的原因主要是破坏生物体内的代谢过程和光合呼吸平衡，其次是植物因得不到必要的低温刺激而不能完成发育阶段。低温对生物分布的限制作用更为明显。对植物和变温动物来说，决定其水平分布北界和垂直分布上限的主要因素就是低温。温度对恒温动物分布的直接限制较小，常常是通过其他生态因子（如食物）而间接影响其分布的。

物候是指生物长期适应于一年中温度的节律性变化，形成的与此相适应的发育节律。例如，大多数植物春天发芽，夏季开花，秋天结实，冬季休眠。休眠对适应外界严酷环境有特殊意义。植物的休眠主要是种子的休眠。动物的休眠有冬眠和夏眠（夏蛰）。

植物对低温的形态适应表现在芽及叶片常有油脂类物质保护，芽具有鳞片，器官的表面有蜡粉和密毛，树皮有较发达的木栓组织，植株矮小，常呈匍匐状、垫状或莲座状；对高温的适应表现在有些植物体具有密生的绒毛或鳞片，能过滤一部分阳光，发亮的叶片能反射大部分光线，以及叶片垂直排列，减小吸光面积等。

动物对温度的形态适应表现在同类动物生长在较寒冷地区的个体比生长在温热地区的个体要大，个体大有利于保温，个体小有利于散热。

2.5.3　水的生态作用与生物的适应

水是生物最需要的一种物质，水的存在与多寡，影响生物的生存与分布。

1. 水的生态作用

水是任何生物体都不可缺少的重要成分。各种生物的含水量有很大的不同。生物体的含水量一般为 60%～80%，有些水生生物可达 90%以上，而在干旱环境中生长的地衣、卷柏和有些苔藓植物仅含6%左右。

水是生命活动的基础。生物的新陈代谢是以水为介质进行的,生物体内营养物质的运输、废物的排除、激素的传递以及生命赖以存在的各种生物化学过程,都必须在水溶液中才能进行,而所有物质也都必须以溶解状态才能进出细胞。

水对稳定环境温度有重要意义。水的密度在4 ℃时最大,这一特性使任何水体都不会同时冻结,而且结冰过程总是从上到下进行的。水的热容量很大,吸热和放热过程缓慢,因此水体温度不像大气温度那样变化剧烈。

2. 干旱与水涝对生物的影响

1) 干旱的影响

干旱对植物的影响主要表现为降低各种生理过程。干旱时植物的气孔关闭,减弱蒸腾降温作用,抑制光合作用,增强呼吸作用,三磷酸腺苷酶活性增加破坏了三磷酸腺苷的转化循环,引起植物体内各部分水分的重新分配。不同器官和不同组织间的水分,按各部位的水势大小重新分配。水势高的向水势低的流动,影响植物产品的质量。果树在干旱情况下,果实小,淀粉量和果胶质减少,木质素和半纤维素增加。植物受干旱危害的原因有能量代谢的破坏、蛋白质代谢的改变以及合成酶活性降低和分解酶活性加强等。

2) 水涝的影响

涝害首先表现为对植物根系的不良影响。土壤水分过多或积水时,由于土壤孔隙充满水分,通气状况恶化,植物根系处于缺氧环境,抑制了有氧呼吸,阻止了水分和矿物质的吸收,植物生长很快停止,叶片自下而上开始萎蔫、枯黄脱落,根系逐渐变黑、腐烂,整个植株不久就枯死。植物地上部分受淹,则使光合作用受阻,有氧呼吸减弱,无氧呼吸增强,体内能量代谢显著恶化,各种生命活动陷于紊乱,各种器官和组织变得软弱,很快变黏变黑、腐烂脱落。水涝对动物的影响,除直接的伤害死亡外,还常常导致流行病的蔓延,造成动物大量死亡。

3. 生物对水分的适应

1) 植物对水分的适应

根据栖息地,通常把植物划分为水生植物和陆生植物。水生植物生长在水中,长期适应缺氧环境,根、茎、叶形成连贯的通气组织,以保证植物体各部分对氧气的需要。水生植物的水下叶片很薄,且多分裂成带状、线状,以增加吸收阳光、无机盐和CO_2的面积。水生植物又可分成挺水植物、浮水植物和沉水植物。

生长在陆地上的植物统称陆生植物,可分为湿生、中生和旱生植物。湿生植物多生长在水边,抗旱能力差。中生植物适应范围较广,大多数植物属中生植物。旱生植物生长在干旱环境中,能忍受较长时间的干旱,其对干旱环境的适应表现在根系发达、叶面积很小、有发达的储水组织以及高渗透压的原生质等。

2) 动物对水分的适应

动物按栖息地也可以分水生和陆生两类。水生动物主要通过调节体内的渗透压来维持与环境的水分平衡。陆生动物则在形态结构、行为和生理上来适应不同环境水分条件。动物对水因子的适应与植物的不同之处在于动物有活动能力,动物可以通过迁移等多种行为途径来主动避开不良的水分环境。

2.5.4 土壤因子的生态作用与生物的适应

土壤是陆地生态系统的基础,是具有决定性意义的生命支持系统,其组成部分有矿物质、有机质、土壤水分和土壤空气。具有肥力是土壤最为显著的特性。

1. 土壤的生态学意义

土壤是许多生物的栖息场所。土壤中的生物包括细菌、真菌、放线菌、藻类、原生动物、轮虫、线虫、蚯蚓、软体动物、节肢动物和少数高等动物。土壤通过其物理、化学和生物化学作用强烈影响植物的生长繁育、控制群落的演替和生态系统的稳定与变化；土壤中既有空气，又有水分，正好成为生物进化过程中的过渡环境。土壤是植物生长的基质和营养库。土壤提供了植物生活的空间、水分和必需的矿质元素。土壤是污染物转化的重要场地。土壤中大量的微生物和小型动物，对污染物都具有分解能力。土壤与生物之间的相互作用产生肥力。

2. 土壤质地与结构对生物的影响

土壤是由固体、液体和气体组成的三相系统，其中固体颗粒是组成土壤的物质基础。土粒按直径大小分为粗砂(0.2～2.0 mm)、细粒(0.02～0.2 mm)、粉砂(0.002～0.02 mm)和黏粒(0.002 mm以下)，又可分为砂粒(0.05～2 mm)、粉粒(0.002～0.05 mm)和黏粒(0.002 mm以下)。这些大小不同的土粒的组合称为土壤质地。根据土壤质地可把土壤分为砂土、壤土和黏土三大类。砂土的砂粒含量在50%以上，土壤疏松、保水保肥性差、通气透水性强。壤土质地较均匀，粉粒含量高，通气透水、保水保肥性能都较好，抗旱能力强，适宜生物生长。黏土的组成颗粒以黏粒为主，质地黏重，保水保肥能力较强，通气透水性差。

土壤结构是指固体颗粒的排列方式、孔隙的数量和大小以及团聚体的大小和数量等。最重要的土壤结构是团粒结构(直径0.25～10 mm)，团粒结构具有水稳定性，由其组成的土壤，能协调土壤中水分、空气和营养物之间的关系，改善土壤的理化性质。土壤质地与结构常常通过影响土壤的物理化学性质来影响生物的活动。

3. 土壤的物理化学性质对生物的影响

1) 土壤温度

土壤温度对植物种子的萌发和根系的生长、呼吸及吸收能力有直接影响，还通过限制养分的转化来影响根系的生长活动。一般来说，低的土温会降低根系的代谢和呼吸强度，抑制根系的生长，减弱其吸收作用；土温过高则促使根系过早成熟，根部木质化加大，从而减小根系的吸收面积。

2) 土壤水分

土壤水分与盐类组成的土壤溶液参与土壤中物质的转化，促进有机物的分解与合成。土壤的矿质营养必须溶解在水中才能被植物吸收利用。土壤水分太少引起干旱，太多又导致涝害，都对植物的生长不利。土壤水分还影响土壤内无脊椎动物的数量和分布。

3) 土壤空气

土壤空气组成与大气不同，土壤空气中O_2的含量只有10%～12%，在不良条件下，可以降至10%以下，这时就可能抑制植物根系的呼吸作用。土壤中CO_2浓度则比大气高几十到上千倍，植物光合作用所需的CO_2有一半来自土壤。但是，当土壤中CO_2含量过高时(如达到10%～15%)，根系的呼吸和吸收机能就会受阻，甚至会窒息死亡。

4) 土壤酸碱度

土壤酸碱度与土壤微生物活动、有机质的合成与分解、营养元素的转化与释放、微量元素的有效性、土壤保持养分的能力及生物生长等有密切关系。根据植物对土壤酸碱度的适应范围和要求，可把植物分成酸性土植物(pH＜6.5)、中性土植物(pH值为6.5～7.5)和碱性土植物(pH＞7.5)。土壤酸碱度对土栖动物也有类似影响。

5）土壤有机质和矿物质元素

土壤有机质是植物的氮、碳等营养元素的来源。矿物质是植物生命活动的重要基础。土壤腐殖质与土壤动物密切相关。

2.5.5 风对生物的影响

1. 风的形成和类型

风是最普通的一种大气运动形式,它的形成主要是由于大气压力分布不均匀。由于地理纬度和地表结构、植被的不同,有些地区的地面增热较多,而另一些地区的地面增热较少,这就产生了温度差异,这种温度差异引起了气压差异。当两地存在气压梯度时,气压梯度就会把两地间的空气由气压高的地区推向气压低的地区,于是空气就流动起来,风也就随之产生。两地间气压的差别愈大,空气流动就愈快,风力也就愈大。

1）海陆风

海岸上的风称海陆风。这种风每昼夜变向两次:白天,陆地增温比海面快,陆地上热空气上升,风就由海洋吹向陆地,称为海风;夜间,陆地的冷却比海洋剧烈,风由陆地吹向海洋,称为陆风。

2）季风

这种风一年有两次变向,夏季从大洋吹向陆地,冬季则从陆地吹向海洋。季风的成因是大陆和海洋在一年中增温与冷却的差异,夏季时大陆较洋面增热强烈,冬季则大陆较洋面冷却强烈,洋面、大陆之间的温度差异造成了气压分布的差异,大陆夏季为低压区,冬季为高压区;洋面则相反,夏季为高压区,冬季为低压区。因此,夏季气流从洋面流向大陆,成为海洋季风;冬季则从大陆流向洋面,成为大陆季风。冬季季风来自干燥寒冷的极地和副极地大陆气团,在该气团控制下,天气晴朗而干燥;夏季季风来自湿润温暖的热带或赤道海洋气团,在该气团控制的地方则多阴雨天气。夏季季风的强弱及来去的迟早,对一个地区的雨量多少、雨季长短影响很大。在夏季季风强盛的年份,我国华北多雨,华中、华南多旱;反之夏季季风较弱的年份,则华北主旱,华中、华南主涝。我国东南部地区有明显的季风。

3）山谷风

在天气晴朗时,山中往往有风的正常交替现象。日间,风从谷中吹出;夜间,风则从山上吹入谷中。风向变化是因为:日间,山坡使空气增热较快,空气顺着山坡上升而形成谷风;到了夜间,空气由于冷却而变得稠密,于是就顺山坡流入谷地中,这就是山风。

4）焚风

焚风是一种由山上吹下来的干热风。产生焚风是由于两面山坡上出现了不同的气压。例如,在山脊这一面的谷地上有低压,另一面则有高压。在这种情况下就产生了气流,该气流从山脊吹向有低压区的谷地。在适当的时候焚风能加速谷物及果实的成熟,强烈的焚风则能使植物干枯而死亡。

5）寒露风

寒露风是指我国南部地区在寒露节令前后、晚稻扬花期间,北方冷空气南侵带来短时期的风力较大和低温、干燥或者是低温阴雨天气的偏北风。寒露风可使平均气温下降 4～8 ℃,这种风对晚稻或其他作物是一种灾害性天气,对农作物影响很大。

6）台风

气旋不仅发生在温带,也发生在热带,发生在热带的气旋称为热带气旋。热带气旋面积小，压力梯度大，所以风速很快，能达到40 m/s以上。热带气旋通常伴有极凶猛的狂风、暴雨、巨浪和风暴潮，产生在一定的热带海洋区域内，在移向大陆时很快地消失。台风(typhoon)是发生在赤道以北、日界线以西的亚洲太平洋地区或国家的热带气旋，是极强烈的风暴。热带气旋在沿海地区有很大的破坏作用，摧毁庄稼，拔树倒屋，引起山洪暴发，海水倒灌，是灾害性天气之一。特别是6月、7月早稻抽穗成熟期和9月、10月晚稻抽穗开花期，台风影响更大，减产严重。但台风也是当地主要降水来源之一，它对全年降雨量和减轻夏秋干旱有明显的作用。

7）干燥风

在温暖季节里有一种风带来热而干燥的空气，这种空气能够在短时间内使植物受害。植物受到这种风的影响后，它蒸发所损失的水分超过其根系所吸收的水分，因而破坏了植物体内的水分平衡，这种风称为干燥风。植物受干燥风危害的表现是迅速凋萎、叶子发黄和干枯，以及由于提早干燥而使种子变得瘦瘪。

2. 风对生物的影响

风是一种气候因子，同时又是气候的创造者。风对区域环境的影响表现为：①风改变空气的温度和湿度；②改善区域环境中CO_2含量，使地球上分布不均匀的CO_2循环流动；③空气的流动也将带来盐分和大气污染物，从而对生物造成损害。

1）风对植物的影响

（1）影响植物的生长，使植物矮化。风使植物矮化的原因之一是风能减小大气湿度，破坏正常的水分平衡，使成熟的细胞不能扩大到正常的大小，因而使所有器官组织都小型化、矮化和旱生化(叶小革质、多毛茸、气孔下陷等)；矮化的另一重要原因是根据力学定律，凡是一段固定的受力很均匀的物体所受扭弯力(原力)越大，则从自由一端到固定一端直径增大的趋势也越大。因此，风力越大，树木就越矮小，基部越粗，顶端尖削度也越大。在自然界，树木受风影响而矮化的规律非常明显。在接近海岸、极地高山树线或草原接壤的森林边缘，树木的高度逐渐变矮。有时风向和风速还会通过影响其他生态因子而影响植物的生长和分布。如广西防城地区和龙州地区，由于山脉相隔，风向、风速不同，植物分布就大不相同。防城常为东南风，平均风速为2～5 m/s，龙州常为西南风，平均风速为1～2 m/s，所以防城为合浦植物区系种类，而龙州则接近越南植物区系种类。

（2）强风能形成畸形树冠。在一个强风方向盛行的地方，植物常常都长成畸形，乔木树干向背风方向弯曲，树冠向背风面倾斜，形成所谓"旗形树"(图2-18)。这是因为树木向风面的芽，由于受风袭击遭到机械摧残或因过度蒸腾而死亡，而背风面的芽因受风力较小成活较多，枝条生长较好，因此，向风面不长枝条或长出的枝条受风的压力而弯向背风面。同时旗形树的枝条数量一般比正常树的枝条少得多，光合作用的总面积大大减小，这些都能严重影响树木的生产量和木材的质量。

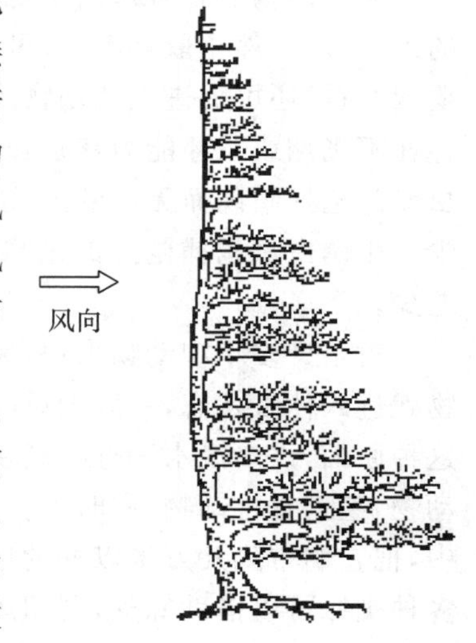

图2-18　旗形树(畸形)

(引自曲仲湘等，1984)

（3）帮助植物传粉受精。凡是借助于风力进行授粉的植物，称为风媒植物。这些植物在进化过程中形成了依靠风媒传播花粉和种子的形态特征，如花色不艳丽、花数目很多、花粉小，但数量很多(如每株玉米平均所产的花粉有6000万个之多)，具圆滑的外膜，无黏性，在某些裸子植物中花粉粒附有一对气囊，使花粉增大浮力。风媒花的雌蕊柱头特别发达，伸出花被之外,有羽毛状突起,增加柱头接受花粉的表面积,使花粉容易附着。有些风媒花植物如榛、柳等,先花后叶,有利于借助风力进行授粉。

(4) 有些植物借助风传播种子和果实。风将植物的种子吹到一个新的地点而发芽生长的过程,称为风播。这些种子和果实或者很轻(如兰科),或者具有冠毛(如菊科、杨柳科),或者具有翅翼(如榆属)。这些冠毛或者翅翼能借助风力迁移到很远的地方。风滚型是风播的一种适应类型,在沙漠、草原地区,风滚型传播体常随风滚动,传播种子。

(5) 风的破坏力。强风对植物有机械破坏作用,如折断枝干、拔根等,其破坏程度主要取决于风速、风的阵发性、环境的其他特点和植物种的特性。

(6) 风的间接作用。植物在生活中和分布上的许多现象都间接地与风相关。例如,风影响植物的水分平衡,在很大程度上调节叶面的蒸腾。小尺度内空气的流动带动热量、水汽、O_2、CO_2等的输送,使这些因子重新组合、分布,改变环境的小气候条件,间接影响生物的生长发育。

2) 风对动物的影响

作为生态因子,风对动物也有多方面的作用。但是在一般情况下,风对动物的生长发育和繁殖没有直接的作用,只是通过加速体内水分蒸发和热量散失间接影响动物的水分代谢和热量代谢。

风对动物的形态建成有一定的影响。由于风加速了水分的蒸发和从体表散热的速率,因此,栖居在开阔而多风地区的鸟兽常有较致密的外皮保护,它们的羽毛或毛较短,紧贴体表,能抵挡风的侵入,如荒漠中的沙鸡(*Pterocles*)、苔原中的雷鸟(*Lagopus lagopus*)等;相反,栖居在森林中的鸟类的羽毛却是疏松的,如榛鸡(*Tetrastes*)、莺(*Sylvia*)等。

风对动物的直接作用主要是影响其行为活动,如取食、迁移、分布等。昆虫在风大而低温的天气,往往停止取食活动;风带来的气味则是许多哺乳动物寻找食物和回避敌害时定位的重要因素;风还可促进飞翔动物的迁移;风也会影响动物的地理分布。在高山风大的地方,只能存在不飞翔或飞翔能力特别强的动物种类;在多风的海岛上存在着大量的无翅昆虫。许多昆虫专门选择晴朗而无风的天气,在空中交尾。外出活动的蚊虫的数量随风速的增加而显著减少。用诱虫灯诱捕昆虫的结果表明:无风的夜间比有风的夜间捕获量大,风级越大,捕获量越少。

对于许多小型动物来说,风也是重要的传播工具。许多淡水水池在干涸时,多种无脊椎动物就进入休眠状态,一阵大风吹来,它们就随着池中的沉积物被风带到别的地方去。正是由于这种原因,许多淡水无脊椎动物的分布范围非常广,有的甚至遍布于全世界。个体较大的水生动物,甚至脊椎动物,有时也会被强风带走。强大的旋风甚至能把大型的河蚌、蛙、鱼等卷入空中,把它们带到几万米以外的地方去。在陆生动物中,小型的有翅昆虫及其幼虫常被风带走。多种蜘蛛可以借助蛛丝,利用风力进行迁移,有时候,强风可以把它们带到很远的地方去。夏威夷群岛与美洲大陆相隔 3700 km,许多学者认为这里的蜘蛛区系就是由这样的“飞行种类”组成的。某些地方的恒风常可成为害虫向一定地区传播的媒介。

由于风对动物的生活经常表现为不利的生态因子,许多动物的行为、活动都和回避风的作用有关。

3. 生物对风的适应

植物适应强风的形态结构,常和适应干旱的形态结构相似。这是因为在强风影响下,植物蒸腾加快,导致水分亏缺。因此,常形成树皮厚、叶小而坚硬等减少水分蒸腾的旱生结构。此外，在强风区生长的树木，一般都有强大的根系，特别是在背风处能形成强大的根系，支架般地起着支撑作用，增强植物的抗风力。

思考与练习题

1. 简述 Gaia 理论的主要论点。
2. 简述生命与地球环境的协同演化。
3. 何谓生物的协同进化？举例说明。
4. 什么是环境？环境有哪些特性？
5. 何谓环境因子与生态因子？生态因子作用的一般规律有哪些？
6. 简述生物与环境的辩证关系。
7. 什么是耐受定律和最小因子定律？
8. 何谓生物内稳态？其保持机制有哪几种？试举例说明。
9. 简述光的生态作用，举例说明生物对光强度和光周期的适应。
10. 极端温度对生物有何影响？生物对极端温度的适应表现在哪些方面？试举例说明。
11. 什么是有效积温法则？研究有效积温有何实际意义？
12. 水分对生物有何影响？生物是如何适应的？
13. 简述土壤的生态作用及盐碱植物对土壤因子的适应。
14. 土壤的基本理化性质有哪些？它们对生物有哪些影响？
15. 对于当前面临的土壤破坏与污染现状，你认为有哪些解决方法？
16. 简述风对生物的影响及生物对风的适应。

第3章　种群生态学

3.1　种群的概念和基本特征

3.1.1　种群的概念

种群(population)是指在同一时间内,分布在同一区域的同种生物个体的集合。该定义表示种群是由同种个体组成的,占有一定的领域,但它不是个体的简单相加,而是同种个体通过种内关系组成的一个统一体或系统。种群内部的个体可以自由交配、繁衍后代,从而与其他地区的种群在形态和生态特征上存在一定的差异。一般认为,种群是物种存在的基本单位,或者说物种是以种群形式出现而不是以个体的形式出现。种群是生态系统中组成生物群落的基本单位,任何一个种群在自然界都不能孤立存在,而是与其他物种的种群一起形成群落,共同履行生态系统的能量转换、物质循环和保持稳态机制的功能。

种群的概念可以是抽象的,也可以是具体的。生态学所应用的种群概念就是抽象意义上的。当具体应用时,种群在时间和空间上的界限是随研究工作者的方便而划分的。例如,大到全世界的蓝鲸可视为一个种群,小至某山坡上的一片马尾松可作为一个种群,实验室饲养的一群小白鼠也可称为一个实验种群。

组成种群的生物包括单体生物和构件生物。单体生物(unitary organism)是指生物胚胎发育成熟后,其有机体各器官数量不再增加,各个体保持基本一致的形态结构,个体很清楚,如大多数动物属于单体生物。构件生物(modular organism)是指由一个合子发育而成,在其生长发育的各个阶段,其初生及次生组织的活动并未停止,基本构件单位反复形成。如一株树有许多树枝,树枝可视为构件;一株稻形成许多分蘖,分蘖也是其构件。由此可见,各生物个体的构件数很不相同,且构件还可以产生新构件。高等植物属于构件生物,营固着生活的珊瑚、苔藓等也属于构件生物。

种群生态学(population ecology)是研究种群的数量、分布以及种群与其栖息环境中的非生物因素和其他生物因素的相互关系的科学。种群生态学的核心内容是种群的动态,即种群数量在时间和空间上的变动规律及变动原因(调节机制),因此,种群生态学的理论和实践,对合理地利用和保护生物资源、有效地控制病害虫以及人口问题都有重要指导意义。

3.1.2　种群的基本特征

种群由一定数量的同种个体组成,从而形成了生命组织层次的一个新水平,在整体上呈现出一种有组织、有结构的特性。种群的这种基本特征表现在种群的数量、空间分布和遗传三方面。

1. 数量特征

这是所有种群的最基本特征。种群数量大小受很多参数(如出生率、死亡率、年龄结构、性比等)的影响。了解种群的数量特征有助于理解种群的结构,分析种群动态。

2. 空间特征

种群均占据一定的空间，具有一定的分布区域（地理分布），同时组成种群的个体在其生活空间上也都具有一定的分布型，称为种群的内分布格局。

3. 遗传特征

种群由彼此可进行杂交的同种个体所组成，而每个个体都携带一定的基因组合，因此种群是一个基因库（gene pool），有一定的遗传特征，以区别于其他物种。

3.2　种群的动态

3.2.1　种群的密度和分布

1. 种群密度

种群具有一定的大小，并随时间发生变化。研究种群的变化规律，往往要对种群数量进行统计。在一定时间内，单位面积或单位空间内的个体数目称为种群密度（population density）。例如，1 hm^2荒地上有 10 只山羊或 1 mL 海水中有 1×10^5个硅藻。此外，还可以用生物量来表示种群密度，即单位面积或单位空间内所有个体的鲜物质或干物质的质量，如 1 hm^2林地上有栎树 350 t。种群密度可分为绝对密度和相对密度。前者指单位面积或空间上的实际个体数目，后者是表示个体数量多少的相对指标。例如，每公顷 10 只田鼠是绝对密度，而每置 100 铗，日捕获 10 只或每公顷 10 个鼠洞只是相对密度，它可以比较哪一个地方的生物多，哪一个地方的生物少，但不能准确测定具体数量。

除采用单位面积或空间上的个体数目来表示种群密度外，也有因生物的特征不同而采用其他表示方法。

2. 集群与阿利氏规律

集群（aggregation 或 colony）是指同种生物的不同个体，或多或少会在一定时期内生活在一起，从而保证种群的生存和正常繁殖，它是一种重要的适应性特征。我们把同一种动物在一起生活所产生的有利作用，称为集群效应（grouping effect），其生态学意义表现在以下几个方面。

（1）集群有利于提高捕食效率。成群的狼通过分工合作就可以很容易地捕获到有蹄类，而一只狼则难以捕获到这种大型猎物。俗语“好虎挡不住一群狼”说的就是这个意思。因此，许多动物以群体进行合作捕食，捕杀到食物的成功率明显加大。

（2）集群可以共同防御敌害。群体生活为每个成员提供了防御敌害的较好保护，如麝牛群、野羊群受猛兽袭击时，成年雄性个体就会形成自卫圈，角朝向圈外的捕食者，有效地抵抗捕食者的袭击，圈中的幼体和雌体也能得到保护。

（3）集群有利于改变小生境。蜜蜂蜂巢的最适温度为 35 ℃。冬天蜜蜂一起拥挤在巢内，使群体中的温度比环境温度高，当温度太低时，每个个体都进行肌肉颤抖，增加产热量，从而使温度进一步升高；当温度太高时，工蜂会运水到巢内，然后煽动双翼，帮助蒸发，在环境温度达到 40 ℃时，此种方法可将巢内温度维持在 36 ℃。

（4）集群有利于提高学习效率。集群时，个体之间可以相互学习，由此增加学习机会和学习时间，并且可以取长补短，提高学习效率。

（5）集群能够促进繁殖。集群有利于求偶、交配、产仔、育幼等一系列繁殖行为的同步发生和顺利完成,如白鹭、池鹭等鹭类繁殖时,成千上万只鹭类集中在同一地方筑巢,上下飞翔,尖叫声不断,视觉上和听觉上的刺激有利于个体的生理及行为发育。

集群效应说明,在一定的密度下,群体密度的增加有利于群体的生存和增长。但是密度过高时,由于食物和空间等资源缺乏,排泄物的毒害以及心理和生理反应,则会对群体带来不利的影响,导致死亡率上升,抑制种群的增长,产生所谓的拥挤效应(overcrowding effect)。W. C. Allee(1949)在大量实验的基础上提出,动物都有一个最适的种群密度,在此密度下,种群的增长最快,密度太低或太高都会对种群的增长起着限制作用,这就是阿利氏规律(Allee's principle)。阿利氏规律对于濒临灭绝的珍稀动物的保护具有指导意义。要保护这些珍稀动物,首先要保证其具有一定的密度,若数量过少或密度太低,就可能导致保护失败。阿利氏规律对指导人类社会的生存和发展也是有利的。例如,在城市化进程中,适度规模的城市对生存和发展有利,规模过大、人口过于集中、密度过高等,就可能产生有害因素。

3. 种群的空间分布格局

组成种群的个体在其生活空间中的位置状态或布局,称为种群的空间分布格局或内分布型,可大致分为三种:均匀(uniform)型、随机(random)型和成群(clumped)型。(图 3-1)

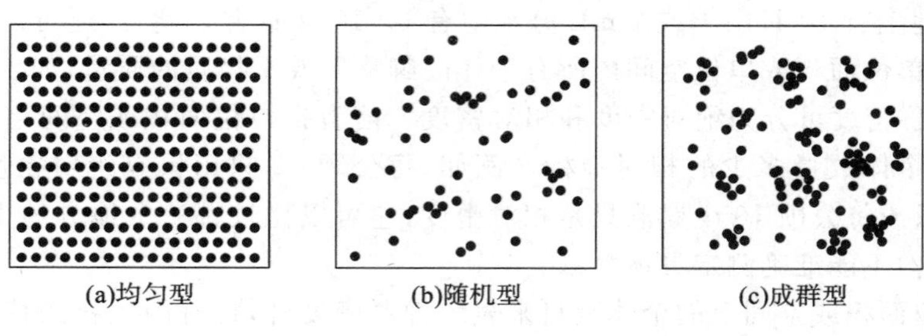

图 3-1 种群的三种内分布型

(仿 R. L. Smith,1980)

1) 均匀分布

个体之间彼此保持一定的距离为均匀分布,其主要原因是种群内个体间的竞争。例如,森林内的树木竞争树冠空间或根部空间可能导致均匀分布。

2) 随机分布

某一个体的分布不受其他个体分布的影响,每个个体在种群分布空间内各个位置出现的机会是相等的,为随机分布。随机分布在自然界是罕见的,只有在资源分配均匀、种群内个体间没有彼此吸引或排斥的情况下,才易产生随机分布。例如,生活在森林底层的蜘蛛、植物首次入侵某裸地时,常形成随机分布。

3) 成群分布

个体分布不均匀,成群、成块地密集分布为成群分布。环境资源分布不均,植物以母株为扩散中心传播种子以及动物的社会行为都会形成成群分布。因此,成群分布是最常见的内分布型。

空间分布格局的检验方法很多,其中最常用的检验指标是方差/平均数比率,即 $s^2/\overline{x}$。在数理统计上,一群离散的随机变量应当符合泊松(Poisson)分布。泊松分布的特点是平均数($\overline{x}$)等于方差(s^2)。因此,可以用一定面积的样方对种群数量进行若干次取样调查,对其结果进行统计分析,根据 $s^2/\overline{x}$ 值,检验种群的分布格局。

$s^2/\overline{x}<1$,均匀分布

$s^2/\bar{x}=1$，随机分布

$s^2/\bar{x}>1$，成群分布

其中

$$\bar{x}=\frac{\sum x_i}{N},\quad s^2=\frac{\sum (x_i-\bar{x})^2}{N-1}$$

式中：x_i 为第 i 个样本中含有的生物个体数，i 为 $1\sim N$；N 为样本总数。

3.2.2　种群的统计特征

1. 出生率和死亡率

出生率(natality)是指单位时间内种群的出生个体数与种群个体总数的比值。出生率常分为最大出生率和实际出生率。最大出生率是指种群处于理想条件下，生理上能够达到的最大生殖能力，也称生理出生率。对于特定种群来说，最大出生率是一个常数。种群在特定环境条件下表现出的出生率称为实际出生率，也称生态出生率，它会随着种群的结构、密度大小和自然环境条件的变化而改变。

不同生物类群的出生率具有很大的差别，对于动物来讲，出生率的高低主要取决于动物的性成熟速度、每年的繁殖次数和每次产仔数等生物学特点。性成熟越早、每年的繁殖次数越多或每次产仔数越多，出生率也就越高。

死亡率(mortality)同出生率一样也有最低死亡率和实际死亡率之分。最低死亡率是指种群在最适环境条件下所表现出的死亡率，即生物都活到了生理寿命，种群中的个体都是由于年老而死亡，也称生理死亡率。生理寿命是指处于最适条件下种群中个体的平均寿命，而不是某个特殊个体具有的最长寿命。实际死亡率也称生态死亡率，是指种群在特定环境条件下所表现出的死亡率，种群在特定环境条件下，很少能活到生理寿命，多数会因被捕食、饥饿、疾病、不良气候或意外事故等原因而死亡。生物的死亡率随着年龄而发生改变，因此，在实际工作中，人们常把实际死亡率和种群内部各特定年龄组相联系，以了解生命期望值和主要死亡原因。所谓生命期望值，是指某一年龄期的个体平均还能活多长时间的估计值，或称平均余生。

2. 迁入率和迁出率

迁入和迁出是生物生命活动中一个基本现象，但直接测定种群的迁入率和迁出率是非常困难的。在种群动态研究中，往往假定迁入与迁出相等，从而忽略这两个参数，或者把研究样地置于岛屿或其他有不同程度隔离条件的地段，以便假定迁移所造成的影响很小。

3. 年龄结构和性比

任何种群都是由不同年龄的个体组成的。年龄结构(age structure)是指种群中各个年龄期个体在整个种群中所占的比例，常用年龄锥体来表示。年龄锥体是用从下到上的一系列不同宽度的横柱作成的图，从下到上的横柱分别表示由幼年到老年的各个年龄组，横柱的宽度表示各年龄组的个体数或其所占的百分比。年龄锥体可分为三种基本类型(图 3-2)。

(1) 增长型种群(expanding population)。锥体呈典型金字塔形，基部宽、顶部窄，表示种群中的幼体数量大而老年个体很少。这样的种群出生率大于死亡率，是迅速增长的种群。

(2) 稳定型种群(stable population)。锥体呈钟形，种群中幼年、中年和老年个体数量大致相等，种群的出生率和死亡率大体平衡，种群稳定。

(3) 下降型种群(diminishing population)。锥体呈壶形，基部窄、顶部宽，表示种群中幼体所占比例很小而老年个体的比例较大，种群死亡率大于出生率，种群数量处于下降状态。

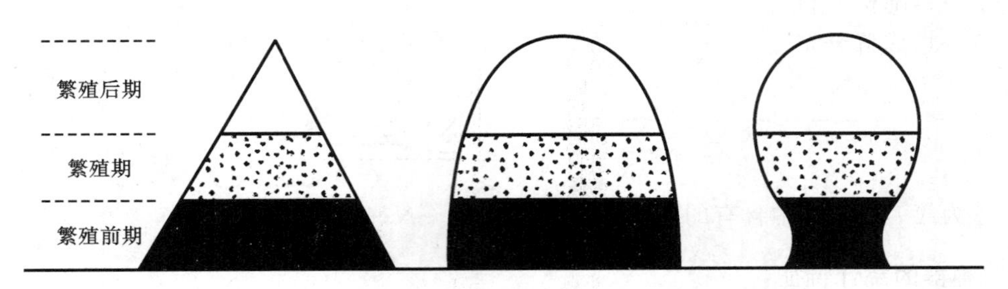

图 3-2 年龄锥体的三种基本类型

(仿 E. J. Kormondy, 1976)

有时也将年龄锥体分为左右两半,左半部分表示雄体的各年龄组,右半部分代表雌体的各年龄组,这种年龄锥体称为年龄性别锥体。性比(sex ratio)是指种群中雄性和雌性个体数的比例。如果性比等于1,表示雌雄个体数相当;若性比大于1,表示雄性多于雌性。种群的性比会随着其个体发育阶段的变化而发生改变。例如,一些啮齿类动物出生时,性比为1,但三周后的性比则为1.4。因此,性比又常根据不同发育阶段,即配子、出生和性成熟三个时期,相应再分为初级性比、次级性比和三级性比。性比影响着种群的出生率,因此也是影响种群数量变动的因素之一。对于一雌一雄婚配的动物,种群当中的性比如果不是1,就必然有一部分成熟个体找不到配偶,从而降低种群的繁殖力。

4. 生命表

1) 生命表的编制

生命表(life table)是描述种群数量减少过程的有用工具,是根据各年龄组的存活或死亡个体数据编制而成的表格,由许多行和列组成。通常是第一列表示年龄或发育阶段,从低龄到高龄自上而下排列,其他各列为记录种群死亡或存活情况的数据,并用一定的符号代表。表3-1是J. H. Conell(1970)对华盛顿圣乔恩岛(San Juan Island)固着在岩石上的藤壶(*Balanus glandula*)进行观察编制而成的生命表。

表 3-1 藤壶生命表(1959—1968)

(引自 C. J. Krebs, 1978)

x	n_x	l_x	d_x	q_x	L_x	T_x	e_x
0	142	1.000	80	0.563	102	224	1.58
1	62	0.437	28	0.452	48	122	1.97
2	34	0.239	14	0.412	27	74	2.18
3	20	0.141	4.5	0.225	17.75	47	2.35
4	15.5	0.109	4.5	0.290	13.25	29.25	1.89
5	11	0.077	4.5	0.409	8.75	16	1.45
6	6.5	0.046	4.5	0.692	4.25	7.25	1.12
7	2	0.014	0	0.000	2	3	1.50
8	2	0.014	2	1.000	1	1	0.50

续表

x	n_x	l_x	d_x	q_x	L_x	T_x	e_x
9	0	0	—	—	0	0	—

注：表中各符号的含义及计算方法如下。x：年龄、年龄组或发育阶段。n_x：本年龄组开始时的存活个体数。l_x：本年龄组开始时，存活个体的百分数，即存活率 $l_x=n_x/n_0$。d_x：本年龄组的死亡个体数，即从年龄 x 到年龄 $x+1$ 期间的死亡个体数。q_x：本年龄组的死亡率，即从年龄 x 到年龄 $x+1$ 期间的死亡率，$q_x=d_x/n_x$。L_x：本年龄组的平均存活数，即 $L_x=(n_x+n_{x+1})/2$。T_x：本年龄组全部个体的剩余寿命之和，其值等于将生命表中的各个 L_x 值自下而上累加值，即 $T_x=\sum L_x$。e_x：本年龄组开始时存活个体的平均生命期望，即 $e_x=T_x/n_x$。

从生命表可获得以下三方面信息。

(1) 存活曲线(survivorship curve)。所谓存活曲线，就是以生物的相对年龄(绝对年龄除以平均寿命)为横坐标，再以各年龄存活数的对数为纵坐标作图得到的曲线(图 3-3)。存活曲线可以归纳为以下三种类型。

①A 型：曲线为凸型。表示种群在达到生理寿命前只有少数个体死亡。人类和一些大型哺乳动物属于此种类型。

②B 型：对角线型。各年龄段的死亡率基本相等。如水螅、许多鸟类属于此种类型。

③C 型：曲线为凹型。幼体死亡率很高，只有极少数个体能活到生理寿命。大多数鱼类、两栖类、海洋无脊椎动物和寄生虫属于此种类型。

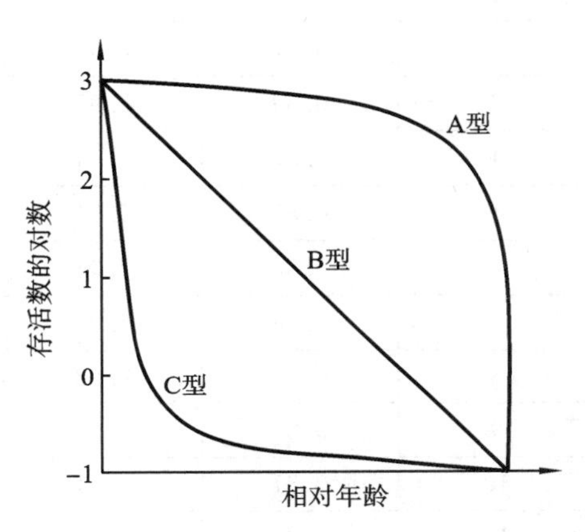

图 3-3　存活曲线的类型

(引自 Krebs,1985)

(2) 死亡率曲线。以 q_x 对 x 作图得到死亡率曲线。如藤壶在第一年死亡率很高，以后逐渐降低，接近老死时死亡率迅速上升。

(3) 生命期望。e_x 表示该年龄期开始时平均能存活的年限，则 e_0 为种群的平均寿命。

2) 生命表的类型

依据收集数据的方法不同，生命表可分为动态生命表和静态生命表两大类。动态生命表是根据对同一时间出生的所有个体的存活或死亡数目进行动态观察的资料编制而成的生命表，也称同生群(cohort)生命表。静态生命表是根据某一特定时间对种群进行年龄结构调查的资料而编制的生命表，也称特定时间生命表。

动态生命表个体经历了同样的环境条件，而静态生命表中个体出生于不同的年份，经历了不同的环境条件，因此，编制静态生命表等于假定种群所经历的环境没有变化。事实上情况并非如此，所以有的学者对静态生命表持怀疑态度。但动态生命表有时历时长，工作量大，往往难以获得生命表数据，静态生命表虽有缺陷，在运用得法的情况下，还是有价值的。因此，一般世代重叠且寿命较长的生物(如人类)宜编制静态生命表，而对于世代不重叠的、生活史比较短的生物(如某些昆虫)则宜编制动态生命表。

3.2.3　种群的增长

1. 种群增长率和内禀增长率

在自然界中，种群的实际增长率称为自然增长率(rate of natural increase)，用 r 来表示，它是指在单位时间内某一种群的增长百分比。在分析种群动态时，如果设迁入等于迁出，那么，增长率就等于出生率与死亡率之差。

种群增长率也可由生命表计算得出。一般生命表中都有存活率 l_x，在生命表中增加 m_x 一栏，m_x 表示各年龄(x)的出生率，就构成了综合生命表。表 3-2 为猕猴的综合生命表。表中 k_x 为死亡压力。

表 3-2　猕猴的综合生命表

x	l_x	$\lg(1000l_x)$	k_x	m_x	l_xm_x	xl_xm_x
0	0.99	3.00	0.00	0	0	0
1	0.99	3.00	0.07	0	0	0
2	0.97	2.99	0.275	0	0	0
3	0.89	2.95	0.07	0	0	0
4	0.87	2.94	0.00	0.154	0.134	0.536
5	0.87	2.94	0.04	0.401	0.349	0.745
6	0.86	2.93	0.00	0.440	0.378	2.268
7	0.86	2.93	0.09	0.464	0.399	2.793
8	0.83	2.92	0.07	0.434	0.360	2.880
9	0.81	2.91	0.00	0.462	0.374	2.366
10	0.81	2.91	0.00	0.320	0.259	2.590
11	0.81	2.91	0.00	0.462	0.374	4.114
12	0.81	2.91	0.00	0	0	0
13	0.81	2.91	0.00	0.578	0.468	6.084

注：引自江海声等，1989。

将各年龄组的 l_x 与 m_x 相乘，并将其累加起来，可以得到一个有用的值，称为净增殖率，通常用 R_0 表示，即 $R_0=\sum l_xm_x$。猕猴生命表的 $R_0=3.095$，就表示猕猴经一个世代后平均增长到原来的 3.095 倍。

种群增长率 r 可以用下式计算：

$$r=\ln\frac{R_0}{T}$$

式中：T 为平均世代时间，指种群中个体从母体出生到其产子的平均时间；R_0 为净增殖率，即 $R_0=$第 $t+1$ 世代的雌性幼体出生数/第 t 世代的雌性幼体出生数。

从上式可以看出，种群增长率 r 随 R_0 增大而增大，随 T 值增大而减小。这一点在人口控制中具有重要价值。要使 r 值变小，主要有两条途径：①降低 R_0 值，即限制每对夫妇的子女数；②增大 T 值，即可以通过推迟首次生育时间，提倡晚婚晚育来实现。

种群增长率 r 对观察某种群的动态是非常有用的指标，它随着自然界环境条件的改变而发生变化。当条件有利时，r 值可能是正值，种群增加；当条件不利时，r 值可能变为负值，种群数量下降。如在实验室条件下，排除不利的天气条件及捕食者和疾病等不利因素，提供理想的食物条件，就可以观察到种群的最大增长能力，称为种群内禀增长率，用 r_m 表示。H. G. Andrewartha 和 L. C. Brich(1954)对种群的内禀增长率给出了明确定义：具有稳定年龄结构的种群，在食物与空间不受限制，密度维持在最适水平，环境中没有天敌，并在某一特定的温度、湿度、光照和食物性质的生境条件组配下，种群达到的最大增长率。由定义可以看出，人们只能在实验室条件下才能测定种群的内禀增长率。虽然如此，r_m却绝不是毫无用处的，它可以作为一个参数，与在自然界中观察到的实际增长率进行比较。

2. 种群增长模型

现代生态学家在研究种群动态规律时，常求助于数学模型。数学模型是指用来描述现实系统或其性质的一个抽象的简化的数学结构。在数学模型研究中，生态学工作者最感兴趣的不是特定公式的数学细节而是模型的结构，哪些因素决定种群的大小，哪些参数决定种群对自然和人为干扰反应的速率等。换句话说，生态学家将注意力集中于模型的生物学背景、建立模型的生物学假设、各参数的生物学意义等方面，以助于理解各种生物和非生物因素是如何影响种群动态的，从而达到阐明种群动态的规律及其调节机制的目的。关于种群增长的模型很多，本节仅介绍单种种群的增长模型，并从最简单的开始。

1）种群在无限环境中的指数增长

所谓无限环境，是假定环境中空间、食物等资源是无限的，种群不受任何条件限制，其潜在增长能力得到最大限度发挥，种群数量呈现指数增长格局。因资源充足，种群增长率不随种群本身的密度而变化，故也称为与密度无关的种群增长。根据种群世代是否重叠，又可分为两类。

（1）世代不重叠种群的离散增长模型。

世代不重叠，是指生物的生命只有一年，一年只有一次繁殖，其世代不重叠，如一年生植物和许多水生昆虫。这种种群增长是不连续的、离散的，在假定环境无限、世代不重叠、无迁入迁出、不具年龄结构等条件下，其数学模型通常是把世代 $t+1$ 的种群 N_{t+1} 与世代 t 的种群 N_t 联系起来的差分方程，即

$$N_{t+1} = \lambda N_t \tag{3.1}$$

或

$$N_t = N_0 \lambda^t \tag{3.2}$$

式中：N 为种群大小；t 为世代时间；λ 为种群周限增长率，指单位时间（如年或月、日）内种群的增长率，是该时间段末与段初种群数量的比率。

根据此模型可计算世代不相重叠种群的增长情况。如某一年生生物种群，初始有 10 个个体，到第二年成为 100 个，也就是说，$N_0=10$，$N_1=100$，$\lambda=N_1/N_0=10$，则

$$N_2=N_1\lambda=100\times10=10\times10^2$$

$$N_3=N_2\lambda=1000\times10=10\times10^3$$

$$N_4=N_3\lambda=10000\times10=10\times10^4$$

$$\vdots$$

λ 是种群离散增长模型中的参数，可根据 λ 值判断种群动态。即：$\lambda>1$，种群增长；$\lambda=1$，种群稳定；$0<\lambda<1$，种群下降；当 $\lambda=0$，种群无繁殖现象，且在下一代中灭亡。

（2）世代重叠种群的连续增长模型。

世代重叠的种群如人类，其数量以连续的方式改变，通常用微分方程来描述。模型假设与上述模型有一点不同，即世代连续。把种群变化率 $\mathrm{d}N/\mathrm{d}t$ 与任何时间的种群大小 N_t 联系起来，最简单的情况是引入一恒定的增长率 r，即

$$\mathrm{d}N/\mathrm{d}t = rN \tag{3.3}$$

其积分式为

$$N_t = N_0 \mathrm{e}^{rt} \tag{3.4}$$

式中:N、t 的定义同前;e 为自然对数的底;r 为种群的瞬时增长率,指任一短的时间内出生率与死亡率之差。

例如,某初始种群 $N_0=100$,r 为 0.5 a^{-1},则以后的种群增长情况如表 3-3 所示。

表 3-3 种群的增长

(引自金岚,1992)

年	种群的大小	年	种群的大小
0	100	3	$100\ e^{1.5}=448$
1	$100\ e^{0.5}=165$	4	$100\ e^{2.0}=739$
2	$100\ e^{1.0}=272$	⋮	⋮

若以种群数量 N_t 对时间 t 作图,种群增长曲线呈 J 形,因此种群的指数增长又称 J 形增长。但以 $\lg N_t$ 对时间作图,则成为直线(图 3-4)。

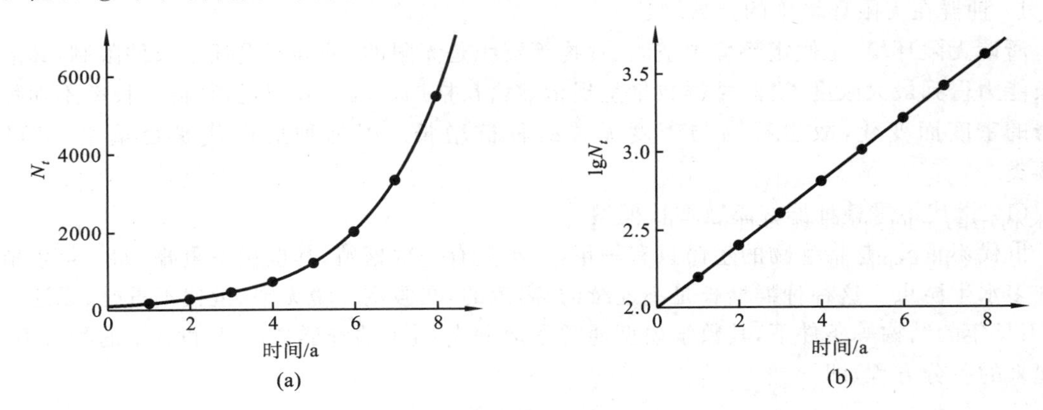

图 3-4 种群的指数式增长

(仿 C. J. Krebs, 1978)

根据 r 值可判断种群动态。即:$r>0$,种群增长;$r=0$,种群稳定;$r<0$,种群下降;当 $r=-\infty$,种群无繁殖现象,且在下一代中灭亡。

种群瞬时增长率(r)和周限增长率(λ)都表示种群增长率,但二者有明显不同。周限增长率是有开始和结束期限的,指从开始到结束期种群中每个雌体的平均增长倍数。如 $\lambda=1.65$,表示每天每个生物雌体平均以前一天的 1.65 倍增长,1.65 包括了原来的个体;而瞬时增长率是连续的,它指任一短时间内,种群中每个雌体的平均净增个体数。如 $r=0.5\ d^{-1}$,表示每天每个生物雌体平均增长了 0.5 个个体,不包括以前的个体。由此,周限增长率总是大于相应的瞬时增长率,二者之间的关系式为

$$r=\ln\lambda \tag{3.5}$$

或

$$\lambda=e^r \tag{3.6}$$

2)种群在有限环境中的逻辑斯谛增长

自然种群不可能长期地按指数增长,因为种群总是处于有条件限制的环境当中。在有限环境中,随着种群密度的上升,种群内部对环境中有限的食物、空间和其他生活条件的竞争也将增加,这必然影响到种群的出生率和死亡率,从而降低种群的实际增长率,直到停止增长,甚至数量下降。因此,有限环境中的增长也称为与密度有关的种群增长,同样可以分为离散型增

长和连续型增长两类，下面仅介绍世代重叠的连续增长模型——逻辑斯谛增长(logistic growth，又译逻辑斯蒂增长)模型。

(1) 模型的假设。

①假设有一个环境容纳量或负荷量(carrying capacity)，即环境条件允许下的最大种群数量，常用 K 表示。当种群大小达到 K 值时，种群不再增长，即 $dN/dt=0$。

②密度对种群增长率的影响是简单的，增长率随种群密度的上升而逐渐地、按比例地降低，即种群中每增加一个个体，就产生 $1/K$ 的抑制影响。

③种群密度的增加对其增长率降低的作用是立即发生的、无时滞(time lag)的。

④种群无年龄结构及迁入迁出现象。

(2) 数学模型。

根据以上假设，逻辑斯谛增长的数学模型就是在指数增长模型的基础上，增加一个描述种群增长率随密度上升而降低的修正项，即著名的逻辑斯谛方程：

$$dN/dt = rN(1-N/K) \tag{3.7}$$

其积分式为

$$N_t = K/(1+e^{\alpha - rt}) \tag{3.8}$$

式中：N、t、r 的定义同前；K 为环境容纳量；α 为参数，其数值取决于 N_0，表示曲线对原点的相对位置。

在式(3.7)中，修正项 $(1-N/K)$ 所代表的生物学含义是“剩余空间”，即种群可利用，但尚未利用的空间，可理解为种群中的每个个体均占用 $1/K$ 的空间。若种群有 N 个个体，就利用了 N/K 的空间，而可供继续增长的剩余空间就只有 $(1-N/K)$ 了。进一步分析会发现，在种群数量 N 由 0 逐渐增加到 K 的过程中，$(1-N/K)$ 项则由 1 逐渐下降为 0，这表示种群增长的“剩余空间”逐渐变小，种群潜在的最大增长的可实现程度逐渐降低；并且，种群数量每增加一个个体，就产生 $1/K$ 的抑制量，许多学者将这种抑制影响称为拥挤效应产生的影响或环境阻力。

(3) S 形增长曲线。

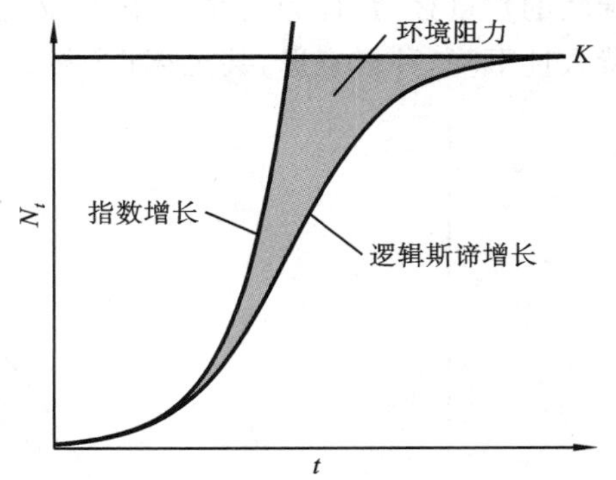

图 3-5　种群的逻辑斯谛增长

(仿 S. C. Kendeigh, 1974)

由于密度效应的影响，种群在有限环境中的增长曲线将不再是 J 形，而是 S 形的(图3-5)。S 形曲线具有以下两个特点：①曲线有一个上渐近线，即渐近于 K 值，但不会超过这个极大值的水平；②曲线的变化是逐渐的、平滑的，而不是骤然的。从曲线的斜率看，开始变化速率慢，以后逐渐加快，到曲线中心有一拐点，变化速率最快，以后又逐渐减慢，直到上渐近线。据此，S 形增长曲线也常被划分为五个时期：①开始期，也可称潜伏期，由于种群个体数很少，密度增长缓慢；②加速期，随着个体数增加，密度增长逐渐加快；③转折期，当个体数达到饱和密度一半(即 $K/2$)时，密度增长最快；④减速期，个体数超过 $K/2$ 以后，密度增长逐渐变慢；⑤饱和期，种群个体数达到 K 值而饱和。

逻辑斯谛增长模型意义重大：首先，它是许多两个相互作用种群增长模型的基础，后续讲种间关系时，涉及的很多模型都是以此为基础的；其次，它是渔业、林业、农业等实践领域中，确定最大持续产量的主要模型；最后，r、K 两参数已成为生物进化对策理论中的重要参数。

(4) 模型的验证。

在自然界,典型的逻辑斯谛增长的例子是很少的,因为野生种群不可能满足所有建模的假设和条件,如拥挤效应对种群所有个体的影响相同、密度变化无时滞地影响生殖率和死亡率等。但有研究表明,把动物引入海岛或某些新栖息地时,可以见到逻辑斯谛增长过程(图3-6)。

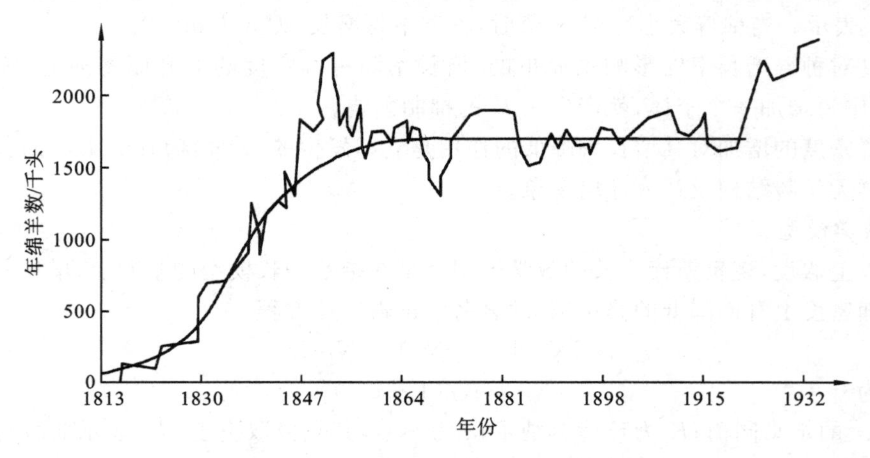

图 3-6 澳大利亚塔斯马尼亚岛绵羊种群的增长

(引自 E. J. Kormondy, 1976)

3.2.4 种群的数量变动

任何一个种群的数量都是随着时间在不断变动的:一般情况下,当一种生物进入和占领新栖息地时,首先经过一系列的生态适应,数量增长并建立起种群,以后可能比较长期地维持在一个相对稳定的水平上;也可能出现规则的或不规则的波动;也有许多种类会在短时间内出现骤然的数量猛增,称为大暴发,随后又是大崩溃;当长期处于不利条件下,有些种群数量会出现持久性下降,种群衰退,甚至灭亡(图 3-7)。

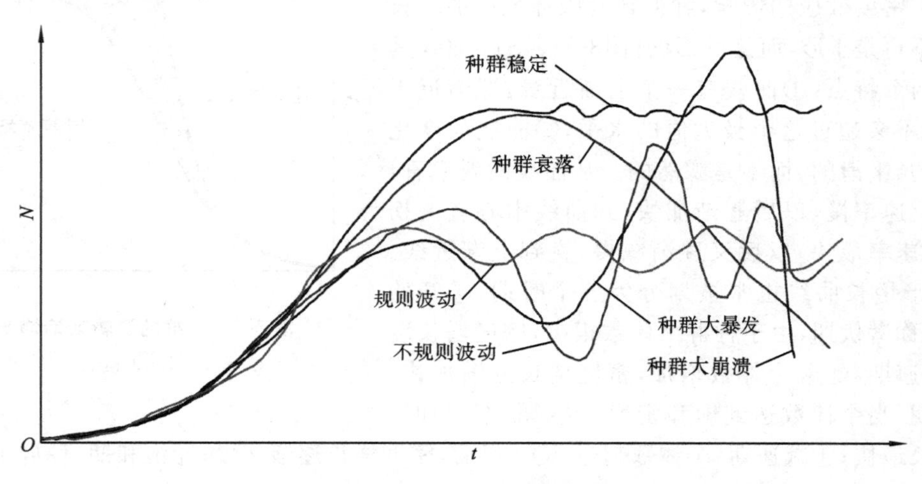

图 3-7 种群的数量变动方式

1. 种群平衡

种群较长期地维持在几乎同一水平上,称为种群平衡。从理论上讲,种群增长到一定程度，数量达到 K 值之后，种群数量会保持稳定，如大多数有蹄类和食肉类动物多数一年只产一仔，寿命长，种群数量一般是很稳定的。但实际上大多数种群数量不会长时间保持不变，稳定只是相对的，种群平衡是一种动态平衡。

2. 季节消长

季节消长指种群数量在一年内的季节性的变化规律。一般具有季节性生殖特点的种类，种群数量的最高峰通常是在一年中最后一次繁殖之末，之后繁殖停止，种群因只有死亡而数量下降，直到下一年繁殖开始，这时是数量最低的时期。

由于环境的季节变化和动物生活史的适应性改变，动物种群季节消长特点各不相同。图 3-8 是蓟马(*Thrips*)成虫的季节消长图。由图可见，虽然各年间发生高峰的高度不同，但高峰期发生的月份是相同的。

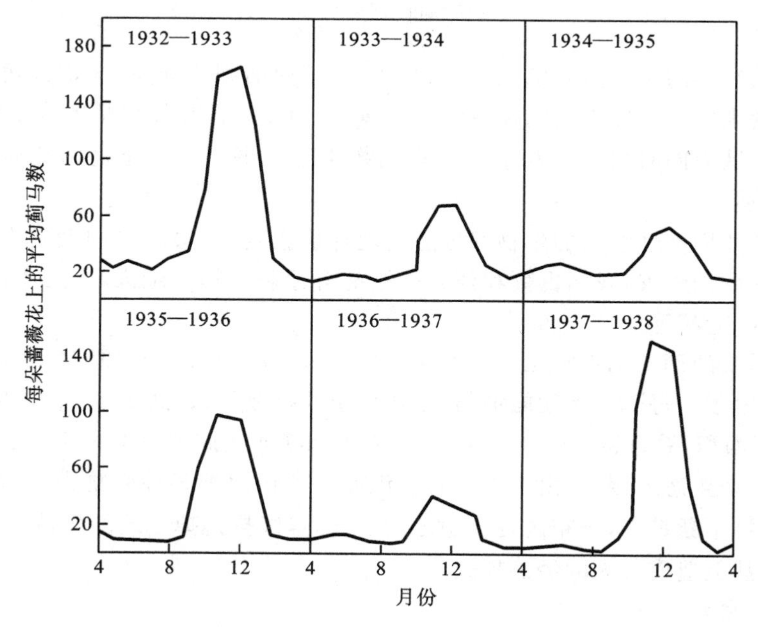

图 3-8　蓟马成虫种群的季节消长

(仿 E. P. Odum，1971)

温带湖泊的浮游植物(主要是硅藻)，往往每年有春、秋两次密度高峰，其原因是：冬季的低温和光照减少，降低了水体的光合强度，营养物质随之逐渐积累；到春季水温升高、光照适宜，加之有充分营养物质，使具巨大增殖能力的硅藻迅速增长，形成春季的数量高峰，但不久后营养物质耗尽，水温过高，硅藻数量下降；当秋季来临时，营养物质又有积累，形成秋季的高峰。又如，在温带地区，苍蝇和蚊子一到春末就开始多起来，到夏、秋两季，其数量达到最多，冬季随着天气变冷，这些昆虫便销声匿迹了。由此可见，掌握种群的季节消长规律，是控制其危害的生态学基础。当然，这种典型的季节消长也会因气候异常和人为的污染而有所改变。

3. 规则或不规则波动

种群数量的年间变动，有的是规则的(周期性波动)，有的是不规则的(非周期性波动)。根据现有长期种群动态记录，大多数生物属于不规则的，如很多的鸟类、鱼类、昆虫类等。我国生态学家马世骏(1965)根据我国历史上的气象记录资料，探讨过大约 1000 年的有关东亚飞蝗(*Locusta migratoria*)的危害与气象条件的相关性，明确了东亚飞蝗在我国的大发生没有周期性现象(过去曾认为该种是有周期性的)(图 3-9),同时还指出干旱是大发生的原因。

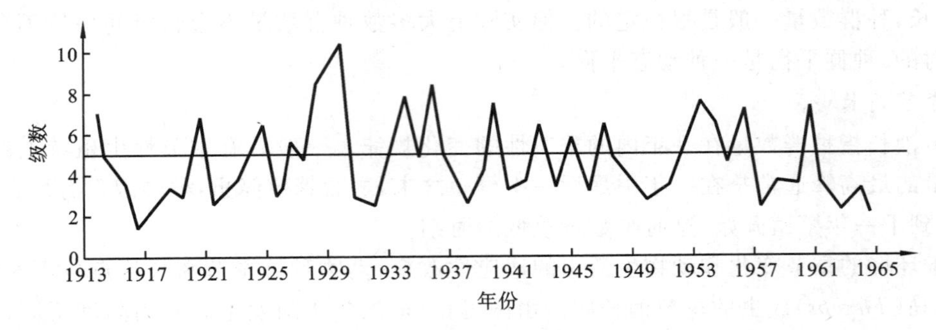

图 3-9　洪泽湖区东亚飞蝗种群数量动态

(仿马世骏等,1965)

周期性波动经典的例子为旅鼠、北极狐的 3～4 年周期和美洲兔、加拿大猞猁的 9～10 年周期。这种周期现象主要发生在比较单纯的生境中,如北方针叶林和北极苔原地带,而且数量高峰往往在广大区域同时出现。几乎每一本动物生态学书都有关于这两类周期性波动的描述,在此不再赘述。

具不规则或非周期性波动的生物都可能出现种群大发生,最闻名的大发生见于害虫和害鼠。例如前面提到的蝗灾,我国古籍和西方圣经都有记载,“蝗飞蔽天,人马不能行,所落沟堑尽平……食田禾一空”等。

水生植物暴发的例子也不鲜见。一种槐叶萍(*Salvinia molesta*)原产巴西,1952 年首次在澳大利亚出现,由于它每 2.5 天就能加倍,迅速增殖并扩散开来,到 1978 年覆盖了昆士兰一个湖泊的 400 hm^2 面积,总重达 50000 t,对交通、灌溉和渔业造成严重的危害。这种现象也被称为生态入侵。所谓生态入侵,是由于人类有意识或无意识地把某种生物带入适宜于其栖息和繁衍的地区,种群不断扩大,分布区逐步稳定地扩展,最终排挤掉当地的物种,破坏生物的多样性和生态平衡,甚至造成巨大的经济损失。

4. 种群的衰落和灭亡

当种群长久处于不利条件下,如人类过度捕猎或栖息地被破坏的情况下,其种群数量会出现持久性下降,即种群衰落,甚至灭亡。个体大、出生率低、生长慢、成熟晚的生物,最易出现这种情形。近年来,种群衰落和灭亡的速度大大加快,究其原因,不仅是由于人类过度捕杀,更严重的是破坏野生生物的栖息地,从而剥夺了物种生存的条件。另一方面,种群密度过低,由于难以找到配偶或近亲繁殖,也会使种群的生育力和生活力衰退,死亡率增加。例如美洲的草原鸡在种群数量降低到 50 对以后,即使采取有力措施也未能使其恢复而灭绝。因此,物种种群的持续生存,不仅需要有保护良好的栖息环境,还要有足够数量的最低种群密度。

3.3　种群的调节

3.3.1　种群调节因素

我们知道,任何种群都不能无限地增长,但可以显示一定幅度的数量波动。那么到底是什么力量制止了种群的增长？是什么机制决定着种群的平衡密度？对此,生态学家提出了许多不同的观点，从而也形成了不同的学派：有的强调内因，认为种群内部发生的变化，特别是种群内个体在行为、生理和遗传上的差异是制止种群增长的主要因素，形成了自动调节学派；有的强调外因，即把种群数量的变化主要归咎于外在因素的影响，如气候、疾病和捕食等，于是形成了气候学派或生物学派。

3.3.2　种群调节理论

1. 气候学派

气候学派多以昆虫为研究对象，认为种群数量变动主要和天气条件有关。例如以色列学者 F. S. Bodenheimer(1928)通过研究证明，昆虫的早期死亡率有 80%～90%是由天气条件引起的。他们反对种群的稳定性，强调种群数量的变动性。

2. 生物学派

生物学派认为捕食、寄生和竞争等生物因素对种群调节起决定作用，该学派最著名的代表人物是澳大利亚昆虫学家 A. J. Nicholson。他认为气候学派混淆了两个概念：消灭和调节。他举例说明：某一昆虫种群每世代增加 100 倍，而气候变化消灭了 98%，那么这个种群仍然要每个世代增加 1 倍；但如果存在一种昆虫的寄生虫，其作用随昆虫密度的变化而消灭了另外的 1%，这样种群数量才能得以保持稳定。在这种情况下，尽管气候因素消灭掉 98%的个体，但仅起到一个破坏作用，种群仍将继续增长，因此，气候因素不是调节因素，而消灭种群 1%的寄生者才是调节种群密度的因素。

另外，英国鸟类学家 Lack 认为，引起鸟类密度制约死亡从而控制种群数量的因素有三个，即食物短缺、天敌捕食和疾病，其中食物不足是主要因素。这也可以认为是生物学派的又一佐证。

上述两个学派都是强调外源性因素对种群数量的影响。我们也可以将这些外源性因素划分为密度制约因素和非密度制约因素两大类：密度制约因素是指出生率或死亡率随种群密度的变化而变化，如食物、天敌等生物因素；非密度制约因素则是指对种群的影响不受种群密度本身的制约，如温度、降水等气候因素。实际上，非密度制约因素对种群的增长无法起调节作用，因为调节是一个内稳定反馈过程，其功能与密度有密切关系。但是，非密度制约因素可以对种群大小施加重大影响，也能影响种群的出生率和死亡率。

大多数生态学家都同意，只有通过密度制约因素和非密度制约因素的相互作用才能决定生物的数量。一个特定种群的数量波动将取决于气候变化幅度与该种群对环境变化敏感程度之间的相互作用。如果气候只能在小范围内波动，对气候变化较敏感种群的数量波动就主要靠密度制约机制来调节。一个物种对环境波动越敏感，非密度制约机制所起的作用也就越大。

3. 自动调节学派

自动调节学派强调种群的内源性因素即种内个体之间的差异对种群数量的调节起着决定性作用，按其强调的重点不同，又分为不同的支派，比较重要的有以下三种。

1) 行为调节学说

该学说是由英国生态学家 V. C. Wynne-Edwards(1962)通过对鸟类方面的研究提出的，他认为动物通过社群行为可以限制其在生境中的数量，使食物供应和繁殖场所在种群内得到合理分配。当种群密度超过一定限度时，领域的占领者要产生抵抗，把多余的个体从适宜的生境中排挤出去，这部分个体由于缺乏食物以及保护条件，易受捕食、疾病、不良天气所侵害，死亡率较高，从而限制了种群增长。但这并不能说明动物有自觉认识种群密度与资源关系的能力,仅是动物对紧张的种内关系所表现出的本能反应。

2) 内分泌调节学说

该学说是由美国学者 J. J. Christian(1950)提出的,他认为种群的自我调节主要是靠拥挤效应引起内分泌系统的改变而实现的。种群密度高时,种内个体经受的社群压力大,对中枢神经系统的刺激加强,影响脑下垂体和肾上腺的功能,使生长激素减少、生长和代谢发生障碍、生殖受到抑制,从而导致胚胎死亡率增加、出生率降低、种群数量下降。种群密度低时,社群压力降低,通过生理调节又可以恢复种群数量。

3) 遗传调节学说

该学说于 1960 年由 D. Chitty 提出,他认为种群中的遗传双态或遗传多态现象有调节种群的意义。以最简单的遗传两型现象为例,种群中有两种遗传型,一种是繁殖力低、进攻性强、适于高密度条件下的基因型 A,另一种是繁殖力高、适于低密度条件的基因型 B。当种群数量较低时,自然选择有利于基因型 B 的个体,能相互容忍,繁殖力高,种群数量增加;当种群数量上升到较高水平时,自然选择转向对适于高密度条件的基因型 A 的个体有利,个体之间相互进攻,死亡增加,生殖减少,于是种群数量下降。通过以上分析,我们可以得出这样一个基本原理,那就是任何改变出生率和死亡率的因素都会影响种群的平衡密度,从而对种群的数量起到调节作用。

3.4 种群的生态对策

各种生物的生长和繁殖时期有长有短,生物的生长和繁殖的生活期方式称为生活史,包括生物的体形大小、生长率、繁殖、取食以及寿命等。不同物种的生活史差异很大,例如一些物种的生命只有几个月而另一些物种却可以生存几百年,有的物种个体巨大而另一些个体却很小。无论如何,它们都是生物种类在进化过程中,适应于特定环境所形成的一系列生物学特征,生物所特有的这种生活史特征就称为生态对策(ecological strategy)或生活史对策。由此,生态对策是生物在生存竞争中所获得的,是自然选择和进化的结果。

3.4.1 能量分配原则

任何有机体在一定时间内所获得的能量都是有限的,不可能同时和等量地用于生长、生殖、维持消耗、存储、修复、抵抗等各种生命过程。投入抵抗不利环境(如低温、干旱和逃避天敌)的能量太多就会影响对生殖的投入,而生殖中生产后裔的数量增多就要减少对保护后裔的投入。也就是说,如果增加某一生命环节的能量分配,就必然要以减少其他环节能量分配为代价,这就是 M. L. Cody(1966)所称的“能量分配原则”。事实上,任何生物作出的任何一种生活史对策都意味着能量的合理分配,并通过这种能量使用的协调,来促进自身的有效生存和繁殖。

3.4.2 繁殖策略

生物的繁殖对策是重要的生活史对策之一,也是进化生态学一直关注的核心问题之一。1976 年 R. H. MacArthur 和 E. O. Wilson 提出了 r-K 选择的自然选择理论,从而推动生活史策略研究从定性描述走向定量分析的新阶段。r-K 选择理论根据生物的栖息环境和进化策略把生物分为 r 对策者和 K 对策者两大类。r 对策者和 K 对策者生物的主要特征比较见表3-4。

r 对策者适应于难以预测的多变环境(如干旱地区和寒带),具有使种群增长最大化的各种生物学特性,即高生育力、快速发育、早熟、成年个体小、寿命短,且单次生殖多而小的后代。r 对策者一般具有很强的扩散能力,一有机会就入侵新的栖息生境并通过高 r 值而迅速增殖,但由于其把大部分能量用于繁殖,因此一般缺乏保护后代机制,竞争力弱。

表 3-4　r 对策者和 K 对策者生物的主要特征比较

特　征	r 选择	K 选择
适应气候	多变,难以预测,不确定	稳定,可预测,较确定
死亡	常是灾难性的、无规律、非密度制约	比较有规律、受密度制约
种群大小	变动大,不稳定,常低于 K 值	稳定,密度临近 K 值
存活	存活曲线 C 型,幼体存活率低	存活曲线 A、B 型,幼体存活率高
竞争	多变,通常不紧张	经常保持紧张
选择倾向	发育快,增长力强,提早生育,体型小,单次生殖	发育缓慢,竞争力强,延迟生育,体型大,多次生殖
寿命	短,通常短于1年	长,通常长于1年
最终结果	高繁殖力	高存活力

K 对策者则通常出生率低、寿命长、成年个体大、具有较完善的保护后代机制,一般扩散能力较弱,但竞争能力较强,即把有限能量资源多投入在提高存活率上。

根据以上分析,如果说 K 对策者是以"质"取胜,则 r 对策者就是以"量"取胜。在大分类单元中,大部分昆虫和一年生植物可以看成 r 对策者,大部分脊椎动物和乔木可以看成 K 对策者。在同一分类单元中,同样可作生态对策比较,如哺乳动物中的啮齿类大部分是 r 对策者,而大象、老虎、熊猫则是 K 对策者。实际上,在 r 对策和 K 对策之间,还存在着各种过渡类型,形成了一个 r-K 连续对策系统。

r 和 K 两类对策,在进化过程中各有其优缺点。K 对策的种群数量较稳定,一般保持在 K 值临近,但不超过它,所以导致生境退化的可能性较小;具亲代关怀行为、个体大和竞争能力强等特征,保证它们在生存竞争中取得胜利。但是一旦受到危害而种群下降,其低 r 值导致恢复困难,大熊猫、虎豹等珍稀动物就属此类,应加强对它们的保护工作。相反,r 对策者虽然由于防御力弱、无亲代关怀等原因而死亡率甚高,但高 r 值能使种群迅速恢复,高扩散能力又使它们迅速离开恶化的生境,并在别的地方建立起新的种群,大部分有害动物属于此类,是生物防治的对象。可见,r-K 选择理论在实际生产中具有非常重要的指导意义。

3.5　种群关系

3.5.1　种内关系

种内关系(intraspecific relationship)是指种群内部个体与个体之间的关系。在这方面,动物种群和植物种群的表现有很大区别:动物种群的种内关系主要表现为集群、种内竞争、领域性、社会等级等,而植物除了有集群生长的特征外,更主要的是个体间的密度效应。

1. 集群

集群现象普遍存在于自然种群之中。同一种生物的不同个体,或多或少会在一定的时期内生活在一起,从而保证种群正常的生存和繁殖,是种群的一种重要的适应性特征。根据集群后群体持续时间的长短,可以把集群分为临时性和永久性两种类型。永久性集群存在于社会动物中。所谓社会动物,是指具有分工协作等社会性特征的集群动物,主要包括一些昆虫(如蜜蜂、蚂蚁、白蚁等)和高等动物(如包括人类在内的灵长类等)。

生物产生集群的原因复杂多样。这些原因包括:①对栖息地的食物、光照、温度、水等环境因子的共同需要。如潮湿的生境使一些蜗牛在一起聚集成群。②对昼夜天气或季节气候的共同需要。如过夜、迁徙、冬眠等群体。③繁殖的结果。由于亲代对某种环境有共同的反应,将后代(卵或仔)产于同一环境,后代因此形成群体。④被动运送的结果。例如,强风、激流可以把一些蚊子、小鱼运送到某一风速或流速较为缓慢的地方,形成群体。⑤个体间社会吸引力相互吸引的结果。如一只离群的鸽子,当遇到一群互不相识的鸽子时,毫无疑问会很快加入其中,这种欲望正是由个体之间的相互吸引力所引起的。

动物群体的形成可能完全由环境因素所决定,也可能是由社会吸引力所引起,根据这两种不同的形成原因,动物群体可分为两大类,前者称为集会,后者称为社会。

动物界许多动物种类都是群体生活的,说明群体生活具有许多有利的生物学意义。同一种动物在一起生活所产生的有利作用称为集群效应。集群效应对种群整体是有益的,它可以提高捕食效率和防御能力,改变小生境、促进繁殖和增加彼此学习效率等。

2. 种内竞争

竞争(competition)是指生物为了利用有限的共同资源,相互之间所产生的不利或有害的影响。某一种生物的资源是指对该生物有益的任何客观实体,包括栖息地、食物、配偶,以及光、温度、水等各种生态因子。

竞争有两种作用方式:资源利用性竞争和相互干涉性竞争。在资源利用性竞争中,生物之间没有直接的行为干涉,而是双方各自消耗、利用共同的资源,由于共同资源可获得量不足而影响对方的存活、生长和生殖。在相互干涉性竞争中,竞争者相互之间直接发生作用,最明显的是通过打斗或分泌有毒物质使得竞争中一方死亡或缺乏资源而成为失败者。

同种个体之间发生的竞争叫种内竞争,它明显受密度制约。在有限的生境中,种群密度越大,对资源的竞争就越激烈,对每个个体的影响也就越严重,可能引起死亡率升高,或者一部分个体因得不到资源而被迫迁移到其他地方,从而使种群密度维持在一定的水平。由此可见,种内竞争是种群通过密度制约过程进行调节的一个主要原因。另外,种内竞争也是扩散、领域现象以及自疏现象的原因。

3. 领域性

领域(territory)是指由个体、家庭或其他社群(social group)单位所占据并积极保卫不让同种其他成员侵入的空间。保卫领域的方式很多,如以鸣叫、气味标志或特异的姿势向入侵者宣告其领主的领域范围,以威胁或直接进攻驱赶入侵者等。动物占有并保卫领域的这种行为就称为领域行为或领域性(territoriality)。领域行为是种内竞争资源的方式之一,占有者通过占有一定的空间而拥有所需要的各种资源。

4. 植物的密度效应

在一定时间内,当种群的个体数目增加时,就必定出现邻接个体之间在产量及死亡率等方面的相互影响,这称为密度效应。关于植物的密度效应有两个基本的规律。

1) 最后产量恒值法则

所谓最后产量恒值法则(law of constant final yield),是指在一定范围内,当条件相同时,

不管一个种群的密度如何，最后产量差不多总是一样的。用公式表示为

$$Y = Wd = K_i \tag{3.9}$$

式中：W 为植物个体的平均质量；d 为密度；Y 为单位面积产量；K_i 为常数。

最后产量恒值法则的原因是不难理解的：在高密度情况下，植株彼此之间对光、水、营养物的竞争较为激烈，在有限的资源中，植株的生长率降低，个体变小（包括其中构件数少）。

2）"－3/2 自疏"法则

英国生态学家 J. L. Harper(1981)等对黑麦草（*Lolium perenne*）的研究表明：随着高密度播种下植株的生长，种内对资源的竞争不仅影响到植株生长发育的速度，而且影响到植株的存活率。在高密度的样方中，会首先出现一些植株死亡，种群密度下降的现象，即自疏现象（self-thinning）。用公式表示为

$$W = Cd^{-3/2} \tag{3.10}$$

式中：W 为存活个体的平均株干重；d 为密度；C 为系数。

最后产量恒值法则和"－3/2 自疏"法则都是经验的法则。对许多种植物进行的密度试验中，都证实了"－3/2 自疏"现象，但对其原因尚未有圆满的解释。

3.5.2 种间关系

种间关系（interspecific relationship）是指不同物种之间的相互作用。种群之间的相互作用可以是直接的，也可以是间接的相互影响，这种影响可能是有害的，也可能是有利的。如果用"＋"表示有利，"－"表示有害，"0"表示既无利也无害，那么，种群之间的关系主要有如表3-5中所列的几种基本类型。本节重点介绍竞争和捕食，其他类型可参看相关生态学书籍。

表 3-5 两个物种之间的相互作用类型

作用类型	种群		主要特征
	1	2	
中性作用(neutralism)	0	0	彼此互不影响
竞争(competition)	－	－	竞争共同资源而带来负面影响
偏害作用(amensalism)	－	0	种群1受抑制，种群2不受影响
捕食(predation)	＋	－	种群1为捕食者，有利；种群2受害
寄生(parasitism)	＋	－	种群1为寄生者，有利；种群2受害
偏利作用(commensalism)	＋	0	对一方有利，另一方无影响
互利作用(mutualism)	＋	＋	双方都受益

1. 种间竞争

种间竞争（interspecific competition）是指两种或更多种生物共同利用同一资源而产生的相互抑制作用。

1）竞争排斥原理

苏联生态学家 Г. Ф. Гаузе(1934)以三种草履虫作为竞争对手，以细菌或酵母作为食物，进行竞争实验研究。各种草履虫在单独培养时都表现出典型的S形增长曲线。当把生态习性相似的大草履虫（*Paramecium caudatum*）和双核小草履虫（*P. aurelia*）放在一起混合培养时，虽然在初期两种草履虫都有增长，但由于双核小草履虫增长快，最后排挤了大草履虫的生存，双

核小草履虫在竞争中获胜。相反,当把双核小草履虫和袋状草履虫(*P. bursaria*)放在一起培养时,形成了两种共存的局面,但两种草履虫的密度都小于单独培养时。仔细观察发现,双核小草履虫多生活于培养试管的中、上部,主要以细菌为食,而袋状草履虫生活于底部,以酵母为食,这说明两个竞争种间出现了食性和栖息环境的分化。在此基础上,Г. Ф. Гаузе 提出:在生态学上相同的两个物种(即具有相同资源利用方式的种)不可能在同一地区共存,如果生活在同一地区内,由于竞争激烈,它们之间必然出现栖息地、食性、活动时间或其他特征上的生态位分化。这就是著名的竞争排斥原理(principle of competitive exclusion),或称为高斯假说(Gause's hypothesis)。

2) 种间竞争模型

竞争的结果到底是排斥还是共存?我们可以用 Lotka-Volterra 的种间竞争模型来分析。现假定有两个物种,当它们单独生长时其增长形式符合逻辑斯谛模型,其增长方程为

$$dN_1/dt = r_1 N_1(1 - N_1/K_1) \tag{3.11}$$

$$dN_2/dt = r_2 N_2(1 - N_2/K_2) \tag{3.12}$$

如果将这两个物种放置在一起,对种群 1 来说,除了自身外,还有种群 2 的个体也在争夺空间。假设物种 2 对物种 1 的竞争系数为 α(α 表示在物种 1 的环境中,每存在一个物种 2 的个体,对物种 1 所产生的抑制效应,即每个 N_2 个体所占的空间相当于 α 个 N_1 个体),则种群 1 的增长方程为

$$dN_1/dt = r_1 N_1(1 - N_1/K_1 - \alpha N_2/K_1) \tag{3.13}$$

现分析物种 1 停止增长(即 $dN_1/dt=0$)的条件,最极端的两种情况是:①全部空间为 N_1 所占,即 $N_1=K_1$,$N_2=0$;②全部空间为 N_2 所占,即 $N_1=0$,$N_2=K_1/\alpha$。连接这两个端点,即代表了物种 1 所有的平衡条件(图 3-10(a)),在这个对角线以下和偏左时 N_1 增长,在对角线以上和偏右时 N_1 下降。

对种群 2 也引入一个物种 1 对物种 2 的竞争系数 β,其增长方程为

$$dN_2/dt = r_2 N_2(1 - N_2/K_2 - \beta N_1/K_2) \tag{3.14}$$

同样可得到物种 2 的平衡条件(图 3-10(b))。

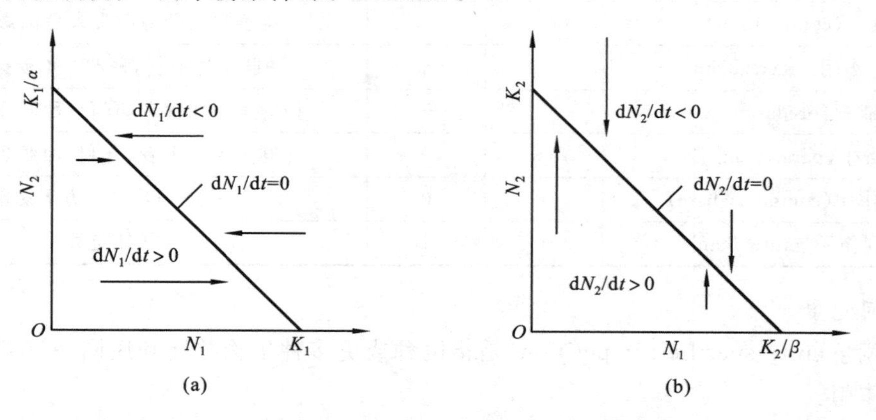

图 3-10 Lotka-Volterra 竞争所产生的物种 1 和物种 2 的平衡线

(仿 R. L. Smith, 1980)

将(a)和(b)图互相叠合起来,就可以得到四种不同结局,其结果取决于 K_1、K_2、K_1/α、K_2/β 值的相对大小。

(1) 当 $K_1 > K_2/\beta, K_1/\alpha > K_2$ 时，物种 1 取胜，物种 2 被排挤掉。

(2) 当 $K_2 > K_1/\alpha, K_2/\beta > K_1$ 时，物种 2 取胜，物种 1 被排挤掉。

(3) 当 $K_1 > K_2/\beta, K_2 > K_1/\alpha$ 时，两个物种不稳定共存，都有取胜的机会。

(4) 当 $K_1 < K_2/\beta, K_2 < K_1/\alpha$ 时，两个物种稳定共存。

这种竞争结局也可以从另一个角度来解释：$1/K_1$ 和 $1/K_2$ 两个值，可视为物种 1 和 2 的种内竞争强度指标，β/K_2 和 α/K_1 则分别为物种 1 和 2 的种间竞争强度指标。竞争的结局取决于种间竞争和种内竞争的相对大小：若某物种的种间竞争强度大而种内竞争强度小，则该物种将取胜；若某物种种间竞争强度小而种内竞争大，则该物种将失败；若两物种都是种内竞争小而种间竞争大，则两物种都有可能取胜，出现不稳定的平衡；若两物种都是种内竞争大而种间竞争小，则两物种彼此不能排挤掉对方，从而出现稳定的平衡，即共存的局面。

3) 生态位理论

生态位(niche)主要指自然生态系统中一个种群在时间、空间上的位置及其与相关种群之间的功能关系。生态位的概念不仅包括生物所占有的空间，还包括它在群落中的功能作用以及温度、湿度、pH 值、土壤和其他生存条件的环境变化梯度中的位置。生态位理论有一个形成和发展的过程：美国学者 J. Grinell 在 1917 年提出了空间生态位（指一种生物所占据的物理空间）的概念；英国生态学家 C. Elton 在 1927 年提出了营养生态位（指生物在群落中的功能地位）；英国生态学家 G. E. Hutchinson 在 1957 年又提出了 n 维生态位（n-dimensional niche）（指一个物种在 n 维环境梯度上的位置），他还进一步提出将生态位分为基础生态位和实际生态位。在生物群落中，无任何竞争者存在时，物种所占据的全部空间（即理论最大空间）称为该物种的基础生态位，但实际上很少有一个物种能全部占据基础生态位。在有竞争者存在时，一个物种实际占有的生态位空间称为实际生态位。竞争越激烈，物种占有的实际生态位就越小。

不同的生物物种在生态系统中的营养与功能关系上各占据不同的地位，由于环境条件的影响，它们的生态位也会出现重叠与分化。不同生物在某一生态位维度上的分布，可以用资源利用曲线来表示（图 3-11）。

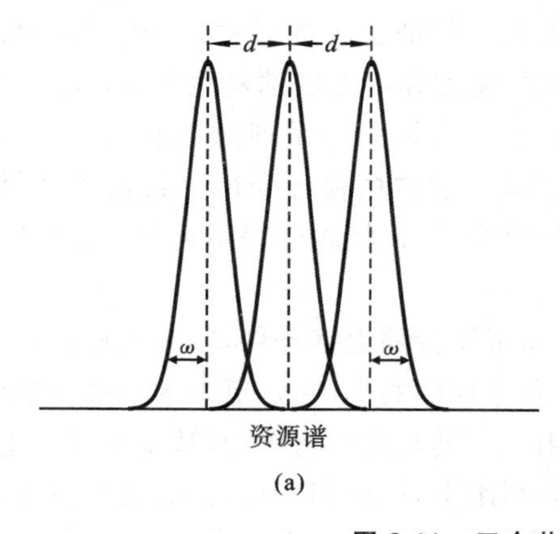

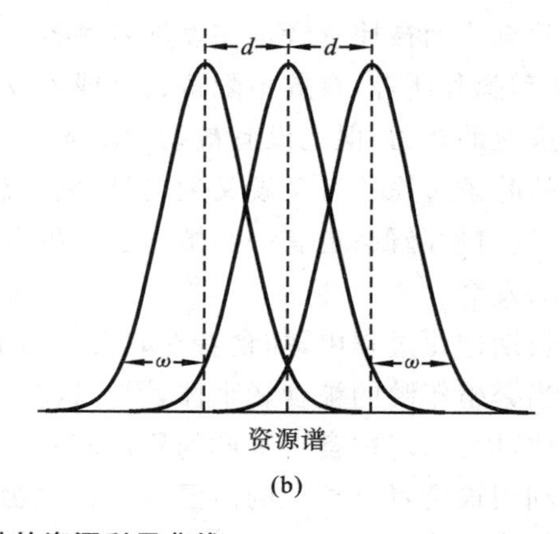

图 3-11　三个共存物种的资源利用曲线

（仿 Begon，1986；图中 d 为曲线峰值间的距离，ω 为曲线的标准差）

比较两个或多个物种的资源利用曲线，就能全面分析生态位的重叠和分离情况。例如：图 3-11(a)中各物种资源利用曲线重叠少，物种是狭生态位的，其种间竞争弱、种内竞争较为激烈，将促使其扩展资源利用范围，使生态位靠近，重叠增加；图 3-11(b)中各物种是广生态位的，相互重叠多，物种之间的竞争激烈，按竞争排斥原理，将导致某一物种灭亡，或通过生态位分化而得以共存。总之，种内竞争促使两物种的生态位接近，种间竞争又促使两物种的生态位分离。

生态位是普遍的生态学现象，每一种生物在自然界中都有其特定的生态位，这是其生存和发展的资源与环境基础。比如说一片经过自然发育和演替形成的天然林，其地上部分具有乔、灌、草层级结构，根系则由浅到深形成地下层级结构，这种完善的地上、地下层级结构可以充分利用多层次的空间生态位，使有限的光、水、气、热、肥等资源得以合理利用，最大限度地提高了资源效率。更为重要的是，天然林这种多层级结构在其内部形成一系列梯度分布的异质性小生境(光照、温度、湿度、食物、隐蔽所等)，为多种多样的其他生物(各种动物、根际微生物等)提供了丰富的生态位，形成复杂的食物链、食物网，促进了相互制约、协调关系的形成。

生态位理论不仅在种间关系、种的多样性、群落结构以及环境梯度分析中得到应用，还广泛应用于农业、工业、经济、教育、政治等领域，是一种强有力的理论分析和实践指导工具。

2. 捕食作用

一种生物攻击、损伤或杀死另一种生物，并以其为食，称为捕食(predation)。对捕食的理解，有广义和狭义两种。狭义的捕食概念仅指动物吃动物这样一种情况，而广义的捕食概念除包括这种典型的捕食外，还包括植食(herbivory)、拟寄生(parasitoidism)和同种相残(cannibalism)三种情况。植食指草食动物吃绿色植物，如羊吃草；拟寄生指寄生昆虫将卵产在其他昆虫体内，待卵孵化为幼虫后便以寄主组织为食，直到寄主死亡为止；同种相残是捕食的一种特殊形式，即捕食者(predator)和猎物(prey)均属于同一物种。

捕食者与猎物之间的关系是非常复杂的，这种关系不是一朝一夕形成的，是长期协同进化的结果。所谓协同进化(coevolution)，就是一个物种的性状作为对另一物种性状的反应而进化，而后一物种的性状本身又作为前一物种性状的反应而进化的现象。

捕食者为获得最大的寻食效率，必然要采用各种方法和措施：有些属于形态学上的，如发展了锐齿、利爪、尖喙、毒牙等；有些属于行为学上的，如运用诱饵、追击、集体围猎等方式，以提高捕食效率。而被捕食者也在发展各种各样的对策来防御捕食者的捕食，如利用保护色或地形、草丛和隐蔽所等，有效地隐藏自己或者发展奔跑的速度和耐力以逃避敌害等。植物虽然没有主动逃避的能力，但也没有被动物吃光，也是因为它们发展了一系列防卫的机制。例如：有些植物的叶子边缘长有又硬又尖的棘、刺，或被取食损害过的植物会变得生长延缓、纤维素含量增加，适口性降低；也有一些植物会产生有毒的化学物质，使植物变得不可食，或可食但会影响动物的发育。

在长期进化过程中，捕食者有时会成为被食者不可缺少的生存条件，精明的捕食者大多不捕食正当繁殖年龄的被食者个体，因为这会减少被食者种群的生产力，更多的是捕食那些老弱病残个体，因此，对被食者种群的稳定起着巨大作用。人类利用生物资源，从某种意义上讲，与捕食者利用被食者是相似的。但人类在生物资源的利用中，往往利用过度，致使许多生物资源遭到破坏或面临灭绝。怎样才能成为“精明的捕食者”，在这方面人类还有很大的差距。

思考与练习题

1. 种群具有哪些与个体特征不同的群体特征？
2. 什么是集群现象？它有什么生态学意义？

3. 如何构建生命表？为什么说应用生命表可以分析种群动态及其影响因素？
4. 比较种群指数增长模型和逻辑斯谛增长模型，哪些生物种群适合于指数增长理论？哪些适合于逻辑斯谛增长理论？
5. 逻辑斯谛增长曲线有何理论及实际意义？
6. 生物入侵有什么危害？如何防止？
7. r、K 对策者产生的机制和特征是什么？r-K 选择理论在生产实际中有什么指导意义？
8. 种间竞争与生态位有何关系？

第 4 章　群落生态学

4.1　生物群落的概念和基本特征

4.1.1　生物群落的概念及其研究内容

1. 生物群落的概念

生物群落(biotic community)是指特定时间内生存在一定地区或自然生境里的所有生物种群的集合。群落是生态学理论及应用中最重要的概念。它包括植物、动物和微生物等各个物种的种群,共同组成生态系统中有生命的部分。

群落生态学的产生,要比种群生态学还早,特别是植物群落学的研究,其历史最悠久,最广泛也最深入,群落生态学中的许多基本原理都是在植物群落学中获得的。早在 1807 年,近代植物地理学的创始人 A. von Humboldt 首先注意到自然界植物的分布不是零乱无章的,而是遵循一定的规律集合成群落。他指出每个群落都有其特定的外貌,是群落对生境因素的综合反应。1890 年,丹麦植物学家 J. E. B. Warming 在《植物生态学》中指出:一定的种所组成的天然群聚即群落。形成群落的种实行同样的生活方式,对环境有大致相同的要求,或一个种依赖于另一个种而生存,有时甚至后者供给前者最适之需,似乎在这些种之间有一种共生现象占优势。同一时期,俄国植物学家对植物群落的研究有了较大发展,并形成一门以植物群落为研究对象的学科——地植物学(geobotany)。B. H. Сукачёв 认为,植物群落是不同植物有机体的特定结合,在这种结合下,存在植物之间以及植物与环境之间的相互影响。

最早提出生物群落概念的是德国生物学家 K. Mobius,他在 1877 年研究海底牡蛎种群时,注意到牡蛎只出现在一定的盐度、温度、光照等条件下,而且总与一定组成的其他动物(鱼类、甲壳类、棘皮动物)生长在一起,形成比较稳定的有机整体,Mobius 称这一有机整体为生物群落(biocoenosis)。之后,生物群落生态学的先驱 V. E. Shelford(1911)将生物群落定义为"具有一致的种类组成且外貌一致的生物聚集体"。美国著名生态学家 E. P. Odum(1957,1983)对这一定义作了补充,他认为除种类组成与外貌相似外,生物群落还具有一定的营养结构和代谢格局,它是一个结构单元,是生态系统中有生命的部分,并指出群落的概念是生态学中最重要的概念之一,因为它强调了各种不同的生物能在有规律的方式下共处,而不是任意散布在地球上。

综上所述,生物群落可以理解为一个生态系统中有生命的部分,即生物群落＝植物群落＋动物群落＋微生物群落。它具有一定的生物种类组成和一定的外貌与结构。

2. 生物群落的性质

长期以来对群落性质的解释存在着两种对立的观点,即"有机体论"和"个体论"。争论的焦点在于群落到底是一个有组织的系统,还是一个纯自然的个体集合。

"有机体论"学派认为,沿着环境梯度或连续环境的群落形成了一种不连续的变化,因此生物群落是间断分开的。美国的 F. E. Clements、法国的 J. Braun-Blanquet 等支持上述观点,他们将群落比拟为一个自然有机体，其物种的组成是与群落的诞生、生活、死亡及整体进化联系在一起的。英国的生态学家 A. G. Tansley 则认为尽管有机体思想过于假想化，但群落在许多方面表现出整体性的特点，应当作为整体来研究。

“个体论”学派则认为，群落的存在依赖于特定的生境与物种的选择性，在连续环境下的群落组成是逐渐变化的，因而不同群落类型只能是任意认定的。苏联的 Л. Г. Раменский、美国的 H. A. Gleason 和法国的 F. Lenoble 等支持上述观点。

现代生态学的研究表明，群落既存在着连续性的一面，也有间断性的一面。可采取生境梯度分析的方法，即排序的方法来研究群落变化，虽然不少情形表明群落并不是分离的、有明显边界的实体，而是在空间和时间上连续的一个系列。事实上，如果排序的结果构成若干点集，则可达到群落分类的目的；如果分类允许重叠，则又可反映群落的连续性。这一事实反映了群落的连续性和间断性之间并不一定要相互排斥，关键在于研究者从什么角度和尺度看待这个问题。从目前研究发展看，由于群落存在结构的松散性，同一群落类型之间或同一群落不同空间之间，群落的组成、结构及发展变化有很大的不同，“有机体论”已逐步被“个体论”所取代，持“个体论”的人认为群落是个别物种的集合，群落模式可以通过个体水平上的过程而得到解释。

3. 群落生态学的研究内容与意义

群落生态学是研究生物群落的科学，其主要研究内容包括：①群落的组成与结构；②群落的性质与功能；③群落的发育与演替；④群落内部种间关系；⑤群落的丰富度、多样性与稳定性；⑥群落的分类与排序等。

群落与种群是两个不同的概念。种群是种的存在形式，是遗传因子交换和以相同生活方式为基础的同种个体的集合。而群落则是多种生物种群的集合体，是一个边界松散的集合单元。

群落和生态系统究竟是生态学中两个不同层次的研究对象，还是同一层次的研究对象，还存在着不同的看法。大多数学者认为应该把两者分开来讨论，如 E. P. Odum(1983)和 R. L. Smith(1980)等，但也有不少学者把它们作为同一个问题来讨论，如 C. J. Krebs(1985)和 R. H. Whittaker(1970)等。群落和生态系统这两个概念是有明显区别的，各具独立含义。群落是指多种生物种群有机结合的整体，群落生态学的研究内容是生物群落和环境的相互关系及其规律，这恰恰也是生态系统生态学所要研究的内容。随着生态学的发展，群落生态学与生态系统生态学必将有机结合，成为一个比较完整的、统一的生态学分支。

群落生态学是现代生态学中极为重要的组成部分。E. P. Odum 认为群落生态学是较个体生态学和种群生态学更高一级的组织层次，是连接种群生态学和生态系统的桥梁。群落概念的重要性在于“由于群落的发展而导致生物的发展”。群落为生物提供了栖息地和食物，因而对特定生物的控制的最好办法是控制群落，而不是直接“攻击”该生物，这对于生物多样性保护、有害杂草和病虫害控制具有重要的意义。研究群落生态学的目的是了解群落的起源、发展、动态特征及群落之间的相互关系，为合理利用自然资源、推动生物群落定向发展、提高生态系统生产力、维持生态平衡提供理论依据。

4.1.2　群落的基本特征

1. 群落的物种多样性

生物群落是由不同的植物、动物和微生物组成的。物种组成是区别不同群落的重要特征，群落中物种成分及个体数量的多少是度量群落多样性的基础。

2. 具有一定的外貌

群落中不同的生物种的生长发育规律不同,具有不同的生长高度和密度,从而决定了群落的外部形态特征。在生物群落中通常由其外貌来决定高级分类单位的特征,如森林、灌丛、草丛等。

3. 具有一定的时间、空间格局

生物群落是一个结构单元,除具有一定的种类组成外,还具有时间和空间上的结构特点,如形态结构、营养结构等。空间结构最明显的就是分层现象,而时间结构则有昼夜变化和季节变化等。

4. 具有特有的群落环境

生物群落对其居住环境产生重大影响,并形成群落环境,如森林中的环境与周围裸地就有很大的不同,包括光照、温度、湿度与土壤等都经过了生物群落的改造。

5. 不同物种之间的相互影响

群落中的物种有规律地共处,即在有序状态下共存。诚然,生物群落是生物种群的集合体,但不是说一些种的任意组合便是一个群落。一个群落必须经过生物对环境的适应和生物种群之间的相互适应、相互竞争,形成具有一定外貌、种类组成和结构的集合体。

6. 一定的动态特征

生物群落是生态系统中具有生命的部分,生命的特征是不停的运动,群落也是如此,其运动形式包括季节动态、年际动态、演替与演化。

7. 一定的分布范围

任一群落分布在特定地段或特定生境上,不同群落的生境和分布范围不同。无论从全球范围看还是从区域角度讲,不同生物群落都是遵循一定规律分布的。

8. 群落的边界特征

在自然条件下,有些群落具有明显的边界,可以清楚地加以区分,有的则不具有明显边界,而处于连续变化中。前者见于环境梯度变化明显,或者环境梯度突然中断的情形,后者见于环境梯度连续缓慢变化的情形。大范围的变化如草甸草原和典型草原的过渡带、典型草原和荒漠草原的过渡带等,小范围的变化如沿一缓坡而渐次出现的群落替代等。但在多数情况下,不同群落之间都存在过渡带,被称为群落交错区(ecotone),并导致明显的边缘效应。

4.2 群落的组成

4.2.1 群落组成的性质分析

1. 种-面积曲线

群落的物种组成是决定群落性质的最重要的因素,也是区别不同群落类型的基本特征。群落生态学的研究都是从分析群落的物种组成开始的。为了了解群落的物种组成,通常是在群落的典型地段固定一定面积的样方,登记该样方中所有的物种,然后按照一定的顺序成倍扩大样方面积,登记新增加的物种数量。随着样方面积的增加,物种数量随之增加,但当样方面积逐步扩大到一定程度时,新出现的物种数量开始逐步减少,最后,随样方面积的增加,物种很少增加。将样方面积和物种数量的关系绘制成曲线,即形成种-面积曲线(图 4-1)。曲线开始水平延伸的点(如图4-1中X)所包含的面积即为群落最小面积。也就是说,在群落调查时至少要达到这样大的面积才能包括群落的大多数物种,反映群落的组成特点。

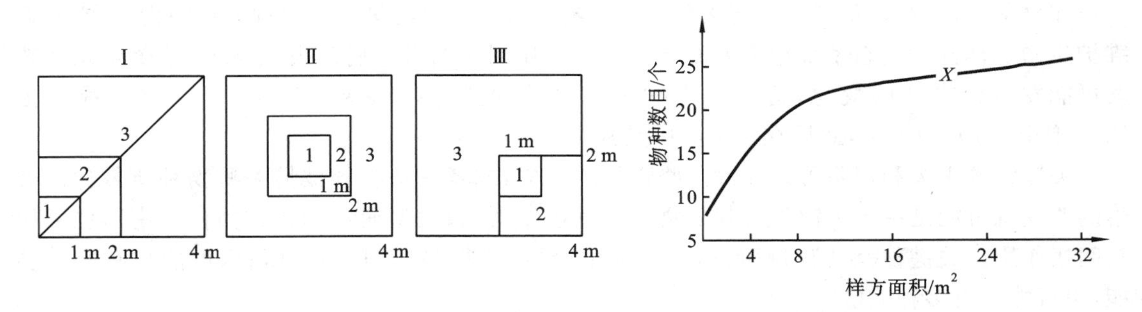

图4-1 逐步扩大样方面积的调查方法和种-面积曲线

群落最小面积可以反映群落的组成结构,群落的物种越丰富,群落最小面积也就越大。一般来讲,植物群落的最小面积容易确定,草原群落最小面积为1～4 m^2,灌丛群落最小面积为25～100 m^2,北方森林群落最小面积为100～400 m^2,而南方热带雨林群落最小面积为2500 m^2。但动物群落的最小面积较难确定,常采用间接指标(如根据动物的粪便、觅食量等指标)加以统计分析,确定其最小面积。

2. 群落组成种类的性质分析

在生物群落研究中,常根据物种在群落中的作用而划分为不同的群落成员型。

1) 优势种

在群落物种组成中,各个种类在决定群落性质和功能上的作用和地位是不相同的。一般来讲,群落中往往有一个或数个种类对群落的结构和环境形成有明显的控制作用,并强烈地影响其他生物的栖息,这样的生物种称为优势种(dominant species)。优势种在群落中占有较广泛的生境范围,能利用较多的资源,具有个体数量多、生物量大和生产力高等特点。如果去除优势种,将导致群落发生重大变化。

F. E. Clements和V. E. Shelford(1939)对群落优势种的生态学特征作了如下的归纳:①优势种接受全部的气候压力,即它们不需要其他有机体的保护和影响;②它们应该是一个能调节气候及生态环境的种类,从其密度或生物量来说,应该是最大量的;③对气候起直接反作用,改变陆地上的水分及光线,或者改变海中的气体及盐分。

群落中优势种的多少,主要受物理因素的制约和种间竞争的影响。一般来说,能划定为优势种的种类,在寒冷干燥地区的群落中总是比温暖湿润地区的要少。例如,北方的森林可能只要1～2个树种即可组成森林的90%以上,而在热带森林则可能有不少种类在同样标准下成为优势种。即在自然条件极端或严酷的地区,优势种的种数就少,群落中支配因素由少数物种所分担。

2) 从属种

除优势种外,群落中的其他物种称为从属种(subordinate species)。R. Danbermir(1968)把植物群落中从属种分为两个类群。一个类群为依赖性从属种(dependent subordinates),它紧密地依赖于优势种所提供的条件,如果优势种被排除,则将导致它们在生境中绝灭,如附生性植物、寄生生物、专性菌根真菌和专性阴地植物等,显然这些生物只有在优势种定居于一个地区后才能进入生境。从属种的另一个类群是指那些不论优势种存在与否,都能在该群落生境中存在的物种。这些从属种都是耐阴性的,却不完全需要那些由优势种提供的特殊条件。

3) 关键种

在群落中,一些珍稀、特有、庞大的对其他物种具有与生物量不成比例影响的物种,它们在维护生物多样性和生态系统稳定方面起着重要的作用。如果它们消失或减少,整个生态系统就可能发生根本性的变化,这样的物种称为关键种(keystone species)。这一概念最初由R. T. Paine(1969)提出,此后在生态学中受到重视。

关键种的丢失和消除可以导致一些物种的丧失,或者一些物种被另一些物种所替代。群落的改变既可能是由于关键种对其他物种的直接作用(如大型捕食动物的捕食作用),也可能是间接作用。关键种就其数目而言,可能稀少,也可能很多;就其功能而言,可能只有专一功能,也可能具有多种功能。

根据关键种的不同作用方式,关键种的类型有:①关键捕食者;②关键被捕食者;③关键植食动物;④关键竞争者;⑤关键互惠共生种;⑥关键病原体/寄生物;⑦关键改造者。

关键种与优势种是有区别的,关键种的存在对于维持生物群落的组成和多样性具有决定性意义,但它们在生物群落中的数量及生物量与此不成比例。

4) 冗余种

冗余的概念是指相对需求有多余。在一些生物群落中,有些种是多余的,这些种的去除不会引起群落内其他物种的丢失,同时对整个系统的结构和功能不会造成太大的影响,这类物种称为冗余种(redundancy species)。H. Gitay 等(1996)认为,在生态系统中,有许多物种成群地结合在一起,扮演着相同的角色,这些物种中必然有几个是冗余种。冗余种的去除并不会使群落发生改变。

B. H. Walker 于 1992 年首次提出冗余假说(redundancy hypothesis),认为物种在生态系统中的作用显著不同,一些物种在生态功能上有相当程度的重叠,因此,某一物种的丢失并不会对整体生态功能发生大的影响。那些高冗余的物种,对于保护生物学工作来说,则有较低的优先权。但这并不意味着冗余种是不必要的,冗余是对于生态系统功能丧失的一种保险和缓冲。B. H. Walker(1995)进一步强调指出,增加冗余种对促进一个生态系统的灵活性是很重要的。它的存在不仅有利于抵御不良环境,还提供了未来进一步发展的机会,所以冗余种是物种进化和生态系统继续进化的基础。在一个生态系统中,短时间看,冗余种似乎是多余的,但经过在变化的环境中长期发展,那些次要种和冗余种就可能在新的环境中变为优势种或关键种,从而改变和充实原来的生态系统。

4.2.2 群落组成的数量特征

1. 多度

多度(abundance)是表示一个物种在群落中个体数量多少的指标。群落中物种间个体数量的对比关系,可以通过种的多度来确定。在群落调查中,多度有两种表示方法,即记名计算法和目测估计法。

记名计算法一般用于详细的群落调查研究中。在一定面积的样地中,直接计数各个物种的个体数目,然后计算出某物种与同一类生活型全部物种个体数目的比例。目测估计法常用于物种个体数量多而体型较小的群落(如灌丛、草丛等)调查或概略性的群落调查中。其方法是按预先确定的多度等级来估计单位面积上物种个体多少的。几种常用的多度等级见表4-1。

表 4-1　几种常用的多度等级表

O. Drude			F. E. Clements			J. Braun-Blanquet	
Soc	(Sociales)	极多	D	(Dominant)	优势	5	非常多
Cop3	(Copiosae)	很多	A	(Abundant)	丰盛	4	多
Cop2		多	F	(Frequent)	常见	3	较多
Cop1		尚多	O	(Occasional)	偶见	2	较少
Sp	(Sparsal)	尚少	R	(Rare)	稀少	1	少
Sol	(Solitariae)	少	Vr	(Very rare)	很少	+	很少
Un	(Unicum)	个别					

2. 密度

密度是指单位面积上的生物个体数，用公式表示为

$$D = \frac{N}{A} \tag{4.1}$$

式中：D 为密度；N 为样地内某物种的个体数；A 为样地面积。

3. 频度

频度是指某物种在调查范围内出现的频率，用公式表示为

$$F = \frac{n}{N} \times 100\% \tag{4.2}$$

式中：F 为频度；n 为某物种出现的样方数；N 为样本总数。

丹麦学者 C. Raunkiaer(1934)根据 8000 多种植物的频率统计编制了一个标准频度图解(图 4-2)。

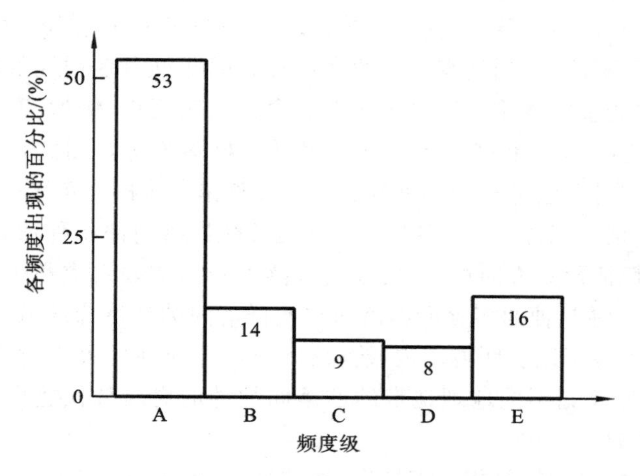

图 4-2　C. Raunkiaer 的标准频度图解

在图 4-2 中，归入 A 级的植物种类的频度在 1%～20%之间，归为 B 级的植物种类频度为 21%～40%，归入 C 级的物种频度为 41%～60%，D 级为 61%～80%，而 E 级的频度为 81%～100%。实践证明，在稳定性较高而种类分布较均匀的群落中，属于 A 级的种类通常较多，比 B、C、D 频度级的种类要多，符合群落中低频度种的数目和较高频度种的数目的实际情

况。E级植物通常是群落的优势种,也占有较高的频度,一般大于C、D级。如果调查的结果不符合该频度规律,B、C、D级的比例增高,说明群落中种的分布不均匀,群落可能出现分化或演替的趋势。

4. 盖度

盖度(coverage)是指植物枝叶所覆盖的土地面积占样地面积的百分比,它是一个重要的植物群落学指标。植物基部覆盖面积称为基部盖度,草本植物的基部盖度以离地3 cm处的草丛断面积计算,乔木树种的基部盖度以某一树种的胸高(离地1.3 m)断面积与样地内全部断面积之比来计算。盖度又分为分盖度、层盖度和总盖度。通常分盖度与层盖度之和大于总盖度。某一种植物的分盖度与所有分盖度之和的比值称为相对盖度。在林业上经常用郁闭度来表示树木层的盖度。

5. 优势度与重要值

优势度是确定物种在群落中生态重要性的指标,其定义和计算方法尚无统一意见,一般指标主要是种的盖度和多度。动物一般以个体数或相对多度来表示。

J. T. Curtis等(1951)提出用重要值来表示植物群落中每一个物种的相对重要性。

$$\text{重要值} = [\text{相对密度}(\%) + \text{相对频度}(\%) + \text{相对盖度}(\%)]/300 \tag{4.3}$$

6. 群落相似性系数

群落相似性系数是指各样方单位共有种的百分率,其计算方法很多,目前不下十几种。Jaccard相似性系数是目前最为基础和常用的相似性系数之一,其计算公式为

$$\text{群落相似性系数} = c/(a+b-c) \tag{4.4}$$

式中:a为样方A的物种数;b为样方B的物种数;c为样方A和B中的共有物种数。

7. 群落多样性

群落多样性(community diversity)是指群落中包含的物种数目和个体在种间的分布特征。实际上群落多样性研究的是物种水平上的生物多样性。

如果一个群落中有许多物种,且其多度非常均匀,则该群落具有较高的多样性;相反,如果群落中物种少,分布又不均匀,则具有较低的多样性。因此群落多样性的高低,取决于物种数和多度分布两个独立变量的性质。有时多样性的含义比较模糊,例如一个物种少而均匀度高的群落,其多样性可能与另一个物种多而均匀度低的群落相等。因此,E. C. Pielon(1969)认为:"不论怎样定义多样性,它都是把物种数和均匀度混淆起来的一个单一的统计量。"

群落多样性的类型有三种。①α多样性。它是反映群落内部物种数和物种相对多度的一个指标,只具有数量特征而无方向性,主要表明群落本身的物种组成和个体数量分布的特征。②β多样性。它是指物种与种的多度沿群落内部或群落间的环境梯度从一个生境到另一生境的变化速率与范围,主要用以表明群落内或群落间环境异质性的大小对物种数和相对多度的影响。③γ多样性。它是指不同地理地带的群落间物种的更新替代速率,主要表明群落间环境异质性大小对物种数的影响。

一般所论述的群落多样性是指α多样性,通常采用Simpson指数、Shannon-Wiener指数、均匀性指数等来进行测度。

4.2.3 种间关联

生物群落中物种之间是存在相互作用的,有些种是经常生长在一起的,有些则相互排斥。如果两个种一起出现的次数比期望的更频繁,它们就是正关联;如果小于期望值,则具有负关

联。正关联的原因可能是两个种之间存在依赖关系，或者两者受生物的和非生物的环境因素影响而生长在一起。负关联则是因为两个种之间存在空间排挤、竞争、他感(化感)作用以及不同的环境要求。

群落中种间是否存在关联作用可用关联系数(association coefficient)表征。关联系数计算公式为

$$r = \frac{ad - bc}{\sqrt{(a+b)(c+d)(a+c)(b+d)}} \tag{4.5}$$

式中：r 为关联系数，其值变化范围为 $-1 \sim +1$；a 为两个种均出现的样方数；b 和 c 为仅出现一个种的样方数；d 为两个种均不出现的样方数。

计算得出的关联系数要采用统计学的 χ^2 检验法进行显著性检验。

$$\chi^2 = \frac{n(ad - bc)^2}{\sqrt{(a+b)(c+d)(a+c)(b+d)}} \tag{4.6}$$

当 $\chi^2 > 3.84$($\chi^2_{0.05,\mathrm{df}=1} = 3.84$)时，则表明关联显著，达到 95% 的显著水平；当 $\chi^2 > 6.64$($\chi^2_{0.01,\mathrm{df}=1} = 6.64$)时，则表明关联极显著，达到 99% 的显著水平。

需要指出的是，关联系数的计算是以种在群落样方单位中的存在与否来估计的，因此，取样面积的大小对其结果有明显影响，需要通过改变样方面积大小来确定合理的样方面积。

关联分析的目的是证明群落中每两两物种的相互关系，按照“有机体论”，群落是一个自然单位，各物种应通过相互作用彼此之间有机结合形成一个生命网络，而且这种相互作用是一种必然的关联。但关联分析表明，群落中只有少部分物种之间存在显著的正、负关联，大部分物种之间是无明显的相互作用的，这说明群落的性质更接近“个体论”。

4.3　群落的结构

4.3.1　群落的结构要素

1. 生活型

生活型(life form)是生物对外界环境适应的外部表现形式。关于生活型的划分，早期人们习惯根据植物的形状、大小、分支等外貌特征，同时考虑到植物的生命期长短，把植物分为乔木、灌木、藤本植物、附生植物和草本植物等。目前广泛采用的是丹麦的植物学家 C. Raunkiaer 的系统，他按休眠芽或复苏芽所处的位置高低和保护方式，把高等植物划分为五个生活型，在各类群之下，根据植物体的高度、芽有无芽鳞保护、落叶或常绿、茎的特点等特征，再细分为若干较小的类型(图 4-3)。

(1) 高位芽植物(phanerophyte)：休眠芽或顶端嫩枝位于离地面 25 cm 以上的枝条上，如乔木、灌木等。其中根据体型的高矮又可分为大高位芽植物(芽高度 > 30 m)、中高位芽植物(高度 8～30 m)、小高位芽植物(高度 2～8 m)和矮高位芽植物(高度 25 cm～2 m)等类型。

(2) 地上芽植物(chamaephyte)：植物的芽或顶端嫩枝位于地表土壤表面之上、25 cm 之下，受土表或残落物保护，多为灌木、半灌木或草本植物。

(3) 地面芽植物(hemicryptophyte)：植物在不利季节，其地上部分死亡，但被土壤和残落物保护的地下部分仍活着，更新芽位于地面土层内。为多年生草本植物。

(4) 隐芽植物(cryptophyte)：或称地下芽植物(geophyte)，植物芽位于较深土层中，或位

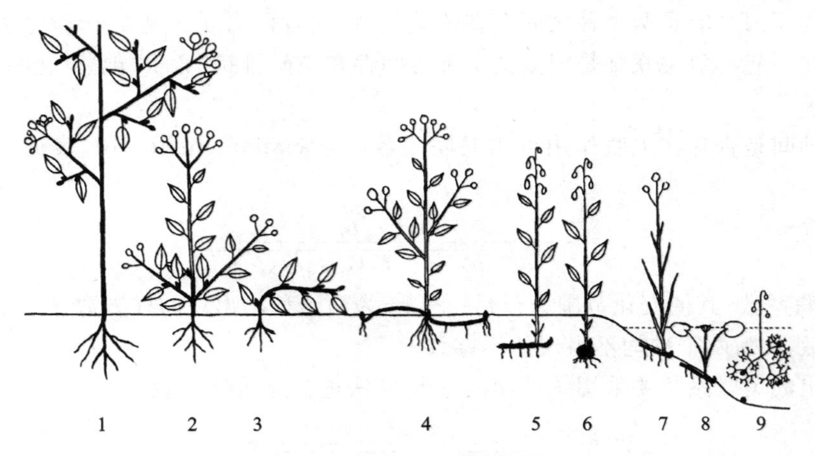

图 4-3　Raunkiaer 生活型图解

(C. Raunkiaer，1934)

1—高位芽植物；2、3—地上芽植物；4—地面芽植物；5～9—隐芽植物

于水中，多为鳞茎类、块茎类或根茎类多年生草本植物或水生植物。

(5) 一年生植物(therophyte)：植物只能在良好的季节中生长，它们以种子的形式度过不良季节。

统计各个群落内的各种生活型的数量对比关系，称为生活型谱。群落类型不同，其生活型谱也不同。我国自然条件复杂，不同气候区域的主要群落类型中生活型的组成各有特点(表4-2)。

表 4-2　我国几种群落类型的生活型谱　　　　(单位：%)

群落(地点)	生活型				
	高位芽植物 Pn	地上芽植物 Ch	地面芽植物 H	隐芽植物 Ct	一年生植物 T
热带雨林(云南，西双版纳)	94.7	5.3	0	0	0
热带雨林(海南)	96.88(11.1)	0.77	0.42	0.98	0
山地雨林(海南)	87.63(6.87)	5.99	3.42	2.44	0
南亚热带常绿阔叶林(广东，鼎湖山)	84.5(4.1)	5.4	4.1	4.1	0
亚热带常绿阔叶林(云南)	74.3	7.8	18.7	0	0
亚热带常绿阔叶林(浙江)	76.1	1.0	13.1	7.8	2

续表

群落(地点)	生活型				
	高位芽植物 Pn	地上芽植物 Ch	地面芽植物 H	隐芽植物 Ct	一年生植物 T
暖温带落叶阔叶林(秦岭北坡)	52.0	5.0	38.0	3.7	1.3
寒温带暗针叶林(长白山)	25.4	4.4	39.6	26.4	3.2
温带草原(东北)	3.6	2.0	41.1	19.0	33.4

注:引自王伯荪,1987;括号内的数字是指其中藤本植物的百分数。

从表 4-2 可见,每一类植物群落都是由几种生活型植物所组成的,但其中有一类生活型占优势。这种生活型与环境关系密切:高位芽植物占优势是温暖多湿气候地区群落的特征,如热带雨林群落;地面芽植物占优势,反映了该地区具有较长的严寒季节,如寒温带针叶林群落;地上芽植物占优势,反映了该地区环境比较冷湿;一年生植物占优势则是干旱气候的荒漠和草原地区群落的特征,如温带草原群落。

动物也有不同的生活型,例如兽类中有空中飞行的(蝙蝠)、滑翔的(鼯鼠)、游泳的(鲸、海豹)、地下穴居的(啮齿动物)、奔跑的(马、鹿)等,它们各有各的形态、生理和行为特征,适应各种不同的生活方式。但动物的生活型不能决定生物群落的外貌和结构。

2. 叶片性质与叶面积指数

1) 叶片大小及性质

植物叶片是进行光合作用的主要器官,其大小、形状和性质直接影响着群落的结构与功能。叶的性质如阔叶、针叶、常绿、落叶等也是决定群落外貌的重要特征。叶片的大小与水分平衡和光合收益的效果有密切的关系,而叶温又影响着光合速率。在阳光辐射条件下,大叶的叶温比小叶高,蒸腾量大;相反,在遮阴条件下,大叶的叶温降得快。所以植物叶片的大小是以平衡蒸腾失水的植物的根吸水量作为成本,以光合收益高低作为收益来确定最佳大小的。C. J. Krebs(1985)根据这种收益-成本分析,预测了在各种光照和土壤水分条件下的最佳叶片大小(图 4-4)。

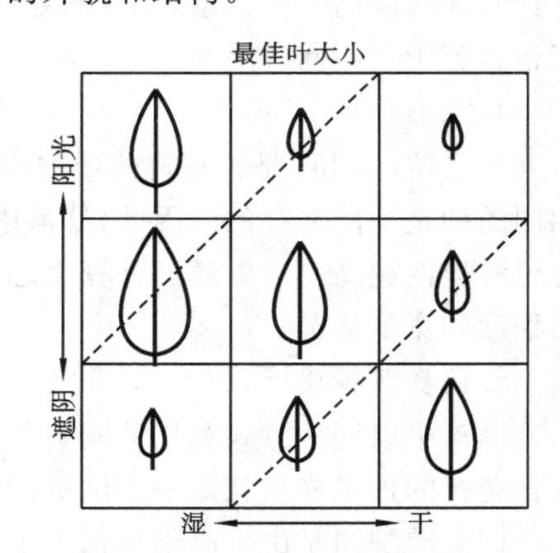

图 4-4　最佳叶片大小模型预测的叶片大小与光辐射和水分的关系
(引自 C. J. Krebs, 1985)

2) 叶面积指数

叶面积指数(leaf area index,LAI)是指单位面积土地上单面叶的总面积,是群落结构的一个重要指标,与群落的功能有着直接的关系。

$$\mathrm{LAI} = \frac{\text{总叶面积(单面计算)}}{\text{单位土地面积}} \tag{4.7}$$

表 4-3 列出了主要天然植物群落的叶面积指数,可以看出,叶面积指数与群落的光能利用率有直接的关系。

表 4-3 主要天然群落类型的叶面积指数与光能利用率

群落类型	叶面积指数	光能利用率/(%)
热带雨林	10～11	1.5
落叶阔叶林	5～8	1.0
北方针叶林	9～11	0.75
草地	5～8	0.5
冻原	1～2	0.25
草原化荒漠	1	0.04
农作物	3～5	0.6

注:引自 Barbour，1987;光能利用率为单位面积全年接受的有效光合辐射与该面积上的净生产量之比。

3. 层片

层片(synusia)是指群落中由同一生活型的不同植物构成的组合。层片具有以下特征:①属于同一层片的植物是同一生活型类别,但只有当其个体数量相当多,而且相互之间存在一定联系时才能组成层片;②每个层片在群落中均具有一定的小环境,不同层片小环境相互作用构成群落的环境;③每个层片在群落中都占据一定的空间和时间,层片的时空变化形成了群落的不同结构特征。

层片与通常所说的层既有相同之处,又有本质的区别。例如,针阔叶混交林的乔木层就包含针叶和阔叶两个生活型,北方的夏绿阔叶林乔木层可能属同一层片,而热带森林的乔木层可能包含若干个不同的层片。

4. 生态位

生态位(niche)是种在群落中的机能作用和地位。根据 Г. Ф. Гаузе 实验结果,生态位完全相同的种是不能共存的。因此,群落中各个物种是具有一定的生态位分化的,群落越复杂,生态位多样性越高。可以通过计算生态位宽度和生态位重叠,来评价群落中各物种对资源的利用程度和竞争情况。

5. 同资源种团

群落中以同一方式利用共同资源的物种集团称为同资源种团(guilds)。例如,热带地区取食花蜜的许多蜂鸟就是一个同资源种团。

同资源种团是由生态学特征上很相似的种类所组成的,它们彼此之间具有较高的生态位重叠,种间竞争很激烈,一个种因某种原因从群落中消失,其他种就可以取而代之。相比之下,某一同资源种团与群落中其他同资源种团间的关系就较弱。根据同资源种团的特点,可以利用它进行竞争和群落结构的实验研究。同时,以同资源种团作为组成群落的成员,与以物种为成员相比,研究会简单得多,这有助于深入研究群落的营养结构。因而研究同资源种团将是群落生态学研究的一个很有希望的方向。

6. 群落外貌

群落外貌(physiognomy)是指生物群落的外部形态或表相。它是群落中生物与生物间、生物与环境间相互作用的综合反映。陆地群落外貌主要取决于植被的特征,植物群落是植被的基本单元。水生群落外貌主要取决于水的深度和水流特征。

陆地群落外貌由组成群落的优势生活型和层片结构所决定。群落外貌常随时间的推移而发生周期性变化，这是群落结构的另一重要特征。在一年内随着气候季节变化，群落呈现不同的外貌，这就是季相。

4.3.2　群落的垂直结构

1. 成层现象

环境的逐渐变化，导致对环境有不同需求的动、植物生活在一起，这些动、植物各有其生活型，其生态幅度和适应特点也各有差异，它们各自占据一定的空间，并排列在空间的不同高度和一定土壤深度中。群落这种垂直分化就形成了群落的层次，称为群落垂直成层现象(vertical stratification)。群落的分层现象主要取决于植物的生活型。动物也有分层现象，但不明显。水生环境中，不同的动、植物也在不同深度水层中占有各自位置。

群落的成层现象保证了生物群落在单位空间中更充分地利用自然条件。成层现象发育最好的是森林群落，林中有林冠(canopy)、下木(understory tree)、灌木(shrub)、草本(herb)和地被(ground)等层次。林冠直接接受阳光，是进行初级生产过程的主要地方，其发育状况直接影响到下面各层次。如果林冠是封闭的，林下的灌木和草本植物就发育不好；如果林冠是相当开阔的，林下的灌木和草本植物就发育良好。

以陆生植物群落为例，成层现象包括地上部分和地下部分。决定地上部分分层的环境因素主要是光照、温度等条件，而决定地下部分分层的主要因素是土壤的物理化学性质，特别是水分和养分。由此可看出，成层现象是表现植物群落与环境条件相互关系的一种特殊形式。环境条件愈好，群落的层次就愈多，层次结构就愈复杂；环境条件愈差，层次就愈少，层次结构也就愈简单。

2. 主要层的作用

多层次结构的群落中，各层次在群落中的地位和作用不同，各层中植物种类的生态习性也是不同的。如以一个郁闭森林群落来说，最高的那一层既是接触外界大气候变化的“作用面”，又因其遮蔽阳光的强烈照射，而保持林内温度和湿度不致有较大幅度的变化。也就是说，这一层在创造群落内的特殊小气候中起着主要作用，它是群落的主要层，这一层的树种多数是阳性喜光的种类。上层以下各层次中的植物由上而下耐阴性递增，在群落底层光照最弱的地方则生长着阴性植物，它们不能适应强光照射和温度、湿度的大幅度变化，在不同程度上依赖主要层所创造的环境而生存。由这些植物所构成的层次在创造群落环境中起着次要作用，是群落的次要层，该层中植物的种类常因主要层的结构变化而有较大的变化。区别主要层和次要层，完全按群落中的地位和作用而定。在一般情况下最高的一层是主要层，但在特殊情况下，群落中较低的层次也可能是主要层。如热带稀树干草原植被，其分布地气候特别干热，树木星散分布，树冠互不接触，干旱季节全部落叶，在形成植物环境方面作用较小，而密集深厚的草层却强烈影响着土壤的发育，同时也影响着树木的更新。显然，草本层是在群落内占着主要地位的层次。

植物群落中有一些植物，如藤本植物和附、寄生植物，它们并不独立形成层次，而是分别依附于各层次中直立的植物体上，称为层间植物。随着水、热条件愈加丰富，层间植物发育愈加繁茂。粗大木质的藤本植物是热带雨林的特征之一，而附生植物更是多种多样。层间植物主要在热带、亚热带森林中生长发育，而不是普遍生长于所有群落之中，但它们也是群落结构的一部分。

地下部分(根系)的成层现象和层次之间的关系与地上部分是相应的。一般在森林群落中,草本植物的根系分布在土壤的最浅层,灌木及小树根系分布较深,乔木的根系则深入到地下更深处。地下各层次之间的关系,主要围绕着水分和养分的吸收而实现。

在群落的每一层次中,往往栖息着一些不同程度上可作为各层特征的动物。在群落中动物也有分层现象,如 R. H. Whittaker(1952)在美国大烟雾山不同高度的山坡上作了昆虫群落结构分析,有 7 种昆虫分布在不同垂直高度上,每一物种只局限在一定的高度范围之内(图 4-5)。一般来说,群落的垂直分层越多,动物种类也越多。陆地群落中动物种类的多样性,往往是植被层次发育程度的函数。大多数鸟类可同时利用几个不同层次,但每一种鸟有一个自己所喜好的层次。如表 4-4 所示,林鸽和茶腹䴓喜欢在林冠层,青山雀、长尾山雀等喜欢在乔木层,沼泽山雀等喜欢在灌木层,而鶫鹩等则多在草被层或地面活动。

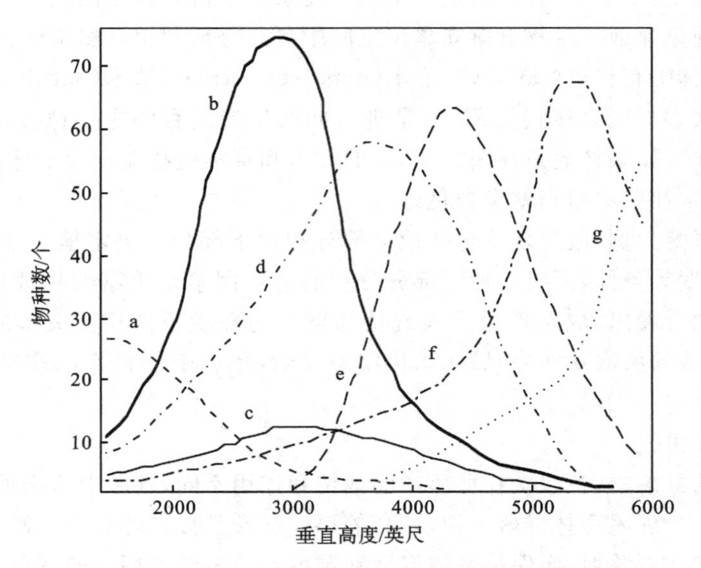

图 4-5　美国大烟雾山不同垂直高度上七种昆虫的分布曲线

(仿 R. H. Whittaker, 1952)

注:其中 a、c、f、g 是叶蝉,b、d 是啮虫,e 是芫菁;1 英尺=0.3048 米。

表 4-4　栎林中鸟类在不同层次中的相对密度

种　　名	林冠层(高于 11.6 m)	乔木层(5~11.6 m)	灌木层(1.3~5 m)	草被层(1~1.3 m)	地面
林鸽(*Columba palumbus*)	333	5	3	24	6
茶腹䴓(*Sitta europaea*)	34	34	1		
青山雀(*Parus coeruleus*)	150	264	196	24	6
长尾山雀(*Aegithalos caudatus*)	122	183	136	18	9
旋木雀(*Certhia familiaris*)	32	75	27	17	
煤山雀(*Parus ater*)	45	108	78	20	
沼泽山雀(*P. palustris*)	16	111	155	81	7

续表

种　　名	林冠层（高于 11.6 m）	乔木层（5～11.6 m）	灌木层（1.3～5 m）	草被层（1～1.3 m）	地面
大山雀（*P. major*）	25	74	197	103	2
戴菊（*Regulus regulus*）	2	10	33	14	
乌鸫（*Turdus merula*）	2	7	25	89	47
红胸鸲（*Erithacus rubecula*）			29	32	19
鹪鹩（*Troglodytes troglodytes*）			20	140	20

水生群落中，生态位要求不同的各种生物也在不同深度的水体中占据各自的位置，呈现出分层现象。它们的分层主要取决于透光状况、水温和溶解氧的含量。一般可分为漂浮生物（neuston）、浮游生物（plankton）、游泳生物（nekton）、底栖生物（benthos）、附底动物（epifauna）和潜底动物（infauna）等。图 4-6 是一些鱼类在里海中垂直分布的情况。我国淡水养殖业中的一条传统经验就是在同一水体中混合放养栖息不同水层中的鱼类，以达到提高单产的效果。

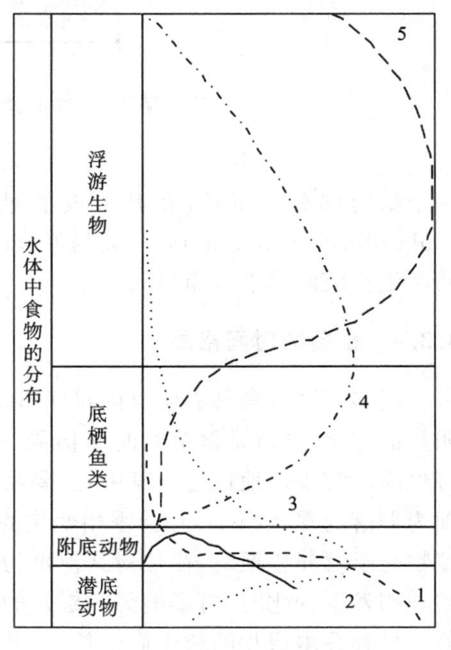

图 4-6　一些鱼类在里海中的分布及其与食物的关系

（仿 Н. П. Наумов，1955）

1—小体鲟（*Acipenser ruthenus*）；
2—一种鰕虎鱼（*Hyrcanogo biusbergi*）；
3—拟鲤（*Rutilus rutilus*）；
4—海梭鲈（*Lucioperca marina*）；
5—勃氏西鲱（*Alosa brashinikovi*）

4.3.3　群落的水平格局

群落结构的另一特征就是水平格局（horizontal pattern），其形成与构成群落的成员的分布状况有关。陆地群落的水平格局主要取决于植物的分布格局。对群落的结构进行观察时，经常可以发现，在一个群落某一地点，植物分布是不均匀的。均匀型分布的植物是少见的。如生长在沙漠中的灌木，由于植株间不可能太靠近，可能比较均匀，但大多数种类是成群型分布。在森林中，林下阴暗的地点，有些植物种类形成小型组合，而林下较明亮的地点是另外一些植物种类形成的组合。在草原中也有同样的情况，在并不形成郁闭植被的草原群落，禾本科密草丛中有与其伴生的少数其他植物，草丛之间的空间则由各种不同的其他杂草和双子叶杂草所占据。群落内部的这种小型组合可以称为小群落（microcoenosis），它是整个群落的一小部分。小群落形成的原因，主要是环境因素在群落内不同地点上分布不均匀（图 4-7），如小地形和微地形的变化、土壤湿度和盐渍化程度的不同，以及群落内的植物环境，如上部遮阴不均匀等。同时，植物种类本身的生物学特点也有重大作用，特别是种的繁殖、迁移和竞争等特征，对形成小群落也起到重要作用。

群落水平分化成各个小群落，它们的生产力和外貌特征不相同，在群落内形成不同的斑块。一个群落内出现多个斑块的现象称为群落的镶嵌性（mosaicism），斑块是群落水平分化的

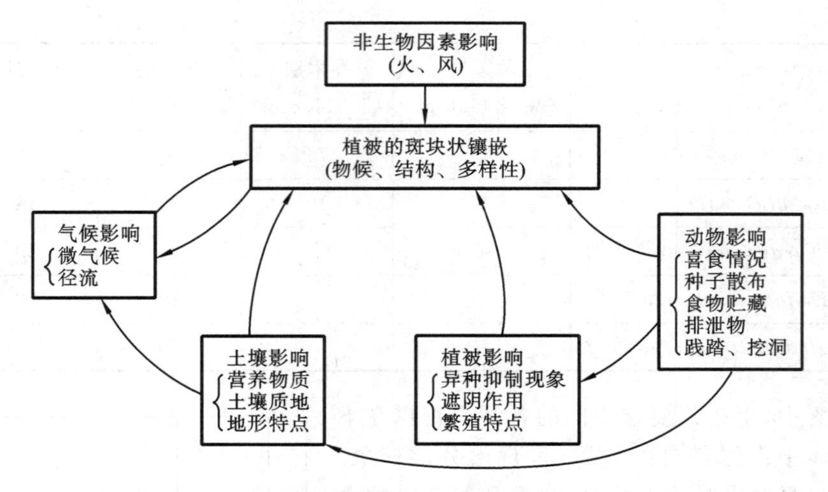

图 4-7 陆地群落中植被水平格局的主要决定因素

(仿 R. L. Smith,1980)

一个结构部分。而且,在其形成的过程中依附其所在群落,因此,有人称之为从属群落(subordinate community)。动物群落因其自身的生物学适应范围不同,随着栖息环境的布局而产生相应的水平分布格局。

4.3.4 群落的时间格局

很多环境因素具有明显的时间节律,如昼夜节律和季节节律,所以群落结构也随时间而有明显的变化,这就是群落的时间格局(temporal pattern)。相应地,群落中各种植物的生长发育也随之有规律地进行。其中,主要层的植物季节性变化使得群落表现为不同的季节性外貌,即为群落的季相(aspect)。季相变化的主要标志是群落主要层的物候变化。特别是主要层的植物处于营养盛期时,往往对其他植物的生长和整个群落都有着极大的影响,有时当一个层片的季相发生变化时,可影响另一层片的出现与消亡。这种现象在北方的落叶阔叶林内最为显著。早春乔木层片的树木尚未长叶,林内透光度很大,林下出现一个春季开花的草本层片;入夏乔木长叶林冠荫蔽,开花的草本层片逐渐消失。这种随季节而出现的层片,称为季节层片。由于季节不同而出现依次更替的季节层片使得群落结构也发生了季节性变化。群落中由于物候更替所引起的结构变化,又被称为群落在时间上的成层现象。它们在对生境的利用方面起着补充的作用,从而有效地利用了群落的环境空间。

动物群落的季相变化的例子也很多,如人们所熟知的候鸟春季迁徙到北方营巢繁殖,秋季南迁越冬。动物群落的昼夜相也很明显,如森林中,白昼有许多鸟类活动,但一到夜里,鸟类几乎都处于停止活动状态。但一些鸮类开始活动,使群落的昼夜相迥然不同。水生群落的昼夜相不像陆地群落的那么容易看到,但许多淡水和海洋群落中的一些浮游生物有着明显的昼夜相(图 4-8)。图中,在日周期中种的个体可上下移动几米,而整个种群在白天则移动到光照最强的水面以下,晚上向上移至水面。阴影多边形表示不同深处的个体相对数。

4.3.5 群落的交错区和边缘效应

不同群落的交界区域或两类环境相接触部分,即通常所说的结合部位,称为群落交错区(ecotone)或称生态环境脆弱带。“ecotone”为国际生态界最新定义的基本概念之一,一般译作

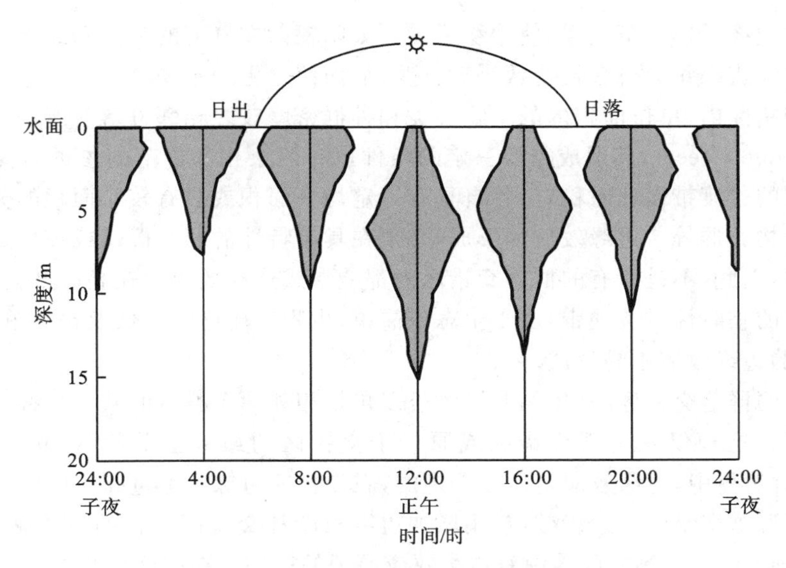

图 4-8　一种淡水浮游动物垂直移栖的格局

(仿 R. H. Whittaker,1979)

“生态环境交错带”或“生态环境过渡带”。考虑到生态界面的实质,以及该空间域的动态特征,重新将其定义为:在生态系统中,凡处于两种或两种以上的物质体系、能量体系、功能体系之间所形成的“界面”,以及围绕该界面向外延伸的“过渡带”的空间域。它一直被视为界面理论在生态环境中的广延与发展,界面应视为相对均衡要素之间的“突发转换”或“异常空间邻接”。

群落交错区实际上是一个过渡地带,这种过渡地带大小不一,有的较窄,有的较宽,有的变化很突然,称为断裂状边缘,有的则表现为逐渐的过渡,或者两种群落互相交错形成镶嵌状,称为镶嵌状边缘(图 4-9)。

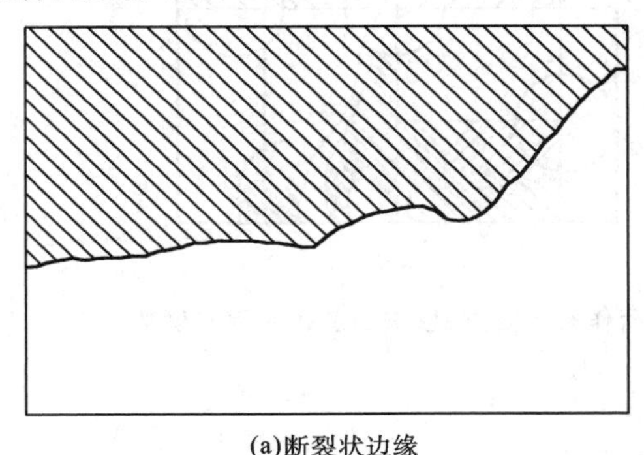

(a)断裂状边缘

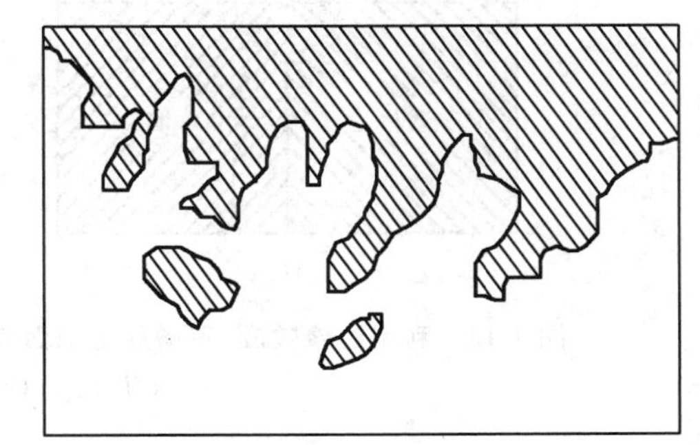

(b)镶嵌状边缘

图 4-9　两种群落边缘的类型

(仿 R. L. Smith,1980)

群落交错区形成的原因很多,如生物圈内生态系统的不均一,层次结构普遍存在于山区、水域及海陆之间,地形、地质结构与地带性的差异,气候等自然因素变化引起的自然演替、植被分割或景观切割,人类活动造成的隔离,森林、草原遭受破坏,湿地消失和土地沙化等。在森林带和草原带的交界地区,常有很宽的森林草原地带,在此地带中,森林和草原镶嵌着出现。群落的边缘有些是持久的,有些是暂时的,这都是由环境条件所决定的。

群落交错区或两个群落的边缘和两个群落的内部核心区域,环境条件往往有明显的区别,如森林草原的边缘,风大、蒸发强,使边缘干燥。太阳辐射在群落的南缘和北缘相差很大,夏季南向边缘比北向边缘每天可多接受数小时日照,从而使之更加干燥。

在群落交错区内,单位面积内的生物种类和种群密度较之相邻群落有所增加,这种现象称为边缘效应(edge effect),其形成需要一定的条件,如:两个相邻群落的渗透力应大致相似;两类群落所造成的过渡带需相对稳定;各自具有一定均一面积或只有较小面积的分割;具有两个群落交错的生物类群等。边缘效应的形成,必须在具有特性的两个群落或环境之间,还需要一定的稳定时间,因此,不是所有的群落交错区内都能形成边缘效应。在高度遭受干扰的过渡地带和人类创造的临时性过渡地带,由于生态位简单、生物群落适宜度低及种类单一可能发生近亲繁殖,群落的边缘效应不易形成。

发育较好的群落交错区,其生物有机体可以包括相邻两个群落的共有物种,以及群落交错区特有的物种。这种仅发生于交错区或原产于交错区的最丰富的物种,称为边缘种(edge species)。在自然界中,边缘效应是比较普遍的,农作物的边缘生物量高于中心部位的生物量。

人们利用群落交错区的边缘效应,用增加边缘长度和交错区面积的方法来提高野生动物的产量。图 4-10 显示了鹌鹑放养中对边缘效应原理的应用。在同样面积的土地上,种植同样量的植物,利用增加边缘长度的方法,可提高鹌鹑的饲养群数。我国南方在水网地区修造的一种桑基鱼塘,便是人类因地制宜建立的一种边缘效应,已有数百年的历史。对于自然形成的边缘效应,应很好地发掘利用。对于本不存在的边缘,也应努力去模拟塑造。随着科学技术的发展,广泛运用自然边缘效应所给予的启示,将有助于对资源的开发、保护与利用。

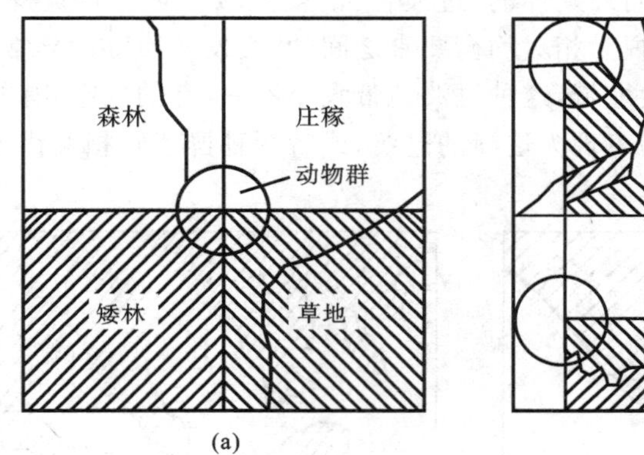

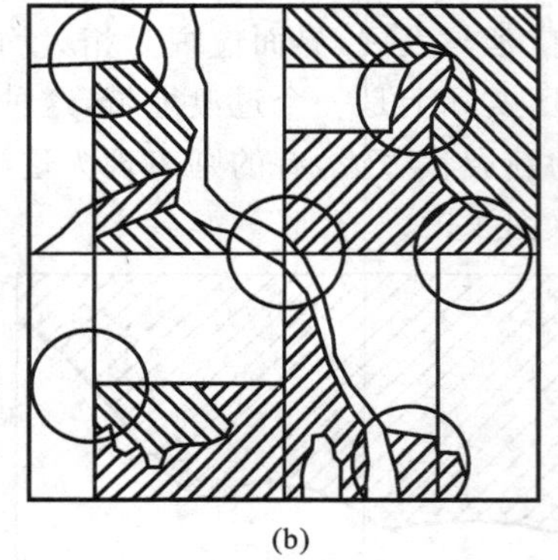

图 4-10　利用边缘效应,不增加土地面积而作有效安排,以增加鹌鹑的饲养群数

(仿 E. P. Odum,1959)

4.3.6　影响群落组成和结构的因素

1. 生物因素

在群落结构形成过程中,生物因素起着重要的作用,其中作用最大的是竞争和捕食。

1) 竞争对群落结构的影响

竞争是生物群落结构形成的一个重要驱动因素。一般认为,生物群落中物种通过竞争引起生态位分化,从而增加群落的物种多样性。MacArthur 曾研究了北美针叶林中林莺属(*Dendroica*)的 5 种食虫小鸟,发现它们在树上的不同部位取食,形成资源分隔现象,可以被解释为因竞争而产生的共存。人工控制条件下的去除实验表明,在美国亚利桑那荒漠中有一种可格卢鼠和三种囊鼠共存，其栖息的小环境和食性上彼此有所区别，当去除其中某一种时，另外三种的小生境就有明显的扩大。这些实例都反证了竞争对群落结构的影响。

2）捕食对群落结构的影响

捕食对群落结构形成的影响，视捕食者是泛化种还是特化种而异。如果捕食者是泛化种，随着捕食者食草压力的增加，可使草地的植物多样性增加，而当捕食压力过高时，又会导致植物多样性下降。如果捕食者是特化种，当其捕食对象为群落的优势种时，可导致群落多样性的增加，而当捕食对象为竞争力弱的种时，随着捕食压力的增加，物种多样性就会呈线性下降趋势。

2. 干扰对群落结构的影响

干扰(disturbance)是自然界的普遍现象，生物群落不断经受各种随机变化的事件的干扰，引起群落的非平衡特性，对群落的结构形成和存在状态有重要影响。

1）中度干扰假说

Cornell等提出中等程度的干扰频率能维持群落较高多样性的假说(intermediate disturbance hypothesis)。其理由是：①一次干扰后少数先锋物种入侵缺口(gaps)，如果干扰频繁、一再出现的话，则先锋物种不能发展到演替的中期，物种多样性保持较低；②如果干扰间隔期很长，使演替能发展到顶极期，竞争排斥起到了排斥他种的作用，多样性也不高；③只有中等程度的干扰将使多样性最高，它允许更多的物种入侵和建立种群。

2）干扰与群落的缺口

连续的群落出现缺口是非常普遍的现象，缺口往往是由于干扰而造成的。例如，大风、雷电、火烧、雪崩、砍伐等可引起森林群落的缺口，而冻融、动物挖掘、啃食、践踏等可引起草地群落的缺口。干扰造成群落缺口后，有的在没有继续干扰的条件下会逐渐按照当地的典型演替序列而出现可以预测的有序演替过程，但也有的则经受完全不可预测的变化，缺口可能被周围群落中的任何物种入侵和占据，并发展为优势种。

3. 空间异质性和群落结构

环境条件不是均匀一致的，从而导致群落的空间异质性(spacial heterogeneity)。空间异质性越高，群落的小生境越多，群落会有更多的物种存在。

研究表明，在土壤和地形变化频繁的地段，植物群落含有更多的物种，而平坦同质土壤上群落的物种多样性偏低。淡水系统中，底质类型越多，软体动物种类越多。MacArthur等研究鸟类多样性与植物物种多样性和取食高度多样性之间的关系，发现鸟类多样性与植物多样性的相关不如与取食高度多样性的相关明显，说明对于鸟类生活来说，植被的分层结构比物种组成更重要。在灌丛和草地群落中，垂直分层不如森林明显，而水平结构的异质性就起到决定性作用。

4. 平衡学说与非平衡学说

对于群落结构的形成，存在着平衡学说(equilibrium theory)和非平衡学说(non-equilibrium theory)两种对立观点。

平衡学说把生物群落视为存在于不断变化的物理环境中的稳定实体，生活在同一群落中的物种种群处于一种稳定状态。其中心思想是：①群落中共同生活的物种通过竞争、捕食和互利共生等种间作用相互牵制；②生物群落具有全局稳定性的特点，种间相互作用导致群落的稳定特性，在稳定状态下群落的组成和各物种的数量都变化不大；③群落出现变化实际上是由于环境的变化，即所谓的干扰造成的，并且干扰是逐渐衰亡的。

非平衡学说的主要依据是中度干扰理论。该学说认为,构成群落的物种始终处于变化之中,群落不能达到平衡状态,自然界的群落不存在全局稳定性,有的只是群落的抵抗力(群落抵抗外界干扰的能力)和恢复力(群落受到干扰后恢复到原来状态的能力)。

平衡学说和非平衡学说除对干扰的作用强调不同以外,基本的区别在于:平衡学说的注意点是群落处于平衡点的性质,而对于时间和变异性注意不够;非平衡学说则把注意力放在离开平衡点是群落的行为变化过程,特别强调了时间和变异性。

4.4 群落的演替

4.4.1 群落演替的概念

生物群落常随环境因素或时间的变迁而发生变化。植物群落的变化,首先是组成群落的各种植物都有其生长、发育、传播和死亡的过程。植物之间的相互关系则直接或间接地影响这个过程。同时外界环境条件也在不断地变化,这种变化也时时影响着群落变化的方向和进程。生物群落虽有一定的稳定性,但它随着时间的进程处于不断变化中,是一个运动着的动态体系。如在原群落存在的地段,火灾、水灾、砍伐等使群落遭受破坏,在火烧的迹地上,最先出现的是具有地下茎的禾草群落,继而被杂草群落所代替,依次又被灌草丛所代替,直到最后形成森林群落。这样一个群落被另一个群落所取代的过程,称为群落的演替(community succession)。

演替的概念首先在植物生态学中产生,是 H. C. Cowles(1899)在研究美国密执安湖边沙丘演变为森林群落时提出的,后来 F. E. Clements(1916)等对此加以完善。他们把演替描述为:①群落发展是有顺序的过程,是有规律地向一定方向发展,因而是能预见的;②它是由群落引起物理环境改变的结果,即演替是由群落控制的;③它以稳定的生态系统为发展顶点,即顶极。而有的学者则认为植被是由大量植物个体组成的,植被的发展和维持是植物个体的发展和维持的结果,从而把演替看成个体替代和个体进行的变化过程,这种观点的核心是植被的现象完全依赖于个体的现象。这种强调演替的个体理论一直处于劣势,到 20 世纪 70 年代由于来自实验观察的证据,这一理论逐渐得到发展。他们强调生命史特征、物种对策、干扰的作用,分析了演替的概念和理论,试图重新构造演替理论。这种个体的、进化的、种群中心的理论可以说是新个体主义论。尽管这种个体理论对生态系统的演替提出了批评,但生态系统生态学家不仅承认演替的生态系统概念的适宜性和优越性,还承认种群中心途径对演替的价值和有效性(F. H. Bormann 等,1981)。

关于演替理论的争论仍在继续。它把人们研究群落的视线由静态引入动态,把干扰结合到演替过程中,认识到群落的非平衡性,这是当代演替理论的重大进步。

4.4.2 群落的形成及发育

1. 群落的形成

群落的形成,可以从裸露的地面上开始,也可以从已有的另一个群落中开始。但任何一个群落在其形成过程中,至少要有植物的传播、植物的定居、植物之间的竞争,以及相对平衡的各种条件和作用。

裸地是没有植物生长的地段。它的存在是群落形成的最初条件和场所。裸地产生的原因复杂多样，但主要是地形变迁、气温现象和生物的作用，而规模最大和方式最多的是人为活动。上述几种原因，可能产生从来没有植物覆盖的地面，或者原来存在过植被但现已被彻底地消灭，如冰川的移动等。属于此类情况所产生的裸地称为原生裸地(primary bare area)。另一种情况是原有植被虽已不存在，但原有植被下的土壤条件基本保留，甚至还有曾经生长在此的植物种子或其他繁殖体，如森林的砍伐和火烧等。这样的裸地称为次生裸地(secondary bare area)。在这两种情况下，植被形成的过程是不同的。前者植被形成的最初阶段，只能依靠种子或其他繁殖体自外地传播而来。而后者，残留在当地的种子或其他繁殖体的发育在一开始就起作用。在裸地上，群落形成的过程有三个阶段。

1) 侵移或迁移

侵移或迁移是指植物生活的繁殖结构进入裸地，或进入以前不存在这个物种的一个生境的过程。繁殖结构主要是指孢子、种子、鳞茎、根状茎，以及能繁殖的植物的任何部分。植物能借助各种方式传播它的繁殖体，使它能从一个地方迁移到新的地方。繁殖体的传播，首先取决于其产生的数量。通常有较大比率的繁殖体得不到繁殖的机会，实际的繁殖率和繁殖体产生率之间的差异是很大的。能够传播的繁殖体，在其传播的全部过程中，常包括好几个运动阶段，也就是说，植物繁殖体到达某个新的地点过程中，往往不是只有一次传播。繁殖体迁移的连续性取决于可移动性、传播因子的传播距离和地形等因素。侵移不仅是群落形成的首要条件，也是群落变化和演替的重要基础。

2) 定居

定居是指传播体的萌发、生长、发育，直到成熟的过程。植物繁殖体到达新的地点，能否发芽、生长和繁殖都是问题。只有当一个种的个体在新的地点上能繁殖时，才算定居过程的完成。繁殖是定居中一个重要环节。若不能繁殖，不仅个体数量不能增加，而且植物在新环境中的生长只限于一代。

开始进入新环境的物种，仅有少数能幸存下来繁殖下一代，或只在一些较小的生境中存活下来。这种适应能力较强的物种称为先驱种或称先锋植物(pioneer plant)。这种初步建立起来的群落，称为先锋植物群落(pioneer community)，它对以后的环境的改造，对相继侵入定居的同种或异种个体起着极其重要的奠基作用。这一阶段，物种间互不干扰，数目少，种群密度低，因此，在资源利用上没有出现竞争。

3) 竞争

随着已定居植物的不断繁殖，种类、数量的不断增加，密度加大，在资源利用方面由于没有充分地利用而逐渐出现了物种间的激烈竞争。有的物种定居下来，并且得到了繁殖的机会，而另一些物种则被排斥。获得优势的物种得到发展，从不同角度利用和分摊资源。通过竞争达到相对平衡，从而进入协同进化，这样更能充分利用资源。

2. 群落的发育

任何一个群落，都有一个发育过程。一般在自然条件下，每个群落随着时间的进程，都经历着一个从幼年到成熟以及衰老的发育时期。

1) 群落发育的初期

这一时期，群落已有雏形，建群种已有良好的发育，但未达到成熟期。种类组成不稳定，每个物种的个体数量变化也很大，群落结构尚未定型。群落所特有的植物环境正在形成中，特点不突出。总之，群落仍在成长发展之中，群落的主要特征仍在不断增强。

2）成熟期

这个时期是群落发展的盛期。群落的物种多样性和生产力达到最大,建群种或优势种在群落中作用明显。主要的种类组成在群落内能正常地更新,群落结构已经定型,主要表现在层次上有了良好的分化,呈现出明显的结构特点。群落特征处于最优状态。

3）衰老期

一个群落发育的过程中,群落对内部不断进行改造,最初这种改造对群落的发育起着有利的影响。当改造加强时,就改变了植物环境条件。建群种或优势种已缺乏更新能力,它们的地位和作用已下降,并逐渐为其他种类所代替,一批新侵入种定居,原有物种逐渐消失。群落组成、群落结构和植物环境特点也逐渐变化,物种多样性下降,最终被另一个群落所代替。

群落的形成和发育之间没有明显的界线。一个群落发育的末期,也就孕育着下一个群落发育的初期。但一直要等到下一个群落进入发育盛期,被代替的这个群落特点才会全部消失。在自然群落演替中,这样两个阶段之间,群落发育时期的交叉和逐步过渡的现象是常见的。但把群落发育过程分为不同阶段,在生产实践上具有重要意义。如在森林的经营管理中,把森林群落划分为幼年林、中年林及成熟林等几个发育时期,根据不同时期进行采伐,既能取得较大的经济效益,又能保持生态相对平衡。

4.4.3　群落演替的类型

1. 划分演替类型的原则

植物群落演替常因不同学者依据的分类原则,而划分为各种的演替类型。

(1) 按裸地性质划分:可分为原生演替(primary succession)和次生演替(secondary succession)。前者是指在原生裸地上开始进行的群落演替,其演替系列称为原生演替系列(primary series);后者是指在次生裸地上开始进行的群落演替,其演替系列称为次生演替系列(secondary series)。

(2) 按基质性质划分:可分为水生基质演替系列和旱生基质演替系列。

(3) 按水分关系划分:可分为水生演替系列(hydro series)、旱生演替系列(xero series)和中生演替系列。后者是介于前两者之间的中生生境开始的演替系列。

(4) 按时间划分:可分为快速演替(quick succession),是在几年或几十年期间发生的演替;长期演替(prolonged succession),是延续几十年,有时是几百年期间内发生的演替;世纪演替(era succession),延续的时间是以地质年代计算的,是与大陆和植物区系进化相联系的演替。

(5) 按植被的状况和动态趋势划分:可分为灾难性演替(catastrophic succession),即与植被破坏相联系的演替;发育性演替(development succession),即未破坏植被目前均衡状态的演替。

(6) 按主导因素划分:可分为群落发生演替(syngenesis succession),是植物在幼年生境定居的过程;内因生态演替(endogenous succession)或内因动态演替(endogenous dynamic succession),受环境变化制约,是植物群落成分生命活动的结果;外因生态演替(exoecogenesis succession)或外因动态演替(exodynamic succession)、异因发生演替(heterogeneous succession),是由环境条件变化所引起的;地因发生演替或整体发生演替(geogentic succession),是由于更大的统一体发生变化,而引起植被变化过程,这种主导因素的分类被认为是非常值得重视的。

2.典型群落的演替

现就有代表性的演替类型介绍如下。

1）沙丘群落的演替

它属原生演替类型。沙丘上的先锋群落由一些先锋植物和无脊椎动物构成。随着沙丘裸露时间的延长，在上面的先锋群落依次为桧柏松林、黑栎林、栎-山核桃林，最后发展为稳定的山毛榉-枫树林群落（图4-11）。群落演替开始于极端干燥的沙丘之上，最后形成冷湿的群落环境，形成富有深厚腐殖质的土壤，其中出现了蚯蚓和蜗牛。不同演替阶段上的动物种群是不一样的。少数动物可以跨越两个或三个演替阶段，多数动物只存留一个阶段便消失了。原生演替的过程进行得很缓慢。据J. S. Olson（1958）估计，从裸露的沙丘到稳定的森林群落（山毛榉-枫树林），大约经历1000年的历史。但在人为干扰条件下，这种演替过程将会缩短。

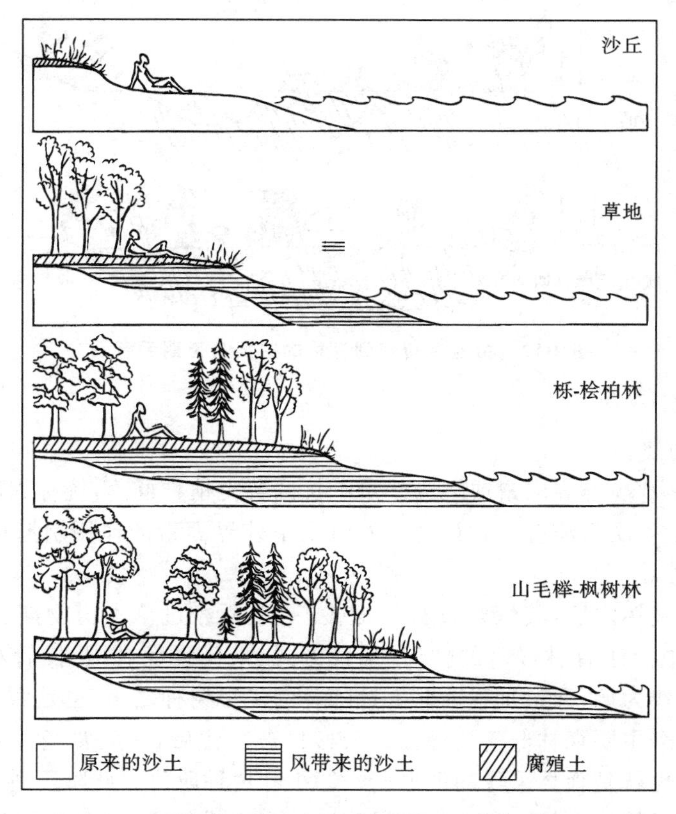

图4-11 美国密执安湖湖岸沙丘的群落演替示意图

（仿W. C. Allee，1949）

2）水生群落的演替

从湖底开始的水生群落的演替，属原生演替类型。现以淡水池塘或湖泊演替为例，其演替过程包括以下几个阶段（图4-12）：自由漂浮植物阶段；沉水植物阶段；浮叶根生植物阶段；挺水植物阶段；湿生草本植物阶段；木本植物阶段。

整个水生演替系列也就是湖泊填平过程，它通常是从湖泊周围向湖泊中央顺序发生的，演替的每一个阶段都为下一阶段创造了条件，使得新的群落得以在原有群落的基础上形成和产生。

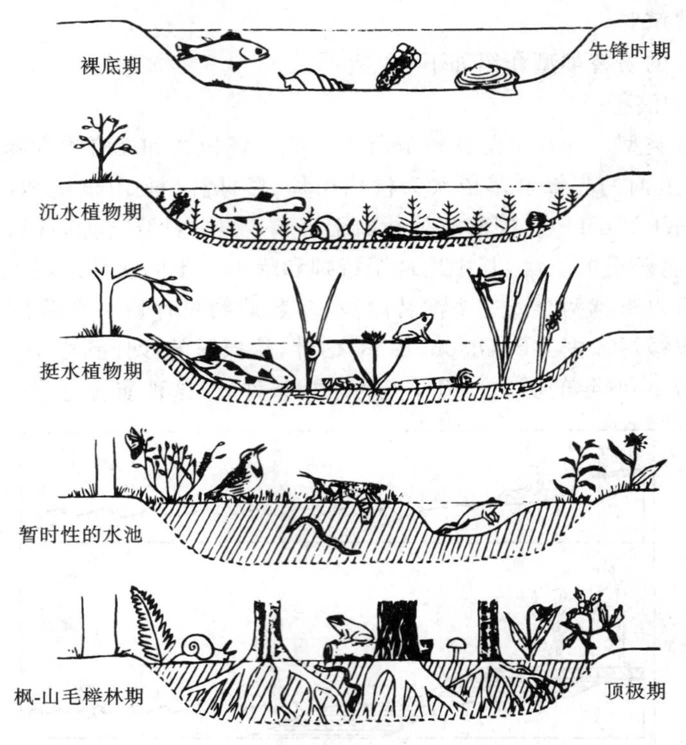

图 4-12　由池塘转变到森林的主要演替期示意图

(仿 G. L. Clarke,1954)

3)森林群落的演替

在天然条件下,缺少外界因素或人为严重干扰的各类植物群落,统称为原生植被。原生植被受到破坏,就会发生次生演替。它最初的发生是由外界因素的作用引起的,如森林砍伐、草原放牧、耕地撂荒等。

森林受到严重破坏之后,其恢复过程较缓慢,一般要经过草本植物期、灌木期和盛林期。采伐演替的特点,取决于森林群落的性质、采伐方式、采伐强度,以及伐后对森林环境的破坏等。现以云杉林采伐为例,云杉是我国北方针叶林的优势树种之一,也是西部和西南部地区亚高山针叶林中的一个主要森林群落类型。在云杉林被采伐后,一般要经过四个阶段。①采伐迹地阶段。此阶段也就是森林采伐的消退期。②小叶树种阶段。此阶段适合于一些喜光的阔叶树种,如桦树、山杨等的生长。③云杉定居阶段。由于桦树、山杨等上层树种缓和了林下小气候条件的剧烈变动,又改善了土壤环境,因此,阔叶林下已经能够生长耐阴性的云杉和冷杉幼苗。④云杉恢复阶段。经过一个时期,云杉的生长超过了桦树和山杨,于是云杉组成森林的上层,桦树和山杨因不能适应上层遮阴而开始衰亡,过了较长时间云杉又高居上层,造成茂密的遮阴,在林内形成紧密的酸性落叶层,于是又形成了单层的云杉林。森林采伐后的复生过程,并不单纯取决于演替各阶段中不同树种的喜光或耐阴性等特性,还取决于综合生境条件变化的特点。

群落的演替,无论是旱生演替系列还是水生演替系列,都显示演替总是从先锋群落经过一系列阶段达到中生性的顶极群落的。这样由先锋群落向着顶极群落的演替过程,称为进展演替(progressive succession)。反之,如果是由顶极群落向着先锋群落演替,则称为逆行演替

(retrogessive succession)。后者是在人类活动影响下发生的，具有存在大量的适应不良环境的特有种、群落结构简单化、群落生产力降低等特点，如草地代替森林，就有逆行演替性质。

对于次生群落的改造和利用已引起人们的注意。各种次生群落中都有一些可利用的植物，如含油脂的、生物碱的以及含各类芳香油的原料植物或其他用途的植物。在研究次生演替的同时，对于各种次生群落要按其可利用的价值分别对待。对有一定经济价值的种类，采用留优去劣的办法加以培育，以提高整个群落的产量和质量。另外，还可采用人工播种或种植的方法，扶植一些有经济价值的种类，对原有群落加以改造。在直接利用次生群落时，首先要了解次生群落只是次生演替系列的一个阶段，既要掌握它生长较快和可塑性较大的特点，又要注意它的不稳定性，否则就达不到利用的目的。

根据 R. L. Smith 的研究，在森林演替过程中，动物的演替也是明显的(图 4-13)。田鼠、百灵、蝗雀等是草本植物期的代表动物。随着树木的出现，成层现象趋于明显，前期的代表动物被白足鼠等代替。每一个演替期都有其特有的代表动物。

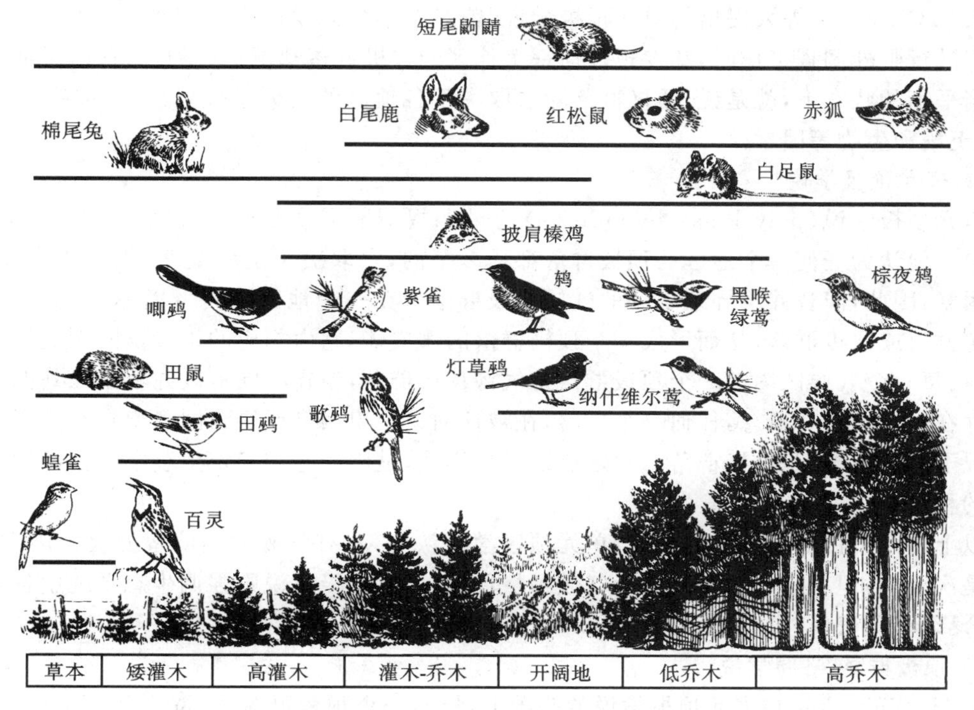

图 4-13　美国纽约州中部针叶林演替过程中野生动物的演替

(仿 R. L. Smith，1980)

4.4.4　群落演替的理论

1. 演替顶极的概念

随着群落的演替，最后出现一个相对稳定的顶极群落期，称为演替顶极(climax)。顶极概念的中心点，就是群落的相对稳定性。它围绕着一种稳定的、相对不变化的平均状况波动。顶极的稳定性需要在动态的生态系统机能中保持平衡。

为了使一个顶极群落中的种群保持稳定，必须在出生率和死亡率之间、在新增加个体与死亡个体之间有一种平衡。在理论上，这样出生率与死亡率的平衡，要经过很长时间，才能成为顶极群落的所有种群的特征。这种平衡,也必须应用于整个群落的物质和能量的吸收与释放。这种稳定性,称为动态平衡或稳定状态。顶极就意味着一个自然群落中的一种稳定状态。

2.关于顶极群落的不同学说

1)单元顶极学说

单元顶极学说(monoclimax hypothesis)是美国生态学家F.E.Clements(1916,1936)所提倡的。他认为在任何一个地区,一般的演替系列的终点是一个单一的、稳定的、成熟的植物群落,即顶极群落,它取决于该地区的气候条件,主要表现在顶极群落的优势种能很好地适应该地区的气候条件,这样的群落称为气候顶极群落(climatic climax)。只要气候没有急剧的改变,没有人类活动和动物显著影响或其他侵移方式的发生,它便一直存在,而且不可能存在任何新的优势植物,这就是所谓的单元顶极(mono climax)学说。根据这种学说的解释,一个气候区域之内只有一个潜在的气候顶极群落。这一区域之内的任何一种生境,如给予充分时间,最终都能发展到这种群落。

F.E.Clements等人提出的单元顶极学说,曾对群落生态学的发展起到重要的推动作用。当人们进行野外调查工作时,却发现任何一个地区的顶极群落都不止一种,而它们还是明显处于相当平衡的状态下,就是说,顶极群落除了取决于各地区的气候条件以外,还取决于那里的地形、土壤和生物等因素。

2)多元顶极学说

多元顶极学说(polyclimax hypothesis)的早期提倡者是英国的生态学家A.G.Tansley(1939)。他认为任何一个地区的顶极群落都是多个的,它取决于土壤湿度、化学性质、动物活动等因素,因此,演替并不导致单一的气候顶极群落。在一个地区不同生境中,产生一些不同的稳定群落或顶极群落,从而形成一个顶极群落的镶嵌体,它由相应的生境镶嵌所决定。这就是说,在每一个气候区内的一个顶极群落是气候顶极群落,但在相同地区并不排除其他顶极群落的存在。根据这一概念,任何一个群落,在被任何一个单因素或复合因素稳定到相当长时间的情况下,都可认为是顶极群落。它之所以维持不变,是因为它和稳定生境之间已经达到全部协调的程度。

以上两个学说的不同之处在于:单元顶极学说认为,只有气候才是演替的决定因素,其他因素是次要的,但可阻止群落发展为气候顶极群落;多元顶极学说则强调生态系统中各个因素的综合影响,除气候外的其他因素也可以决定顶极的形成。

3)顶极群落-格局学说

R.H.Whittaker在多元顶极学说的基础上,提出一个顶极群落-格局学说(climax pattern hypothesis)。他认为植物群落虽然由于地形、土壤的显著差异及干扰,必然产生某些不连续,但从整体上看,植物群落是一个相互交织的连续体。他强调景观中的种群各以自己的方式对环境因素的相互作用作出独特的反应。一个景观的植被所含的边界明确的块状镶嵌,就是由一些连续交织的种群参与联系而构成的复杂群落格局。生境梯度决定种群格局,因此,若生境发生变化,那么种群的动态平衡也将随之改变。由于生境具有多样性,而植物种类又繁多,因此顶极群落的数目是很多的。

前两种学说都承认群落是一个独立的不连续的单位,而顶极群落-格局学说则认为群落是独立的连续单位。但不论是单元顶极学说、多元顶极学说还是顶极群落-格局学说,都承认顶极群落经过单向的变化后,已经是达到稳定状态的群落,而顶极群落在时间上的变化和空间上的分布,都是和生境相适应的。顶极群落实质上是最后达到相对稳定阶段的一个生态系统。

这个系统全部或部分遭到破坏，只要有原来的因素存在，它又能重建。关于顶极理论，目前仍处于争论之中。

4.4.5 有机体论和个体论的两种演替观

1. 有机体论演替观

以 F. E. Clements 和 E. P. Odum 为代表的有机体论学派把群落视为超有机体，而把演替过程视为像有机体个体发育一样，是经过几个离散阶段发育到顶极期的有序过程。有机体论学派的经典演替观有两个基本论点：①每一演替阶段的群落明显不同于后一阶段的群落；②前一阶段中物种的活动促进了后一阶段物种的建立。但在对一些自然群落的演替研究中未能证实这两个基本点。

2. 个体论演替观

以 H. A. Gleason 等为代表的个体论学派，提出演替的个体论-简化论学说。他提出"植被现象依赖于植物个体现象"，群落演替只是种群动态的总和，即整体等于组分之和。他定义群落为：大致上是一个受不断变化着的环境选择的生物种群的随机集合。因此，演替并非是有序的和可预见的，植物群落远非有机体，不过是植物的偶然聚集。

J. H. Cornell 和 R. O. Slartyer 在总结演替机制时，认为机会种在开始建立群落中有重要的作用，并提出了三种可检验的模型：促进模型、抑制模型和忍耐模型（图 4-14）。

1）促进模型

促进模型（facilitation model）相当于经典演替理论。物种替代是由于先来物种的活动改变了环境条件，使它不利于自身生存，而促进了后来物种的繁荣，因此物种替代有顺序性、可测性和方向性。这类演替常出现在环境条件严酷的原生演替中。

2）抑制模型

抑制模型（inhibition model）是指先来物种抑制后来的物种，使后者难以入侵和发育，因而物种替代没有固定的顺序，各种可能都有，其结果在很大程度上取决于哪一种先到（机会种）。演替更大程度上取决于个体生活史和生态对策，也难以预测。这个模型中，没有一个物种可以被认为是竞争的优胜者，而是取决于谁先到达该地，所以演替往往是从短命种到长命种，而不是由有规律的、可预测的物种替代。

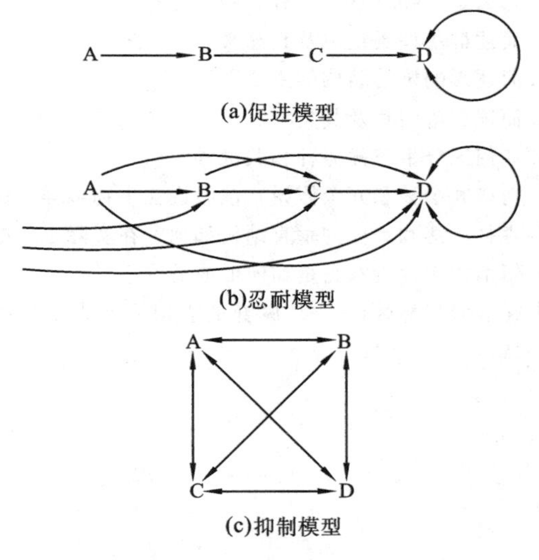

图 4-14 三类演替模型

（引自 C. J. Krebs，1985）

注：A、B、C、D 代表 4 个物种，箭头代表被替代。

3）忍耐模型

忍耐模型（tolerance model）介于促进模型和抑制模型之间。它认为物种替代取决于物种的竞争能力，先来的机会种在决定演替途径上并不重要，但有一些物种在竞争能力上优于其他种，因而它能最后在顶极群落中成为优势种。至于演替的推进取决于后来入侵物种还是初始物种的逐渐减少，可能与开始的情况有关。

三种模型的共同点是：最先出现的先锋种通常具有生长快、产种子量大、有较高的扩散能力等特点。但这类易扩散和移植的种一般对相互遮阴和根际竞争强的环境不易适应,所以在三种模型中,早期进入的物种都比较易于被排挤掉。

当代个体论演替观强调各物种个体、生活史特征及其生态对策,如 *r-K* 选择对演替的影响,并以种群为中心,研究各种干扰对演替的作用。究竟演替是单向性的还是多途径的,初始物种组成对后来物种的作用如何,演替的机制如何,这些都是当代个体论演替观的活跃领域。

个体论演替概念的提出,还激发了许多更细微深入的群落研究,促进了新理论和新方法的形成。20 世纪 40 年代以来,美国生态学家 J. T. Curtis 最早创立间接梯度分析,R. H. Whittaker 发展了直接梯度分析法。在此后 10 年里,R. H. Whittaker 等系统地改进和发展了梯度分析理论和方法,使之成为现代生态学中的一个重要方面。他认为,环境梯度会产生相应的种群空间格局或植被梯度稳态。他的这种区域顶极格局(regional climax pattern)概念,既不同于 F. E. Clements 的单元顶极概念,也不同于 A. G. Tansley 的多元顶极概念。他的研究为 20 世纪 70 年代以来发展的一系列种群中心演替学说奠定了基础。

思考与练习题

1. 什么是生物群落？它有哪些特征？
2. 简述群落种类组成及其意义。
3. 简述影响群落结构的主要因素。
4. 简述群落演替及其类型。
5. 如何区分生态优势种和关键种？
6. 何谓冗余种和冗余假说？该假说在生物多样性保护上有什么意义？
7. 森林群落和水体的垂直结构如何？在实际工作中如何应用生物群落的垂直结构？
8. 何谓边缘效应？它是如何形成的？
9. 在湿润森林区,从一块废弃的农田开始直至顶级群落,整个演替过程可能出现哪些代表性群落？各有何特点？

第5章 生态系统生态学

5.1 生态系统的概念及基本特征

5.1.1 生态系统的概念

生态系统(ecosystem)是指一定时间和空间范围内栖居的所有生物与非生物的环境之间由于不停地进行物质循环和能量流动而形成的一个相互影响、相互作用,并具有自我调节功能的自然整体。

地球上的森林、草原、荒漠、海洋、湖泊、河流等自然环境的外貌千差万别,其生物组成也各有特点,但它们有一个共同的特征,即在这些环境中的生物与环境共同构成了一个物种不停地变化、物质不断地循环、能量不停地流动、信息不断地传递,生物与生物、生物与环境之间相互制约、相互联系,并具有自我调节功能的自然复合体,也就是生态系统。

生态系统的范围可大可小,通常可以根据研究的目的和对象而定。小的如一片森林、一块草地、一个池塘都可以作为一个生态系统。小的生态系统联合成大的生态系统,简单的生态系统组合成复杂的生态系统,而最大、最复杂的生态系统是生物圈(biosphere)。生物圈也可以看成全球生态系统,它包含地球上的一切生物及其生存条件。生态系统可以是一个很具体的概念,如一个具体的池塘或林地是一个生态系统,同时生态系统也可以是在空间范围上一个很抽象的概念,所以很难给它划定一个物理边界。

5.1.2 生态系统概念的发展

“生态系统”一词最早由英国的生态学家 A. G. Tansley 于 1935 年提出来。在研究中他注意到,气候、土壤和动物对植物的生长、分布和丰富度有明显的影响,为此,他指出:生物与环境形成一个自然系统,正是这种自然系统构成了地球表面上具有大小和类型的基本单位,即生态系统。A. G. Tansley 在概念中首次强调生物与环境是不可分割的整体,且生态系统内生物与非生物成分在功能上是统一的,他把生物成分和非生物成分当作一个统一的自然体,这个自然体就是生态系统,它是一个生态学上的功能单位。A. G. Tansley 的生态系统概念提出后,得到了学界的广泛接受和赞赏。

在对 Cedar Bog 湖的研究中,R. L. Lindeman 揭示了营养物质的移动规律,创建了营养动态模型,成为生态系统能量动态研究的奠基人。特别是他论证了能量沿食物链转移的顺序,提出了著名的“十分之一定律”,标志着生态学从定性向定量发展的新阶段。R. E. Ricklefs 于 20 世纪 70 年代末在阐述生态系统中物质循环和能量流动时指出,生态系统中生物成分和非生物成分之间是通过物质交换联系在一起的,而驱动物质循环流动的能量来自太阳。可以说在不同研究者的共同努力下,在 20 世纪后半叶形成了生态系统物质循环与能量流动的基本格局。

对生态系统的概念和生态系统的能量流研究作出重大贡献的还有 E. P. Odum 和 H. T. Odum。E. P. Odum 的《生态学基础》对生态系统概念的完善起到了很大的推动作用。他将研究对象划分为基因、细胞、器官、个体、种群、群落等层次,分别研究不同层次上生物成分和非生物成分的相互关系(物质与能量关系)产生的具有不同特征功能的系统。H. T. Odum 则在生态系统的描述以及生态模型上有重要贡献,对生态系统内部结构及其主要功能进行了描述,揭示了生态系统是一个重要的功能单元(function unit),有其专一性(obligatory relationship),组分之间相互依存(interdependent)、互为因果(causal relationship)。随后,H. T. Odum还指出,生态系统是一个开放的、远离平衡态的热力学系统,并且强调生态系统水平的研究是现代生态学的核心。H. D. Kumar(1992)认为,生态系统是一个超系统,包括相互作用的植物、动物、微生物及它们所依赖的环境。E. D. Schulze 和 H. A. Mooney(1993)所提出的概念则强调生物多样性与生态系统的关系。我国生态学家马世骏则认为生态系统是社会-经济-自然复合体。

自生态系统概念诞生至今,不同学者从各自不同的角度对生态系统这一概念都有其独特的理解。不同论述表明对生态系统的认识和理解还在深入,生态系统的概念还在不断发展之中,有关生态系统的新阐述、新理论还将随着科学发展和研究的深入不断涌现。

5.1.3 生态系统的基本特征

每个生态系统都有一定的生物群落与环境,同时还进行着物种、物质、能量和信息的交流。在一定时间和相对稳定的条件下,系统内各组成要素的结构与功能处于协调的动态之中。生态系统具有以下重要特征。

1. 以生物为主体,具有整体性特征

生态系统总是与一定的空间范围相联系,并以生物为主体的。系统中各种生物与生物之间、生物与环境之间以各种各样的形式发生联系,既形成该系统独特的生物特征,又成为一个复杂的整体,使系统的存在方式、目标、功能都表现出整体性。

整体性是生态系统要素与结构的综合体现,主要论点为:①整体大于它的各部分之和;②一旦形成了系统,各部分不能再分解成独立的要素;③各要素的性质和行为对系统的整体性是有作用的,这种作用在各要素相互作用过程中表现出来。

人类正面临着严峻的全球性挑战,生态系统正遭受到一系列损害。局部的行动已不能彻底扭转整个局面,迫切需要整体性原则来处理。利用整体性原则,生态系统的某些特征就变得很明显,一些行为变得可见,有利于加深对系统的认识。对生态系统整体性的认识,实际上标志着人类认识自然界取得了革命性的进步。

2. 是一个复杂、有序的层级系统

自然界中生物的多样性和相互关系的复杂性决定了生态系统是一个极为复杂、多要素、多变量构成的层级系统。较高层级系统以大尺度、大基粒、低频率和缓慢速率为特征,它们被更大系统、更缓慢作用所控制。

3. 是一个开放的远离平衡态的热力学系统

任何一个自然生态系统都是开放的,有输入也有输出,并且输入的变化总会引起输出的变化。输出是输入的结果,输入是输出的原因,没有输入就没有输出。维持生态系统需要能量,生态系统更大更复杂时,就需要更多可用的能量去维持系统的发展。

4. 具有明确功能和公益服务性

生态系统不是生物学分类单元而是功能单位。如能量流动,绿色植物通过光合作用把太阳能转化为化学能储藏在植物体内,再传给其他动物,这样能量就从一个取食类群转移到另一个取食类群，最后由分解者分解重新释放到环境中。而系统的物质交换一直周而复始地进行着，对生态系统起着深刻的影响。所以自然界元素运动的人为改变，往往会引起严重的后果。

生态系统在多种生态过程中完成了维护人类生存的任务，为人类提供了生存不可缺少的粮食、药物和工农业原料，还提供了人类生存的环境，以及大量的间接性公益服务。

5.受环境的深刻影响

环境的变化和波动形成了环境压力，这种压力最初可通过敏感物种种群变化表现出来。当环境压力增加到可以在系统水平上检测出来时，系统的健康可能出现危险。生态系统可以对气候等一些环境因素的变化表现出长期的适应性，环境的压力还是自然选择的动力，自然选择会在不同压力水平上产生。

6.环境的演变与生物进化相联系

自生命在地球上诞生以来，生物有机体不仅适应了物理环境条件的改变，还以多种方式对环境进行着有利于生命方向的改进。

7.具有自我维持、自动调控功能

任何一个自然生态系统中的生物与其环境条件在经过了长期的进化适应后，逐渐建立了相互协调的关系，系统具有自动协调、控制和维持这种关系的能力。自动调控机能主要表现在三方面：①同种生物的种群密度调控，这是在有限空间内比较普遍存在的变化规律；②异种生物种群之间的数量，如植物与动物、动物与动物之间，有食物链关系；③生物与环境之间的相互适应调控。生物不断地从所在生境中摄取所需的物质，生境亦需要对其输出进行及时补偿，它们都进行着输入与输出之间的供需调控。

生态系统对干扰具有抵抗和恢复能力，甚至在面临季节、年际或长期的气候变化动态时，生态系统也能保持相对稳定。生态系统调控能力主要靠反馈作用，通过正、负反馈相互作用和转化，使系统维持一定的稳定程度。

8.具有一定的负荷力

生态系统中，每种生物都有其在该环境条件下所能允许的最大种群数量，种群的繁殖速度也受此控制。同样，系统的环境也存在一个环境容纳量或环境负荷问题。对系统中生物类群的干扰，只要不超过正常负荷，系统均能承受。而对环境污染物的输入，环境容量越大，可以接纳的污染物就越多。

9.具有动态、生命的特征

生态系统和自然界的生物一样，具有发生、形成和发展的过程。生态系统也可以分为幼年期、成长期和成熟期，表现出鲜明的历史特性和自身特有的整体演化规律。任何一个生态系统都是经过长期演化发展形成的，这一特性也为预测生态系统未来的发展提供了重要的科学依据。

10.具有健康、可持续发展特性

自然生态系统在地球的发展过程中，一直支持着全球生命系统，并为人类的生存与发展提供了良好的物质基础和生存环境。然而，人类长期以来掠夺式的开采和生产给生态系统造成了极大的威胁。可持续发展观要求人们转变思想，对生态系统加强管理，保持生态系统健康和可持续发展特性，并在时间和空间上实现全面发展。

5.2　生态系统的组成与结构

5.2.1　生态系统的组分

生态系统的组分，不论是陆地还是水域，或大或小，都可概括为非生物和生物两大部分，或者分为非生物环境、生产者、消费者和分解者四种基本成分，见图5-1。

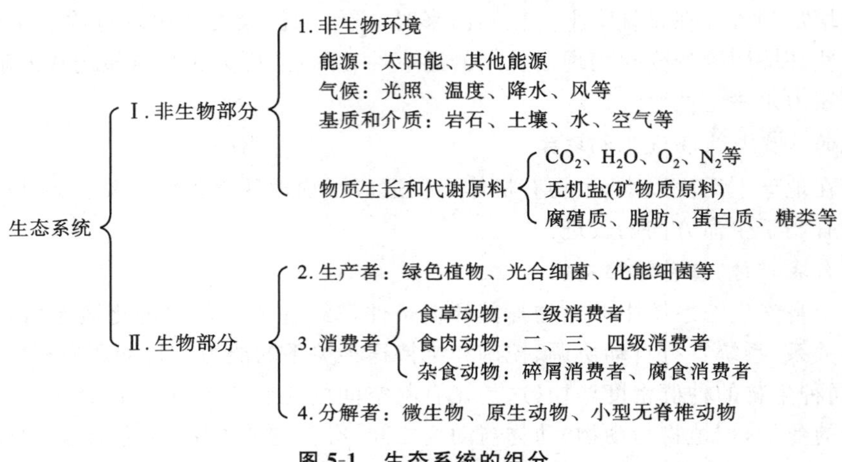

图5-1　生态系统的组分

1.非生物环境

非生物环境(abiotic environment)是生态系统的生命支持系统，是生物的生活场所，具备生物生存所必需的条件，也是生物能量的源泉。非生物环境主要包括驱动整个生态系统运转的能量及其他气候因子、生物生长的基质和媒介、生物生长和代谢的材料三方面。驱动生态系统运转的能量主要是太阳能，它是所有生态系统，甚至整个地球气候变化的最重要的能源，它提供了生物生长发育所必需的热量。此外，地热和化学能也是生态系统的重要能源。气候因子包括风、温度和湿度等。生物生长的基质和介质则主要指岩石、土壤、空气和水等，它们构成生物生长和活动的空间。生物生长和代谢的材料包括CO_2、O_2、无机盐和水等。

2.生产者

生产者(producer)包括所有的绿色植物和某些能利用化学能的菌类，是生态系统中最基础的成分。生产者能利用光能把CO_2和水转化为碳水化合物，即通过光合作用把一些能量以化学键能的形式储存起来，供以后利用。生产者的这种固定过程称为初级生产，因此，生产者又称为初级生产者(primary producer)。生产者通过光合作用不仅为本身的生存、生长和繁殖提供营养物质和能量，它所制造的有机物也是消费者和分解者的唯一能量来源。所以生产者是生态系统中最基本和最关键的成分。太阳能只有通过生产者的光合作用才能源源不断地输入生态系统中，然后再被其他生物所利用。

所有自我维持的生态系统都必须能从事物质生产，各种藻类是水生生态系统的生产者，各种树木、草本和苔藓等则是陆地生态系统的生产者，它们对生态系统的生产有各自不同的贡献。

3.消费者

消费者(consumer)是不能用无机物制造有机物的生物，它们直接或间接地依赖于生产者所制造的有机物质，是异养生物(heterotroph)。根据食性的不同，可分为以下几类。

(1) 草食动物(herbivore)：指以植物为食的动物，又称植食动物，是初级消费者(primary consumer)，如昆虫、啮齿类、马、牛、羊等。

(2) 肉食动物(carnivore)：也称为食肉动物，是以草食动物或其他肉食动物为食的动物。肉食动物可分为：一级肉食动物(或称为二级消费者，secondary consumer)，是以草食动物为食的捕食性动物，例如池塘中某些以浮游动物为食的鱼类，在草地上也有以草食动物为食的捕食性鸟兽；二级肉食动物(或称为三级消费者)，是以一级肉食动物为食的动物，如池塘中的黑鱼或鳜鱼，草地上的鹰隼等猛禽；三级肉食动物，也称为四级消费者，是以二级肉食动物为食的动物，又称为顶部肉食动物，如狮子、老虎等。

(3) 杂食性动物(omnivore)：也称为兼食性动物，是介于草食动物和肉食动物之间，既吃动物也吃植物的动物。人就是典型的杂食动物，现代人的食物中约88%为植物性产品，其中约20%是谷类。又如狐狸，既食浆果，又捕食鼠类，还食动物尸体等。

消费者在生态系统中起着重要的作用，它不仅对初级生产物起着加工、再生产的作用，而且对其他生物的生存、繁衍起着积极作用。

将生物按营养阶层或营养级(trophic level)进行划分，生产者是第一营养级，草食动物是第二营养级，以草食动物为食的动物是第三营养级，以此类推，还有第四营养级、第五营养级等。而一些杂食性动物则占有好几个营养级。

4. 分解者

分解者(decomposer)都属于异养生物，它们在生态系统中连续地进行着分解作用，把复杂的有机物逐步分解为简单的无机物，最终以无机物的形式回归到环境中，再被生产者利用。因此，它们又被称为还原者(reducer)。

分解者在生态系统中的作用是极为重要的，它们把酶分泌到动植物残体的内部或表面，使残体消化为极小的颗粒或分子，再分解为无机物回到环境中。如果没有它们，地球上动植物尸体将会堆积成灾，物质不能循环，生态系统将毁灭。

分解作用不是一类生物所能完成的，往往有一系列复杂的过程，各个阶段由不同的生物去完成。其中主要的是细菌、真菌和一些营腐生生活的原生动物和小型土壤动物。如草地上有生活在枯枝落叶和土壤上层的细菌和真菌，还有蚯蚓、螨等无脊椎动物，它们共同进行着分解作用。池塘中的分解者有细菌和真菌，还有蟹、软体动物和蠕虫等无脊椎动物。

5.2.2 生态系统的结构

有了生态系统的组分，并不能说一个生态系统就可以运转。因为生态系统中的各组分只有通过一定的方式组成一个完整的、可以实现一定功能的系统时，才能称为完整的生态系统。而生态系统中不同组分和要素的配置或组织方式即是系统的结构。

1. 生态系统的物种结构

生态系统中，不同物种对系统的结构和功能的稳定有着不同的影响。在生物群落中，有所谓的优势种、建群种、伴生种及偶见种，而我们提到的关键种和冗余种对系统结构和功能的稳定也具有重要意义。

物种在生态系统中所起的作用较为公认的假说有两种，即铆钉假说和冗余假说。所谓铆钉假说(river-popper hypothesis)，是将生态系统中的每个物种比作一架精制飞机上的每颗铆钉，飞机上任何不起眼的铆钉的丢失都会导致严重事故，而生态系统中任何一个物种丢失，都会使生态系统发生改变。该假说认为生态系统中每个物种都具有同样重要的功能。冗余假说则认为,生态系统中不同物种的作用有显著的差异,某些物种在生态功能上有相当程度的重叠(见 4.2.1)。因而,从物种的角度看,一些种是起主导作用的,可比作飞机的"驾驶员",而另外一些种则是被称为"乘客"的物种。若丢失前者,将引起生态系统的灾变或停摆,而丢失后者则对生态系统造成很小的影响。

2. 生态系统的营养结构

生态系统的营养结构是指生态系统中的无机环境与生物群落之间,生产者、消费者与分解者之间,通过营养或食物传递形成的一种组织形式,它是生态系统最本质的结构特征。生态系统各种组分之间的营养联系是通过食物链和食物网来实现的。

1) 食物链

食物链(food chain)是指生态系统中不同生物之间在营养关系中形成的一环套一环似链条式的关系。简单地说,食物链是生物之间(包括动物、植物和微生物)因食与被食而连接起来的一环套一环的链状营养关系。生态系统中各种成分之间最本质的联系是通过食物链来实现的,把生物与非生物、生产者与消费者、消费者与消费者连成一个整体,即系统中的物质与能量从植物开始,一级一级地转移到大型肉食动物。

自然生态系统中,食物链有牧食(捕食)食物链(grazing food chain)、碎屑食物链(detritus food chain)和寄生食物链(parasitic food chain)几类。牧食食物链从活体绿色植物开始,然后是草食动物、一级肉食动物、二级肉食动物。如草—蝗虫—蛇—鹰,藻类—甲壳类—鱼。碎屑食物链是以死的动植物残体为基础,从细菌、真菌和某些土壤动物开始的食物链。如动植物残体—蚯蚓—线虫—节肢动物。寄生食物链则是以活的生物体为营养源,以寄生方式生存的食物链。如哺乳动物—跳蚤—原生动物—细菌—病毒。

2) 食物网

生态系统中不同的食物链相互交叉,形成复杂的网络式结构(net structure),即食物网(food web)。在任何一个系统中食物链很少是单条、孤立出现的,它们形成交叉链索形式的食物网。食物网形象地反映了生态系统内各生物有机体之间的营养位置和相互关系(图 5-2)。

在生态系统中,一种生物往往同时属于数条食物链,生产者如此,消费者也如此。如牛、羊、兔和鼠都摄食禾草,这样禾草就可能与 4 条食物链相连。再如,黄鼠狼可以捕食鼠、鸟、青蛙等,它本身又可能被狐狸和狼捕食,黄鼠狼就同时处在数条食物链上。

生态系统中各生物成分间正是通过食物网发生直接和间接的联系,保持着生态系统结构和功能的相对稳定性。生态系统内部营养结构不是固定不变的,而是不断发生变化的。如果食物网中某一条食物链发生障碍,可以通过其他的食物链来进行必要的调整和补偿。有时营养结构网络上某一环节发生了变化,其影响会波及整个生态系统。生态系统通过食物营养,把生物与生物、生物与非生物环境有机地结合成一个整体。

3) 食物链及食物网的特点

食物链上的每一个环节称为营养阶层或营养级(trophic level),指处于食物链某一环节上的所有生物种的总和。食物链的长度通常不超过 6 个营养级,最常见的是 4～5 个营养级,因为能量沿食物链流动时不断流失。食物链越长,最后营养级所获得的能量就越少,因为从起点到终点经过的营养级越多,其能量损耗就越大。生态系统中的食物链不是固定不变的,它不仅在进化历史上有改变,在短时间内也会发生变化。此外,食物链或食物网的复杂程度与生态系统的稳定性直接相关。

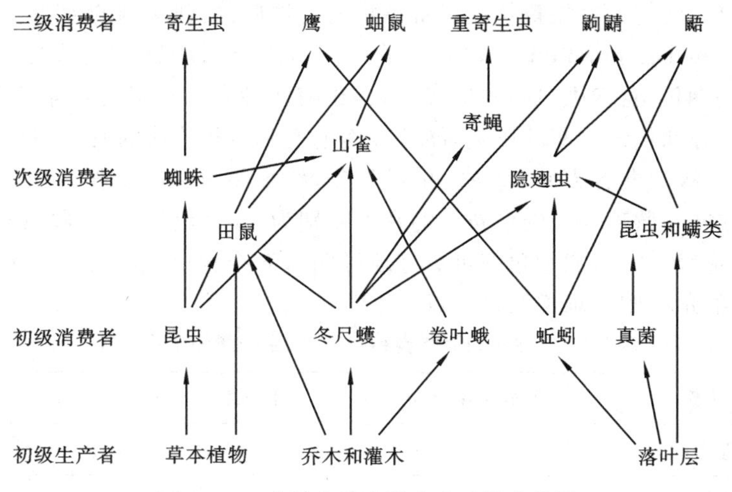

图 5-2　一个简化的森林生态系统食物网

生态系统中的食物网是非常复杂的，但都有一定的格局(pattern)。为了简化食物网结构，可将处于相同营养阶层的不同物种或相同物种不同发育阶段归并在一起作为一个营养物种(trophic species)，它由取食同样的被食者和具有同样的捕食者，且在营养阶层上完全相同的一类生物所组成。营养物种可能是一个生物物种，也可能是若干个物种。根据物种在食物网中所处的位置可将其分为以下三种基本类型。①顶位种(top species)：它是食物网中不被任何其他天敌捕食的物种。在食物网中，顶位种常称为收点(sink)，包括一种或数种捕食者。②中位种(intermediate species)：它在食物网中既是捕食者，又是被食者。③基位种(basal species)：它不取食任何其他生物。在食物网中，基位种常称为源点(source)，包括一种或数种被食者。链节(link)是食物网中物种的联系。链节具有方向性，表明食物网中物种间取食和被食的关系。

在食物网的控制机理问题上出现了争论，到底是"自上而下"(top-down)还是"自下而上"(bottom-top)？"自上而下"是指较低营养阶层的种群结构(多度、生物量、物种多样性等)依赖于较高营养阶层物种(捕食者控制)的影响，称为下行效应(top-down effect)；而"自下而上"则是指较低营养阶层的密度、生物量等(由资源限制)决定较高营养阶层的种群结构，称为上行效应(bottom-up effect)。下行效应和上行效应是相对应的。这场争论的结果似乎是两种效应都控制着生态系统的动态，有时资源的影响可能是最主要的，有时较高的营养阶层控制系统动态，有时二者都决定系统的动态，要根据不同群落的具体情况而定。

4) 生态金字塔

生态金字塔(ecological pyramid)是反映食物链中营养级之间数量及能量比例关系的一个图解模型。根据生态系统营养级的顺序，以初级生产者为底层，各营养级由低到高排列成图，由于通常是基部宽、顶部尖，类似金字塔形状，因此形象地称之为生态金字塔，也叫生态锥体。生态金字塔有数量金字塔、生物量金字塔和能量金字塔三种基本类型。

数量金字塔(pyramid of number)以各个营养阶层生物的个体数量表示。但是，数量金字塔忽视了生物量的因素。例如，同是草食动物，一只大象和一只老鼠相差许多倍，用数量金字塔表示，就失去了可比性，不能正确地表达实际情况。

生物量金字塔(biomass pyramid)是以生物量来描述每一营养阶层的生物的总量。在水域生态系统中，浮游动物的生物量超过浮游植物的生物量，出现颠倒的生态金字塔现象。

能量金字塔(energy pyramid)是以各营养阶层所固定的能量来表示的一种金字塔，这种金字塔较直观地表明了营养级之间的依赖关系，比前两种金字塔具有更重要的意义。因为它不受个体大小、组分和代谢速率的影响，能较准确地说明能量传递的效率和系统的功能特点。

下面以6种初级消费者为例，将它们的种群密度、生物量和能量作一比较(表5-1)。结果表明，这几个处在同一营养级上的消费者的密度差别为15个数量级，生物量相差5个数量级，能量相差1个数量级。故从能量角度可更好地说明这6个种群生活在一个营养阶层，而从种群密度和生物量的角度则很难说明这一点。

表5-1　6种初级消费者种群密度、生物量和能量比较

初级消费者	种群密度/(个/m^2)	生物量/(g/m^2)	能量/[10^3 J/(m^2 · d)]
土壤细菌	10^{12}	0.001	4.18
海洋桡足类(*Acartia*)	10^5	2.1	10.46
潮间带蜗牛(*Littorina*)	200	10.0	4.18
盐沼地蚱蜢(*Orchelimum*)	10	1.0	1.67
草甸田鼠(*Microtus*)	10^{-2}	0.6	2.93
鹿(*Odocoileus*)	10^{-3}	1.1	2.09

注：本表引自E. P. Odum，1983。

研究生态金字塔对提高生态系统每一营养级的转化效率和改善食物链上的营养结构，获得更多的生物产品具有指导意义。塔的层次与能量的消耗程度有密切关系，层次越多，消耗得越多，储存的能量越少。塔基越宽，生态系统稳定，但若塔基过宽，能量转化效率低，能量的浪费大。生态金字塔直观地解释了各种生物的多少和比例关系。如大型肉食动物(如老虎之类)的数量不可能很多；人类要想以肉类为食，则一定土地面积养活的人数不能太多。若将以谷物为食品改为以草食动物的肉为食品，按草食动物10%的转化效率计算，那么每人所需要的耕地就要扩大10倍。

3. 生态系统的空间与时间结构

1) 空间结构

自然生态系统一般都有分层现象(stratification)。如草地生态系统是成片的绿草，高高矮矮，参差不齐，上层绿草稀疏，而且喜阳光；下层绿草稠密，较耐阴；最下层有的就匍匐在地面上。森林群落的林冠层吸收了大部分光辐射，往下光照强度渐减，并依次发展为林冠层、灌木层、草本层和地被层等层次。

成层结构是自然选择的结果，它显著提高了植物利用环境资源的能力。如在发育成熟的森林中，上层乔木可以充分利用阳光，而林冠下被那些能有效地利用弱光的下木所占据。穿过乔木层的光，有时仅占到达树冠全部光照的1/10，但林下灌木层能利用这些微弱的并且光谱组成已被改变了的光。在灌木层下的草本层能够利用更微弱的光，草本层往下还有更耐阴的苔藓层。

动物在空间中的分布也有明显的分层现象。最上层是能飞行的鸟类和昆虫，下层是兔和田鼠，最下层是蚂蚁等，土层下还有蚯蚓和蝼蛄等。动物之所以有分层现象，主要与食物有关，生态系统不同的层次提供不同的食物，其次还与不同层次的微气候条件有关。如在欧亚大陆北方针叶林区，在地被层和草本层中，栖息着两栖类、爬行类、鸟类（丘鹬、榛鸡）、兽类（黄鼬）和啮齿类；在森林的灌木层和幼树层中，栖息着莺、苇莺和花鼠等；在森林的中层栖息着山雀、啄木鸟、松鼠和貂等；而在树冠层则栖息着柳莺、交嘴和戴菊等。也有许多动物可同时利用几个不同层次，但总有一个最喜好的层次。

水域生态系统分层现象也很清楚。大量的浮游植物聚集于水的表层，浮游动物和鱼、虾等多生活在中层，在底层沉积的污泥层中有大量的细菌等微生物。水域中某些水生生物也有分层现象，如湖泊和海洋的浮游动物即表现出明显的垂直分层现象。浮游动物的垂直分布主要取决于阳光、温度、食物和含氧量等。多数浮游动物是趋向弱光的，因此，它们白天多分布在较深的水层，而在夜间则上升到表层活动。此外，在不同季节也会因光照条件的不同而引起垂直分布的变化。

各类生态系统在结构的布局上有一致性，即上层阳光充足，集中分布着绿色植物的树冠或藻类，有利于光合作用，故上层又称为绿带（green belt）或光合作用层。在绿带以下为异养层或分解层，又常称褐带（brown belt）。生态系统中的分层有利于生物充分利用阳光、水分、养料和空间。

2）时间结构

生态系统的结构和外貌也会随时间不同而变化，这反映出生态系统在时间上的动态。一般可用三个时间段来量度：一是长时间量度，以生态系统进化为主要内容；二是中等时间量度，以群落演替为主要内容；三是以昼夜、季节和年份等短时间量度的周期性变化。

短时间周期性变化在生态系统中是较为普遍的现象。绿色植物一般在白天阳光下进行光合作用，在夜晚只进行呼吸作用。海洋潮间带无脊椎动物组成则具有明显的昼夜节律。生态系统短时间结构的变化，反映了植物、动物等为适应环境因素的周期性变化，从而引起整个生态系统外貌上的变化。这种生态系统结构的短时间变化往往反映了环境质量的变化，因此，对生态系统结构时间变化的研究具有重要的实践意义。

5.3　生态系统的物质生产

生物物质生产力是生态系统最基本的数量特征，它标志着生态系统中能量转化和物质循环的效率，是生态系统功能的体现。生态系统的物质生产由初级生产和次级生产两部分组成。

5.3.1　初级生产

1. 初级生产的基本概念

绿色植物通过光合作用，吸收和固定太阳能，将无机物合成、转化成复杂的有机物的过程称为初级生产（primary production）。光合作用对太阳能的固定是生态系统中第一次能量固定，故初级生产也称为第一性生产。初级生产可以用化学方程式概述为

$$6CO_2 + 12H_2O \xrightarrow[\text{叶绿素}]{\text{光照}} C_6H_{12}O_6 + 6O_2 + 6H_2O$$

式中：CO_2和H_2O为原料；$C_6H_{12}O_6$为光合产物，如蔗糖、淀粉和纤维素等。光合作用是自然界最重要的化学反应，也是最复杂的反应，人类至今对其机理还没有完全弄清楚。

2. 初级生产量的计算

在初级生产过程中,植物固定的能量有一部分被植物自己的呼吸消耗掉,剩下的则用于植物的生长和生殖。所以绿色植物所固定的太阳能或所制造的有机物质的量在不同系统中因其在生长、呼吸消耗和繁殖上的差异而存在差异。

生态学中,将单位面积植物在单位时间内通过光合作用固定太阳能的量称为总初级生产量(gross primary production,GPP),常用单位 J/(m^2·a)或 g(干重)/(m^2·a)表示。在总初级生产量中,有一部分能量被植物自己的呼吸消耗掉(respiration,R),剩下的可用于植物的生长和生殖,这部分生产量称为净初级生产量(net primary production,NPP)。总初级生产量与净初级生产量之间的关系可表示为

$$GPP = NPP + R \tag{5.1}$$

或

$$NPP = GPP - R \tag{5.2}$$

生产量和生物量(biomass)是两个不同的概念:生产量含有速率的概念,是指单位时间单位面积上的有机物质生产量;生物量是指在某一定时刻调查时单位面积上积存的有机物质,单位是 g(干重)/m^2 或 J/m^2。

3. 初级生产量的变化

研究表明,全球陆地净初级生产总量的估计值为年产 1.15×10^{11} t 干物质,全球海洋净初级生产总量为年产 5.5×10^{10} t 干物质。海洋面积约占地球表面的 2/3,但其净初级生产量只占全球净初级生产量的 1/3。

海洋中珊瑚礁生产量最高,年产干物质超过 2000 g/m^2;河口湾由于有河流的辅助能量输入,上涌流区域也能从海底带来额外营养物质,它们的净生产量比较高,但是这几类生态系统所占面积不大。占海洋面积最大的大洋区,其净生产量相当低,平均仅 125 g/(m^2·a),被称为海洋荒漠,这是海洋净初级生产总量只占全球 1/3 左右的原因。在海洋中,由河口湾向大陆架到大洋区,单位面积净初级生产量和生物量有明显降低的趋势。

在陆地上,热带雨林是生产量最高的,平均达 2200 g/(m^2·a),由热带雨林向温带常绿林、落叶林、北方针叶林、稀树草原、温带草原地、寒漠和荒漠依次减少,而沼泽和某些作物栽培地是属于高生产量的(表 5-2)。

表 5-2　地球上不同生态系统的净初级生产量和生物量

生态系统类型	面积/(10^6 hm^2)	净初级生产量/[g/(m^2·a)]		全球净初级生产量/(10^9 t/a)	单位面积生物量/(kg/m^2)		全球生物量/(10^9 t)
		范围	平均		范围	平均	
热带雨林	17.0	1000～3500	2200	37.4	6～80	45	765
热带季雨林	7.5	1000～2500	1600	12.0	6～60	35	260
温带常绿林	5.0	600～2500	1300	6.5	6～200	35	175
温带落叶林	7.0	600～2500	1200	8.4	6～60	30	210
北方针叶林	12.0	400～2000	800	9.6	6～40	20	240
灌丛和疏林地	8.5	250～1200	700	6.0	2～20	6	50

续表

生态系统类型	面积 /(10^6 hm^2)	净初级生产量 /[g/(m^2 · a)]		全球净初级生产量 /(10^9 t/a)	单位面积生物量 /(kg/m^2)		全球生物量 /(10^9 t)
		范围	平均		范围	平均	
热带稀树草原	15.0	200～1200	900	13.5	0.2～15	4	60
温带草原	9.0	200～1500	600	5.4	0.2～5	1.6	14
苔原和高山植被	8.0	10～400	140	1.1	0.1～3	0.6	5
荒漠和半荒漠	18.0	10～250	90	1.6	0.1～4	0.7	13
石块和冰雪地	24.0	0～10	3	0.07	0～0.2	0.02	0.5
耕地	14.0	100～3500	650	9.1	0.4～12	1	14
沼泽与湿地	2.0	800～3500	2000	4.0	3～50	15	30
河流与湖泊	2.0	100～1500	250	0.5	0～0.1	0.02	0.05
陆地总计	149		773	115		12.3	1837
外海	332	2～400	125	41.5	0～0.005	0.003	1.0
潮汐海潮区	0.4	4000～10000	500	0.2	0.005～0.1	0.02	0.008
大陆架	26.6	200～600	360	0.6	0.001～0.04	0.01	0.27
珊瑚礁	0.6	500～4000	2500	1.6	0.04～4	2	1.2
河口	1.4	200～3500	1500	2.1	0.01～6	1	1.4
海洋总计	361		152	55.0		0.01	3.9
地球总计	510		333	170		3.6	1841

注：本表引自 C. J. Krebs，1978。

水体和陆地生态系统的生产量都有垂直变化。例如森林，一般乔木层最高，灌木层次之，草被层更低。水体也有类似的规律，不过水面由于阳光直射，生产量不是最高，生产量在水深数米处达到最高，并随水的清晰度而变化。

生态系统的初级生产量还随群落的演替而变化。群落演替的早期由于植物生物量很低，初级生产量不高；随着时间推移，生物量渐渐增加，生产量也提高；一般森林在叶面积指数达到4时，净初级生产量最高。但当生态系统发育成熟或演替达到顶极时，虽然生物量接近最大，由于系统保持在动态平衡中，净生产量反而最小。由此可见，从经济效益考虑，利用再生资源的生产量，让生态系统保持“青壮年期”是最有利的，不过从可持续发展和保护生态环境着眼，人类还需在多目标之间进行合理的权衡。

4. 初级生产的生产效率

在最适条件下，初级生产的生产效率见表 5-3。假如在某一热带地区，太阳辐射能的最大输入量为 2.9×10^7 J/(m^2 · d)，扣除 55% 的紫外或红外辐射能量，加上一部分反射的能量，用于光合作用的约占辐射能的 40.5%，再除去非活性吸收和不稳定的中间产物，能形成糖类的

约为 2.7×10^6 J/(m^2 · d),相当于 120 g/(m^2 · d)的有机物质,这是最大光合效率的估计值,约占总辐射能的 9%。但实际上测定的最大光合效率值只有该值的 54%,即只有理论值的约一半,大多数生态系统的净初级生产量的实测值都远远低于此值。可见,净初级生产量不是受光合作用固有的光能转化能力所限制,而是受其他的生态因子限制。即使是严格控制试验条件的人工栽培,光合作用效率也难以达到理论上的 9%。日本科学家测定表明,在最适条件下,水稻、大豆、玉米和甜菜的光能利用率分别为 1.38%、0.88%、1.59%和 1.7%。我国报道的小麦、玉米和高粱高产纪录的光能利用率则为 1.2%~1.3%,一般在 1%左右。实际上在富饶肥沃的地区光合作用效率可以达到 1%~2%,而在贫瘠荒凉的地区大约只有 0.1%。若从全球平均来看,在 0.2%~0.5%之间。

表 5-3 最适条件下初级生产效率估计

能量/[J/(m^2 · a)]				百分率/(%)	
输入		损失		输入	输出
日光能	2.9×10^7			100	
可见光	1.3×10^7	可见光以外	1.6×10^7	45.0	55.0
被吸收	9.9×10^6	反射	1.3×10^6	40.5	45.0
光化中间产物	8.0×10^6	非活性吸收	3.4×10^6	28.4	12.1
糖类	2.7×10^6	不稳定中间产物	5.4×10^6	9.1	19.3
净生产量	2.0×10^6	吸收消耗	6.7×10^5	6.8	2.3
约为	120 g/(m^2 · d)			实测最大值 3%	

注:本表引自李博,2000。

5. 影响初级生产的主要因素

就陆地生态系统来说,影响初级生产的主要因素有光、CO_2、水、营养物质等理化因素,以及污染、植物的类型、品系和消费者等。

水和营养物质最易成为初级生产的限制因素。在干旱地区植物的初级生产量几乎与降雨有线性关系。营养物质中最重要的是 N、P、K,对各种生态系统施用氮肥几乎都能增加初级生产量。绿色植物有三种不同的光合作用途径(C3、C4 和景天酸途径),其利用资源效率和空间资源不同,所以不同系统中 C3 和 C4 植物的比例会影响到系统的初级生产效率。如草地的初级生产强烈地受 C3 和 C4 植物比例的影响。绿色植物的消费者对初级生产有着很重要的影响,如许多有害生物对农作物产量有毁灭性的影响,而非洲草原上的有蹄类动物对禾本科植物牧食后,使其长得更好,反而有利于产量的提高。随着生态环境问题的恶化,环境中的污染物往往引起初级生产量的下降。重度污染使绿色植物死亡,生态系统遭到破坏。如 S 是植物生长的必需元素,大气中少量 SO_2 有利于植物生长,而浓度过高时则引起伤害。

在水域生态系统,光是初级生产最主要的影响因素。美国生态学家 J. H. Ryther(1956)提出预测海洋初级生产量的公式为

$$P = \frac{R}{k} \times C \times 3.7 \tag{5.3}$$

式中:P 为浮游生物的初级生产量(g/(m^2 · d));R 为相对光合率;k 为光强随水深而减弱的衰

变系数(extinction coefficient);C 为水中叶绿素的含量(g/m^2)。

该式表明,海洋浮游生物的净初级生产量取决于太阳的总辐射量、水中的叶绿素含量和光强。营养物质的多少对水中叶绿素含量有重要影响。在海洋中,营养元素除了 N 和 P 以外,Mn 和 Fe 也很重要。在淡水生态系统中,营养物质、光、草食动物等是初级生产量的主要限制因子。大量研究表明,水体中 P 的浓度与初级生产量显著相关。

6. 初级生产量的测定

生态系统中生产量测定方法主要有收获量测定法、氧气测定法、二氧化碳测定法、叶绿素测定法和放射性标记测定法等。

1) 收获量测定法

收获量测定法或称为直接收割法(harvest method),是通过收割、称量绿色植物的实际生物量来计算初级生产量的,常用于陆地生态系统中农作物、牧草和森林等的生产量估算。该方法的主要优点是简单易行,不需价高而又复杂的仪器。测定结果也相当准确。

近年来,已有非破坏性现存量的测定,其实用性有所提高。

2) 氧气测定法

该法是利用呼吸消耗氧的多少来估算总光合量中的净初级生产量。氧的生成量与有机物质的生成量成一定比例关系。生成 1 mol 氧,将产生 1 mol 有机物,即总光合量＝净光合量＋呼吸量。在水域生态系统中常用黑白瓶法测氧,黑瓶为不透光的瓶,白瓶可充分透光,再设一瓶作为对照。测定时将黑白瓶沉入水域同一深度,经过一定时间(常为 24 h)取出,进行溶解氧测定。根据三种瓶的溶解氧量,可估计光合量和呼吸量。这是因为黑瓶中不进行光合作用,其溶解氧量的减少就是该水体的群落呼吸量。白瓶能同时进行光合作用和呼吸作用,其溶解氧量的变化反映了总光合作用与呼吸作用之差,即群落的净生产量。

3) 二氧化碳测定法

这是研究陆地生态系统初级生产量常用的方法。可用二氧化碳测定法测定叶片或植株的光合作用强度,也可用它来估算整个群落的生产量。这种方法是用塑料篷把群落的一部分罩住,测定进气口和出气口二氧化碳的浓度,减少的二氧化碳的量就是进入有机物质中的量。为了克服罩盖改变群落微气候的缺陷,近年来采用了空气动力学方法,如涡流关系法。

4) 叶绿素测定法

由于在一定条件下植物细胞内的叶绿素含量与光合作用产量之间存在一定的关系,因此可以根据叶绿素和同化指数来计算初级生产量。如海洋生态系统初级生产量的测定,是通过超滤膜将一定体积海水中的浮游植物滤出,然后用丙酮提取叶绿素,以分光光度计测定叶绿素丙酮溶液的吸光度,再通过计算,求出叶绿素的含量。

5) 放射性标记测定法

这是测定海洋生态系统初级生产量的主要方法。将放射性碳酸盐($^{14}CO_3^{2-}$ 或 $H^{14}CO_3^-$)加入海水中,经过一定时间的培养,测定浮游植物细胞内有机 ^{14}C 的数量,计算出浮游植物光合作用固定的碳量。

6) 卫星遥感技术的应用

卫星遥感是测定生态系统初级生产量的一种新技术,可测定大范围的陆地区域,提供大尺度生产力和生物量的分布及其动态观测资料。根据遥感测得的近红外和可见光光谱数据而计算出来的 NDVI 指数(normalized difference vegetation index,标准化植被差异指数)是植物光合作用吸收有效辐射(APAR)的一个定量指标。因此,由 APAR 可推算净初级生产量。海洋中 APAR 值与表层的叶绿素含量密切相关。

5.3.2　次级生产

1. 次级生产的基本概念

次级生产也称为第二性生产(secondary production),它是指生态系统初级生产以外的生物有机体的生产,是消费者和分解者利用初级生产所制造的物质和储存的能量进行新陈代谢,经过同化作用转化成自身物质和能量的过程。动物的肉、蛋、奶、体壁、骨骼等都是次级生产的产物。

从理论上讲,绿色植物的净初级生产量可全部被异养动物利用并转化为次级生产量。然而,任何一个生态系统中的净初级生产量总是有相当一部分不能转化成次级生产量,因为在转化过程中有能量的损失。造成这一情况的原因有很多,如不可食用或因种群密度过低而不易采食。即便已摄食的,还有一些不被消化的部分;另外,呼吸代谢要消耗一大部分能量。因此,各级消费者所利用的能量仅仅是被食者生产量中的一部分,次级生产是以现存的有机物为基础,初级生产的质和量对次级生产具有直接或间接的影响。次级生产水平上的能量平衡可表示为

$$C = A + \mathrm{Fu} \tag{5.4}$$

式中:C 为摄入的能量;A 为同化的能量;Fu 为排泄物、分泌物、粪便和未同化食物中的能量。

A 项又可分解为

$$A = P + R \tag{5.5}$$

式中:P 为净次级生产总量;R 为呼吸能量。综合上述两式可以得到

$$P = C - \mathrm{Fu} - R \tag{5.6}$$

以上次级生产的过程可以简化地表示为图 5-3。

- 食物资源
  - 动物得到的
    - 动物吃进的
      - 被同化的
        - 净次级生产量
          - 被更高营养级取食
          - 未被取食
        - 呼吸代谢
      - 未被同化的
    - 动物未吃进的
  - 动物未得到的

图 5-3　次级生产过程模式

在各类生态系统中,次级生产量比初级生产量少得多。R. H. Whittaker 等(1973)依据 NPP 资料并参照不同地区动物取食、消化的能力,列出了全球各类不同生态系统的次级生产量的估算表(表 5-4)。从表 5-4 可见,海洋生态系统中的植食动物有着高的摄食效率,约相当于陆地动物利用植物效率的 5 倍。因此,尽管海洋的初级生产量仅为陆地初级生产量的 1/3,但海洋次级生产量总和比陆地高得多。所以对人类的未来而言,研究海洋的次级生产量是具有重要意义的。

2. 次级生产的生态效率

各种生态系统中的草食动物利用或消费植物净初级生产量的效率是不相同的。对于肉食动物利用其猎物的消费效率,现有资料尚少。草食动物和碎食动物的同化效率较低,肉食动物则较高。草食动物所吃的植物中,含有一些难消化的物质,因此,很多食物最终是通过消化道排泄出去。肉食动物吃的是动物,其营养价值较高,但肉食动物在捕食时往往要消耗许多能量。就净生长效率而言,肉食动物反而比草食动物低。这就是说,肉食动物的呼吸或维持消耗

量较大。此外，在人工饲养条件下(或在动物园中)，由于动物的活动减少，净生长效率也往往高于野生动物。

表 5-4　地球上各类生态系统的年净次级生产量

生态系统类型	净初级生产量 /(10^9 t(C)/a)	动物利用效率 /(%)	植食动物取食量 /(10^9 t(C)/a)	净次级生产量 /(10^6 t(C)/a)
热带雨林	15.3	7	1100	110
热带季雨林	5.1	6	300	30
温带常绿林	2.9	4	120	12
温带落叶林	3.8	5	190	19
北方针叶林	4.3	4	170	17
灌丛和疏林地	2.2	5	110	11
热带稀树草原	4.7	15	700	105
温带草原	2.0	10	200	30
苔原和高山	0.5	3	15	1.5
沙漠灌丛	0.6	3	18	2.7
岩面和冰雪地	0.04	2	0.1	0.01
耕地	4.1	1	40	4
沼泽地	2.2	8	175	18
河流与湖泊	0.6	20	120	12
陆地总计	48.3	7	3258	372
开阔大洋区	18.9	40	7600	1140
潮汐海潮区	0.1	35	35	5
大陆架	4.3	30	1300	195
珊瑚礁	0.5	15	75	11
河口	1.1	15	165	25
海洋总计	24.9	37	9175	1376
全球总计	73.2	17	12433	1748

注：本表引自 R. H. Whittaker，1973。

生长效率还随动物类群而异。一般来说，无脊椎动物有高的生长效率，为 30%～40%(呼吸丢失能量较少，因而能将更多的同化能量转变为生长能量)；外温性脊椎动物居中，约为 10%；内温性脊椎动物很低，仅为 1%～2%，因为它们为维持恒定体温而消耗很多已同化的能量。因此，动物的生长效率与呼吸消耗呈明显的负相关。个体最大的内温性脊椎动物，其生长效率是动物中最低的，而原生动物等个体小、寿命短、种群周转快，具有最高的生长效率。表 5-5 是 7 类动物群的平均生长效率。

表 5-5　7 类动物群的平均生长效率

类　　群	平均生长效率/(NPP/a)
食虫兽	0.86
鸟	1.29
小型哺乳动物	1.51
其他哺乳动物	3.14
鱼和社会性昆虫	9.77
无脊椎动物	25.0
非社会性昆虫	40.7

注:本表引自 C. J. Krebs,2001。

R. L. Lindeman 通过大量的研究表明,营养级之间的转化效率是 10%～20%,一般为 10%,即通常所称的十分之一法则。这个法则说明,每通过一个营养级,其有效能量大约为前一营养级的 1/10。也就是说,食物链越长,消耗于营养级的能量就越多。从这个意义上讲,人如果直接以植物为食品,比以吃植物的动物(如牛肉)为食品,可以供养多 10 倍的人口。据世界粮农组织统计,富国人均直接谷物消耗量低于贫国,但以肉乳蛋品为食品的粮食间接消耗量高于贫国数倍。缩短食物链的例子在自然界也有所见,如巨大的须鲸以最小的甲壳类为食。

5.4　生态系统的能量流动

能量流动是指太阳辐射能被生态系统中的生产者转化为化学能并被储藏在产品中,然后通过取食关系沿食物链被逐渐利用,最后通过分解者的作用,将有机物的能量释放于环境之中的能量动态的全过程。

5.4.1　生态系统能量传递的热力学定律

能量是生态系统的动力,是一切生命活动的基础。能量流动是生态系统的重要功能之一。能量在生态系统内的传递和转化规律服从热力学第一定律和热力学第二定律。

热力学第一定律又称为能量守恒定律。可表述为:在自然界发生的所有现象中,能量既不能消失,也不能凭空产生,它只能以严格的当量比例由一种形式转变为另一种形式。依据这个定律,若体系的能量增加,环境的能量就要减少,反之亦然。生态系统也是如此,如光合作用产物所含的能量多于光合作用反应物所含有的能量,其增加的能量等于环境中太阳辐射所减少的能量,但总能量不变,所不同的是太阳能转化为化学能输入了生态系统,故表现为生态系统对太阳能的固定。

热力学第二定律是对能量传递和转化的一个重要概括:在封闭系统中,一切过程都伴随着能量的改变,在能量的传递和转化过程中,除了一部分可以继续传递和做功外,总有一部分不能继续传递和做功,而以热的形式消散,这部分能量使系统的熵和无序性增加。对生态系统来说,当能量以食物的形式在生物之间传递时,食物中相当一部分能量转化为热而消散掉(使熵增加),其余则用于合成新的组织而作为潜能储存下来。所以动物在利用食物中的潜能时把大部分转化成了热，只把一小部分转化为新的潜能。因此，能量在生物之间每传递一次，一大部分的能量就被转化为热而损失掉，这也就是食物链的环节和营养级数一般不会多于6个以及能量金字塔必定呈尖塔形的热力学解释。

5.4.2 能量在生态系统中的流动

1. 水域生态系统

R. L. Lindeman(1942)在对美国Cedar Bog湖进行深入调查研究的基础上，发表了《生态学的营养动态概说》一文，开创了定量描述生态系统能量动态的工作，并指出生态系统营养动态的基本过程就是能量从生态系统的这一部分转移至另一部分的过程。而生产者是生态系统的能量基础。

R. L. Lindeman的研究结果见图5-4，表明进入生态系统的太阳辐射能为497693.3 J/(cm^2 · a)，除去未吸收的辐射能497228.6 J/(cm^2 · a)外，总初级生产量为464.7 J/(cm^2 · a)。总初级生产量中能量的21%，约96.3 J/(cm^2 · a)用于呼吸，被分解的为12.5 J/(cm^2 · a)，还有293.1 J/(cm^2 · a)不能利用。剩下62.8 J/(cm^2 · a)作为下一营养级植食动物的食物而被利用。植食动物阶层也和总初级生产量类似，除分为呼吸、分解、未利用等部分外，余下12.6 J/(cm^2 · a)被肉食动物消化、吸收。肉食动物阶层约有7.5 J/(cm^2 · a)的能量用于呼吸代谢。肉食动物呼吸消耗远比生产者或者初级消费者要高，这是一个显著的特点。其能量利用率亦较植食动物高。

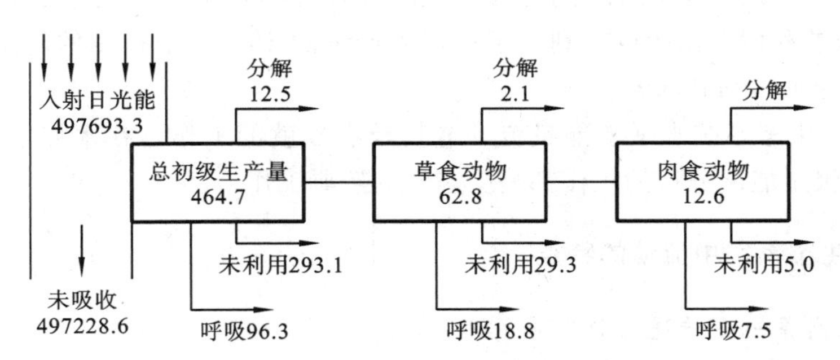

图5-4 生态系统能量流动定量分析

(引自R. L. Lindeman，1942；单位：J/(cm^2 · a))

R. L. Lindeman研究的结果表明，当太阳辐射能进入生态系统后，首先为生产者所吸收的辐射能即成为总输入能量。在通过植食动物、肉食动物等营养阶层时，能量在流动中有了转化。总的来看，这种能量流动和转化情况完全符合热力学第一定律和第二定律。

H. T. Odum(1957)在美国佛罗里达的银泉(Silver Spring)进行了能量分析工作。图5-5是以牧食食物链为主的银泉生态系统的能流。银泉中的优势生产者是有花植物慈姑、卵形藻、颗粒直链藻、小舟形藻及少量金鱼藻、眼子菜和单胞藻类。植食动物是一些鱼类、甲壳类、腹足类以及昆虫的幼虫。肉食动物中有食蚊鱼、两栖螈、蛙类、鸟类、水蛆和昆虫等。二级肉食动物有弓鳍鱼、黑鲈和密河鳖。此外，还有以动植物残体为生的细菌和一种小虾。图5-5表明，在一年中，每平方米水面能接受1.72×10^9 J的太阳辐射能，生产者将8.70×10^7 J的能量固定为总初级生产量，其效率相当于入射总能量的1.2%。植物的呼吸作用消耗5.01×10^7 J，所以其净初级生产量是3.70×10^7 J。草食动物每年每平方米可把6.18×10^6 J的能量转给自身组织，呼吸作用消耗7.9×10^6 J。肉食动物每年每平方米有3.0×10^5 J的净生产力，呼吸作用消耗

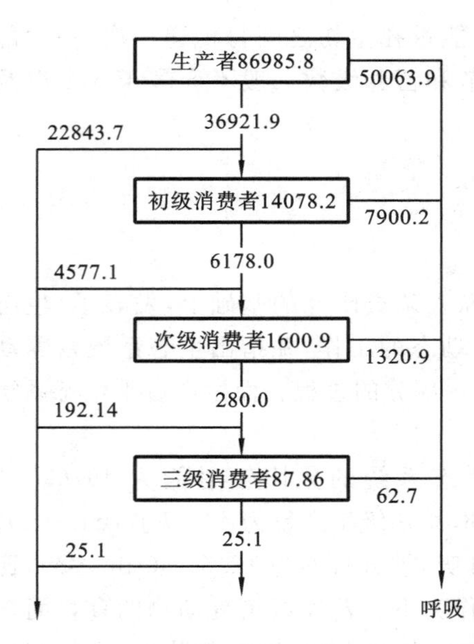

图 5-5　银泉生态系统食物链能流分析

(单位:kJ/(m^2 · a))

1.32×10^6 J。

从银泉生态系统的能流分析中可以得出这样的结论:从生产者到草食动物的能量转化效率低于从草食动物到肉食动物的能量转化效率。储藏在肉食动物中的能量只占入射日光能的一个极小的比例。

2. 陆地生态系统

F. B. Golley(1960)在美国密执安的弃耕地研究了能量沿食物链流动的情况。弃耕地的生产者是早熟禾(*Poa compressa*),植食动物是田鼠(*Microtus pennsylvanicus*),主要食鼠动物为鼬,即黄鼠狼(*Mustela rixosa*)。从这一较为简单的食物链可以看到:生产者用于本身消耗的呼吸量(R),占总生产量的15%,净生产量(NPP)占85%;而田鼠和鼬的R占总摄食量的70%和83%。田鼠和鼬都是恒温动物,能量的大部分消耗于维持体温和其他生命活动,只有2%～3%的同化能量用于生长和繁殖后代,这是恒温动物能量分配上的特点。每一营养级所利用的能量与前一营养级所提供的可利用的能量相比是很少的。例如,田鼠只利用了植物净生产力的0.5%(99.5%未被利用),而鼬也只利用了田鼠生产量的35%。鼬积累的能量仅仅是早熟禾光合作用固定能量的1/440000。

到目前为止,生态系统水平上能量流动分析较有成就的工作是在水域生态系统方面,如Cedar Bog湖和银泉能流分析的工作都是生态学的经典工作。

5.4.3　能量在生态系统中流动的特点

1. 能流在生态系统中传递与物理系统不同

物理系统中能流和以下两项相关:①一定的摩擦损失或遗漏的能量;②一定系统的传导性或传导系数。在物理系统中(电、热、机械等),能流的传递是有规律的,可以用直接的数学公式来表达,且对一定的系统来说其传导系数是一个常数。例如,在一定的温度下,铜导线中的电流在每时每刻都是相同的。但是,在生态系统中,能流是变化的。以捕食者—被食者为例,能流与捕食者消化率和生物量产生速率有关,与捕食者之间的差异相关联。无论是短期行为,还是长期进化,都是变动的。

2. 能量是单向流

生态系统中能量的流动是单向的。能量以光能的状态进入生态系统后,以化学潜能的形式在生态系统中流动,很大一部分被各个营养级的生物利用,剩下的则通过呼吸作用以热的形式散失。散失到空间的热能不能再回到生态系统中参与流动。

能流的单一方向性主要表现在三个方面:①太阳的辐射能以光能的形式输入生态系统后,通过光合作用被植物所固定,此后不能再以光能的形式返回;②自养生物被异养生物摄食后,能量就由自养生物流到异养生物体内,不能再返回给自养生物;③从总的能流途径而言,能量只是一次性流经生态系统,是不可逆的。

3. 能量在生态系统内流动的过程是不断递减的过程

从太阳辐射能到被生产者固定，再经植食动物到小型肉食动物再到大型肉食动物，能量是逐级递减的。这是因为：①各营养级消费者不可能百分之百地利用前一营养级的生物量；②各营养级的同化作用也不是百分之百的，总有一部分不被同化；③生物在维持生命过程中进行新陈代谢总是要消耗一部分能量。

4. 能量在流动中质量逐渐提高

能量在生态系统中流动时除有一部分能量以热能耗散外，另一部分的去向是把较多的低质量能转化成另一种较少的高质量能。从太阳能输入生态系统后的能量流动过程中，能量的质量是逐步提高的。

5.4.4　生态系统中的物质分解与能量流动

1. 有机物质的分解作用及其意义

动植物和微生物死亡以后，其残株、尸体成为其他生物有机体的物质与能量的来源。将动植物和微生物的残株、尸体等复杂有机物分解为简单无机物的逐步降解过程，称为分解作用(decomposition)。因为在分解时无机的营养元素从有机物中释放出来，故此过程也称为矿化过程(mineralization)，它与光合作物时无机营养元素的固定正好是相反的过程。从能量而言，分解作用与光合作用是相反的过程，前者是放能，后者是储能。有机物质的分解作用可表示为

$$C_6H_{12}O_6+6O_2 \xlongequal{\text{酶}} 6CO_2+6H_2O+\text{能量}$$

实际上分解作用是一个极为复杂的过程，包括降解、碎化和溶解等，然后通过生物摄食和排出，并有一系列酶参与到各个分解的环节中。在分解动物尸体和植物残体中起决定作用的是异养微生物。当然，这种分解作用也是细菌、真菌为它们自身获取食物所必需的。

分解作用的意义主要在于维持生态系统生产和分解的平衡。据估计，全球通过光合作用每年大约生产 10^{17} g 有机物质，而一年中被分解的有机物质大约也是 10^{17} g，即通过分解作用大体上维持着全球生产和分解的平衡。如果没有分解，那么一切营养物质都将束缚于尸体和残株之中，生态系统的物质循环将停止，也就不可能进行新的生产和生产新的生命。

在建立全球生态系统生产和分解的动态平衡中，物质分解发挥着极其重要的作用，主要有：①通过死亡物质的分解，使有机物中的营养元素释放出来，参与物质的再循环(recycling)，同时给生产者提供营养元素；②维持大气中 CO_2 浓度；③稳定和提高土壤有机质的含量，为碎屑食物链以后各级生物提供食物；④改善土壤物理性状，改造地球表面惰性物质，降低污染物危害程度；⑤其他功能，如在有机质分解过程中产生具有调控作用的环境激素(environmental hormone)，对其他生物的生长产生重大影响，这些物质可能是抑制性的或刺激性的。

2. 生物分解者

1）微生物

微生物中的细菌和真菌是有机物质的主要分解者。在细菌体内和真菌菌丝体内具有各种完成多种特殊的化学反应所必需的酶系统。这些酶被分泌到死的物质资源内进行分解活动，一些分解产物作为食物而被细菌或真菌所吸收，另外一些继续保留在环境中。

2）动物类群

陆地生态系统的分解者主要是食碎屑(detritivore)的无脊椎动物。按机体大小可分为微型、中型和大型动物三大动物区系：①微型动物区系(microfauna)，体宽在 100 μm 以下，包括

原生动物、线虫、轮虫、体型极小的弹尾目昆虫和螨类;②中型动物区系(medium fauna),体宽 100 μm～2 mm,包括原尾虫、螨类、线蚓类、双翅目幼虫和一些小型鞘翅目昆虫,大部分都能侵蚀完整的落叶,但是它们对落叶层总的降解作用并不显著,对分解的主要作用是调节微生物种群数量的大小和对大型动物区系的粪便进行处理和加工;③大型动物区系(macrofauna),大小在 2～20 mm,包括各种取食落叶层的节肢动物,如千足虫、等足目和端足目动物、蛞蝓和蜗牛以及较大的蚯蚓,这些动物参与扯碎植物残叶、土壤的翻动和再分配的作用。C. Darwin(1888)曾分析过蚯蚓对草地的作用,估计 30 年中由于它们的活动而形成了 18 cm 厚的新土层,约 50 t/hm^2,而在尼日利亚西部草原 2—6 月的雨季中形成的新土高达 170 t/hm^2。

陆地生态系统中对物质分解有重要作用的是无脊椎动物。它们的分布有随纬度而变化的地带性规律。低纬度热带地区起作用的主要是大型土壤动物,其分解作用明显高于温带和寒带;高纬度寒温带和冻原地区多为中、小型土壤动物,它们对物质分解起的作用很小。土壤有机物的积累主要取决于气候等理化环境。有机物分解速率也随纬度而变化。一般而言,低纬度温度较高、湿度大的地区,有机物分解速率也快,而温度较低和干燥的地区则有利于有机物质的积累。

水域生态系统的分解成员与陆地不同,但其过程也分搜集、刮取、粉碎、取食或捕食等几个环节,其作用也相似。水域生态系统的动物分解者按其功能可分力粉碎者、搜集者、底栖者、滤食者、植食者、肉食者等六类。

3. 有机物质的分解过程

生态系统中的分解作用是一个复杂的过程,主要由三个环节组成,即降解(degradation,K)、碎化(break down,C)和淋溶(leaching,L)。降解是指在酶的作用下,有机物质通过生物化学过程,分解为单分子的物质或无机物等的过程。碎化是指颗粒体的粉碎,是一种物理过程。主要的改变是动物生命活动的结果,当然,也包括非生物因素,如风化、结冰、解冻和干湿作用等。淋溶是指水将资源中的可溶性成分解脱出来。一旦有机体死亡,那些可溶的或水解的物质就很快地溶解出来。这个环节并不一定要有微生物参与。实验证明,不管是在有菌还是无菌条件下,其淋溶速率是一样的。

分解速率(D)实际上是降解、碎化、淋溶这三个环节的速率的乘积,即

$$D = KCL \tag{5.7}$$

在物质分解过程中,伴随着分化和再循环过程,物质是以不同的速率和过程被分解的。分解的早期显示其多途径的分化,物质经降解碎化和淋溶转化为无机物、碳水化合物和多酚化合物、分解者组织,以及未改变性质的降解颗粒等。这一阶段的产物为生产者提供可利用的营养元素。长期分解作用的结果是形成相同的产物——腐殖质(humus)。腐殖质是一种分子结构十分复杂的高分子化合物,它可长期存在于土壤中,成为土壤中最重要的活性成分。

关于有机物质分解过程中腐殖质的形成机理目前并不十分清楚。一种假说认为腐殖质是由有机物质分解产生的多元酚和醌化合物合成,多元酚和醌化合物可直接来自于木质素,也可能是微生物的合成产物。腐殖质在陆地生态系统中起到重要作用,它是地球的主要有机碳库,在促进农作物生长、环境保护和农业可持续发展等方面作用巨大。

4. 影响分解作用的生态因素

1) 环境条件

陆地生态系统中有机物质的分解都是在微生物参与下进行的。因此,影响土壤微生物活动的因素都是影响有机物质分解的因素。这些因素主要包括以下三个方面。

(1) 土壤温度。土壤微生物活动的最适温度一般在25～35 ℃，高于45 ℃或低于0 ℃时，一般微生物活动受到抑制。部分高温型微生物的最适生长温度为45～60 ℃。

(2) 土壤湿度和通气状况。土壤中微生物的活动需要适宜的水分含量，过多的水分影响土壤的通气状况，从而改变有机物质转化过程和产物。

(3) pH值。各种微生物都有各自最适宜活动的pH值和可以适应的范围。大多数细菌活动的最适宜pH值在6.5～7.5。放线菌最适宜略偏碱环境，而真菌适宜在pH值为3～6的条件下活动。pH值过高或过低对微生物活动都有抑制作用。

气候则在较大范围内影响有机物质的分解。一般来说，温度高、湿度大的地带，其土壤中有机质的分解速率高，而低温和干燥的地带，其分解速率低，因而土壤中易积累有机物质。研究表明，由湿热的热带森林经温带森林到寒冷的冻原，其有机物分解速率随纬度增高而降低，而有机物的积累量则随纬度升高而增高。在同一气候带内局部地方有机物质的积累也有区别，它可能取决于该地的土壤类型和待分解资源的特点。例如受水浸泡的沼泽土壤，由于滞水和缺氧，抑制了微生物活动，分解速率极低，有机物质积累量高。

2) 分解的资源质量

有机物的物理和化学性质均对分解速率有直接的影响。有机物质中各种化学成分的分解速率有明显的差异。一般淀粉、糖类和半纤维素等分解较快，纤维素和木质素等则难以分解。有机物质中的碳氮比(C∶N)对其分解速率影响很大。因为C是微生物能量的来源，又是构成微生物躯体的材料，N是微生物合成蛋白质的主要成分。因此，微生物的分解作用需要足够的C和N。微生物身体组织中的碳氮比为(10～5)∶1，平均为8∶1。但由于微生物代谢的C只有1/3进入微生物细胞，其余的C以CO_2的形式释放，因此，对微生物来说，同化1份N，就需要24份的C。但大多数待分解的植物组织含N量比此值低得多，碳氮比为(40～80)∶1。因此，N的供应量就经常成为限制因素，分解速率在很大程度上取决于N的供应。而待分解有机物的碳氮比常可作为生物降解性能的度量指标。最适碳氮比是(25～30)∶1，这已由大量农业实践所证实。当然，其他营养元素如P、S等的缺乏也会影响有机物质的分解速率。

5.5 生态系统的物质循环

生命的维持不仅需要能量，还依赖于物质的供应。如果说生态系统中的能量来源于太阳，那么物质则由地球供应。物质是由化学元素组成的，有30～40种化学元素是生物有机体所需要的。物质在生态系统中起着双重作用，既是维持生命活动的物质基础，又是能量的载体。没有物质，能量就不可能沿着食物链进行传递。因此，生态系统中的物质循环和能量流动是紧密联系的，它们是生态系统的两个基本功能。

当前人类社会所面临的诸多全球性环境与生态问题都与人类影响下的生态系统物质循环有关。研究生态系统的物质循环，有利于理解和正确处理当今人类面临的全球性环境问题，并有助于改善人类的生存环境。

5.5.1 物质循环的概念及特点

1. 物质循环

生态系统从大气、水体和土壤等环境中获得的营养物质，通过绿色植物吸收，进入生态系统，被其他生物重复利用，最后再回归到环境中，称为物质循环(cycle of material)，又称为生物地球化学循环(biogeochemical cycle)。这种循环可以发生在不同层次、不同大小的生态系统内,乃至生物圈中。一些循环可能沿着特定的途径从环境到生物体,再到环境中。那些生命必需元素的循环通常称为营养物质循环。

物质循环包括地质大循环和生物小循环。地质大循环是指物质或元素经生物体的吸收作用,从环境进入生物有机体内,然后生物有机体以死体、残体或排泄物形式将物质或元素返回环境,进入大气、水、岩石、土壤和生物五大自然圈层的循环。地质大循环的时间长,范围广,是闭合式的循环。生物小循环是指环境中元素经生物体吸收,在生态系统中被多层次利用,然后经过分解者的作用,再为生产者吸收利用。生物小循环时间短,范围小,是开放式的循环。

当前,人类的活动已强烈地干扰了生态系统的物质循环,其影响已达到全球范围,并随之带来了一系列复杂的生态环境问题。在过去一百多年中,人类活动已经显著地干扰了碳、氮、磷、硫等物质的物质循环。如全球碳、氮平衡的破坏,已导致全球气候变化、酸雨、水体富营养化等全球或区域性环境问题。

2. 物质循环的几个概念

1) 库

库(pool)是指某一物质在生物或非生物环境暂时滞留(被固定或储存)的数量。生态系统中的各个组分都是物质循环的库,可分为植物库、动物库、大气库、土壤库和水体库。在物质循环中,根据库容量的不同以及各种营养元素在各库中的滞留时间和流动速率的不同,可把物质循环的库分为储存库(reservoir pool)和交换库(exchange pool)。前者一般为非生物成分,如岩石、沉积物等,其特点是库容量大,元素在库中滞留的时间长,流动速度慢;后者的特点是库容量小,元素在库中滞留的时间短,流动速度快,一般为生物成分,如植物库、动物库等。例如,在一个水生生态系统中,水体和浮游生物体内均含有磷,水体是磷的储存库,浮游生物是磷的交换库。

2) 流与流通率

生态系统中的物质在库与库之间的交换称为流(flow)。对于任何一种元素,存在一个或多个储存与交换库,物质在生态系统中的循环实际上就是物质在这些库与库之间流通。如在水生生态系统中,水体中的磷是一个库,浮游生物体内的磷是第二个库,在底泥中的磷又是一个库,磷在这些库与库之间的流动就构成了该生态系统中的磷循环。在生态系统中单位时间、单位面积(或体积)内物质流动的量($kg/(m^2 \cdot s)$)称为流通率(flow rate)。

3) 周转率

周转率(turnover rate)指某物质出入一个库的流通率与库量之比,即

$$\text{周转率} = \frac{\text{流通率}}{\text{库中该物质的量}} \tag{5.8}$$

4) 周转时间

周转时间(turnover time)是周转率的倒数。周转时间表示移动库中全部营养物质所需要的时间,周转率越大,周转时间就越短。如大气圈中二氧化碳的周转时间是 1 年左右(光合作用从大气圈中移走二氧化碳);大气圈中分子氮的周转时间则需 100 万年(主要是生物的固氮作用将氮分子转化为氨氮而为生物所利用);而大气圈中水的周转时间为 10.5 d,也就是说,大气圈中的水分一年要更新大约 34 次。在海洋中,硅的周转时间约为 800 年,钠约为 2.06 亿年。

物质循环的速率在空间和时间上有很大的变化,影响物质循环速率最重要的因素有:①循

环元素的性质，即循环速率受循环元素的化学特性和被生物有机体利用的方式影响；②生物的生长速率，这一因素影响着生物对物质的吸收速率，以及物质在食物和食物链中的运动速率；③有机物分解的速率，适宜的环境有利于分解者的生存，并使有机体很快分解，迅速将生物体内的物质释放出来，重新进入循环。

3. 物质循环的类型

物质循环可分为三种类型，即水循环（water cycle）、气体型循环（gaseous cycle）和沉积型循环（sedimentary cycle）。

1）水循环

水是自然的驱使者，生态系统中所有的物质循环都是在水循环的推动下完成的。也就是说，没有水的循环就没有物质循环，就没有生态系统的功能，也就没有生命。

2）气体型循环

气体型循环的储存库主要是大气和海洋，气体型循环与大气和海洋密切相关，循环性能完善，具有明显的全球性。凡属于气体型循环的物质，常以气体的形式参与循环过程。属于这一类循环的元素有碳、氮和氧等。气体型循环与全球性的三个环境问题（温室效应、酸雨、臭氧层破坏）密切相关。

3）沉积型循环

沉积型循环的储存库主要是岩石、沉积物和土壤，循环物质主要是通过岩石的风化作用和沉积物的溶解作用，才能转变成可供生态系统利用的营养物质。循环过程缓慢，循环是非全球性的。属于沉积型循环的元素有磷、硫、钠、钾、钙、镁、铁、铜、硅等。

5.5.2　水循环

1. 水循环的生态学意义

水是生物圈最重要的物质，也是生物组织中含量最多的一种化合物，是生命过程的介质，是光合作用的重要原料。没有水，生命就无法维持。水还是地球上一切物质的溶剂和运转的介质。没有水循环，生态系统就无法运行，生命就会死亡。因此，水循环是地球上最重要的物质循环之一，它不仅实现着全球的水量转移，而且推动着全球能量交换和物质循环，并为人类提供不断再生的淡水资源。

水循环的主要作用表现在三个方面。①水是所有营养物质的介质。营养物质的循环和水循环不可分割地联系在一起。地球上水的运动，还把陆地生态系统和水域生态系统连接起来，从而使局部的生态系统与整个生物圈联成一个整体。②水是物质很好的溶剂。水在生态系统中起着能量传递和利用的作用。绝大多数物质都溶于水，随水迁移。据统计，地球陆地上每年大约有 $3.6\times10^{13}\ m^3$ 的水流入海洋。这些水中每年携带着 3.6×10^{9} t 的溶解物质进入海洋。③水是地质变化的动因之一，其他物质的循环都是结合水循环进行的。某一个生态系统矿质元素的流失，对另一个生态系统来说则是矿质元素的沉积，这些过程都是通过水循环来完成的。

2. 全球水循环

水分布于陆地、海洋和大气中，以固、液、气三种形态存在。根据 V. M. Goldschmid 计算，地球表面每平方米的含水量为 273 L，由海水（268.4 L）、大陆冰（4.5 L）、淡水（0.1 L）和水蒸气（0.003 L）所组成。

地球的总水量有近 $1.5\times10^{9}\ km^3$，其中海洋的储水量为 $1.32\times10^{9}\ km^3$，约占总水量的

97%,陆地上的水只占总水量的3%左右。在陆地上的水量中,淡水占陆地水的73%。在所有的淡水中,有2/3以固体状态存在于南、北两极的冰川、冰盖中,其余大部分为地下水,储藏于江河湖库中的淡水不到0.5%。江河湖库中还必须保持一定的维持水量,因此,人类真正可利用的淡水资源是十分有限的,大约只有1.065×10^{7} km^{3}。

地球表面的各种水体,通过蒸发、水汽运移、降水、地表径流和下渗等水文过程紧密联系,相互转换,构成全球水循环。其循环的动力是太阳能和重力的结合。在太阳能的驱动下,海洋和陆地上水分的蒸发和植被蒸腾作用不断地向大气供应水分,在大气环流运动作用下,大气中的水汽在全球范围内重新分配,然后以雨、雪、雾等形式又重新返回到海洋和陆地。这一过程,称为全球尺度水循环过程。降至陆地而没有蒸发的水分通过河流、湖泊、地下水运动及冰川、冰山的崩解又返回到海洋中去。这样,在水分上升(环)和下降(环)的共同作用下,水分川流不息,形成了水的全球循环。

大气水分凝结的云和以雨、雪为主要形式的大气降水是全球水循环的主要输入部分。植被对水循环有很大的影响,可以影响降雨、气候及水的再分配。水分的蒸发对于植物的生长、发育也至关重要。生产1 g初级生产量差不多要蒸腾500 g水。因此,陆地植被每年蒸腾大约5.5×10^{13} m^{3}的水,几乎相当于陆地蒸发的总量。这增加了空气中的水分,促进了水的循环。为了更好地理解全球水循环,可以把降落在地球上的水量当作100个单位,则海洋蒸发为84个单位,接受降水为77个单位;陆地蒸发为16个单位,接受降水为23个单位。从陆地到海洋的径流为7个单位,这样就使海洋蒸发亏缺得到补偿。余下的7个单位作为在高空环流下的大气水分。海洋的蒸发量大于海洋上的降水量,但从陆地流到海洋的径流,使海洋和陆地的水循环得到平衡(图5-6)。

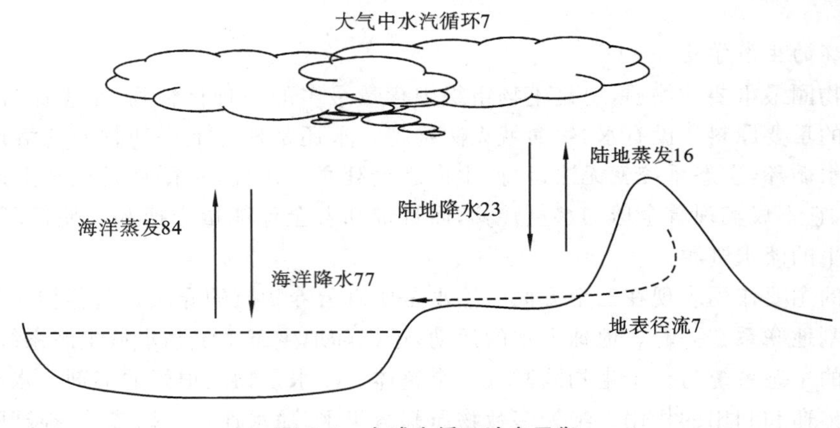

图 5-6 全球水循环动态平衡

3.全球的水资源危机

地球上的淡水资源十分有限,且绝大部分淡水是冰川,80%在南极,10%在格陵兰,冰川水量相当于全球河流年径流量的900倍。可供人类利用的淡水只占水资源总量的0.5%左右。不仅如此,全球淡水资源在地区的分布上也极不均匀。一般海洋性气候和季风气候区水资源较为丰富,而远离海洋的大陆性气候的干旱或半干旱地区水资源异常缺乏,而全世界约55%的耕地分布于干旱地区。

随着人口激增和经济的迅猛发展,缺水已成为世界性问题。据统计,在20世纪,全球用水量增加了8倍,其中农业用水量增长7倍,工业用水量增长20倍,城市生活用水量增长12倍,几乎每15年用水量翻一番。在20世纪80年代中期，全球用水量接近3.5×10^{12} m^3，到2000年，全球淡水用量达6.0×10^{12} m^3。目前，全球已有100多个国家和地区缺水，其中33个被列为严重缺水的国家和地区。世界上面临水源紧张的人口约有3.35亿。到2050年，缺水国家将达40～50个，缺水人口将达28亿～33亿。与此同时，水污染进一步加剧了水资源短缺。大量的未经处理的废水、废物直接排入江河湖海，污染了大量的地面水和地下水体，降低了这些水资源的利用价值。全世界每年向江河湖泊排放的各类污水达4.26×10^{11} m^3，被污染的水量达5.5×10^{12} m^3，造成全球径流总量的14%被污染。

我国水资源总量虽然相当丰富，但由于人口众多、地区分布不均，水资源利用效率低、水污染严重等因素，水资源缺乏问题十分突出。我国人均淡水资源为2400 m^3，只相当于世界人均量的1/4。全国约有2.4亿人口、1.5亿牲畜饮水困难，而且水体污染十分严重，一半水体不符合渔业水质要求，1/4的水体不符合农业灌溉水质要求。

水资源缺乏将带来一系列严重后果，它不仅对生态环境和气候变化产生深刻影响，也使人类的生存和发展受到严重的威胁。今后水危机将进一步加剧，水正成为地缘政治中一个具有爆炸性危险的问题。

5.5.3　碳循环

1. 碳的属性

碳是构成生物体的主要元素，是一切有机物的基本成分，因而碳在生命世界里具有特殊的地位。在地球上，碳只占地壳总质量的0.4%，只有氧的1/49。据估计，全球碳储存量约为2.7×10^{17} t，但绝大部分以碳酸盐的形式被固结在岩石圈中，其次是储存在化石燃料的石油和煤中。这是地球上两个最大的碳储存库，约占碳总量的99.9%。此外，水圈和大气圈是两个碳交换库，它们在生物学上有积极作用。在大气圈中，以CO_2和CO的形式存在的碳约7.0×10^{11} t。在水圈中碳以多种形式存在，含碳约3.5×10^{13} t。生物所需要的碳主要来自CO_2，CO_2存在于大气中或溶解于水中。

2. 碳循环及其主要特点

生态系统中碳循环的主要形式是伴随着光合作用和能量流动的过程而进行的。绿色植物通过光合作用，将大气中的CO_2固定在有机物中，包括合成多糖、脂肪、蛋白质，而储存在植物体中。绿色植物每年通过光合作用将大气里的CO_2含的1.5×10^{11} t碳，变成有机物储存于植物体内。在这个过程中，部分碳通过植物的呼吸作用又回到大气中，另一部分碳通过食物链转化为动物体组分、动物排泄物和动植物遗体中的碳，通过微生物分解为CO_2，再返回到大气中，并可被植物重新利用。同样，海洋中的浮游植物将海水中的CO_2固定，转化为糖类，通过海洋食物链转移，海洋动植物的呼吸作用又释放CO_2到环境中。需要注意的是，不管是陆地还是海洋中合成的有机物，总有一部分可能以化石有机物质（如煤）形式暂时离开循环。只有当它们被开采利用时，才重新进入新的循环。

各类生态系统固定CO_2的速率差别很大。热带雨林每年固定碳为1～2 kg/m^2，温带森林为0.2～0.4 kg/m^2，而北极冻原和干燥的沙漠区只能固定热带雨林区的1%。陆地各类生态系统中，森林生态系统是碳的最大储库，全世界森林的储碳量为4.0×10^{10}～5.0×10^{10} t。

一般认为，海洋从大气吸收的CO_2比释放到大气中的CO_2多。在海洋中，通过浮游植物光合作用固定的CO_2转化为有生命的颗粒有机碳（living POC），这些有机碳通过食物链逐级转移到大型动物。未被利用的各级产品构成大量的非生命颗粒有机碳（non-living POC）向海底沉降。因此,真光层内光合作用吸收的CO_2就有一部分以颗粒有机碳形式离开真光层下沉到深海底。这种海洋中由有机物生产、消费、传递、沉降和分解等一系列过程构成的碳从表层向深层转移,称为生物泵(biological pump)。沉积到海底的一部分有机碳是很难降解的物质,它们可能长期埋藏在那里,开始成为化石能源的过程。据估计,有1.2×10^6 t的CO_2以有机沉积物的形式存在。在低温高压和缺氧的海底,细菌分解有机物生成的CH_4可形成白色固体状的天然气水合物,人们称之为“可燃冰”。据估计,“可燃冰”在海底的储存总量比已知的所有煤、石油和天然气总和还要多,这部分碳暂时离开了再循环过程。某些海洋生物的外壳含有$CaCO_3$,当生物死亡时,这些含$CaCO_3$成分的物质就沉降到海底。此外,造礁珊瑚也构成大量的$CaCO_3$沉积。这些过程都使碳向下转移,并使其离开生态系统的再循环,这被称为碳酸盐泵(carbonate pump)。它实际上也是一种生物泵,都有去除海水中CO_2的作用。据估计,经过漫长地质年代的积累,已经有5×10^{16} t的CO_2以$CaCO_3$的形式存在于海洋中。

生态系统中碳循环的其他途径还有:地质年代由动植物残体长期埋藏在地层中形成的各种化石燃料,经人类开采后,燃烧这些化石燃料时,燃料中的碳氧化成CO_2,重新回到大气中,再被绿色植物重新吸收,又开始新的循环。岩石圈中的碳,通过岩石风化、溶解作用和火山喷发等重返大气圈。

自然生态系统中,植物通过光合作用从大气中摄取碳的速率与通过呼吸和分解作用而把碳释放到大气中的速率大体相同。由于植物的光合作用和生物的呼吸作用受到很多地理因素和其他因素的影响,因此大气中CO_2的含量有明显的日变化和季节变化。夏季植物的光合作用强烈,从大气中所摄取的CO_2超过了在呼吸和分解过程中所释放的CO_2,冬季正好相反,其浓度差可达0.002%。

3. 碳循环与环境问题

大气中的CO_2浓度一般来说是恒定的。但工业革命以来,人类在生活和工农业生产活动中大量消费化石燃料,使CO_2排放量大幅度增加。另一方面,大量砍伐使森林面积不断缩小,植物吸收利用大气中CO_2的量越来越少,使得大气中CO_2的含量呈上升趋势。根据南极采集到的时间跨度为16万年的Vostoc冰芯中气泡的CO_2浓度测定,最后一个冰期(2万至5万年前)的CO_2水平是180～200 μL/L,显著低于现在的水平。从公元900年至公元1750年大气中CO_2浓度是270～280 μL/L。工业革命后大气中CO_2含量的上升是迅速和持续的,且增加的速度在不断地加快,估计到2050年将增至550 μL/L。与此相对应的是,从19世纪80年代到20世纪40年代,世界平均气温升高了约0.4 ℃。根据夏威夷Maunaloa气象台对大气CO_2的测定表明,从1959年开始CO_2浓度即持续上升。

全球大气的CO_2平衡计算表明,化石燃料释放的CO_2全部在大气中积累,大气CO_2浓度每年将增加0.7%,但实际上只有56%的CO_2在大气中积累,其余部分的CO_2去向不明,成为困惑生态学家的难题。具体平衡情况是:每年化石燃料释放6.0×10^{15} g,陆地植被破坏释放9.0×10^{14} g,每年释放的CO_2在大气中增加3.2×10^{15} g,海洋吸收2.2×10^{15} g,还有1.7×10^{15} g不知去向。

另一方面,湿地、农田和海洋向大气释放的CH_4也很可观。CH_4的主要来源是沼泽、稻田和反刍动物。在200～2000年前,大气中CH_4的含量大约为0.8 μL/L,100年前增加到0.9 μL/L。1978年测得浓度为1.51 μL/L,现在已达到1.86 μL/L,即大气含有4900 Tg CH_4(1 Tg$=10^{12}$ g),年增量在0.8%～1.2%(0.014～0.017 μL/L),也就是每年向大气中排放40～48 Tg CH_4。

CO_2和CH_4都是重要的温室气体(greenhouse gas),其浓度的增加可能引起"温室效应"(greenhouse effect),导致全球气候变暖,对全球生态系统和人类生活产生重大影响。CO_2能吸收来自太阳的短波辐射,同时吸收地球发生的长波辐射;随着大气中CO_2浓度的增加,促使入射能量和逸散能量之间的平衡受到破坏,使得地球表面的能量平衡发生变化,结果是地球表面大气的温度升高,即"温室效应"。如果人类以目前的速度继续排放CO_2等温室气体,估计到 2100 年地球表面温度将上升 2 ℃,这将在全球范围内对气候、海平面、农业、林业、生态平衡和人类健康等方面带来巨大的影响。全球变暖是当前环境生态学领域研究的热点问题之一。

5.5.4　氮循环

1. 氮的属性

氮是氨基酸、蛋白质和核酸的重要成分,是构成一切生命体的重要元素之一。氮主要以氮气(N_2)的形式存在于大气中,约占大气体积的 78%,总量约 3.8×10^{15} t。氮是不活泼元素,一般很难和其他物质化合,气态氮也不能直接被一般绿色植物利用。因此,大气中氮的储存量对于生态系统来说意义不大,必须通过固氮作用将氮与氧结合成为亚硝酸盐和硝酸盐,或与 H 结合成NH_3,才能为大部分生物所利用,参与蛋白质合成,才能进入生态系统,参与循环。

2. 氮循环及其主要特点

自然界中的固氮作用有高能固氮、生物固氮和工业固氮三条途径。高能固氮是指通过闪电、宇宙线、陨星、火山活动等的固氮作用,其所形成的氨或硝酸盐随着降水到达地球表面。据估计,高能固氮每年可固氮 8.9 kg/hm^2,其中 2/3 为氨,1/3 为硝酸盐形态。生物固氮每年可达 100~200 kg/hm^2,约占地球上每年固氮量的 90%。生物固氮的机理目前尚未完全明确,能固氮的生物有自生固氮和共生固氮两大类。自生固氮生物能利用土壤中的有机物或通过光合作用来合成各种有机成分,并能将分子氮变成氨态氮。共生固氮生物在独立生活时,没有固氮能力,当它们侵入豆科等宿主植物并形成根瘤后,从宿主植物吸收碳源和能源即能进行固氮作用,并供给宿主以氮源。豆科根瘤共生固氮可给共生豆科植物提供其所需氮的 50%~100%。在农业生态系统中固氮植物约有 200 种,非农业的植物、细菌、蓝绿藻等能固氮的约有 12000 种。少数高等植物(如赤杨、杨梅等)也有固氮能力。固氮生物广泛分布于自然界中,甚至海藻和地衣中也有共生的固氮菌。工业固氮是随着近代工业的发展而发展起来的,随着石油工业的迅速发展,人们逐渐转入以气体、液体原料生产合成氨,氨经一系列氧化可生成多种多样的化肥。目前,全世界工业固氮能力已超过 1.6×10^8 t/a。

被固定的氮,被绿色植物吸收后转化为氨基酸,合成蛋白质。这样,环境中的氮就进入生态系统。草食动物摄食后利用植物蛋白质合成动物蛋白质。动植物死亡后体内的有机态氮经微生物的分解作用,转化为无机态氮,形成硝酸盐重新被植物所利用,继续参与循环,也可经反硝化作用形成N_2,返回到大气中(图 5-7)。这样,氮又从生命系统中回到无机环境中去。

硝酸盐的另一循环途径是从土壤中淋溶,然后经过河流、湖泊,最后到达海洋,并在海洋中沉积。在向海洋的迁移过程中,氮素还会参与生物循环,或部分发生沉积,积累于储存库中,这样就暂时离开了循环。这部分氮的损失由火山喷放到空气中的气体来补偿。

氮循环中的四种基本生物化学过程如下。

(1) 固氮作用(nitrogen fixation)。它是固氮生物(或高能)将大气中的氮固定并还原成氨

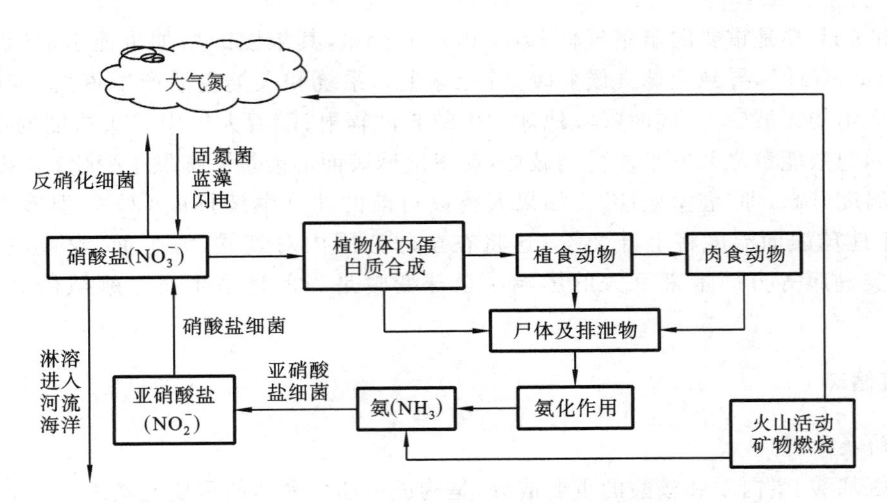

图 5-7 生态系统中的氮循环

的过程,由固氮微生物(或高能)完成。

(2) 氨化作用(ammonification)。它是将蛋白质、氨基酸、尿素以及其他有机含氮化合物转变成氨的过程。由氨化细菌、真菌和放线菌完成。如许多动物、植物和细菌可把氨基酸分解成氨。

(3) 硝化作用(nitrification)。它是将氨转变成亚硝酸盐、硝酸盐的过程。第一步从氨离子氧化为亚硝酸盐,主要由亚硝酸盐细菌(以 *Nitrosomonas* 为主)参与,第二步从亚硝酸盐氧化为硝酸盐,主要由硝酸盐菌(以 *Nitrobacteria* 为主)完成。

(4) 反硝化作用(denitrification)。又称脱氮作用,指反硝化细菌将硝酸盐还原为 N_2、N_2O 或 NO,回到大气的过程。

在自然生态系统中,各种固氮作用使氮进入物质循环,又通过反硝化作用使氮不断返回大气,从而使氮的循环处于平衡状态。

3. 氮循环与有关环境问题

人类活动的干预效应已给氮循环及其平衡带来了新问题。在 20 世纪 70 年代,全世界工业固氮总量已与全部陆地生态系统的固氮量基本相等。现在每年的工农业固氮量已大于自然固氮量。这种人为干扰,使氮循环的平衡被破坏,每年被固定的氮超过了返回大气的氮。据报道,每年固定的氮比返回大气中的氮多 6.8×10^6 t。这 6.8×10^6 t 的氮分布在土壤、地下水、河流、湖泊和海洋中。另外,大气中被固定的氮,不能以相应数量的分子氮返回大气,其中一部分形成氮氧化物(NO_x)进入大气,这是造成现在大气污染的主要原因之一。

此外,臭氧层破坏的一个主要原因就是氮氧化物的作用。氮氧化物能与臭氧发生反应生成 NO_2 和 O_2,NO_2 再与自由氧反应生成 NO 和 O_2,打破原来臭氧的平衡,使平流层中的臭氧量减少。

在一些大城市上空,进入大气的 N_2O 与大气中存在的碳氢化合物(HC),在太阳紫外线照射下会发生光化学反应,生成臭氧(O_3)、醛、酮、酸、过氧乙酰硝酸酯(PAN)等具有强氧化性的二次污染物。参与光化学反应过程的一次污染物和二次污染物的混合物所形成的烟雾污染现象叫做光化学烟雾。光化学烟雾会对人的眼睛、鼻子、喉咙、气管和肺部的黏膜等造成严重伤害,使人出现红肿、流泪、喉痛、胸痛和呼吸衰竭乃至思维紊乱、肺水肿等现象。家畜也同时患病,郊区的玉米、蜜柑、烟草、葡萄等作物与林木受到不同程度的危害。1955 年洛杉矶发生了一场严重的光化学烟雾污染事件，使当地 65 岁以上近 400 人死亡，仅葡萄一项就减产 30%，65000 hm^2 的松林约 62% 受害，29% 干枯。橡胶制品老化，汽车和飞机的正常运行都严重受阻。

大量的氮进入河流、湖泊和海洋，使水体出现富营养化(eutrophication)。水体的富营养化对生态系统带来一系列的影响，富营养化水体中蓝藻和其他浮游生物的极度增殖，使湖水变红发蓝，水质混浊缺氧，鱼类等难以生存。这种现象在江河湖泊中称为水华，在海洋中称为赤潮。水中氮化合物的增加对人畜健康亦带来危害，亚硝酸盐与人体内血红蛋白反应生成高铁血红蛋白，使血红蛋白丧失输氧功能而使人中毒。硝酸盐和亚硝酸盐等是形成亚硝胺的物质，而亚硝胺是致癌物质，在人体消化系统中可诱发食道癌、胃癌等。

5.5.5　磷循环

磷是生物不可缺少的养分，生物的各种代谢都需要它。磷是核酸、细胞膜和骨髓的主要成分，也是细胞代谢中的高能中间产物三磷酸腺苷(ATP)和辅酶的成分。磷作为作物三大营养要素之一，对植物生产力的提高具有决定性意义。在水域生态系统中，它和氮往往是造成浮游植物过度生长的关键元素。所以在水体的富营养化过程中，磷是一个重要指标。

磷主要有岩石态和溶盐态两种存在形态。磷循环(phosphorus cycle)始于岩石的风化，终于水中的沉积，是典型的沉积型循环。岩石和沉积物中的磷酸盐通过风化、侵蚀和人类的开采，磷被释放出来，成为可溶性磷酸盐(PO_4^{3-})。植物吸收可溶性磷酸盐，合成自身原生质，然后通过植食动物、肉食动物在生态系统中循环，再经动物排泄物和动植物残体的分解，又重新回到环境中，再被植物吸收。溶解的磷酸盐也可随着水流进入江河、湖泊和海洋，并沉积在海底。其中一部分通过成岩作用成为岩石。

陆地生态系统中，磷的有机化合物被细菌分解为磷酸盐，回到土壤中重新被植物利用。有些在循环中被分解者所利用，成了微生物的一部分；还有一部分随水流进入湖泊和海洋。

在淡水和海洋生态系统中，浮游植物吸收无机磷的速率很快，而浮游植物又被浮游动物和食腐屑者所取食。浮游动物每天排出的磷几乎与储存在体内的磷一样多。在水域生态系统中，死亡的动植物体沉入水底，其体内磷的大部分以钙盐的形式长期沉积下来，离开了循环。所以磷循环是不完全的循环。很多磷进入海底沉积起来，重新返回的磷不足以补偿其丢失的量，使陆地的磷损失越来越大。据估计，全世界磷蕴藏量只能维持 100 年左右，磷参与循环的数量正在减少，磷将成为人类和陆地生物生命活动的限制因子。

5.5.6　硫循环

1. 硫循环及其主要特点

硫是蛋白质和氨基酸的基本成分，是植物生长不可缺少的元素。在地壳中硫的含量只有 0.052%，但是其分布很广。在自然界，硫主要以单质硫、亚硫酸盐和硫酸盐等三种形式存在。硫循环(sulfur cycle)兼有气相循环和固相循环的双重特征。SO_2 和 H_2S 是硫循环中的重要组成部分，属气相循环；被束缚在有机或无机沉积物中的硫酸盐，释放十分缓慢，属于固相循环。

岩石圈中的有机、无机沉积物中的硫，通过风化和分解作用而释放，以盐溶液的形式进入陆地和水体。溶解态的硫被植物吸收利用，转化为氨基酸的成分，并通过食物链被动物利用，最后随着动物排泄物和动植物残体的腐烂、分解，硫又被释放出来，回到土壤或水体中被植物重新利用。另外一部分硫以 H_2S 或 SO_2 气体形式进入大气参与循环。硫进入大气的途径有：

化石燃料燃烧、火山爆发、海面挥发和在分解过程中释放气体等。煤和石油中都含有较多的硫,燃烧时硫被氧化成 SO_2 进入大气。每燃烧 1 t 煤就产生 60 kg SO_2。硫多以硫化氢形态进入大气,但很快就氧化成 SO_2。SO_2 可溶于水成为亚硫酸盐,并随降水到达地面。氧化态的硫在化学和微生物作用下,变成还原态的硫,还原态的硫也可以实现相反转化。在循环过程中部分硫会沉积于海底,再次进入岩石圈。

硫在大气中停留的时间比较短。如果在对流层,停留时间一般不会超过几天;如果在平流层,可停留 1~2 年。由于硫在大气中滞留的时间短,全年大气收支可以认为是平衡的。然而,硫循环的非气体部分,在目前还处在不完全平衡的状态,因为经有机沉积物的埋藏进入岩石圈的硫少于从岩石圈输出的硫。

2. 与硫循环有关的环境问题

人类对硫循环的影响是很大的。通过化石燃料的使用,人类每年向大气输入的 SO_2 已达 1.47×10^8 t,其中 70%来自煤的燃烧。进入大气中的 SO_2,与水分子结合形成酸雾,从而造成空气污染。硫酸对人的危害很大,只要有百万分之几的浓度就会对人的呼吸道产生刺激。如果形成细雾状的微小颗粒,还能进入肺部。硫酸浓度过高,就会成为灾难性的空气污染,例如 1930 年比利时马斯河谷、1948 年美国多诺拉、1952 年伦敦以及 20 世纪 60 年代纽约和东京都因大气含硫量过高而造成当地居民支气管哮喘病数量上升及死亡率增加。

SO_2 污染严重的地区,常形成酸雨(acid rain)。硫酸型酸雨发生的主要原因是化石燃料燃烧排放的 SO_2 等酸性物质。要防止酸雨,必须减少主要 SO_2 的排放量。目前的对策主要有两条。①调整能源战略,一方面节约能源,减少煤炭、石油的消耗量,以减少 SO_2 等大气污染物的排放量;另一方面,积极开发新能源,尽量利用无污染或减少污染的新能源,如太阳能、水能、地热能、风能等。②解决大气 SO_2 污染问题,并以法律形式加以规定,进行一些具体的国际合作,规定减少各国的 SO_2 排放量。

3. 海洋二甲基硫的产生及其作用

在海洋硫循环中,浮游植物释放的二甲基硫 $(CH_3)_2S$(DMS)与全球气候变化密切相关,成为全球气候变化的重要研究课题之一。海洋中的 DMS 主要来源于海洋藻类。海藻摄取环境中的硫合成半胱氨酸、胱氨酸或直接合成高半胱氨酸,经高半胱氨酸进一步合成蛋氨酸。蛋氨酸经脱氨和甲基化作用形成二甲基硫丙酸(DMSP)。DMSP 再经酶促反应转化为 DMS。浮游植物细胞内的 DMS 可释入海水中,而未分解的 DMSP 经浮游动物捕食作用也释入海水中,借助于微生物的活动,通过酶促反应,将 DMSP 转化成 DMS。

DMS 在海洋水体中的含量与初级生产量和浮游植物的分布有关。在大洋区海水中 DMS 的平均浓度为 1.4~2.9 nmol/L,沿岸、河口和极地海水的含量高于开阔海洋,而南极海域 DMS 的产量估计是全球的 10%。大洋水体 DMS 主要分布在真光层,真光层下方的含量极微,深海 DMS 的浓度为 0.015~0.03 nmol/L。据估计,全球天然(海洋、陆地、火山等)DMS 输入大气的量为 0.78 Tmol/a,由海洋表层输入大气的为(0.5±0.3) Tmol/a,约占总输入量的 1/3。

海洋 DMS 进入大气后,主要被 ·OH 自由基氧化生成非海盐硫酸盐(NSS-SO_4^{2-})和甲磺酸(MSA)。这些化合物是气溶胶和雨水酸性的主要来源,容易吸收水分,可以充当云的凝结核(CCN)。由于 CCN 对云层的形成是很灵敏的,因此海洋 DMS 大量进入大气后会直接增加 CCN 的密度形成更多的云层,从而增加太阳辐射的云反射,使地球表面温度降低,同时,使植物光合作用对太阳能的利用率降低。通过不断增加大气中 DMS 数量的正反馈作用和云层对太阳辐射能反射作用的上升(负反馈作用)形成一个调节气候的封闭性环。

5.5.7　有毒有害物质的循环

1. 概述

进入生态系统后,使环境正常组成和性质发生变化,在一定时间内直接或间接地对人或生物造成危害的物质就称为有毒物质(toxic substance)或者称为污染物(pollutant)。有毒物质包括无机和有机两大类:无机有毒物质主要指重金属、氟化物和氰化物等;有机有毒物质主要有酚类、有机氯农药等。

有毒物质循环和其他物质循环一样,在食物链营养级上进行循环流动。有毒物质循环是指那些对有机体有毒的物质进入生态系统后,通过食物链富集或被分解的过程。据估计,人类已将7万多种化学产品投放市场,其中许多是有毒物质。这些物质经过多种途径进入环境后,经历一系列的迁移(transport)和转化(transformation)的过程。有毒物质循环有以下特点。①有毒物质进入生态系统的途径是多种多样的。②大多数有毒物质在生物体内具有浓缩现象。这些有毒物质在代谢过程中不能被排除,而被生物体同化,并长期停留在生物体内,造成有机体中毒、死亡。③有毒物质进入环境后,会经历一些迁移和转化的过程,从而使一些有毒物质毒性降低,而另一些物质的毒性则会增加(如汞的甲基化等)。不过大部分物质能被环境吸收或分解,使之变为无害物质,即被环境所净化。因此,有毒物质的生态系统循环与人类的关系最为密切,但又最为复杂。有毒物质循环的途径、在环境中滞留的时间、在有机体内浓缩的数量和速率、作用机制,以及对有机体的影响等问题是十分重要的研究内容。

在生态系统中,有毒有害物质的循环途径因毒物的性质而异,下面以农药和汞为例,分别介绍有机毒物和重金属元素在生态系统中的循环特点。

2. 农药的迁移和转化

农药是环境中最重要的污染物之一。全世界常用农药种类约有420种,主要是有机氯、有机磷和氨基甲酸酯化合物。全球每年向环境中投入的农药总量超过1.8×10^6 t。虽然农药为世界农业生产作出了重大贡献,但农药对环境产生的负面影响也是十分明显的。由于连年大量使用,已经造成大气、水体、土壤的污染。同时,农药还可以从环境进入动、植物体内,通过食物链危害牲畜和人体健康,农药对环境的污染问题引起了人们的普遍关注。

农药在生态系统中的循环过程包括迁移、扩散、降解和生物富集等重要过程;它们进入环境之后,发生一系列的化学、光化学和生物化学的降解作用,使残留量减少。在使用化学农药时,能黏附在作物上的只占约10%,其余约90%则通过各种方式扩散出去,或落于土壤或飞散于大气,或溶解、悬浮于水体,流入湖、河,从而使它们在水体、土壤和生物中进行迁移、转化。不同类型的农药由于其降解速率和难易程度不同,它们在环境中的持久性也不同。一般用半衰期和残留期两个概念来说明农药在环境中的持续性。土壤环境中的半衰期指施入土壤中的农药因降解等原因使其浓度减少一半所需要的时间,残留期指土壤中的农药因降解等原因含量减少75%～100%所需要的时间。

农药的生物富集作用是农药在生态系统循环中的重要环节。农药的生物富集是在生态系统的食物链关系中形成的。一些农药在进入环境后,其残留化合物的化学性质稳定,脂溶性强,或与酶、蛋白质有较高的亲和力,不易被生物消化与分解而排出体外,故积累在生物体的一定部位,并沿食物链转移而逐级积累浓缩。食物链越复杂,逐级积累的浓度就越高。

下面以DDT为例说明农药在环境中的富集过程。DDT是一种人工合成的有机氯杀虫剂,是一种易溶于脂肪,难分解而残留性强,易扩散的化学物质。而今即使在远离使用地点的南极企鹅和北极一些无脊椎动物体内也发现了它,证明 DDT 已进入全球性的生物地球化学循环。水环境中的 DDT 通过浮游生物、小鱼、大鱼、水鸟等捕食生物形成食物链。DDT 在逐个生物体中积累,最终在水鸟体内的含量比水体中高出许多倍(图 5-8)。

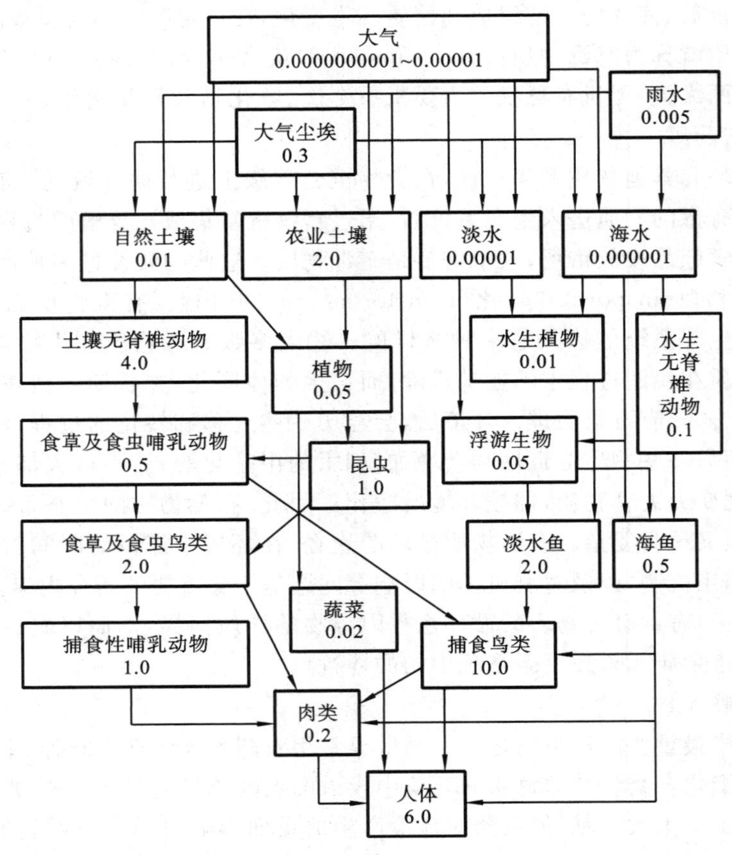

图 5-8　DDT 在食物链中浓缩

(单位:mg/L)

在陆地生态系统中,农药还会通过植物的吸收作用转移至植物体内。草原喷洒了低浓度有机氯杀虫剂 BHC 两年后,土壤中含量为 0.98 mg/kg,但牧草茎叶中含量为 5.98 mg/kg,浓缩了 5 倍多;牛吃了该牧草,牛肉含量为 13.36 mg/kg,浓缩了约 13 倍;牛奶中含有 9.82 mg/kg,浓缩了 9 倍;而奶油中含有 65.1 mg/kg,浓缩了 65 倍多;对食用奶油的人进行分析,检出的 BHC 为 171 mg/kg。

3. 重金属元素循环

重金属污染物在环境中不能被微生物降解,但其各种形态之间可发生相互转化,在环境中还会发生分散和富集的过程。从重金属的毒性及其对生物的危害方面看,重金属污染有下列特点:①在环境中只要有微量重金属即可产生毒性效应,一般重金属产生毒性的浓度范围,在水体中为 1～10 mg/L,毒性较强的金属如汞、镉产生毒性的浓度范围在 0.001～0.01 mg/L;②环境中的某些重金属可在微生物作用下转化为毒性更强的重金属化合物,如汞的甲基化;③生物从环境中摄取的重金属可以经过食物链的生物放大作用,逐级在较高级的生物体内成千上万倍地富集起来，然后通过食物进入人体，在人体的某些器官中累积造成慢性中毒。所以重金属污染已成为人类面临的严重环境问题之一。

下面以汞为例介绍重金属元素的循环。汞循环(mercury cycle)是重金属元素在生态系统中循环的典型代表。汞通过火山爆发、岩石风化、岩溶等自然运动和人类活动，如开采、冶炼、农药使用等途径进入生态系统。目前，世界上有80多种工业把汞作为原料之一或作为辅助原料，每年通过工业释放至环境中的汞为$1.5\times10^4\sim3\times10^4$ t，为火山喷发和岩石风化等天然释放量的5～10倍。

环境中的汞有三种价态：单质汞(Hg)、一价汞(Hg^{+})和二价汞(Hg^{2+})，其中主要是单质汞和二价汞。汞在土壤中的行为主要是土壤对汞的固定和释放作用。由于土壤对汞有强的固定作用，大部分汞被固定在土壤中，因此，环境中的可溶性汞含量很低。从各污染源排放的汞也是富集在排污口附近的底泥和土壤中。部分可溶性汞经植物吸收后进入食物链或进入水体。进入食物链的汞经由排泄系统或生物分解，返回到非生物环境，参与再循环。

进入水体的汞可随水的流动而运动，或沉降于水底并吸附在底泥中。在微生物的作用下，金属汞和二价离子汞等无机汞会转化成甲基汞和二甲基汞，这种转化称为汞的生物甲基化作用(biological methylation of mercury)。汞的甲基化可在厌氧条件下发生，也可在有氧条件下发生。在厌氧条件下，主要转化为二甲基汞。二甲基汞具有挥发性，易于逸散到大气中。进入大气后分解成甲烷、乙烷和汞，其中元素汞又沉降到土壤或水域中。在有氧条件下，主要转化为甲基汞。甲基汞是水溶性的，易于被生物吸收而进入食物链。甲基汞易被人体吸收，而且毒性大。因为甲基汞易溶于脂类中，其毒性比无机汞高100倍；汞在生物体内不易分解，这是由于其分子结构中所形成的碳-汞键不易切断。

汞循环的另一重要途径是生物富集作用。研究证明，水域中藻类对汞和甲基汞的浓缩系数高达5000～10000倍。在顶位鱼体内汞的含量可高达50～60 mg/kg，比原来水体中的浓度高万倍以上，比低位鱼体内汞含量亦高900多倍。在日本水俣病事件中，螃蟹体内含有24 mg/kg汞，受害人体肾中含汞14 mg/kg，而鱼的正常允许水平为0.5 mg/kg以下。

5.6 生态系统的信息传递

5.6.1 信息与信息量

生态系统的功能除了体现在生物生产过程、能量流动和物质循环以外，还表现在系统中各生命成分之间存在着信息传递。信息(information)传递是生态系统的基本功能之一，在传递过程中伴随着一定的物质和能量的消耗。但是信息传递不像物质流那样是循环的，也不像能流那样是单向的，而往往是双向的，有从输入到输出的信息传递，也有从输出向输入的信息反馈。按照控制论的观点，正是由于这种信息流，才使生态系统产生了自动调节机制。

生态系统中，环境就是一种信息源。例如在一个森林生态系统中，射入的阳光给植物光合作用带来了能量，同时也带进了一年四季及昼夜日照变化的信息。流入森林的河流滋润着土壤，并带来了外界的各种养分，同时河水的涨落、水中养分的变化也都给森林带进了信息。这些信息主要从时间上的不均匀性体现出来。

能量和信息是物质的两个主要属性。在生态学中，人们往往更多地使用能量而不是用物质流来描述物质的流动的变化，因为在生命系统中，能量更能说明问题的本质。既然生态学家已经将能量从物质中抽象出来,用能流图来描述系统,也就可以将信息从物质中抽象出来。一个生态系统用能流-信息流联合模型进行研究,会比单用能流来得更接近本质、更完善,更能揭示生态系统的各种控制功能,包括自组织能力。

信息的传输不仅要求信源和信宿之间有信道沟通,还要求源和宿之间存在信息量的差值,因为信息只能从高信息态传向低信息态。我们可称这个差值为"信息势差"。信息势差越大,信道中的信息流也越大。

5.6.2 信息及其传递

生态系统中包含多种多样的信息,大致可以分为物理信息、化学信息、行为信息和营养信息。

1. 物理信息及其传递

生态系统中以物理过程为传递形式的信息称为物理信息,生态系统中的各种光、声、热、电和磁等都是物理信息。如某些鸟的迁徙,在夜间是靠天空间星座确定方位的,这就是借用了其他恒星所发出的光信息;动物更多的是靠声信息确定食物的位置或发现敌害存在的。在磁场异常地区播种小麦、黑麦、玉米、向日葵及一年生牧草,其产量比正常地区低;动物对电也很敏感,特别是鱼类、两栖类,皮肤有很强的导电力,其中组织内部的电感器灵敏度更高。

2. 化学信息及其传递

生态系统的各个层次都有生物代谢产生的化学物质参与传递信息、协调各种功能,这种传递信息的化学物质通称为信息素。信息素虽然量不多,却涉及从个体到群落的一系列生物。化学信息是生态系统中信息流的重要组成部分。在个体内,通过激素或神经体液系统协调各器官的活动。在种群内部,通过种内信息素协调个体之间的活动,以调节受纳动物的发育、繁殖和行为,并可提供某些情报储存在记忆中。某些生物具有的自身毒物或自我抑制物,以及动物密集时累积的废物,具有驱避或抑制作用,使种群数量不致过分拥挤。在群落内部,通过种间信息素调节种群之间的活动。种间信息素在群落中有重要作用,已知结构的这类物质有3000多种,主要是次生代谢物生物碱、萜类、黄酮类和非蛋白质有毒氨基酸,以及各种苷类、芳香族化合物等。

1) 动物植物之间的化学信息

植物的气味是由化合物构成的,不同的动物对植物气味有不同的反应。蜜蜂取食和传粉,与植物花的香味、花粉和蜜的营养价值密切相关,也与许多花蕊中含有昆虫的性信息素成分有关。植物的香精油成分类似于昆虫的信息素。可见植物吸引昆虫的化学性质,正是昆虫应用的化学信号。除一些昆虫外,差不多所有哺乳动物,甚至包括鸟类和爬行类,都能鉴别滋味和识别气味。

植物体内含有某些激素是抵御害虫的有力武器,某些裸子植物具有昆虫的蜕皮激素及其类似物。如有些金丝桃属植物,能分泌一种引起光敏性和刺激皮肤的化合物——海棠素,使误食的动物变盲或致死,故多数动物避开这种植物,但叶甲利用这种海棠素作为引诱剂以找到食物之所在。

2) 动物之间的化学信息

动物通过外分泌腺体向体外分泌某些信息素,它携带着特定的信息,通过气流或水流的运载,被种内的其他个体嗅到或接触到,接受者能立即产生某些行为反应,或活化了特殊的受体,并产生某种生理改变。动物可利用信息素作为种间、个体间的识别信号,还可用信息素刺激性成熟和调节生殖率。哺乳动物释放信息素的方式,除由体表释放到周围环境为受纳动物接受外，还可将信息素寄存到一些物体或生活的基质中，建立气味标记点，然后再释放到空气中被其他个体接纳。如猎豹等猫科动物有着高度特化的尿标志的信息，它们总是仔细观察前兽留下来的痕迹，并由此传达时间信息，避免与栖居同一地区的对手相互遭遇。

动物界利用信息素标记所表现的领域行为是常见的。群居动物通过群体气味与其他群体相区别。一些动物通过气味识别异性个体。这种领域行为随昆虫的进化过程而逐渐广泛，有趋同现象，表现最多的是膜翅目昆虫。某些高等动物以及社会性与群居性昆虫，在遇到危险时，能释放出一种或数种化合物作为信号，以警告种内其他个体有危险来临，这类化合物叫做报警信息素。鼬遇到危险时，由肛门排出有强烈恶臭味的气体，它既是报警信息素，又有防御功能。有些动物在遭到天敌侵扰时，往往会迅速释放报警信息素，通知同类个体逃避。如七星瓢虫捕食棉蚜虫时，被捕食的蚜虫会立即释放警报信息，于是周围的蚜虫纷纷跌落。与此相反，小蠹甲在发现榆树或松树的寄生植物时，会释放聚集信息素，以召唤同类来共同取食。

许多动物能向体外分泌性信息素。能在种内两性个体之间起信息交流作用的化学物质叫做性信息素。凡是雌雄异体又能运动的生物都有可能产生性信息素。显著的例子是啮齿类，雄鼠的气味对幼年雌鼠的性成熟有明显影响，接受成年雄鼠气味的幼年雌鼠的性成熟期大大提前。

3）植物之间的化学信息

在植物群落中，一种植物通过某些化学物质的分泌和排泄而影响另一种植物的生长甚至生存的现象是很普遍的。一些植物通过挥发、淋溶、根系分泌或残株腐烂等途径，把次生代谢物释放到环境中，促进或抑制其他植物的生长或萌发，影响竞争能力，从而对群落的种类结构和空间结构产生影响。人们早就注意到，有些植物分泌化学亲和物质，使其在一起相互促进，如作物中的洋葱与食用甜菜、马铃薯和菜豆、小麦和豌豆种在一起能相互促进；有些植物分泌植物毒素使其对邻近植物产生毒害，或抵御邻近植物的侵害，如胡桃树能分泌大量胡桃醌，对苹果起毒害作用，榆树同栎树、白桦和松树也有相互拮抗的现象。

3. 行为信息及其传递

许多植物的异常表现和动物异常行动传递了某种信息，可通称为行为信息。蜜蜂发现蜜源时，就有舞蹈动作的表现，以“告诉”其他蜜蜂去采蜜。蜂舞有各种形态和动作，表示蜜源的远近和方向，如蜜源较近时，作圆舞姿态，蜜源较远时，作摆尾舞等。其他工蜂则以触觉来感觉舞蹈的步伐，得到正确飞翔方向的信息。地鸺是草原中一种鸟，当发现敌情时，雄鸟就会急速起飞，扇动两翼，给在孵卵的雌鸟发出逃避的信息。

4. 营养信息及其传递

在生态系统中生物的食物链就是一个生物的营养信息系统，各种生物通过营养信息关系连成一个互相依存和相互制约的整体。食物链中的各级生物要求一定的比例关系，即生态金字塔规律。根据生态金字塔，养活一只草食动物需要几倍于它的植物，养活一只肉食动物需要几倍数量的草食动物。前一营养级的生物数量反映出后一营养级的生物数量。

5.7　生态系统的平衡及自我调节

5.7.1　生态平衡的概念

系统的能量和物质的输入和输出在较长时间趋于相等，生态系统的结构和功能长期处于稳定状态,生物种类组成及数量比例持久地没有明显变动,若遇到外来干扰,能通过自我调节恢复到原初的稳定状态,生态系统的这种状态就叫做生态系统的平衡,也就是人们常说的生态平衡。

生态平衡是动态的、相对的,是运动着的平衡状态。在自然界中,一个正常运转的生态系统其能量和物质的输入和输出总是自动趋于平衡的,这时动植物的种类和数量要保持相对恒定。其实,在生态系统中没有任何组分是持久不变的,人类任何时候所能观测到的情况只不过代表着生命之河的某一片段。

5.7.2 生态平衡的调节机制

生态平衡的调节主要是通过系统的反馈机制、抵抗力和恢复力来实现的。

1. 反馈机制

一个系统,如果其状况能够决定输入,就说明它有反馈机制的存在。系统加进了反馈环节后变成了可控制系统。要使反馈系统能起控制作用,系统应具有某个理想的状态或位置点,系统围绕该位置点进行调节。

反馈可分为正反馈(positive feedback)和负反馈(negative feedback),两者的作用是相反的。对任何系统来说,要使其维持平衡,只有通过负反馈机制,这种反馈就是系统的输出变成决定系统未来功能的输入。种群数量调节中,密度制约作用是负反馈机制的体现。负反馈调节作用的意义就在于通过自身的功能减缓系统内的压力以维持系统的稳定。

负反馈控制可使系统保持稳定,而正反馈使系统加剧偏离。例如,对于生物的生长,种群数量的增加等均属正反馈。在生物生长过程中个体越来越大,在种群持续增长过程中,种群数量不断上升,这都属于正反馈。正反馈也是有机体生长和存活所必需的。但是,正反馈不能维持稳态,因为地球和生物圈是一个有限的系统,其空间、资源都是有限的,不可能维持生物的无限制生长。所以对生物圈及其资源管理只能用负反馈来调节,并使其成为能持久地为人类谋福利的系统。

2. 抵抗力

抵抗力(resistance)是指生态系统抵抗外在干扰并维持系统结构和功能的能力,抵抗力是生态系统维持平衡的重要方面之一。抵抗力与系统的发育阶段有关,发育越成熟,结构越复杂,抵抗外在干扰的能力就越强。例如我国长白山红松针阔混交林生态系统,生物群落垂直层次明显、结构复杂,系统自身储存了大量的物质和能量,这类生态系统抵抗干旱和虫害的能力要远远超过结构单一的农田生态系统。环境容量、自净作用等是系统抵抗力的表现形式。

3. 恢复力

生态系统遭受外界干扰破坏后,系统恢复到原状的能力称为生态系统的恢复力(resilience)。切断污染水域的污染源后,生物群落的恢复就是系统恢复力的表现。生态系统恢复力是由生命成分的基本属性决定的,即由生物顽强的生命力和种群世代延续的基本特征所决定。所以恢复力强的生态系统,生物的生活世代短,结构比较简单。如杂草生态系统遭受破坏后,其恢复速度要比森林生态系统快得多。生物成分生活世代长、结构复杂的生态系统,一旦遭到破坏则长期难以恢复。但就抵抗力的比较而言,两者的情况完全相反,恢复力越强的生态系统其抵抗力一般比较低,反之亦然。

生态系统对外界干扰具有调节能力才使其保持了相对的稳定,但这种调节能力不是无限的。生态平衡失调就是外界干扰大于生态系统自身调节能力的结果和标志。不使生态系统丧失调节能力或未超过其恢复力的外界干扰及破坏作用的强度称为生态平衡阈值。阈值的大小与生态系统的类型有关，另外还与外界干扰因素的性质、方式及作用持续时间等因素密切相关。生态平衡阈值的确定是自然生态系统资源开发利用的重要参量，也是人工生态系统规划与管理的理论依据之一。

人类经济活动的发展，越来越强烈地干预着自然生态系统的发展过程。而自然生态系统的发展有其固有的客观规律，若不按客观规律办事则要受到大自然的惩罚。为此，应总结过去的经验和教训，认识自然，了解生态规律，将生态平衡的理论应用到生产实践中去。并特别注意以下几点：①正确处理保持生态平衡与资源开发的关系，二者要处理得当；②正确安排供需关系，再生是生物资源的特点，应保持对环境供与需的相对平衡；③注意维持生物间的制约关系；④妥善处理局部与全体的关系，尽量使生态系统处于优化状态。

5.8　生物圈主要生态系统

5.8.1　森林生态系统

1.森林生态系统的特征

森林是以木本植物为主体，具有一定面积、空间和密度的植物群落。森林群落与其环境在功能流的作用下所形成的具有一定结构、功能和自行调控能力的自然综合体就是森林生态系统。它是陆地生态系统中面积最大、最重要的自然生态系统。

地球上不同类型的森林生态系统，都是在特定气候、土壤条件下形成的。依据其不同气候特征可将森林生态系统划分为热带雨林生态系统、常绿阔叶林生态系统、落叶阔叶林生态系统和针叶林生态系统等主要类型。

地球上森林生态系统的面积曾达到 7.6×10^9 hm^2，覆盖着全球陆地面积的2/3左右。在2000年到2005年期间，世界森林面积以每年 7.3×10^6 hm^2 的速度在减少，相当于两个巴黎的面积。联合国粮农组织2007年4月发表的《世界森林状况报告》指出，世界森林总面积略小于 4.0×10^9 hm^2，约占地球陆地面积的30%。尽管遭受人类大规模的砍伐，森林生态系统至今仍为地球上分布最广泛的生态系统，在地球自然生态系统中占据重要地位。森林生态系统在净化空气、调节气候和保护环境等方面起着重大作用。森林生态系统结构复杂，类型多样，但森林生态系统仍具有一些主要的共同特征。

1）物种繁多、结构复杂

世界上所有森林生态系统保持着最高的物种多样性，是世界上最丰富的生物资源和基因库。热带雨林生态系统就有200万～400万种生物。如西双版纳，面积只占我国的0.2%，仅陆栖脊椎动物就有500多种，约占全国同类物种的25%。我国长白山自然保护区植物种类数量约占东北3000种植物的1/2以上。森林中还生存着大量的动物：有羊、牛、啮齿类、昆虫和线虫等植食动物；有蝙蝠、鸟类、蛙类、蜘蛛和捕食性昆虫等一级肉食动物；有狼、狐和蟾蜍等二级肉食动物；有狮、虎、鹰和鹫等凶禽猛兽；还有杂食和寄生动物等。所以森林是以林木为主体的多物种、多层次、营养结构极为复杂的系统。

森林生态系统具有多层次，可多至7～8个层次。一般森林生态系统可分为乔木层、灌木层、草本层和地面层等四个基本层次。明显的层次结构，层与层纵横交织，显示系统复杂性。

2) 类型多样

森林生态系统在全球各地区都有分布,森林植被在气候条件和地形地貌的共同作用和影响下,既有明显的纬向水平分布带,又有山地的垂直分布带,是生态系统中类型最多的。在我国云南省,从南到北依次出现热带北缘雨林、季节雨林带、南亚热带季风常绿阔叶林、思茅松林带、中亚热带和北亚热带半湿性常绿阔叶林、云南松林带和寒温性针叶林带等。在不同的森林植被带内又有各自的山地森林的垂直分布带。

3) 稳定性高

森林生态系统经历了漫长的发展历史,系统内部物种丰富、群落结构复杂,各类生物群落与环境相协调。群落中各个成分之间、各成分与其环境之间相互依存和制约,保持着系统的稳态,并且具有很高的自行调控能力,能自行调节和维持系统的稳定结构与功能,保持着系统结构复杂、生物量大的属性。

森林生态系统内部的能量、物质和物种的流动途径通畅,系统的生产潜力得到充分发挥,对外界的依赖程度很小。森林植物从环境中吸收其所需的营养物质,一部分保存在机体内进行新陈代谢活动,另一部分形成凋谢的枯枝落叶,将其所积累的营养元素归还给环境。通过这种循环,森林生态系统内大部分营养元素得以充分利用,并达到收支平衡。

4) 生产力高、现存量大,对环境影响大

森林生态系统是地球上生产力最高、现存量最大的生态系统。据统计,每公顷森林年生产干物质量是12.9 t,而农田是6.5 t,草原是6.3 t。森林生态系统不仅单位面积的生物量最高,而且总生物量约为 1.680×10^{9} t,占陆地生态系统总量(约 1.852×10^{9} t)的90%左右。

森林在全球环境中发挥着重要的作用:森林巨大的林冠形成一个屏障,使林内空气流动变小,气候变化也变小;森林可大量吸收二氧化碳;森林是重要的经济资源;在防风沙、保水土、抗御水旱、风灾方面有重要生态作用等。森林在生态系统服务方面所发挥的作用也是无法替代的。

2. 森林生态系统的作用和功能

森林生态系统是陆地生态系统中分布最广、生物总量最大的自然生态系统。森林不仅对于维持全球的能量流动和物质循环具有不可估量的作用,还为人类的生活和经济建设提供多种直接和间接的产品。全球森林生态系统每年生产有机物质占全球有机物质总产量的56.8%。此外,森林生态系统的能量转化和物质循环的效率高,是全球最重要的绿色能源。生物圈的平均光能利用率为0.2%~0.5%,而热带雨林的光能利用率可高达3.5%。

长期以来,人们对森林生态系统的直接经济效益有较为充分的认识,如森林提供各种木材、工业原料、粮油产品、药材、肉类等。实际上,森林生态系统在维持生态平衡和生物圈的正常功能方面起着更为重要的作用,森林覆盖率常作为衡量一个国家和地区生态环境质量和社会经济发展水平的重要指标。如芬兰的研究表明其森林每年的木材价值是13亿美元,而生态价值是39亿美元;美国森林的生态价值是木材价值的9倍。森林生态系统强大的生态功能主要表现在以下五个方面。

1) 森林具有维持生物多样性的作用

森林生态系统作为地球上最复杂的生态系统,是自然界最完善的物种基因库。多种多样的森林生态系统为动植物提供了良好的栖息环境。据估计,热带森林的面积只有全球陆地面积的7%,但至少拥有世界上物种数(约1400万种)的一半。厄瓜多尔西部、巴西的Cocoa地区、喜马拉雅东部等全球12个热带"热点"地区的面积加起来占热带森林面积的3.5%,但其中的高等植物种类约占全球高等植物总种数的27%。巴西拥有世界上最郁闭的热带森林，也是世界上物种多样性最丰富的国家。这里有野生动物约3000种，种子植物约55000种。

森林中蕴藏的丰富动植物资源是人类生存和发展的基础，是人类宝贵的财富。但是，作为生物多样性资源库的森林正在不断减少，从而引发物种濒危和灭绝，生物多样性锐减，这种损失使生物基因的稳定性变得十分脆弱，最终将危及人类自身的生存。

2）森林生态系统具有涵养水源、保持水土的作用

森林能承接雨水，减小落地降水量，使地表径流变为地下径流，涵养水源，保持水土。一般林冠可以截留10%～30%的降水，枯枝落叶层和活的植被可使50%～80%的降雨渗入林地土层，减少地表径流和土壤冲刷。每公顷森林植被含水量可达200～400 t，每公顷森林所涵蓄的水分比无林地每年至少可多300 m^3。10000 hm^2森林涵蓄的水量，相当于一个容量为300万m^3的水库，故森林有"绿色水库"之称。森林减少地表径流、保持水土的作用十分显著。森林强大的根系可把土壤固着在自己的周围，土壤表面都被枯枝落叶所覆盖，提高了水分的渗透，防止土壤被冲刷。

3）森林生态系统具有调节气候的作用

森林的蒸腾作用对自然界的水分循环和改善气候有重要作用。有林地和无林地的气候因子比较证明，夏季林内的气温均比林外低1～3 ℃，冬季则相反。有关资料表明，1 hm^2的森林每天要从地下吸收70～100 t水，这些水大部分通过植物的蒸腾作用回到大气中，其蒸发量比海水蒸发量高50%，比土地蒸发量高20%。因此，林区上空的水蒸气含量要比无林地上空多10%～20%。水的蒸腾作用吸收大量热量，使森林上空的空气湿润，气温较低，容易成云致雨，增加地域性的降水量。广东省雷州半岛过去林少，荒凉易旱，1949年后造林2.4×10^5 hm^2，覆盖率达到36%，年降雨量因之增加32%，改变了过去林木稀少时的严重干旱气候。

4）森林生态系统具有净化空气、防治污染的作用

森林通过绿色植物的光合作用吸收CO_2，放出O_2，维持大气中的CO_2和O_2平衡。1 hm^2的阔叶林，一天可以吸收1 t CO_2，释放出0.73 t O_2，可供1000人呼吸。每年每公顷森林吸收大气碳量为：热带林4.5～16 t，温带林2.7～11.2 t，寒带林1.8～9 t。因此，森林的砍伐、燃烧等引起的大气中CO_2浓度的增加，可破坏大气中碳循环的平衡，加剧温室效应。

森林对烟尘和粉尘有明显的过滤、阻滞和吸附作用。植物是天然的空气过滤器，森林的枝叶能够降低风速，吸附飘尘。其作用机理在于，一方面由于树冠茂密，具有强大的减低风速的作用，使得一部分大颗粒沉降下来，另一方面是叶面吸附的结果。由于绿色植物的叶面积大大超过树冠的占地面积，森林叶面积的总和是其占地面积的70～80倍，滞尘能力极强。树木叶片单位面积的滞尘量为：榆树12.29 g/m^2，朴树9.37 g/m^2，木槿8.13 g/m^2，广玉兰7.10 g/m^2，重阳木6.81 g/m^2。一般阔叶林比针叶林吸尘能力强，例如每公顷山毛榉阻尘量为68 t，云杉林仅为32 t。

森林对大气中的SO_2、CO、HF、Cl_2等有害气体都具有不同程度的吸收作用。据测定，松林每天可从1 m^3空气中吸收20 mg的SO_2，每公顷柳杉林每年可吸收720 kg SO_2；夹竹桃、槐树、女贞、海桐、珊瑚树、桑树、紫穗槐、垂柳、大叶黄杨、罗汉松、喜树等对SO_2有较大的吸收量和较强的抗性；夹竹桃、海桐、广玉兰、龙柏、罗汉松、泡桐、梧桐、大叶黄杨、女贞及某些果树对HF亦有比较强的吸收作用，是良好的净化空气树种。

空气中的各种有毒细菌多随灰尘传播，森林的吸收作用可大量减少其传播，另一方面植物本身还能分泌出具有杀菌能力的挥发性物质——杀菌素。如桦本、银白杨的叶子在20 min内

能杀死全部原生动物(赤痢阿米巴、阴道滴虫等),柠檬桉只要 2 min、法桐只要 3 min 也都具有杀死全部原生动物的效力。松树可杀死肺结核、伤寒、白喉、痢疾等病菌。有研究结果表明,在树林外空气中的含菌量为 30000～40000 个/m^3,而森林内仅为 300～4000 个/m^3。

森林可显著降低噪声,起到较好的隔声和消声作用。据测定,在公路旁宽 30 m、高 15 m 左右的林带,能够使噪声减少 6～10 dB,40 m 宽的林带可以减少噪声 10～15 dB。

5) 森林生态系统具有防风固沙、保护农田的作用

森林生态系统具有涵养水源、调节气候等功能,可为农业生产提供生态屏障。在防护林和林带保护下的农田,风灾、旱涝灾害可以得到防止或减轻。据中国林业科研部门多年研究,在农田林网内,一般可以减缓风速 10%～20%,提高相对湿度 5%～15%,增产粮食 10%～20%。据各地观测表明,一条 10 m 高的林带,在其背风面 150 m 范围内,风力平均降低 50% 以上;在 250 m 范围以内,降低 30%以上。多年经验表明,我国的"三北"防护林建设,对于防止风沙内侵、保护和发展"三北"地区农业与畜牧业,作出了重要贡献。

5.8.2 草原生态系统

草原生态系统是以各种多年生草本占优势的生物群落与其环境构成的功能综合体,是地球上最重要的陆地生态系统之一。草原是内陆半干旱到半湿润气候下的产物,这里降水不足以维持森林的成长,却能支持耐旱的多年生草本植物的生长,所以这里辽阔无林。

世界草地总面积约 3.2×10^9 hm^2,约占陆地总面积的 20%,仅次于森林生态系统。草原生态系统是一种地带性的类型,根据其组成和地理分布,可分为温带草原与热带草原两类。前者分布在南北两半球的中纬度地带,如欧亚大陆草原(steppe)、北美大陆草原(prairie)和南美草原(pampas)等。这里夏季温和,冬季寒冷,春季或晚夏有明显的干旱期。草较低,其地上部分高度多不超过 1 m,以耐寒的旱生禾草为主,由于低温少雨,土壤中以钙化过程与生草化过程为优势。后者分布在热带、亚热带,其特点是在高大禾草(常达 2～3 m)的背景上常散生一些不高的乔木,故被称为稀树草原或萨瓦纳(savanna)。这里终年温暖,雨量常达 1000 mm 以上,在高温多雨影响下,土壤强烈淋溶,以砖红壤化过程为优势,比较贫瘠。但一年中存在一个到两个干旱期,加上频繁的野火,限制了森林的发育。

草原的净初级生产量变动较大。对温带草原而言,从荒漠草原 0.5 t/(hm^2 · a)到草甸草原 15 t/(hm^2 · a);热带稀树草原高一些,变动于 2 t/(hm^2 · a)到 20 t/(hm^2 · a)之间,平均达 7 t/(hm^2 · a)。在草原生物量中,地下部分常常大于地上部分,气候越是干旱,地下部分所占比例越大。草原土壤微生物的生物量很大,如加拿大南部草原当植物生物量为 438 g/m^2时,30 cm 土层内土壤微生物量达 254 g/m^2,我国内蒙古草原土壤生物的取样分析结果也与之相近。

草原生态系统中能量沿食物链而流动。对美国密执安地区禾草草原的研究表明,草原生态系统的食物链极为简单,其生产者为禾草,第一级消费者为田鼠及蝗虫,第二级消费者为黄鼠狼。植物对太阳能的利用率约为 1%,田鼠约消费植物总净初级生产量的 2%,由田鼠转移给黄鼠狼约 2.5%,大部分能量损失于呼吸消耗。

在热带稀树草原上,植物组成的营养价值不高。植物中含有大量纤维和二氧化硅,氮含量仅为 0.3%～1%,磷含量为 0.1%～0.2%。因此,其初级生产量虽高,但草原动物生物量仍很低。在非洲坦桑尼亚稀树草原上,主要草食动物为野牛、斑马、角马、羚羊与瞪羚,当植物量为 24 t/hm^2时,草食动物生物量仅为 7.5 kg/hm^2。

不同草原生态系统植物种类的多样性不同。生态条件越适宜，种类越丰富，群落结构也较复杂，有地上及地下层的分化。反之，生态条件越严酷，种类越简单，群落结构也较简化。典型草原生态系统每平方米有种子植物 15～20 种；干旱的荒漠草原生态系统每平方米仅 8～14 种，我国草甸草原生态系统每平方米 20～30 种。荒漠草原群落结构简化，地上部分常不能郁闭，盖度多在 30%以下，但其地下部分是郁闭的。

草原生态系统丰富的植物种类为各类草食动物提供了多样性的食物，因此草原动物区系十分丰富。草原动物区系中最引人注目的是大型草食动物，它们是草原生态系统中最主要的消费者。如热带稀树草原上的长颈鹿、斑马等，温带草原上的野驴、黄羊、野骆驼等。还有众多的啮齿类，它们既可采食植物茎、叶、果实，也取食植物地下部分，它们是草原生态系统食物链的主要成分和环节，在整个草原生态系统中具有重要意义。

草原中小型草食动物的种类和数量也很可观，它们遍布于草地的地上与地下部分，并以植物的茎、叶、汁液、果实、根为食。除营穴洞生活的啮齿类以外，草地昆虫的数量最引人注目。在英国石灰岩草原，鳞翅目昆虫密度达 42～197 个/m^2；波兰人工草原的鳞翅目昆虫达 29～618 个/m^2。其他无脊椎动物的数量亦甚多，北美草原的蜘蛛类达 220～1090 个/m^2，非洲稀树草原的无脊椎动物达 19～32 种/m^2，其中土壤中的无脊椎动物生物量达 66 g/m^2。

对放牧的草原生态系统，家畜代替了野生动物成为主要的消费者。草原不仅是畜牧业的生产基地，在防止水土流失、土壤沙化及防风固沙等方面也起到极其重要的作用。

5.8.3　河流生态系统

河流生态系统(river ecosystem)是指那些水流流动湍急和流动较大的江河、溪涧和水渠等，储水量大约占内陆水体总水量的 0.5%。

流水环境与湖泊的静水环境不同，其主要特点表现在三个方面。①河水流动不停。这是流水生态系统的基本特征，流动的河水给生活在河流中的生物输送来营养，也输出有机体废弃物。此外，河流在不同空间和时间上的水流有很大的差异，其不同部位也分布着不同的生物。②陆-水交换。河流的陆水连接表面的比例大，河流与周围的陆地在物质和能量上有广泛深入的联系。河流是一个较为开放的生态系统，是联系陆地和海洋生态系统的纽带。③氧气丰富。由于经常处于流动状态，且深度小，和空气接触的面积大，河流中的氧气含量丰富。河流中的生物对氧的需求较大，许多生物对氧气下降非常敏感，故常常将其作为监测河水受污染程度的指标。

河流生物群落一般分为两个主要类型：急流生物群落和缓流生物群落。急流生物群落是河流的典型生物代表，它们一般具有流线型的身体，以使其在流水中有最小的摩擦力。一些急流动物具有非常扁平的身体，这使得它们能在石下和缝隙中得到栖息。此外，它们还有其他一些适应性，如持久地附着在固定的物体上，具有钩和吸盘等附着器等。

在流水生态系统中，河底的质地，如沙土、黏土和砾石等对生物群落的性质、优势种和种群的密度等亦有较大影响。

河流是人类的宝贵自然资源，在灌溉、航运、发电、水产和供水等方面有着重要的作用。但是人类活动对河流产生了很大的影响。水库、电站的修建和城市建设改变了河流的水文特征，而大量工业废水和生活污水的排入则改变了天然水体的物理、化学性质。特别是含有大量有机物质和氮、磷等营养元素，以及含有某些有毒物质的工业废水的排入，当其数量超过河流本身净化能力时，会造成富营养化现象或危害水生生物的生存，甚至危及人的身体健康。河水被污染后,不仅改变水生生物的种类组成、个体数量、生理、形态和繁殖等特性,破坏河流生态系统的平衡,而且还通过破坏鱼类的产卵场和切断其洄游路线,使水产资源受到威胁。

5.8.4 湖泊生态系统

1. 湖泊生态系统的特征

湖泊是淡水生态系统的重要组成部分,是典型的静水生态系统(lentic ecosystem),主要是指那些水的流动和更换很缓慢的水域,如池塘、湖泊和水库等。以湖泊为例,它具有以下基本特征。

(1) 界限明显。湖泊、池塘的边界明显,远比陆地生态系统易于划定,在能量流、物质流过程中属于半封闭状态,所以常作为生态系统功能研究之用。

(2) 面积较小。世界湖泊主要分布在北半球的温带和北极地区,除了少数湖泊面积较大(苏必利尔湖、维多利亚湖)或较深(贝加尔湖、坦噶尼喀湖)之外,大多数都是规模较小的湖泊。我国湖泊绝大多数面积不足 50 km^2。

(3) 湖泊的分层现象。北温带湖泊多存在明显的热分层现象。湖泊水表层和下层之间形成一个温度急剧变化的层次,为变温层(thermocline)。湖泊系统的温度和含氧量随地区和季节而变动。以温带地区湖泊为例,春季气温升高,湖水解冻后,水的各层温度平均都在 4 ℃,其含氧量除表面略高和底部略低外,均接近 13 mL/L。当季节进入夏季,湖面吸收热量,湖上层温度上升,可达 25 ℃左右,但这时湖下层温度仍保持在 4 ℃,而在上、下层之间的变温层的温度则不断发生急剧变化。当从夏季转入秋季,湖上层温度下降,直至表层与深水层温度相等,最终湖下层与湖上层的温度倒转过来。当温度继续下降到冰点,湖上层水温反比湖下层水温低。这时,湖上层有一层冰覆盖。这种生态系统内部的循环有明显的规律。

(4) 水量变化较大。湖泊水位变化的主要原因是进出湖泊水量的变化。我国一年中最高水位常出现在多雨的 7—9 月,称丰水期;而最低水位常出现在少雨的冬季,称枯水期。水位变幅大,湖泊的面积和水量的变化就大,常出现“枯水一线,洪水一片”的自然景象。

(5) 演替、发育缓慢。淡水生态系统发育的基本模式,是从贫营养到富营养和由水体到陆地。

2. 湖泊生物群落

湖泊生物群落具有成带现象的特征,可以按区域划分为三个明显地带:沿岸带、敞水带和深水带。

1) 沿岸带生物群落

这一带是光线能透射到的浅水区,生产者主要是有根或底栖植物,以及浮游或漂浮植物。典型的有根水生植物形成同心圆带并随着水的深度而变化,并按挺水植物带—漂浮植物带—沉水植物带的顺序,由一个类群取代另一个类群。

挺水植物(emergent macrophyte)主要是有根植物。光合作用的大部分叶面伸出在水面之上,如芦苇(*Phragmites communis*)、莲(*Nelumbo nucifera*)等。漂浮植物(floating-leaved macrophyte)的叶子掩蔽在水面上,如睡莲(*Nymphaea tetragona*)和菱(*Trapa bispinosa*)。沉水植物(submergent macrophyte)是些有根或定生的植物,它们完全或主要沉在水中,如眼子菜(*Potamogeton distinctus*)、金鱼藻(*Ceratophyllum demersum*)和苦草(*Vallisneria natans*)等。

沿岸带的无根生产者由许多藻类组成,主要类型是硅藻、绿藻和蓝藻。其中有些种类是完全漂浮性的，而另一些种类，则附着于有根植物或者和有根植物有密切的联系。

沿岸带的消费者较多，所有在淡水中有代表性的动物门在这一带都有分布。附生生物类型中，一般有池塘螺类、蜉蝣、轮虫、扁虫、苔藓虫和水螅等。自游生物(nekton)中种类和数量较多的是昆虫。两栖类脊椎动物蛙、龟、水蛇等亦是沿岸带的主要成员。鱼类则是沿岸带和敞水带的优势类群。

2）敞水带生物群落

开阔水面的浮游植物生产者主要是硅藻、绿藻和蓝藻。大多数种类个体是微小的，但它们在单位面积上的生产量有时超过了有根植物。这些类群中有许多具有突起或其他漂浮适应性。这一带浮游植物种群数量具有明显的季节性变化。

浮游动物由少数几类动物组成，但其个体数量相当多。桡足类、枝角类和轮虫类在其中占重要位置。我国人工经营的水体中，鱼类(鲢和鳙)已成为优势种群。

3）深水带生物群落

深水区基本上没有光线，生物主要从沿岸带和湖沼带获取食物。深水带生物群落主要由水和淤泥中间的细菌、真菌和无脊椎动物组成。无脊椎动物有摇蚊属(*Chironomus*)的幼虫、环节动物颤蚓(*Tubificids worms*)、小型蛤类和幽蚊属(*Chaoborus*)幼虫等。这些生物都有在缺氧环境下生活的能力。

3.湖泊的富营养化

按照湖泊水体维持动植物数量的多少，即它的生物学生产量的高低，通常将湖泊分为贫养湖(oligotrophic)和富养湖(eutrophic)。贫养湖养分少，生物有机体的数量不多，生产量低。一般来说，高山地区和水温较低的深水湖，多是贫养湖。营养丰富、生产量高的湖泊，一般较浅且具有大片的湖岸带。充足的阳光为湖岸带，以及大部分湖水中的自养生物提供了能源，使有根的水生植物大量发展。在水中和底部，底栖微生物降解了大量有机物质，产生高浓度的无机养分，因而造成浮游植物的繁荣，使深水层的氧气浓度较低。这种相对浅而生产量高的湖泊称为富养湖。我国东部平原地区的湖泊，多数是富养湖。

从湖泊的演变规律来看，贫养湖总是会向富养湖方向发展演变的。如从河流中输入的沉积物和营养物质，使贫养湖变得愈来愈浅，生产量变得愈来愈高，最后变成富养湖。富养湖进一步由于河流的输入物以及本身有机碎屑的堆积作用而逐渐被充填起来，变为沼泽，并最终变为陆地。所以湖泊的富营养化作用(eutrophication)是湖泊的一种缓慢的自然消亡过程。

在许多情况下，人类的无意识行为加速了湖泊富营养化作用这一过程的进行。富含氮、磷等营养物质的工业废水和生活污水，直接或间接进入湖泊水体，是造成富营养化的最主要原因。另外，湖面上航行的船只及湖区旅游活动等排入湖泊的废弃物，水产养殖时投入的饵料，周围地区农田施用农药、化肥等，经地表径流流入湖泊等，都是导致水体富营养化的原因。

当湖泊中富集了高浓度的营养物质，某些浮游植物，特别是蓝藻、绿藻和各种硅藻就会大量发展，这时水面会形成稠密的藻被层，即出现“水华”现象。在“水华”出现时，会有大量的死亡藻类以及其他有机物沉积到湖底，并在湖底或深水中分解，从而大量消耗水中的溶解氧。不仅如此，藻类的大量繁殖还会产生一些有毒的代谢产物。所以当“水华”发生时，会引起鱼类和其他动物大量死亡，生物区系成分逐渐发生改变。污染严重或富营养的湖泊，不仅生物种类和数量大大减少，而且生态系统功能严重受阻。

湖泊富营养化已成为全球各国面临的严重环境问题之一。水体富营养化会引起水域生态系统发生一系列变化。富营养化会影响水体的水质，造成水的透明度降低，使得阳光难以穿透水层,从而影响水中植物的光合作用;富营养化水体中藻类及其他浮游生物大量繁殖,消耗水中溶解氧,鱼、贝类因缺氧而大量死亡;富营养化水体中有机物质厌氧分解会产生有害物质,一些浮游生物分泌生物毒素,会伤害鱼类;同时,富营养化水中含有硝酸盐和亚硝酸盐,人畜长期饮用这些物质含量超标的水,也会中毒致病。富营养化也影响水体的观赏价值。我国湖泊的富营养化近年来已进入非常严重的阶段,特别是城市附近湖泊的富营养化更为严重。如太湖由于有机物污染,水体中氮、磷严重超标,湖水中藻类大量滋生、湖面经常被厚厚的蓝藻覆盖,景区的湖水变绿,并能闻到随风散发的阵阵腥臭味。2007 年 5 月底太湖蓝藻暴发,使无锡市公共饮水系统瘫痪。

研究表明水体中氮、磷等营养物质浓度升高,是藻类大量繁殖的原因,其中又以磷为关键因素。而影响藻类生长的物理、化学和生物因素(如阳光、营养盐类、季节变化、水温、pH 值,以及生物本身的相互关系)是极为复杂的,因此,很难预测藻类的生长趋势,也难以定出表示富营养化的指标。目前一般采用的指标是,水体中氮含量超过 0.2 mg/L,生化需氧量大于 10 mg/L,磷含量大于 0.01 mg/L,在 pH 值为 7～9 的淡水中细菌总数超过每毫升 10 万个,表征藻类数量的叶绿素 a 含量大于 10 μg/L。

富营养化的防治是水污染处理中最为复杂和困难的问题。目前可行的方法有两类:一是控制外源性营养物质输入,主要应用环境技术,消除进入湖泊水体的营养物质和有机污染物;二是减少内源性营养物质负荷,主要应用生态技术,减少或降解水体中的营养盐和有机污染物。

5.8.5　湿地生态系统

1. 湿地生态系统的特征

湿地生态系统(wetland ecosystem)是指地表过湿或常年积水,生长着湿地植物的地区。湿地是开放水域与陆地之间过渡性的生态系统,它兼有水域和陆地生态系统的特点,具有其独特的结构和功能。《关于特别是作为水禽栖息地的国际重要湿地公约》(简称《湿地公约》)指出,湿地是指天然或人工的、永久或暂时的沼泽地、湿原、泥炭地或水域地带,带有静止或流动的淡水、半咸水或咸水水体,包括低潮时水深不超过 6 m 的海滩水域。

全世界湿地约有 5.14×10^8 hm^2,约占陆地总面积的 6%。湿地在世界上的分布,北半球多于南半球,多分布在北半球的欧亚大陆和北美洲的亚北极带、寒带和温带地区。南半球湿地面积小,主要分布在热带和部分温带地区。加拿大湿地居世界之首,约 1.27×10^8 hm^2,占世界湿地面积的 24%,美国有湿地 1.11×10^8 hm^2,然后是俄罗斯、中国、印度等。中国湿地面积约占世界湿地面积的 11.9%,居亚洲第一位,世界第四位。我国湿地的主要类型有:①海岸湿地,其中大陆海岸线 1.4×10^4 km,岛屿海岸线 1.8×10^4 km,包括浅海水域、珊瑚礁、河口、三角洲、盐水湖、咸淡水湖、红树林、盐沼、咸淡水沼泽、泥滩等;②湖泊湿地,其中面积在 100 hm^2 以上的湖泊 2848 个,总面积 8×10^6 hm^2;③河流湿地,大小河流总长度 4.2×10^5 km,流域面积在 1.0×10^4 hm^2 以上者达 5 万条以上;④沼泽湿地,森林沼泽、灌丛沼泽、草本沼泽、藓类沼泽、泥炭沼泽均有分布;⑤人工湿地,如稻田、水库等,其中稻田是最主要的人工湿地,也是我国面积最大的一类湿地,其面积达 3.9×10^7 hm^2。

湿地生态系统广泛分布在世界各地,是地球上生物多样性丰富、生产量很高的生态系统。它对一个地区、一个国家乃至全球的经济发展和人类的生态环境都有重要意义。因此,对于湿地生态系统的保护和利用已成为当今国际社会关注的一个热点。从 1971 年《湿地公约》诞生,至今已有 158 个国家和地区加入了《湿地公约》，中国于 1992 年正式成为公约缔约国。

湿地水文条件成为湿地生态系统区别于陆地生态系统和深水生态系统的独特属性，包括输入、输出、水深、水流方式、淹水持续期和淹水频率。水的输入来自降水、地表径流、地下水、泛滥河水及潮汐(海岸湿地)。水的输出包括蒸散作用、地表外流、注入地下水等。湿地水周期是其水位的季节变化，保证了水文的稳定性。由于湿地处于水、陆生态系统之间，对于水运动和滞留等水文的变化特别敏感。水文条件决定了湿地的物理、化学性质，水的流入总是给湿地注入营养物质，水的流出又经常从湿地带走生物物质和非生物物质。这种水的交流不断地影响和改变着湿地生态系统。

水文条件导致独特植物的组成并限制或增加种的多度。静水湿地和连续深水湿地的生产力都不高。一般来说，有高能量的水流或有脉冲性水周期的湿地生产力最高(如泛洪湿地)。湿地有机物在无氧条件下分解作用进行缓慢。由于湿地生态系统生产力高，分解得慢而输出又少，湿地有机物质便积累下来。湿地生物群落可以通过多种机制影响水文条件，包括泥炭的形成、沉积物获取、蒸腾作用、降低侵蚀和阻断水流等。

湿地生态系统另一个特点是过渡性。湿地生态系统位于水陆交错的界面具有显著的边际效应(edge effect)。由于远离系统中心，因此经常出现一些特殊适应的生物物种，构成这类地带具有丰富物种的现象。

湿地有一般水生生物所不能适应的周期性干旱，湿地也有一般陆地植物所不能忍受的长期淹水。湿地生态系统的边际效应不仅表现在物种多样性上，还表现在生态系统结构上，无论其无机环境还是生物群落都反映这种过渡性。湿地生物群落就是湿地特殊生境选择的结果，其组成和结构复杂多样，生态学特征差异大，这主要是由于湿地生态条件变幅很大，不同类型的湿地生境条件存在很大差异。许多湿生植物具有适应于半水半陆生境的特征，如具有发达的通气组织，根系浅，以不定根方式繁殖等。湿生动物也以两栖类和涉禽占优势，涉禽所具有的长嘴、长颈、长腿等特征，就是为了适应湿地的过渡性生态环境。

2. 湿地生态系统的主要服务功能

湿地被认为是自然界最富生物多样性和生态功能最高的生态系统。湿地的生态服务功能体现在生物多样性保护、抵御与调节洪水、调节气候、滞留与降解污染物、提供天然产品等方面。

1) 生物多样性保护功能

湿地是重要的物种基因库，是众多珍稀濒危物种栖息和繁衍的场所，因而在保护生物多样性方面有极其重要的价值。美国湿地占国土面积的 5%，但维系着 43%的受胁和濒危物种，而且大约 80%的定居鸟和约 400 种值得保护的迁徙鸟类依赖湿地生活。湿地是多种珍贵湿生植物和湿生药用植物的基地。我国有湿生药用植物 250 余种之多。我国著名的杂交水稻所利用的野生稻也来源于湿地。湿地是多种鱼、虾、贝类的生产、繁殖基地，也是多种水禽、野生动物的栖息地，特别是丹顶鹤、白鹤、扬子鳄等独特的生境。我国内陆湿地有高等植物 1540 多种，高等动物约 1500 种，其中水禽 300 余种，占全国鸟类总数的 1/3 左右，主要包括鹤形目、雁形目和鸥形目等一些鸟类。37 种国家一级保护的鸟类中有一半生活在湿地。

2) 气候和水文调节功能

湿地生态系统在全球和区域水循环中起着重要的调节和缓冲作用。湿地是一个巨大的储水库，是居民用水、工业用水和农业用水的水源。湿地地表积水，底部有良好的持水性，将过量的水分储存起来并缓慢地释放，从而将水分在时间和空间上进行再分配。据研究，沼泽可保存其土壤质量 3～9 倍的水分。我国三江平原沼泽和沼泽化土壤的草根层和泥炭层，孔隙度达

72%～93%，最大持水量达400%～600%，饱和持水量达830%～1030%，全区沼泽湿地的蓄水量达3.84×10^{9} m^{3}。湿地生态系统通过强烈蒸发和蒸腾作用，把大量水分送回大气，调节降水，改善局部气温和湿度等气候条件。

湿地具有削减洪峰、蓄纳洪水、调节径流的功能，在防御洪水和调控区域水平衡中起到了重要作用。我国长江和淮河下游的湖泊具有显著的洪水控制和水量调节功能。湿地面积的大幅度减小被认为是长江流域1998年和1999年发生特大洪水的原因之一。

湿地释放的甲烷、硫化氢、氧化亚氮和二氧化碳等微量气体，对全球气候变化具有重要意义。庞大的泥炭沼泽是极具潜力的碳库，据估计每年库存约8×10^{13} g碳，所以湿地在降低大气中的CO_2浓度，缓解温室效应方面有重要作用。

3) 净化功能

湿地具有很强的降解和转化污染物的能力，被誉为“地球之肾”。它主要通过以下两个途径发挥作用。

(1) 吸纳水中的营养物。进入湿地的氮、磷等营养物质可通过植物、微生物的吸收、沉降等作用而将其从水中排除，并可将水中的金属物质及一些有毒物质一同消除。湿地能吸纳过量营养物，净化水质，主要是通过以下作用：降低水流速，促使物质沉积，沉积物吸附化学物；多样化的好氧与厌氧过程、分解者的分解过程促进硝化-反硝化反应、化学沉淀和其他化学反应，除去水体中的化学物；高生产力导致高矿物质吸收量，进而储存在湿地沉积物中等。

(2) 降解有机物。湿地的pH值都偏低，有助于酸催化水解有机物。浅水湿地为污染物的降解提供了良好的环境。湿地的厌氧环境又为某些有机污染物的降解提供了可能。美国佛罗里达州一处城镇废水经过柏树沼泽后98%的氮和97%的磷被吸收净化。湿地植物还能富集许多重金属，如芦苇净化铅、锰、铬的能力分别是80%、95%和100%。凤眼莲每平方米每天可去除BOD 42.8 kg、N 9.92 kg、P 2.94 kg。水葱可在浓度高达600 mg/L的含酚废水中正常生长，每100 g水葱经100 h可净化一元酚202 mg。湿地强大的净化作用，及其建造和运行费用低廉，使其成为污水处理的重要方法。世界上已有不少湿地污水处理系统，如美国佛罗里达州Walt Disney综合企业附近的天然湿地是美国最大的湿地污水处理系统。湿地也可用于有效处理农业非点源污染。如美国将农场地下排水与地表坡地漫流导入构建的人工湿地处理系统，湿地出水储存于蓄水池中，用于灌溉农田，这就是湿地蓄水灌溉系统。湿地用于污水净化具有广阔前景。

4) 湿地的天然产品

湿地生态系统是许多粮食植物的重要生境。生长在淹水土壤的水稻是世界50%以上人口的粮食，占世界总耕地的11%左右。湿地还为人类提供丰富的水产品、肉食、毛皮、木材、药材、水果和造纸材料等。湿地植物中有许多可供食用的种类，如莼菜、莲、慈姑等；而芦苇、席草等是轻工业原料；睡莲属、莲等是观赏花卉；水浮莲、水花生、红萍等是优质饲料和绿肥。湿地也有丰富的中药材资源。此外，湿地还为我们提供泥炭和生物活性物质。据估计，我国沼泽地储存着3.3×10^{12} kg的泥炭。

5) 社会功能

湿地是科研、教育、旅游等的重要基地。在多湿地的国家，水运是最有效和有利于环境保护的运输和交通方式。湿地是休闲旅游的理想之地，可为潜水、游泳、垂钓等旅游项目提供多样化场地。加勒比海浅海湿地每年从潜水旅游中收入近10亿美元。香港的米埔湿地自然保护区占地380 hm^{2}，是一个半自然的海岸湿地生态系统复合体，包括海岸红树林、基围鱼塘、淡水沼泽等，是重要的水禽越冬地，越冬鸟总数可达 7.5 万只，其中有多种珍稀鸟类。该保护区是香港重要的生态环境教育和自然保护教育基地，每年有约 400 所中小学校的学生前来学习和参观。湿地生态旅游是 21 世纪旅游业的发展方向之一。另外，湿地在宗教、历史、生态美学等方面也具有一些独特的功能。

5.8.6　海洋生态系统

1. 海洋生态系统的主要特征

海洋蓄积了地球上 97.5%的水，其面积约为 3.6×10^8 km^2，平均深度为 3800 m，最深处为 11034 m，即著名的太平洋马里亚纳海沟，海洋的总体积约为 13.7×10^8 km^3，比陆地和淡水中生命存在空间大 300 倍。

海洋的主要环境特征如下。①面积巨大，它覆盖 71%左右的地球表面。②海洋生物可生活在海洋的所有深度，虽然海洋中还没有明显的无生命区，但生命在大陆和岛屿边缘较多。③所有海洋都是相连的。对自由运动的海洋生物，温度、盐分和海洋深度是限制其自由运动的主要因素。④海洋有连续和周期的循环。海洋可产生海流，在北半球，海流以顺时针方向流动，而在南半球，则以逆时针方向流动。海洋还有潮汐作用，潮汐的周期大约是 12.5 h。潮汐对海洋生物特别稠密而繁多的沿岸带特别重要，潮汐可使这些海洋生物群落形成明显的周期性特征。⑤海水含有盐分。海水的平均盐度为 3.5%，其中 NaCl 占 78%，Mg、Ca 和 K 等盐类只占 22%。⑥海洋是容纳热量的"大水库"。夏天海水把热量储存起来，到了冬天，海水又把热量释放出来。所以海洋对整个大气圈具有重要的调节作用。

海洋生态系统(marine ecosystem)的特征如下。①生产者体型小。主要由体型极小(2～25 μm)、数量极大、种类繁多的浮游植物和一些微生物所组成。之所以是由小型浮游生物(microplankton)组成食物网的基础，主要原因在于：海水的密度使得植物没有必要发育良好的支持结构，并有利于小型植物而不利于大型个体；海水在不断地小规模地相对地运动，任何一个自由漂浮植物必须依赖于水中的分子扩散来获取营养物质和排除废物，在这种情况下，体型小和自主运动就很有利，而一群细胞集成的一个大的结构就比同样一些细胞单独散开来要差得多；海洋中大规模环流不断地把漂浮的植物冲出它们最适宜的区域，同时又常有一些个体被带回来更新这些种群，对于小型植物来说，完成这一必要的返回机制比大型植物有利得多。同时，小型单细胞植物还能够随水下的逆流摄食食物颗粒或以溶解的有机物质为营养。②海洋为消费者提供了广阔的活动场所。海洋动物比海洋植物更加多种多样，更加丰富。这是因为海洋面积大，为海洋动物提供了宽广的活动场所；海洋中有大量的营养物质，是海洋动物吃不完的食料；海洋条件复杂，有浅有深，有冷有暖。在这些多样的生活环境下，形成了种类各异、数量繁多的海洋动物。③生产者转化为初级消费者的物质循环效率高。在海洋上层的浮游植物和浮游动物的生物量大约为同一数量级。浮游植物的生产量几乎全部为浮游动物所消费，运转速度很快。但海洋生态系统的生产力远低于陆地生态系统的生产力。消费者，特别是初级消费者有许多是杂食性种类，在数量的调节上起着一定的作用。④生物分布的范围很广。海洋面积很大，而且是连续的，几乎到处都有生物。

2. 海洋生物

海洋生物分为浮游、游泳和底栖三大生态类群，种类十分丰富。

1) 浮游生物

海洋中的浮游生物(plankton)多指在水流运动的作用下，被动地漂浮于水层中的生物类群,一般体积微小、种类多、分布广,遍布于整个海洋的上层。浮游生物根据其营养的方式可分为浮游植物(phytoplankton)和浮游动物(zooplankton)。

浮游植物是海洋中的生产者。种类组成较复杂,主要包括原核生物的细菌和蓝藻,真核生物的单细胞藻类,如硅藻、甲藻、绿藻、金藻和黄藻等。

海洋浮游动物指多种营异养性生活的浮游生物,它们在食物网中参与几个营养阶层,有植食的,有肉食的,还有食碎屑的和杂食性的,等等。浮游动物的种类比浮游植物复杂得多,主要成员是节肢动物的桡足类和磷虾类。这些动物虽然会自己运动,但动作很缓慢,它们常聚集成群,浮在海水表层,随波逐流。

2) 游泳生物

游泳生物(nekton)是一些具有发达运动器官和游泳能力很强的动物。海洋中的鱼类、大型甲壳动物、龟类、哺乳类(鲸、海豹等)和海洋鸟类等属于游泳动物。这个类群组成食物链的第二级和第三级消费者。海洋中游泳动物的种类与数量都非常多,个体一般比较大,游泳速度亦很快。如须鲸(*Mystacoceti*)最大个体体长 30 m 以上,体重约 150 t。海豚游泳速度可达到 90 km/h 以上。

鱼类是游泳动物的主要成员。在汪洋大海上、中、下层都有鱼类生活,甚至在 10000 m 的深海里,也还有鱼类存在。鱼类的种类(有 2000 多种)或个体数量都远远超过了其他游泳动物。游泳生物中还有各种虾类,它们虽然常年栖息在海底,但都行动敏捷,善于游泳。

3) 底栖生物

底栖生物是一个很大的水生生态类群,种类很多,包括一些较原始的多细胞动物,如海绵(*Leucosolenia*)和海百合(*Metarhinus*)。

3. 海洋赤潮和赤潮生物

赤潮(red tide)是海洋中某些微小的浮游生物在一定条件下暴发性增殖而引起海水变色的一种有害的生态异常现象,是一种危害性大而广的海洋污染现象。赤潮在我国沿海海域时有发生,并且发生的频率和范围有不断扩大的趋势。我国在 1933 年就有赤潮记载,但在 20 世纪 80 年代以前,发生频率并不高,从 1953 年到 1998 年间,我国大陆沿海只记录了 322 次赤潮,平均每年 7 次。20 世纪 80 年代我国海洋渔业遭受赤潮危害的记录有 12 起;2000 年我国近海共发生 28 次赤潮,面积超过 20000 km^2;2003 年 119 次,面积达 14000 km^2;2004 年 96 次,面积达 26630 km^2;2007 年我国海域共发现赤潮 82 次,面积约 11610 km^2;2017 年我国管辖海域共发现赤潮 68 次,本年累计面积约 3679 km^2,与上年相比,发现赤潮的次数相同,年度累计面积减小 3805 km^2。赤潮严重威胁我国海域生态环境,同时也给渔业生产和人民健康造成极大损失。

赤潮生物是指能形成赤潮的浮游生物。全世界已记录的赤潮生物有 300 种左右,隶属于 10 个门类。我国海域分布的约有 127 种,隶属于 8 个门类。其中在我国沿海发生赤潮的赤潮生物有 30 多种,主要是甲藻类(15 种),其次是硅藻类(7 种)和蓝藻类(4 种)。另外,外海的赤潮生物种类较少,而在近岸、内湾、河口发生的赤潮种类较多,具有一定的地区性差异。

由于形成赤潮的生物种类不同,赤潮可呈现出不同的颜色。例如:夜光藻、红海束毛藻、红硫菌等种类形成的赤潮可以是红色、粉红色的;裸甲藻赤潮呈黄色、茶色或茶褐色;绿色鞭毛藻类形成的赤潮通常呈绿色;硅藻类赤潮多为土黄、黄褐或灰褐色;等等。所谓赤潮是各种色潮的统称。

1）赤潮发生的原因

（1）富营养化。海洋的富营养化是引发赤潮的物质基础，因为赤潮生物在其增殖过程中需要营养物质，其中最主要的是氮、磷营养盐类。工农业生产和人类活动将大量的营养物质输入海洋，为赤潮生物提供了营养盐。如北海沿岸的8个国家，由于农用化肥的使用，每年经河流注入北海的氮有 9×10^5 t，每年还有 4×10^5 t的氮随雨水进入北海。根据日本水产环境水质标准的规定，为了避免在暖流系内的近岸内湾连续长期发生赤潮，要控制无机氮在7 μmol/L以下，无机磷在0.45 μmol/L以下。

（2）促进赤潮生物生长的有机物。除了氮、磷等无机营养盐类外，有些可溶性有机物（DOM）也有利于赤潮生物的增殖，它们除了作为赤潮生物的营养物质外，更重要的是充当促进赤潮生物增殖的促生长物质。

（3）微量金属元素。赤潮生物的生长也需要微量金属元素，如Fe、Mn、Mg、Cu、Mo、Co等。在这些微量金属元素中，Fe和Mn最为重要，一方面这两种元素对赤潮生物增殖有强烈的刺激作用，另一方面它们在海水中的溶解度很低，只有当它们与某些有机物结合形成螯合物时溶解度才有所提高。

（4）温度和盐度。国内外很多有关赤潮的报道表明，赤潮的发生往往与该海域的温度、盐度变化状况有密切关系。如我国赤潮多发生在水温较高、盐度较低的环境中。南方海区的赤潮多发生在春夏之交，而北方海区的赤潮多见于7—9月，都与水温升高以及因雨季而引起的海区盐度降低相符合。温度、盐度的变化速率也与赤潮发生有关，温度在短时间内增高较快，水体表层温度的成层现象以及盐度较急剧下降被认为是发生赤潮的重要条件。

2）赤潮的危害

（1）赤潮生物大量繁殖，覆盖在海面或附着在鱼贝类的鳃上使它们的呼吸器官难以正常发挥作用而造成呼吸困难甚至死亡。

（2）赤潮生物在生长繁殖的代谢过程和死亡细胞被微生物分解的过程中大量消耗海水中的溶解氧，使海水严重缺氧，鱼贝类等海洋动物因缺氧而窒息死亡。

（3）有些赤潮生物体内及其代谢产物中含有生物毒素，引起鱼、贝中毒或死亡。如链状膝沟藻（*Gonyaulax catenella*）产生的石房蛤毒素就是一种剧毒的神经毒素。

（4）居民通过摄食中毒的鱼、贝类而产生中毒。目前已知的赤潮毒素有麻痹性贝毒、神经性贝毒和泻痢性贝毒等三大类。有关赤潮引起渔业损失甚至造成人体中毒死亡的报道很多。

3）赤潮的预防

赤潮的危害很大，治理很困难。目前，国内外除了对赤潮的预报比较成功外，对赤潮的防治进展不大。对于赤潮的防治，必须坚持“以防为主”的方针。

（1）控制营养物质输入量。海洋中的营养盐是赤潮发生的物质基础，所以控制海域的富营养化水平就能有效防止赤潮发生。沿岸、内湾富营养化物质的主要来源是城市生活污水、工厂排出的污水、畜牧业排水和农田肥料流失等四个方面。因此必须严格控制各种污水入海量，减少海洋中营养物质的负荷。

（2）控制海区养殖业的污染。近岸、内湾的自身污染主要来自沿岸区的水产养殖。近年来，我国海水养殖业获得突飞猛进的发展，仅对虾养殖的面积就已超过 1.3×10^5 hm^2，在对虾养殖中通过进排水过程加速邻近海区的富营养化进程。养殖1 t对虾，水中可残留3～4 t粗蛋白，从而成为养殖水体中的主要污染源。控制海区养殖业污染的途径首先是要规划养殖面积，合理布局，避免出现局部过度养殖的局面。同时，发展生态养殖业以减轻养殖水体自身污染程度。

(3) 富营养化水体和底质的改善。对富营养化海区可利用各种不同生物的吸收、摄食、固定、分解等功能,加速各种营养物质的利用与循环来达到生物净化的目的。利用海生植物吸收剩余的营养盐类,利用浮游动物和底栖动物摄取各种碎屑有机物,利用细菌同化、分解有机物,等等。例如,在水体富营养化的内湾或浅海,有选择地养殖海带、裙带菜、羊栖菜、紫菜、江蓠等大型经济海藻,既可净化水体,又有较高的经济效益。

5.8.7 城市生态系统

1. 城市生态系统的概念

城市生态系统(urban ecosystem)是城市空间范围内居民与其自然环境系统和社会环境系统相互作用形成的人工生态系统。城市生态系统是一个以人为核心的系统,它不仅包含自然生态系统的组成要素,也包括人类及其社会经济等要素。马世骏(1984)等将其称为社会-经济-自然复合生态系统(social-economic-natural complex ecosystem,SENCE),认为城市的自然及物理组分是其赖以生存的基础,城市各部门的经济活动和代谢过程是城市生存发展的活力和命脉,而人的社会行为及文化观点则是城市演替与进化的动力泵。在人与生物圈计划(MBA)中,将城市生态系统定义为:凡拥有 10 万以上居民,且从事非农业劳动人口占 65%以上,其工商业、行政、文化娱乐、居住等建筑物占总面积的 50%以上,具有发达的交通线网和车辆,是人类生存聚居的区域,这样一个复杂的生态系统称为城市生态系统。

从传统生态学的观点看,城市本身并不是一个完整的、自我稳定的生态系统。但城市也具有自然生态系统的某些特征,具有某种相对稳定的生态功能和生态过程,生态学的普遍规律在城市中同样适用。因此,把城市看作一个生态系统,研究其物质、能量的高效利用,社会、自然的协调发展,系统功能的自我调节,不仅有益于城市本身的发展、管理和规划,也有利于处理和协调城市与周围地区的关系。

2. 城市生态系统的结构

城市生态系统的结构不同于自然生态系统,除自然系统本身的结构外,城市生态系统还有以人类为主的社会结构和经济结构。

1) 空间结构

城市由各类建筑物、街道、绿地等组成,形成一定的空间结构。城市的空间结构主要有同心圆、扇形和多核心模式三种。这三种模式可能在不同的城市出现,也可能在同一城市的不同地点出现。城市的空间结构模式主要取决于城市的地理条件、社会制度、经济状况、种族组成等因素。根据因子生态学原理,使用统计技术进行综合的社会地域分析结果表明,家庭状况符合同心圆模式,经济状况趋向于扇形模式,民族状况趋向于多核心模式。

2) 营养结构

城市生态系统是以人类为中心成分的复合生态系统,它有两种不同的食物类型:一种是自然食物链,即传统意义上的食物链;另一种是人工食物链,经过人工加工的食品、饮用品、药品供人类直接食用。城市人口消费的食物大部分依靠周围环境系统供应,从而形成不同于自然生态系统的营养结构。

3) 社会结构

社会结构包括人口、劳动力和智力结构。城市人口是城市的主体,其数量往往决定着城市的规模和等级。劳动力结构是指不同职业的劳动力所占的比例,它反映出城市的经济特点和主要职能。智力结构是指具有一定专业知识和一定技术水平的那部分劳动力，它反映出城市的文化水平和现代化程度，也是决定城市经济发展的重要条件。

4）经济结构

经济结构由生产系统、消费系统、流通系统几部分组成。各部分的比例因城市不同而异，取决于城市的性质和职能。

3. 城市生态系统的特点

城市生态系统作为以人为中心、结构复杂、功能多样、巨大开放的人工生态系统，与自然生态系统相比，有许多不同的特点。

1）城市生态系统是以人为主体的生态系统

城市生态系统是通过人的劳动和智慧创造出来的，人工控制对该系统的存在和发展具有决定性作用。同自然生态系统相比，城市生态系统中生命系统的主体是人类，人是城市生态系统的主要消费者。所以在城市生态系统中，人类的生物量大大超过系统内其他动物的生物量，也大大超过绿色植物的生物量。例如，北京、东京、伦敦三城市的人类生物量与植物生物量的比分别是8∶1、10∶1和10∶7。

在城市生态系统中，城市居民既是自然人，又是社会人。人类是生态系统中的消费者，处于营养级的顶端，人类的生命活动是生态系统中能流、物流、信息流的一部分。人类同时又是经济生态系统中的生产者，是生产力诸要素中最积极、最活跃的部分，参与生产经营，创造物质财富，参与这些物质财富的交换、分配与消费。人类为了延续，也为了保证社会源源不断需要的劳动力，需要进行自身的再生产。在城市自然、经济、社会的再生产中，人类都是核心，是主体。人类的主导作用不仅仅是参与生态系统的上述各个过程，更重要的是人类为了自身的利益对城市生态系统进行着控制和管理，人类的经济活动对城市生态系统的发展起着重要的支配作用。不仅如此，城市生态系统中的环境还受到人为的强烈干扰，许多环境因素本身就是人类创造的。如人类创造的人工化地形、人工化地面、人工化水系、人工化气候等大量的人工设施叠加于自然环境之上，形成了显著的人工化特点。而人类的生产生活活动消耗了大量的能源和物资，伴随形成大量的废弃物，使城市成为污染最严重的地区之一。

2）城市生态系统是高度开放的生态系统

城市生态系统中人类的消费需要大量的能量和物质，需要其他生态系统（如农田、森林、草原、海洋等生态系统）的人为输入。同时，城市生态系统中的生产、建设、交通、运输等都需要能量和物质供应，这些也必须从外界输入，并通过加工、改造，以满足人类的各项需要。城市生态系统从系统外输入的能量和物质所生产的产品只有一部分供城市中的人们消费，另外一部分还需要向外界输出，这种向外输出的产品也包括能被外系统消费使用的新型能源和物质。城市也向外部系统输出人力、资金、技术、信息等。

城市生态系统的开放性还表现在系统内缺乏分解者，所以城市人类生活和生产过程产生的大量废物不可能全部在系统内分解和容纳，还要输送到其他生态系统中去消化处理。美国百万人口城市中每天需输入水625000 t、食品2000 t、燃料9500 t，排放废水500000 t、固体废物2000 t、大气污染物950 t。

城市生态系统具有大量、高速的输入输出量，能量、物质和信息在系统中高度聚集，高速转化。如果从开放性和高速输入的性质来看，城市生态系统又是发展程度最高、反自然程度最强的人类生态系统。这种与周围其他生态系统相比高速而大量的能量和物质交换，主要靠人类活动来协调，使之趋于相对平衡，从而最大限度地完善城市生态系统，满足居民的需要。正是城市生态系统的这种非独立性和对其他生态系统的依赖性,使城市生态系统显得特别脆弱,自我调节能力很小。

3) 城市生态系统是人类自我驯化的系统

自然生态系统都有自我调节机制以维持生态系统的稳定性,但城市是在一个很小的范围内,集中了大量的物质和能量,建立了大量的人类技术物质(包括建筑物、道路、桥梁和其他市政设施),并产生大量的污染物质,改变了原来的生态。同时,城市的地理环境也发生深刻的改变,地形、地貌失去了原来的面貌,人工地面的形成改变了自然土壤的结构和功能,改变了地面受热状况,致使城市气候发生明显变化,形成城市"热岛"等,破坏了原有的自然调节机能。因此,城市生态系统的自我调节机能相当脆弱。

4) 城市生态系统是多层次的复杂系统

城市生态系统是一个典型的复杂系统,它是一个多层次、多要素组成的复杂大系统。据估计,城市生态系统包含的要素数量数以亿计。仅以人为中心,即可将城市生态系统划分为三个层次的子系统:生物(人)-自然环境系统,只考虑人的生物性活动,人与其生存环境的气候、地形、食物、淡水、生活废弃物等构成一个子系统;人-经济系统,只考虑人的经济(生产、消费)活动,由人与能源、原料、工业生产过程、交通运输、商品贸易、工业废弃物等构成一个子系统;人-社会系统,只考虑人的社会活动和文化活动,由人的社会组织、政治活动、文化、教育、服务等构成一个子系统。

以上三层次的子系统内部,都有自己的能量流、物质流和信息流。而各层次之间又相互联系,构成一个不可分割的整体。一个优化的城市生态系统不仅要求系统功能多样性以提高其稳定性,还要求各子系统相互协调。

4. 城市生态环境问题

城市生态系统以人口、建筑的高度密集,资源、能源的高消耗为特征。在城市大量物质和能量高速流动的同时,也产生大量的污染物与能量耗散,给城市生态环境带来了巨大的压力。这种压力的最明显特征是城市人类生存环境质量的下降以及这种环境质量下降引起的人类生存危机。目前的城市,都面临着城市化进程对自然环境的破坏,气候变化,大气、水、固体废物和噪声污染,以及人口、交通、住房等问题。城市生态系统的环境问题主要表现在以下六个方面。

1) 自然生态环境遭到破坏

城市化不可避免地影响了自然生态环境,由此而引起了一系列的变化。如城市的高楼大厦代替了自然的森林,城市的输水管网代替了天然的水系,沥青、水泥地面代替了自然土壤地面。这些变化对人类的影响是长期的、潜在的。另外,人类在享受现代文明的同时,却抑制了绿色植物、动物和其他生物的生存,改变了它们之间长期形成的相互关系。而人类将自己困在自己创造的人工化的城市环境中,这种长期隔离的结果,使许多"文明病"、"公害病"相继产生。

2) 土地的变化

在发展中国家,城市化的进程方兴未艾,城市在迅速扩大,新城市在不断出现。在发达国家,城市群的形成和城市人口由市区向郊区的扩展,也加快了占用农业用地的速度。城市土地中,由于高密度的建筑物和城市地面硬化阻止了雨水向土壤的渗透,城市地下水位下降。而大量抽取地下水,会使地面发生沉降。城市地面沉降会造成房屋破坏、地下管线扭曲破裂等事故,还会对城市造成其他影响。我国上海市等城市已经出现地面沉降现象。

城市土壤污染严重。城市废弃物对土壤的破坏,主要表现在对土壤的化学污染和垃圾占用大量土地。据统计，我国城市垃圾的无害化处理率为 60%左右，但一些专家估计真正达到无害化处理的不足 20%。所以有 80%以上的城市的生活垃圾只能运往郊区长年露天堆放。我国已有 200 多座城市陷入垃圾的包围之中。被污染的土壤会进一步对地面水和地下水造成污染。

3）气候和大气环境的变化

城市污染源集中，污染量大而复杂，其大气生态环境变化是十分明显的。城市形成后在气温、湿度、云雾状况、降水、风速等方面会发生显著变化，出现诸如城市热岛效应（heat island effect）、温室效应、城市风等气候变化。城市气候的变化，对城市生态环境以及城市居民的生活均有影响。据研究，随城市的人口规模、面积以及城市性质不同，热岛效应强度在 2～7 ℃。

城市大气污染是城市面临的主要环境问题之一。一般城市大气中的污染物主要有颗粒物、一氧化碳、硫氧化物、氮氧化物和光化学氧化剂，以及一些有毒重金属如铅、镉、汞等。我国城市大气中总悬浮微粒含量在北方地区城市高于南方地区城市。随着城市家庭的日益现代化，室内的空气污染和化学性污染也日益严重。

4）淡水短缺和水污染

城市生态系统水环境问题主要是水资源短缺和水体污染严重。随着城市化进程的加快，城市水资源短缺已成为世界范围的问题。城市居民人均日需水量为 200～800 L，工业用水是生活用水的 2～4 倍，一般一个 50 万人口的城市每天需水量 1.0×10^6～2.0×10^6 m^3。我国有 300 多个城市缺水，其中严重缺水的城市有 50 个。虽然有的城市所在地区并不缺乏水资源，由于城市污染源集中，污染物排放量大，城市地表水普遍受到不同程度的污染，使得可供利用的清洁水源严重不足。引起城市水体污染的原因是城市中的工业废水和生活污水未经处理或处理不够，通过下水系统流入江河湖海造成的。针对目前城市水污染问题，防治水质恶化，控制和治理污染源是十分重要的。

5）人口密集

人口密集是城市的普遍现象。城市人口密度大是我国大城市的一大特点。

城市人口的高度密集，大大超过了城市的环境容量，是导致城市众多环境问题的根源。综合多种因素，城市中较合理的人口密度是 10000 ～ 12000 人/km^2，市中心不大于 20000 人/km^2。

6）绿地缺乏

联合国提出的城市人均绿地面积标准是 50～60 m^2，但是，目前我国城市人均绿地面积仅为 7 m^2。城市绿地具有调节气体平衡、改善小气候、净化空气、消除噪声、美化环境等多种功能。城市绿地的缺乏是城市生态质量恶化的重要原因之一。

思考与练习题

1. 生态系统有哪些主要成分？其作用和地位如何？
2. 食物链有哪些类型？在生态系统中有什么意义？
3. 生态系统类型是如何划分的？生态系统有哪些主要类型？
4. 生态危机的主要原因是什么？如何维护生态平衡？
5. 生态系统中能量流动有哪些基本规律？
6. 有哪些因素影响初级生产量？提高初级生产量有哪些途径？

7.分解作用在建立全球生态系统动态平衡中有什么作用和意义?
8.气体型循环和沉积型循环有何异同?
9.论述全球水循环的主要过程,循环的动力是什么?
10.世界范围内水资源利用存在哪些问题?
11.生态系统中碳循环的主要过程是什么?
12.碳循环与全球气候变化有什么关系?
13.人类是如何干扰全球的氮循环的?这些干扰可能产生哪些环境问题?
14.硫循环与酸雨的形成有什么关系?
15.生态系统中信息的基本概念有哪些?信息有哪些主要特征?
16.生态系统信息流动有哪些主要环节?信息传递的模型是怎样的?
17.为什么说森林生态系统是最重要的自然生态系统?森林有哪些生态效益?
18.草原生态系统主要分布在哪些地方?它们各有什么特点?
19.草原退化有哪些危害?引起草原退化的因素有哪些?
20.城市生态系统是由哪些成分构成的?
21.城市生态系统的物质循环有哪些特点?
22.城市生态系统存在哪些环境问题?
23.城市生态系统调控的主要途径有哪些?
24.简述湿地的定义,湿地主要有哪些类型?
25.湿地生态系统有哪些主要服务功能?
26.湿地为什么能降解污染物?如何利用湿地的净化功能来处理城市废水?
27.静水生态系统和流水生态系统在环境特征上有哪些主要不同点?
28.论述如何应用生态技术防治水体富营养化,以及这些技术的生态学原理。
29.论述赤潮发生的原因和危害以及如何预防赤潮。

第 6 章　景观生态学

6.1　景观生态学中的基本概念

6.1.1　景观与景观生态学的含义

“landscape(景观)”一词的使用最早见于希伯来语圣经《旧约全书》,其原意都是表示自然风光、地表形态和风景画面。而景观作为学术名词被引入地理学,具有地表可见景象的综合与某个限定性区域的双重含义。在生态学中,景观的定义可概括为狭义和广义两种。

狭义的景观是指几十千米至几百千米范围内,由不同生态系统类型所组成的异质性地理单元。而反映气候、地理、生物、经济、社会和文化综合特征的景观复合体称为区域。狭义的景观和区域可统称为宏观景观。广义的景观则指出现在从微观到宏观不同尺度上的,具有异质性或斑块性的空间单元。显然,广义的景观强调空间异质性,其空间尺度则随研究对象、方法和目的的变化而变化,而且它突出了生态系统多尺度和等级结构的特征。这一概念越来越广泛地为生态学家所关注和采用。因此,景观生态学是研究景观单元的类型组成、空间格局及其与生态过程相互作用的综合性学科。强调空间格局、生态过程与尺度之间的相互作用是景观生态学研究的核心所在。

景观生态学的研究内容可概括为三个基本方面。①景观结构,即景观组成单元的类型、多样性及其空间关系;②景观功能,即景观结构与生态过程的相互作用,或景观结构单元之间的相互作用;③景观动态,即指景观在结构和功能方面随时间推移发生的变化。景观的结构、功能和动态是相互依赖、相互作用的(图 6-1)。这正如其他生态学组织单元(如种群、群落、生态系统)的结构与功能是相辅相成的一样,景观结构在一定程度上决定景观功能,而景观结构的形成和发展又受到景观功能的影响。景观生态学研究的具体内容很广,而且常常涉及不同组织层次的格局和过程。比如,景观结构特征与生理生态过程、生物个体行为、种群动态、群落动态以及生态系统在不同时空尺度上的作用都属于景观生态学观察、研究的范畴。

景观生态学以整个景观为研究对象:强调景观的异质性,重视其尺度性和综合性。景观生态学的出现填补了生态学组织层次上的空白,成为生态系统生态学与全球生态学之间的过渡,它强调生态要素与现象的空间结构和尺度作用,具有重要的意义和很强的实用性。从学科地位来讲,景观生态学兼有生态学、地理学、环境科学、资源科学、规划科学、管理科学等大学科的优点,适宜于组织协调跨学科多专业的区域生态综合研究,在现代生态学体系中处于应用基础生态学的地位。

景观生态学与其他生态学科的区别:与其他生态学科相比,景观生态学明确强调空间异质性、等级结构(hierarchical structure) 和尺度(scale) 在研究生态格局和过程中的重要性。而人类活动对生态系统的影响,也是在较大尺度上景观生态学研究的一个重要方面。虽然其他生态学科的研究也关注生态学组织单元的结构、功能和动态,但只有景观生态学重视空间结构和生态过程在多个尺度上的相互作用(图 6-2)。因此,无论是从时间和空间上,还是从组织水

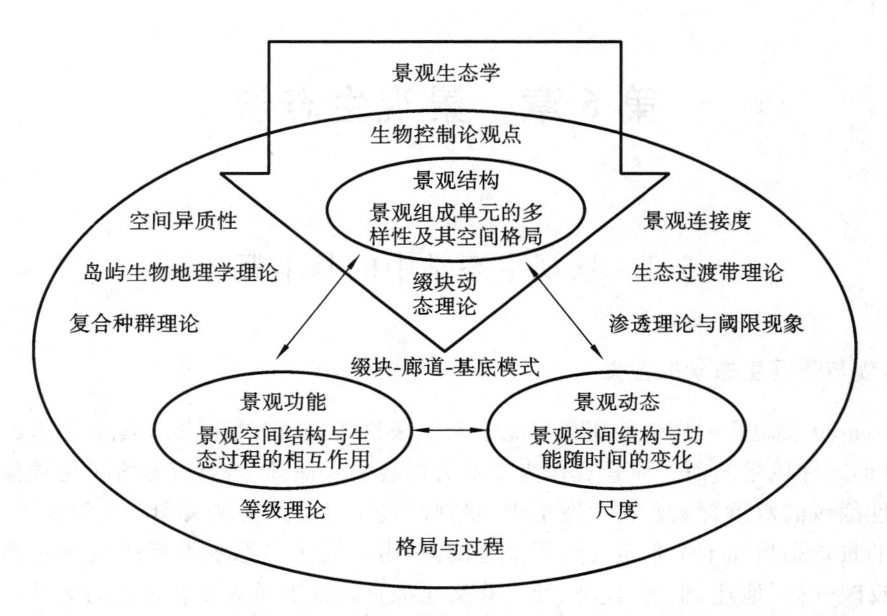

图 6-1　景观结构、功能和动态的相互关系以及景观生态学中的基本概念和理论

(引自邬建国,2000)

平上,景观生态学研究的尺度域(domains of scale)都比其他学科更宽。

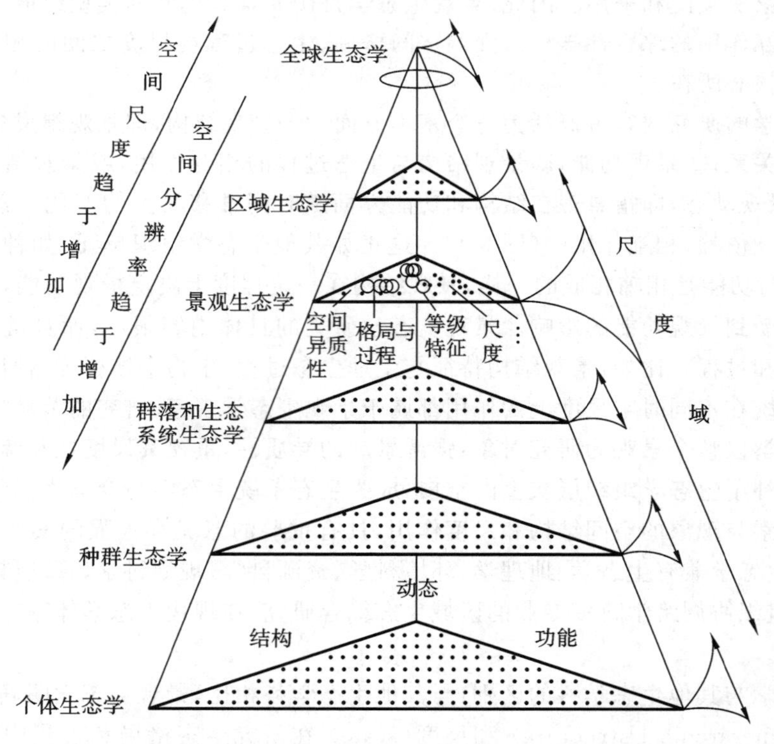

图 6-2　景观生态学与其他生态学科的关系以及一些突出特点

(引自邬建国,2000)

6.1.2 景观生态学的主要概念

1.尺度

尺度一般是指对某一研究对象或现象在空间上或时间上的量度,分别称为空间尺度和时间尺度,常用分辨率与范围来表达,它标志着对所研究对象的细节了解的水平。此外,组织尺度(organizational scale),即在由生态学组织层次(如个体、种群、群落、生态系统、景观)组成的等级系统中的位置,这个概念也广为使用。在生态学研究中,空间尺度是指所研究生态系统的面积大小或最小信息单元的空间分辨率水平,而时间尺度是指动态变化的时间间隔。其表示方法:空间分辨率的最小单位称为粒度(grain)或像元(pixel),每一个像元(图像单元)视为同质,而像元之间视为异质。例如,在不同观察高度上观察森林,生态学家会发现对于同一森林景观,其最小可辨识结构单元会随着距离而发生变化,在某一观察距离上的最小可辨识景观单元则代表了该景观的空间粒度。对于空间数据或图像资料而言,其粒度对应于最高分辨率或像元大小。时间尺度则指某一现象或事件发生的频率或时间间隔。某一生态演替研究中的取样时间间隔或某一干扰事件发生的频率,都是时间尺度的例子。尺度可分为绝对尺度和相对尺度,前者是指真实的距离、方向和外形,后者是根据生物的功能联系作用两点间距离的相对描述。

在景观生态学中,"尺度"一词的用法往往不同于地理学或地图学中的比例尺(虽然尺度和比例尺的英文均为scale)。一般而言,大尺度(或粗尺度,coarse scale)常指较大空间范围内的景观特征,往往对应于小比例尺、低分辨率;而小尺度(或细尺度,fine scale)则常指较小空间范围内的景观特征,往往对应于大比例尺、高分辨率。在景观生态学研究中,人们往往需要利用某一尺度上所获得的信息或知识来推测其他尺度上的特征,这一过程即所谓尺度推绎(scaling)。尺度推绎包括尺度上推(scaling up)和尺度下推(scaling down)。由于生态系统的复杂性,尺度推绎往往采用数学模型和计算机模拟作为重要工具。

2.空间异质性和斑块性

异质性(heterogeneity)是景观生态学的一个重要概念。对于异质性的一般定义是:由不相关或不相似的组成构成的系统。景观由异质要素组成,异质性作为一种景观的结构特性,对景观的功能和过程有重要的影响,它可以影响资源、物种或干扰在景观中的流动与传播。

空间异质性(spatial heterogeneity)是指生态过程和格局在空间分布上的不均匀性及复杂性,表现为生态系统的斑块性(patchiness)和环境的梯度变化。斑块性主要强调斑块的种类组成特征及空间分布与配置关系,比异质性在概念上更为具体化;而梯度是指沿某一方向景观特征有规律地逐渐变化的空间特性,如海拔梯度、海陆梯度和边缘-核心区梯度等。异质性、斑块性和空间格局在概念上和实际应用中都是相互联系,但又略有区别的。最主要的共同点在于它们都强调非均质性,以及对尺度的依赖性(图6-3)。

空间异质性在生态学研究的意义可总结如下:①满足物种不同生态位的需求,有利于不同物种存在于空间的不同位置,从而允许物种共存;②影响群落生产力和生物量;③导致群落内物种组成结构的小尺度差异;④控制群落物种动态和生物多样性的基本因子;⑤对生态稳定性有重要作用。

3.格局与过程

景观生态学中的格局,往往是指空间格局,即斑块和其他组成单元的类型、数目以及空间分布与配置等。人们熟知的空间格局有均匀布局、聚集布局、线状布局、平行布局和共轭布局。

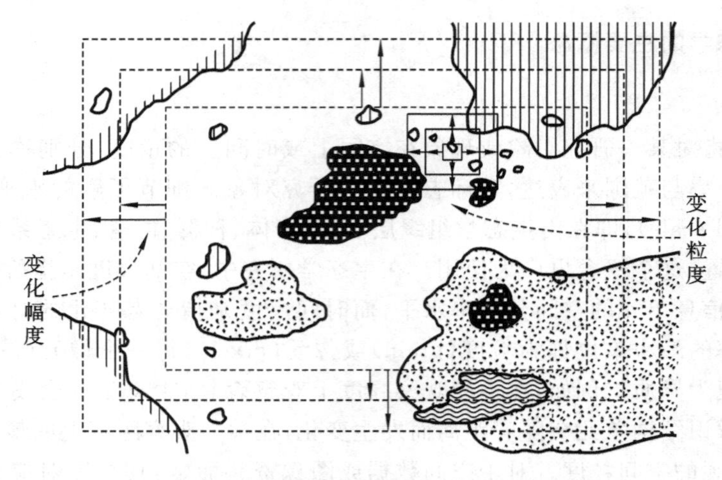

图 6-3　空间异质性和空间格局对尺度的依赖性

(引自邬建国,2000)

空间格局决定着资源地理环境的分布形成和组分,制约着各种生态过程,与干扰能力、恢复能力、系统稳定性和生物多样性有着密切关系。

基本生态过程包括生物生产力、生物地球化学循环、生态控制以及生态系统间相互关系等方面。与格局不同,过程则强调事件或现象发生、发展的程序和动态特征。景观生态学常常涉及的生态过程包括种群动态、种子或生物体的传播、捕食者和猎物的相互作用、群落演替、干扰扩散、养分循环等。影响基本生态过程的空间格局参数如下:

(1) 斑块大小。即斑块面积,影响单位面积的生物量、生产力、养分储存、物种多样性、内部种的移动和外来种的数量。多数研究表明,物种多样性与景观斑块面积大小密切相关,斑块面积是景观内物种多样性的决定因素。

(2) 斑块形状。斑块的形状和走向影响生物种的发育、扩展、收缩和迁移。斑块形状(S)可以用斑块边界实际长度(L)与同面积(A)圆周长的比值来表示,S 值越大,斑块形状越复杂,在景观生态学中,斑块形状是常用的定量指标之一。

(3) 斑块密度。单位面积上的斑块数,是描述景观破碎化的重要指标。斑块密度越大,破碎化程度越高。

(4) 斑块的分布构型。它影响干扰的传播和扩散速率。

4. 景观多样性

景观多样性是指景观单元在结构和功能方面的多样性,反映了景观的复杂程度。景观多样性主要研究组成景观的斑块在数量、大小、形状和景观的类型、分布,以及斑块间的连接性、连通性等结构和功能上的多样性。根据景观多样性的研究内容可将其分为三种类型,即斑块多样性、类型多样性和格局多样性,在研究中往往更重视它与其他层次生物多样性的关联。

斑块多样性是指景观中斑块的数量、大小和斑块形状的多样性和复杂性。斑块是内部均一的、构成景观的组成部分。斑块是物种的集聚地,是景观中物质和能量迁移与交换的场所。单位面积上的斑块数目,即景观的完整性或破碎化,对物种的灭绝具有重要的影响。

景观破碎化一是可缩小某一类型生境的总面积和每一斑块的面积,会影响到种群的大小和灭绝的速率;二是在不连续的片断中,残留面积的再分配影响物种散布和迁移的速率。而斑块面积的大小不仅影响物种的分布和生产力水平,而且影响能量和养分的分布。一般来说,斑块中能量和矿质养分的总量与其面积成正比，物种的多样性和生产力水平也随面积的增加而增加。斑块的形状对生物的扩散和动物的觅食以及物质和能量的迁移具有重要的影响。例如，通过林地迁移的昆虫或脊椎动物，或飞越林地的鸟类，更容易发现垂直于它们迁移的方向的狭长采伐迹地。

类型多样性是指景观中类型的丰富度和复杂度。类型多样性多考虑景观中不同的景观类型（如农田、森林、草地等）的数目以及它们所占面积的比例。景观类型多样性的生态意义主要表现为对物种多样性的影响。类型多样性和物种多样性的关系不是简单的正比例关系，往往呈现正态分布的规律。景观类型多样性的增加既可增加物种多样性，又可减少物种多样性。如在单一的农田景观中，增加适度的森林斑块，可引入一些森林生境的物种，增加物种的多样性；而森林被大规模破坏，毁林开荒，造成生境的片断化，森林面积的锐减以及结构单一的人工生态系统的大面积出现，有时虽然增加了景观类型多样性，但给物种多样性保护造成了严重的困难。

格局多样性是指景观类型空间分布的多样性及各类型之间以及斑块与斑块之间的空间关系和功能联系。景观类型的空间结构对生态过程（物质迁移、能量交换、物种运动）有重要影响。不同的景观空间格局（林地、草地、农田、裸露地等的不同配置）对径流、侵蚀和元素的迁移影响不同。如清除农田景观中的树篱，增加田块的面积会导致侵蚀量增加。格局多样性对物质迁移、能量流动和生物运动有重要影响，在景观设计、规划和管理上对物种多样性保护起到重要的作用。

5.景观边界与边缘效应

边缘效应（edge effect）由 Leopold 于 1993 年提出，最初是指生态过渡带内的物种数目与相邻群落之间的差异。而生态过渡带是相邻生态系统之间的过渡区，其特征受时空尺度和相邻生态系统作用强度的影响。Wiens 等（1985）将其发展为景观边界（landscape boundary）的概念，定义为相对均质的景观之间所存在的异质景观。1987 年 1 月，在法国巴黎召开的一次会议对景观边界的定义是“相邻生态系统之间的过渡带，其特征由相邻的生态系统之间相互作用的空间、时间及强度所决定”。它强调了时间和空间尺度与相邻生态系统的相互作用及其强度，其内涵比以前的要深刻和丰富得多，成为景观边界研究的理论基础。

根据环境梯度的变化状况，景观边界可分为突变与渐变两种，使得边界的两侧的生态系统具有明显或不明显的不连续性。许多景观边界属于群落交错区，如水陆交错带、干湿交错带、农牧交错带、森林边缘带、沙漠边缘带、城乡交错带等。

景观斑块的边缘效应是指斑块边缘部分由于受外围影响而表现出与斑块中心部分不同的生态学特征的现象。斑块中心部分在气象条件（如光、温度、湿度、风速）、物种的组成以及生物地球化学循环方面，都可能与其边缘部分不同。许多研究表明，斑块周界部分常常具有较高的物种丰富度和第一性生产力。有些物种需要较稳定的生物条件，往往集中分布在斑块中心部分，故称为内部种（interior species）。而另一些物种适应多变的环境条件，主要分布在斑块边缘部分，则称为边缘种（edge species）。然而，有许多物种的分布是介乎这二者之间的。当斑块的面积很小时，内部-边缘环境分异不复存在，因此整个斑块便会全部为边缘种或对生境不敏感的物种占据。显然，边缘效应是与斑块的大小以及相邻斑块和基底特征密切相关的。

边缘效应在性质上有正效应和负效应。正效应表现出效应区（交错区、交接区、边缘）比相邻的群落具有更为优良的特性，如生产力提高、物种多样性增加等；反之，则称为负效应。负效应主要表现在交错区种类组分减少、植株生理生态指标下降、生物量和生产力降低等。

边缘效应是极其普遍的自然现象,不同森林的交界处、森林和草原交接处、江河入海口交接处、城市与农村交接处等,无不具有其独特性。在现实的各种系统中,无论是自然生态系统或是人工生态系统,均是相对的和有限的,在它们的交界处体现着不同性质系统间的相互联系和相互作用,其结果必然赋予交错区以独特性质。

6. 斑块-廊道-基底模式

景观是由相互作用的嵌块体以类似的形式重复出现表现的、具有高度空间异质性的区域,景观的组成单元称为景观要素,相当于一个具体的生态系统。组成景观的结构单元有三种:斑块(patches)、廊道(corridor)和基底(matrix)。斑块泛指与周围环境在外貌或性质上不同,但又具有一定内部均质性(homogeneity)的空间部分。这种所谓的内部均质性,是相对于其周围环境而言的。具体地讲,斑块包括植物群落、湖泊、草原、农田、居民区等。因而其大小、类型、形状、边界以及内部均质程度都会显现出很大的不同。

廊道是指景观中与相邻两边环境不同的线性或带状结构。它既可以呈隔离的条状,如公路、河道,也可以与周围基质呈过渡性连续分布,如某些更新过程中的带状采伐迹地。廊道两端通常与大型斑块相连,如公路、铁路两端的城(镇),树篱两端的大型自然植被斑块等。

基底是指景观中分布最广、连续性也最大的背景结构,常见的有森林基底、草原基底、农田基底、城市用地基底等。在许多景观中,其总体动态常常受基底所支配。因此,斑块-廊道-基底模式是构成并用来描述景观空间格局的基本模式,它为我们提供了一种描述生态系统的"空间语言",使得对景观结构、功能和动态的表述更为具体、形象。斑块-廊道-基底模式还有利于考虑景观结构与功能之间的相互关系,比较它们在时间上的变化。然而,必须指出,要确切地区分斑块、廊道和基底有时是很困难的,也是不必要的。广义而言,把所谓基底看作景观中占绝对主导地位的斑块亦未尝不可。另外,因为景观结构单元的划分总是与观察尺度相联系,所以斑块、廊道和基底的区分往往是相对的。例如,某一尺度上的斑块可能成为较小尺度上的基底,或许又是较大尺度上廊道的一部分。

6.2　景观生态学的基本原理和相关理论

6.2.1　景观生态学的基本原理

1. 景观系统的整体性与异质性原理

景观是由景观要素有机联系组成的复杂系统,含有等级结构,具有独立的功能特性和明显的视觉特征,是具有明确边界、可辨识的地理实体。一个健康的景观系统具有功能上的整体性和连续性,只有从系统的整体性出发来研究景观的结构、功能和变化,才能得出正确的结论。景观系统同其他非线性系统一样,是一个开放的、远离平衡态系统,具有自组织性、自相似性、随机性和有序性等特征。异质性本是系统或系统属性的变异程度,而对空间异质性的研究成为景观生态学别具特色的显著特征,它包括空间组成、空间构型和空间相关等内容。异质性同抗干扰能力、恢复能力、系统稳定性和生物多样性有密切关系,景观异质性程度高有利于物种共生而不利于稀有内部种的生存。景观格局是景观异质性的具体表现,可运用负熵和信息论方法进行测度。景观异质性也可理解为景观要素分布的不确定性,其出现频率通常可用正态分布曲线描述。

2. 格局与过程关系原理

格局和过程通常指的是不同的地理或景观单元的空间关系和响应的演变过程。就格局而言，可以从大小、形状、数量、类型和空间组合上来进行描述。这些描述格局的变量有着其本身的地理学意义。例如，不同的斑块大小能够提供不同的生态域和资源域，对于生物多样性保护来说具有十分重要的意义。同样，斑块形状可以影响水土和生物的运动过程，斑块的数量则可以用来判定景观破碎化的程度。此外，从空间组合的角度来描述格局可以反映出它们的空间结构特征、地带性和非地带性的规律。就过程而言，可以分为自然过程（例如元素和水分的分布与迁移、物种的分布与迁徙、径流与侵蚀、能量的交换与转化等）和社会文化过程（例如交通、人口、文化的传播等）。因此，格局和过程的相互关系可以表达为"格局影响过程，过程改变格局"，在具体的研究问题上往往需要把两者耦合起来进行研究。

3. 尺度分析原理

格局与过程是生态学的重要范式，若要正确理解格局与过程的关系，就必须认识到其所依赖的尺度特点。尺度分析一般是将小尺度上的斑块格局经过重新组合而在较大尺度上形成空间格局的过程，与之相伴的是斑块形状趋向规则化以及景观类型的减少。尺度效应表现为最小斑块面积随尺度增大而增大，其类型则有所转换，景观多样性减小。通过建立景观模型和应用技术，可以根据研究目的选择最佳尺度，并对不同尺度的研究成果进行转换。由于景观尺度上进行控制性实验代价高昂，因此尺度的转换技术很重要。

景观和区域都在"人类尺度"上即在人类可辨识的尺度上来分析景观结构，把生态功能置于人类可感受的范围内进行表述，这尤其有利于了解景观建设和管理对生态过程的影响。在时间尺度上，人类世代即几十年的尺度是景观生态学关注的焦点。

4. 景观结构镶嵌性原理

景观空间异质性通常表现为梯度与镶嵌，后者的特征是对象被聚集形成清楚的边界，连续空间发生中断和突变。土地镶嵌性是景观的基本特征之一，斑块-廊道-基质模型即是对此的一种理论表述。

景观斑块是地理、气候和生物、人文因子影响所构成的空间集合体，具有特定的结构形态，表现为物质、能量或信息的输入与输出单位。斑块的大小、形状不同，有规则、不规则之分；廊道曲直、宽度不同，连接度也有高有低，而基质更显多样，从连续到孔隙状，从聚集态到分散态，从而构成了镶嵌变化、丰富多彩的景观格局。

5. 景观生态流与空间再分配原理

生物物种与营养物质和其他物质、能量在景观组分间的流动被称为生态流（eco-flow），它们是景观中生态过程的具体体现，受景观格局的影响和控制。景观格局的变化必然伴随着物种、养分和能量的流动和空间再分配，也就是景观再生产的过程。

在景观水平上，有三种机制驱动各种生态流的发生，即扩散、传输、运动。后两者是景观尺度上的主要作用力。扩散形成最少的聚集格局，传输居中，而运动可在景观中形成最明显的聚集格局。

景观的边缘效应对生态流有重要影响，它可起到半透膜的作用，对通过的生态流进行过滤。此外，在相邻景观要素处于不同发育期时，可随时间转换而分别起到源和汇的作用。

6. 景观演化的人类主导性原理

景观变化的动力机制有自然干扰与人类活动影响两个方面。由于当今世界上人类活动影响的普遍性与深刻性,对于作为人类生存环境的各类景观而言,人类活动对于景观演化无疑起着主导作用,通过对变化方向和速率的调控可实现景观的定向演变和可持续发展。

景观稳定性取决于景观空间结构对于外部干扰的阻抗及恢复能力,其中景观系统所能承受人类活动作用的阈值称为景观生态系统承载力。其限制为环境变化对人类活动的反作用,如景观空间结构的拥挤程度、景观中主要生态系统的稳定性、可更新自然资源的利用强度、环境质量以及人类身心健康的适应与感受性等。

景观系统的演化方式有正、负反馈两种。负反馈有利于系统的自适应和自组织,保持系统的稳定,是自然景观演化的主要方式;而不稳定则与正反馈相联系。从自然景观向人工景观的转化多为正反馈,如围湖造田、毁林开荒和城市扩张等。

6.2.2 景观生态学的相关理论

1. 等级理论

等级理论(hierarchy theory)是20世纪60年代以来逐渐发展形成的,关于复杂系统结构、功能和动态的理论。它的发展是基于一般系统论、信息论、非平衡态热力学、数学以及现代哲学的有关理论。根据等级理论,复杂系统具有离散性等级层次(discrete hierarchical levels),据此,对这些系统的研究可得以简化。一般而言,处于等级系统中高层次的行为或动态常表现出大尺度、低频率、慢速度的特征,而低层次行为或过程的行为或动态则表现出小尺度、高频率、快速度的特征。不同等级层次之间还具有相互作用的关系,即高层次对低层次有制约作用(constraints),而低层次则为高层次提供机制和功能。由于高层次具有低频率、慢速度的特点,高层次的信息在分析研究中往往可表达为常数;另一方面,由于低层次具有快速度、高频率的特点,低层次的信息则常常只需要以平均值的形式来表达(滤波效应)。

等级理论认为:任何系统皆属于一定的等级,并具有一定的时间和空间尺度。整个生物圈是一个多重等级层次系统的有序整体,每一高级层次系统都是由具有自己特征的低级层次系统组成的。景观是由不同生态系统组成的空间镶嵌体,同样具有等级特征,景观的性质依其所属的等级不同而异。等级结构系统的每一层次都有其整体结构和行为特征,并具有自我调节和控制机制。一定层次上系统的整体属性既取决于其各个子系统的组成和结构关系,也取决于同一层次上各相关系统之间的相互影响,并受控于上一级系统的整体特征,而很难与更低级层次或更高级层次上系统的属性和行为建立直接联系。

等级系统的结构包括垂直结构和水平结构。垂直结构是指等级系统中层次数目、特征及其相互作用,有巢式和非巢式等级系统。在巢式等级系统中,每一层次均由其下一层次组成,二者具有完全包含与被包含的对应关系(例如,分类等级系统:界—门—纲—目—科—属—种)。在非巢式系统中,不同等级层次由不同实体单元组成,因此上、下层次之间不具有包含与被包含的关系,如食物网往往形成非巢式等级系统。水平结构指同一层次整体元的数目、特征和相互作用。整体元具有两面性或双向性,即对其低层次表现出相对自我包含的整体特性,对其高层次则表现出从属组分的受约束特性。必须指出,等级系统垂直结构层次的离散性并非绝对的,往往是人们感性认识的产物。而这种分析方法给研究复杂系统带来方便。实质上有些等级系统的垂直层次可能具有连续性。

等级理论最根本的作用在于简化复杂系统,以便实现对其结构、功能和行为的理解和预测。等级理论的意义在于,明确提出了在等级系统中,不同等级层次上的系统都具有相应结构、功能和过程,需要重点研究解决的问题也不相同。特定的问题既需要在一定的时间和空间尺度上,也就是在一定的生态系统等级水平上加以研究,还需要在其相邻的上、下不同等级水平和尺度上考察其效应和控制机制。

近年来,等级理论对景观生态学的兴起和发展起了重大作用。其最为突出的贡献在于,它大大增强了生态学家的"尺度感",为深入认识和理解尺度的重要性以及发展多尺度景观研究方法起到显著的促进作用。

2.岛屿生物地理学理论

岛屿生物地理学理论是在1967年由MacArthur和Wilson创立的。他们认为岛屿中的物种多样性取决于物种的迁入率和灭绝率,而迁入率和灭绝率与岛屿的面积、隔离程度及年龄等有关。岛屿生物地理学理论阐述了岛屿上物种的数目与面积之间的关系。该理论认为,由于新物种的迁入和原来占据岛屿的物种的灭绝,物种的组成随时间不断变化。

MacArthur和Wilson认为岛屿生物种类的丰富程度完全取决于两个过程,即新物种的迁入和原来占据岛屿物种的灭绝。当迁入率和灭绝率相等时,岛屿物种数达到动态的平衡状态即物种的数目相对稳定,但物种的组成不断变化和更新,这就是岛屿生物地理学理论的核心。所以岛屿生物地理学理论也称为平衡理论。岛屿生物地理学理论的基本思想是,一个岛屿物种的数目代表了迁入和灭绝之间的一种平衡。

任何岛屿上生态位或生境的空额有限,已定居的种数越多,新迁入的种能够成功定居的可能性就越小,而任一定居种的灭绝率就越大。因此,对于某一岛屿而言,迁入率和灭绝率将随岛屿上物种的丰富度的增加而分别呈下降和上升趋势。就不同的岛屿而言,物种的迁入率随其与陆地种库或侵殖体源的距离增加而下降,生物多样性随岛屿面积增加而增加的这种现象称为"面积效应"。小岛屿上物种灭绝要比大岛屿快,这是因为小岛屿有限的空间使得物种之间对资源的竞争加剧,允许容纳的物种数就相对较少,并且每个物种的种群数量也小。当迁入率与灭绝率相等时,总的物种数也小。许多西印第斯群岛的岛屿,包括古巴、牙买加等就是例子。如果岛屿的面积相等,岛屿与陆地和其他岛屿之间的距离越远,其上的物种的迁入就越慢。这就是所谓"距离效应",即岛屿离陆地和其他岛屿越远,其上的物种数目就越少。距离是衡量岛屿隔离程度的重要指标。

岛屿生物地理学理论丰富了生物地理学理论和生态学理论,促进了我们对生物物种多样性地理分布与动态格局的认识和理解。岛屿生物地理学理论的简单性及适用领域的普遍性使这一理论长期成为物种保护和自然保护区设计的理论基础。岛屿生物地理学理论的最大贡献之一,就是把斑块的空间特征与物种数量巧妙地用一个理论公式联系在一起,这为此后的许多生态学概念和理论奠定了基础。

3.复合种群理论

美国生态学家Richard Levins在1970年创造了"metapopulation(复合种群)"一词,并将其定义为"由经常局部性绝灭,但又重新定居而再生的种群所组成的种群"。即复合种群是由空间上彼此隔离,而在功能上又相互联系的两个或两个以上的亚种群或局部种群组成的种群斑块系统。亚种群生存在生境斑块中,而复合种群的生存环境则对应于景观镶嵌体。"复合"正是强调这种空间复合体特征。复合种群必须满足的两个条件:一是频繁的亚种群(或生境斑块)水平的局部性灭亡;二是亚种群(或生境斑块)间的生物繁殖体或个体的交流(迁移和再定居过程),从而使复合种群在景观水平上表现出复合稳定性。

复合种群动态往往涉及三个空间尺度,即:①亚种群尺度或斑块尺度。生物个体通过日常采食和繁殖活动发生频繁的相互作用,形成局部范围内的亚种群单元。②复合种群和景观尺度。不同亚种群之间通过植物种子和其他繁殖体传播或动物运动发生较频繁的交换作用。③地理区域尺度。这一尺度代表了所研究物种的整个地理分布范围,即生物个体或种群的生长和繁殖活动不可能超越这一空间范围。在这一区域内,可能有若干个复合种群存在,但一般来说它们很少相互作用。但在考虑很大的时间尺度时(如进化或地质过程),地理区域范围内的一些偶发作用也会对复合种群的结构和功能特征产生显著影响。

一般来说,复合种群分为五种类型:经典型、大陆-岛屿型、斑块型、非平衡态型和混合型。在这五种类型中,从生境斑块之间种群交流强度来看,非平衡态型最弱,斑块型最强;从生境斑块大小分布差异或亚种群稳定性差异来看,大陆-岛屿型高于其他类型。

复合种群理论与岛屿生物地理学理论既有联系,又有区别。共同的基本过程是生物个体迁入并建立新的局部种群,以及局部种群的灭绝过程。但复合种群理论强调过程研究,从种群水平上研究物种的消亡规律,侧重遗传多样性,对濒危物种的保护更有意义;岛屿生物地理学理论注重格局研究,从群落水平上研究物种的变化规律,对物种多样性的保护更有意义。

4. 渗透理论

渗透理论最初是用以描述胶体和玻璃类物质的物理特性,并逐渐成为研究流体在介质中运动的理论基础,一直用于研究流体在介质中的扩散行为。渗透理论最突出的要点,就是当媒介的密度达到某一临界值(critical density)时,渗透物突然能够从媒介的一端到达另一端。其中的临界阈值现象也常常可以在景观生态过程中发现。例如,流行病的暴发与感染率、潜在被传染者和传播媒介之间的关系,大火蔓延与森林中燃烧物质积累量及空间连续性之间的关系,生物多样性的衰减与生境破碎化之间的变化,都在不同程度上表现出临界阈限特征。

根据渗透理论,如果生境单元呈随机分布,景观中的生境斑块小于总面积的60%时,以离散性为主要特征;生境斑块所占面积比例增至60%时,景观中会出现呈横贯通道形式的特大生境斑块,这种连通斑块的形成标志着景观从高度离散状态转变为高度连续状态,从而为生物个体的运动和种群动态创造了一个全新的环境。在渗透理论中,允许连通斑块出现的最小生境面积百分比称为渗透阈值或临界密度、临界概率,其理论值为0.5928。然而,景观的面积、栅格单元的几何形状、生境斑块在景观中的聚集分布状况均会影响到渗透阈值的大小。由于实际景观中生境斑块多呈聚集型分布,如存在有利于物种的迁移廊道,或者由于物种个体的迁移能力很强,可以跳跃一个或几个废生境单元,其渗透阈值或临界景观连接度通常要比经典的随机渗透模型所得出的理论值低。因此,渗透理论对于研究景观结构(特别是连接度)和功能之间的关系,颇具启发性和指导意义。

自20世纪80年代以来,渗透理论在景观生态学研究中的应用日益广泛(干扰的蔓延、种群动态),并逐渐地作为一种"景观中性模型"(neutral models)而著称。所谓中性模型,是指不包含任何具体生态过程或机理的,只产生数学上或统计学上所期望的时间或空间格局的模型。景观中性模型的最大作用是为研究景观格局和过程的相互作用提供一个参照系统。通过比较随机渗透系统和真实景观的结构和行为特征,可以有效地检验有关景观格局和过程关系的假设。渗透理论基于简单随机过程,并有显著的而且可预测的阈值特征,因此是非常理想的景观中性模型。它已经被用于研究景观连接度和干扰(如火)的蔓延、种群动态等生态过程。

5. 源-汇景观理论

在地球表层系统普遍存在的物质迁移运动中,有的系统单元是作为物质迁出源(source),而另一些系统组成的单元则是作为接纳迁移物质的聚集场所,被称为汇(sink)。在景观生态学中,"源"景观是指在格局与过程研究中,那些能促进生态过程发展的景观类型;"汇"景观是那些能阻止、延缓生态过程发展的景观类型。“源”、“汇”景观是针对生态过程而言的，在识别时，必须和待研究的生态过程相结合。只有明确了生态过程的类型，才能确定景观类型的性质。如对于非点源污染来说，一些景观类型起到了“源”的作用，如山区的坡耕地、化肥施用量较高的农田、城镇居民点等；一些景观类型起到了“汇”的作用，如位于“源”景观下游方向的草地、林地、湿地景观等。对于生物多样性保护来说，能为目标物种提供栖息环境、满足种群生存基本条件，以及利于物种向外扩散的资源斑块，可以称为“源”景观；不利于物种生存与栖息，以及生存有目标物种天敌的斑块可以称为“汇”景观。

源-汇景观理论的提出主要是基于生态学中的生态平衡理论，从格局和过程出发，将常规意义上的景观赋予一定的过程含义，通过分析源-汇景观在空间上的平衡，来探讨有利于调控生态过程的途径和方法。源-汇景观理论主要应用于以下领域。

1）源-汇景观格局设计与非点源污染控制

在流域生态规划中合理设置源-汇景观的空间格局，使非点源污染物质在异质景观中重新分配，从而达到控制非点源污染的目的。“源”、“汇”景观类型的空间分布与面源污染的形成具有密切的关系，因此，可以通过探讨不同景观类型在空间上的组合来控制养分流失在时空尺度上的平衡，从而降低非点源污染形成的危险性。

2）源-汇景观格局设计与生物多样性保护

通过分析不同景观类型相对于目标物种的作用，以及目标物种生存斑块与周边斑块之间的空间关系，可以评价景观空间格局的适宜性。如果目标物种的栖息地周边分布有更多的资源斑块，那么这种景观格局应该更有利于目标物种的生存；如果周边地区分布有较多的“汇”景观（人类活动与天敌占用的斑块），那么这样的景观格局将不利于目标物种的保护和生存。

3）源-汇景观格局设计与城市“热岛”效应控制

城市“热岛”效应和交通拥挤的出现，在一定程度上可以认为是城市景观中“源”、“汇”景观空间分布失衡造成的。城市景观类型包括灰色景观（人工建筑物，如大楼、道路等）、蓝色景观（如河流、湖泊等）、绿色景观（如城市园林、草坪、植被隔离带等）。城市“热岛”效应主要是由于灰色景观过度集中分布引起的，可以看作“热岛”效应的“源”，而蓝色景观、绿色景观可以起到缓解城市“热岛”效应的作用，可以看作“热岛”效应的“汇”。在研究城市“热岛”效应时，应根据“热岛”效应的“源”与“汇”特征，从空间上调控灰色景观、蓝色景观和绿色景观，这样将会有效地降低城市“热岛”效应的形成。

6.3　景观格局的形成、结构和功能特征

6.3.1　景观格局的概念

在景观生态学中，景观格局（landscape pattern）一般指景观的空间格局，是大小、形状、属性不一的景观空间单元（斑块）在空间上的分布与组合规律。景观格局是景观异质性的具体表现，是自然干扰和人类各种活动共同影响的结果。空间斑块性是景观格局最普遍的形式，它表现在不同的尺度上。景观格局及其变化是自然的和人为的多种因素相互作用所产生的一定区域生态环境体系的综合反映，景观斑块的类型、形状、大小、数量和空间组合既是各种干扰因素相互作用的结果，又影响着该区域的生态过程和边缘效应。不同的景观类型在维护生物多样性、保护物种、完善整体结构和功能、促进景观结构自然演替等方面的作用是有差别的；同时，

不同景观类型对外界干扰的抵抗能力也是不同的。因此,对某区域景观空间格局的研究,是揭示该区域生态状况及空间变异特征的有效手段。可以将研究区域不同生态结构划分为景观单元斑块,通过定量分析景观空间格局的特征指数,从宏观角度得出区域生态环境状况如何的结论。

6.3.2　影响景观格局形成的主要因素

为了方便起见,空间格局的成因可分为以下三种:非生物的(物理的)、生物的和人为的。非生物的和人为的因素在一系列尺度上均起作用,而生物因素通常只在较小的尺度上成为格局的成因。大尺度上的非生物因素(如气候、地形、地貌)为景观格局提供了物理模板,生物的和人为的过程通常在此基础上相互作用而产生空间格局。这种物理模板本身也具有其空间异质性或不同的格局。由于地质、地貌等地理范畴方面的空间异质性变化是很缓慢的,对于大多数生态过程来说可以看作相对静止的,因此,这种物理性空间格局与生态过程主要表现为格局对过程的制约作用。自然或人为干扰是一系列尺度上空间格局的主要成因。由于其不同的起源和性质,在联系空间与生态过程时,有必要对干扰的特征加以认识。现实中,景观格局往往是许多因素和过程共同作用的结果,故具有多层异质结构(图 6-4)。

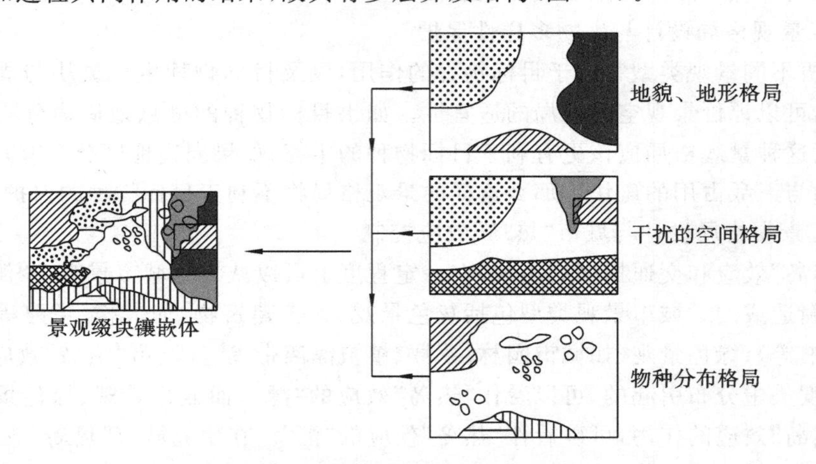

图 6-4　景观格局的多来源特征

(引自邬建国,2007)

景观格局形成的原因和机制在不同尺度上往往是不一样的。在小尺度上,生物学过程(竞争、捕食等)对于空间格局的形成起着重要的作用。概而言之,非生物因素(气候、地形等)通常能够决定景观在大范围内的空间异质性,而生物学过程则对小尺度上的斑块性有重要影响。如在森林景观中,大尺度的格局反映自然地理边界、土地利用变化或大面积干扰的影响;流域内地形变化可导致不同树种占优势的局部森林群落;而在森林立地内,异质性常常由个体森林水平的林隙动态所导致。自然的和人为的干扰是不同尺度上景观斑块性形成的最重要的因素。人为干扰(城市化、重大工程、森林垦荒等)常常造成高度的景观(和生境)破碎化,而自然斑块性有利于生境多样化,是生物多样性的决定因素之一。

6.3.3　斑块的结构和功能特征

1. 斑块的主要类型和成因

根据斑块形成的原因,常见的景观斑块可分为以下六种类型:①干扰斑块(disturbance

patches)。在景观背景上发生小范围的干扰则产生斑块,可导致斑块形成的干扰是多种多样的,如滑坡、风灾、雪雹、动物危害、火灾等。干扰形成的斑块是能够最快消失的一种景观斑块,因此具有最高的周转率、最短的寿命。但是干扰斑块经常是因存在较长时间的重复出现的干扰形成的。②残留性斑块(remnant patches),又叫残余斑块。由于高强度、大范围的干扰包围了一个很小的范围,形成斑块,即一个小面积区域周围广泛的强大的干扰而造成该小区为斑块。如大面积农田所包围的残余自然片林,森林大火以后保留的小块森林,城市建筑群体所包围的小块农田、森林等,均是残余斑块。③环境资源斑块(environmental resource patches)。景观中出现的嵌体,是由于环境资源本身如土壤、岩石、水分等条件不同于周围的基质而造成的一种斑块。因此该种嵌体的形成是由于环境条件的异质性所造成的。因为环境资源的分布相对永久,因此由此形成的景观斑块也具相对的永久性。在这类相对稳定的斑块中,种群的波动、种的迁移以及种的消失等过程都比较慢。④引入斑块(introduce patches)。由于人类有意或者无意地将动植物引入某些地区而形成局部性生态系统(种植园、耕作地、城市等)。⑤更新斑块(regeneration patches)。在一些情况下发生更新斑块。它与残余斑块相似但起源不同。例如在一个受重复干扰的大范围中的一个局部区域,由于干扰停止而发生植被的演替(更新),如在原来的农地中出现新的树林。虽然更新斑块在受干扰的基质中表现为残余斑块,它的种类变化类似于干扰斑块。⑥短生斑块(ephemeral patches)。由于环境条件短暂波动或动物活动造成的、持续期限很短的斑块,如荒漠中雨后出现的短生植物群落演替过程中的过渡群落。

2. 斑块的结构特征和生态学功能

1) 种-面积关系和岛屿生物地理学理论

景观中斑块面积的大小、形状以及数目对生物多样性和各种生态过程都会有影响。基于岛屿生物地理学理论,物种丰富度与景观特征的一般关系可表达为

$$物种丰富度(或种数)=f(生境多样性,干扰,斑块面积,演替阶段,基底特征,斑块隔离程度) \tag{6-1}$$

一般而言,物种多样性随着斑块面积的增加而增加。但是,除面积以外,景观特征对物种多样性也很重要。如在总面积相同的情况下,设立一个大保护区还是设立几个小保护区更有利于保护物种多样性?(SLOSS 问题)理论分析和野外数据都表明,在某些情况下几个小保护区比一个大保护区具有更多的物种。多个小保护区往往具有如下优势:增加景观生境异质性,降低种内和种间竞争,减少某些疾病、干扰和外来种的传播,以及给边缘种提供更多的生境。因此,尽管几个小保护区能够拥有更多物种,大多可能是边缘种而已。SLOSS 争论忽视了物种多样性的复杂性。讨论自然保护问题时必须考虑最小存活种群、维持最小存活种群的最小面积、维护生态系统完整性的最小面积等因素。

在现实景观中,各种大、小斑块往往同时存在,具有不同的生态学功能。大斑块由于生境敏感种的生存,为大型脊椎动物提供了核心生境和躲避所,为景观中其他组成部分提供了种源,能维持更近乎自然的生态干扰体系,在环境变化的情况下,对物种灭绝过程有缓冲作用。小斑块可以作为物种传播以及物种局部灭绝后重新定居的生境和“踏脚石”,从而增加景观连接度,为许多边缘种、小型生物类群以及一些稀有种提供生境。

2) 边缘效应

边缘效应与斑块的大小以及相邻斑块和基底特征密切相关。一般而言,当生境斑块面积增加时,核心区面积比边缘面积要增加得快;同样,当生境斑块面积减小时,核心区面积则比边缘面积减小得快;当斑块面积很小时,核心区-边缘环境差异不复存在,因此整个斑块便全部为

边缘种或对生境不敏感的种占据。

3) 斑块结构与生态系统过程

斑块的结构特征对生态系统的生产力、养分循环和水土流失等过程都有重要影响。例如，景观中不同类型和大小的斑块可导致其生物量在数量和空间分布上不同。由于边缘效应，生态系统光合作用效率以及养分循环和收支平衡特征都会受到斑块大小及有关结构特征的影响。一般而言，斑块越小，越容易受到外围环境或基质中各种干扰的影响。而这些影响的大小不仅与斑块的面积有关，同时也与斑块的形状及其边界特征有关。

4) 斑块形状及其生态效应

自然界中，斑块的形状是多种多样的。自然过程造成的斑块(如自然生态系统)常表现出不规则的复杂形状，而人为斑块(农田、居民区等)则表现出较规则的几何形状。根据形状和功能的一般性原理，紧密型形状(斑块长宽比或周界面积比接近方形或圆形)在单位面积的边缘比例小，有利于保蓄能量、养分和生物；而松散型形状(如长宽比很大或边界蜿蜒曲折)易于促进斑块内部与外围环境的相互作用，尤其是能量、物质和生物方面的交换。

6.3.4 廊道、网络与基底的结构和功能特征

1. *廊道的结构和功能特征*

根据成因，廊道可分为五种：干扰型、引入型、残留型、再生型、环境资源型。根据其组成内容或生态类型，廊道可分为三种：道路、河流、森林。廊道类型的多样性反映了其结构和功能的多样性。廊道的重要结构特征包括：宽度、组成、内部环境、形状、连续性及其与周围斑块或基底的相互关系。廊道的主要功能可以归纳为四类：①作为生境(如河边生态系统、植被条带)；②作为传输通道(如植物传播体、动物以及其他物质随植被或河流廊道在景观中运动)；③过滤或阻抑作用(如道路、防风林道及其他植被廊道对能量、物质和生物(个体)流在穿越时的阻截作用)；④作为能量、物质和生物的“源”或“汇”(如农田中森林廊道，一方面具有较高的生物量和若干野生动植物种群，为景观中其他组分起到“源”的作用，而另一方面也可阻截和吸收来自周围农田水土流失的养分与其他物质，从而起到“汇”的作用)。

2. *网络与基底的结构和功能特征*

在景观中，廊道相互交叉形成网络，使廊道与斑块和基底的相互作用复杂化。网络具有一些独特的结构特点，如网络密度(即单位面积的廊道数量)、网络连接度(即网络中廊道形成闭合回路的程度)以及网络闭合性(即网络中廊道形成的闭合回路的程度)。网络的功能与廊道相似，但与基底的作用更加广泛和密切。廊道或其网络的功能要根据其组成和结构特征以及与所在景观的基底和斑块的相互关系来确定。

如何区分景观基底、斑块以及廊道呢？一般而言，基底是景观中出现最广泛的部分。如农业景观中大片农田是基底，而各种廊道和斑块(如居民区、道路、残留的自然植被片段等)镶嵌于其中。因此，基底通常具有比廊道和斑块更高的连续性。识别基底有三个基本标准(Forman，1995)：面积上的优势、空间上的高度连续性、对景观总体动态的支配作用。在实际研究中，要确切地区分斑块、廊道和基底有时是困难的，也是不必要的，因为三者的区分是相对的，而且与尺度相关联。

6.3.5 景观镶嵌体格局与生态过程

景观镶嵌体格局和生态过程的关系是景观生态学研究中的一个核心问题。景观的空间格

局影响能量、物质以及生物在景观中的运动，如种群动态、生物多样性和生态系统过程。能量、物质和生物通过五种媒介在斑块镶嵌体中运动：风、水、飞行动物（鸟类、昆虫等）、地面动物（哺乳动物、爬行动物等）、人类（尤其是利用交通工具）。一般而言，种群动态、生物多样性和生态系统过程等会受到景观空间格局的制约或某种影响（邬建国，1992；钱迎倩，1994；Fahrig，2007）。例如，景观空间结构可影响地表径流和氮素循环，并可影响到水资源的质量。许多湖泊富营养化和河流水质污染都是景观格局、生态系统过程和干扰相互作用的结果。显然，景观空间格局与生态系统过程的相互关系在理论和实践上都很重要，是景观生态学的研究重点之一。Turner 和 Cardille(2007)对景观生态学和生态系统生态学作了权威性的综述，并提出了四个重要的研究方面：①生态系统过程速率的空间异质性；②土地利用历史对生态系统过程的影响；③景观镶嵌体中能量、物质和信息的横向流动；④种群和生态过程的耦合。

6.4　景观的稳定性和变化

6.4.1　景观的稳定性

景观是由不同景观要素组成的异质性单元，这些组分处于不断变化中，因而景观无时无刻不在发生变化，绝对的稳定性是不存在的。景观稳定性只是相对于一定时段和空间的稳定性；景观是由不同组分组成的，这些组分稳定性的不同影响着景观整体的稳定性；景观要素的空间组合也影响着景观的稳定性，不同的空间配置影响着景观功能的发挥。人们总试图寻找一种最优的景观格局，从中获益最大并保证景观的稳定与发展；事实上人类本身就是景观的一个有机组成部分，而且是景观组分中最复杂，又最具活力的部分，同时，稳定性的最大威胁恰恰来自人类活动的干扰，因而人类同自然的有机结合是保证景观稳定性的决定因素。

Forman 和 Godron 在其《景观生态学》一书中，对景观参数随时间变化进行了总结。他们认为如果不考虑时间尺度，景观随时间的变化可由三个独立参数来描述：①变化总趋势（上升、下降、水平趋势）；②围绕总趋势的上下波动幅度；③波动的韵律（规则、不规则）。由于景观受气候波动的影响，在不同季节或年度，许多景观参数会表现出上下波动，同时，景观具有长期变化趋势，如在发展过程中生物量的不断增加，或随着人类的干扰，景观要素间的差异增大等。因此，从全球来讲，如果景观参数的长期变化呈水平状态，并且其水平线上下波动幅度和周期性具有统计学特征，该景观就是稳定的。

景观稳定性也可以看成干扰条件下景观的不同反应，可以用抗性和恢复性来描述。一般来讲，景观的抗性越强，景观受到外界干扰时变化较小，景观越稳定；景观的恢复性越强，即景观受到干扰后恢复到原来状态的时间越短，景观越稳定。事实上，不同干扰频率和规律下形成的景观稳定性是不同的。如果干扰的强度低且干扰有规则，则景观能够建立起与干扰相适应的机制，从而保持景观的稳定性；如果干扰较为严重，但干扰经常发生并且可以预测，景观也可以发展起适应干扰的机制来维持稳定性；如果干扰是不规则的，且发生的频率很低，景观不能形成与干扰相适应的机制，景观的稳定性就差。

6.4.2　景观变化的驱动因子

景观变化的驱动因子可分为两类，一类是自然驱动因子，另一类是人为驱动因子。自然驱动因子是指在景观发育过程中对景观形成起作用的自然因子，包括地壳运动、流水和风力作用等。它们通常在较大的时空尺度上作用于景观，形成景观中不同的地貌类型、气候特点、土壤及生命定居与演替。人为驱动因子主要包括人口因素、技术因素、政治体制和决策因素、文化因素等。人为驱动因子对景观的影响集中表现为土地利用、土地覆盖的变化。土地利用是人类出于一定的目的，采取一定的手段和方法对自然界进行的一种经营活动，其结果是构成不同的土地利用类型。土地覆盖则是覆盖着地球表面的植被及其性质，反映了自然过程和人类共同作用的结果。因而土地利用、土地覆盖的变化是讨论景观变化人为驱动因子时最为关注的问题。

6.4.3　景观动态变化的模拟分析

景观变化动态是指景观变化的过去、现在和未来趋势。根据关注景观变化的侧重点不同，景观变化动态可分为两种：景观空间变化动态、景观过程变化动态。景观空间变化动态是指景观中斑块数量、斑块大小、廊道的数量与类型、影响扩散的障碍类型和数量、景观要素的配置等变化情况。景观过程变化动态是指在外界干扰下，景观中物种的扩散、能量的流动和物质的运动等变化情况。

景观变化的动态模拟是通过建立模型来实现的，模型的建立需要了解景观变化的机制与过程。景观变化的动态模拟可以从两个层次上进行：首先是变化的集合程度，即景观变化过程中包含的信息量，根据集合程度可以区分三种景观变化模型，即景观整体变化模型、景观分布变化模型、景观空间变化模型；其次是采用的数学方法，常采用微分和差分两种方法。

景观动态模拟的发展有以下趋势：①从景观空间变化到景观过程变化；②从单纯景观现状模拟到通过驱动因子模拟景观变化；③从单一尺度的景观变化到多尺度的景观变化；④从宏观变化到个体反应机制的模拟；⑤与地理信息系统结合；⑥与社会经济模型结合；⑦模型的可视化。

6.4.4　景观变化的生态环境效应

景观变化的结果，不仅在于改变了景观的空间格局，影响景观中的能量分配和物质循环，而且在于不合理的土地利用会造成土地退化、大气质量下降、非点源污染等严重的生态环境问题，对社会和经济产生影响。

景观变化可以改变大气中气体的组成和含量，从而影响大气质量，如景观变化对 CH_4 含量有明显的影响，而 CO 的最大来源就是 CH_4 的氧化。据估计，60%的 CO 来自景观变化。城市和工矿景观的扩展增加了大气中光化学烟雾的成分，而光化学烟雾又通过分散和吸收太阳辐射改变地表接受到的辐射量。不合理的土地利用方式如森林砍伐、矿山开采、草地开垦、陡坡开荒、过度放牧等是导致和加剧水土流失、土地沙化的主要原因。非点源污染是景观变化对水质影响的主要途径。农业土地大量使用农药、化肥、污水灌溉等是非点源污染的重要来源，而水土流失则是规模最大、危害最为严重的非点源污染。此外，城市以硬地面为主，地表径流量大，且携带大量的氮、磷、有毒有害物质进入河流或湖泊，造成水体水质恶化。

6.5　景观生态学的研究方法

6.5.1　遥感和地理信息系统在景观生态学中的应用

随着遥感(RS)和地理信息系统(GIS)技术的快速发展，它们已广泛应用到与地理空间密切相关的学科，特别是为景观生态学的应用和推广提供了基础。

随着遥感技术的发展，它很快成为野外考察、资源评价与更新、生物资源调查等方面的强有力工具，为资料的快速获取和更新提供了基础。根据遥感传感器所接受的光谱范围，可将遥感分为可见光遥感、红外遥感、微波遥感。特别是随着航天技术的发展，人造卫星在很短时间内即可覆盖地球表面一周，不仅大大开阔了人类的视野，还极大地缩短了遥感图像的获取周期，从而成为景观生态学研究中进行景观分类和动态分析最广泛使用的数据来源。

地理信息系统一般被定义为一个获取、存储、编辑、处理、分析和显示地理数据的系统，其强大的空间分析和图像处理功能已广泛被应用到景观生态学研究，特别是景观格局分析中，具体表现在以下方面：①将零散的数据和图像资料加以综合并存储在一起，便于长期、有效地利用；②将空间资料、文字、数据资料通过计算机平台高效率地联系在一起；③为景观格局空间分析提供一个便于操作的技术构架，方便研究者采用数学和计算机方法进行复杂的研究；④为经常更新和长期存储空间资料及相关信息提供有效工具。

6.5.2　景观指数

景观指数是指能够高度浓缩景观格局信息，反映其结构组成和空间配置某些方面特征的简单定量指标。景观格局特征可以在三个层次上分析：①单个斑块；②由若干个斑块组成的斑块类型；③包括若干斑块类型的整个景观镶嵌体。因此，景观格局指数亦可相应地分为斑块水平指数、斑块类型指数、景观水平指数。下面是常见的景观指数。

1. 斑块形状指数(patch shape index)

斑块形状指数通常是经过某种数学转化的斑块边长与面积之比。它是通过计算某一斑块形状与相同面积的圆或正方形之间的偏离程度来测量其形状的复杂程度。常见的斑块形状指数 S 有两种形式。

$$S = P/(2\sqrt{\pi A})\text{（以圆为参照）} \tag{6-2}$$

$$S = 0.25P/\sqrt{A}\text{（以正方形为参照）} \tag{6-3}$$

式中：P 为斑块周长；A 为斑块面积。当斑块形状为圆形时，式(6-2)中 S 的取值是 1；当斑块形状为正方形时，式(6-3)中 S 的取值最小，等于 1。斑块的形状越复杂或越扁长，S 的值就越大。

2. 景观丰富度指数(landscape richness index)

景观丰富度 R 是指景观中斑块类型的总数，即

$$R = m \tag{6-4}$$

式中：m 是景观中斑块类型的总数。

在比较不同景观时，相对丰富度(relative richness)和丰富度密度(richness density)更为适宜，即

$$R_r = m/m_{max} \tag{6-5}$$

$$R_d = m/A \tag{6-6}$$

式中：R_r 和 R_d 分别表示相对丰富度和丰富度密度；m_{max} 是景观中斑块类型数的最大值；A 是景观面积。

3. 景观多样性指数(landscape diversity index)

景观多样性指数是基于信息论基础之上，用来度量系统结构组成复杂程度的一些指数。

常用的包括以下两种。

(1) Shannon-Weaver 多样性指数

$$H = -\sum_{k=1}^{m} P_k \ln P_k \tag{6-7}$$

式中:P_k 是斑块类型 k 在景观中出现的频率;m 是景观中斑块类型的总数。

(2) Simpson 多样性指数

$$H' = 1 - \sum_{k=1}^{m} P_k^2 \tag{6-8}$$

式中各项定义同前。多样性指数的大小取决于两个方面的信息:一是斑块类型的多少(即丰富度);二是各斑块类型在面积上分布的均匀程度。通常随着 H 的增加,景观结构组成的复杂性也趋于增加。

4. 景观优势度指数(landscape dominance index)

景观优势度指数 D 是景观多样性指数的最大值与实际计算值之差。其表达式为

$$D = H_{\max} + \sum_{k=1}^{m} P_k \ln P_k \tag{6-9}$$

式中:$H_{\max}$ 是多样性指数的最大值;P_k 是斑块类型 k 在景观中出现的概率;m 是景观中斑块类型的总数。通常,较大的 D 值对应于一个或少数几个斑块类型占主导地位的景观。

5. 景观均匀度指数(landscape evenness index)

景观均匀度指数 E 反映景观中各斑块在面积上分布的不均匀程度,通常以景观多样性指数和其最大值的比来表示。以 Shannon-Weaver 多样性指数为例,均匀度可表达为

$$E = \frac{H}{H_{\max}} = \frac{-\sum_{k=1}^{m} P_k \ln P_k}{\ln m} \tag{6-10}$$

式中:H 是 Shannon-Weaver 多样性指数;$H_{\max}$ 是其最大值。当 E 趋于 1 时,景观斑块分布的均匀程度趋于最大。

6. 景观形状指数(landscape shape index)

景观形状指数 LSI 与斑块形状指数相似,只是将计算尺度从单个斑块上升到整个景观而已。其表达式如下

$$\mathrm{LSI} = \frac{0.25E}{\sqrt{A}} \tag{6-11}$$

式中:E 为景观中所有斑块边界的总长度;A 为景观总面积。

7. 正方像元指数(square pixel index)

正方像元指数 SPI 是周长与斑块面积比的另一种表达方式,即将其取值标准化为 0 与 1 之间。其表达式为

$$\mathrm{SPI} = 1 - \frac{4\sqrt{A}}{E} \tag{6-12}$$

式中:A 为景观中斑块总面积;E 为总周长。当景观中只有一个斑块且为正方形时,SPI=0;当景观中斑块形状越来越复杂或偏离正方形时,SPI 增大,渐趋于 1。显然,SPI 与 LSI 之间有直接的数量关系,即

$$\mathrm{LSI} = \frac{1}{1-\mathrm{SPI}} \tag{6-13}$$

8. 景观聚集度指数(contagion index)

景观聚集度指数 C 反映景观中不同斑块类型的非随机性或聚集程度。其一般数学表达式如下：

$$C = C_{\max} + \sum_{i=1}^{m}\sum_{j=1}^{m} P_{ij}\ln P_{ij} \tag{6-14}$$

式中：$C_{\max}$ 是聚集度指数的最大值($2\ln m$)；m 是景观中斑块类型的总数；P_{ij} 是斑块类型 i 与 j 相邻的概率。

通常在比较不同景观时，相对聚集度 C' 更为合理，其计算公式如下：

$$C' = \frac{C}{C_{\max}} = 1 + \frac{\sum_{i=1}^{m}\sum_{j=1}^{m} P_{ij}\ln P_{ij}}{2\ln m} \tag{6-15}$$

如果一个景观由许多离散的小斑块组成，其聚集度的值较小；当景观中以少数大斑块为主或同一类型斑块高度连接时，则其聚集度的值较大。聚集度指数明确考虑了斑块类型之间的相邻关系，因此能够反映景观组分的空间配置特征(邬建国，2007)。

9. 分维(fractal dimension)

分维或分维数可以直观地理解为不规则几何形状的非整数维数。对于单个斑块而言，其形状的复杂程度可以用分维数来量度。斑块分维数可以通过下式求得：

$$P = kA^{F_{\mathrm{d}}/2} \tag{6-16}$$

即

$$F_{\mathrm{d}} = 2\ln\left(\frac{P}{k}\right)/\ln A \tag{6-17}$$

式中：P 是斑块的周长；A 是斑块的面积；F_{d} 是分维数；k 是常数。对于栅格景观而言，$k=4$。一般来说，欧几里得几何形状的分维数为 1；具有复杂边界斑块的分维数则大于 1，但小于 2。

分形结构最重要的特征之一就是自相似性，即整体结构可由其结构单元的反复叠加而形成。因此，对于具有分形结构的景观，其斑块在不同尺度上应该表现出很大的相似性。

除以上数种景观指数外，还有许多其他的景观指数。最常用的景观格局分析软件是 FRAGSTATS，该软件可在三个层次上计算景观格局指数：斑块水平指数、斑块类型水平指数和景观水平指数。使用 FRAGSTATS 时，用于分析的景观是由使用者来定义的，它可以代表任何空间现象。FRAGSTATS 定量化景观中斑块的面积大小和空间分布特征，它只能分析类型数据。使用者必须根据景观数据的特征和所研究的生态学问题合理地选择景观的幅度和粒度，并进行适当的斑块分类及边界的确定。

6.5.3　空间统计学方法

许多景观格局的数据以类型图来表示，如植被图、土壤图、土地利用图和土地覆盖图等，即景观格局以空间非连续性变量来表示。景观指数可以用来分析这类景观数据，以描述空间异质性的特征，比较景观格局在空间和时间上的变化。在实际景观中，异质性在空间上往往是连续的，即斑块与斑块之间的变化不是十分明确的，而同一斑块内部也非绝对同质。因此必须认识到，用图形来表示景观格局必然有误差存在。例如，斑块的类型和边界的划分取决于景观的物理学和生态学特征、分类和划界标准，以及采用的工具和方法，由此造成的分类和划界的差异必然影响景观指数的数值。另一方面，了解空间异质性在景观中是如何连续变化的，即是否具有某种趋势或统计学规律，是理解景观格局本身及其与生态过程相互作用的重要环节。这就要求景观格局以连续变量来表示，如土壤养分、水分分布图、生物量图等；或通过抽样产生点格局数据来表示，这时景观指数不再适宜，需用空间统计方法来解决。

景观格局的最大特征之一，是空间的自相关性(spatial autocorrelation)，即在空间上愈靠近的事物或现象就愈相似。空间自相关性被称为地理学第一定律，因此时间和空间上的自相关性是自然界存在持续秩序、格局和多样性的根本原因之一。然而，空间自相关性的存在使得传统的统计学方法不宜用来研究景观的空间特征，因为传统统计学最根本的假设包括取样的独立性和随机性，而景观异质性往往以梯度和斑块的镶嵌形式出现，表现出不同程度空间的自相关性。因此，空间自相关性一度被认为是生态学分析的障碍。但生态学变量在空间上如何关联、如何变化正是景观格局研究的核心，于是需要空间统计学的方法。

空间统计学的目的是描述事物在空间上的分布特征，如随机、聚集或有规则，以及确定空间自相关关系是否对这些格局有重要影响。主要的方法如下。

1. 空间自相关分析

空间自相关分析的目的是确定某一变量是否在空间上相关，及其相关的程度。用空间自相关系数来描述事物在空间的依赖关系。具体地说，是用来度量物理或生态学变量在空间上的分布特征及对其邻域的影响程度。如果某一变量的值随测定距离的缩小而变得更相似，这一变量为空间正相关；若所测值随距离的缩小而更为不同，则为空间负相关。若所测值不表现出任何空间依赖关系，那么这一变量表现出空间不相关性或空间随机性。

空间自相关分析有三个步骤：取样；计算空间自相关系数或建立自相关函数；自相关显著性检验。两种最常用的自相关系数是 Moran 的 I 系数(Moran，1948)和 Geary 的 c 系数(Geary，1954)。

Moran 的 I 系数和 Geary 的 c 系数的计算公式分别是

$$I = \frac{n\sum_{i=1}^{n}\sum_{j=1}^{n} w_{ij}(x_i - \bar{x})(x_j - \bar{x})}{\left(\sum_{i=1}^{n}\sum_{j=1}^{n} w_{ij}\right)\sum_{i=1}^{n}(x_i - \bar{x})^2} \tag{6-18}$$

$$c = \frac{(n-1)\sum_{i=1}^{n}\sum_{j=1}^{n} w_{ij}(x_i - x_j)^2}{2\left(\sum_{i=1}^{n}\sum_{j=1}^{n} w_{ij}\right)\sum_{i=1}^{n}\sum_{j=1}^{n}(x_i - x_j)^2} \tag{6-19}$$

式中：x_i和 x_j是变量 x 在相邻配对空间单元(或栅格细胞)的取值；$\bar{x}$ 为变量的平均值；w_{ij} 为相邻权重，最常用的是二元相邻权重，即当空间单元 i 和 j 相连接时为 1，否则为 0；n 为空间单元总数。I 系数取值在 −1 和 1 之间，小于 0 表示负相关，等于 0 表示不相关，大于 0 表示正相关。c 系数取值在 0～2 之间，大于 1 表示负相关，等于 1 表示不相关，小于 1 表示正相关。空间自相关系数也随观察尺度的改变而变化，最好在一系列不同尺度上计算，以揭示变化。

2. 半方差分析

半方差分析是地统计学的一种方法，地统计学是应用数学的一个分支，是由采矿学和地质学发展起来的。Matheron(1963)在采矿学的研究中，将一些零碎的统计学应用成果整理，综合成一个较为系统的理论，称为局域化变量理论，以此为理论发展成为地统计学。

半方差分析是地统计学的一个重要组成部分。半方差分析主要有两种用途：一是描述和识别格局的空间结构；二是用于空间局部最优化插值，即 Kriging 插值。半方差函数反映不同距离的观测值之间的变化，其定义式为

$$\gamma(h)=\frac{1}{2}E\left[Z(x)-Z(x+h)\right]^{2} \tag{6-20}$$

具体表示为

$$\gamma(h)=\frac{1}{2N(h)}\sum_{i=1}^{N(h)}\left[Z(x_i)-Z(x_i+h)\right]^{2} \tag{6-21}$$

式中：$\gamma(h)$ 为半方差函数；h 为样点空间间隔距离，称为步长；$N(h)$ 为间隔距离为 h 时的所有观测样点的成对数；$Z(x_i)$ 和 $Z(x_i+h)$ 分别是区域化变量 $Z(x)$ 在空间位置 x_i 和 x_i+h 的实测值。$\gamma(h)$ 在一定范围内随 h 的增加而增大，当测点间距大于最大相关距离时，该值趋于稳定。

在图 6-5 所示的变异函数模型中，C_0 为块金值（nugget variance），是小于最小抽样距离的空间异质性（或变量上的变异性）和测量及分析误差的综合反映。块金值的大小直接限制空间内插的精度，如果实际的样本方差图表现为块金效应，即随 h 的增加半方差的变化近似于一条水平线，说明在最小抽样间距以上的空间尺度上不存在自相关性，这种结果意味着可能存在一个变程比抽样间距更小的空间自相关过程，这种小于抽样间距的空间相关性只有通过加密抽样过程来揭示。基台值（$C+C_0$）是随抽样间距递增到一定程度后出现的平稳值，表示系统内的变异；C 是结构方差基台值与块金值之间的差值，是由于空间非随机结构造成的变异，反映该变量的空间自相关的变化特征。a 是变程（range），当 $h\geqslant a$ 时，取样可认为是完全独立的，当 $h<a$ 时，则应考虑有一定相关关系，通常取样在变程之内，若超出变程，则空间相关性弱一些。块金值/基台值（$C_0/(C+C_0)$）表示空间变异程度（由随机性因素引起的空间变异性占系统总变异的比例），该比值越高，说明由随机部分引起的空间变异性程度较大，如相反，则由结构性因素引起的空间变异性程度较大，如果该比值接近 1，则说明该变量在整个尺度上具有恒定的变异。

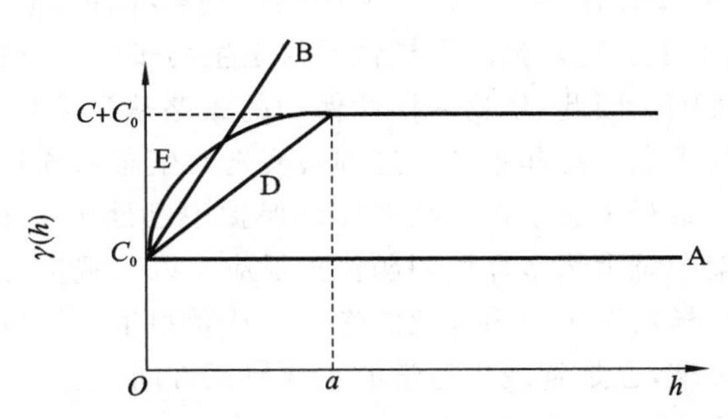

图 6-5　变异函数的理论模型

A—纯块金模型；B—线性模型；D—指数模型；E—球状模型

其他空间分析方法还有趋势面分析、聚块样方方差分析、谱分析、小波分析、空隙度分析和尺度方差分析。

6.6　景观生态学的应用

景观生态学的发展从一开始就与土地规划、土地管理和恢复、森林管理、农业生产实践、自

然保护等实际问题有密切联系。自 20 世纪 80 年代以来,随着景观生态学概念、理论和方法的不断发展,其应用也越来越广泛,其中最突出的是在自然保护、土地利用规划、自然资源管理等方面的应用。

6.6.1 景观生态学应用的指导思想

目前,有两种关于景观生态学应用方面的主导思想,它们对景观生态学的发展方向有直接影响。第一种主导思想反映了欧洲景观生态学的要点,即景观本身是大尺度的,包括人类在内的生态、地理系统,因此,景观生态学必须将经济、人文、政治等明确地作为其基本组分来研究,体现景观生态学的应用性。第二种主导思想反映了北美景观生态学的要点,即以空间格局、生态过程和尺度相互关系为该学科的中心思想。然而,更多的生态学家认为,景观生态学应用的前提是确立其科学地位,发展和检验一系列能够应用于实际的概念、理论和方法。

对景观生态学而言,随着空间尺度和时间尺度的增加,考虑人类因素的必要性也必然增加。但是,为了确立景观生态学的科学地位,有必要区分不同尺度的、不同类型的景观。景观的绝对尺度可大可小,这取决于所研究的具体生态学现象。将自然景观和人为景观混为一谈,或无视景观的多尺度特征而只是狭隘地、僵硬地将景观定义到某一人为尺度上,都不利于景观生态学的发展。景观是多元化的,景观生态学也是多元化的,景观生态学家也是多元化的。因此,将景观生态学看作包罗万象的类似于社会科学学科的观点是不足取的。

6.6.2 景观生态学的应用

景观生态学的应用范围很广、内容很多,涉及国土整治、资源开发、土地利用、生物生产、自然保护、环境治理、区域规划、城乡建设、旅游发展等诸多领域。

1. 生物多样性保护

保护生物多样性已成为当前全世界关注的热点,生物多样性包含遗传多样性、物种多样性、生态系统多样性和景观多样性四个层次。相应的生物多样性保护也要求在景观、群落、种群、物种和基因等多个层次上进行。景观多样性不仅是生物多样性研究中的重要层次,而且对其他三个层次有重要的影响。因此,生物多样性保护的策略从以前重点保护单一的濒危物种转变到保护物种所生存的生态系统和景观。这种转变把对生态系统和景观的保护提高到生物多样性保护的重要地位。景观生态学在生物多样性保护中已处于一个中心地位,因为它能在环境异质性和斑块的框架中对生物多样性问题作出反应。以景观生态学的原理和方法保护和管理物种栖息地是生物多样性保护最为有效的途径。从景观生态学角度进行物种保护是当今生物多样性保护的一个突破,也是景观生态学的主要研究方向。

2. 生态恢复与生态重建

景观生态学的一个重要的应用领域就是生态建设。人类活动干扰严重的地区,经常是种群、群落或整个景观生态系统的结构受到损伤,或系统内原本畅通的物质、能量、信息的流动渠道受阻,导致景观破碎化,异质性降低,抗干扰能力下降。如果干扰程度超过景观生态系统的自我调节和恢复能力,将使景观结构发生不可逆的改变,导致某些景观功能完全丧失,这就需要根据景观生态学的原理采取人工措施重建生态系统,改造原有的景观格局,改善或恢复受胁迫下受损的系统功能,提高景观系统的总体生产力和稳定性。

3. 土地利用规划

土地利用规划是一个广泛的领域,农、林、牧、水、矿、交通运输、城市建筑等与土地利用开发有关的行业都存在土地利用规划问题。土地利用规划旨在协调人与自然的关系，使土地利用所带来的环境问题得到合理解决。景观生态学思想的产生源自土地利用规划，反过来景观生态学的发展又为土地利用规划提供了新的理论根据，并且提供了一系列方法和工具。在土地利用规划设计的过程中，可以利用景观生态学的格局分析和空间模拟等方法帮助分析和预测各种规划设计方案可能带来的生态后果，使土地利用方案更具科学性和可行性。

4. 景观生态规划与设计

景观生态学与景观和城市规划及设计有密切的关系。景观生态学的目的之一是了解空间结构如何影响生态过程。现代景观和城市规划与设计强调人类与自然的协调性，自然保护思想在这些领域日趋重要。因此，景观生态学可为土地规划和设计提供必要的理论基础，并可帮助评估和预测规划与设计可能带来的生态后果，而规划和设计的景观可以用来检验景观生态学的理论和假说。此外，景观生态学还为规划和设计提供了一系列方法、工具和资料。例如，景观生态学中的格局分析和空间模型方法与遥感技术结合，可以大大促进景观和城市规划与设计的科学性和可行性。

5. 景观生态管理

景观生态管理主要体现在各种与实践密切相关的景观规划工作中，包括区域国土整治与发展战略研究中的生态建设规划、大型建设工程的生态影响评价与生态预测、城市与矿区人工生态系统研究与景观生态规划、乡村景观规划、土地生态适宜性评价、自然保护区生态规划与管理、旅游开发区建设的景观生态规划与风景名胜区的景观生态保护等。

6. 全球变化

景观生态学在全球变化研究领域的应用日益引起人们的关注。全球变化研究的核心问题是探讨土地利用变化和气候变化对生态系统的影响及其反馈机制，以及人们在未来气候变化下所要采取的适应性管理对策。研究尺度的选择是全球变化研究中所面临的主要问题之一，它关系到各种尺度转换以及大尺度模拟的精确度。许多重要的生态过程如干扰、物种的扩散和迁移、养分循环以及水分交换等都是发生在景观尺度上的，这些生态过程对全球变化影响的动态模拟至关重要，因此在景观尺度上开展全球变化的研究显得尤为重要。

思考与练习题

1. 如何区分缀块、廊道、基底这三类景观结构单元？
2. 为什么要研究景观格局？主要方法有哪些？
3. 景观生态过程与景观功能之间的关系是怎样的？
4. 举例说明景观生态学理论与方法在自然保护和土地规划与设计中的应用。

第7章 全球生态学

7.1 全球变化

自地球诞生以来，地表环境就一直在变化。现今发生在地球表面的变化，包括地球环境中所有的自然和人为引起的变化，即全球变化(global change)，是全球环境包括气候、土地生产力、海洋和其他水资源、大气化学、生态系统等发生的变化，而且是改变地球承载生命能力的变化。

7.1.1 全球变化的科学内涵

1. 全球观与全球尺度

在全球变化中，全球的含义包括空间规模上的全球尺度和思想认知上的全球观两个方面。所谓全球观，就是从地球系统的思想出发，把地球看作一个整体，研究地球系统随时间的变化，研究那些把系统中所有部分紧密地联系在一起并导致系统发生变化的过程和机制，而不是孤立地研究地球的不同组分及其环境。因此，以地球系统概念为基础的全球变化显著地有别于那些建立在对地球各圈层研究基础之上的地球科学的传统分支学科。这也使全球变化研究超越了各分支学科的界限，是建立在各分支学科基础之上的交叉研究。

所谓全球尺度，是指过程或事件本身的空间尺度相当于地球半径以上，或虽然过程或事件本身的空间尺度没有达到上述规模，但其影响是全球性的。

2. 所有时间过程

所有时间过程包括所有时间范畴和所有时间尺度两个方面。全球变化研究的目的是在所有时间范畴、所有时间尺度上认识地球的演化及其变化对人类社会的影响。全球变化研究不仅是为了弄清发生在过去的全球变化规律，更主要是为了揭示现在正在进行的及未来将要发生的全球变化。全球变化过程跨越了不同的时间尺度，地球系统从1年以下到10^9年的各个时间尺度上均存在变化。全球环境的变与不变是相对于一定的时间尺度而言的。尽管当前全球变化研究关注的重点是对预报未来全球环境有重要影响的几十至几百年尺度的变化，但认识全球变化规律需要了解所有时间尺度上的过程。

全球变化的主要时间尺度可以用五个不同的时间段来定义。

(1) 几百万年至几十亿年。在最初的一亿年之内，地球很快形成，其后金属核明显地与其上的对流地幔和运动着的岩石圈隔离开。地球结构的演变、生命的演化及与此有关的现代大气化学成分的演变均是由几百万年至几十亿年尺度的过程决定的。

(2) 几千年至几十万年。此时间尺度变化的典型例子是受地球轨道参数周期性变化所驱动的全球气候变化，主要表现在冰期和间冰期的交替，以及与此相关联的大气成分、土壤的发育、生物种类区域分布等的相应变化。

(3) 几十年至几百年。这一尺度的中心课题是物理气候系统及其与生命有机体以及生物地球化学循环，尤其是营养物质的再循环之间的相互作用。那些对地球上某些生命形式构成威胁的变化，如气候变化、大气化学成分变化、地表干燥度或酸度变化、地球和海洋生态系统的变化，均是此时间尺度上的重要问题；此外，对未来的10～100年应予以认识和预报。

(4) 几天至几个季度。天气现象、洋流中的旋涡、极区海冰覆盖的季节增长和融化、地面径流、风化过程，以及植物生长的年循环等，都受制于由日辐射年循环调节的时间尺度。大部分生物地球化学循环的反馈过程是通过为主要子系统提供能量的辐射过程的交替而发生的。

(5) 几秒到几小时。陆地、海洋、冰、大气和生物群落之间的质量、动量和能量流通全部由时间尺度小于一天的过程所支配。在陆地和海洋，这些过程以湍流为输送介质而发生，而湍流输送本身又部分地受逐日加热循环的影响。

在上述五个时段中，几十年至几百年的中等时间尺度变化是全球变化研究的重点，在此时间尺度内的自然变化对人类有着重要的影响，而人类活动对全球过程的影响也最为显著。后两个短尺度的过程通常是大气、海洋等地学传统学科研究的领域，但发生在年际尺度上的异常扰动也是全球变化研究特别关注的问题。不同尺度之间存在密切的联系，较长时间尺度的变化是较短尺度变化的背景，较短尺度的变化有时是较长尺度过程的表现，如地震和火山爆发虽是一种瞬间表现形式，但这种灾难性事件的突然性掩盖着一个基本事实，这就是为积累使这种时间重复所需的能量需要几十年到几百年的时间，在固体地球内部进行长时间尺度的调整。某些较短尺度过程的非线性积累放大有可能引起更长尺度的变化。

3. 人类的作用

由于人类活动影响的加剧，全球变化过程正以前所未有的速度加快进行，人类已经成为导致全球变化的重要因素之一。全球变化是人类社会所面临的挑战，狭义的全球变化主要是指人类生存环境的恶化。因此，当前的全球变化研究特别关注的是对人类和生物圈影响最大、对人类活动最为敏感的时间尺度为几十年至几百年的全球变化，以及作为这一尺度变化背景的几千年至几万年尺度的变化。作为正在执行的关于全球变化研究的重大国际科学计划之一的国际地圈-生物圈计划(IGBP)就是旨在对地球系统进行动态的和多学科的研究，研究上述时间尺度的过去的变化和不确定的未来。

7.1.2　全球变化研究的主要内容

全球变化研究的主要内容包括全球变化的过程和驱动力、全球变化在时间和空间上的表现、全球变化对人类社会的影响与人类的响应，以及全球变化信息的获取和分析等方面。

根据全球变化驱动力的不同，可把全球变化区分为自然变化和人为变化两部分，全球变化是这两部分变化的叠加。自然变化的营力来自地球系统之外或产生于地球系统的自组织过程之中。人为变化是人为因素作用于地球系统而引起的变化，包括由于人类利用土地所导致的土地覆盖的变化(如农田、牧场等人化自然替代纯自然景观，城市、交通线等人工自然替代人化自然或纯自然)，以及由于人类活动所引起的地球系统的状态和功能的改变。人类活动所引起的全球变化随着人类的发展进步而变得日益显著，如今在某些方面已达到与自然变化相同量级的规模。

全球变化也意味着地球系统状态随时间的整体改变或部分调整，并最终表现为全球环境特征的改变。相对于物理气候系统、生态系统和固体地球系统等功能性系统而言，全球变化表现为系统状态的变化；相对于水循环系统、生物地球化学循环系统和沉积循环系统等过程性系统而言，全球变化表现为在不同的“源”(释放者)和“汇”(接受者)之间物质交换与储存比例关系的变化。严格地讲，环境的变化是不可逆的。但在一定时间尺度内，某些环境因素的变化可以认为是可逆的。准周期变化性是可逆的,趋势性变化是不可逆的,气候系统的变化的可逆性最大,固体地球系统的演化大多数是不可逆的。

全球变化是对人类生存和发展的挑战。对于人类社会而言,全球变化意味着人类生存条件的变化,势必对人类产生有利或不利的影响。全球变化的后果或影响分析研究包括确定全球变化的环境和社会影响,以及地球环境和人类社会适应和减缓全球变化影响的潜力。全球变化的环境影响研究主要涉及自然生态系统在全球变化中的稳定性,全球变化对全球农业、林业、渔业生产潜力等人类生存环境和人类支持系统的影响等,以及这些系统适应和减缓全球变化对社会经济各个部门的生产和发展的影响、人类社会适应和减缓全球变化影响的能力。全球变化研究是跨学科的多领域研究,其数据也是多方面的,涵盖地球系统的各个方面,全球各种尺度数据的获取、接受、分析处理、汇编存档和使用,决定着全球变化研究的成败。

7.1.3　全球变化研究的意义

1. 全球变化研究是人类社会实现可持续发展的科学基础

20 世纪中期以来,在世界范围内的经济发展的同时,出现了日益严重的环境污染和一系列公害事件、由全球气候异常而造成的全球粮食问题以及资源危机,使人口、资源、环境与发展的问题提到全人类面前。整个人类社会,乃至整个地球都被笼罩在人口增加与消费增长所形成的巨大阴影之中。

由于人类活动,全球变化的趋势在未来相当长的时间内将继续下去,这种变化能否回到原有的平衡,或能否有新的平衡?人类如何应对、适应这种变化,以及如何在可持续发展战略中体现对未来环境变化的适应?这些都是事关人类未来生存与发展的问题。可持续发展必须以适应全球变化为基础,人类对全球变化的适应必须最大限度地符合可持续发展的原则。因此,开展全球变化研究是人类社会所面临的挑战,是实现可持续发展的科学基础。

2. 深化对地球系统的认识,促进地球科学发展

全球变化研究需要从整体上认识动态变化的地球系统,这与传统的以地球单个圈层为对象的地球科学的分支学科体系有本质的不同,这种认知体现了人类对地球系统认识的深化。随着全球变化研究的深入,人们会对地球系统有更深刻、更全面的认识。

3. 改变人类的观念,促进应用基础科学和有关社会科学的发展

从全球变化的观点来看,资源是动态变化的,是有限的,其可更新性是相对的,对资源的过度开采、掠夺性开采和高消耗浪费,必然引起环境的恶化,产生灾害性的后果。这些认识必将促进人类生产和消费观念的变革,促进与资源、环境、灾害等有关的应用基础学科的发展。

全球变化研究也关注全球变化的环境影响、社会影响,以及对策和政策评估研究,这些研究会促进有关决策科学的发展,提高人类应付全球变化的能力。

7.2　全球变化的影响及人类的响应

7.2.1　全球变化对人类的影响

1. 全球变化影响的主要途径及主要部门

人类的文化是对环境的适应,一种文化形式总是与其所处的环境相平衡,文化的区域性是适应环境区域差异的结果,以年为周期的周而复始的农业生产活动是对一年四季气候更替的

适应。如果环境不发生变化，环境对人类的影响可作为一个常数来看待，但实际上环境一直存在着不同幅度的变化，变化的结果不可避免地会对人与环境之间本已存在的平衡产生影响。短期变化的影响可能是暂时的，但也有可能产生灾难性的后果；长期变化的影响更为深远，有可能导致平衡关系的彻底破坏，引起一个地区生产方式的改变甚至导致文明的消亡。在人类历史进程中所发生的许多重大事件都存在着环境演变的背景，农业的发展、文明的出现、古文明的消亡、游牧民族的兴起都在一定程度上与环境的变化相联系。而在撒哈拉沙漠的腹地和冰天雪地的格陵兰都曾有过文化相对繁盛的时期。从这一点上说，正是全球变化导演了人类历史的某些重要篇章，人类是在适应全球变化的过程中谱写了自己的历史。

自然环境对人类社会的影响与它对其他动物的影响有一致的方面，最终导致人类社会与自然环境状态相平衡。但环境对一般生物的影响，主要是对一般生物的生理状态的影响，一般生物与环境的关系是被动适应的关系。而人类对环境的关系，是主动改造（包括开发、利用、改善、建造、破坏、污染等）的关系。与自然生态系统显著不同的是，人类生态系统是建立在人为控制的、大量的物质和能量输入与输出基础之上的人工系统，其平衡机制也与自然生态系统有明显的差别。由于人类生态系统的复杂性，自然环境对人类社会的影响也远较对其他动物的影响复杂得多。自然环境对人为环境、人类、社会的每个部分都可能产生影响，并且当某一部分受到影响时，这种影响都会传递到其他部分，并得到其他部分反馈、调解，使影响放大或缩小。

全球变化通过三个途径对人类构成影响。首先是直接对人类的健康产生影响；全球变化事件也可能对某些社会事件的发生产生影响；但更主要的是通过资源和灾害的变化改变自然系统的承载力，影响为人类提供物质基础的人为环境系统的生产能力，进而影响人类的供需平衡，更进一步影响人类与人类社会。

全球变化直接或间接地影响人类及其生产和生活的各个领域，世界气候影响研究计划提出研究气候对人类影响的十个方面：①人类的健康和工作能力；②住房建筑和新住宅区；③各类农业；④水资源开发和管理；⑤林业资源；⑥渔业和海洋资源；⑦能源的生产和消费；⑧工商业活动；⑨交通和运输；⑩各种公共服务。现实生活中，气候变化、海平面上升、土地覆盖和生态系统变化、环境污染等，对农业和粮食供给、淡水资源、沿海地区的土地资源、人类健康等方面的影响最受关注。

2.全球变化影响的层次

全球变化对人类的影响按其所达到的程度可以分为土地承载力、生产系统、经济与生活、社会政治四个层次。其中第一、二个层次主要属于全球变化的环境影响，主要是指自然生态系统在全球变化中的稳定性，全球变化对全球农业、林业、渔业生产潜力等人类生存环境和人类支持系统的影响等，以及这些系统适应和减缓全球变化影响的潜力和机理；另两个层次属于全球变化的社会经济影响，主要是指全球变化造成的或可能造成的社会和经济后果，如全球变化对人的生理与健康的影响，全球变化对社会经济各个部门的生产发展的影响，以及对社会发展的影响等。

全球变化首先意味着资源条件的变化，表现为资源数量或质量的变化。温度的升、降意味着热量资源的增加或减少，降水的变化意味着水资源的增加或减少，土地沙漠化与土地退化意味着土地生产力的下降，森林的减少意味着可供利用的木材资源匮乏等。

自然环境的限制因素中能够对人类构成危害的部分就是自然灾害。自然界中资源与灾害是相对于人类可利用程度而言的，它们是一个事物的两个方面，人类在享用地球为人类所提供的自然资源的同时,也要面对自然环境对人类所产生的限制甚至危害。能够被人类所利用就成为自然资源,对人类构成危害就是灾害。以水为例,可控制时是资源,不可控制时是灾害(洪水);数量适当时是资源,数量过多或过少时则成为灾害(旱、涝)。人类对自然资源的利用方式是与一定区域内的资源的平均状况相匹配的,一种利用方式适应于一定数量和质量范围内的自然资源状况。自然环境的变化所造成资源数量在一定范围内的增减会相应地造成某些灾害的强度与频率的改变,如我国东北地区的低温冷害的强度和频率在温暖时期均明显地低于寒冷时期。而资源的增减如果超出人类所适宜利用的范围,造成资源的严重过剩或不足,也会产生灾害,非洲撒哈拉地区在20世纪40—60年代存在过长达20多年的多雨期,为利用这个气候资源,这里的生产模式进行了调整,废除了休闲地,扩大了耕地和放牧,使这里的生产模式适应了稍微湿润的气候。自1960年代末以来气候变化导致严重干旱,使横贯非洲的一些贫穷国家遭受了非常沉重的打击,灾害毁坏了他们的牧场和庄稼,造成牲畜的大量死亡,夺去了数十万人的生命。

人类一些活动所造成的自然环境的改变有时也会使得某些灾害更易于发生。以城市洪水为例,由于各种建筑物和路面覆盖,雨水不能渗进土壤,于是几乎全部雨水立即在光滑的人工地面上奔溢汇集,本不该发生洪水的地方却洪水泛滥成灾。自然环境承受人类活动影响的能力也随全球变化而改变。人类活动导致的干旱、半干旱地区的土地荒漠化、草场退化等过程在气候变干的背景下更易于发生。

全球变化影响的第二个层次是和资源与灾害的变化相联系的生产系统的变化,包括直接和间接受资源与灾害影响的生产水平或生产结构的调整。

直接受资源与灾害影响的生产领域主要包括农业、林业、渔业生产等人类支持系统,全球变化对它们的影响集中体现在生产能力的变化方面,并最终表现为土地承载力的变化。以气候变化对农业的影响为例,气候变化不仅直接导致一个地区的产量变化,而且能够通过影响适宜耕作区范围的变化、作物界线的迁移,以及耕作制度的改变而进一步对生产能力构成影响。在我国,降水变化100 mm可引起亩(1亩=666.7 m^2)产潜力约50 kg的变化;温度变化1 ℃,大致相当于全国各茬作物变化一个熟级,产量变化10%。

全球变化对生产系统的间接影响包括改变了生产系统运行的边界条件,为维持系统的正常运转需要适当地增加或减少有关投入。例如,海面上升对沿海的城市和农田均构成重大威胁,为此需要增强沿海防护堤的建设,我国历史上海塘建设兴盛的时期也就是高海平面时期。在气候变暖的情况下,高寒地区的道路建设需要考虑冻土融化的问题。

全球变化影响的第三个层次是社会对生产和消费平衡关系变化的响应。生产系统变化的结果导致生产能力的改变,必然破坏业已存在的社会供给与消费需求平衡,为此需要社会对人类的经济与生活领域给予适当的干预,如为提高生产能力而实行的技术投入与政策措施,为满足消费而进行的地区间贸易,为调剂消费需求而进行的市场价格调整,以及为保证社会最低需求而采取的社会救济措施等,其目的是在新的基础上重新建立起平衡关系。

全球变化影响的第四个层次是对人类本身及社会政治文化平衡的影响,其不利的方面表现为重大生命损失、社会矛盾的激化、社会秩序的破坏、地区冲突的加剧甚至文明的衰退等。

中外历史上,因环境变化导致经济倒退、促使社会变革的实例不胜枚举。我国历史上绝大多数的大规模农民起义都与大灾大饥事件联系在一起。如西汉末年的绿林起义、唐末的黄巢起义、元末的红巾军起义、明末的李自成与张献忠起义等。在世界其他地区也有同样的现象,在16—19世纪的小冰期,寒冷气候对欧洲的农业造成了灾难性的打击,也深刻地影响了社会、政治、经济的稳定。其中对人类历史进程有重大影响的1789年的法国大革命就是在严重的自然灾害导致粮食严重短缺的背景下发生的。寒冷的小冰期的冲击也深刻地影响了欧洲殖民者与其殖民地之间的关系，17世纪后期是小冰期最寒冷的一段时期，寒冷使英国的收成减少，于是英国就在殖民地增加税收，把本土的经济危机转嫁到殖民地，结果是许多殖民地决心完全摆脱英国的控制，这就是美国爆发独立战争时的环境背景。可以说，环境恶化激化了英国与美洲大陆殖民地之间的矛盾，是美洲革命的潜在触发因素。

全球变化影响所达的层次总是从低到高，即从土地承载力上升到生产、经济与生活系统。在影响传递的过程中，都会受到人类社会的调节作用，当影响超出某一层次所能承受的范围或调解的能力时，这种影响就会传递到更高的一个层次。在一定的社会条件下，全球变化的幅度越大，其影响的层次也越高。较短时间的环境变化所引起的资源在数量上的变化，可以造成生产上起伏波动，其产生的影响可能是暂时的、区域性的，但也有可能对历史的进程起到加速或缓冲的作用；较长时间的变化会导致资源在一定时期内不可逆转的质的变化，这种变化后果是长期的，严重者足以改变一个地区乃至全球范围的历史进程，甚至造成某些文明的衰亡和促使新文明的产生。

3. 全球变化的敏感区和易受影响的地区

由于区域差异的存在，地球上不同地区对全球变化的反应和感受存在着差别。对全球变化最敏感、能提供早期信号的地区，反馈作用最显著、能将微弱的变化放大的(如热带雨林和极地冰盖)地区，都是当今全球变化研究关注的重点。

气候边界地带与生态脆弱带是最易受全球变化冲击的地区，这些地区土地的可利用性及生产能力的大小常随全球变化而发生显著变化。人类在这些地区的过度开发破坏了原始土地覆盖，加剧生态脆弱性，极易发生土地荒漠化过程，导致土地资源的丧失。

海洋与陆地的交界面，即海岸带，是全球变化及变化对人类的影响表现最为强烈的敏感地区之一。海岸带的范围大致是从海岸平原延伸到大陆架边缘的地区，海岸带内部具有显著的生物和非生物特性的海岸系统，对全球生物地球化学循环有显著的贡献。海岸带是输送、转变和储存大量溶解和悬浮物质的高物理能和生物生产量过渡区。约占全球表面8%的海岸带提供了全球四分之一以上的生物量。海岸环境由于受海水、淡水、冰、降雨、蒸发、陆地和大气等多方面影响，各种自然过程(包括海平面变化及各种人类活动)的变化都容易引起比较明显的环境扰动。从另一方面看，海岸带也是全球变化对人类影响表现最显著的地区。目前约有50%的世界人口生活在距海洋60 km的范围内；沿海地区是一些土地最肥沃、人口密度最大的地区，对于这些地区而言，几分之一米的海平面变化也会对他们的生产和生活产生重大的影响。孟加拉国及类似的三角洲地区、荷兰及太平洋和其他海洋中地势低平的岛屿国家是特别脆弱的地区。孟加拉国全国约有7%的可居住地位于海拔不到1 m的地方，约25%的可居住地(约3000万人口)低于海拔3 m等高线。荷兰国土的50%以上是沿海低地，是依靠人工修筑的海堤保护的，为了防御海平面升高1 m的影响，大约需要100亿美元的费用。对于大洋中岛屿而言，为防御海面上升0.5 m所造成的影响而需要的费用已远远超出它们的财力范围。海平面变化还会影响到提供全球海洋渔业捕捞量90%以上的海岸带地区的渔业资源，以及珊瑚礁、红树林、海岸沼泽和湿地等生物群落有关的重要的生物资源。

全球变化的不利影响对社会最脆弱的地区打击最大。对于社会的脆弱性和社会经济发展的关系，还不十分清楚。一种意见认为，最脆弱的社会既不是最贫穷的和最不发达的社会，也不是最富有、最发达的社会，而是那些正处于迅速向现代化过程过渡中的社会。在这些国家或地区,发展带来生产与生活方式的变化,这种变化在面对全球变化打击时往往造成社会体制破坏。

7.2.2 人类对全球变化的适应

全球变化对人类的影响是一个十分复杂的问题,既有有利的方面,又有不利的方面。对有些地区有利的变化,对另一些地区可能是有害的。人类能否顺利地适应全球变化的影响,取决于人类能否对全球变化的影响正确地认识、准确地评估和适时地采取有效措施。

1. 对待全球变化的不同态度

人与自然环境的关系不仅受人类的活动和技术因素影响,而且受不同社会对环境所持认识和态度的影响。在如何看待全球变化影响的问题上,至今仍存在着几种不同的,甚至可能是相互冲突的观点。

第一种观点是把世界看成人类一个稳定的居所。持这一观点的人承认全球变化的必然性,同时相信不管全球环境如何变化,它都要回到稳定位置。他们情愿承担风险,把全球变化看成一种挑战而不是灾难,认为人类必须使自己适应环境。他们注意到人类社会在过去已经战胜过类似的挑战,而且变化中的境况会刺激人类自身的创造和发明力,人类甚至可以利用这种变化过程去获得经济效益。持这一观点的人所感兴趣的,是全球变化的一般特征,不是高度精确的细节,以便据此制定具有长期影响的决策。

第二种观点与第一种相反,他们认为世界是极不稳定的,环境中的任何变化都是坏事,特别认为太快的变化就可能是灾难了,因而对一些未知的东西感到恐慌。持这一观点的人所秉持的行动纲领自然是要阻止这种变化,或者至少要让变化缓慢到来。从本能出发,他们关心控制 CO_2 及其他会引起全球变化的各种气体的排放量,保护热带雨林,或者采取其他防范措施。

第三种观点强调全球变化的不可知性,因此也就不能够或者不愿意面对其结果,承认问题之所在。这种观点实际上是回避事实,或者认为变化无关紧要。但这很可能使事情恶化到不可忽视的严重程度。这也表现了一种自然的人类反应。

第四种观点反映了可知论和不可知论两种观点的某种结合。他们赞成革新和变化,但觉得变化应该有一个限度,一旦超出这些限度将导致事情的恶化。而实际上,他们并不真正知道这些限度在哪里,也没有足够的时间去找到它们。在他们看来,即便某些细节可能永远无法预测,但人类必须建立这种理性的基础,必须能够在从前从未想到的某种水平上来管理全球资源。

2. 全球变化影响的评估

为针对全球变化采取对策,首先需要对全球变化的可能影响进行评估,评价方法的制定是评估影响的关键。政府间气候变化专业委员会(IPCC)第二工作组为评估气候变化的影响并制定适应对策,制定了一个由七个步骤组成的分析框架,为不同地区或国家、不同经济部门提供了进行可比性研究的框架。对影响的结果可区分出不同层次,每个层次中最多包括七个步骤,按步骤依次进行评价。每个层次均以前一层次的评价结果为基础,同时可能根据后面的评价结果或假设条件的变化进行重新迭代,最终形成评估结果。

目前世界各地发展了许多全球变化影响的综合评价模式,但评价的结果尚有很大的不确定性。IPCC 从 1995 年至今已出 5 次评估报告,多次指出全球变暖可能给人类健康、陆地和水上生态系统及社会经济体系(如农业、林业、渔业、水资源)带来影响。以对农业影响为例,在 CO_2 加倍的情况下气候变化带来的作物产量的变化情况在不同地区有很大差别,其中一些地区的生产力将有所提高，而另一些地区，特别是热带和亚热带地区将下降。这些报告对全球不同国家和组织在共同应对全球变化方面起着重要的推动作用。

3. 全球变化的对策

人类对全球变化影响的感知和态度是采取应变措施的基础。由于在如何看待全球变化问题上的观点不同，因此所采取的对策也不同。对全球变化的态度持第一种观点的人对全球变化影响所采取的对策式适应，其基本原则是趋利避害。适应的方式是多种多样的，包括主动或被动顺应，也包括积极抗御。主动顺应比被动顺应能更多地减少损失获得收益。为适应新的环境而主动地变更生产方式，拓展新的生存空间，采用新技术，开发新资源等都属于主动顺应方式。面对环境变化的影响而消极地承受，属于被动顺应的范畴。历史上常见的通过人口的大规模减少与发展的倒退来适应新的环境是现代人类不再愿意接受的被动顺应方式。而通过采取防御措施适应全球变化的影响有两种途径：一种途径是改变全球变化影响的临界值，通常是通过工程措施来实现的，如修筑围海堤坝以阻挡海平面上升的影响，发展灌溉工程以减轻干旱的危害；另一种途径是对全球变化的影响在一定的时间和空间内进行分散，如旱灾保险。

主动地适应全球变化能够减轻不利影响，有效地利用资源。主动适应环境变化的一个例子是秘鲁的农民根据每年的气候预报调整他们的作物种植。秘鲁的气候受到厄尔尼诺事件的强烈影响。在秘鲁种植的两种主要作物是水稻和棉花，它们对降水的数量和时间均很敏感。水稻需要大量的水分，而棉花根系较深，在低降水年份也能获得较高的产量。1982—1983年的厄尔尼诺事件使秘鲁1983年的农业生产下降14%；由于对1986—1987年的厄尔尼诺事件作出了预报，采取了主动适应措施，增加了水稻种植的比例，1987年秘鲁的农业生产增加了3%。

主动适应有两个基本前提。一是要能预知全球变化的状况并对可能造成的影响进行评估；二是制订合理的预案并提供有效的经济技术保障。尽管有成功的事例，但这两个前提在通常情况下都是很难满足的。在现有技术条件下，尚难对未来的全球变化作出准确的预报，而全球变化影响的评估模式尚处在发展阶段，有时模拟的误差可能远超出实际变化的幅度。人类对全球变化的感知更多是从全球变化所造成的生产效益获得的，通常是在全球变化已发生后才认识到其变化及其影响，因此落后于全球变化。另一方面，人类对全球变化采取适应性措施也需要一定的时间，在从一种生产模式调整到另一种模式过程中需要解决一系列问题，如农业生产模式的调整需要进行种子培育、技术培训、设备更新等，对一个大的地区来说，这一过程往往需要10年以上的时间，且需要大量的经济投入。

由于人类的认知往往滞后于全球变化，并且在采取适应性措施的过程中需要一定的时间，因此人类所采取的适应性措施往往落后于全球变化。如果全球变化的阶段性与调整所需的时间相近，甚至会出现生产模式变化与全球变化反位相的情况，反而加重了全球变化的影响。以黑龙江近50年来的温度变化与水稻种植面积变化的关系为例，水稻种植面积增减的阶段性变化与温度的阶段性变化存在很好的对应性关系，但在时相上落后于温度变化3～6年，这种时相上的滞后，在气候变冷的阶段加剧了自然灾害的程度，在气候转暖的阶段则造成资源的浪费。

适应只能在全球变化允许和技术可能的情况下才能够奏效，超出了可能适应的范围则不可避免地将遭受打击。例如，12—14世纪长达200多年的干旱给生活在美国科罗拉多州到艾奥瓦州的大平原上的印第安人以毁灭性的打击。当干旱发生时，以树叶为食的鹿的数量首先因干旱而明显减少，人们改以捕猎以草为食的野牛作为食物的来源。当草原上鹿和野牛数量进一步减少,相应地导致食物的紧缺时,印第安人采取灌溉措施维持农业以解决粮食困难问题,人们以灌溉农业为依托在干旱的环境中苦苦地坚持。但当干旱使得灌溉农业也无法维持时,他们不得不迁往他乡,放弃存在了几百年的文明。

持第二种观点的人所采取的全球变化对策是要防止全球变化的发生,或者要让它们减缓下来,至少对人类活动引起的全球变化要做到如此。

预防全球变化的手段涉及技术、经济、政策等各方面。以控制温室效应为例,可能采取的手段包括全面废止氟利昂使用、控制森林破坏、提高能源利用率、更新能源结构使用洁净能源、通过政策和经济措施强制性地限制消费等。

预防或消除全球变化措施的实施涉及许多具体问题。采取措施的前提是对全球变化原因、过程乃至后果有较为准确的认识,但以现有的科学水平难以做到这一点,人们对全球变化的认识尚存在许多不确定性。预测与实际变化的任何偏差都可能使得所采取的预防或消除措施无法起到预期的效用,不仅会造成浪费,增加经济损失,而且可能在全球变化的影响面前遭受更大的打击。采取预防措施还需要考虑经济的合理性,许多预防与消除全球变化影响的措施都需要有较大规模的经济投入,或者以减少经济收入为代价。预防与消除人类活动导致的全球变化的极端做法是放弃现有的工业和耕作生产方式,退回到更为原始的生活方式中去,这实际上是一种不可行的方式。这种做法完全忽略了人的创造能力,而且这样的方式也完全无法养活现有的人口。在预防或消除全球变化的问题上,还需要考虑技术的可行性问题,对于某些全球变化问题目前尚未有行之有效的技术措施。即使预防措施在技术上没有问题,单独一个国家来实行,仍不能取得预期的效果。如果不是世界上所有国家协调实施,那就没有意义。只有国际社会取得一致意见,世界各国协调行动,集中起有关的科学技术来进行,才有望产生某种程度的效果,但各国出于各自国家利益考虑,很难达成协调一致的行动方案,即便采取措施也往往是不同利益集团彼此妥协的结果。

不采取任何行动的对策是强调全球变化不可知性的人的做法,他们认为现在不需要采取任何对策,以避免由于对全球变化的不确定性的认识不足和技术条件尚不具备而造成不必要的浪费和失误。他们希望再等一等看,相信当真正需要采取行动的时候,会有更多的技术可供选择。但这样消极对待的做法在全球变化真正发生时可能遭受更大的损失,因此这种做法是不可取的。

全球变化是不可避免的,人类必须在全球变化基础之上建立对策,采取一切可能的措施把全球变化控制在一定的限度之内,同时在可接受的变化幅度内采取一切可能的措施趋利避害。尽管人类并不真正知道这些限度在哪里,也没有足够的时间去找到它们,但人类不能消极地等待,在找到这些限度之后再采取行动,也不能毫无根据地采取不切实际的措施。因此,不论可知论还是不可知论的观点都有其合理的成分,同时也存在许多问题,全球变化的对策应是各种措施的结合。

7.3 全球生态学

7.3.1 全球生态学的概念与发展

1. 全球生态学的概念

自20世纪中期以来,如何应对全球变化,保证地球成为一个适于人类生存与持续发展的生命支持系统，已经引起科学家、各国政府与社会的密切关注，成为人类迫切需要解决的关乎生存的根本性问题。为此，国际科学界联手开展了诸如世界气候影响研究计划、国际地圈-生物圈计划、全球环境变化的人类因素计划、生物多样性科学国际计划等一系列重大国际科学计划。这些计划的研究内容都涉及陆地和水生生物群落，生态系统的结构、功能、分布等，及其与大气、海洋（包括深海层、极地、海冰）的生物地球化学相互作用，以及海陆相互作用、海气相互作用、火山活动、太阳黑子活动、核污染对地球的影响乃至在全球变化中的作用等。这些研究任务无疑将生态学基础研究推向了全球性研究的应用顶峰，是对生态学理论研究水平和应用价值的挑战。

人类活动的迅速发展使得自然环境的变化扩展到越来越广阔的区域，甚至达到了全球的规模，超出了生态学所关注的局地生物有机体与其环境之间的相互关系的范畴。与此相联系，生态学研究的范围涉及整个地球或者地球的相当大范围内的生物有机体与其周围环境的相互关系，拓展了原有生态学研究的外延，形成了生态学研究的新领域。这个新的领域被称为全球生态学。所以全球生态学（global ecology）或称生物圈生态学（biosphere ecology），是研究全球范畴或整个生物圈的生物分布及其量度的各种因素之间相互关系的科学，其研究范畴涉及全球范围或整个生物圈的生态问题。

2. 全球生态学的形成背景

环境变化与人类社会之间的相互关系是漫长而复杂的。这一相互关系因时因地而发生巨大变化。随着科学技术的发展及对环境变化与人类社会关系的深入研究，人们对地球本质有了两个基本的认识：首先，地球本身是一个单独的系统，在该系统中，生物圈是一个活跃的组分，即生命是一个参与者而非旁观者；其次，人类活动以复杂的、相互作用的、快速的方式在全球尺度上影响着地球，人类有能力改变地球系统，但其方式会影响人类赖以生存的生物和非生物过程及地球系统的组分。

“生物圈”一词是奥地利地质学家 E. Suess 于 1875 年在其关于山脉发生的著作《论阿尔卑斯山的起源》中首次提及的，但并没有给出确切的定义。1926 年苏联科学家 B. И. Вернадскии（1863—1945）在其撰写的《生物圈》一书中较详细地讨论了生物圈的范围和性质，建立了关于生物圈的完整学说，提出了生物圈的整体概念，开创了生物圈生物地球化学循环和人类活动对生物圈影响的研究，揭开了生物圈研究的序幕。

全球生态学或生物圈生态学的出现较“生物圈”概念的提出要晚得多。1971 年 6 月底在芬兰举行的“第一届环境未来国际大会”上，N. Polunin 教授首次提出了生物圈的生态问题，其论文《生物圈的今天》（The Biosphere Today）被收集在会议论文集《环境的未来》（The Environmental Future）中，这是讨论全球生态学问题的第一篇重要文献，标志着全球生态学的诞生。

20 世纪 80 年代，生物圈由于核冲击或其他意外事件成为国际社会关注的新焦点，国际科联的环境问题科学委员会（SCOPE）等国际组织开展了核战争的全球环境影响研究。这些研究和讨论均强调指出生物圈的所有部分是相互联系和不可分割的，这一认识对全球生态学研究起到了积极的推动作用。引起全球生态学为世人重视的首要原因是累积性的环境污染所产生的以全球气候变暖为标志的全球环境变化。当前，人们关心的重大生态问题，如臭氧层的耗竭、大气中 CO_2 和其他温室气体的增加、森林过伐与草原过牧、气候变暖伴随着生物多样性的消失等全球性环境问题，正严重威胁着人类所居住的生物圈，进一步加强了人们对全球生态学研究的必要性和紧迫性的认识。全球环境变化促使人们从生物圈层次研究各种生态过程（如生命必需的元素和重要污染物在大气、海洋、陆地之间的生物地球化学循环,海气交换过程,海陆相互作用,火山活动及太阳黑子活动,核污染等)对地球的影响及其在全球变化中的作用。

7.3.2　全球变化对生态系统的影响

尽管世界上所有的科学家不一定用同样的方式来看待全球变暖问题,但IPCC第五次报告(2013)指出,气候系统的暖化是毋庸置疑的,自1950年以来,气候系统观测到的许多变化是此前几十年甚至千年没有过的。1880—2012年,全球海陆表面平均温度呈线性上升趋势,升高了0.85 ℃;2003—2012年平均温度比1850—1900年平均温度上升了0.78 ℃。1983—2012年的这30年比之前几十年都要热,因此,虽然没有更早期的历史详细记录,过去30年极有可能是近800～1400年间最热的30年。

1901—2010年,全球平均海平面上升了19 cm,而冰川融化的速度也比20世纪90年代加快了数倍。据报告统计,从20世纪50年代开始,地球上的极端天气就已开始增多,包括强降雨、热浪、洪水、干旱等,正不断给人类带来灾害。据预测,在全球范围内,未来强降雨的强度和密度都将会上升,而部分地区也会经历更加严重和频繁的旱灾,4级到5级的热带风暴的频率也会增加。

据预计,应对气候变化较为脆弱的南亚地区将成为气温上升最快的区域,2046—2065年,最高升温部分将分布在尼泊尔、不丹、印度北部、巴基斯坦以及中国南部的地区,升温幅度为2～3 ℃,而2081—2100年,这些地区的温度预计会上升3～5 ℃。随着气候持续变暖,高温热浪将变得更加频繁,而且持续时间更长。

IPCC的报告推断:"近几十年来,人类所引发的全球增温已经影响了地球上各大洲的许多动物及生物学过程。在29000例的观察数据系列中,接近九成数据表明其变化与全球变暖的预期效应响应一致,并且在温度增幅最大的区域观察到的物理和生物学的响应最大。"在不同的研究中,科学家为了弄清人类的影响到底占有多大比例,将影响分解为自然因素和人为因素。人为因素的影响包括如化石燃料燃烧、农业实践、森林砍伐、工业生产、入侵动植物的引入以及各种土地利用变化等人类活动。

随着气温的持续攀升,动物和植物的栖息地被破坏,并且已经有一些个体物种向北方(极地区域)迁移或者向山脉更高海拔处迁移的记录。动植物的迁徙模式同样也会受到影响,例如白鲸、蝴蝶和北极熊就有这样的记录。在一些区域,春天来得更早了,影响了鸟类迁徙及鱼类洄游、产卵和叶片伸展的时间以及农业春耕时间。事实上,对获取的北半球卫星影像分析表明,1980年以来植物生长季正在稳定增加。

尽管在多数情况下物种对其经历过的变化的环境都能适应,但IPCC气候变化专家们还是警觉地看待现有的环境变化速度。他们预测在更久远的时间里,这些变化的幅度将会随着时间的增加而增加。令人担忧的是,其他干扰如洪水、虫害、疾病扩散、野火及干旱等也将发生。以上任何一种额外的挑战都足以摧毁一个种群或生境。高山和两极的物种在气候变化影响下显得特别脆弱,因为其他物种向北(极地区域)迁移或者向山地更高的区域迁移后,高山和极地物种的栖息地将缩小,这导致它们无处可逃。

基于如此大量的证据,大多数科学家不再怀疑全球变暖的真实性,也不再质疑人类需要对此负责的事实。

IPCC的科学家们一致同意这些剧烈变化中最为严峻的一点就是它发生得实在太快了,这些变化正以比地球在过去一亿年所经历的还要快的速度发生着。即使人类能够适应这种变化并转移到一个新的区域去生存，动物和他们息息相关的生态系统却不能。人们今天所作出的选择和采取的行动将决定其他生命及其生态系统明天的命运。

7.3.3 全球气候变化对森林生态系统的影响

森林已经存在了数亿年，在漫长历史中森林以缓慢的速度发生着，并成功地适应了不同时期的气候变化。近几个世纪以来，气候变化迫使森林通过改变植被以及迁移到新的生境来适应其变化。而如今，气候（温度、降雨、湿度及气流）正在发生剧烈变化，这使得森林没有足够的时间来适应这些变化。

与此同时，人类的各种活动已经给森林留下了深刻的印记，比如城市化、森林砍伐、采矿，以及许多其他活动已经毁坏了大部分森林，使森林破碎化。根据 IPCC 的研究，“以上这些威胁与以空前速度发生着的气候变化的影响一起，危害森林的耐受力和分布。”有研究指出，所有已知树木中近有 9%的种类濒临灭绝。大部分森林的减少都发生在过去的 30 年，这主要是由人类活动造成的。

1. 全球变暖效应对森林的影响

全球变暖和降雨量的变化并不是对所有的森林都表现出一样的影响结果。实际上一些森林将会消失，而另外一些森林则会扩展其范围。更重要的是大气中 CO_2 浓度的变化及其所带来的影响也同时存在于其中。尽管不同的森林会面临不一样的结果，但任何森林若其种群不能适应气候的变化，就将面临灭绝。

IPCC 研究指出，在 21 世纪，全球至少 1/3 的存留森林会受到气候变化的不利影响。全球变暖可能迫使植物和动物物种以超出其自身物理条件所允许的速度更快地迁移或者适应，这必将扰乱整个生态系统。此外，在未来气候变化的条件下，森林经历火灾的强度和频率会更高，且更易受到虫害和病害的侵袭。

全球变暖能直接和间接地影响森林。温度升高、降雨模式改变及极端气象事件等会直接影响某些特定的树木和动物种类。哪怕很小的变化都会影响森林的生长和存活，特别是那些位于生态系统外围边缘的部分，因为那里的条件处于临界状况。当气温升高，蒸散过程会使更多水分损失，导致更加干旱的情况发生，植物可利用水分减少。水温也能扰乱植物开花和结果的时间，对它们的生长造成不利影响。当森林所习惯的季节降雨模式发生改变时，森林也会受到威胁。当森林需水的时候，水分供给却短缺，产生干旱及水分胁迫，而当水分过多时，则会发生淹没和泥石流。

森林的年龄和结构在决定森林如何快速响应水分状况变化中扮演着重要角色。成熟的或老龄的森林拥有完善的根系，与年轻的森林或受到干扰的森林相比，成熟森林能更好地耐受干旱。植物种类也起着一定的作用，比如一些物种相比其他物种抵抗力更强。

CO_2 浓度升高对森林也有重要影响。在更高的 CO_2 浓度下，一些植物表现出更高的水分利用效率，一些植物则表现出对高 CO_2 浓度的适应，但是它们对 CO_2 的吸收速率随时间降低。

在 50～100 年这样短时间尺度内，全球变暖所导致的变化主要集中于生态系统功能方面。而在更长的时间尺度上，森林类型的更替会更显著。北方针叶林会受到最大的影响，其面积会大量减少，因为预期全球增温对极地区域的影响最为明显。一些最为脆弱的温带森林会岛屿化，或分隔成森林斑块，跟被城市和农业用地入侵造成的破碎化森林一样。山地或较高海拔的森林也面临着类似的威胁，它们不断向上迁移，最终也将没地方可去。

根据世界自然基金会（WWF）的研究，全球变暖使森林生态系统会经历以下五个变化类型。

(1) 干扰：森林生态系统将会受到更多极端气象事件、降雨及温度变化的影响。森林将会更加破碎化，彼此被孤立开来，生态系统发生改变。

(2) 简单化：如果全球变暖足够严重，它会导致那些生长缓慢的物种被速生的短命野草和其他入侵种所替代。这将会使之前丰富的物种多样性消失，成为物种匮乏的森林，取而代之的是一些入侵物种占优势，景观退化。

(3) 移动：预期物种在纬度(朝两极)和海拔(朝山区)上进行迁移。不过，目前并不知道物种的这种迁移速度有多快。

(4) 林龄下降：全球变暖给森林树木带来胁迫，老龄树木会死亡，而年轻的树木会占据那些区域，这会对森林生物多样性造成负面影响。

(5) 灭绝：那些最脆弱的森林生境将会永远消失。

在全球变暖条件下，未来存活的森林将会与现今的森林有很大不同。虽然变化的程度在不同地区有所差异，但是所有森林都将受到影响。

(1) 北方针叶林。两极地区是感受全球变暖影响最明显的区域，在这个区域，温度预期在 22 世纪会爬升 5～10 ℃甚至更高。据估计，升温将会对生活在这里的物种造成不利影响，而且目前生活在北方针叶林中 24%～40%的物种会消失。

今天的温带森林物种和草地物种将会入侵现在的北方针叶林。当北方针叶林植被被挤出原有的区域，将会在 22 世纪向两极迁移 300～500 km。这个证据可以在加拿大西部找到，在那里植物带已经开始向极地迁移。

迁移的植被将会面临几个主要的挑战。首先，冻原区域土壤并不肥沃，并不有利于高密度植被或树木生长，因为冻原区域缺乏定殖所需的生物区(biota)。种子的扩散速率和迁移耐受范围也是重要的决定因素，这些因素可能阻止树木在全球变暖所限定的迁移速率下存活。如白云杉在 100 年内能迁移 100～200 km，而欧洲赤松每 100 年才能迁移 4～8 km。有研究表明，通过种子的自然扩散，物种成功迁移的平均速率为每 100 年 25 km，而全球变暖速率是其 10 倍。

适应较大温度变化范围的能力也将起到重要作用。那些只能忍受较狭窄温幅的植物更易灭绝。当极地区域附近只升温 2 ℃时，物种组成就会发生剧烈变化，而且生境也会丢失，接着物种丰富度开始降低，最终损害生态系统运行的能力。

对处于温暖气候下的北方针叶林来说，另一个要关注的事项是昆虫侵袭。一般在温带森林中能找到昆虫，如山松甲虫，会随森林一起向北迁移，继续侵害森林。

另一值得注意的问题是，温度上升，会造成干旱，而干旱发生时野火发生的概率会增加。在过去 40 年中，已经形成了这样一个趋势，即当气候变得温暖时，野火就会变得更加频繁，而且烧毁更多的区域。一些森林物种确实通过火来扩散种子，这有助于它们的迁移，燃烧过的凋落物会向土壤补充营养物，但是随着时间流逝，野火的重复发生会分隔已经定殖的植被，使它们更难迁移。此外，老龄的树木被焚烧会向大气释放 CO_2，当幼龄的树木占据这些被焚烧的区域时，刚开始的碳储存能力会相对较弱。

(2) 热带雨林。世界上的热带森林生态系统对类似过度放牧、砍伐、耕作和焚烧等干扰十分敏感。随着全球变暖，将自然生态系统转化为农业用地和砍伐，是现今热带雨林所面临的最大威胁。联合国粮农组织(Food and Agriculture Organization of United Nations，FAO)的调查显示，每隔几年有相当于爱尔兰岛或南加州面积大小的热带雨林被用于以上的用途。与发达国家相比，发展中国家所受的影响更甚。

即使现在不强调全球变暖问题，森林的砍伐也将会对热带雨林造成不利影响，因为热带雨林地区面积减少会导致降雨量减少，以及更高的温度，这足够将亚马逊森林这个世界上现存最大的热带雨林在 21 世纪末转变成萨瓦纳。亚马逊森林覆盖了巴西国土近 60%的面积，拥有全球 1/5 的淡水资源，是世界上近 30%的动植物的家园。因此，如果没有行动来减缓或者阻止全球变暖或森林砍伐，到 2100 年温度会上升 5～8 ℃，降雨会减少 15%～20%。在这种情景下，亚马逊森林会转变成萨瓦纳。

不仅亚马逊森林是不幸的，世界上的很多热带雨林正被加速砍伐，用于农业、牧场、矿产和木材。当这些森林被砍倒或焚烧，巨量 CO_2 重返大气。热带雨林采伐量相当于人为活动向大气排放 CO_2 量的 20%。在应对全球变暖所带来的挑战时，热带雨林采伐也成了一个重要问题。

在热带雨林中仅仅升温 1 ℃，就会影响鸟类的产蛋时间、叶片和果实的出现、病害类型以及径流水量。全球变暖正在造成生态学上的不平衡，虽然物种正在对此作出反应，但是不可能随之进化。过去，鹦鹉根据富含高蛋白食物来源的周期来决定繁殖时间，但是全球变暖改变了植物开花结果的时间，繁殖季节会被调整到一年中不适合筑巢的时间。作为野生生物物种中的一个类别，鹦鹉属于最濒危的鸟类。目前，31%的热带雨林物种已在灭绝的边缘。

2. 森林对全球变暖的适应

鉴于全球森林如温带森林、北方针叶林和热带雨林可能受全球变暖的影响，现在着眼考虑适应策略是十分重要的。WWF 提出了以下可行的适应策略来减低全球变暖和气候变化对森林生态系统的威胁。

(1) 降低目前可能破坏生态系统的威胁，如退化、入侵种的引入。

(2) 积极从景观角度来综合考虑大面积的土地管理。关注组成大尺度区域的所有组分，规划不同物种的适应迁移，为需要更多关注的敏感脆弱的区域设计特殊计划并规划未来潜在的生境需求。

(3) 提供缓冲区和土地利用的灵活性。鉴于物种会因全球变暖而发生迁移，该区域必须能容纳这些迁移。当保护区内部的情况不适合物种生存并产生迁移时，缓冲区就起到维持保护区边缘的作用。

(4) 保护成熟森林。成熟的树木更能够抵挡大尺度的环境变化，从而为其他物种提供一个安全生境，使之在生境内适应这种变化。

(5) 控制地区的自然火灾情况。不同的生态系统有不同的火生态(fire ecology)：一些低生物多样性的森林不能够承受火灾，而一些允许火灾发生的森林，火灾也会破坏生物多样性。因此，针对每个地区应设立特定的火灾管理计划。合理的规划能降低火灾的强度和扩散及影响。

(6) 必须积极管理害虫。因为全球变暖与昆虫、病害、外来物种的入侵相关，健康的管理实践必须设置到位以保护森林。有计划的焚烧和非化学杀虫剂的使用是控制昆虫感染的两种方法。根据加拿大自然资源部的研究，杆状病毒(baculoviruses)能被用于攻击害虫，如云杉食心虫，而不影响环境的其他部分。

不同地理区域的森林需要不同的监测、规划和保护策略。但是不管森林的类型是什么，位于哪个区域，森林都在地球对气候的自然响应中扮演者重要角色，我们必须了解人类与森林的独特联系，以及我们作为土地管理者的责任。

7.3.4　全球气候变化对草原生态系统的影响

天然草原覆盖了全球陆地大约 1/4 的面积,是世界植被的重要组成部分。正因为草原如此广袤,如果全球变暖使它们发生变化,将会对全球主要的生态系统造成严重影响。天然草原的分布范围和健康状况通常受降雨和火的控制。这两个因素限制了草原的分布,而随着全球变暖加剧,野火发生将增加,某些地方的降雨量也将减少。全球变暖使世界草原面临严峻的考验。草原不仅为人类提供粮食,为牛羊提供牧场,并为野生动物,如马、美洲野牛、鹿、长颈鹿、袋鼠、美洲豹、大象等提供栖息地。草原在碳封存以及维持生物圈的整体健康和生态平衡中也发挥着重要作用。如果没有草原,生态系统将失去平衡并伴随其他不良后果。

1. 草原的重要性和脆弱性

在地球上,草原的优势植物为禾本草本和非禾本草本植物(grass and forbs),以及一些木本植物。而草原的优势动物是那些到处觅食的草食动物。草原可以分为温带草原与热带草原。北美大平原是温带草原的一个例子。与农耕地不同,草原拥有非常高的物种多样性,并且受气候影响自然进化和发展了数百万年,而农耕地因为只集中种植少数选择的物种(如小麦),因此其生物多样性较低。

草原对于碳储存非常重要。在森林中,碳主要储存在木本植物、草本植物及土壤表层有机物中,而在草原中,碳主要储存在土壤中。随着人类社会的发展,地球上绝大部分适合农业生产的草地都已被开发。据联合国粮农组织估计,全世界约有 1.3×10^{9} hm^{2} 草原,其中将近70%已经退化了,而退化主要是由过度放牧造成的。

温带草原分别分布在北回归线(北纬 23.5°)以北及南回归线(南纬 23.5°)以南。四个主要温带草原分别是北美大平原、非洲草原、欧亚草原和南美潘帕斯草原。这些区域受到干旱、野火和放牧的限制,因此草本植物占优势,只存在少量木本植物。

在草原中,木本植物如杨树、橡树和柳树,由于需要较多的水源供应,主要生长在河谷两岸。草原最常见的草本植物包括野牛草、紫色针茅草、蓝色格兰马草等。温带草原的土壤之所以富含营养,是因为致密的深根生长和降解。世界上一些最肥沃的土壤就存在于草原中,这包括美国东部大草原、俄罗斯和乌克兰的干草原以及南美洲草原。

热带草原分布在地球赤道附近,南、北回归线之间,包括非洲、澳大利亚、印度以及南美洲草原。在这些地区,高草是优势物种,一些高草甚至能够达到 1~2 m。由于该区域受热带干湿季气候影响,常年炎热,温度一直高于 18 ℃,大部分时间都处于干旱状态,仅在雨季会有暴雨,降雨量可达到 51~127 cm/a。在全球变暖状况下,热带草原面临的一个最大威胁就是沙漠化。

根据 IPCC 的研究,草原的结构和功能使其成为全球气候变化中最为脆弱的陆地生态系统之一。草原易受外来种(如旱雀草)入侵影响。随着全球变暖导致温度升高和降水减少,草原面临干旱胁迫,因而更易遭受野火的影响。一旦野火发生,草原生态系统和栖息地就面临进一步破坏的危险。野火发生后,本地种通常难于恢复,因为它们必须与那些更强健、更具有侵略性的入侵种进行竞争。另外,全球变暖还会使草原土壤中的碳、氮含量逐渐减少,不利于再生植被的健康生长。

2. 全球变暖对草原的影响

大气环流模型(GCMs)预测草原生态系统将会经历气候变化,比如白天的最高气温更高,夜间的最低气温更低,以及降雨更加频繁。实际上,最近有关全球变暖过程的研究显示白天的高温对生态系统的影响还不大，而夜间的高温会引起一系列问题。在晚冬和早春，这种状况最为明显。相比于20年前，夜间高温已经升高到可改变整个气温格局，并导致最终霜冻日期平均提早了两周。此外，现在的本地草本植物萌发更晚。入侵草原多年的入侵植物和有害植物比本地种更早萌发，吸收土壤里的水分并消耗那些本应被本地种利用的营养物质。另外，在许多草原上都存在放牧活动，而放牧的动物一般不吃杂草，这个问题与物种入侵问题交错在一起。

世界上那些降雨量预期增加的草原，如美国西部的草原，不会面临因缺水和高温而导致的干旱，但是会受到加速的营养循环的影响，这反过来可能有利于更多入侵物种的扩张。大气环流模型预测那些炎热的沙漠草原，如澳大利亚的草原以及美国和墨西哥所诺兰沙漠及奇瓦瓦沙漠中的草原，将经历更加频繁的强降雨与骤发洪水。这些草原预计将遭受更加严重的土壤侵蚀和营养流失。因此，那些已经遭受沙漠化和野火影响的草原生态系统，将会受到全球变暖更加严重的影响，生存更加艰难。

在大气中CO_2含量和温度的升高一开始可能增加植物生产量，但最终将导致土壤中碳和氮的减少。这是摆在牧场主面前的一个严峻问题，因为食草的牛羊在食物消化过程中需要富氮植物的参与。如果草原质量受到负面影响，则不仅会损害家畜，也会损害在这里摄食了数世纪的本地野生动物。

气候变化使草原面临很多威胁，持续的全球变暖通过降雨量减少使草原转化为沙漠，沙漠化的威胁正在世界各地持续上演。人类正努力寻找更多的水源以支持人口需求、农作物种植和畜牧养殖，这将使草原生态系统面临进一步的退化。

不过，在某些情景下，全球变暖会使一些草原生态系统更加湿润。有研究表明，更高的温度不仅没有使土壤变得干涸，反而使其水分含量增加了10%。加州大学圣克鲁斯分校的Erika Zavaleta等研究显示：在生长季早期，也就是晚春关键的几周，增温实际上增加了草地样地的土壤水分含量，而此时土壤水分决定着哪种植物占据主导地位。跟踪研究表明，这意料之外的水分增加是植物自身的作用。这并不意味着气候变暖对草原是有利的，而是强调关注动植物如何调节气候变暖影响的重要性。越来越多的知识告诉我们，植物能够在全球变暖中扮演重要的角色。升温起初会导致很多草本植物和野花夭折，有些实验样地损失了17%的初始绿色植被。正是这些草本植物的过早死亡，引起了土壤水分含量的非预期增加。

生产力最低的草原，如那些最靠近山脉或在高纬度地区的草原，与那些在平原中具有更高生产力的草原相比，会储存更少的碳。然而，生产力高的草原会经历更加频繁的放牧活动，因而释放更多的甲烷和氧化亚氮，使它们更容易受到全球变暖的影响。

对北美以及那里的草地而言，干旱状况的出现已经不再是新鲜事。在经历20世纪30年代沙尘暴时代之后，北美大平原的多数地区都遭受了极端干旱，其他地区则偶尔被影响到。2000年夏季，严重干旱甚至影响了美国东南部的一些州，如佐治亚州与阿拉巴马州，而德克萨斯州大部分地区在那年夏季连续67天未曾降雨。严重干旱会导致农作物死亡，使表层土壤变干并被风带走，使湖泊和其他淡水水体蒸发，让所有东西看起来像被烤干一样。

牧场覆盖约50%的世界陆地表面，而且从生态学的角度来看，它们与森林一样重要。亚洲中部有约2.62×10^8 hm^2牧场，如何将它们恢复为健康的、高生产力的、能正常运行的草原是一项非常重要的工作。如果能达到这个目标，相信这些草原能够储存足够的碳，这将相当于减少全俄罗斯30%的碳排放量。同时，相关研究也给出了可怕的警告，如果草原不能得到恢复，或者这些牧场由于农耕和城市开发而退化，大量的CO_2将会被释放到大气中。

草原不仅面临退化,而且面临沙漠化问题。此外,根据预测,全球草地也将会向北迁移,使美国中部富饶的农场向北迁移到加拿大,农作物生产将会更具风险和更加困难。随着农业区迁移,将无法保证土壤有利于大规模的农作物生长,提供全球所需的粮食。

3. 草原对气候变化的适应

随着气候变化,对于土地管理者而言,如何适应这种改变,并用负责任的方式来管理土地变得十分重要。物种入侵可以通过牲畜、越野车辆、巡逻人员、道路维护人员以及户外旅行者携带种子传播。为了防止外来种入侵,必须在它们建群前及时处理,因而土地管理者必须制定适当的管理计划来应对这些改变。

草原恢复在世界上很多地区,如澳大利亚、美国加利福尼亚,以及美国西部山区都是当务之急。恢复措施可包括不放牧家畜、移除入侵物种、复播本地物种等。有关草原恢复的研究目前才刚刚起步,面对气候变化,有必要通过不断试错的交互学习途径来建立新的平衡,从而恢复和维持全球草原的组成和结构。

7.3.5　全球气候变化对海洋生态系统的影响

面对全球变暖的影响,地球上的海洋环境也显得很脆弱。全球变暖不仅影响极地的海洋生态系统,在温度持续升高的情况下,其他区域的海洋环境同样也会处于危险的境地。

全球变暖将会从多个方面影响海洋环境,包括温度的改变、海岸生态环境的变化以及强风暴路径的改变。其中最易预测的两个变化是温度上升和海平面上升,而其他的变化则显得更为复杂,这取决于它们与海洋环境其他要素之间相互作用的规模和程度。

IPCC 的数据显示,2100 年地表温度将比 1990 年高 1.4～5.8 ℃,这意味着海面温度也会上升。预计届时温度升高幅度最大的应该是冬季的高纬度地区。这将会成为过去一万年内最大的温度增幅。温度上升将会导致河口和海洋生态系统发生极其显著的变化,而且这些变化将会迅速发生,以至于物种几乎没有时间来适应。

基于 IPCC 的数据,全球的平均海平面在 20 世纪已上升了 10～20 cm。而到 2100 年,海平面会继续上升 9～88 cm。这个上升过程是由两个原因引起的:①现有海洋水体的热膨胀(温度越高,水体越膨胀);②陆基冰川和冰架的消融。此外,未来全球降雨将增加,冬季降雨将会增加。同时,北半球中高纬度风暴也会增多。

皮尤全球气候变化研究中心(Pew Center on Global Climate Change)已经发布了由其顶级研究者提供的 100 多份有关气候变化关键议题的报告,包括经济和环境受到的冲击,以及国内国际政策上的可行性解决方案等。根据该研究中心的报告,全球变暖对河口及海洋生态系统最大的影响将是温度变化,海平面上升,降雨和径流的淡水供应量、风向格局(wind pattern)和风暴度(storminess)的变化。在这些较为脆弱的系统中,温度的影响是直接而严重的。对于海洋动物来说,温度直接影响有机体的生物学行为,例如分娩、繁殖、生长、行为和死亡。而海平面上升、风环流(wind circulation)等对海洋有更长期的效应。

极端温度(包括最高和最低)能够对生物有机体造成致命影响。只需比它们适应的温度稍高几度,很多物种就会受到影响。甚至温度只上升 1 ℃,就能对一些动物造成严重的伤害。例如,1976—1977 年间,离洛杉矶不远的海湾表面温度突然上升了 1 ℃,岩礁性鱼的种类就减少了 15%～25%。升温也能对有机体的生命功能(如新陈代谢、生长、行为)和生理学因素(如繁殖时机及幼虫发育)造成负面影响。

温度也影响着有机体生存区域的分布并控制着特定种群的规模。如沿北美西海岸的近岸海面比较暖和，远岸海域比较凉爽，这形成了一个渔业资源丰富的著名渔场。

温度差异还会影响到物种之间的相互关系，例如捕食关系、寄生关系和其他可能在有限资源争夺中发展起来的种间关系。如果温度改变了生物的分布，它同样会改变一个生态系统中捕食者、被捕食者、寄生者和各种竞争者间的平衡，因此，物种间的平衡、食物链、生物行为及生态系统平衡都将被重新调整。

全球变暖也能够通过改变生理事件的发生时机来改变物种间相互作用的方式。其中一个主要变化就是很多物种繁殖时间的改变。温度上升会干扰食物供应与鸟类出生时间的关联性。这是个大问题，例如，对一些依赖于到达繁殖地时有某些特定食物供应的迁徙候鸟而言，如果温度上升改变了鸟类的迁徙时间，比食物供应时间早了几周，这些鸟类就会面临食物短缺，进而影响其生存。

温度也对水体的含氧量起着重要作用，越温暖的水体中所含的氧气越少。如果全球变暖持续，海洋生物所能获取的氧气也越来越少，这将威胁到它们的生存。

海平面上升带来的影响将会因地理位置、上升速度、不同生态系统生物化学响应的不同而有所变化。陆基冰川和极地冰雪融化将导致海平面上升，随着海平面的上升，海水将会改变海岸线。海水将会漫过草沼和红树林区域，会灌入土壤中。这些湿地本来并不含海水，海平面上升后，生活在其中的植物会无法适应盐度，最终死亡。湿地也是一些野生动物的栖息地，因此海平面上升同样也会破坏它们的栖息地。

那些因海岸线附近城市化建设而导致潜在的湿地栖息地消失的地区，将会因为生物无法向内陆迁移而遭受灭顶之灾。湿地是海岸生态系统生物生产力的重要组成部分。草沼提供了多种关键的生态服务功能。它不仅为许多野生动物提供了居住地，也提供了繁殖地、育幼场以及庇护所。湿地是整个地球生态系统的组成部分，如果湿地遭到破坏，那么将会影响营养物质的转移和供应、能量流动，以及本地种可以利用的栖息地。那些稀有的、受威胁的和濒危的动物（如美国短吻鳄、佛罗里达灰熊、西印度儒艮、佛罗里达美洲狮、白头鹰、雪鹭、粉红琵鹭）将会灭绝。

海洋环境的风环流是由地球表面受热不均，尤其是赤道和极地之间的温度梯度引起的。然而，在全球变暖条件下，极地温度的增幅会更大，因此，赤道和极地之间的温度梯度将会减小，最终会削弱全球的风环流。这些风驱动着地球海洋的表层洋流，而表层洋流的减速将会对大洋和滨海生态系统的结构与功能造成负面影响，减速的洋流无法将营养物质带到所需的地方。

温度和盐度相互作用而引起的海水运动将世界的各大洋联系在一起。这种大洋之间的联系使得热量在全球范围内传输。因为冷水的密度大于暖水，所以会下沉到大洋的底部，而暖水会上升到大洋表面。盐度较高的海水密度也较大，这使得它沉到盐度更低的水层下。这种密度上的差异正是驱动大洋海水运动的原因。

最重要的海水运动便是热盐环流系统，一般被形象地称为“大洋输送带”。在这个系统中，北大西洋表面冷而致密的海水下沉到海洋深处，再经过印度洋和太平洋，最终又从表面回到大西洋。这个循环过程要花费数世纪之久，是调节地球上大陆之间热量的最重要的循环之一。洋流在赤道区域吸收热量，上升到大洋表面，通过湾流及穿过欧洲西海岸的北大西洋暖流向北移动，缓和了欧洲西海岸的气候，使之变得比没有洋流经过的北半球同纬度地区更温暖。当这股洋流到达北冰洋后，它会冷却下来并带着在海洋表层运动时所吸收的营养物质、氧气和 CO_2 沉到海洋下层。

如果全球变暖加剧，来自冰川和冰帽消融的淡水会注入北冰洋并稀释其海水的盐度，这样海洋表面与深层海水的垂直混合作用会被削弱甚至停止，这就导致整个大洋输送带减速甚至停止。如果这一切真的发生，欧洲将再也享受不到大洋输送带通过湾流所带来的温暖，转而进入一个冰期。而被削弱的垂直混合作用会减弱温带和亚热带地区的上升流，氧气将不能被有效地从海洋表面运送到大洋深处。经过几世纪后，深海海水将会变得低氧甚至缺氧。营养物质从海面向深海的输送也会受到阻碍，从而减低海洋的碳汇作用。这可能导致大气中CO_2浓度上升，或导致海洋表层生产力增加，从而增加CO_2的吸收。

海洋酸化(ocean acidification)指的是海洋从大气中稳定吸收由人类活动所排放的CO_2从而导致海水pH值持续下降的现象。根据德国全球变化问题咨询委员会(German Advisory Council on Global Change)的研究，现在海洋所储存的CO_2总量约为大气的50倍、陆地生态系统和土壤的20倍。海洋不仅是一个重要的CO_2库，同时也是最重要的长期CO_2"汇"。

因为大气与海水间的压差，一部分人类活动产生的CO_2会溶解于表层海水中，经过一段时间后，CO_2被洋流带入海洋深处。海洋现在每年约吸收2.0×10^9 t碳，这个数目大约相当于IPCC报告中所估计的人类活动所造成的碳排放量的30%。根据IPCC计算，海洋在1800—1995年间共吸收了约1.18×10^{11} t碳。这相当于48%的化石燃料燃烧累计所排放的CO_2量，或者27%～34%的人类活动引起的CO_2总排放量。

目前，已经能在深达1000 m的海水中探查到人类活动产生的CO_2。因为海水的垂直混合作用相当缓慢，耗时较长，所以这些人类活动产生的CO_2还没有沉到海底。然而，在北大西洋区域情况有所不同，因为海水垂直混合更容易发生，所以已经能在深达3000 m的海水检测到人类活动产生的CO_2。

CO_2在海洋中的表现与在大气中的有所不同。在大气中其化学性质是中性的，而在海洋中则具有化学活性。溶解的CO_2使得海水的pH值下降，导致海水酸化。

从18世纪工业革命开始至今，海洋的pH值下降了约0.11。工业革命前的海洋pH值为8.18，呈微碱性，其后表面海水的酸性一直在增加。基于IPCC的模型预测，如果大气中CO_2浓度在2100年达到6.5×10^{-4}，那么届时海水pH值与工业革命前的水平相比将会下降0.30。如果CO_2浓度上升到9.7×10^{-4}，pH值将会下降0.46。

到目前为止收集到的所有证据都表明，海洋酸化是由人类活动造成的，这包括化石燃料燃烧、森林砍伐和土地利用方式改变。受到海洋酸化负面影响最大的是位于热带和亚热带的珊瑚。海洋酸化可能毁掉珊瑚礁生境。浮游植物和浮游动物是鱼类和其他海洋动物的主要食物来源，它们同样会受到负面影响。

因全球变暖而引起的热带海洋的升温、酸化和更频繁的风暴，使得世界所有的珊瑚礁都处于危险的境地。失去珊瑚礁对于沿海经济将是一个重大的打击。

珊瑚礁的破坏也是一个生态灾难。珊瑚礁有时也被称为海洋中的"热带雨林"，因为它们为丰富多样的海洋生物，包括岩礁性鱼类、海龟、鲨鱼、海葵、海绵、虾类、海星、海马和海鳗等提供了栖息地。珊瑚礁还吸引许多来自世界各地的潜水爱好者，他们畅游在这个五彩斑斓、宛若世外桃源的美丽世界。珊瑚虫的摄食和颜色都依赖于一种称之为虫黄藻(*Zooxanthella*)的细小共生藻类。珊瑚虫的温度耐受幅(tolerance range)极窄，这意味着它们只能在一个非常小的温度范围内生长。实际上，如果水温仅仅比夏季典型最高温度升高1.1 ℃，就能让珊瑚虫排出虫黄藻变成白色，这个过程称为珊瑚"白化"。如果珊瑚白化现象持续较长时间，珊瑚虫就会死亡。

目前世界范围内已有好几起严重的珊瑚白化事件发生。全球16%的珊瑚礁都受到严重的破坏。升温甚至导致了一些生长了千年的古老珊瑚死亡。

当海水吸收CO_2时会使得海水碳酸根的饱和度降低，从而导致钙化作用下降。珊瑚虫通过钙化作用来形成骨骼。海洋酸化对于那些紧紧附在礁石上生长的藻类也有负面影响。这种藻类是另外一种重要的珊瑚礁建造者，扮演了黏合剂的角色，将珊瑚礁连接起来，有助于维持珊瑚礁生态。

7.3.6 全球气候变化对农业生态系统的影响

农业可能是对气候变化反应最为敏感的部门之一。特别是作物产量对气候变化的响应差异明显，这是因为作物种类和品种、土壤特性、病虫害、CO_2对作物的直接影响，以及CO_2、空气温度、水分胁迫、矿物质养分、空气质量和作物的适应能力间相互作用的不同。CO_2浓度增加可以刺激作物生长和提高产量，但这一有利影响并不能抵消过度高温和干旱的不利影响。

农田和畜牧业的适应性技术手段包括调整种植时间、施肥量、灌溉、种植品种和选择动物品种等。

温度变化对不同纬度地区作物产量有不同的影响。热带地区气温已经接近一些作物的最高极限温度，而且干燥土地的雨养农业占主导地位，因此即使微弱的升温也可使作物减产。降雨量明显减少时，热带作物产量将受到严重的不利影响。在气候变化条件下，热带地区具有自身适应能力的作物受到的不利影响小于缺乏适应能力的作物，但其产量依然低于目前气候条件下的产量水平。

中国是农业大国，气候变化将使我国未来的农业生产面临以下三个突出问题。

(1) 农业生产的不稳定性增加，产量波动大。

据估算，到2030年，我国种植业产量在总体上可能因全球变暖减少5%～10%，其中小麦、水稻和玉米这三大作物均以减产为主。如果能够对不利影响及时采取应对措施，2030—2050年的气候变化还不会对全球乃至中国的粮食安全产生重大影响。

(2) 农业生产布局和结构将出现变动。

气候变暖将使我国农作物种植制度发生较大的变化。到2050年，气候变暖将使农作物多熟种植的分布格局大大改变。华北目前推广的小麦品种(强冬性)将不得不被其他类型的冬小麦品种(如半冬性)所取代。

(3) 农业生产条件改变，农业成本和投资大幅度增加。

气候变暖后，土壤有机质的分解将加快，造成地力下降、施肥量增加，农药的使用量将增大，投入量增加。发展农业生产，提高水、土资源的利用率将是农业适应气候变化的主要对策。

思考与练习题

1. 简述全球变化的主要原因及对策。
2. 全球变化对生态系统的影响主要表现在哪些方面？
3. 生态系统在全球变化中的响应体现在哪些方面？

第 8 章　生态系统服务

8.1　生态系统服务的概念与研究现状

8.1.1　生态系统服务的概念

生态系统具有有机质生产、能量流动、物质循环和信息传递等功能，在实现这些自身功能的过程中，生态系统还为人类提供了多种有形或无形的服务。例如，生态系统通过物质生产为人类提供了生活与生产所必需的食品、医药、木材及工农业生产的原材料，通过大气循环提供清新的空气等。这些由自然系统的生境、物种、生物学状态、性质和生态过程所生产的物质及其所维持的良好生活环境对人类的服务性能称为生态系统服务(ecosystem service)。

生态系统的能流、物流和信息流等生态过程产生的生态系统功能是为人类提供各种产品和服务的基础，生态系统服务可以由一种或多种功能共同产生，一种生态系统功能也可以提供两种或多种服务，而人类不同层次的需求是生态系统服务形成的基本驱动力。

综上所述，生态系统服务是指人类直接或间接从生态系统(包括生境、生物、系统性质和过程)中获得的利益。生态系统服务的内涵包括有机质的合成与生产、生物多样性的产生与维持、气候调节、营养物质储存与循环、土壤肥力的更新与维持、环境净化与有害有毒物质的降解、植物花粉的传播与种子的扩散、有害生物的控制、自然灾害的减轻等许多方面。

对生态系统服务概念的理解，需要注意生态系统功能与生态系统服务的区别与联系。生态系统功能是生态系统结构的表现，是生态系统所固有的属性，是不以人的意志为转移的，在人类出现以前就已存在的。而生态系统服务是建立在生态系统功能基础之上的，是人类能够从中获益的生态系统功能，是人类出现之后产生的。二者不可等同，但又密切相关。人类对生态系统服务的利用可导致生态系统结构和功能的变化，如果生态系统功能消失，生态系统服务将无从谈起。

8.1.2　生态系统服务的研究现状

1. 生态系统服务研究的发展过程

由于生态系统及其过程形成和维持着人类赖以生存的自然环境条件，因此人类早就意识到生态系统对人类生存和发展的重要作用，并且随着经济的发展和环境问题的日益严重，对生态系统服务的研究越来越受到重视。早在 1864 年，G. P. Marsh 在《人与自然》一书中，就记载了自然环境具有保持水土、分解动植物残体等功能，并提到人类行为将会对生存环境构成威胁。W. Vogt(1948)第一个提出了自然资本的概念，并指出浪费自然资源就会降低美国的经济偿还能力，这一概念为自然资源服务的价值评估奠定了基础。A. Leopold(1949)提出“土地伦理”的观念，指出人类本身不能替代生态系统的服务。生态系统服务的概念最早出现在 20 世纪 60 年代，联合国环境规划署(UNEP，1970)在《人类对全球环境的影响报告》中提出了害虫控制、传粉、渔业、土壤形成、物质循环等“环境服务”。J. P. Holdren 和 P. R. Ehrlich(1974)

将其拓宽为“全球环境服务”，并在环境服务功能清单上增加了生态系统对土壤肥力和基因库的维持功能。后来有人提出“生态系统公共服务”(P. R. Ehrlich，1977)、“自然服务”(W. E. Westman，1977)，并确定了“生态系统服务”的概念(P. R. Ehrlich，1981)。在此基础上，对以下两个问题进行了讨论：一是生物多样性的丧失将如何影响生态系统服务；二是人类是否有可能用先进的技术替代自然生态系统的服务。

20世纪90年代以来，随着生态系统理论水平和实践能力的提高，对生态系统服务的研究日益受到重视，生态系统服务及其价值评估的研究发展很快，逐渐成为生态学研究的一个热点。人们在生态系统过程、生态系统服务的机理及生态系统服务价值等多个方面开展了生态学与经济学的交叉综合研究，主要内容包括生态系统服务的定义和分类，不同区域不同类型生态系统服务的过程和发生机理研究，以及生态系统服务评价和价值评估理论与方法等方面。

1991年，国际科联环境问题科学委员会曾成立由R. Costanza负责的专门研究组，研究生物多样性间接经济价值及其评估方法，以及生物多样性与生态系统服务的关系。D. R. Gordon(1992)的《自然服务》一书中论述了不同生态系统对人类生产生活带来的影响。R. K. Turner(1995)进行了生态系统服务经济价值评估的技术与方法的研究。G. Daily等(1997)探讨了生态系统服务的定义及价值特性，以及生态系统服务与生物多样性之间的联系。S. Naeem (1997)侧重于研究生态系统服务变化的机制，特别是生物多样性与生态系统服务变化之间的相互作用。随后，R. Costanza等对生态服务的分类进行了研究，J. A. McNeely和D. W. Pearce等对生态系统服务的价值进行了分类。这些工作对生态系统服务的评价方法、生态系统服务的价值评估等奠定了良好的基础。

在生态系统概念和分类研究的基础上，许多学者将生态系统服务的物理量和价值量相结合，针对全球生态系统服务与价值评估方法进行研究。1997年R. Costanza将生态系统的服务分为17种类型，分别按10种不同生物群区用货币形式进行了测算，并根据生物群区的总面积推算出所有生物群区的服务价值，首次得出了全球生态系统每年的服务价值为1.6×10^{13}～5.4×10^{13}美元，平均值为3.3×10^{13}美元。这一研究因其评价方法与结果引起了广泛的争论，推动了全球范围的生态服务及其价值评估的研究与应用。同时，D. Pimentel等(1997)对国际上有关自然资本与生态系统服务价值的研究结果进行了汇总分析，对世界生物多样性与美国生物多样性的经济价值开展了比较研究，估算出世界生物多样性在废物处理、土壤形成、氮固定、化学物质的生物去除、授粉等18个方面的年度经济价值为2.928×10^{12}美元。该估算结果不到R. Costanza等估算结果的1/10。D. Pimentel等(1994)估算的美国生物多样性的年度经济和环境效益为3.19×10^{11}美元，而同期美国国内生产总值(GDP)为6×10^{12}美元，其生物多样性年度经济和环境效益只占GDP的5%。

联合国环境规划署(UNEP，1993)、经济合作与发展组织(OECD，1995)等国际组织也开展了生态系统服务评价并出版了评价指南。世界银行(World Bank，2000)将自然资产纳入经济发展的核算，使人们更加认识到生态资本对于地区发展的重要意义以及保护生态资本的重要性。2001年联合国环境规划署组织了来自95个国家的1360名科学家启动了联合国千年生态系统评估计划(MA)，旨在为推动生态系统的保护和可持续利用、促进生态系统为满足人类需求作贡献而采取后续行动奠定科学基础。MA的开展，更加全面地探讨了生态系统服务的概念、生态系统服务与人类福利之间的关系、变化的驱动因子、评价的尺度问题、评价技术与方法、评价过程中的分析方法以及评价结果与最终的政策制定，并在全世界范围内广泛开展了案例研究，是一次以面向决策者为目标的全球生态系统服务评价研究。

2. 我国生态系统服务的研究进展

我国的生态系统服务及其价值评价工作源于20世纪80年代初开始的森林资源价值核算研究工作。1982年,张嘉宾等利用影子工程法和替代费用法估算云南怒江州福贡等县的森林固持土壤功能的价值为154元/(亩·a),森林涵养水源功能的价值为142元/(亩·a)。中国林学会在1983年开展了森林综合效益评价研究;1988年国务院发展研究中心在美国福特基金会的资助下,对我国水资源、土地资源、森林资源、草地资源、矿产资源等的价值进行了核算。1995年,侯元兆等比较全面地对中国森林资源价值进行了评估,特别是对森林涵养水源、防风固沙、净化大气的经济价值进行了计算,指出这三项功能的价值是活立木价值的13倍。1999年,李金昌等出版了《生态价值论》,该书以森林生态系统为例全面总结了森林生态服务价值计量的理论和方法,提出了用社会发展阶段系数来校正生态价值核算结果的观点。

随着国际生态系统服务及其价值评价工作的兴起,20世纪90年代中期,我国生态学者开始系统地进行生态系统服务及其价值评价的研究工作。欧阳志云等(1996,1999)系统阐述了生态系统服务的概念、内涵及价值评价方法,并以海南岛生态系统为例,深入开展了生态系统服务价值评价的研究工作后,又对中国陆地生态系统服务的价值进行了初步估算。薛达元等(1997,1999)引入环境价值核算方法,对长白山地区生物多样性的存在价值进行了支付意愿调查。蒋延玲(1999)沿用R. Costanza等(1997)的16个生态系统的分类系统和17大类服务及其价值计算方法,利用全国第三次森林资源清查资料,估算了我国38种主要森林类型生态系统服务的总价值为7.17×10^{10}美元/a。谢高地等(2001)根据土地覆盖情况将全国草地生态系统分为温性草甸草原等18类生物群落,按17类生态系统服务逐项估算各类草原生态系统的服务价值,得出全国草原每年的服务价值为1.50×10^{11}美元。所有这些都为我国的生态系统服务的研究作出了很大的贡献。

目前,我国生态系统服务及其价值评价研究工作体现出以下几个特点。①关于生态系统服务功能、指标体系及评价方法方面的研究不断深入、不断细化。②通过引入环境经济学价值计量方法,使生态系统服务价值评价方法趋于多元化,并且在实际应用过程中注意对评估方法进行完善,例如对旅行费用中有关旅行时间费用(time cost)问题的处理等。③生态系统服务评价的对象和范围已经由过去单一、局部的森林资源价值核算扩展到其他生态系统类型如草原生态系统、湿地生态系统的服务价值评价,扩展到区域生态系统服务评价等多个领域。④逐渐向可持续发展等应用研究领域拓展。

8.2 生态系统服务分类

生态系统具有多种多样的服务功能,各种服务功能之间相互联系、相互作用。2002年,Costanza对生态系统服务项目进行了完善,将其划分为供给或生产功能、调节功能、支持或栖息地功能、文化或信息功能四类共23项。而联合国千年生态系统评估根据评价与管理的需要,将生态系统的服务分为产品供给服务、调节服务、文化服务和支持服务四大类型(图8-1)。

1. 产品供给服务

产品供给服务指人类从生态系统中获取的各种产品,包括以下七个方面。

①食物和纤维:包括来自植物、动物和微生物的多种食物,还包括原材料如木材、纤维和许多其他产品。②燃料:作为能源的木材、粪和其他生物材料。③遗传资源:用于植物和动物繁育及生物技术的基因和遗传信息。④生化药剂、天然药材和药品:从生态系统获得的许多药

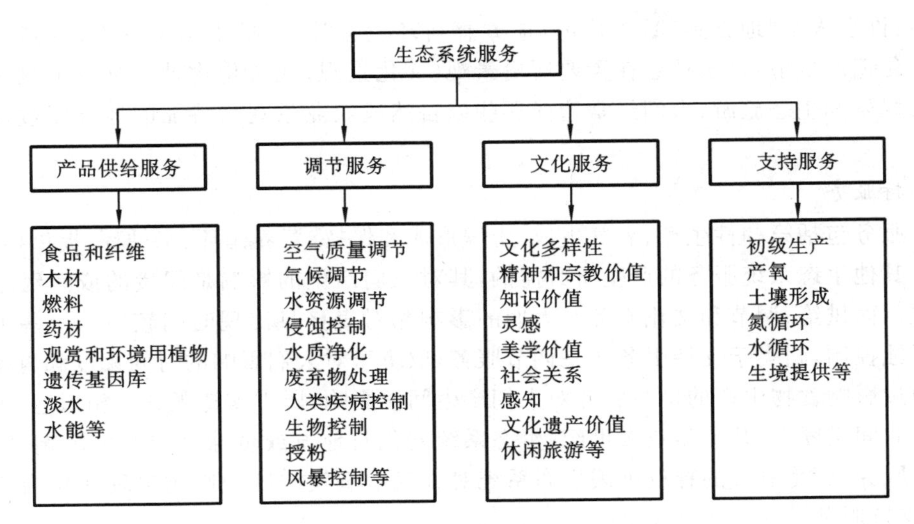

图 8-1　联合国千年生态系统评估的生态系统服务分类

（资料来源：《千年生态系统评估报告集》，北京，中国环境科学出版社，2007）

物、生物杀虫剂、食物添加剂以及生物原料。⑤观赏资源：用于观赏的花卉和动物产品，如毛皮和壳，与文化服务相联系。⑥淡水：与调节服务相联系。⑦水能：用于发电、航运等。

2. 调节服务

调节服务是人类从生态系统过程调节中获取的效益，包括以下九个方面。

①空气质量调节：生态系统吸收和释放到大气中的化学物质，影响空气质量的很多方面。②气候调节：生态系统影响区域和全球气候。例如，在区域尺度，土地覆盖的变化能够影响温度和降水。在全球尺度，生态系统通过固存或排放温室气体对气候产生重要影响。③水资源调节：土地覆盖的变化，如湿地、森林转化为农田或农田转化为城市，影响径流、洪水的时间和规模，以及地下含水层的补充，特别是生态系统蓄水能力的改变。④侵蚀控制：植被覆盖在土壤保持和防治滑坡方面起到重要作用。⑤水质净化和废弃物处理：生态系统既可能是淡水中杂质的来源之一，也能够过滤和分解进入内陆水体、海岸和近海生态系统的有机废物。⑥人类疾病控制：生态系统的变化可能直接改变人类病原体（如霍乱），以及携带病菌者（如蚊子）的数量。⑦生物控制：生态系统变化影响作物和家畜病虫害的传播。⑧传粉：生态系统变化影响传粉者的分布、数量和传粉效果。⑨防风护堤：海岸生态系统（如红树林和珊瑚礁）的存在能够显著减少飓风和大浪的损害。

3. 文化服务

文化服务指人类通过精神上的充实、感知上的发展、印象、娱乐和审美体验等从生态系统获得的非物质效益，包括以下十个方面。

①文化多样性：生态系统的多样性是文化多样性的影响因素之一。②精神和宗教价值：许多宗教中将生态系统及其组成部分赋予精神的和宗教的价值。③知识体系（传统的和正规的）：指生态系统影响在不同文化背景下发展的知识体系。④教育价值：生态系统及其组成部分和过程能够为正规和非正规教育提供基础。⑤灵感：生态系统为艺术、民间传说、国家象征、建筑和广告等提供丰富的灵感源泉。⑥美学价值：生态系统的许多方面具有美景或美学价值，如对公园、风景路线的支持，以及居民点的选择等。⑦社会关系：生态系统影响建立在不同文化背景之上的社会关系的类型，如渔业社会与游牧或农耕社会在社会关系的很多方面不同。

⑧地方感:许多人给“地方感”赋予价值,地方感与环境特征(包括生态系统方面的特征)相联系。⑨文化遗产价值:许多社会在重要历史景观(文化景观)或文化物种的维持上赋予很高的价值。⑩娱乐和生态旅游:人们经常选择那些以自然或农业景观为特征的地方度过他们的休闲时光。

4. 支持服务

支持服务包括第一性生产、氧气生成、土壤形成和保持、营养循环、水循环、提供栖息地等。它是所有其他生态系统服务的产生所必需的,其对人们产生的影响是间接的或者经过很长时间才出现。而供给、调节和文化服务对人们的影响相对直接且出现时间较短。一些生态系统服务如侵蚀控制,归类于支持服务还是调节服务,取决于对人们影响的时间尺度和直接性。土壤形成通过影响食物生产的供给服务对人们产生间接影响,属于支持服务。相似地,由于在人类决策的时间尺度上(几十年或数世纪)生态系统变化对地方或全球气候产生影响,气候调节属于调节服务,但是氧气的释放则因生态系统对大气中氧气浓度的影响出现在相当长的时间内,归于支持服务。

8.3 生态系统服务的特征

8.3.1 生态系统服务的一般特征

生态系统服务具有以下一般特征。

(1) 生态系统的服务是客观存在的,不依赖于评价主体。尽管生态系统服务的性能和功用可以被人和有感知能力的动物感觉到,但不能说感觉不到的生态系统服务功用就不存在,就没有意义。在人类出现以前,自然生态系统早就存在,在人类出现后,自然生态系统的服务性能就与人类的利益相联系。

(2) 生态系统服务具有整体性。生态系统是由各组成要素相互作用构成的有机整体,生态系统服务是建立在生态系统整体性基础之上的。一种服务的提高必然影响其他功能的发挥。例如,人类将自然生态系统改造为农田生态系统以获取更多的食物产品和经济效益,但同时也导致生物多样性的丧失和生态系统整体功能的退化,其损失可能远高于农田生态系统所提供的效益。

(3) 生态系统服务具有空间差异性。由于自然条件的差异,生态系统类型多样,其生态系统服务在种类、数量和重要性上也就存在很大的空间差异。同样,由于区域间社会经济条件的不同,生态系统服务对于人们的重要性、利用方式等也存在很大的不同。例如,在干旱地区涵养水源的功能比湿润地区重要,而在城市地区林地的娱乐游憩服务更重要。

(4) 用途多样性。生态系统提供的服务是多样的,各种服务功能的发挥存在差异,不像市场上的商品,其使用价值比较单一。森林具有多种生态服务功能,如果保护这片森林就能得到多种效益,而将这片森林全部砍伐,就只能得到一种效益。

(5) 公共物品性。由于环境物品具有公共物品的属性,许多生态系统服务具有非竞争性和非排他性。虽然有部分生态系统产品如鱼、木材等可以作为私人物品在市场上进行交易,但绝大多数生态系统服务属于公共物品,如水资源等,产权难以界定,没有市场价格。

(6) 外部性。由于生态系统服务大多具有公共物品性质,因而从生态系统服务中受益的人们并没有为此付费,而创建和保护生态系统服务的人们也并没有得到相应的补偿。

8.3.2 生态系统服务的空间结构

生态系统服务具有明显的空间异质性和区域差异性，只有在特定位置才能发挥其最佳功能。

1. 生态系统服务空间结构组成

生态系统服务的空间结构在服务供给方和使用方内部及两者之间均有特定的表现形式。

1）供给区

提供生态系统服务的空间单元即为生态系统服务供给区（service providing ares，SPA），它具有以下特征。

（1）净服务输出区。在供给区，生态系统服务最显著的特征就是大量服务输送到区外，因而该区为生态系统服务的“源”，通过水流、风力或人类活动等媒介将服务输送到区外。

（2）空间镶套的服务供给体系。生态系统服务的生产者有物种、种群、群落、生态系统等多个层次，同时景观空间的异质性也使得服务供给呈现空间镶套的结构。因此，生态系统服务供给区是一个空间镶套的多层次服务供给体系，不同层次或空间提供不同的服务类型。

（3）特定的服务供给区位。生态系统服务供给区一般位于流域上游或上风向地区，地势较高且偏僻，自然生态系统发育良好，许多服务如涵养水源、径流调节等通过河流输送到中下游地区，而休闲娱乐等服务则需要游客主体移动来享受其服务。

2）受益区

在区域中，使用生态系统服务以满足需求的空间单元为生态系统服务的受益区（service benefiting area，SBA），它具有以下特征。

（1）净服务输入区。在受益区，大量生态系统服务被输入区内，以满足不同个体或群体的需求。这类地区虽然也产生一些生态系统服务，但由于社会经济活动强度大，对各种服务需求量大，因而必须依赖外区生态系统服务的输入。

（2）空间镶套的服务消费体系。与生态系统服务供给区类似，受益区也是一个空间镶套多层次的服务消费体系。个体多关注与自身生产、生活有直接帮助的服务类型，而群体及其代理机构更多地关注涉及区内全体居民的公共服务产品。同时，在受益区内，也还存在对生态系统服务感知、认知和需求的地域差别。

（3）特定的服务消费区位。生态系统服务消费一般位于流域下游，靠近居民或生产要素密集的城镇、都市或工矿区。这些地区，自然生态系统受人类活动影响显著，自身提高服务的能力很低，需要使用外来服务满足量大质高的生产、生活需求。

3）连接区

当生态系统服务供给区和受益区在空间不重合时，连接两者的中间区域为生态系统服务的连接区。连接区的存在依赖于供给区和受益区在空间上的分离，其大小和形状取决于供给区提供的生态系统服务类型、尺度大小、输移介质等因素。

2. 生态系统服务空间结构类型

根据生态系统服务供给区与受益区的空间重叠、邻近或分离关系，Fisher 等（2009）将生态系统服务供给与使用的空间类型划分为原地（in situ）、无方向性邻近（omni-directional）和有方向性（directional）三种类型。图 8-2 展示了这三种空间位置关系。其中，1 表示生态系统服务供给区和受益区在同一位置（如土壤形成与原材料供应等），无连接区；2 表示生态系统服务的供给区和受益区是无方向性的，其周边区域均可受益（如授粉和碳储存等）；3 和 4 表示生态系统服务从供给区到受益区具有一定方向性,3 为下游区域获得来自上游区域的服务,4 为提供服务的生态系统。

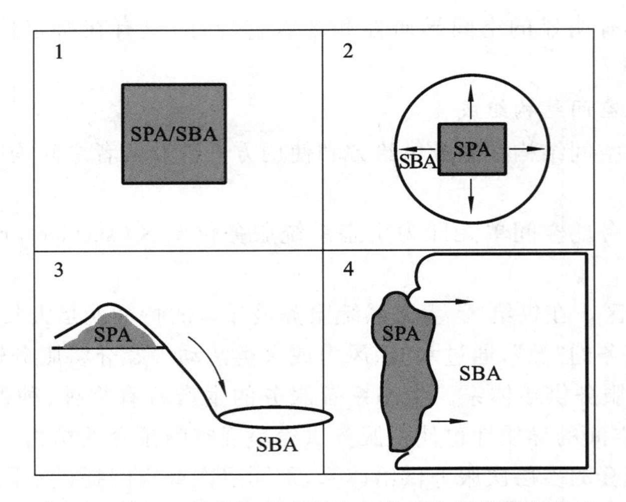

图 8-2　生态系统服务供给区与受益区之间的空间关系

(引自 Fisher 等,2009)

8.3.3　生态系统服务的空间流动与测度

生态系统服务的空间流动指服务在形成地与使用地之间的空间位移。生态系统服务形成之后,有些在当地发挥作用,有些则要惠及其他区域的社会经济系统。研究生态系统服务的空间流动包括明晰服务的源汇关系、流动路径和通量等,对于生态系统服务的管理具有重要的意义。

1. 生态系统服务空间流动类型

生态系统服务在产生地发挥作用或影响的称为域内效应,在产生地之外的则称为域外效应。生态系统服务空间流动的成因有:自然生态系统运动,如生态系统物质输送和能量交换、水流携带和容纳、气体混合与传播、生物体移动等;人类需求及活动,如自然美景的欣赏、水利设施建设、跨流域调水等。根据生态系统服务供给区与受益区的空间关系和不同的分类标准,生态系统服务空间流动类型和特征多种多样(表 8-1)。

表 8-1　生态系统服务空间流动类型及其特征

划分依据	流动类型	基本特征	举　例
服务流的方向性	有方向性服务流	服务从“源”流向“汇”	调节径流和保持土壤等,生态系统服务从流域上游向下游流动
	无方向性服务流	服务在“源”处无特定流向	碳储存和碳汇服务对各个方向调节大气都有益,昆虫传粉无特定路径
服务流的路径形状	线状服务流	服务流动路径为线状	与河流相关的服务如径流调节、泥沙调节等
	面状服务流	服务流动路径为面状	大气调节、气候调节和生物多样性维持等

续表

划分依据	流动类型	基本特征	举　例
服务流的路径长度	短距离服务流	服务半径一般在10 km以内	昆虫传粉服务等
	长距离服务流	服务可以输送到10 km以外	气体调节服务等
供需主体移动特征	供给移动服务流	服务从供给方流向使用方	水源涵养、净化水质等绝大部分生态系统服务
	使用移动服务流	使用者通过空间移动消费生态系统服务	旅游休闲及文化服务等
服务积累或消散性	累积性服务流	服务在流动过程中得到强化增益	从流域上游开始向下游，生态系统提供的饮用水供给、灌溉和发电等服务不断累积增加
	弥散性服务流	服务在流动过程中强度减弱弥散	因地形等条件的影响，泥沙调节服务向下游逐渐降低
驱动力特征	自然过程服务流	服务流的主要驱动力为自然力，如风力、水流和生物等	碳储存和碳汇、水源涵养、土壤形成和保持、生物多样性维持、昆虫传粉等环节调节和支持服务
	人为过程服务流	服务流的主要驱动力来自人类，如人口、迁移、交通客流等	食物供给、文化服务、旅游休闲的初级和高级需求的服务
平稳性特征	平稳性服务流	在一定时段内服务流呈现平稳状态，表现为流量恒定或波动很小	土壤保持、生物多样性维持、大气调节等调节服务；陶冶情操和休闲娱乐等文化服务
	非平稳性服务流	在一定时段内服务流呈现非平稳状态，表现为流量波动大，变化明显	抵御洪水、风暴潮灾害和病虫害表现为脉冲式服务
周期性特征	周期性服务流	服务流表现为周期性波动	与生物种群有关的生产性服务随着生物发育节律具有周期性变化
	非周期性服务流	服务流无显著周期性变化	在人类历史时间尺度内没有周期性变化特征，如土壤形成等

注：本表引自李双成等，2014。

2. 生态系统服务空间流动测度

生态系统服务空间流动十分复杂，涉及服务流供需双方空间位置和相互关系，进行生态系统服务空间流动测度，一般包括以下内容。

(1) 选择研究区域和研究对象。

由于生态系统的类型、结构和功能具有明显的地域依赖性，因而形成的生态系统服务类型、数量、质量和空间分布也具有鲜明的地域特色。从服务使用方来说，区域人口数量、社会经济发展水平和文化因素等也都会影响到对生态系统服务的需求。

在研究区域选择上,一般以完整的自然地理单元最为理想,如具有明显边界的流域等。为了使研究结论具有政策指导意义,有时也可以行政单元作为研究区,或采取自然地理单元与行政单元相互嵌套的研究区模式。

(2) 量化分析生态系统服务。

通常采用物理量或价值量测度各类生态系统服务。以物理量测度,是通过模型计算出某类生态系统服务的物质量,如土壤保持量、水源涵养量等;以价值量测度,是将生态系统服务转换为货币价值。

为便于生态系统服务空间流动分析,对于服务的评价结果应进行空间分布格局表达,从而直观显示出生态系统服务高值区和低值区,以及服务的热点和薄弱之处,为识别生态系统服务的供给区、连接区和使用区提供基本信息。

(3) 识别生态系统服务的流动特征。

生态系统服务在自然和人为因素作用下,在空间上产生流动,实现服务从供给到消费各环节的传递。这些特征包括流动的媒介、传递的载体、流动的路径等。

(4) 确定服务供给方和受益方及空间位置。

识别生态系统服务的供给方和受益方是生态系统服务空间流动分析的基础性工作。该过程主要包括以下几个方面:①判定生态系统服务供需双方的空间位置;②分析供需双方的层次水平,确定不同生态系统服务类型产生的层次,以及不同等级用户对服务需求的异同;③确定供需双方的数量对应关系。

(5) 确定生态系统服务的"源"、"汇"和路径。在这里,"源"(source)是指一种或多种生态系统服务产生和提供的区域;"汇"(sink)一方面是指在没有消费者使用的情况下,生态系统服务的自然损耗,另一方面是指人类在使用过程中引起的服务损耗。从服务的"源"到"汇"的连接通道称为生态服务的流动路径(简称路径)。路径的几何形状有线状和面状两种。

(6) 建立生态系统服务空间流的测度网络。根据区域的地形地貌、河流网络等特征,在确定生态服务"源"、"汇"及路径、供给区和受益区及连接区的基础上,构建抽象的模拟生态服务流的网络。

(7) 用通量、速率、衰减率、路径长度、分叉等相关指标来评价生态服务的空间流动特征。

8.4 生态系统服务评估

生态系统服务对人类具有很大的价值,正确认识这些价值并对其进行数量上的评估,对于更好地发挥生态系统服务功能并使其持续地为人类服务具有重要意义。

8.4.1 生态系统服务价值评估

1. 生态系统服务价值构成

生态系统服务的价值构成源自对生物多样性的研究。1993 年,UNEP 在其《生物多样性国情研究指南》里,将生物多样性价值划分为有明显实物性的直接用途、无明显实物性的直接用途、间接用途、选择用途和存在价值五个类型。D. W. Pearce(1994)将生物多样性的价值分为使用价值和非使用价值两部分,其中使用价值又可分为直接使用价值、间接使用价值和选择价值,非使用价值则包括保留价值和存在价值。国际经济合作与发展组织 1995 年出版的《环境项目和政策的评价指南》,在 D. W. Pearce 价值分类系统的基础上把选择价值和保留价值、存在价值进行合并。在《中国生物多样性国情研究报告》一书中，王健民等提出生物多样性总价值应包括直接使用价值、间接价值、潜在使用价值和存在价值四个方面，其中，潜在使用价值包括潜在选择价值和潜在保留价值。

1）直接价值

直接价值（direct value）是指生态系统服务功能中可直接计量的价值，是生态系统生产的生物资源的价值，如粮食、蔬菜、果品、饲料、鱼以及薪材、木材、药材、野味、动物毛皮、食用菌等，这些产品可在市场上交易并在国家收入账户中得到反映，但也有相当多的产品被直接消费而未进行市场交易。除上述实物直接价值外，还有部分非实物直接价值（无实物形式，但可以为人类提供服务或直接消费），如生态旅游、动植物园观赏、科学研究对象等。

2）间接价值

间接价值（indirect value）是指生态系统给人类提供的生命支持系统的价值。这种价值通常远高于其直接生产的产品资源价值，它们是作为一种生命支持系统而存在的。例如 CO_2 固定和释放 O_2、水土保持、涵养水源、气候调节、净化环境、生物多样性维护、营养物质循环、污染物的吸收与降解、生物传粉等。

3）选择价值

选择价值（option value）是指个人和社会为了将来能利用（这种利用包括直接利用、间接利用、选择利用和潜在利用）生态系统服务功能的支付意愿。选择价值的支付愿望可分为下列三种情况：为自己将来利用；为自己子孙后代将来利用（部分经济学家称之为遗产价值）；为别人将来利用（部分经济学家称之为替代消费）。

选择价值是一种关于未来的价值或潜在价值，是在作出保护或开发选择之后的信息价值，是难以计量的价值。对服务功能价值的估价是以关于该功能的知识量或信息量为基础的，如果我们对被评价对象没有任何知识或信息，谈论它的价值是毫无意义的，无论是对它的未来价值、当前价值还是历史价值都是如此。但这些并不代表选择价值无关紧要，只是我们不知道、无法估算而已。例如，1979 年在墨西哥一座小山上发现的一种正要被清除的多年生植物，后来用它杂交出了多年生玉米，据估计由此创造出每年 68 亿美元的价值（李金昌，1999）。现在人类种植的作物和饲养的家畜家禽都存在逐步退化问题，而新品种的培育都需要野生物种，仅从这一点考虑，生态系统提供的选择价值对人类的生存和发展都是十分重要的。

4）遗产价值

遗产价值（bequeath value）是指当代人将某种自然物品或服务保留给子孙后代而自愿支付的费用或价格。遗产价值还可体现在当代人为他们的后代将来能受益于某种自然物品和服务的存在的知识而自愿支付的保护费用。例如，为使后代人知道我们地球上存在金丝猴、大熊猫等而自愿捐钱捐物。遗产价值反映一种人类的生态或环境伦理价值观，即代间利他主义（intergenerational altruism）。关于遗产价值，存在两种观点：一种认为它是面向后代人对自然的使用的，因而可以归为选择价值的范畴；另一种观点认为遗产价值的概念是指能确保自然物品和服务的永续存在，它仅作为一种一个自然存在的知识遗产而保留下来，并不牵涉到未来的使用问题，所以它可归属存在价值范畴。目前，学术界一般将它单独列出，与选择价值和存在价值并列。

5）存在价值

存在价值（existence value）也称内在价值（intrinsic value），是指人们为确保生态系统服务功能的继续存在（包括其知识保存）而自愿支付的费用。存在价值是物种、生境等本身具有的一种经济价值，是与人类的开发利用并无直接关系但与人类对其存在的观念和关注相关的经济价值。对存在价值的估价常常不能用市场评估方法，因为基于成本-效益对一个物种的存在去进行精确分析，显然是不会得到任何有意义的结果的，在处理存在价值评价问题上只能应用一些非市场的方法(如支付意愿)，尤其是伦理学、心理感知、认识论等哲学，甚至宗教学方法。

根据前面对价值构成系统的评述可以看到，生态系统服务功能的总价值是其各类价值的总和，即

$$\text{TEV(总价值)} = \text{UV} + \text{NUV} \tag{8.1}$$

式中：UV(使用价值)包括直接使用价值(DUV)、间接使用价值(IUV)和选择价值(OV)；NUV(非使用价值)包括遗产价值(BV)和存在价值(XV)。因此，总价值可表示为

$$\text{TEV} = \text{UV} + \text{NUV} = (\text{DUV} + \text{IUV} + \text{OV}) + (\text{BV} + \text{XV}) \tag{8.2}$$

2. *生态系统服务价值的评价方法*

生态系统服务价值评估方法众多，至今尚未形成统一、规范、完善的评估标准。目前，生态系统服务价值核算方法可以分为两类，即基于单位服务功能价格的方法(简称功能价值法)和基于单位面积价值当量因子的方法(简称当量因子法)。

1) 功能价值法

功能价值法即基于生态系统服务功能量的多少和功能量的单位价格得到总价值。常采用以下三种方法进行评价(表 8-2)。

表 8-2　生态系统服务主要价值评价方法

类　型	具体评价方法	方法特点
直接市场价值法	生产价格要素不变	将生态系统作为生产中的一个要素，其变化影响产量和预期收益的变化
	生产价格要素变化	
替代市场价格法	机会成本法	以其他利用方案中的最大经济利益作为该选择的机会成本
	影子价格法	以市场上相同产品的价格进行估算
	替代工程法	以替代工程建造费用进行估算
	防护费用法	以消除或减少该问题而承担的费用进行估算
	恢复费用法	以恢复原有状态而承担的治理费用进行估算
	因子收益法	以因生态系统服务而增加的收益进行估算
	人力资本法	通过市场价格或工资来确定个人对社会的潜在贡献，并以此来估算生态系统服务对人体健康的贡献
	享乐价值法	以生态环境变化对产品或生产要素的影响来进行估算
	旅行费用法	以游客旅行费用、时间成本及消费者剩余进行估算
假想市场价值法	条件价值法	以直接调查得到的消费者支付意愿进行估算
	群体价值法	通过小组群体进行辩论，以民主的方式来确定价值或进行决策

(1) 直接市场价值法。直接市场价值是指生态系统所提供的产品和服务在市场上交易所产生的货币价值。直接市场价值法分为市场价值法和费用支出法两种。市场价值法以生态系统提供的商品价值为依据，如提供的木材、鱼类、农产品等。费用支出法是用来描述生态系统服务价值的，它以人们对某种环境效益的支出费用来表示该效益的经济价值，如生态旅游活动

中的交通费、门票费、食宿费等。

(2) 替代市场价格法。当某一产品或服务的市场不存在，没有市场价格时，替代市场价格可以用来提供或推测有关价值方面的信息，它以“影子价格”的形式来表达生态系统服务的经济价值。其方法是通过分析某种与环境效益有密切关系，并且已在市场上进行交易的东西的价格来替代。该方法包括机会成本法、旅行费用法、防护费用法、替代工程法、恢复费用法、享乐价值法等。

(3) 假想市场价值法。假想市场价值法属于直接方法，应用模拟市场技术，假设某种“公共商品”存在并有市场交换，通过调查、询问、问卷、投标等方式来获得消费者对该“公共商品”的支付意愿，通过综合即可得到该环境商品的经济价值。

依据上述各种估算生态系统服务价值的方法，按照对生态系统服务的分类，对每一项服务分别计算出它的价值量，再对所有服务的价值量进行求和，即可得到生态系统服务的总体价值。

2) 当量因子法

当量因子法是在区分不同种类生态系统服务功能的基础上，基于可量化的标准构建不同类型生态系统各种服务的价值当量，然后结合生态系统的分布面积进行评估。

(1) 当量因子。当量因子是指生态系统产生的生态服务的相对贡献大小的潜在能力。定义 1 个标准单位生态系统生态服务价值当量因子为 1 hm^2 全国平均产量的农田每年自然粮食产量的经济价值，以此当量为参照并结合专家知识可以确定其他生态系统服务的当量因子，其作用在于表征和量化不同类型生态系统对生态服务功能的潜在贡献能力。

(2) 单位面积生态系统服务价值的基础当量。它是指不同类型生态系统单位面积上各类服务年均价值当量。基础当量体现了不同生态系统及其各类生态系统服务的年均价值量，也是合理构建表征生态系统服务价值区域空间差异和时间动态变化的动态当量表的前提和基础。我国学者谢高地等系统收集和梳理了国内已发表的以功能价值量计算方法为主的生态系统服务价值量评价研究成果，参考各类公开发表的统计文献资料，并结合专家经验构建不同类型生态系统和不同种类生态系统服务价值的基础当量，开展全国尺度生态系统服务价值及其动态变化的综合评估(表 8-3)。

表 8-3　单位面积生态系统服务价值当量

生态系统分类		供给服务			调节服务				支持服务			文化服务
一级分类	二级分类	食物生产	原料生产	水资源供给	气体调节	气候调节	净化环境	水文调节	土壤保持	维持养分循环	生物多样性	美学景观
农田	旱地	0.85	0.40	0.02	0.67	0.36	0.10	0.27	1.03	0.12	0.13	0.06
	水田	1.36	0.09	−2.63	1.11	0.57	0.17	2.72	0.01	0.19	0.21	0.09
森林	针叶	0.22	0.52	0.27	1.70	5.07	1.49	3.34	2.06	0.16	1.88	0.82
	针阔混交	0.31	0.71	0.37	2.35	7.03	1.99	3.51	2.86	0.22	2.60	1.14
	阔叶	0.29	0.66	0.34	2.17	6.50	1.93	4.74	2.65	0.20	2.41	1.06
	灌木	0.19	0.43	0.22	1.41	4.23	1.28	3.35	1.72	0.13	1.57	0.69
草地	草原	0.10	0.14	0.08	0.51	1.34	0.44	0.98	0.62	0.05	0.56	0.25
	灌草丛	0.38	0.56	0.31	1.97	5.21	1.72	3.82	2.40	0.18	2.18	0.96
	草甸	0.22	0.33	0.18	1.14	3.02	1.00	2.21	1.39	0.11	1.27	0.56

续表

生态系统分类		供给服务			调节服务				支持服务			文化服务
一级分类	二级分类	食物生产	原料生产	水资源供给	气体调节	气候调节	净化环境	水文调节	土壤保持	维持养分循环	生物多样性	美学景观
湿地	湿地	0.51	0.50	2.59	1.90	3.60	3.60	24.23	2.31	0.18	7.87	4.73
荒漠	荒漠	0.01	0.03	0.02	0.11	0.10	0.31	0.21	0.13	0.01	0.12	0.05
	裸地	0	0	0	0.02	0	0.10	0.03	0.02	0	0.02	0.01
水域	水系	0.80	0.23	8.29	0.77	2.29	5.55	102.24	0.93	0.07	2.55	1.89
	冰川积雪	0	0	2.16	0.18	0.54	0.16	7.13	0	0	0.01	0.09

注:本表引自谢高地等,2015。

(3) 区域生态系统服务总价值。计算评价区域1个生态系统服务价值当量因子的经济价值量,如2007年中国1个生态系统服务价值当量因子的总经济价值量为449.1元/hm^2,将此与表8-4中的各生态系统服务价值当量值相乘,即可获得一个生态系统各类生态系统服务单价表。在此基础上,即可计算评价区域不同生态系统各类生态系统服务价值量和总价值量。表8-5是谢高地等计算的2010年中国各类生态系统提供的生态系统服务价值量。

表8-4　中国各类生态系统提供的生态系统服务价值(2010年)

生态系统	森林	草地	农田	湿地	水域	荒漠	合计
面积/(10^4 hm^2)	223.94	291.70	178.05	16.34	22.51	192.09	92371.57
生态系统服务价值总量/(10^{12}元)	17.53	7.50	2.34	2.45	8.06	0.23	38.10
价值构成/(%)	46.00	19.68	6.15	6.42	21.16	0.60	100.00

注:本表引自谢高地等,2015。

8.4.2　生态系统服务制图

早期国际上围绕生态系统服务经济价值评估开展了大量研究(Daily,1997,2000;Costanza,1997;Heal,2000;Boumans,2002)。随着MA计划的完成,人们深刻认识到人类活动在不断改变生态系统组成、结构和功能过程中,严重削弱了生态系统服务。但是,人们对于生态系统的大部分服务还缺乏深入的理解,能够为决策提供的生态学信息非常少。因而,明确生态系统服务形成机制,为生态系统服务评估和生态系统管理提供支撑成为研究的关键问题,生态系统服务的空间制图和模拟计算得到快速发展。生态系统服务研究的最终目的是辅助决策者更好地制定出生态保护规划与管理措施,以促进人类社会与自然环境的共同可持续发展。地图是依据一定的数学法则,使用制图语言,通过制图综合,在一定的载体上,表达各种事物的空间分布、联系及时间上的发展变化状态的图形。这些特征使得它成为一个强有力的工具去综合复杂的多源数据,从而能详细地刻画生态系统服务的时空分布及其相互关系,更好地支持环境资源管理决策和景观规划。生态系统服务制图(ecosystem services mapping,ESM)是对生态系统服务的空间特征及其相互关系的定量描述过程。通过生态系统服务制图,有助于回答以下问题:在特定区域内,生态系统服务的空间格局如何?它们在哪里产生?给哪些地区的人带来利益?如何调整土地管理政策,才能更好地与生态系统服务空间特征相匹配?(Naidoo等,2008)生态系统服务制图是将生态过程与生态系统服务联系以及将其理论应用于实践的有力工具与关键环节，是生态系统服务评估新的研究方向。

1. 生态系统服务制图的应用

1）生态系统服务供给-需求制图

生态系统服务供给是特定区域在一定时间内生产的能被人类利用的生态系统产品和服务能力。与潜在的最大生态系统服务供给能力不同，生态系统服务供给是指能被人类直接利用以满足人类需求的那部分产品和服务。它取决于生态系统的健康程度和区域生态完整性。

生态系统服务需求是指特定时空范围内，人们使用或消费的生态系统产品和服务的总和。它受人口、经济、政策、文化、市场等多种因素的影响。需求制图中受益群体的空间分布和需求结构是制图的关键。前者可以通过人口密度图、居住地和基础设施分布图等来进行识别，后者则需要通过统计资料或问卷调查等分析获得。

生态系统服务供给制图与需求制图往往是相互结合进行的，通过对区域生态系统服务供给图和需求图的叠加分析，可以了解区域生态系统服务供需平衡状况。例如，Burkhard 等(2012)基于专家知识库建立了欧洲 44 种土地利用和土地覆被类型所对应的 29 种生态系统服务供给能力、22 种消费需求的供需平衡关系矩阵，从供给矩阵可以看出，森林、湿地、水体、绿地和农田具有较高的供给能力，而连续的城市、工商业区、港口、矿区等供给能力低。需求矩阵显示，人口密度高的地区如城市和工商业区等对生态系统服务需求较高，靠近自然植被的地区人口密度较低，生态系统服务消费需求低。通过对供给和需求矩阵的叠加，显示在城市和工商业区等人类大量聚集区域，生态系统服务存在巨大的赤字，而在森林、水体等较少受人类活动干扰区域，生态系统服务存在巨大的盈余。

2）基于制图的生态系统服务相互关系分析

生态系统服务之间存在明显的权衡与协同关系，常用的权衡与协同分析方法包括图形比较法、情景分析法、模型模拟法等，均涉及生态系统服务制图。在图形比较法中，需要对多种生态系统服务类型进行空间制图，然后通过空间叠加分析，比较其空间重合度，以识别、判断权衡与协同的类型和区域。生态系统服务情景分析是对未来生态系统服务变化可能性的一种度量方法，生态系统服务情景制图可以清晰、直观地展示未来生态系统服务在供给和消费方面的可能路径，对不同情景下生态系统服务的类型、数量、空间分布及对区域社会经济影响的权衡分析，可以更科学地选择和制定生态系统管理和规划方案。模型模拟是通过机理或统计模型来揭示生态系统服务的形成、传输和消费过程，生态系统服务图既是模型模拟的输入，也是模拟结果输出的重要内容。

由于大多数土地覆被类型或景观类型能同时提供多种生态系统服务，不同生态系统服务之间也存在复杂的相互作用关系，生态系统服务制图既要考虑单一服务类型的空间分布，也要显示多种生态系统服务的联合分布，为突出区域生态系统服务的综合特征，需要进行制图综合，舍去某些次要属性信息，突出某些服务图层属性的特征。

3）基于生态系统服务制图的政策评估

根据千年生态系统评估，地球上 24 类生态系统服务中有 15 类在持续恶化，大约 60%的人类赖以生存的生态系统服务持续下降。为了减缓或扭转生态系统服务不断退化的趋势，人们制定并实施了一系列环境保护政策。为科学评估各种政策效应和实施效果，通过生态系统服务制图有效判读区域生态系统服务的空间分布、供给方的空间分布、受益方的空间分布等是决策分析的关键。

2. 生态系统服务制图方法

1）基于原始数据的制图方法

该方法分为基于区域典型抽样制图和基于原始数据抽样的模拟制图两种方法。前者工作量大、成本高，仅适用于少数类型的服务如生物多样性和休闲娱乐，而且制图的区域不宜过大；后者通常需要建立采样点生态系统服务与该点环境要素如气候条件、土地利用类型、土壤类型等的关系模型，以此来识别和估算整个区域生态系统服务类别和数量。

2）基于代理数据的制图方法

该方法主要基于土地利用和土地覆被数据或基于知识和逻辑代理制图。与基于原始数据的制图方法相比，具有较低的成本和较高的数据可得性。

以上两种制图方法的优势和劣势见表 8-5。

表 8-5　主要的生态系统服务制图方法比较

方法		优势	劣势	制图案例
需要研究区原始数据	覆盖整个研究区的典型抽样（如地图集和整个研究区的调查等）	对生态系统的预估最为准确；适宜于研究生态系统服务的异质性	昂贵、很难获取或不可获取；误差取决于采样的密度	休闲娱乐；生物多样性；渔业生产
	基于研究区抽样数据的模拟	比典型抽样需要的数据量小得多；对数据的平滑处理可以克服采样的异质性	平滑处理可能掩盖生态系统服务本身的异质性；误差取决于样本量大小和模型模拟所选择的变量	碳储存；生物多样性；生物多样性热点；碳吸收；农业生产；授粉；水分保持；休闲娱乐
不需要研究区原始数据	基于土地利用和土地覆被的代理指标	适用于缺乏原始数据的区域生态系统服务制图	代理数据的实际表现力很弱	生物多样性；休闲娱乐；碳储存；洪水调控；土壤保持
	基于一系列因果关系的代理指标	依靠辅助数据可以提高基于土地利用和土地覆被代理指标的制图精度	如果假设的因果关系不成立，会存在较大的误差	休闲娱乐；洪水调控和水供给；土壤积累

注：本表引自 Eigenhord 等，2010。

3. 生态系统服务制图流程

生态系统服务制图流程可分为九个步骤（图 8-3）。第一步，用户需求分析。图件编制者需要了解用户所关注的区域生态系统服务的类型及空间分布、用户使用这些生态系统服务图的目的。第二步，制定生态系统服务分类方案。根据区域实际情况以及用户需求，制定研究区域生态系统服务分类方案，并确定类型划分的等级与详细程度、表示方式（物质量或价值量）。同时明确制图的一系列前期准备工作，如区域范围、地图投影与坐标系统、图例与比例尺等。

第三步,数据收集与整理。包括各种图件、遥感影像、野外调查与观察资料、统计资料、问卷调查及科学文献等。第四步,数据分析与评价。对收集来的各种资料进行鉴别和分析,考虑其时间上、精度上是否满足要求,有无缺少,是否需要进行数学处理等。第五步,模型计算。选择合适的统计模型或过程模型计算研究区域生态系统服务的物理量、价值量或生态系统服务的相对重要性。第六步,制图综合。对计算所得各种图件信息进行概括、简化、综合取舍,以便能快速、准确获取所关注的信息。第七步,图形符号设计。通过规范化地设计地图符号的图形、颜色、大小尺寸、文字表达及相关音影等,突出所要表达的信息。第八步,图面整饰。按照制图要求对图面进行编整和修饰处理。第九步,图形输出和印刷。

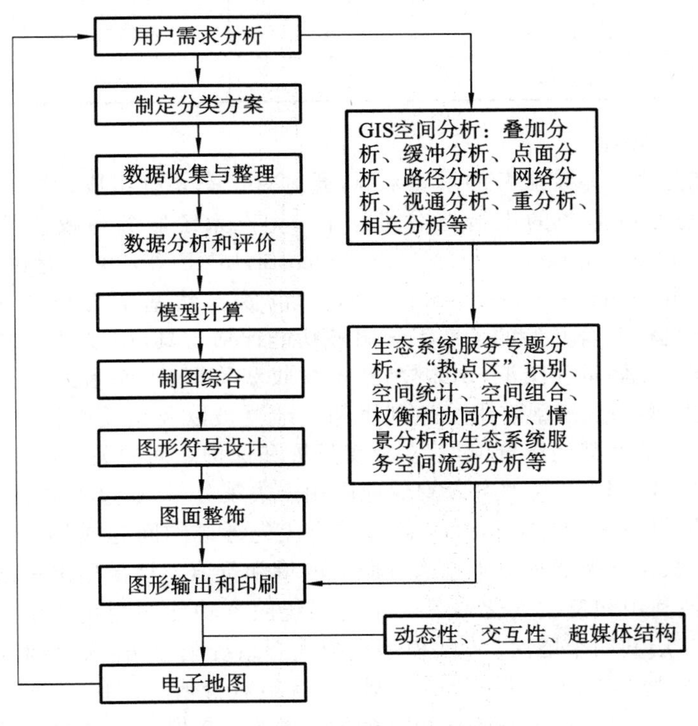

图 8-3　生态系统服务制图流程

(引自李双成等,2014)

8.4.3　生态系统服务模拟

近几年来,国际上在基于 GIS 的生态因子对特定生态系统服务供给的贡献、生态系统服务的地理分布、生态系统服务之间的相互关系,以及生态系统服务供给与需求等方面进行了大量研究。同时,基于空间可视化和未来情景分析的多种模型与工具也得到广泛应用。

生态系统服务功能评估模型是以已有的理论和研究成果为基础构建,用于评价多种生态系统服务功能。结合 GIS 技术的生态系统服务评估模型可以在一定程度上解决生态系统服务的空间异质性问题,帮助决策者更好地在区域范围内进行生态系统服务的评估与管理。

1. 常用的生态系统服务模拟模型

基于 GIS 的生态系统服务模拟模型主要有由美国斯坦福大学、大自然保护协会与世界自然基金会等机构开发的基于生态生产功能的 InVEST 模型、佛蒙特大学冈德生态经济研究所开发的基于价值转移的 ARIES 模型和由 Entrix 公司开发的生态系统服务功能评估和制图模型 ESValue 和美国地质调查局与科罗拉多州立大学开发的 SolVES 模型等(表 8-6)。

表 8-6 常用的生态系统服务模拟模型

模型名称	模型类型	可获得性	适宜应用尺度	利益相关者的引入
InVEST	生产功能	公开	景观到流域	可选
ARIES	收益转移	公开	景观到流域	可选
ESValue	优先级	私有	站点级到景观	需要
EcoAIM	优先级	公开	站点级到景观	需要
EcoMetrix	价值转移	私有	站点级	否
AIS	价值转移	私有	站点级到流域	可选
SolVES	优先级	公开	景观	需要

1) 生态生产功能模型

生态生产功能是生态系统服务的重要来源,通过对生态系统组成、结构、生态过程和功能的模拟,可估测生态系统服务的供给与空间分布。生态系统服务与权衡综合评价模型(the integrate valuation of ecosystem services and tradeoffs,InVEST,2001)是由美国斯坦福大学、大自然保护协会(the nature conservancy,TNC)、世界自然基金会(world wild life fund,WWF)和其他一些机构联合开发的生态系统服务功能评估工具,用以量化多种生态系统服务功能(如生物多样性、碳储量和碳汇、作物授粉、木材收获管理、水库水力发电量、水土保持、水体净化等)的评估模型。该模型使用土地利用和土地覆被以及相关生物物理、经济数据来预测生态系统服务的供给及其经济价值,旨在权衡发展和保护之间的关系,寻求最优自然资源管理和经济发展模式。InVEST 模型可以有效地应用于决策分析,通过不同利益相关者(如政策制定者、团体和保护组织等)的协商,确定各自需要优先考虑的问题或热点问题。InVEST 模型可以评价当前状态和未来情景下生态系统服务的量和价值。该模型由一系列模块和算法组成,可用于模拟土地利用和覆被变化情景下生态系统服务功能的变化。InVEST 的设计分为 0 层、1 层、2 层和 3 层共四个层次。0 层模型模拟生态系统服务功能的相对价值,不进行货币化价值评估。1 层模型具有较简单的理论基础,获得绝对价值,并可进行货币化价值评估(生物多样性模型除外),但比 0 层模型需要更多的输入数据。0 层和 1 层模型已经很成熟并已发布,而且对数据的要求相对较少。更加复杂的 2 层和 3 层模型还在开发之中,这些模型将提供更加精确的估算结果,但同时需要更多的输入数据。由于模型中的一些假定以及对算法的简化,InVEST 模型具有一定的局限性。模型局限性影响了估算结果的精度和确定性,但算法的简化可减少数据信息的需求,降低模型使用的难度。目前,该模型已在世界各地得到广泛的应用。

2) 价值转移模型

应用受益转移或价值转移方法,把某一特定地点特定生态系统服务类型的估计价值运用到该生态系统服务类型的其他区域,估算其他区域生态系统服务的价值。ARIES(artificial intelligence for ecosystem services)是由美国佛蒙特大学开发的生态系统服务功能评估模型(Villa 等,2009)。通过人工智能和语义建模,ARIES 集合相关算法和空间数据等信息,可对多种生态系统服务功能(碳储量和碳汇、美学价值、雨洪管理、水土保持、淡水供给、渔业、休闲、养分调控等)进行评估和量化。ARIES 可对生态系统服务功能的“源”(服务功能潜在提供者)、“汇”(使生态系统服务流中断的生物物理特性)和使用者(受益人)的空间位置和数量进行制图。目前,ARIES 只适用于其研究案例覆盖区域,但未来 ARIES 的全球模型开发完成后,可以用于全球范围内生态系统服务功能的评估,应用前景良好。

3）强调社会偏好和优先的生态系统服务管理模型

该类模型强调把人类偏好和优先纳入生态系统服务评估中，以明确不同管理策略带来的主要生态效益和价值变化。SolVES（Social Values for Ecosystem Services）模型是由美国地质勘探局与科罗拉多州立大学合作开发、用于评估生态系统服务社会价值的模型。此模型可用于评估和量化美学、生物多样性和休闲娱乐等生态系统服务社会价值，评估结果以非货币化价值指数表示（不进行货币化价值的估算），其评估和量化结果用 1～10 的指数来表示生态系统服务的相对感知社会价值。该模型是由生态系统服务社会价值模型、价值制图模型、价值转换制图模型 3 个子模型组成，其社会价值模型和价值制图模型需结合起来使用，并需要环境数据图层、调查数据以及研究区边界等数据，价值转换制图模型可单独使用，适用于没有原始调查数据的研究区（一般根据已有调查数据地区的 SolVES 分析结果，然后通过建立统计模型用于新研究区的评估）。

SolVES 模型在运行过程中，首先利用社会价值模型选择受访者组（利益相关者组），使用 Arcgis 软件中核密度分析工具得出最大价值和所确定的最高额定价值的位置；其次利用价值制图模型选择社会价值，根据最大价值将社会价值归一化处理得出价值指数，并计算环境变化；最后在 ArcGIS 中用图谱输出 MaxEnt 统计模型的运算结果，得出社会价值指数图和环境变量之间的关系。

主要生态系统服务评估模型的基本结构如图 8-4 所示。

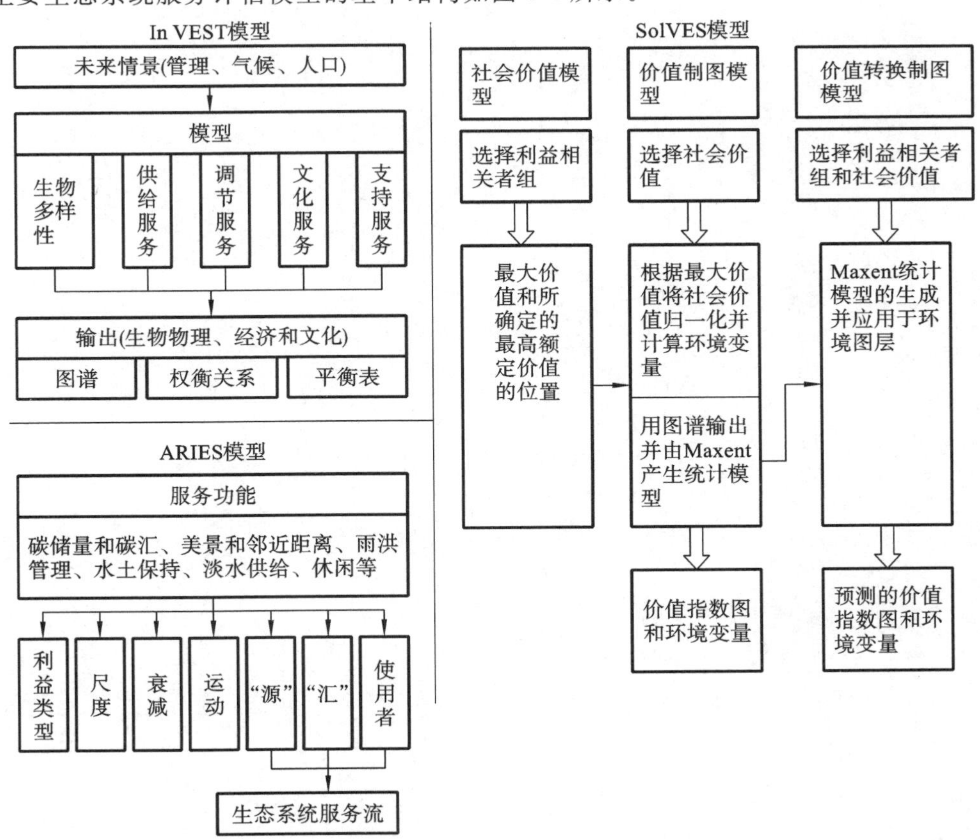

图 8-4　主要生态系统服务评估模型的基本结构

（根据模型用户手册修改）

思考与练习题

1.试述生态系统服务的内涵与分类。
2.试述生态系统服务价值构成。
3.试述生态系统服务的空间组成特点。
4.试述生态系统服务空间流动类型与特点。
5.生态系统服务制图有哪些方面的应用?
6.试述生态系统服务评估主要方法及其特点。
7.结合我国生态环境现状,论述在我国开展生态系统服务评估的现实意义。

第 9 章　生物多样性与生物安全

9.1　生物多样性

9.1.1　生物多样性概述

1. 生物多样性的概念

生物多样性（biodiversity）是生命系统的基本特征。这个概念最初是由 Fisher 和 Williams（1943）在研究昆虫物种与多度关系时提出的，他们首创了物种数与种群丰富度关系的对数分布数学模型，引起人们的注意。随后 Whittker（1972）在研究植物群落演替过程时提出了生态位优先占领假说，为物种-多度的几何级数分布奠定了理论基础。我国学者钱迎倩（1995）指出："生物多样性"这一术语及其内涵在全球范围内被人们如此地理解和接受是 20 世纪 80 年代后期的事。尤其是 1992 年世界环境与发展大会上《生物多样性公约》签署以来，生物多样性问题成为世人关注的焦点，爆炸性地出现在各种媒体、政府文件、科学论文和学术会议中。

对于生物多样性的定义，表述虽然不尽相同，但核心思想基本一致。我国学者马克平等（1993）根据多年研究，给出了比较科学的定义：生物多样性是指地球上所有动物、植物、微生物和它们所拥有的基因以及它们与其生存环境形成的复杂的综合体，包括动物、植物、微生物和它们所拥有的基因以及它们与其生存环境形成的复杂的生态系统。这个定义得到了科学界的广泛认同。

地球生命系统是一个等级系统（hierachical system），包括多个层次或多种水平——基因、细胞、组织、器官、种群、物种、群落、生态系统、景观。每个层次或水平都具有丰富的变化，即都存在着多样性。其中，物种多样性是核心，生态系统多样性是生物多样性研究的重点。

2. 物种多样性

物种多样性（species diversity）是生物多样性在物种水平的表现形式，是指地球上所有生物物种及其各种变化的总体。这就意味着物种多样性研究要以物种为单元，以系统为基础，探讨物种多样性的空间格局、时间格局和生物学格局，从进化和系统发育的角度认识物种多样性的产生与发展历史。

从应用角度出发，关于物种多样性的概念可以从以下三方面来理解。

（1）一定区域内的物种多样性。一定区域内的物种多样性是指在一定区域内研究物种的多样化及其变化，包括一定区域内生物区系的状况（如受威胁状况和特有性等）、形成、演化、分布格局及其维持机制等，主要通过区域物种调查，从分类学、系统学和生物地理学角度对一定区域内物种的状况进行研究。在保护生物学领域里提到的物种多样性更多是从这个角度来理解的，从空间范围来讲相对是比较大的。

（2）特定群落及生态系统单元的物种多样性。特定群落及生态系统单元的物种多样性是指从群落水平上研究物种分布的均匀程度，强调物种多样性的生态学意义，如群落的物种组成、物种多样性程度、生态功能群的划分、物种在能量流和物质流方面的作用等(贺金生等,1997)。在生态学领域里提到的物种多样性更多是从这个角度来理解的,从空间范围来讲相对较小。

(3) 一定进化阶段或进化支系的物种多样性。从生物演化的角度,物种多样性随时间推移呈现特殊的变化规律,不仅生物物种本身以及物种的集合(分类单元)有起源、发展、退缩和消亡的过程,就是物种多样性整体也有自己特定的演变规律。

3. 生态系统多样性

生态系统多样性(ecosystem diversity)是指生物圈内生境、生物群落和生态过程的多样化及生态系统内生境、生物群落和生态过程变化的多样性。此处的生境主要指无机环境,如地形、地貌、气候、水文等在不同区域的变异,而生境多样性是生物群落多样性的基础;生物群落的多样性主要是群落的组成、结构和动态(包括演替和波动)的多样性。生物圈内生境、生物群落和生态过程的多样化以及生态系统内生境差异、生态过程变化的多样性,主要包括着物种流、能量流、水分循环、营养物质循环,以及生物间的竞争、捕食和寄生等。

生物多样性是一个自然现象,是大自然的产物,是生物进化的结果,无论人类对它的认识如何,它始终存在于世界各地。不过,生物多样性还有别于其他自然现象。如山川、河流等基本不受环境的影响,如果没有大的地质和地貌波动,它们的特征不变,而生物多样性则不然,它会随着地理位置、气候条件、地理历史过程和人为活动等发生明显的变化。因此,更确切地说,生物多样性是生物与环境相互作用所产生的一种自然现象。然而,地球表面的生物多样性是复杂的,它既受分布区环境的影响,又受生物自身变异和进化规律的支配。进化论先驱达尔文也对生物在地球表面的分布感到惊奇,他发现各地生物相似与否,无法从气候和其他自然地理条件上得到圆满的解答。他认为生物的时空分布是有规律的,不论它们是在连续的世代中产生的变异,还是在迁移到远地以后所产生的变异,都遵循同一谱系演变法则,在这种情况下变异规律都是一样的,而且所产生的变异都是自然选择作用积累起来的。可以说,生物多样性也是生命进化的产物。

生态系统多样性的研究具有十分重要的意义。一方面,生态系统类型多样,其组成、结构、分布和动态等特征极富变化;另一方面,生态系统多样性的研究又为其他水平的生物多样性的研究提供有用的资料,特别是作为生物的栖息地受到保护生物学工作者的高度重视。

目前,由于人口迅速增加,我国人均资源拥有量持续下降,加之对资源的需求日益增长和长期不合理的开发利用,已使自然生态系统受到严重破坏。大面积的森林消失、草场退化、沙漠扩展、水体污染、湿地消失,生物多样性优势大大削弱。我国目前受威胁的生物物种估计占区系成分的15%~20%,高于世界10%~15%的水平。我们无法估计最近40年来究竟有多少物种在我国消失,但是生物多样性的严重损失已经对我国的生态环境、社会经济发展产生严重的影响。为了当代和子孙后代的生存和发展,我国必须采取果断措施,切实加强生物多样性安全工作。

9.1.2 生物多样性的影响因素

自从地球生命诞生以来,新物种的形成和老物种的消失就在不断地进行,野生生物和人类共同经历了一个优胜劣汰、弱肉强食的漫长过程。在地球生命发展史上,曾发生过五次物种大灭绝事件(也称为物种大崩溃),这些事件是由诸多因素引发的,其中包括间歇性的强烈火山运动,以及外太空物体撞击地球等。每次大灭绝之后,都需要几百万年的时间,物种的数量才能恢复到原有的水平。科学家预言，第六次大灭绝事件正在到来，这一灭绝过程中充满了超自然的因素，那就是人类的以破坏环境为代价的现代文明。

1. 物种对灭绝的脆弱性

生态学家们已经观察到，不是所有的物种都具有相等的趋于灭绝的可能性，一些特殊的物种阶层在面临灭绝时特别脆弱。

1）地理分布区狭窄的物种或特有类群

一些物种仅见于一个狭窄的地理分布区中的一个或几个地点，一旦整个区域受到人类活动的影响，这些物种就有可能灭绝。具有一个或几个种群的物种，在面对灾难时，要比具有许多种群的物种具有较低的脆弱性。古生物学研究发现：地方性特有类群，尤其是属级水平上的地方性特有类群更容易灭绝。一些地方性特有属在正常的地质年代具有丰富的多样性，然而在大灭绝来临之时首遭厄运。这一现象引起了人们对有关地方性特有类群，尤其是地方性特有属进化问题的极大关注。

2）种群密度低或体型较大的物种

一个物种的分布区，由于种群密度极低，单位面积内仅有极少数个体，这样的种群有可能太小以致物种难以找到配偶而无法持续下去，最终在整个景观中消失。与小型动物相比，大型动物倾向于占用较大的个体分布区，需要较多的食物。当它们的分布区由于人类活动被破坏或破碎后，物种由于无法生存而趋向灭亡。另外，较大的个体也容易受到人类的捕杀而灭绝，如大型动物东北虎、鲸类等。

3）不具备有效散布手段的物种

在自然界，环境变迁促使物种或是从行为上，或是从生理上去适应它们生境中的新条件。那些不能适应环境变化的物种，要么迁移到更适宜的生境，要么灭绝。在这一点上，鸟类要比不能飞翔的哺乳类更具生存能力。

4）季节性迁移的物种

季节性迁移的物种依赖两种或多种截然不同的生境类型。如果任一类生境被破坏，那么这个物种就有可能无法持续下去。

5）具有极低遗传变异的物种

种群内的遗传变异有时可以使物种适应变化的环境。当环境中出现一种新的疾病时，仅有极低或根本没有遗传变异的物种具有更大的趋向灭绝的可能性。形态性状多样的类群常具有较高的遗传变异，有多样化的生理功能以及较完善的生态适应性；而形态性状单一的类群常缺乏比较多样化的生理功能，缺乏对外界干扰的应变能力。

6）需要特殊或稳定环境的物种

一旦这种生境被人类活动所改变，它将可能不适合于物种的生存。例如，热带雨林往往被认为具有相对稳定的群落结构，其物种丰富性以及群落结构的复杂性对灭绝具有更强抗性。在正常地质时期的确如此，然而，当环境的干扰超出一定范围，如全球性气温变冷时，热带区系中那种似乎很精细的群落结构则显得十分脆弱；当遇到与高纬度区域同强度的环境干扰时，热带类群就会遭受大得多的损失。此外，热带区系中的生物地理结构孕育了丰富的特有类群，在环境干扰下，这些特有类群很容易灭绝。

2. 生物灭绝的内部因素

1）种间竞争

种间竞争是生态系统的一项重要生态过程，当竞争发生在两个种或两个同时利用同一种资源的种群时,两者中一方个体数目的增加都会导致另一方适合度的降低。竞争分为资源利用性竞争和相互干涉竞争两种类型。

苏联生态学家高斯(1934)选择两种在分类上和生态习性上很接近的双小核草履虫和大草履虫进行试验得出,两个物种越相似,它们的生态位重叠就越多,竞争也就越激烈。这种种间竞争情况后来被英国生态学家称为高斯假说。

生态习性相似的种往往构成镶嵌分布型,使两个竞争物种可能长期共存。然而在较小的岛屿,一个新的物种的侵入有可能导致当地种的灭绝。这是因为较小的岛屿面积减少了当地种寻找其避难所的机会,而在较大面积的岛屿和大陆可能找到避难所,从而能和侵入种建立镶嵌分布的关系。在自然界中,种间竞争的实质是生物进化的表现,它一般不会直接导致物种的灭绝,除非在特殊情况下,如重大的地质事件以及人类干扰,才有可能使一个物种或种群走向灭绝。

2) 捕食者-猎物动态关系

广义的捕食者概念,包括草食者、肉食者和寄生虫。在由捕食者与猎物种群密度构成的坐标系中,捕食者与猎物种群常常围绕着一个平衡点按照一定的周期摆动。捕食者种群随猎物种群的变化而变化,但落后于猎物种群(图 9-1)。当受到外界条件影响后,干扰可能增加其摆动的幅度,甚至触及某个坐标轴,进而一个种群灭绝,或两个种群灭绝。捕食者大暴发往往使猎物遭遇厄运。

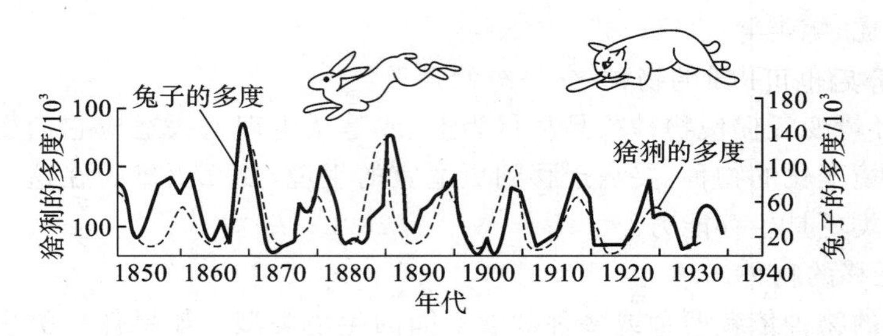

图 9-1　20 世纪 90 年代捕食者(加拿大猞猁)与猎物(美洲兔)数量周期的关系

(仿 R. L. Smith,1980)

大量草食者的存在能够在短期内使一个物种的个体数量迅速减少,草食者和特定植物种个体数量的动态平衡更常见。只有在特殊情况下,如受新侵入或新引进的草食动物、昆虫、病害的流行以及恶劣气候等方面的影响,这种动态平衡才会被破坏。在草食者和特定植物种之间长期以来建立的动态平衡被打破之后,系统中某些物种有些功能会变得十分脆弱,在接踵而来的各种外界干扰下不能有效地应变而有可能灭绝。

3) 病菌及病害的流行

病菌与捕食者具有共同的特点,即病菌的生存往往建立在寄主或被食者生存活力的基础上。在这种情况下,病菌的致病能力较弱,这是在长期的协同进化过程中逐渐形成的。在这一过程中,被寄生物种对病菌逐渐产生了抗性,同时病原体的毒性也逐渐降低。由此理论,病害的广泛流行应该是相当罕见的。只有在长期存在的生态平衡被打破的情况下,区域才有可能发生广泛的病害流行。病害流行通常可分为两种情形:①当易受感染的寄主物种从未受病菌感染的区域迁入病菌感染强烈的地区时;②当病菌传入以前没有病菌感染的地区时。

导致病害流行的一个因素是接触传染。种群成员的频繁接触为高毒性感染病菌的存活创造了必要的条件。如果一个物种的不同种群分别生存在相对隔离的地区,则可避免病菌的严重感染，避免因病菌的广泛流行而导致的灭绝。许多物种的镶嵌分布模式也许是生物在漫长的进化过程中逐渐发展起来的适应策略。

3. 生境破坏的影响

1）生境消失

生境消失被确认为大多数目前正濒于灭绝物种的基本威胁。例如，当一片森林被砍后，土地转为其他用途（如城市用地）时，生活于其中的物种就失去了同样数量（面积）的森林生境。

2）生境破碎化

生境除了被彻底破坏消失外，原来连成一片的大面积生境常常被道路、农田、城镇和其他大范围的人类活动分割成小片。生境破碎就是指由于某种原因，一块大的、连续的生境不但面积减小，而且被分割成两个或更多片段的过程。生境破碎会以微妙的方式威胁物种的生存。

（1）破碎有可能限制物种潜在的散布和移植能力。由于有被捕食的危险，许多生活在森林内部的鸟类、兽类和昆虫将不敢穿越即使是很短的一段开阔地带。

（2）生境破碎有可能降低土生动物觅食的能力。许多动物种类，不管是单个的或是群体的，都需要在广泛散布的、具有季节性资源的生境中移动，这些资源包括水果、植物的种子、青草等。但当生境破碎后，局限于单个生境片段中的物种就有可能无法在原有的家域内迁徙，以寻取那些稀有资源。例如，篱笆能够阻止大型草食动物如羚羊、野牛的自由迁移，迫使它们到一个不适宜的生境过度啃食，且最终导致这些动物挨饿。

（3）生境破碎后也可以把一个广泛分布的种群分割成两个或更多的亚种群，每一个亚种群局限于一定的区域，近亲繁殖等因素使遗传多样性减少，从而使种群陷入衰落和灭绝的境地。

（4）生境破碎后使片段边缘增加，产生了一系列的边缘效应。片段边缘的微环境与森林内部不一样，光照、温度、湿度和风力等气候因素有更大的波动性。这些边缘效应可影响至森林内部500 m。由于植物、动物物种常常高度地适应特定的温度、湿度和光照水平，这样的变化使许多物种从片段化的森林中消失。

3）生境退化与污染

就算一个生境没有消失和受到破碎的影响，该生境中的群落和物种也可能深深地受到人类活动的影响。空气、水体和土壤的环境污染等外在因素使生境退化，生物群落被破坏，生态系统功能退化，其上生长的物种有可能走向灭绝，但它们并不能改变群落中居于支配地位的植物的结构，因此这种破坏并不会立即显现。例如，由于人类活动，季节性干旱气候下的许多生物群落退化成了沙漠，这样的群落包括热带草原、灌丛和落叶林，以及在地中海地区、澳大利亚西南部发现的温带灌丛带和草原。虽然这些地区最初适于农业生产，但重复种植将导致土壤侵蚀和土壤含水能力的丧失。

4. 外来物种的影响

外来入侵种已经成为当前生态退化和生物多样性丧失等的重要原因，特别是对于水域生态系统和南方热带、亚热带地区，已经上升为首要的影响因素。当环境一再持续恶化，物种不断消失，栖息地不断被侵蚀，大气、水和土地的污染越来越严重，生态系统迟早会崩溃。外来入侵种很可能就是导致生态系统崩溃的导火索，因为它改变了物种之间的相互作用关系。在这种情况下，要维持原有的高度丰富的生物（物种）多样性是不可能的。外来入侵种对生物多样性的影响是多方面、多层次的。

1) 对遗传多样性的影响

外来入侵种对遗传多样性的影响是难以察觉的。随着生境片段化,残存的次生植被常被入侵种分割、包围和渗透,使本土生物种群进一步破碎化,还可以造成一些物种的近亲繁殖和遗传漂变。有些入侵种可能是同属近缘种,甚至不同属的种。这种杂交也可能消灭掉本地种,特别是当本地种是稀有物种时。入侵者与本地种的基因交流可能导致后者的遗传侵蚀。从美国引进的红鲍和绿鲍在一定条件下能和中国本地种皱纹盘鲍杂交,在实验室条件下已经获得了杂交后代,如果这样的杂交后代在自然条件下再成熟繁殖,与本地种更易杂交,结果必将对中国的遗传资源造成污染。

2) 对物种多样性的影响

每种动植物作为生态系统中的一个成员,在其原产地的自然环境条件中各自处于食物链的相应位置,相互制约,所以种群保持着相对稳定的状态,这是自然界的普遍规律。一旦有外来种侵入新的区域,就会干扰那里原有的生态平衡,通过占据本地种的生态位或与本地种发生竞争,而使本地种受到威胁甚至灭绝。在美国受到威胁和濒危的958个本地种中,有约400种主要是由于外来种的竞争或危害而造成的。外来海洋入侵生物与土著海洋生物争夺生存空间与食物,危害中国土著海洋生物的生存,如大连从日本引进的虾夷马粪海胆能够咬断大型藻类的根部,不仅破坏了海藻床生态群落的稳定性,而且与中国土著海胆争夺食物与空间,已对其生存构成严重威胁。

3) 对生态系统多样性的影响

由于一些外来物种通过直接作用减少了当地物种的种类和数量,形成单优群落,间接使依赖于这些物种生存的当地其他物种种类和数量减少,最后导致生态系统的退化,改变或破坏了当地的自然景观,使生态系统丧失基本功能和性质,导致整个生态系统的崩溃。被称为"植物杀手"的薇甘菊原产于南美洲,20世纪70年代在中国香港蔓延,80年代传入中国东南沿海,现在该植物蔓延到珠江三角洲,严重危害天然林、人工速生林、果园、公园等风景区和绿地,并进一步威胁到整个华南地区。

5. 气候变化的影响

气候变化(climate change)指气候平均状况随时间的变化,如30年平均气温或降水量的变化。按时间尺度又可以分为四种:①冰期-间冰期旋回,时间尺度10^4~10^5年;②千年尺度气候振荡,时间尺度10^3年;③十年及百年尺度气候振荡,时间尺度10~10^2年;④年际气候变化,时间尺度1年。

1) 气候变化与物种灭绝

气候的变化往往造成大量物种灭绝。根据化石记录,晚白垩纪全球气候的干旱化使88%的海生生物属彻底灭绝,陆地动物遭受灭绝的规模更大;第三纪始新世末期,由于气温迅速变冷,许多在古新世后期和始新世占优势的植物类群灭绝;第四纪冰川的影响又使大量的植物类群销声匿迹。地球上几次灾变事件,如火山喷发和造山运动等,其引起物种大灭绝的根本原因是先改变了地球的气候,继而影响了物种的生存。

就动植物总体而言,生物多样性正日渐减少,而全球升温很可能意味着进一步的锐减又要紧跟而来。在无脊椎动物方面,英国科学家考察南极后认为,如果南极海水温度像预期那样上升,地球上会失去大量扇贝、双壳软体动物及大海蜘蛛等动物。对11种物种进行跟踪观察发现,如气温升高2~3 ℃,它们就会窒息。南极周围水温上升比陆地快1倍多,最近15年来已升高1 ℃,21世纪内气温可能上升3 ℃。而生长在这一带的动物生长速率慢,100年内只能繁衍几代，对气温变化的适应得经过好几代。因此，数千种冷血动物可能濒临绝迹。

2）气候变暖对生态系统的影响

温室效应曾经在促进地球生命的繁荣上起过重要作用，没有它，地球表面的温度会剧烈下降。但是，人类的剧烈活动造成地球气候持续变暖，而物种并不能很快调节自己以适应比自然过程快得多的变化，势必影响生物的分布状况。

以气候变暖为标志的全球气候变化必将对陆地生态系统产生严重的影响，而植被的变化又通过影响植被与大气之间的物质和能量交换影响气候系统，进一步加剧环境的恶化。一般情况下，短周期植物如草地植物与农作物，对气候变化适应较快，而长周期植物的适应则较慢，如森林。Krajick K.（2004）在《科学》上发表文章指出，气候变化在影响着高山生态系统。在高山地区，植物和动物在一个很狭小的角落里生存，它们应对变化的适应能力较差，而它们定居的生态"孤岛"随着全球变暖正在一步步地减小。随着气候变暖，更多的低海拔物种会向上入侵，它们可能使顶部生存的生物被淘汰出局。

3）气候变暖对珊瑚礁湿地生态系统的影响

珊瑚礁是世界上物种丰富度最高的海岸湿地生态系统类型之一。气候变暖会造成冰山的消融和格陵兰冰盖的收缩，海平面可能升高 0.2～1.5 m。这种海平面的上升将淹没低矮的海岸湿地群落。对于生活于特定水下深度以获取光线、水流组合的珊瑚种类来说，海平面的上升具有潜在危害。这种危害主要体现在海平面上升的速率与珊瑚礁生长速率的相对关系上。当珊瑚礁生长速率接近海平面上升的速率时，有利于珊瑚的生长，特别是海平面上升的速率适度高于珊瑚礁生长的速率时，珊瑚礁会较快生长。反之，当某些珊瑚礁有可能生长得不够快而赶不上海平面上升速率时，将渐渐被"溺死"。如果海水温度也上升的话，破坏有可能加剧。珊瑚礁生长的适宜水温为 18～30 ℃，最适温度为 23～27 ℃，若以 30 ℃为珊瑚礁生长的阈值，夏季我国各珊瑚礁区的表层海水温度将超过珊瑚礁生长的上限温度，可能会出现珊瑚白化和死亡事件。1982—1983 年太平洋异常高的海水温度导致生活于珊瑚内的共生藻类死亡，珊瑚随即遭受到大批死亡的厄运。另外，气候变暖、海平面上升也会造成海岸湿地损失，造成生物多样性减少，尤其是欧美地区。海平面每上升 1.0 m，将使美国海岸湿地损失 26%～82%。

4）气候变暖会使动物面临饥饿的威胁

气候变暖对动物灭绝的影响到底有多大，目前还很难评估。但是受害者名单一定很长。某些物种或许直接就被上升的温度击垮了，还有一些受到的影响比较微妙。生物学家认为气温上升 2 ℃以上，对分布区狭窄的珍稀动物的影响可能是灾难性的。1989 年美国科学家到加州 Sequoia 国家森林公园考察新孵化的蝴蝶时，发现一个山坡上有大量蝴蝶死亡。这些蝴蝶的死亡不是由疾病或中毒造成的，而是因为当年气候变暖，冰雪提前融化，蝴蝶也提前孵化。可是产生花蜜的植物对气候变化不敏感，没有开花，蝴蝶由于采不到花蜜没有食物而提前死亡。

5）全球变暖将引起疾病肆虐

美国的一些生态学家指出，全球变暖会使植物、鸟类、昆虫、海洋生物以及人类都可能遭到流行病的袭击。疾病将向北方、纬度更高的地方蔓延。气候变暖正以多种更适合传染病蔓延的方式扰乱自然生态系统。例如，冬天本来可使很多病菌受到抑制，但暖冬会使病菌及其宿主依然活跃，使以前寒冷的地区也受到病菌的侵袭；由于气候变化，病原体还可能通过变暖的水传播到生活在不同气候环境下的宿主中；陆地生态系统中的一些细菌、真菌、病毒、昆虫甚至啮齿类动物对温度及湿度极其敏感，由于气温升高它们到了新的区城后，可能给以前未受侵害的野生动植物种群带来毁灭性的灾难。泰国研究发展所 J. P. Gonzalez(2005)表示，候鸟已成为禽流感病毒的主要病媒，而它们的生活习性与气候息息相关。

6) 气候变暖对生物入侵的影响

从整个生物圈的角度，全球变化会使气候带范围发生改变，这必然改变物种与资源的分布区域，结果促进生物入侵。研究表明，大气中 CO_2 浓度的增加，会延缓草原群落的演替过程，这就为外来种进入群落提供了更多的机会。气候变暖使原产热带的外来种分布范围扩大，喜暖的 C_4 植物可能取代 C_3 植物。进一步的研究发现：科罗拉多北部的低草草原在 1964—1992 年的 28 年中，随春季最低温度的增高，主要本地种 *Bouteloua gracilia* 的净初级生产量呈线性减少，而外来禾本科草本植物密度则呈指数增加。因此，在全球变暖过程中，最低温度的升高对生物分布的影响可能最为重要。气候变化促进了生物入侵，反过来生物入侵在全球范围内影响了生物群落的结构与功能，继续反馈性地影响了全球环境，因而气候变化对生物入侵的促进会对地球环境产生长远的影响。

6. 人类过度利用生物资源的影响

20 世纪是科学技术飞速发展的时代，同时也是人类对地球自然资源大肆掠夺的时代。人类的活动加快了地球生态系统的毁坏和成千上万已存在数百万年物种的灭绝。

1) 装饰品

随着经济的发展，人们生活水平的提高，人类对自己的装饰要求显著提高。即使在尚未工业化的社会，高强度的开发已经导致地方物种的衰落和灭绝。例如，夏威夷国王们所穿的节庆斗篷是用一种叫马莫鸟的羽毛做的，单个斗篷就需要 70000 只鸟来提供羽毛，结果造成这个物种灭绝。藏羚羊是中国的一级保护动物，也是世界上唯一生活在高海拔地区的羚羊。由于一条藏羚羊绒沙图什(藏羚羊绒制成的披肩)在欧洲市场上能卖到 1.6 万美元，素有“软黄金”之称，所以国际藏羚羊绒的非法贸易极为猖獗。20 世纪 90 年代以来，由于受巨额利润的驱使，盗猎分子疯狂捕杀，藏羚羊的数量以令人难以想象的速度锐减。

2) 药品和食品

受经济利益驱使，对具有药用、食用价值的物种过度挖掘和捕猎，是造成这类物种灭绝的主要原因之一。

例如，冬虫夏草是我国特产的名贵中药材之一，核心分布区为长江、黄河、澜沧江、雅鲁藏布江、怒江等大江大河源头的高寒草甸。在国内由于采挖过度，真品减少而需求增长，所以价格一路走高。目前，受商业炒作驱动及市场非理性消费的影响，我国“冬虫夏草热”已进入恶性循环的怪圈，冬虫夏草正遭受着人为的灭顶之灾。最近中国科学院一项实地考察表明：冬虫夏草主产区产量已不足 25 年前的 10%，原分布密集区 40%的地块已多年未发现生长冬虫夏草。

鲸是地球上最大的动物，自 9 世纪以来一直是商业捕捞的目标。长期过量的捕鲸活动，造成鲸种群数量减少，一些种群消失的同时，鲸的个头也在变小，这正是过度开发的特征之一。

3) 宠物与观赏植物

人们对高档罕见的宠物的需求量正在增加，特别是西方发达国家。这就给某些物种赋予了明显的货币价值，所以它们从野外被捉了回来，并为了人类的利润而被交易。在许多发展中国家，这是一笔不菲的收入，也必然导致过度开发。20 世纪 80 年代，南美出口的鹦鹉已知就有 200 多万只。生活在玻利维亚东部和北部的金刚鹦鹉，由于原本就非常稀有，因而成了珍稀值钱的宠物。目前，该鸟在野外只剩下 100 对左右。

观赏植物在国际市场上正在快速兴起，每年贸易额可达数千万美元。对某类植物(如兰花和仙人掌)的需求，已经造成了对它们的过度开发，仅墨西哥一国，每年就要出口 50000 多吨仙人掌，其中有很大比例都是采于野外的。

9.1.3　生物多样性保护

生物多样性保育学是以生态学为核心，综合基础生物学、应用生物学、环境科学、生态工程与恢复生态学、社会科学、决策科学等学科而形成的新兴科学，其核心内容是研究生物多样性的起源、维持与灭绝过程及其机制，生物多样性的生态系统功能。目标是实现生物多样性的保护和可持续利用。

1. 生物多样性信息收集与管理

开展生物多样性保护的首要任务就是要查清生物多样性的本底及动态变化情况，包括生物多样性的编目和生物多样性信息动态管理，具体工作包括物种分类、编制名录、物种保护优先的排序(即濒危等级的划分)、优先保护地区的确定以及生物多样性保护信息系统的建立与维护等。

1) 物种编目与种群的信息收集

(1) 编目类别。

物种编目是指对地球上存在的生物类群加以鉴定并汇集成名录，分为一般编目和保护编目。一般编目是为了登记、评估和监测生物资源，涉及的类群和生境范围都要求尽可能多种。保护编目是为环境监测和保护规划提供依据，很大程度上是监测项目，主要涉及对环境变化敏感和具有生态代表性的类群，通常应包括脊椎动物、植物和陆生节肢动物的类群。为了达到编目的基本要求，满足监测目的，有必要对编目项目进行设计，制定采样方案和编目标准。

(2) 编目原则。

概括起来，编目要遵循以下原则：

①目标明确：明确编目项目的目标，以此为依据确定编目的类型，从而进一步确定对象、地理范围、调查和分析方法及结果汇总的方式。

②深度和广度结合：在满足编目目标要求的前提下，既要能体现时间、空间和对象的科学性，又要有所突出，有所侧重，优先选择。在一些地点要长期定点调查，在另外一些地点只能进行不定期的抽样调查。对一些重点类群可作深入、全面的调查，对另外一些类群只能作一般性调查(如只调查其组成和变动趋势)。

③标准化：包括采样方法(工具和操作)标准化、采样方案(样方大小和布局、采样频率和重复)标准化及记录表格(内容和形式)标准化，以保证调查结果的可比性。

④调查信息的完整性：在采样设计时，要尽可能地考虑与调查对象有关的各种变异因素，如空间分布的差异(海拔、坡向、生境等)和时间变异(时刻、季节、年代周期性等)。可以运用生态学知识，作一些统计学分析，可增加信息获取量，传统采集往往忽略了这种考虑。

⑤可行性：要考虑可用的经费和人力资源、调查方法是否能为调查者接受，以及采样设计是否可行等影响调查的主客观因素，并应尽量选择分类基础较好且容易鉴别的类群作为编目和监测的对象，保证调查方案实施的可行性。

(3) 编目程序。

编目的程序应包括设计、资料收集、补充调查、鉴定和编制名录(或数据库)等步骤。其中设计就是根据编目的目的选定地域范围和涉及类群，规定编目的条目和格式，制定实施计划和经费预算。资料收集是指尽可能全面地收集和利用有关区域和类群的已发表和未发表的资料,包括各类分类学论文、专著、地方志、采集记录、标本鉴定记录、动植物贸易记录和个人交流资料等。根据编目计划的要求进行补充采集和调查。对获得的资料和标本进行整理,标本交有关分类专家进行鉴定。汇总全部分析资料和标本鉴定结果,将其编制成名录,可能时录入数据库。

(4) 编目内容。

编目应包含各分类单元的名称或代码以及分布地点这两项基本内容,详细的编目还应包括与物种生物学和生态学有关的信息(如发生时间、栖息地类型、种群大小等)。编目可在不同的地域级别开展,如全球范围、区域范围、国家范围或地区一级。编目信息可通过直接的野外调查和分析获得,也可对已有的文献(各类分类学论文、专著和地方志等)和资料(野外考察记录、标本收藏记录、动植物贸易记录等)进行整理收集,物种编目信息可以直接输入生物多样性信息管理系统,形成物种的基础数据库。

(5) 种群生物学信息收集参数。

在种群信息收集过程中,应尽可能保证信息收集全面而具体,尤其是针对珍稀濒危物种,这样建立起来的数据库可以为种群的生存力分析提供翔实而科学的数据。从种群生物学角度,收集的信息参数如表 9-1 所示。

表 9-1　种群生物学信息收集参数

分类	参数内容
形态学	①物种的形状、大小、颜色、表面构造如何?②这些特征的功能是什么?③在其地理分布范围内,物种的形态是怎样变化的?④种群中所有个体看起来是否相同?⑤物种身体各部分形状与各自的功能是如何联系的?⑥怎样帮助其在环境中生存?⑦新生代在外貌上是否与成体不同?
生理学	①一个个体需要多少食物、水、矿物质和其他必需品才能维持其生存、生长及繁殖?②利用资源的效率是多大?③物种对极端气候如冷、热、风和雨的脆弱性有多大?④繁殖期为何时?⑤此时有什么特殊需要?对疾病和寄生虫的敏感性如何?⑥幼体是否对疾病、不利气候和被捕食尤其脆弱?
行为方式	①一个个体怎样活动以适应环境而生存?②在种群中个体怎样选择配偶和繁育后代?③个体间的相互作用方式怎样?④是协作还是竞争?⑤个体以怎样的方式与其他种如捕食者、猎物或同一资源的竞争种之间相互作用?⑥个体以什么特定食物或资源为食?⑦它如何取得食物?⑧亲代是怎样帮助子代的?
遗传	①种群中有多大的形态特征变异和生理特征变异?②受基因控制的成分有多大?③可变的基因比例有多大?④种群中一个可变基因有多少等位基因?
分布	①在环境中物种出现在哪些地方?②个体是群居、随机分布还是有规律分布?③一天或一年中物种是否在栖息地间迁移或迁徙到其他不同的地理区?④在栖息地间的迁移是否有困难?⑤在移居新的生境时能否适应?
环境	①物种出没的栖息地类型是什么?②每一个栖息地面积是多大?③条件如何?④环境是否为物种生存提供了足够的资源?⑤竞争种、捕食者和有害种是否数量很多?⑥在时空上环境的变异有多大?⑦环境受灾害干扰影响的频率有多大?
统计资料	①初始成体的生命周期有多长?②在有利和不利条件下成体的死亡率是多大?③个体生长是快还是慢?④初次生育的年龄和形体大小?⑤每一个体生育多少个子代?⑥种群幼体和成体是否混居?

2）物种保护优先序

自然界中那些特有的、珍稀的、濒危的或者在生态系统中起关键作用的物种应受到最优先的保护。物种的灭绝是一个动态过程，从这一角度来看，物种灭绝和物种濒危的区别是它们分别处于某一特定物种走向消亡过程的不同阶段。我们要保护的是濒危物种，所以濒危等级的划分对确定物种保护优先序极为重要，等级越高的物种具有越优先的保护权。

对物种进行濒危等级划分还具有两方面的重要意义。从科学的角度，划分濒危等级能对物种的濒危现状和生存前景给予一个客观的评估，并提供一个相互比较的基础，在一定程度上既是以往调查和研究结果的汇总，又提出了需要深入和补充研究的内容。从实用的角度，能将物种按其受威胁的严重程度和灭绝的危险程度分等级归类，简单明了地显示物种的濒危状态，提供开展物种保护及制定保护优先方案的依据。一些国际和国家的物种保护行动计划（包括有关的公约和立法）也以此为依据。世界自然保护联盟（International Union for Conservation of Nature，IUCN）的红皮书和红色名录为这两方面提供了最好的例证。

（1）濒危等级划分的标准。

濒危等级划分的标准也兼顾科学性和实用性。科学性要求这类标准客观、准确和精细，尽可能地使用定量而不是定性的数据，所使用的数据尽可能全面、充足和精确。实用性则强调标准的简单、实用，要满足不同水平操作者和各个类群的实际需要（这就要求操作起来有一定的灵活性）及某些情况下的应急需要。因两方面的要求有时是相互矛盾的，所以标准的制定常处于一种两难的境地。为了达到科学严谨和实用方便两者之间的平衡，对 IUCN 物种濒危等级和华盛顿公约（全称《濒危野生动植物种国际贸易公约》，CITES）附录等级标准进行了反复修订。

确定物种濒危等级的指标可以分为定性指标和定量指标两类，如表 9-2 所示。

表 9-2　物种濒危等级的评价指标

指标类别	指标名称	指标内容
定性指标	种群数	现状：多或少。变化趋势：增加或减少
	种群大小	现状：大或小。变化趋势：上升或下降
	种群特性	是否都是小种群
	分布范围（发生范围）	宽或窄
	分布格局	有无破碎化或岛屿化现象和趋势
	栖息地类型	单一、少数或多样
	栖息地质量	现状：好或坏。变化趋势：改善或退化
	栖息地面积	现状：大或小。变化趋势：增大或减小
	致危因素	存在与否
	灭绝危险	有或无
定量指标	种群个体总数	特别是成熟个体数
	亚种群数	
	亚种群个体数	特别是构成小种群的阈值
	分布面积（占有面积）	
	分布地点数	
	栖息地面积	

(2) IUCN 濒危物种等级。

濒危物种红皮书(Red Data Book)概念始于20世纪60年代,最早由Peter Scott提出,其目的是根据物种受威胁的严重程度和估计灭绝的危险性将物种列入不同的濒危等级。IUCN根据收集到的可用信息编制全球范围的红皮书,不久这一概念被一些国家所采纳,用于编制国家或地区级的红皮书。书中涉及的类群也从早期的陆生脊椎动物扩展到无脊椎动物和植物。红皮书内容逐年增加,最后不得不用仅含有IUCN批准的濒危物种名录的所谓红色名录(Red List)来取代它。需要指出的是IUCN红色名录规定的等级适用于全球范围的有关物种,而一些仅针对国家范围内物种的红色名录规定的等级仅适用于特定的国家,两者应有所区别。IUCN目前采用的濒危物种等级系统分类如表9-3和图9-2所示。

表 9-3 IUCN 濒危等级系统定义

等级	定义
灭绝 EX(Extinct)	没有理由怀疑其最后的个体已经死亡
野生灭绝 EW (Extinct in the Wild)	已知仅生活在栽培和圈养条件下或仅作为一个(或多个)驯化种群远离其过去的分布区生活时
极危 CR (Critically Endangered)	在野外随时灭绝的概率极高
濒危 EN(Endangered)	虽未达到极危,但在不久的将来野生灭绝的概率很高(符合下文关于"濒危"的标准),即可列为濒危
易危 VU(Vulnerable)	虽未达到极危或濒危,但在未来的中期内野生灭绝的概率较高
低危 LR(Lower Risk)	经评估不符合列为极危、濒危或易危任一等级的标准,即可列为低危。列为低危的类群可分为3个亚等级: ①依赖保护(Conservation Dependent,CD):已成为针对分类单元或针对栖息地的持续保护项目对象的类群,若停止对有关分类单元的保护,将导致该分类单元5年内达到上述受威胁等级之一; ②接近受危(Near Threatened,NT):未达到依赖保护但接近易危的类群; ③略需关注(Least Concern,IC):未达到依赖保护或接近受危的类群
数据不足 DD (Data Deficient)	无足够的资料,仅根据其分布和种群现状对其灭绝的危险进行直接或间接的评估,即可列为数据不足
未评估 NE (Not Evaluated)	未应用有关标准评估的分类单元可列为未评估

3) 中国动植物保护红皮书

确定我国的濒危物种受威胁等级,目的是为客观地列出我国的受威胁物种。物种在全球的受威胁等级不一定适合我国的国情。在全球被划为易危的种,在我国可能因种群相对稳定而定为低危种。反之,在全球定为低危的种,在我国数量很少并正在衰退,或许仅仅因为处于全球分布区的边缘,而可能被划分为濒危。

中国动植物红皮书的等级参考了IUCN红皮书等级制定,彼此相关但不相等。其中,《中国植物红皮书》是根据国际通用标准编写的一本保护我国植物物种的专著,该书并无专门的法律法规与之配套,并且该书主要考虑的是植物物种的濒危程度,采用"濒危"、"稀有"和"渐危"3个等级,其定义如表9-4所示。

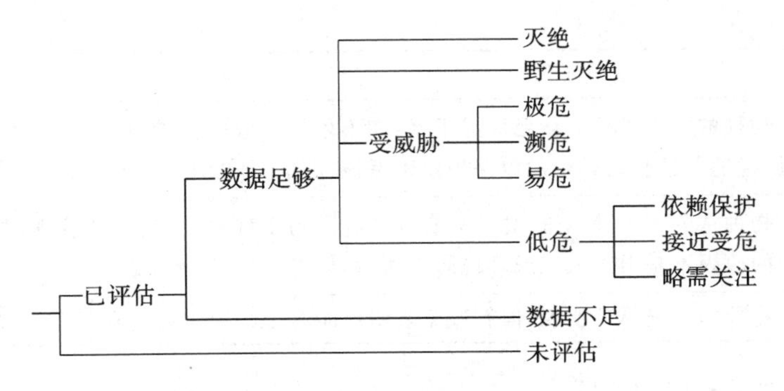

图 9-2　IUCN 濒危等级系统

（引自蒋志刚，1997）

表 9-4　中国濒危植物等级定义

等级	定　义
濒危	物种在其分布的全部或显著范围内有随时灭绝的危险。这类植物通常生长稀疏，个体数和种群数低，且分布高度狭域。由于栖息地丧失或破坏，或过度开采等原因，其生存濒危
稀有	物种虽无灭绝的直接危险，但其分布范围很狭窄或很分散，或属于不常见的单种属或寡种属
渐危	物种的生存受到人类活动和自然原因的威胁，这类物种由于毁林、栖息地退化及过度开采的原因，在不久的将来有可能被归入“濒危”等级

为有效保护珍稀濒危野生动物，1988 年 11 月 8 日第七届全国人民代表大会常务委员会第四次会议通过了《中华人民共和国野生动物保护法》，与之相对应，经国务院批准，1989 年 1 月 14 日颁布《国家重点保护野生动物名录》。根据《野生动物保护法》和有关法律、法规的规定，由林业部和农业部共同拟定的名录共列出国家一级重点保护野生动物 96 个种或种类，二级重点保护野生动物 160 个种或种类。参考了 IUCN 的濒危物种红皮书和红色名录中的濒危物种等级划分标准。一级保护野生动物相当于“濒危”级以上，二级保护野生动物相当于“易危”级。中国动物红皮书的濒危等级划分如表 9-5 所示。在本等级分类中，未采用 IUCN 的“灭绝”等级，而是采用“野生绝迹”等级。因为如果野外和饲养的种群都已消失，保护行动也就无的放矢。如野马和麋鹿在其自然栖息地野生种群已经消失，但目前尚有放养或饲养种群留存，这就为保护行动提供了基础和希望。增加了“国内绝迹”一级，这是出于对本国实际的考虑。如高鼻羚羊，国内已然绝迹，但国外尚有野生种群留存，可以从国外引回，重建国内野生种群。

表 9-5　中国濒危动物等级定义

等级	定　义
野生绝迹	一物种因繁殖失败，以致该物种所有野生个体死亡，即适应环境变化方面的自然失败，但该物种人工饲养或放养的种群尚有残存，如麋鹿
国内绝迹	一物种或亚种的野生种群在国内已经消失，但并没有在国外的分布区内灭绝，如高鼻羚羊
濒危	一物种的野生种群数量已经降低到濒临灭绝或绝迹的临界程度，且其致危因素仍然存在，如朱鹮、华南虎

续表

等级	定　义
易危	一物种的野生种群数量已明显下降,如不采取有效的保护措施,势必沦为"濒危"者,或因接近"濒危"级别,而必须加以保护以确保该"濒危"种的生存,如金猫、云豹
稀有	一物种从分类定名以来,总共只有为数有限的发现记录,或者从发现起就数量少,且其数量少的原因不是由于人工或环境影响所致,如沟牙断鼠、林跳鼠
未定	一物种的情况不甚明朗,但有迹象表明可能属于或疑为濒危或渐危,如普氏原羚

4) 生物多样性优先保护地区

(1) 优先保护区域的确定方法。

①确定优先保护区域的原则。

a. 丰富性:生物多样性在空间上不是均匀分布的,不同地区生物多样性的形成显然受其自然地理因素以及地质历史的综合影响。从寒带到热带,生物多样性丰富程度逐渐增加,即使在同一气候带内,不同生境的生物多样性也会有很大的差别。生物多样性丰富的地区,如热带雨林地区,应首先受到关注。

b. 特殊性:在生物多样性保护中,由许多特有物种组成的生态系统比由众多广布种组成的生态系统更为重要。单型种或某个目、科或属的唯一代表种比广泛分布的复型种分布的地区更值得重视。同样,稀有种栖息地比广布种的栖息地或普通种的生境具有更高的保护优先度。

c. 受威胁的程度:生物多样性在世界各地受到不同程度的威胁,受威胁严重的地区应具有较高的优先度。在其他条件相同的情况下,濒危物种比易危物种、易危物种比稀有物种、稀有物种比数量下降但未列入 IUCN 名录的物种具有更高的优先度。

d. 经济价值:不同地区的生物多样性可能在"数量"上相近,但其现实的和潜在的用途有很大差别。在评估优先度时,对热带国家的那些消失后会对人类产生最严重不良后果的基因、物种或生态系统应给予最高的保护优先度。由于受到人为活动影响较小,保存较好的地区多为比较偏远、交通不便因而资料多比较贫乏的地区,因此,通过航片、卫片等遥感手段获取生态系统特别是植被的地理分布规律,可为关键地区的确定提供重要依据。

②确定优先保护区域的技术方法。

生物多样性保护的一个重要原则就是要设法利用有限的资源(人力、经费、土地及水域)保护尽可能多的物种多样性。从操作程序上来说,就是要解决如何做到客观测度和评价各有关区域的物种多样性,对各个区域按物种多样性高低进行排序,然后结合区系组成差异的互补性,设计保护区域优先序或保护区网络,达到利用有限数目的区域来保护最多的物种多样性或全部的物种多样性的目的。

物种丰富度是衡量和选择优先保护区域最常用也最直观的指标。关键区系分析方法,即综合考虑物种丰富度和区系成分的互补性的分析方法,在保护某一特定类群的全部物种时被用来确定保护区优先序和最低保护区。20 世纪 90 年代,P. H. Wiliams 等利用现代生物系统学支序分析的理论和成果,提出了可以反映物种在系统演化意义上的差异,即分类多样性(taxonomic diversity)的计算方法,并以此为基础,结合互补性(complementarity),提出了一套更完善的保护优先区域的分析方法,即分类多样性测度。

(2) 分类多样性测度。

生态学家通常使用某一区域的物种丰富度(即种数)或某一区域内物种丰富度与相对多度(relative abundance)结合的一些指数,如均匀度和多样性指数(Simpson 指数或 Shannon 指数)来测度物种多样性。还有一些方法被用来测度区域间物种丰富度在组成上的变化,即物种替换率。这些测度的局限性是显而易见的,因为物种丰富度指数未能概括不同物种与其在自然演化系统中所处地位的差异;而物种多度非物种的固定特征,随时间和地点不同而变化显著。从生命系统具有的两个相互关联的基本特征,即等级属性(hierarch)与复杂性(complexity)来看,物种多样性指数仅反映了生物复杂性,而未能反映生物的等级性。从保护的目的出发,有必要区别那些系统演化中更重要、代表着特殊的演化分支的物种(如大熊猫)和那些有很多近缘种的普通物种(如麻雀)。

分类学方法提出了分类多样性的概念来刻画物种在系统演化意义上的差异。对分类多样性的测度依据反映分类单元亲缘关系的分支图(图 9-3)。分支图可通过支序分类研究获得,也可用反映分类系统的系统关系图替代。

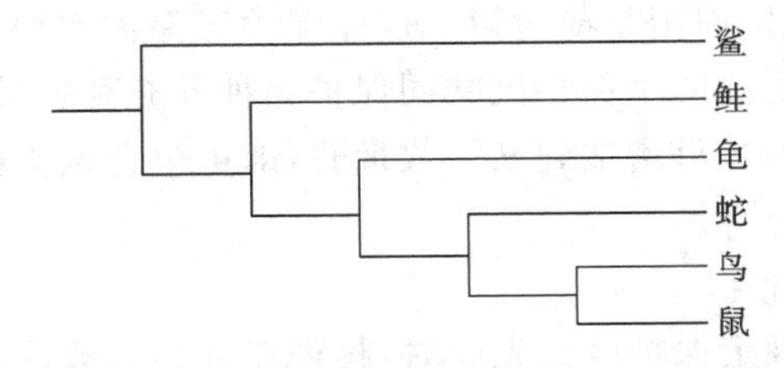

图 9-3 动物 6 个类群各一种的亲缘关系示意图

分类多样性测度中的一个重要指标,即根权值(root weight)指数也称为分类多样性指数(taxic diversity index),用于刻画古老类群(即孑遗类群)的重要性,对最接近支序图根部的类群给予最大的加权。图 9-4 举例说明了根权值的推算过程,可帮助理解分类多样性测度的一般原理。

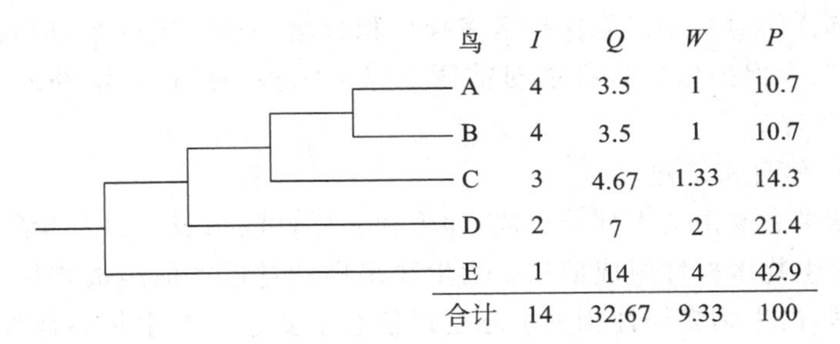

鸟	*I*	*Q*	*W*	*P*
A	4	3.5	1	10.7
B	4	3.5	1	10.7
C	3	4.67	1.33	14.3
D	2	7	2	21.4
E	1	14	4	42.9
合计	14	32.67	9.33	100

图 9-4 根权值指数的推算

(R. I. Vane-Wright 等,1991)

图 9-4 左侧为 5 个终端分类单元 A～E 的分支图。分类单元 A 和 B 均归属于 4 个组群(AB、ABC、ABCD 和 ABCDE),C 归属于 3 个组群(ABC、ABCD 和 ABCDE),D 属于 2 个组群(ABCD 和 ABCDE),E 归属于 1 个组群(ABCDE)。*I* 值为分类信息的基本测度,其他效值都从 *I* 推算而得。*Q* 值为组群总数 14(即 4+4+3+2+1)被各分类单元的 *I* 值分别所除得到的商值(对于 A,14/4=3.5;其余类推),*Q* 值给予根单元较大的权值。*W* 值为标准分类权值,用最低 *Q* 值(3.5)与分类单元的 *Q* 值分别相除所得(如对于 E,7/3.5=2)。*P* 值是将 *W* 值换算为百分比(对于 A,1/9.33=10.7%;其余类推),代表各分类单元对总多样性的贡献。*T* 为 *I*、*Q*、*W* 和 *P* 的总和。

(3) 特有性及关键区系分析。

多样性测度提供了测度物种系统发育地位差异的方法。除了系统发育地位上的差异,物种在分布上也往往不等。一些物种为广布种,另一些物种的分布则很狭域,为地区特有种。分类单元的分布或生物地理差异构成动植物区系组成和特有性方面的差异。

特有性则是指一些分类单元仅在该地范围内存在,在别的地方不存在,其在该地区的丧失意味着该分类单元在整个地球上的丧失。因而,特有性在自然保护中具有重要意义,被用来确定保护"热点"(hot spots)(即特有性很高的地区)和一些类群的特有性中心。因为不同类群的特有性分布格局往往并不重合,根据特有性确定保护区优先序,应基于不同类群特有性格局的综合分析。

区系组成是指具有哪些物种(物种名录)和物种数量(即物种丰富度)。关键区系分析是依据区系成分互补性原理的一种分析方法。其分析步骤包括:首先根据已获得的某一类群全部物种的分布资料,将所有分布地区区系按特有性的高低排序,选定特有性最高的区系作为第一保护区,第二个保护区的确定原则是能对第一优先保护区保护物种补充种类最多的区系,第三个保护区的确定原则是能对前两个保护区共同保护物种补充种类最多的区系,以此类推,得到保护区优先序。当保护区的数目增加到某一数量时,即可包含该类群的全部物种,这些保护区组成了所谓的最低保护区组合。

(4) 保护优先区域的确定。

在利用关键区系分析确定保护区优先序时,物种在分类上被认为是相等的,即仅依据了物种的种数和不同地区的物种替换率(species turnover),未考虑物种的分类多样性差异。优先区域分析(priority area analysis for conservation)是以分类多样性测度和互补性原理为基础的保护区优先序分析方法,其原理与关键区系分析有一定程度的相似,但利用分类多样性指数取代特有性作为分析的依据。其分析步骤为:首先根据分类多样性指数值累加计算出各地区区系的多样性积分(diversity scores),然后选定多样性积分最高的区系作为第一优先保护区,第二个保护区要选择能对第一优先保护区多样性积分增补最大的区系,即具有最高补充多样性积分的区系,第三个保护区要选择能对前两个保护区多样性积分增补最大的区系,以此类推,得到保护区优先序。

5) 生物多样性信息系统建设

生物多样性信息主要由两大部分组成,即生物多样性的组成信息和生物多样性的相关生态过程信息。其中生物多样性组成信息多为生物多样性各层次的组成特征,一般可用编目方法加以储存和管理,而生物多样性相关生态过程信息主要包括与生物多样性有关的各种人类活动与自然过程。目前国际、国内对生物多样性信息的研究及相关工作,集中体现在对生物多样性组成信息方面,对相关生态过程信息的研究与采集则刚刚开始。生物多样性信息具有以下特点:复杂性、海量性、时间性、空间性、特殊性。因此要求生物多样性信息系统不仅存储量大,而且要能提供空间、时间、动态的处理与分析能力。当前迅速发展的"3S"技术以及相应的数据库管理系统为生物多样性信息收集与管理提供了有效的技术手段。

(1) 生物多样性信息系统建设的手段与方法。

①"3S"技术。

"3S"技术是RS(遥感)、GIS(地理信息系统)、GPS(全球定位系统)的总称,它们是人类现代科学技术的重要成就之一,是人类为获取、处理、分析生存环境信息逐步发展起来的先进的技术手段。

②数据库管理信息系统。

数据库管理信息系统(data base management system,DBMS)通过结构化的数据文件,把存储有特定信息的数据集以数据库的形式存储起来,并提供了数据输入、查询、提取、更新的技术工具。DBMS的数据库具有不依赖于特定程序的特点,数据结构规范,具有通用性,是目前广泛应用的数据管理技术,目前已成为生物多样性信息系统建设最基本、最重要的技术手段。

(2) 中国的生物多样性信息系统。

生物多样性信息系统是一个能够提高国家对生物多样性信息的综合管理能力,推动我国生物多样性保护和持续利用的非常有用的技术和工具。最近几年来,在生物多样性科学家、生物信息学家和计算机科学家的协作下,不断有新的信息技术、数据库技术应用于生物多样性信息系统,并致力于发展、完善其功能和作用,也使得生物多样性信息系统在不久的将来发展成为一门新的交叉学科——生物多样性信息科学。

中国的生物多样性信息系统(Chinese biodiversity information system)建设在"中国生物多样性研究与信息管理(BRIM)"项目的推动下,取得了很大进展。该信息系统主要由基础数据库、模型库和专家系统组成,它的总体目标是通过收集、整理和传播国内外有关生物多样性研究、保护和持续利用的信息,扩大生物多样性信息交流的范围和内容,增加国内、国际各阶层组织和个人在这一领域的合作,在全社会范围内普及生物多样性知识,为国家和地方各级决策部门提供生物多样性的科学数据,促进我国生物多样性保护和持续利用事业的发展。其中,基础数据库中的数据包括物种编目的数据、濒危和保护物种的数据、典型生态系统的数据、标本的数据、易地保护的数据、就地保护的数据、种子和种质资源的数据、环境因子及植被的数据、有关的社会和经济发展的数据、文献信息、生物多样性信息编目的数据。而模型库收集了大量相关数据库与信息,对生物多样性研究及相关应用具有重要的参考价值。

2. 生物多样性的迁地保护

事实上,尽管人类付出了极大的努力,但在全球变化的大背景下,许多物种仍然丧失了在自然环境中生存的能力。据统计,近3000种鸟类和兽类只有在人为设置的保护环境(包括提供食物、隐蔽场所和繁殖生境等)下才能生存。随着人口的增长,生物的生存空间日益缩小,越来越多的野生生物需要人类的协助才能生存。

1) 迁地保护的意义和原则

(1) 迁地保护的概念。

按照《生物多样性公约》(UNECD,1992)的定义,迁地保护(offsite conservation)是指将生物多样性的组成部分移到它们的自然环境之外进行保护,与就地保护不脱离原来的自然环境有根本的区别。它是物种保护的一种重要形式,某种情况下也会与就地保护存在交叉。例如,建立一个庄园应属就地保护形式,但如果庄园中的许多植物和动物都是引进的话,则变成了迁地保护形式。

迁地保护是为了增加濒危物种的种群数量,而不是要用人工种群取代野生种群。当迁地种群数量增加时,通过不断地释放迁地种群的繁育后代补充野生种群,来增加野生种群的遗传多样性。迁地保护中,采用调整遗传和种群结构、疾病防治和营养管理等措施,能减弱那些随机因素对小种群的影响,并通过人工管理迁地种群使其有效种群达到最大。建立自然状态下的可生存种群是迁地保护的最终目标。

(2) 迁地保护的意义。

野生状态下的物种即将灭绝时,迁地保护无疑提供了最后一套保护方案。例如普氏野马、麋鹿、阿拉伯大羚羊和加州秃鹫等物种保护即是成功的例子。目前,许多物种只有在维持野生种群的同时,再维持一个人工管理的迁地种群,才能保证物种不会灭绝。迁地保护种群具有如下作用:

①在一些基础研究中作为野生个体的代用材料;

②可以深入认识被保护生物的形态学特征、分类地位、系统与进化关系、生物发育、生殖等生物学规律,取得管理野生种群的经验;

③作为引种与再引入来补充野生种群的后备材料;

④为那些野外生境不复存在的物种提供最后的生存机会。

(3) 迁地保护的基本要求。

①采取迁地保护措施的条件。

一般来说,当物种原有生境破碎成斑块状,甚至原有生境不复存在,或者物种的数目下降到极低的水平,个体难以找到配偶,或者物种的生存条件发生突然变化(如20世纪80年代中期四川大熊猫生境中竹子大面积开花枯死,大熊猫找不到足够食物而面临生存危机),在这三种情况下,迁地保护成为保存物种的重要手段。

IUCN建议:当一个濒危物种的野生种群数量低于1000只时,应当将人工繁育、迁地保护作为保护该物种的一项措施。经过科学论证后,在可靠的前提下,必要时交流人工繁育个体和野生个体。目前迁地保护手段常常是等到物种的数量极低、濒临灭绝时才应用,如黑足鼬的迁地保护。

②迁地保护的设施与场所。

迁地保护需要场地和设施。目前的主要场所是那些为各种目的而建立的、收集野生动植物进行人工圈养、栽培的设施。如动物园、植物园、公园的动植物展区,或野生动植物的饲养、繁育、栽培中心和商业性养殖场等。在经费充足时,可以根据濒危物种的特殊需要在靠近濒危物种分布区的地方设计、建造新的迁地保护设施。但是,建立新设施需要付出大量的人力、物力、财力。目前中国需要保护的濒危物种很多,因此,有必要寻找其他迁地保护设施。

③强化迁地保护管理。

利用现代科学技术作为辅助手段,人们在有限的空间内创造濒危动、植物生存的必要条件。通过保证其食物供应,治疗受伤、生病个体,采取节育或人工授精,淘汰某一年龄段个体等措施管理种群,使迁地保护种群处于最佳结构状态。对野生动物的强化管理依赖于个体标识与数据管理。当野生种群较小时,标识个体是完全可能的,例如对虎的标识(Smith等,1986)。对迁地保护种群的分析和管理必须有详尽的种群个体数据才能完成。因此,迁地保护种群个体的有关数据,如出生日期、出生重、耳号、产仔数目、死亡日期以及死亡原因等必须记录在案。可能时,对于人工繁育个体野放后的有关数据也应尽可能记录存档。

(4) 迁地保护与小种群问题。

物种保护的目的是让种群的遗传变异达到一个平衡点,使物种同时具有生存力和继续进化的潜力。如果一个濒危物种的遗传变异和损失不可能取得这个平衡点,那么需要考察什么样的遗传变异需要保存,多少遗传变异需要保存,需要保存多长时间等。通常保存较稀少的遗传基因位点及较多的遗传变异需要较大的迁地种群。濒危物种的遗传学和种群生物学特征决定了迁地保护种群的大小。有些种群需要在很长的时间内维持一个较大的种群,而另一些种群可能仅需要一个较小的核心种群即能达到保护的目的。

迁地保护中常常遇到小种群的管理问题,无论是野外还是人工饲养,都必须按照遗传学和种群生物学规律进行管理，才能使迁地种群长时间生存。一个封闭小种群在繁育过程中，群体水平和个体水平的遗传多样性会逐代下降。群体的遗传杂合性提供了适应环境变化的潜力，近交导致个体的遗传杂合性下降，产生近交衰退，表现为存活率和繁殖力下降。

从麋鹿的保护实例看，由种群遗传变异程度导出的最小可生存种群可能并不是保证濒危物种存活的必要条件。如果迁地种群非常小，那么种群数量的随机波动带来的问题可能较遗传杂合性下降更为严重。这些随机因素包括疾病感染、自然灾害、捕食者或竞争者大量出现、迁地种群产生的后代都是同一性别等，这些因素可能导致整群迁地野生生物的灭绝。

2）迁地保护与外来入侵种控制

（1）迁地保护形成入侵的可能性。

迁地保护的各种形式中，动物园、植物园、鸟园等形式最有可能造成生物的逃逸，动物园虽然还没有报道入侵的问题，但也有一些物种在野外自然繁殖，如八哥已经在北京形成了自然种群。特别是现在各地时兴建立的野生动物园，大量物种被散放到自然区城中，极易形成入侵。

目前中国的很多野生动物园效仿非洲的经验，结果是在中国的生态系统中放养着来自世界各地的物种。这些野生动物园不仅没有使中国的当地野生动物得到有效保护，反而带来更多的负面影响。因为涉及的外来物种繁多，又以散放养殖为主，因而必然出现生物入侵现象。这些现象可能是引入的物种入侵，也可能是引入物种所带来的疾病的入侵造成的。因此，这类野生动物园给中国当地的自然生态系统，特别是其中生存的野生动物带来更多的威胁。

（2）外来物种的入侵过程。

能否成功控制外来物种入侵，很大程度上取决于采取控制措施时，外来入侵种所处的阶段。外来种不是一进入新的生态系统就能形成入侵，其入侵过程常分为几个阶段。

第一阶段：引入和逃逸期。外来种被有意或无意引入以前没有这个物种分布的区域，有些个体经人类释放或无意逃逸到自然环境中。

第二阶段：种群建立期。外来物种开始适应引入地的气候和环境，在当地野生环境条件下，依靠有性或无性繁殖形成自然种群。

第三阶段：停滞期。外来种经过一定时间对当地气候、环境的适应，开始有一定的种群数量，但是通常并不会马上大面积扩散，而是表现为“停滞”状态。有些物种要经过几十年才开始显示其入侵性。停滞期的长短因物种和当地的地理及气候条件的不同而有很大差异。一般来说，草本植物的停滞期短于木本植物。

第四阶段：扩散期。当外来种形成了适宜于本地气候和环境的繁殖机制，具备了与本地物种竞争的强大能力，当地又缺乏控制该物种种群数量的生态调节机制的时候，该物种就大量传播蔓延，形成“生态”暴发，并导致生态和经济危害。

（3）外来物种的入侵管理和控制。

控制可以在外来种入侵的任何阶段实施，如控制引入，禁止向野外释放或防止逃逸，在其建立种群时予以清除，以及在扩散阶段形成灾害后控制数量和清除。控制手段采取得越早，成功的可能性就越大。

①法规防治。

控制外来种传播危害的最直接手段就是阻止其传入，即检疫。早在中古时期，为了防止鼠疫、霍乱、黄热病等疫病传入，威尼斯当局规定，外国船舶靠岸之前必须隔离观察40天，确信没有感染这些严重疫病，才允许船舶进港，人员上岸。这是人类早期与外来有害生物开展斗争的最简易实用也是最有效的方法。因为这是靠法律的力量防止疫病入侵，故又称法规防治。检疫措施发展到当代,技术手段已有很大的改进,操作程序更加规范,现在世界各国均在各自的海关口岸严格实施卫生检疫和动植物检疫。

②风险分析与中长期预报。

外来种成灾原因之一就是防治行动滞后。对外来种的入侵、建立种群、灾变成因等进行全面系统的研究,探讨发生规律的实质,分析入侵的风险性,进而建立有效的监测预报系统,对提高控制效果具有十分重要的意义。

大叶醉鱼草于1860年由中国引入新西兰,是在100余年后才成为一些林区的重要杂草,很多外来种由益变害的过程中均出现这种时滞现象。对这些问题人们已开展研究,全球气候的变化以及生态环境中各类因子的动态趋势对外来种的影响,也成为人们研究的重点。

③扑灭。

扑灭是一种紧急措施,是在有害外来种传入新区后,为彻底消灭这一外来种时所采取的行动。例如,20世纪40年代后期,由于战争而放松了检疫,马铃薯叶甲传入英国。英国立即采取一系列措施防止蔓延,1947年发现,1952年彻底消灭。1976年又在28个地点零星发现,又加以消灭。又如,1980年和1982年,美国在20多个地方发现谷斑皮蠹,包括仓库、香料厂、杂货店等,都通过化学防治予以根除。为彻底消灭此虫,整座六层大楼用苫布密封进行毒气熏蒸,这一工作涉及疏散人口、中断交通、暂停业务、毒化空气等,然而美国当局在所不惜,其经济重要性足以显现。1978年因传入了非洲猪瘟,马耳他政府下令扑杀了全国所有的活猪,创下了为防止外来疫病传播在一个国家范围内消灭一个物种的先例。

④开展生物防治。

生物防治是一门新兴的学科,至今只有百余年的历史。其突出特点是:对环境安全,经济合算,效果持久。19世纪70年代,吹绵蚧壳虫传入美国加州,威胁柑橘生产。最初用草木灰防治,毫无效果。1888—1889年从澳大利亚引进了澳洲瓢虫,总计129头。按技术程序,经系统研究之后在加州橘园释放,澳洲瓢虫很快建立了永久种群,并完全抑制了吹绵蚧壳虫的发生与危害,一举挽救了濒于毁灭的加州柑橘种植业。直到现在,不需要使用化学农药防治。这一成就轰动了国际昆虫学界,认为这是一劳永逸的治虫方法。1909年,我国台湾省从美国引进这种澳洲瓢虫防治柑橘园的吹绵蚧壳虫,先后释放53次,控制效果甚好,并在当地建立了种群,从此不需化学农药防治此虫。这是我国利用传统生物防治技术控制外来种害虫获得成功的最早记录。

⑤综合治理。

农药的不合理使用常带来严重的环境问题及生态恶果。据报道,在美国棉田,1950年仅有2种主要害虫需要防治,每个生长季仅施药几次或根本不施药;而到1955年,要防治的害虫达到5种,需施药8～10次;到60年代增加到8种,施药次数竟达28次。农药杀伤天敌可引起非靶标害虫的猖獗。1946—1947年,美国加州柑橘园在大量使用DDT防治另一种害虫的同时,杀死吹绵蚧的天敌——澳洲瓢虫,从而使已被天敌控制下去的外来种吹绵蚧再度成灾。滥用农药会破坏生物安全,污染生态系统,危及人类健康。据美国科学院研究,全美国日常进食的蔬菜、水果、肉类、粗粮等15种食物,因28种农药的残留污染,每年导致2万人患癌症。美国男性近30余年来其精液中精子密度明显下降,1929年每毫升精液含精子1亿多个,到1979年已降到2000多万个。如果精子密度低于2000万,则属不育患者。

有害生物综合治理就是在总结这些经验教训的基础上逐步发展起来的。它是对有害生物进行科学治理的技术体系。从农田生态系统的总体出发,根据有害生物和环境之间的关系,充分发挥自然因素的作用，因地制宜地协调应用必要的措施，将有害生物控制在经济损害水平之下，以获得最佳的经济、社会和生态效益。有害生物综合治理从农林害虫的治理逐步发展起来，由于其科学性和可操作性，现已推而广之，是当前国际上普遍认可并广泛采用的有害生物治理策略。

⑥公众教育。

生物多样性在物质、美学和伦理学方面具有重大价值。但是，公众对无形价值的认识显然是有限的，这方面的普及教育也是欠缺的，尤其是生态伦理学方面。从决策者到每位普通公民，都有责任以实际行动参与此项工作。为了维护生物多样性，控制外来种的传播危害，农林、工商、运输、旅游等各行各业人士都要行动起来。首先是要具有相关知识，要遵守法律。一切宣传、教育、研究机构都有责任进行宣讲。专业人员的培训与大众普及教育，学术著作与知识读本，要紧密结合。有资料表明，妇女，尤其在非洲和南美洲，是保护生态环境不容忽视的群体。

⑦全球共同努力。

外来种具有一个最鲜明的社会特征，就是其国际范围内的流动与迁移。《生物多样性公约》第 8 条规定："防止引进、控制或消除那些威胁到生态系统、生境或物种的外来物种。"这是缔约国的责任，也是世界各国社会经济发展面临的共同课题，这也正是公约规定的社会学意义所在。而其生态学意义则表明，这是人类对外来种深刻认识与斗争经验的总结。很显然，为了防止外来种的传播扩散，其原产地（或传出国）和传入国双方的合作应是最直接的。一种外来种传播扩散到几个甚至几十个国家，成为各国社会经济发展面临的实际问题。开展传统生物防治，必须进行广泛的国际合作。随着当今世界经济全球一体化大趋势的推进，为了人类的生存安全，越来越需要全世界共同努力来控制外来种的入侵与危害。

3. 生物多样性的就地保护——自然保护区

众所周知，物种的繁殖体被收集起来保存在基因库中，进化就停止了，而迁地保护也因为生存环境发生变化受到严重影响。相对于迁地保护，另外一种重要的保护方式被称为就地保护（on site conservation），是指在原来生境中对濒危动植物实施保护。为了既能保护物种的遗传多样性，又能保持其继续进化的潜力，野生物种应该同它们的病毒和昆虫一起进化。就地保护是生物多样性保护的最根本途径和最好方式，它的最大优点在于物种能在原生环境中持续不断地进化，使其能继续适应变化的环境条件。

自然保护区（nature reserve）是就地保护最主要的形式，一些生态功能区、生态区、农田保护区、水利风景区、封山育林区、草地围栏养护区等也属于就地保护形式，主要保护对人类有益的景观、生态系统和资源，并对生物多样性起到一定程度的保护作用。《生物多样性公约》指出，就地保护就是要建立自然保护区系统，保护区的建设是保护生物多样性的国家战略任务。

1) 自然保护区概述

(1) 自然保护区的概念。

自然保护区是指国家对有代表性的自然生态系统、珍稀濒危野生动植物物种和遗传资源的天然集中分布区、有特殊意义的自然遗迹等保护对象所在的陆地、陆地水体或者海域，依法划出一定面积予以特殊保护和管理的区域。IUCN 对保护区的定义为"保护区是主要致力于生物多样性和其他自然和文化资源的管护，并通过法律和其他有效手段进行管理的陆地和海域"。它最主要的目的在于对生物多样性的保护与持续利用，使之成为实施可持续发展战略的基本单元。它的主要任务在于保护，并在不影响保护的前提下，把保护与科研、教育、资源持续利用和生态旅游密切结合起来。因此,规划、建设、管理自然保护区,有利于保护对当代、子孙后代具有巨大价值的生物多样性,对于落实环境保护基本国策,实施可持续发展战略,都具有重大的现实意义和深远的历史意义。

(2) 自然保护区的分类。

①世界自然保护区的分类体系。

《生物多样性公约》明确要求各缔约国建立本国家的保护区分类系统,以适应生物多样性的就地保护需要。IUCN 于 1994 年公布"保护区管理类型指南",把保护区划为六大类,如表 9-6 所示。

表 9-6 世界自然保护区的分类体系

类别	特 征
科学保护区/严格自然保护区	在不受外来干扰的自然状态下,通过保护自然及其生态过程,提供在生态学上具有典型意义的自然环境,用来进行科学研究、环境监测、教育以及在动态和进化状态下维持遗传资源
国家公园	为科学、教育和娱乐之目的,保护具有突出国家和国际意义的自然和风景区,包括较大面积尚未受到人类破坏的自然区域,在这些地区禁止进行商业性资源开发
自然遗迹/自然标志地	保护和维护具有国家意义的自然风貌,因为它们有着特殊的意义或特征。这些地区面积相对较小,专门保护当地特殊特征
自然保护区/野生生物禁猎区	确保在保护自然环境中具有国家意义的物种、类群、生物群落或其他具体环境特征所必需的自然状态。这些状态的长期存在需要人类的特殊管理,而这些地区允许有控制地利用某些资源
风景保护区	在保持当地正常的生活和经济活动的情况下,既保护居民和土地相协调的具有国家意义的自然景观,又为社会提供娱乐和旅游的场所
多用途管理区/资源保护区	自然保护的目的也主要是为了经济的需要,用于永续开发水、木材、野生生物、草场资源及户外娱乐活动。这类保护区中人为干扰较多,所以在这类地区还可以设立特殊保护地带以实现特殊的保护目的

这种分类首先明确了保护区的共性、独特性和差异性,划为保护区的地方就应该遵循统一的原则来管理,但是不同类型的保护区侧重点应有所区别;其次,明确了保护区是社会经济发展过程中的产物,要顺应发展的要求,把资源保护和持续利用结合起来。

②中国自然保护区的分类体系。

1993 年,中国国家环保局批准了《自然保护区类型与级别划分原则》,并设为中国的国家标准。该分类根据自然保护区保护对象的生态学和生物学属性,将自然保护区分为三个类别九个类型(表 9-7)。

表 9-7 中国自然保护区分类体系

序号	分类	保护区类型
1	自然生态系统类	森林生态系统类型、草原与草甸生态系统类型、荒漠生态系统类型、内陆湿地与水域生态系统类型、海洋与海岸生态系统类型
2	野生生物类	野生动物类型、野生植物类型
3	自然遗迹类	地质遗迹类型、古生物遗迹类型

（3）自然保护区的功能。

实践证明，建立自然保护区是保护生物多样性的有效手段，可以保护典型的生态系统、珍稀濒危物种栖息地和遗传资源，使保护区成为物种的基因库，这也是保护区最首要的功能。保护区同时还是一个多功能的自然、社会、经济的复合体，必须具有协调保护、科研、文化和教育等多方面的功能。

①开展科学研究的天然实验室。

保护区保存有完整的生态系统、丰富的物种、生物群落及其赖以生存的环境，为开展各种科学研究提供了得天独厚的基地和天然实验室，其研究领域不仅包括生态学、生物学，还包括经济学及社会学。

②进行宣传教育的自然博物馆。

保护区是一个天然大课堂，青少年学生和旅游者到保护区参观游览时，通过在保护区内精心设计的导游路线和视听工具，以及各种展览厅、模型、图片等设施，来增加生物学和地理学等方面的知识。

③提供生态系统的天然“本底”。

由于人类对环境的破坏，很多地区的自然面貌已难以辨认。为了研究这些地区的自然资源和环境特点，以便提出合理的利用和保护措施，不得不借助于古代的文献资料、考古材料和古生物学的研究资料，来推测已不复存在的自然界的原始面貌。由此可见，在各种自然地带保留下来的、具有代表性的天然生态系统都是极为珍贵的自然界的原始“本底”，它为衡量人类活动结果的优劣提供了评价的准则。

④旅游及其他资源的开发。

自然保护区保留有相对原始的生态系统和天然景观，对旅游者具有较大的吸引力。在不破坏自然保护区和严格管理的条件下，可以划出一定的区域，有限制地开展旅游事业，可以解决保护区在发展过程中面临的诸多难题，如资金短缺、与当地居民的矛盾冲突等。可以在保护区管理者的领导下，充分利用保护区的天然资源，发展地方经济，解决当地居民的生存问题，减缓对自然资源的破坏。

（4）自然保护区选址原则。

自然保护区的选址是自然保护区规划和建设的关键。为了保护生态系统功能，保护生物多样性不受破坏，保护濒危、珍稀、特有动植物种类，确保生态过程的顺利进行，自然保护区选址常遵循以下原则。

①典型性与代表性原则：a. 各类生态系统和景观的代表地区，如高山、湿地、河流、丘陵、岛屿等；b. 珍稀濒危和经济物种分布的地区；c. 具有特殊价值的地区，如鸟岛、水源涵养地、母树林等。

②稀有性原则：稀有种、地方特有种或群落及其独特生境，以及汇集了一群稀有种的所谓动植物避难所的地区，在保护区选址中具有特别重要的优先地位。

③脆弱性原则：对环境变化敏感的生态系统具有较高的保护价值。脆弱的生态系统往往与脆弱的生境相联系，所以保护起来比较困难，要求特殊的管理。

④多样性原则：物种多样性或群落多样性较高的地区，能在保护较多物种的同时也保持群落与生态系统的稳定性。多样化的生境有助于种群的存在，生存于不同生境的个体在种群中的迁徙又可以使种群间适应不同生境的遗传物质传播，增加种群的遗传多样性。景观类型（高山、湖泊、草地、森林、沙漠、沼泽等）多样化程度高的保护区会为被保护物种提供多种类型的生

境,还可以增加生境类型的异质性,提高生境的容纳量。

⑤有效性原则:自然保护区的面积应能满足被保护物种生存繁衍的需要,满足生态系统中能量和物质流动及各种生态过程圆满实现的需要;管理者应能对保护区周围的人类活动加以控制,以确保建立保护区的终极目标得以实现。

⑥自然性或原始性原则:自然性是指未受到人类活动干扰的地区或生态系统。现在地球上已很少有未受人类干扰的生态系统,但选择受人类活动干扰较少的生态系统建立保护区,可以收到事半功倍的效果。

⑦空间连续性与完整性原则:自然保护区应建在包括非生物因子的各种梯度变化的连续生境内,这种保护将使生态系统的功能得到有效保证。

⑧潜在的价值:一些地域由于各种原因遭到了破坏,如森林采伐、沼泽排水和草原火烧等。在这种情况下,如能进行适当的人工管理或减少人为干扰,通过自然的演替,原有的生态系统可以得到恢复,有可能发展成为比现在价值更大的保护区,或者具有进行科研的潜在价值。

2) 自然保护区的设计

(1) 自然保护区的面积。

从物种多样性保护角度,关于自然保护区面积大小一直存在争论。大型保护区的倡导者认为只有面积大的保护区才能容纳足够多的物种数,特别是分布区范围大、密度低的大型物种(如大型肉食动物),才能保持其种群数量。而对那些小型动物(如食草型动物),只需要较小面积的保护区就可以达到保护目的(图 9-5)。种群研究表明非洲的大型公园和保护区拥有的每一物种的个体数大于小型公园,只有最大的公园才可以长期维持许多脊椎动物的可繁衍种群。如果一个可繁衍种群的个体数是 1000(10^3,虚线),那么公园面积至少有 100 hm^2,才可以保护小型草食动物(如兔子、松鼠等),公园面积在 10000 hm^2 以上,才足以保护大型草食动物(如鹿类、斑马、长颈鹿等),公园面积在 1.0×10^6 hm^2 以上,方可满足保护大型肉食动物(如狮子、狼等)的需要。

一般来说,面积的确定还要考虑边缘效应因素。大型保护区降低了边缘效应,可以包括更多的物种,而大型保护区的生境多样性一般也高于小型保护区。依据岛屿生物地理学中的理论,保护区的面积越大,保护的生态系统越稳定,其中的生物种群越安全,物种的灭绝率也越低(图 9-6)。

然而,自然保护区的建设必须与经济发展相协调。自然保护区面积越大,可供生产和资源开发的区域越小,这与人口众多和土地资源贫乏的国家发展经济是不相适应的。为了兼顾长远利益和眼前利益,自然保护区只能限于一定的面积,应以能满足一个有生存力种群的需要为标准。因此,保护区面积的适宜性非常重要。实践中,保护区的面积应根据保护对象和目的而定,应以物种-面积关系、生态系统的物种多样性与稳定性以及岛屿生物地理学为理论基础来确定。

(2) 自然保护区的形状。

因为物种的保存和动态迁移速率受保护区的几何形状影响,面积与周长之比大时,保护区中的物种扩散距离就小,而四周的方向选择也大致相等,由此有利于物种的动态平衡(迁入与迁出),所以越趋于圆形,越能达到最佳保护的几何形状(图 9-7)。

(3) 自然保护区内部的功能分区。

在进行保护区内部功能分区时,一般分为三部分,即核心区、缓冲区和实验区(图 9-8)。

①核心区(core area)。

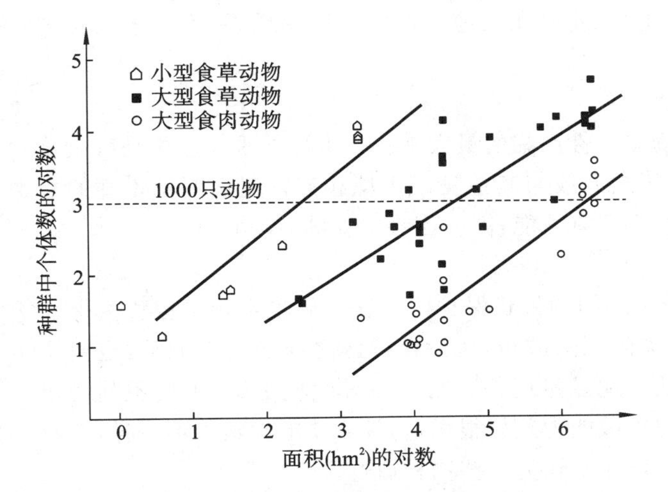

图 9-5　自然保护区面积与种群个体数的关系

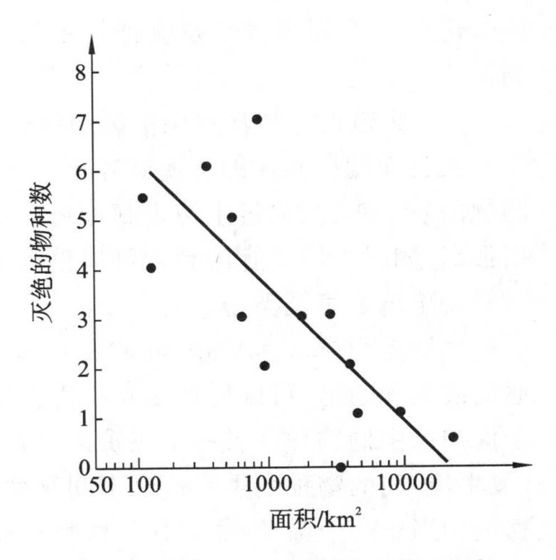

图 9-6　美国 14 个国家公园的面积与灭绝的物种数间的关系

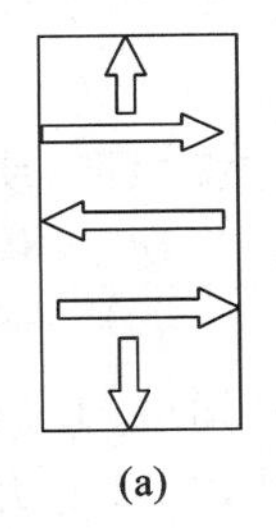

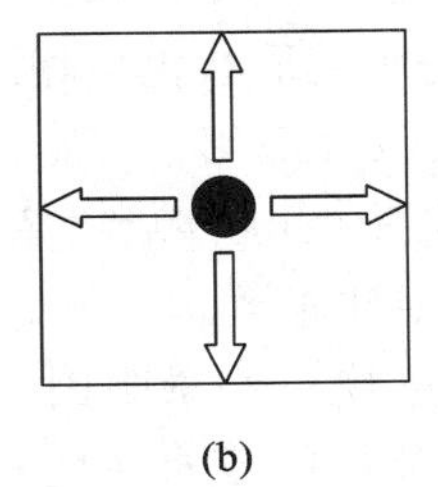

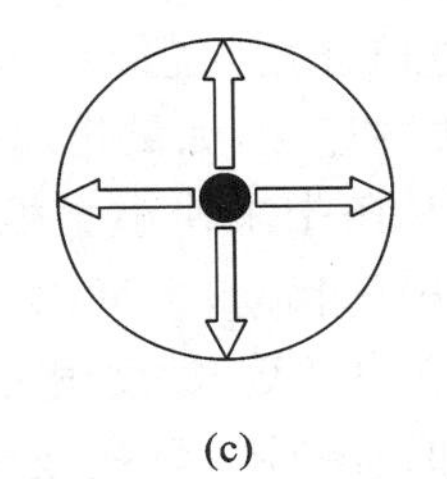

图 9-7　物种在不同形状的保护区中扩散距离示意图

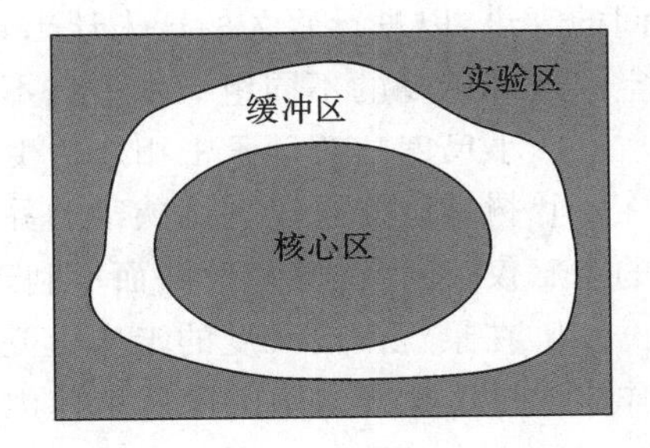

图 9-8　一个理想自然保护区的内部功能分区

核心区是自然保护区的核心所在，是原生生态系统和物种保存最好的地段，应严格保护，严禁任何狩猎与砍伐。其主要任务是保护基因和物种多样性，并可进行生态系统基本规律的研究。它具有以下特点：

a. 自然环境保存完好，自然景观优美；

b. 生态系统内部结构稳定，演替过程能够自然进行；

c. 集中了本自然保护区特殊的、稀有的野生生物种。

根据物种保护需要，核心区可以有一至多个，面积一般不得小于自然保护区总面积的三分之一，核心区内开展的科学研究主要起对照作用。

②缓冲区(buffer area)。

缓冲区一般应位于核心区的周围，可以包括一部分原生性的生态系统类型和由演替系列所占据的受过干扰的地段。缓冲区一方面可防止对核心区的影响与破坏，另一方面可用于某些实验性和生产性的科学研究。但在该区进行科学实验不应破坏其群落生态环境，可进行植被演替和合理采伐与更新试验，以及野生经济生物的栽培或驯养等。

③实验区(experiment area)。

缓冲区周围还要划出相当面积作为实验区，用作发展本地的特有生物资源的场地，也可作为野生动植物的就地繁育基地，还可根据当地经济发展需要，建立各种类型的人工生态系统，为本区域的生物多样性恢复进行示范。此外,还可在当地推广实验区的成果,为当地人民谋利益。

(4) 廊道设计与自然保护区网的建设。

人类活动所导致的生境破碎化是生物多样性面临的最大威胁。生境的重新连接是解决该问题的主要步骤,通过生境走廊可将保护区之间或与其他隔离生境相连。建设生境走廊的费用很高,同时生境走廊的利益可能也很大,只要有可能,就应当将主要的生境相连。

①生境走廊及类型。

生境走廊(habitat corridor)是指保护区之间的带状保护区。这种生境走廊也被称为保护通道或运动通道,可以使植物和动物在保护区之间散布,保持保护区之间的基因流动,也使一个保护区中的物种在另一个保护区中合适的地点定居并繁衍。通过生境走廊,可使不同斑块(或生境)间的物种发生交流。不同物种的扩散能力差异很大,物种需要的廊道也不一样,有时廊道相当于一个筛子,能够让一些物种通过,而不让另一些物种通过。

从功能上看,野生动物的廊道有两种主要类型:第一种是为了动物交配、繁殖、取食、休息而需要周期性地在不同生境类型中迁移的廊道;第二种是在异质种群中个体在不同生境斑块间的廊道,以进行永久的迁入迁出,在当地物种灭绝后可重新定植。从结构和形状看,不同时空尺度和生物的不同组织水平有不同的生境连接问题,涉及的廊道形状也不相同。

a. 小尺度的两个紧密相连的生境斑块的连接,如篱笆墙类设计适用于特定的边缘生境,或在一片树林之间可以利用狭窄的乔木、灌丛条带来使小脊椎动物(如啮齿类、鸟等)移动,这样的走廊仅仅适宜于边缘种,而不利于内部种的移动,也可称为线性廊道。

b. 在景观镶嵌尺度的走廊上建立比第一类更长、更宽的连接主要景观因素的廊道,它们作为保护区景观水平上的廊道使内部种和边缘种作昼夜或季节性的或永久的移动,要求有大片带状的森林将其他分离的保护区沿河边森林、自然梯度或地形(如山脊等)连接,也可称为带状廊道。

②生境走廊的功能。

在设计廊道时,首先必须明确其功能,然后进行细致的生态学分析。生境廊道在保护生物学中的作用如下:a. 给野生动物提供居住的生境;b. 作为移动的廊道。进一步可细分为:允许动物昼夜或季节性移动;有利于扩散与种群间的基因流动和避免小种群灭绝;允许物种进行长距离迁移和适应随时发生的外界环境变化(如火灾等)。

对一些特殊的生境类型而言,即使是很小的生境走廊也是应该保护的。河岸森林有丰富的冲积土壤和高的生物生产力,生存着丰富的昆虫及脊椎动物和许多以树洞和基质作为领域的鸟兽,因此像河岸森林这样很小的移动走廊也应当保护。大保护区间的生境走廊是核心区的扩展,生境走廊的宽度包含了适宜生境,因此能将边缘效应减少到最小。走廊的最佳宽度与保护目标种的领域大小相关。一个核心保护区可能不包括大型动物一年甚至一天的活动范围,建立生境走廊的目的是为一种动物提供生存空间,保持物种安全的迁移机会。脊椎动物特别是一些有蹄类动物在领域之间的迁移路线是相对固定的。高速公路的建设则阻止了动物的迁移,因为一般的动物只会通过路面而不会利用专门为野生动物修建的地下通道。于是,在高速公路上许多动物因车祸而死亡。如美国加利福尼亚的研究人员给 35 只美洲狮戴了无线电项圈,在开始研究的两年中,就有 7 只美洲狮在高速公路上被汽车撞死。

扩散是指动物远离它们原来栖息地的迁移。生境破碎化可产生地理隔离,不利于物种个体扩散,因此只有保持那些动物的扩散生境走廊,动物才能安全扩散。有关动物扩散的研究表明，在设计保护区时，必须通过适合的生境走廊将保护区的核心区与目标种群的中心联系起来。

③生境走廊设计。

保护区间的生境走廊应该以每一个保护区为基础来考虑，然后根据经验方法与生物学知识来确定。应注意下列因素：要保护的目标生物的类型和迁移特性、保护区间的距离、在生境走廊会发生怎样的人为干扰，以及生境走廊的有效性等。

为了保证生境走廊的有效性，应以"保护区之间间隔越远则生境走廊越宽"的要求来设计生境走廊。因为大型的、分布范围宽的动物（肉食性的哺乳动物）为了进行长距离的移动需要有内部的走廊。如在 50 m 宽的生境走廊中黑熊不可能移动太远距离。动物领域的平均大小可以帮助我们估计生境走廊的最小宽度。研究表明，使用生境走廊时除考虑家域与走廊宽度外，其他因素如更大的景观背景、生境结构、目标种群的社会结构、食物、取食型也影响生境走廊的功能。因此，设计生境走廊需要详细了解保护物种的生态学特性。

④区域自然保护区网模式。

R. F. Noss 等(1986)认为，自然保护区的设计与研究集中在单个保护区是不可取的，他提出了自然保护区网设计的"节点—走廊—模块—网络"模式。节点是指具有特别高的保护价值、高的物种生物多样性、高濒危性或包括关键资源的地区（也可以说核心区）。节点可能在空间上对环境变化表现出动态的特征，但是节点很少有足够大的面积来维持和保护所有的生物多样性，所以必须发展保护区网来连接各种节点，通过合适的生境走廊将这些节点之间连接成为大的网络，允许物种基因、能量、物质在走廊中流动。

一个区域的保护区网包括核心保护区（节点）、生境走廊带和缓冲带（多用途区）。图 9-9 中仅显示了两个保护区，一个真正的保护区网应包括多个保护区。内缓冲带应严格保护，而外缓冲带允许有各种人类活动。

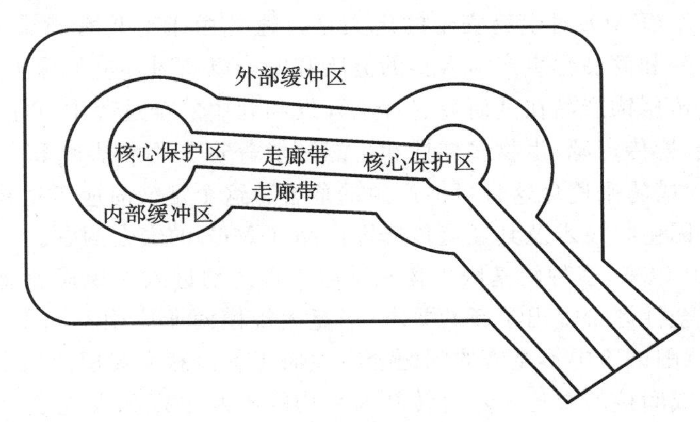

图 9-9　自然保护区网络示意图

（引自宋延玲等，1998）

9.2　生 物 安 全

9.2.1　生物安全概述

1. 生物安全的概念

生物安全是指生物技术从研究、开发、生产到实际应用整个过程中的安全性问题，有广义和狭义之分。广义的生物安全是指在一个特定的时空范围内，由于自然或人类活动引起的外来物种迁入，并由此对当地其他物种和生态系统造成改变和危害；人为造成环境的剧烈变化而对生物的多样性产生影响和威胁；在科学研究、开发、生产和应用中造成对人类健康、生存环境和社会生活有害的影响。而狭义的生物安全则指人为操作或人类活动而导致生物体或其产物对人类健康和生态环境的现实损害或潜在风险，主要包括由转基因技术引起的基因转移问题和引进外来物种造成的生物入侵问题两方面。国内对生物安全的认识很多还局限在狭义的概念。虽然国际上对此也还没有统一的认识，但一些发达国家，如澳大利亚、新西兰、英国等，在实际管理中已经应用了生物安全的广义内涵。

生物安全的科学含义就是要对生物技术活动本身及其产品(主要是遗传操作的基因工程技术活动及其产品)可能对人类和环境的不利影响及其不确定性和风险性进行科学评估，并采取必要的措施加以管理和控制，使之降低到可接受的程度，以保障人类的健康和环境的安全。

生物安全概念刚提出的时候只涉及重组 DNA 材料的实验室外逸或扩散到环境中可能导致人类的某些疾病(如癌症)的灾难。这时安全问题更多是为生物工程实验室工作人员的安全操作而考虑的。如在 Asilomar 会议上曾进行的关于生物防护的讨论，就是生物学家希望通过物理的防护来保证实验室工作人员不受实验室中的细菌或病毒感染，阻止细菌或病毒从实验室逃逸而危害其他生物和环境所进行的努力。例如，实验操作者穿隔离衣，戴手套、口罩等，防止与实验中的细菌和病毒等接触。而在实验进行过程中，一些危险性的操作应在密闭的无菌箱中进行，各个实验环节都要有严格的灭菌措施。同时，防止细菌和病毒等微生物的外逸而进行生物防护。生物防护是指从生物学角度来设计构建实验室中使用的细菌或病毒，使它们只能在实验室的条件下存活，一旦离开实验室特有的条件，这些微生物就会死亡。这样才不会导致实验室的细菌和病毒逃逸并危害自然环境。

联合国粮农组织(FAO)对生物安全的定义是："避免由于对具有感染能力的有机体或遗传修饰有机体的研究和商品化生产对人类的健康和安全以及对环境的保护带来风险。"即转基因生物技术及其遗传修饰产品在其研究、生产、开发和利用的全过程中可能对植物、动物、人类的身体健康和安全、遗传资源、生物多样性和生态环境等带来不利影响和危害，应通过科学的方法、程序以及法律措施来避免这种可能产生的危害。这个定义对应于生物安全的狭义定义，强调的是有关转基因生物技术及其经遗传修饰产品(GMO)的安全问题。

20 世纪 90 年代以来，多种转基因生物和基因工程药物进入大规模商业化应用阶段，这对于转基因生物的安全性评价提出了新的要求，毕竟大规模商业应用不同于小范围的田间或室内试验，一些在小范围试验中不显著的问题会在大面积种植和大规模使用中暴露出来，并会对人和环境产生直接或间接的影响。随着转基因生物的不断出现和大规模应用，转基因产品引起的经济利益冲突、知识产权和专利的保护，各国转基因产品安全管理条例的差异以及进出口贸易涉及的转基因产品标志、海关检测检疫等问题，使得生物安全的含义远远地超出了它最初的定义，而变成了一个错综复杂、包罗万象的复合概念。因此，生物安全的现代概念所涉及的内容很广泛。很显然，如何监测、管理和防范转基因生物的生物性安全问题是我们在未来时代面临的一项重大课题。

2. 生物安全性评价

1) 生物安全性评价的目的

现代生物技术以重组 DNA 技术为代表，特别是基因工程技术，如利用载体系统的重组 DNA 技术以及利用物理、化学和生物学等方法把重组 DNA 分子导入有机体的技术。生物技术在为人的生活和社会进步带来巨大利益的同时，也可能对人类健康和环境造成不必要的负面影响。因此，生物安全管理受到世界各国的高度重视。

生物安全管理一般包括安全性的研究、评价、检测、监测和控制措施等技术内容。其中，安全性评价是安全管理的核心和基础，其主要目的是从技术上分析生物技术及其产品的潜在危险，确定安全等级，制定防范措施，防止潜在危害，也就是对生物技术研究、开发、商品化生产和应用的各个环节的安全性进行科学、公正的评价。

2）生物安全性评价的重要作用

生物安全性评价具有以下五方面的重要作用。

(1) 提供科学决策的依据。生物安全性评价是进行生物技术安全管理和科学决策的需要。虽然对于安全性的理解和要求可能因人而异，但是，对于每一项具体工作的安全性或危险性进行科学、客观的评价，划分安全等级，在技术上是可行的。安全性评价的结果是制定必要的安全监测和控制措施的工作基础，也是决定该项生物技术工作是否应该开展或者应该如何开展的主要科学依据。

(2) 保障人类健康和环境安全。生物安全性评价是保障人类健康和环境安全的需要。通过安全性评价，可以明确某项生物技术工作存在哪些主要的潜在危险及其危险程度，从而可以有针对性地采取与之相适应的监测和控制措施，避免或减少其对人和环境的危害。

(3) 回答公众疑问。生物安全性评价是回答公众有关生物技术安全性疑问的需要。考虑到现代生物技术对基因操作的强大能力和人类目前对于自然的认识水平有限的现实，社会各界对于生物技术安全性的高度关注和种种疑虑是必然和可以理解的。对有关生物技术，特别是转基因产品向自然环境中的释放和生产应用进行科学、合理的安全性评价，有利于消除公众由于缺乏了解而产生的种种误解，形成对生物技术安全性的正确认识，既不走“谈基因色变”，一概拒绝的一个极端，也不走不予理会，丝毫没有安全意识的另一个极端。

(4) 促进国际贸易，维护国家权益。生物安全性评价是促进国际贸易和维护国家权益的需要。随着全球经济一体化的发展，国际贸易日益发达，国际竞争日趋激烈，这一点在 21 世纪的生物技术产业可能表现得尤其突出。生物技术及其产品的安全水平与其用途、使用方式及所处的环境具有极其密切的关系，在一个国家比较安全的生物产品，在另一个国家就可能不安全甚至是十分危险的。因此，对进、出口产品生物安全性评价和检测的水平，不仅关系到国际贸易的正常发展和国际竞争力，而且也关系到国家形象和权益。

(5) 促进生物技术可持续发展。生物安全性评价是保证和促进生物技术稳定、健康和可持续发展的需要。生物技术的安全问题是自现代生物技术兴起以来一直备受世人关注和争论的焦点。随着生物技术在医药、农业、食品等领域产业化进程的飞速发展，其安全问题日益突出。出于不了解或其他目的，一些团体和个人组织的反生物技术、反转基因的抗议与破坏活动在一些国家时有发生，很不利于生物技术的健康发展。

总之，通过对生物技术的安全性评价，科学、合理、公正地认识生物技术的安全性问题，及时地采取适当的措施对其可能产生的不利影响进行防范和控制，避免产生危险或者将生物技术对人类健康和生态环境的潜在危险降低到可接受程度。只有这样，生物技术才能逐渐被社会公众普遍接受，生物技术作为一个有巨大应用前景的产业才能走上健康、有序和持续发展的道路。

3）生物安全性评价的程序和方法

(1) 安全性的分级标准。

目前世界各国对生物技术的定义有所不同,对生物安全性的理解和要求也存在明显差异,因此,还没有国际统一的生物安全分级标准。但是,一般都按照对人类健康和环境的潜在危险程度由低到高的顺序,将生物技术的安全性分为 4 个安全等级。基因工程是我国对生物技术安全管理的重点所在。1993 年国家科学技术委员会发布了《基因工程安全管理办法》,按照潜在危险程度,将基因工程工作分为 4 个安全等级,如表 9-8 所示。

表 9-8　基因工程工作安全等级的划分标准

安全等级	潜在危险程度
Ⅰ	对人类健康和生态环境尚不存在危险
Ⅱ	对人类健康和生态环境具有低度危险
Ⅲ	对人类健康和生态环境具有中度危险
Ⅳ	对人类健康和生态环境具有高度危险

(2) 安全等级的划分程序。

基因工程工作安全性评价的主要任务是根据受体生物、基因操作、遗传工程体及其产品的生物学特性、预期用途和接受环境等,综合评价基因工程工作对人类健康和生态环境可能造成的潜在危险,确定其安全等级,提出相应的监控措施。由于基因工程工作所涉及的生物及其基因种类、来源、结构、功能、用途、接受环境等千差万别,所以其安全性评价一般都采取个案评审的原则,即针对每项基因工程工作的具体情况确定其安全等级。目前进行安全性评价的一般程序可分为 7 个步骤(表 9-9)。

表 9-9　安全性评价的程序和结果

程序	目　的	结　果
第一步	确定受体生物的安全等级	安全等级Ⅰ、Ⅱ、Ⅲ或Ⅳ
第二步	确定基因操作对安全性的影响类型	安全等级Ⅰ、Ⅱ或Ⅲ
第三步	确定遗传工程体的安全等级	安全等级Ⅰ、Ⅱ、Ⅲ或Ⅳ
第四步	确定遗传工程产品的安全等级	安全等级Ⅰ、Ⅱ、Ⅲ或Ⅳ
第五步	确定接受环境对安全性的影响	
第六步	确定监控措施的有效性	
第七步	提出综合评价的结论和建议	

在上述各个步骤中,每一步都要从以下三个方面进行分析:

①是否有任何潜在的危险;

②危险程度,包括发生危险的可能性多大,会引起哪些可能的不良后果,其不良后果的影响范围、发生频率和严重程度等;

③监控措施,包括有哪些措施可以预防和减少可能发生的潜在危险,如何确保或提高监控措施的有效性等。

4) 生物安全性评价的内容

生物安全性评价的内容包括对人类健康的影响和对生态环境的影响两个方面,而每一个方面的具体评价内容则取决于对安全性的理解和要求。随着生物技术的进一步发展和广泛应用,人类对生物安全性的认识水平不断提高,不同国家、不同行业对安全性的评价会提出各不相同的新的要求,这是一个不断发展变化和逐步完善的过程。现以我国对生物基因工程工作的安全性评价为例子来说明。

(1) 受体生物的安全等级。根据受体生物的特性及安全控制措施的有效性将受体生物分为 4 个安全等级(表 9-10)。其主要评价内容包括:受体生物的分类学地位、原产地或起源中心、进化过程、自然生境、地理分布、在环境中的作用、演化成有害生物的可能性、致病性、毒性、过敏性、生育和繁殖特性、适应性、生存能力、竞争能力、传播能力、遗传交换能力和途径、对非目标生物的影响、监控能力等。

表 9-10　受体生物的安全等级及划分标准

安全等级	受体生物符合的条件
Ⅰ	对人类健康和生态环境未曾发生过不良影响;或演化成有害生物的可能性极小;或仅用于特殊研究,存活期短,实验结束后在自然环境中存活的可能性极小等
Ⅱ	可能对人类健康状况和生态环境产生低度危险,但通过采取安全控制措施完全可以避免其危害
Ⅲ	可能对人类健康状况和生态环境产生中度危险,但通过采取安全控制措施基本上可以避免其危害
Ⅳ	可能对人类健康状况和生态环境产生高度危险,而且尚无适当的安全控制措施来避免其在封闭设施之外发生危害

(2) 基因操作对受体生物安全性的影响。根据基因操作对受体生物安全性的影响,将基因操作分为 3 个安全类型(表 9-11)。其主要评价内容包括:目的基因、标记基因等转基因的来源、结构、功能、表达产物和方式、稳定性等,载体的来源、结构、复制、转移特性等,供体生物的种类及主要生物学特性,转基因方法等。

表 9-11　基因操作的安全类型及划分标准

安全类型	对受体生物安全性的影响
1	增加受体生物的安全性。如去除致病性、可育性、适应性基因或抑制这些基因的表达等
2	对受体生物的安全性没有影响。如提高营养价值的储藏蛋白基因,不带有危险性的标记基因等的操作
3	降低受体生物的安全性。如导入产生有害毒素的基因,引起受体生物的遗传性发生改变,会对人类健康或生态环境产生额外的不利影响,或对基因操作的后果缺乏足够了解。不能肯定所形成的遗传工程体的危险性是否比受体生物大

(3) 遗传工程体的安全等级。根据受体生物的安全等级和基因操作对受体生物安全的影响类型和影响程度,将遗传工程体分为 4 个安全等级(表 9-12)。其分级标准与受体生物的分级标准相同。其安全等级一般通过将遗传工程体的特性与受体生物的特性进行比较来确定,主要评价内容包括:对人类和其他生物体的致病性、毒性和过敏性,育性和繁殖特性,适应性和生存、竞争能力,遗传变异能力,转变成有害生物的可能性,对非目标生物和生态环境的影响等。

表 9-12 遗传工程体的安全等级与受体生物安全等级和基因操作安全类型的关系

受体生物安全等级	基因操作的安全类型		
	1	2	3
Ⅰ	Ⅰ	Ⅰ	Ⅰ,Ⅱ,Ⅲ,Ⅳ
Ⅱ	Ⅰ,Ⅱ	Ⅱ	Ⅰ,Ⅱ,Ⅲ
Ⅲ	Ⅰ,Ⅱ,Ⅲ	Ⅲ	Ⅰ,Ⅱ
Ⅳ	Ⅰ,Ⅱ,Ⅲ,Ⅳ	Ⅳ	Ⅰ

(4) 遗传工程产品的安全等级。由遗传工程体生产的遗传工程产品的安全性与遗传工程体本身的安全性可能不完全相同,有时甚至会大不相同。例如,防治植物、畜禽和人类病害的疫苗等微生物制剂,在分别作为活菌制剂和灭活制剂应用时,其安全性显然是不一样的。遗传工程产品的安全等级一般是根据其与遗传工程体的特性和安全性进行比较来确定的。其分级标准与受体生物的分级标准相同。主要评价内容为:与遗传工程体比较,遗传工程产品的安全性有何改变。

(5) 基因工程工作安全性的综合评价和建议。在综合考查遗传工程体及其产品的特性、用途、潜在接受环境的特性、监控措施的有效性等相关资料的基础上,确定遗传工程体及其产品的安全等级,形成对基因工程工作安全性的评价意见,提出安全性监控和管理的建议。

3. 生物安全控制措施

生物安全控制措施是针对生物安全所必须采取的技术管理措施。它是为了加强生物技术工作的安全管理,防止基因工程产品在研究开发以及商品化生产、储运和使用中对人体健康和生态环境可能发生的潜在危险所采取的有关防范措施。通过这些防范措施,将生物技术工作中可能发生的潜在危险降低到最低程度,这已为世界各国所公认。如前所述,生物安全性评价是生物安全控制措施的前提。按照权威部门对某项基因工程工作所给予的公正、科学的安全等级评价,在相关的基因工程工作的进程中采取相应的安全控制措施。具体地说,在开展基因工程工作的试验研究、中间试验、环境释取和商品化生产前,都应该通过安全性评价,并采取相应的安全措施。

1) 生物安全控制措施的类别

(1) 按控制措施性质类别分类(表 9-13)。

表 9-13 按性质类别分类的生物安全控制措施

类别	含义方法	举例
物理控制措施	指利用物理方法限制基因工程体及其产物在控制区外的存活和扩散	如设置栅栏、网罩、屏障等
化学控制措施	指利用化学方法限制基因工程体及其产物在控制区外的存活和扩散	对生物材料、工具和有关设施进行化学药品消毒处理等
生物控制措施	指利用生物措施限制基因工程体及其产物在控制区外的生存、扩散或残留,并限制向其他生物转移	设置有效的隔离区及监控区,消除试验区或控制区附近可与基因工程体杂交的物种以阻止基因工程体开花授粉或去除其繁殖器官

续表

类别	含义方法	举例
环境控制措施	指利用环境条件限制基因工程体及其产物在控制区外的繁殖	如控制温度、水分、光周期等
规模控制措施	指尽可能地减少用于试验的基因工程体及其产物的数量或减少试验区的面积以降低基因工程体及其产品迅速广泛扩散的可能性，在出现预想不到的后果时，能比较彻底地将基因工程体及其产物消除	如控制其试验的个体数量或减少试验面积、空间等

（2）按工作阶段分类（表 9-14）。

表 9-14　按工作阶段分类的生物安全控制措施

类　别	措施要求
实验室控制措施	相应安全等级的实验室装备，相应安全等级的操作要求
中间试验和环境释放控制措施	相应安全等级的安全控制措施
商品储运、销售及使用	相应安全等级的包装、运载工具、储存条件，使用符合要求的标签
应急措施	针对基因工程体及其产物的意外扩散、逃逸、转移应采取的紧急措施，含报告制度及扑灭、销毁设施等
废弃物处理	相应安全等级，采取防污染的处置操作
其他	长期或定期的监测记录及报告制度

注：中间试验是指在控制系统内或者控制条件下进行的小规模试验；环境释放是指在自然条件下采取相应安全措施所进行的中规模试验。

2）生物安全控制措施的针对性

生物安全控制措施具有很强的针对性，所采取的措施必须根据各个基因工程物种的特异性采取有效的预防措施，尤其要从我国的具体国情出发，研究采取适合我国社会经济和科技水平的切实有效的控制措施。例如繁殖隔离问题，植物、动物、微生物的生境情况差异极大，即使同属于植物，由于物种起源的差异等，具有相同安全等级的转基因植物的时空隔离条件要求也很不相同；又如微生物的存活变异以及转移形态和介体，不同的物种差异也很大。因此，当参考、借鉴国外的经验和做法时要经过周密的研究。

3）生物安全控制措施的有效性

生物安全控制措施的实效如何，取决于安全控制措施的有效性，安全控制措施的有效性取决于下列条件：

（1）安全性评价的科学性和可靠性；

（2）根据评价所确定的安全性等级，采取与当前科技水平相适应的安全控制措施；

（3）所确定的安全控制措施得到认真贯彻落实；

（4）设立长期或定期的监测调查和跟踪研究。

9.2.2　转基因生物的安全问题

采用基因工程手段将不同生物中分离或人工合成的外源基因在体外进行酶切和连接，构成重组 DNA 分子,然后导入受体细胞,使新的基因在受体细胞内整合、表达,并能通过无性或有性增殖过程,将外源基因遗传给后代,由此获得的基因改良生物称为转基因生物。若转基因的受体为植物,则这种基因改良体称为转基因植物(transgenic plant 或 genetically modified plant,GMP)。若转基因的受体为动物,则这种基因改良体称为转基因动物(transgenic animal 或 genetically modified animal,GMA)。

1. 转基因植物的安全问题

1) 转基因植物简介

自世界首例转基因植物转基因烟草于 1983 年问世、1986 年抗虫和抗除草剂转基因棉花进行田间试验以来,科学家已在 200 多种植物中实现了基因转移。这些植物包括粮食作物(如水稻、小麦、玉米、高粱、马铃薯、甘薯等)、经济作物(如棉花、大豆、油菜、亚麻、甜菜、向日葵等)、蔬菜(如番茄、黄瓜、芥菜、甘蓝、胡萝卜、茄子、生菜、芹菜、甜椒等)、瓜果(如苹果、核桃、李、番木瓜、甜瓜、草莓、香蕉等)、牧草(如苜蓿、白三叶等)、花卉(如矮牵牛、菊花、玫瑰、香石竹、伽蓝菜)以及造林树种(泡桐、杨树)等。转基因植物中成功表达的有实用价值的目的基因克隆越来越多,其中有抗除草剂基因、抗虫基因、抗病毒基因、抗真菌病害基因、抗细菌病害基因、抗旱和碱等环境胁迫的基因、改良品质的基因、控制雄性不育的基因、控制果实成熟的基因和改变花色的基因等。应用这些目的基因已培育出众多的具有丰产、优质、抗病虫、抗除草剂、抗寒、抗旱、抗盐碱等优良性状的植物新品种。

2) 转基因作物的应用情况

在转基因植物中对人类贡献最大的是转基因作物。环境破坏,污染加重,使人类可利用的耕地面积越来越少,这与人口不断增长的趋势形成了很大的矛盾。转基因作物的诞生在很大程度上缓解了这一矛盾,使人类在仅靠传统农业不能有效解决粮食问题的难题前看到了光明。转基因作物的应用大大提高了农业生产效益,因此受到了广大农民的欢迎,种植面积一直不断上升。1996 年,世界范围内只有 6 个国家种植了 1.7×10^6 hm^2转基因作物。2010 年,全球 29 个国家共种植了 1.48×10^8 hm^2的转基因作物。1996—2010 年,全球转基因作物的面积增加了 86 倍,其中美国、阿根廷、巴西、加拿大以及中国依然是全球转基因作物的主要种植国。

3) 转基因植物的生态风险

转基因植物释放到农田生态系统及自然生态系统中后可能带来的影响以及对造成影响的过程分析如表 9-15 所示。

表 9-15 转基因植物释放到环境后潜在的危险

	对环境有害的影响	造成影响的过程
农田生态系统	增加杀虫剂的使用	抗性的选择和运输到可兼容植物中
	产生新的农田杂草	基因流和杂交
	转基因植物	自身变为杂草插入性状的竞争
	产生新的病毒	不同病毒基因组和蛋白质衣壳的转移
	产生新的作物害虫	病原体-植物相互竞争;草食动物-植物相互竞争
	对非目标生物的伤害	草食动物的误食

续表

	对环境有害的影响	造成影响的过程
自然生态系统	侵入新的栖息地	花粉和种子的传播 失调 竞争
	丧失物种的遗传多样性	基因流和杂交 竞争
	对非目标物种的伤害	改变了互惠共生关系
	生物多样性的丧失	竞争 环境的胁迫 增加的影响(基因、种群、物种)
	营养循环和地球化学过程的改变	与非生物环境的相互作用
	初级生产量的改变	改变了物种的组成
	增加了土壤流失	增加的影响(与环境、物种组成的相互作用)

注:本表引自钱迎倩等,1998。

从表 9-15 中可以看出转基因植物释放到环境后潜在的危险对象包括农田生态系统和自然生态系统,主要的风险包括转基因植物可能成为杂草、转基因植物通过基因漂移对近缘物种存在潜在的威胁、对非靶标有益生物产生直接和间接的影响、害虫对转抗虫基因植物产生抗性等。

(1) 转基因植物的杂草化。

"杂草"作为一个名词,其意思几乎人人皆知,要给这类植物下一个确切定义却是个难题。随着对杂草的深入观察和研究,许多学者从杂草本身的特性出发给出定义,如:杂草是既不为栽培植物,也不为野生植物的一类特殊的植物,它既有野生植物的习性,又有栽培植物的某些习性;杂草是能抑制或取代栽培的或生态的或出于审美目的的原植物种群的植物;杂草是并非为了自身目的而栽培,但它们在漫长的演化过程中适应了在耕地上生存并给耕地带来危害的植物;杂草是一类适应了人工生境,干扰人类活动的植物。从这些定义中归纳出杂草具有三个特性:适应性、危害性、持续性。这三个特性是杂草不同于一般意义上的植物的基本特征,使得杂草的可塑性非常大,并具有旺盛而顽强的生命力和繁殖滋生的复杂性与强势性。

转基因植物是通过基因工程手段获得的,导入受体植物的新 DNA 片断有可能改变转基因植物的生存竞争能力,使这些转基因植物有更强的适应环境的能力。一旦把获得这种新基因的植物释放到环境中,就有演化为杂草的可能性。转基因作物杂草化的事例已经有报道。也有学者认为转基因植物品种与常规栽培品种一样,不可能变成杂草。显然,就转基因作物自身能否杂草化,目前的研究结果还不足以得出一致的结论。遵循转基因生物安全评估的个案原则,必须对每一种新的转基因植物在新的生境中杂草化的潜力进行尽可能的详细评估,提供科学的试验数据。

(2) 转基因植物的基因漂移。

目前对基因漂移造成的生态风险研究主要集中在转基因植物上。尤其是 1998 年转 *GNA* 基因马铃薯的"普斯陶伊事件"和 1999 年转 *Bt* 基因玉米的"斑蝶事件"引起了人们的极大恐慌与担忧。通过人工对生物甚至人的基因进行相互转移,转基因生物已经突破了传统的界、门的概念，具有普通物种不具备的优势特征。基因漂移会破坏野生近缘种的遗传多样性。另外，对人的健康也有威胁和影响，如转人的生长激素类基因就有可能对人体生长、发育产生重大影响。为了预防和控制转基因生物可能产生的不利影响，联合国于2000年通过了《卡塔赫纳生物安全议定书》。

在植物中基因漂移(gene flow)或转基因逃逸(trans-gene escape)可以通过三种方式来实现。第一种方式是通过种子传播(seed dispersal)，即转基因植物的种子传播到另一个品种或其野生近缘种的种群内，并建立能自我繁育的个体。通常通过种子传播导致基因逃逸的距离较近。第二种方式是通过花粉流(pollen flow)，也就是通过有性杂交。抗性作物的花粉漂移到其他非转基因植物品种或其野生近缘种的柱头上产生携带抗性基因的杂交种，通过不断回交完成抗性基因的渗入(introgression)，并在非转基因品种、野生近缘种的种群中建立可育的杂交和回交后代种群。通常通过花粉传播而导致的基因漂移可以是远距离的。第三种方式是非有性杂交，也就是通过水平基因转移发生漂移。水平基因转移指抗性基因在水平方向上转移到其他物种。

(3) 对非目标生物的影响。

①对传粉蜂类的影响。

蜂类作为重要的传粉昆虫，不仅在维护自然及农田生态系统的多样性和稳定性方面发挥重要作用，而且其传粉的成功与否直接或间接地影响到一些作物的产量和质量，具有重大的经济价值。一旦蜂类的生存受到影响，不仅会造成重大的经济损失，而且可能通过食物链的营养关系或者其他非营养关系而引起生态系统中其他生物的连锁不利反应，从而影响生态系统的多样性和稳定性。因此，研究转基因植物对蜂类的影响具有重要的意义。

转基因植物对传粉蜂类的影响可分为直接影响和间接影响两类。直接影响是由蜂类取食了转基因植物的花粉、花蜜中转基因(transgene)蛋白质而引起的，影响的大小取决于转基因表达产物的性质以及蜂类可能取食到的转基因蛋白质的量。另外，遗传转化会使转基因植物发生表型方面的某些意外变化，这些变化对蜂类的影响称为间接影响。例如，转抗除草剂基因油菜的花蜜和花粉对蜂类的营养价值是否改变，其中是否会产生一些蜂类不喜欢甚至对蜂类有害的物质，从而影响蜂类的生长和传粉行为。

②对天敌昆虫的影响。

在田间环境下有许多天敌生物(特别是天敌昆虫)，它们或以有害生物为食，或以有害生物作为寄主。转基因植物在对靶标和非靶标生物直接作用的同时，能间接地影响到天敌生物的生存和繁殖。大规模种植转基因植物是否影响农业生态系统有益天敌生物的种类和种群数量已经成为各国科学家关注的焦点。

害虫的天敌昆虫有寄生性天敌和捕食性天敌。目前多数研究表明转基因抗虫作物对寄生性天敌有不良影响，严重影响寄生性天敌的寄生率、羽化率和蜂茧质量等。这是由于目标害虫的幼虫取食转基因抗虫作物组织中毒后虫体发育受到影响，进而对其寄生性天敌的繁衍产生不利影响。

③对次要客虫的影响。

多年的观察表明，在转基因抗虫棉田中，次要害虫的发生较非转基因棉田中要严重。如甜菜夜蛾(*Spodoptera exigua*)、棉蓟马(*Thrips tabaci*)、白粉(*Trialeurodes vaporariorum*)、棉叶蝉(*Empoasca biguttula*)、棉蚜(*Aphis gossypii*)和棉盲椿象(*Adelphocoris saturalis*)等刺吸性害虫发生数量加重。

④对非靶标生物的影响。

由于抗除草剂转基因作物对某种特定的除草剂有抗性，因此防治这类农田中的杂草时往往会使用大量的特定的除草剂。大量使用除草剂，可能导致野生植物多样性降低，从而引发链式反应，使以这些植物为食物源的昆虫、鸟类、哺乳动物成为受害者。

(4) 转基因植物对土壤生态系统的影响。

生态系统(ecosystem)是由生物群落及其生存环境共同组成的动态平衡系统。生物群落同其生存环境之间以及生物群落内不同种群生物之间不断进行着物质交换和能量流动，并处于互相作用和互相影响的动态平衡中。在一个生态系统内，生物种群和它们的相对数目在一定时期内保持相对平衡。生态系统内生物种群之间的相互关系以一种网络形式出现，网络中的联系越多样、越复杂，系统也就越稳定。转基因植物可能激发或抑制非目标土壤生物种类，使土壤生物体结构发生变化，最终导致土壤生态系统功能的改变。在转基因植物对土壤生态系统影响研究中，最多的是对土壤微生物的影响。土壤微生物多样性与活性的保持是农业生态系统健康、稳定的基础。农作物植被类型的改变对土壤微生物的群落结构和活性具有显著的影响。释放后的转基因作物作为生态系统的一种新的生物组分，被引入农田生态系统之后所引发的农田生物群落，特别是土壤微生物群落的变化及其对农业生态系统的健康与稳定产生的影响已经成为研究热点。

(5) 目标害虫对抗虫转基因植物的抗性。

目标害虫对抗虫转基因植物是否能产生抗性以及产生抗性所需时间的长短决定了这种转基因植物的寿命，一旦目标害虫对该种转基因植物产生了抗性，也就意味着这种抗虫转基因将对靶标害虫不起作用，从而导致该抗虫转基因植物和所用目的基因失效，将造成巨大的损失。

(6) 抗病毒转基因植物潜在的生态风险。

大多数植物病毒是单链 RNA 病毒，虽然很少发生 RNA 和 RNA 之间的重组，但并非不可能发生。病毒之间的重组，或相似核苷酸之间的交换，都可导致新病毒产生。在抗病毒基因植株中，会发生转入的病毒外壳蛋白(CP)基因与感染病毒的相关基因之间重组核酸或异源外壳转移，可能产生新的病毒。目前还没有田间转抗病毒基因引起新病毒产生的报道。植物病毒间交换外壳蛋白，发生异源包装(一种病毒的部分或全部核酸被另一不同种的病毒产生的外壳蛋白包裹)可能使寄主范围扩大。在自然条件下，不同病毒(株系)间异源包装现象是存在的。另外，病毒间的协同作用可能使病毒病变得更严重。

(7) 转基因植物的其他安全性问题。

①对农田杂草群落的影响。

种植转基因植物后由于管理措施的改变可能引起农田杂草群落的改变，原因如下。

a. 抗除草剂转基因植物田中使用的是非选择性苗后处理剂，这些除草剂大多残留期短，基本没有残留活性，因此在除草剂应用后出现的杂草不能得到很好的控制，势必导致杂草种群发生变化；其次同地区常年种植某类转基因植物，重复使用同种除草剂，会诱导抗性杂草的产生，目前，全世界已有 170 多种杂草对多种除草剂产生了不同程度的抗性。

b. 除草剂的变化引起耕作和轮作等发生相应变化，这些变化必将引起农田杂草群落化。以往为了更好地防除杂草，常采用深耕或多次翻耕，由于种植了抗除草剂转基因植物可以采用免耕或浅耕的方式种植作物，势必引起杂草群落的变化。

c. 抗性基因发生漂移和农田中杂草近缘种发生杂交，形成具有抗性的杂交种。

d. 抗性作物的种子改变杂草种子库的组成。这些变化无疑会引起杂草种群的变化，从而给农田杂草的防治带来更大的困难和新的挑战。

②增加农药的使用量而加重环境的污染。

由于抗除草剂转基因植物对某种除草剂具有抗性,种植者为了方便可能在转基因植物田间反复施用除草剂,实际上使用的除草剂比以前更多。除草剂用量的增加又增强了田间杂草对除草剂的耐受性,因此种植者不得不使用更多除草剂,从而加速抗性杂草的发展,也增加了环境污染。

2. 转基因动物的安全问题

1) 转基因动物的概况

转基因动物(transgenic amimal)是人类有目的、有计划地将需要的目的基因导入受体动物的基因组中,改变动物体 DNA,从而改变动物的性状,使其获得人类需要的新的功能,并能稳定地遗传给后代。简而言之,就是指携带外源基因并能表达和遗传的一类动物。该技术通过基因重组等各种方法人为地改造动物基因组,并在动物活体水平上研究有关基因的结构和功能,为从分子到个体多层次、多方位地研究基因提供了新的方法和思路。这种突出的优越性使转基因动物具有广泛的应用潜能。

随着重组 DNA 技术的迅速发展,从最初阶段的细菌基因工程逐步发展到转基因细胞,直至产生转基因动物,转基因动物技术的研究取得了一系列可喜的进展与成果。1982 年,Palmiter 等成功地将大鼠生长激素基因转入小鼠受精卵,获得的转基因小鼠的体重远远大于普通小鼠,被称为超级小鼠(super mice),显示了转基因动物技术人为改造物种或生物性状的可能性,并且激发了人们对此技术持续深入研究的热潮。目前,转基因动物成为生命科学研究和开发的重要领域,并逐渐成为一类极具发展前景的高新技术产业。

2) 转基因动物的应用

自 20 世纪 80 年代第一只转基因小鼠诞生起,人类就开始了对转基因动物的研究。随着研究的不断深入和实验技术的不断完善,有些转基因动物的研究成果已经进入实用化和商业化的开发阶段。目前,转基因动物主要应用于生产、医药、食品等各个领域。

在动物产品生产中引用转基因技术,可提高动物的适应能力和抗病能力;可有效促进动物生长,提高生产性能;可利用转基因活体生物的某种能够高效表达外源蛋白的器官或者组织,来进行非工业化生产活性功能蛋白,这些蛋白一般是营养保健蛋白或者药用蛋白。

转基因动物在医药卫生领域的应用最为广泛,发展最迅速。主要应用的方面包括建立人类疾病模型、异种器官移植、培育转基因动物作为宠物、生产转基因动物性食品等。

3) 转基因动物的安全性问题

转基因动物给人类带来了很多好处,同时也带来了许多安全性问题,主要包括:具有某些优势性状的转基因动物可能对生态平衡及物种的多样性产生不良影响;用转基因动物生产的食物有可能使食用者发生过敏反应;转基因动物器官移植可能增加人畜共患病的传播机会;转基因动物的研究还将引发一系列社会伦理问题。虽然转基因动物至今还没有真正进入产业化和市场化,但随着理论上和技术上不断完善,转基因动物及其相关产品必将对人们的健康和社会发展产生巨大的影响。为了确保转基因动物对人体的安全性,在大规模生产之前必须对转基因动物进行严格的生物安全检测。

(1) 转基因对宿主产生的各种不利影响。

转基因动物普遍存在健康状况较差和成活率低等问题,例如:2002 年,克隆羊“多利”早逝;转 *bCH* 和 *hGH* 基因猪很难活到性成熟,并且器官衰弱多病,常见嗜睡、突眼,有些猪还会发生肾炎、肺炎、胃溃疡等严重疾病。其原因：①目前多数转基因插入宿主基因组的行为是随机的，如果插入的基因使看家基因产生有义突变或作为看家基因的转基因不表达时，将会对细胞的正常生理功能产生严重影响甚至导致细胞死亡，结果可能出现转基因受精卵发育不全、纯合子动物死亡或不育等各种异常现象；②外源基因的异常表达也会扰乱宿主的生理代谢。

(2) 转基因动物的基因漂移对环境安全的影响。

基因漂移是可能造成生态风险的主要因素之一。转基因漂移的主要形式是转基因动物与其近缘野生种间的杂交。目前的转基因动物中只有转基因鱼规模较大。对鱼的基因改造不容易被限制在固定的环境中，因而有可能将外源基因释放入自然界进而影响生态环境。和植物相类似，转基因鱼的目的基因在野生种中稳定下来也能造成生态问题，可能导致野生等位基因的丢失，从而造成遗传多样性的下降，最重要的是可能使野生近缘种获得选择优势，进而影响生态系统中正常的物质循环和能量流动。而野生物种基因库中有大量的优质基因，是人类的宝贵资源。因此，对于转基因鱼，必须采取有效的跟踪管理措施，防止其种间杂交，从而保证生态环境的安全。

除了规模较大的转基因鱼外，转基因动物中规模稍大的就是家养动物，其去向比较容易跟踪。另外，因其对自然环境的适应能力较低，很容易控制和捕捉，只要管理严格、措施得当，不会存在很大的环境问题。其他转基因动物规模较小，具有可控性，目前还不会造成环境安全问题。

9.2.3　生物入侵的安全问题

1. 生物入侵的概念

所谓生物入侵，是指由于人为或自然的因素，生物由原生存地侵入另一个生态环境的过程。1954年，美国艾尔特在《动物入侵生态学》中首次提出“生物入侵”这个概念。到1982年，生物入侵问题开始被人们关注。随着全球化进程的加快，到20世纪90年代中后期，外来生物入侵才真正引起全世界的广泛关注。随着交通运输的迅猛发展和全球经济一体化步伐的加快，有害生物被有意或无意地带到各地，其威胁已成为一项全球性的问题。据世界自然保护联盟(IUCN)的统计，外来物种入侵是最近400年中造成39%动植物灭绝的罪魁祸首，已成为对全球生物多样性构成严重威胁的第二大因素。

2. 我国生物入侵现状

由于我国南北跨度5500 km，东西距离5200 km，跨越50°纬度及5个气候带(寒温带、温带、暖温带、亚热带和热带)，来自世界各地的大多数外来种都可能在我国找到合适的栖息地。这使得当前我国已成为遭受外来生物入侵最严重的国家之一，据不完全统计，已经有400多种外来生物入侵我国，其中包括哺乳类、鸟类、爬行类、两栖类、鱼类、甲壳类以及植物等。在IUCN公布的全球100种最具威胁的外来生物中，我国占到50余种。危害严重的外来物种有紫茎泽兰、薇甘菊、空心莲子草、豚草、毒麦、互花米草、飞机草、凤眼莲、蔗扁蛾、湿地松粉蚧、美国白蛾、非洲大蜗牛、福寿螺、牛蛙等。

我国的外来物种入侵问题具有以下特点：①涉及面广，全国34个省(直辖市、自治区、特别行政区)均发现入侵种；②涉及的生态系统多，几乎所有的生态系统，如森林、农业区、水域、湿地、草原、城市居民区等都可见到；③涉及的物种类型多，从脊椎动物(哺乳类、鸟类、两栖爬行类、鱼类)、无脊椎动物(昆虫、甲壳类、软体动物)、植物，到细菌、病毒都能找到例证；④带来的危害严重，在我国许多地方停止原始森林砍伐，严禁人类进一步造成破坏的情况下，外来入侵种已经成为当前生态退化和生物多样性丧失等的重要原因，特别是对于水域生态系统和南方热带、亚热带地区，已经上升成为第一位的影响因素。

3. 入侵生物在入侵地疯狂繁殖的原因

入侵生物在入侵地疯狂繁殖的主要原因如下。

(1) 它们有很强的适应性，一旦栖身，很快就能“入乡随俗”。如空心莲子草，它抗逆性超强，不但不畏严寒酷暑，为了侵占尽可能大的地盘，它更是演化出水生、陆生两种生态型，入侵时可以由陆至水，顺水而下，再由水至陆，是地地道道的“水陆两栖江洋大盗”。

(2) 较强的繁殖特性，如水葫芦(凤眼莲)拥有极其强大的繁殖能力，甚至能以有性和无性两种方式繁衍后代，而在入侵的早期，主要采用无性生殖方式。每逢春夏之际，水葫芦依靠匍匐枝与母株分离的方式，每 5 天就能克隆出一个新植株，用不了多少时间它就能铺满整个水域，在江南水域为祸不小。

(3) 其入侵地的生物群落与生态系统较为脆弱，容易被改变，如给“三北”防护林造成毁灭性危害的天牛，正是瞅准了“三北”地区大部分是树木品种单一的人工林，生态系统结构简单，很难抵抗疯狂虫害，才乘虚而入的。据有关部门调查统计，在“三北”地区遭受天牛危害的面积达 1.668×10^5 hm^2，造成的经济损失无法直接用数字衡量。天牛虫害也因此被形象地称作“不冒烟的森林火灾”。相对而言，尽管在西南的混生林里同样能抓到张牙舞爪的天牛，但在那里它们就失去了传说中的毁灭性威力，原因就在于被入侵生态系统的抵抗力不同。

(4) 新生环境缺少天敌，外来生物通过压制或排挤本地物种的方式改变食物网的组成及结构。特别是杂草，在入侵地往往导致植物区系的多样性变得非常单一，并破坏草场、林地、耕地和撂荒地。如空心莲子草在南美洲算不上令人厌恶，但来到我国以及世界其他地区以后，一下就泛滥成灾了。原因是在南美洲大陆有一种专门对付它的莲草直胸跳甲，在它们的控制下，空心莲子草不得不“忍气吞声”，做一根“乖乖草”了。再如铜锤草，又名红花酢浆草，原产美洲热带地区，作为观赏植物引进我国，现已在我国的十余个省(市)逃逸为野生，成为“暴发型杂草”。

4. 生物入侵的危害

1) 外来生物破坏生态系统，导致物种濒危和灭绝

外来入侵生物对生态系统的结构、功能及生态环境产生严重的干扰和危害。如 20 世纪 60—80 年代，我国从英、美等国引进了旨在保护滩涂的大米草。截至 1996 年，我国大米草总面积已达 1.3×10^5 hm^2 以上。大米草破坏了近海生物的栖息环境，造成多种生物窒息死亡；堵塞航道，导致船只不能出海；影响海水的交换能力，使水质恶化。1996 年侵入深圳内伶仃岛的薇甘菊，其危害面积超过 800 hm^2。薇甘菊有有性繁殖和无性繁殖两种繁殖方式，攀上灌木或乔木后能迅速形成整株覆盖之势，使植物因光合作用受阻而窒息死亡。

外来生物入侵影响到每一个生态系统和生物区系，使成百上千的本地物种陷入灭绝境地，加速了生物多样性的丧失和物种的灭绝，特别是在岛屿和生态岛屿中更为明显。云南大理洱海原产鱼类 17 种，大多为洱海所特有，具有重要的经济价值。在有意或无意地引入 13 个外来种后，17 种土著鱼类已有 5 种陷入濒危状态，原因之一是外来种和土著种争食、争产卵场所以及吞食土著种的鱼卵等，破坏了原有生态系统的平衡。

2) 外来入侵生物造成的经济影响

外来入侵生物给各国带来了巨大的经济损失。根据联合国生物多样性公约组织发表的报告，每年全球因生物入侵造成的经济损失高达数千亿美元。在美国，因外来入侵生物造成的经

济损失每年约1380亿美元，印度为1200亿美元，南非为980亿美元……外来的杂草，像布袋莲(*Eichornia crassipes*)和水生菜(*Pistia*)已是全球性的问题，非洲国家仅在它们的控制上每年花费估计6000万美元。菲律宾因入侵的蜗牛对作物的危害已损失10亿美元。我国因外来生物入侵，每年大约损失560亿美元。

目前入侵我国的外来生物已达400余种，近十年来，新入侵我国的外来入侵生物至少有20种。在2005年我国发生的最危险的森林病虫害，就是由外来入侵生物造成的。据国家林业局统计，现在我国每年仅外来入侵生物引发的森林病虫害面积就达1.33×10^6 hm^2，每年因此而减少林木生长量超过1.7×10^7 m^3。根据对农业生产中危害最严重的11种外来生物进行粗略的损失估计，每年国家用于防治新近入侵害虫的费用高达14亿元。20世纪50年代我国作为猪饲料引进推广的凤眼莲近年来疯狂繁殖，堵塞河道，影响通航，严重破坏江河生态平衡，每年对其的打捞费用高达5亿～10亿元，因其造成的经济损失接近100亿元。

3）外来入侵生物对人畜的健康形成威胁

通过动植物的出入境许多病原菌也成为入侵生物，对入侵地人畜的健康形成严重威胁。如由于国际贸易亚洲虎蚊已携带登革热侵入美国和非洲；国际肉类产品出口可能扩散致命的大肠杆菌；引起恐慌的疯牛病、禽流感等外来病毒，危害难以估量。泛滥于我国西南部的外来植物紫茎泽兰含有毒素，用紫茎泽兰的茎叶垫圈或下田作沤肥，可引起牲畜蹄子腐烂、人的手脚皮肤发炎；马、羊食用后会引发气喘病；种子上带钩的纤毛被牲畜吸入后引起牲畜气管和肺部组织坏死，导致死亡。1996年，紫茎泽兰使四川凉山州的羊减产6万多只。三裂叶豚草，它的花粉是引起人类花粉过敏的主要病原物，可导致枯草热(又称花粉症)。在美国约有20%的人受花粉过敏症的侵扰，过敏者会出现打喷嚏、流鼻涕、哮喘等症状，严重者甚至发生其他并发症而死。我国国内虽然还没有大量的报道，但在国外的许多华人在到美国后一两年内就会出现花粉症的症状。目前豚草已分布在东北、华北、华东、华中地区的15个省(市)，一旦大面积暴发，后果不堪设想。

麻疹、天花、鼠疫以及艾滋病都可以成为入侵疾病。人类对热带雨林地区的开垦，为更多病毒的入侵提供了新的机会，其中包括那些以前只在野生动物身上携带的病毒，比如多年前袭击刚果等地的埃博拉病毒。不论是疯牛病、口蹄疫、鼠疫这些令人望而生畏的恶性传染病，还是在美国声名狼藉的红蚂蚁，肆虐我国东北、华北的美国白蛾、松材线虫等森林害虫，以及堵塞上海河道、覆盖滇池水面的水葫芦，都是生物入侵惹的祸。它们的危害之大已远远超出人们的想象，以致有人称它为整个生态系统的"癌变"。

5.转基因生物与生物入侵

随着科学技术的进一步发展，生命科学异军突起，与之相对应的转基因技术也得到了长足的发展和应用。转基因生物在生物入侵中开始扮演愈来愈重要的角色，声声警钟再一次告诫我们要合理利用我们所掌握的科技。目前比较引人关注的是转基因植物作为入侵生物所造成的危害。原因主要有以下几个方面：

(1) 转基因植物可能成为杂草。杂草往往生长迅速并且具有强大生存竞争力，能够生产大量长期有活力的种子而且这些种子具有远、近不同距离的传播能力，甚至能够以某种方式阻碍其他植物的生长。杂草由于具有以上这些特征，因此常常给世界农业生产造成巨大损失。

(2) 转基因植物通过基因漂移对近缘物种产生潜在的威胁。转基因植物基因通过花粉向近缘非转基因植物转移，使得近缘物种有获得选择优势的潜在可能性，使这些植物含有了抗病、抗虫或抗除草剂基因而成为超级杂草。这样会促使大量化学农药的再次应用，造成严重的环境危害。另外随着转基因植物不断释放,大量转基因漂移进入野生植物基因库,进而扩散开来,可能影响基因库的遗传结构,给生物多样性造成危害。

9.2.4 生物安全管理

1. 生物安全管理体系的意义及重要性

生物技术,特别是生物基因工程的操作及其产品的研究与开发涉及诸多行业与学科,对其实行安全管理一定要有系统的思想,不能局部地、孤立地观察、研究和分析问题。综合考虑系统内相互作用、相互制约的各种因素以及与系统外部环境的各种相互关系,看问题才能全面,思路才能更清晰,认识才能更深化,问题才会解决得更好,工作才能顺利地开展。因此,根据生物安全管理的内在要求与外部联系,建立一个完整的管理体系是十分必要的。

世界各国对生物技术都倾注了很大的兴趣并寄予厚望。但对基因工程工作及其产品的安全性也同样采取十分谨慎的态度,主要由于基因改性产品的安全性具有相对的不确定性而涉及人体健康、环境保护以及公众伦理、宗教等影响。转基因产品跨越政治界限的生态影响和地理范围,在一个地区表现安全的基因产品在另一地区是否安全,既不能一概肯定,也不能一概否定,需要经过研究,实施规范管理。随着世界市场的开放及其影响范围的扩大,转基因产品已超越本国的影响限度,这就带来无可回避的风险问题。

由于各国生物技术发展不平衡,在发达国家,大量的生物技术、基因工程产品已从试验研究进入中间试验和环境释放阶段;而在发展中国家,生物技术尚处于起步阶段。因此,发达国家为了对生物安全实行管理,较早地制定了生物安全管理的法规性文件。例如,1976 年 7 月美国就首先制定颁布了由美国国立卫生研究院(NIH)制定的《重组 DNA 分子研究准则》,随后英、法等国亦相继加强了生物安全的管理工作。1986 年我国将生物技术的研究开发列入国家“863”计划,1989 年国家科学技术委员会根据科学家的建议即着手组织起草《基因工程安全管理办法》,揭开了生物安全管理的篇章。随着生物技术的发展,各国都根据具体国情逐步建立和加强相应的生物安全管理体系。

2. 生物安全管理原则

制定生物安全管理规定和实施生物安全管理,应坚持以下六项原则。

1) 预防为主原则

《环境与发展的里约宣言》(简称《里约宣言》)指出:为了保护环境,各国应按照本国的能力,广泛采用预防措施。遇有严重或不可逆转损害的威胁时,不得以缺乏充分的科学证据为理由,延迟采取符合成本效益的措施防止环境恶化。随着转基因生物安全问题的出现,这一原则的内涵不断深化。发展生物技术必然走产业化的道路。不同的生物技术产品,其受体生物、基因来源、基因操作、拟议用途及商品化生产和商业营销等环节在技术和条件上存在多种差异,要按照生物技术产品的生命周期,在其试验研究、中间试验、环境释放、商品化生产以及加工、储运、使用和废弃物处理等诸多环节上防止其对生态环境的不利影响和对人体健康的潜在隐患。特别是在最初的立项研究初、中试阶段,一定要严格地履行安全性评价和相应的检测工作,做到防患于未然。

2) 研究开发与安全防范并重原则

生物技术产业在解决人口、健康、环境与能源等诸多社会经济重大问题中将发挥重要作用,将成为 21 世纪的经济支柱产业之一。一方面,要采取一系列政策措施,积极支持、促进生物技术的研究开发和产业化发展;另一方面,要高度重视生物技术安全问题的广泛性、潜在性、复杂性和严重性。同时充分考虑伦理、宗教等诸多社会经济因素，以对全人类和子孙后代长远利益负责的态度开展生物安全管理工作。坚持在保障人体健康和环境安全的前提下，发展生物技术及其相关产业，促进生物技术产品的开发和应用。

3）国家干预原则

环境问题的外部不经济性使得国家在环境保护中扮演重要的角色。对于生物技术及其产品的管理，国家干预更是必不可少。生物技术不同于传统技术，它与核技术类似，一旦爆发危机，危害范围广、延续时间长、损失巨大、难以解决，并且不是环境本身可以容纳、调节和化解的。国家既有雄厚的经济后盾，又能够提供强大的技术支持。同时国家可以通过行政、法律、经济等各种手段，将环境外部不经济性内部化，能有效地解决市场失灵的问题。国家干预作为一种宏观调控，能够在较高层次上，统筹兼顾各方利益，照顾到全局利益和长远利益。

4）公正、科学原则

生物技术工作是以分子生物学为基础与专业技术学科紧密结合的高科技。基因工程产品的研制与生产属于科技创新领域，其产品具有明显的技术专利性，知识产权应予以保护。随着改革和发展的深刻变化，经济成分和经济利益的多样化，社会生活方式的多样化，生物安全管理必须坚持公正、科学的原则。其安全性评价必须以科学为依据，站在公正的立场上予以正确评价，对其操作技术、检测程序、检测方法和检测结果必须以先进的科学水平为准绳。对所有释放的生物技术产品要依据规定进行定期或长期的监测，根据监测数据和结果，采取相应的安全管理措施。国家生物安全性评价标准与检测技术不仅在本国应该具备科学技术的权威性，而且在国际上应具有技术的先进性，其科学水平应获得国际社会的认可。因此国家应大力支持与生物安全有关的科学研究和技术开发工作，对评估程序、实验技术、检测标准、监测方法、监控技术以及有关专用设备等的研究应优先支持。对生物安全的科研工作和能力建设应列入有关部门的规划和计划，积极组织实施。

5）控制原则

控制原则包括适度控制原则和全过程控制原则。适度控制原则是指在对生物安全进行法律控制的过程中，应当适度把握法律控制与科学研究之间的平衡关系。既不能制定过于严格的法律、法规，限制、禁止正常的科学研究活动，阻碍生物技术的研究和发展，也不能不顾生物安全，一味地进行生物技术的开发。全过程控制原则是指对生物安全实施法律控制，应该从有关生物技术的研究、开发、使用开始，到一般转基因生物体的使用、释放、处置，以及转基因生物产品的市场化等诸环节，进行全过程规范和控制。我国在进行生物安全管理的过程中，应当借鉴发达国家的经验，摒弃传统的环境立法中“先污染，后治理”的末端控制的落后模式，采取从实验室到释放，再到商品化全过程的规范和控制。

6）公众参与原则

社会公众有权了解有关转基因生物安全的信息并参与相关活动。我国是一个社会主义法治国家，民主是宪法赋予公民的权利，而公众参与原则正是民主在转基因生物安全立法中的具体表现。转基因技术、生物及其产品的越境转移、释放，特别是商业化过程对于生态环境和人类健康带来的风险直接关系到社会公众的切身利益，所以公众在不违反国家秘密和商业秘密的前提下，有权了解转基因生物安全的任何信息，以维护公众的知情权。提高社会公众的生物安全意识是开展生物安全工作的重要课题，必须给予广大消费者以知情权，使公众能了解所接触、使用的生物技术产品与传统产品的等同性与差异性，对某些特殊的新产品应授予消费者接受使用或不使用的选择权。同时在普及科学技术知识的基础上，提高社会公众生物安全的知识水平。

3. 美国的生物安全法规及管理

美国在生物技术研究领域处于世界先进水平,也是最早研究生物安全并率先对此进行立法的国家。经过长期的实践,确立了以产品为切入点的转基因生物安全管理模式,其法规体系和管理体系比较完善,并为世界上其他国家开展本国转基因生物安全立法活动提供了宝贵的经验。早在1975年2月24—27日,一些生物学家就在美国的加利福尼亚举行了著名的Asilomar会议,在世界上第一次讨论转基因生物安全问题。目前生物安全的焦点问题是转基因生物向环境中释放遗传工程体。随着基因治疗和人类基因组计划的开展,有关人类基因操作的管理也日渐受到重视。

美国负责生物技术安全的部门有各自的管理职能和政策、法规,分别介绍如下。

1) 食品和药物管理局(FDA)

FDA主要负责确保食品、化妆品的安全性以及药品、生物技术产品和医疗器械的安全性和有效性。FDA认为"杂交是包括了完整染色体上大量基因的重组,而DNA重组技术是用于对单个或几个特定的基因进行转移或改变",两者间没有本质区别,现代生物技术只是原有遗传学操作的简单扩展或修饰,其产品应与其他产品接受相同的管理。因此,FDA一直没有制定有关转基因生物安全方面的管理法规,而主要依据《公共卫生服务法》、《联邦食品、药品和化妆品法》(FFDCA)进行管理,要求所有产品必须符合同样严格的安全标准,而不考虑其生产方法。FDA对产品中的新成分、过敏原的存在、主要营养成分的改变和毒性增加等均有严格的管理规定,只要生物技术产品能通过上述检测就不会有更严格的审查。

2) 美国农业部(USDA)

USDA的管理目的是确保基因修饰生物体的安全种植。有两个机构涉及该项工作,即动植物检疫局(APHIS)和食品安全及检验局(FSIS)。动植物检疫局发布《植物病虫害法》,对转基因作物进行管理,防止病虫害的引入和扩散,确保美国农业免受病虫害的侵害。同时负责对转基因植物的研制与开发过程进行管理,评估转基因植物对农业和环境的潜在风险,并负责发放转基因作物田间试验和转基因食品商业化释放许可证。1997年APHIS公布了《基因工程生物及其产品管理条例》,该条例简化了申报要求和过程,进一步放宽了对转基因生物安全的管理,十分有利于美国转基因生物技术产业的发展。

3) 环境保护局(EPA)

EPA主要负责植物和微生物的生物安全,根据《联邦食品、药品和化妆品法》、《联邦杀虫剂、杀真菌剂、杀啮齿类动物药物法》(FIFRA)和《毒物控制法》(TSCA)等对农药包括植物农药,即转抗病虫基因产生的蛋白质进行管理。EPA下设农药办公室和毒物办公室。在TSCA的授权下,EPA的TSCA生物技术项目管理那些具有商业化应用的、含有或表达新的特性组合的微生物。这包括利用转基因技术开发的转基因微生物。此外,任何抗虫和抗除草剂转基因作物的田间释放都必须向EPA提出申请。1997年4月,EPA发布了《生物技术微生物产品准则》、《关于新微生物申请的准备要点》,要求用于商业目的的微生物研究、开发和生产活动均须通报EPA,并为此条例规定了一系列通报制度和一些特定的豁免情况。

4) 职业安全与卫生管理局(OSHA)

OSHA负责保护美国雇员的安全和健康。OSHA认为现有的联邦法规同样可以保证生物技术领域雇员的安全和健康,不需制定额外的条例。OSHA制定了部门的《生物技术准则》。

5）国立卫生研究院(NIH)

NIH 主要负责管理实验室阶段涉及重组 DNA 的活动，同时为基因治疗的管理活动提供咨询和建议，NIH 制定的准则是美国各主管部门制定生物技术管理条例的基础和范本，其核心内容还被世界其他国家参照采用。NIH 是国际上首屈一指的医学研究机构，包括 17 个独立的卫生研究所、国家医学图书馆和国家人类基因组研究中心。作为一个研究机构，NIH 在生物技术领域具有很高的学术地位，能较好地把握学科和技术的发展方向。NIH 准则是对重组 DNA 技术以及含有重组 DNA 分子的生物和病毒进行构建和操作实践的详细说明，其中包括一系列安全措施。NIH 的管理政策以从事研究活动的个人的自觉性为基础，明确指出“与重组 DNA 有关活动的安全性取决于从事这些活动的个人，准则不可能预见每一种可能发生的情况”。NIH 强调在开始实验前进行全面、良好的风险评估是保证生物安全的根本。同时，NIH 也强调单位对确保其重组 DNA 活动在准则下进行的权利和责任。NIH 在准则中明确了项目负责人、单位生物安全官员、生物安全委员会(IBC)、NIH 重组 DNA 咨询委员会(RAC)和 NIH 主任的职责，并由此形成涉及重组 DNA 分子研究活动的生物安全管理网络。

4. 欧盟的生物安全法规及管理

1）法规体系

欧盟对基因修饰生物体(GMO)和转基因微生物(GMM)的定义是：在未经过天然交配或者天然重组的情况下，基因物质(DNA)被修改了的生物和微生物(Bergmans，1999)。该技术通常称作现代生物技术、基因技术、重组 DNA 技术或者基因工程。欧盟有关转基因生物安全方面的立法不同于美国产品管理的模式，而采取了基于生物技术管理的模式，经过长期的实践形成了较为完善的法规体系。

欧盟有关转基因生物安全的法规主要包括两大类：一是水平系列法规，主要包含转基因生物体的隔离使用(90/219 指令)、转基因生物体的目的释放(90/220 指令)、从事基因工程工作人员的劳动保护(90/679 指令、93/88 指令)。本类法规的管理机构是环境、核安全和公民保护总司。二是与产品相关的法规，主要包含欧盟关于转基因生物及其产品进入市场的决定、转基因生物体的运输、饲料添加剂、医药用品和新食品方面的法规。例如，1997 年 1 月颁布的关于新食品和新食品成分的 258/97 指令，1998 年 5 月颁布的关于转基因生物制成特定食品的 79/112 指令，2000 年 1 月颁布的关于含有转基因成分或转基因生物制成的添加剂和调味剂的食品及食品成分的 50/2000 号条例。

欧盟 90/220 指令规定，任何转基因生物、转基因产品或含有转基因生物的产品在环境释放或投放市场之前，必须对其可能给人类健康和环境所带来的风险进行评估，并且依据评估结果对其进行逐级审批。90/220 指令包括 4 部分 24 条款和 4 个附录，分别阐述了指令的适用范围、定义以及成员国义务，转基因生物的上市要求，有关知识产权、信息、交换等方面的规定。该指令确立了个案评估的原则，在转基因生物体释放到环境和投放市场之前，必须一例一例地进行环境、人类健康和生物安全的风险评估。90/220 指令还规定，制造商或者进口商在转基因生物体释放到环境或投放市场前，必须向准备首先投放市场的欧盟成员国的主管部门提出申请。收到申请的成员国对申请进行评估，若评估结果不好则不予批准；若评估结果很好，则将申请提交给欧盟委员会和欧盟其他成员国，若在规定时间内没有反对意见，则由最初接受申请的成员国颁发许可，该转基因生物可以在所有欧盟国家上市；若有国家反对，则由欧盟委员会向科学委员会咨询后草拟一份决议提交由欧盟成员国代表组成的立法委员会表决。

欧洲议会和部长委员会于 2001 年 3 月通过了经过更新修改的有关转基因生物释放的欧

盟 2001/18 指令,并于 2002 年 10 月 17 日正式生效。目前,共有 8 种转基因植物,即 4 种转基因玉米、3 种转基因油菜和 1 种转基因大豆,根据欧盟 90/220 指令规定获准用于生产饲料。根据欧盟现行的风险评估程序,转基因生物的安全性取决于植入基因、所产生的最终生物及其应用的特性。风险评估的目的:一是识别和评价转基因生物的潜在不良影响,不管是直接的还是间接的,也不管是即将发生的还是以后将要发生的;二是充分考虑转基因生物的释放或投放市场可能给人类健康和环境所带来的累积性和长期性影响;三是审查转基因产品的培育方法、与产品基因(如有毒的或者具有变应性的蛋白质)相关的风险以及基因(如对抗生素有抗性的基因)转移的可能性。

风险评估的具体方法如下:

(1) 识别转基因生物可能造成不良影响的所有特性;

(2) 评价每种不良影响的潜在后果;

(3) 评价已经识别的每种潜在不良影响发生的可能性;

(4) 预测已经识别的转基因生物每种特性可能造成的风险;

(5) 应用针对转基因生物释放或投放市场所造成风险的管理策略;

(6) 确定转基因生物的总体风险。

2) 管理机构体系

欧盟负责生物安全水平系列法规管理的机构是环境、核安全和公民保护总司;产品相关法规的管理机构为工业总司、农业总司;GMO 的运输由运输总司管理;科学、研究与发展总司,欧盟联合生物技术及环境系统、信息、安全联合研究中心为研究开发工作提供服务;消费者政策与消费者健康保护、植物科学委员会负责用于人类、动物及植物相关科技问题以及可能影响人类、动物健康或环境的非食品(包括杀虫剂)的生产过程。

3) 科技咨询机构

1997 年 6—10 月,欧盟改革其整个科技咨询系统,成立了一个科技指导委员会和 8 个新的科学委员会。委员会为欧盟理事会提供一切可能影响消费者健康的新科技应用的科学咨询。这里的消费者健康是一个广泛的概念,包括可能危及人类、动物、植物以及环境等范围。8 个科学委员会是食品科学委员会,动物营养科学委员会,动物健康与福利科学委员会,与公共健康有关的兽医药科学委员会,植物科学委员会,化妆品和其他可能用于消费者的非食品商品科学委员会,医药和医疗器械科学委员会,毒性、生态毒性和环境科学委员会。

4) 信息及技术支撑机构

信息服务机构包括:社区研究与发展信息服务部(Community Research and Development Information Service,CORDIS),提供欧盟资助的研究开发活动的信息;欧盟官方网站(EUROPA),提供欧盟政策以及战略目标方面的信息;EUROP,即欧盟官方出版社。

技术支撑机构包括:欧洲药品评估局(The European Agency for the Evaluation of Medicinal Products,EMEA),总部位于伦敦的医药产品评价机构;欧洲环境署(European Environment Agency,EEA),提供与环境有关的技术与政策服务;植物多样性办公室,暂设于布鲁塞尔,是负责实施植物多样性方面事务的独立于欧盟的机构;欧盟劳动研究所,为欧盟及其成员国提供相关科技、经济信息,位于西班牙的该研究所目前的目标是建立欧盟成员国劳动保护信息网络。

与美国的转基因生物安全法律体系相比,欧盟的法律体系更为完善,层次更为清晰,调整范围更为明确,各个部门之间的职权划分也更加清晰。美国管理转基因生物安全适用的一些法律年代已经久远，即便随着实践的发展不断修改完善其调整空间也十分有限，而欧盟现有的法律基本上都是针对转基因生物安全进行的专门立法，操作性更强，这种针对转基因技术进行管理的法律体系更加适合保护公众健康和生态安全的需要，非常值得我国借鉴。

5. 英国的生物安全法规及管理

1）法律与机构

早在1978年英国就开始对基因工程的安全性控制制定条例，当时的《卫生与安全法》规定，任何从事遗传操作的单位都必须向卫生与安全管理局(HSE)报告。

英国现行法规主要有《GMO的释放和市场化的管理条例》、《GMO的隔离使用管理条例》、《新食品和新食品成分管理条例》、《环境保护法》等。另外一些与GMO有关的法律包括：《卫生与安全法》和1971年欧盟议会2309/93指令有关人畜药物部分，《野生动物及乡村保护法》的引种部分，《食品与环境保护法》有关杀虫剂部分，《动物法(科学规程)》的转基因部分，以及《植物健康》及《植物健康(林业)》两个法规的植物病害、遗传修饰材料和植物材料部分。

各管理人员及机构的职责：国务大臣，负责涉及人类健康和安全的GMO释放或市场化许可的审批；卫生与安全管理局，主要负责GMO隔离使用管理，参与GMO的释放和市场化管理；环境、运输及政区部，在GMO的释放和市场化管理以及隔离使用管理过程中起协调作用；农、渔、食品部和卫生部，共同对新食品和新食品成分进行管理。

2）安全管理

英国的转基因生物的安全管理分为3部分，即GMO的目的释放、GMO的隔离使用(contained use)和新食品(包括GMO及其产品)安全管理。

(1) GMO的目的释放。

根据1990年制定的《环境保护法》，在英国GMO的释放或上市需向国务大臣提出申请，其程序由1992年制定的《GMO释放和市场化的管理条例》规定。国务大臣负责GMO释放或市场化许可，在批准前要征得卫生与安全管理局等部门的同意。

对于GMO释放的申请，其内容包括：

①提供有关GMO释放的信息，包括生物体的情况等；

②GMO释放对人体健康与环境的影响与风险评估的声明；

③已有的关于待释放GMO及其释放目的的报道与发表的文献，主要涉及知识产权问题；

④内容总结(SNIF)，以利于欧盟成员国之间的交流。

申请者向国务大臣提交申请书，并在得到确认通知后10天以内在释放地有影响的报纸刊登有关申请的信息。同时应将有关申请内容通知申请释放地点的所有者、自然保护组织、国家河流管理机构、申请者所组建的安全委员会的每个成员。

(2) GMO的隔离使用。

卫生与安全管理局和环境、运输及政区部依照《GMO的隔离使用管理条例》共同管理。卫生与安全管理局具有强制执行GMO隔离使用法规的权力。卫生与安全管理局在国务大臣授权下，可以针对从事GMO工作的人、单位对某种GMO解除法规限制，并颁发证书，同时它可以规定解除的条件和时间，并有权随时撤销解除证明。另外，还需每3年向欧盟汇报执行指令的情况，使欧盟依此发布总结报告。

(3) 新食品安全管理。

农、渔、食品部和卫生部依照《新食品和新食品成分管理条例》共同管理。新食品指以前在欧盟范围没有用于消费的食品，包括含有GMO或由其生产的食品。

6. 德国的生物安全法规及管理

德国是少数几个以法律形式管理生物技术的国家之一。1990 年 7 月德国《基因工程法》正式生效，其目的是保护人类和环境免遭基因工程可能带来的危害，并为基因工程技术的研究、开发以及利用和促进其协调发展建立法律框架。《基因工程法》将有关活动分为两类进行管理：开展基因操作工作的设施，包括以研究和生产为目的的早期和后期活动；遗传工程体的释放及含有遗传工程体或由其构成的产品上市。

根据现有的科学知识水平，将基因工程工作分为 4 个安全等级：级别Ⅰ的基因工程工作对人类和环境没有任何危险；级别Ⅱ的工作具有低度危险；级别Ⅲ的工作具有中度危险；级别Ⅳ的工作具有高度危险。条文中对类别的划分以及相应的控制等级和措施进行了详细规定。GMO 的释放和基因工程产品的上市，由联邦卫生局(BGA)负责审批。BGA 必须在 3 个月内对申请给出答复，若申请符合与安全性相关的一定先决条件，则可给予许可。联邦卫生局设有生物安全中央委员会，负责提供与安全事务相关的专家意见，特别是对有关活动的控制等级划分和释放的风险评估提供咨询。该委员会由 10 名专家和来自职业安全、贸易联盟、工业、环保和研究资助机构的专业人士共同组成。

基因工程设施的建设和运行必须申请许可。该许可为综合性，同时包括了在该设施内开展特定活动的许可，以及符合其他法律条款的决定。开展属于控制等级Ⅰ的研究活动的设施可以例外，通报主管部门即可。在已获得许可或已通报备案的设施内开展超出原有范围的进一步活动，应遵守以下规定：研究工作，如属于安全等级Ⅱ、Ⅲ、Ⅳ，必须通报主管部门；商业性工作，属于安全等级Ⅰ的必须通报，其他等级则应申请许可。但如该进一步活动的控制等级高于原有的工作，则该设施必须申请新的许可。

德国《基因工程法》还对公众参与作出规定，制定了一套听证程序。凡从事商业性活动的基因工程设施，在建造前必须经过听证程序；安全等级Ⅰ的活动一般不包括在内，但若属于《联邦泄漏控制法》要求提出许可申请的活动，则也应经过听证程序。德国生物安全主管部门除联邦卫生部外，还有 Robert Koch 研究所，主要受理医药产品的许可申请，联邦农林部生物学研究中心和联邦环境局则参与审批遗传工程体向环境释放的申请。

7. 澳大利亚的生物安全法规及管理

澳大利亚现行的生物安全法规由两方面组成：一是基因操作咨询委员会制定的技术指南，它不涉及产品审批，而只侧重于技术方面，目前包括小规模遗传操作工作指南、大规模遗传操作工作指南、可能造成 GMO 无意释放活动的工作指南和 GMO 目的释放工作指南，如 2000 年《基因技术法》；二是产品法规，即已有的政府有关机构所管理的各种相关产品，如食品、药品、农产品、兽药、化学品等方面的法规，包括药品管理法、检验检疫法、食品法和食品标准等。

澳大利亚有比较合理的生物安全管理机构设置。该机构的核心是基因技术管理执行官及其办公室，主要起协调各部门的作用。执行官直接对议会负责，每个季度向议会汇报一次基因管理、实施和有关法规执行的情况。执行官设有办公室，下设多个工作小组，一部分负责与各部门联络与协调，另一部分负责与各种生物安全相关协会的联系，收集民众意见，还有一部分负责检查国家基因技术法律法规执行、遵守的情况。

基因技术部长委员会是澳大利亚最高的生物安全管理机构，由各相关部门部长、地方首脑组成，为政府的生物安全管理提供指导思想和纲领性文件。其常设机构即基因技术常务委员会，负责基因技术部长委员会的日常工作，对基因技术管理执行官及其办公室有指导和监督的职能。

此外，联邦工业药品委员会基因技术分委会，基因技术咨询委员会，基因技术伦理委员会，州、领地技术管理咨询委员会，基因技术社区咨询委员会等，由各部门专家组成，负责各自领域的基因技术咨询工作和提出有关意见和建议；环境部、药品管理局、新食品标准局、国家卫生医药管理委员会、国家商标局、国家工业化学标准局、检验检疫局、地方委员会等行政部门负责与本部门有关的基因技术管理工作。澳大利亚GMO的产品的审批主要涉及4个现行相关产业管理部门，即国家注册局、治疗用品管理局、新食品管理局、国家工业化学品通告评估署，其中国家注册局负责农用化学品方面。对于某一种转基因生物，其审批可能涉及几个部门。澳大利亚对活的生物体、生物制品和食品的进口由检验检疫局和基因操作咨询委员会执行机构共同负责。

8. 日本的生物安全法规及管理

日本采取了基于生产过程的管理措施，其管理模式介于欧盟和美国之间，形成了由科学技术厅、通产省、农林水产省和厚生省4个主管部门参与管理的模式，建立了比较系统的转基因生物安全的法律体系。

1) 法规与机构

日本在1979年制定《重组DNA实验管理条例》，开始生物技术的安全管理。日本制定了两个针对重组DNA试验的准则：《综合性大学研究设施中重组DNA试验准则》(教育厅制定)和《重组DNA试验准则》(科学技术厅制定，适用于除大学以外的其他所有研究机构)。有6个针对工业应用的准则正在实施中，分别是《重组DNA生物在农业、渔业、林业、食品工业和其他相关工业中的应用准则》、《重组DNA生物在饲养业中应用的安全评估准则》、《重组DNA技术在饲料添加剂中应用的安全评估准则》、《重组DNA技术生产的食物和食品添加剂准则》、《重组DNA技术在制药等行业中的应用准则》、《重组DNA技术工业化准则》。

在日本，主要有以下4个主管部门参与转基因管理：

(1) 科学技术厅：1987年由科学技术厅颁布了《重组DNA试验准则》，负责审批试验阶段的重组DNA研究。该准则详细规定了在控制条件下的重组DNA研究以及获得批准后负责人的责任。

(2) 厚生省：1986年厚生省颁布了《重组DNA准则》，成立了有关生物技术委员会，负责重组DNA技术生产的药品和食品管理。

(3) 通产省：1986年通产省颁布了《遗传工程体工业化准则》，负责重组DNA技术成果应用于工业化的活动。主要依据对受体的安全性，所重组的DNA分子的特性以及GMO受体性质的比较，按照评价项目逐一评价以便进行安全性分类。该准则涉及遗传工程体的安全评价，控制设备、设施、操作的规定，相关的管理、责任体制，如法人、经营者、业务主管、工人、安全生产委员会、安全主任的职责以及培训教育和健康管理的相关规定。

(4) 农林水产省：依照《农、林、渔及食品工业应用重组DNA准则》，负责管理GMO在农业、林业、渔业和食品工业中的应用，包括：在本地栽培的GMO，或进口的可在自然环境中繁殖的这类生物体；用于制造饲料产品的GMO；用于制造食品的GMO。该准则也适用于在国外开发的GMO。

2) 安全评价和管理

农林水产省规定：任何个人或机构试图生产GMO，或出售这类生物用于工农业生产，或用GMO生产有关物质(不包括以前已在自然环境中应用的)，必须根据所用的受体、重组DNA分子和载体的特性对GMO进行全面的安全性评价。应用转基因植物，首先要经过田间试验。田间试验肯定了安全性的转基因植物,才可以在开放系统中应用。

安全性评价所需要的资料包括应用转基因植物的目的,受体所属的生物学分类地位、应用的情况和在自然环境中的分布,繁殖特性和遗传特性;供体 DNA 是否已鉴定,其结构、来源及功能,载体名称、来源和特性;转基因植物的构建方法、转化方法及培育过程,重组 DNA 分子在受体上的位置、表达及稳定性,转基因植物和受体植物的异同,其繁殖、遗传的生理特性等。

9. 中国的生物安全法规及管理

1975 年前后我国开始开展基因工程研究,生物技术取得了飞速的发展,而有关生物安全的立法工作却相对滞后,在相当长的一段时期内实际上处于无人管理的状态。1989 年 9 月,国家科学技术委员会生物工程开发中心成立了法规起草的工作班子。1990 年 3 月,国家科学技术委员会会同农业部、卫生部和中国科学院等,立足我国国情和重组 DNA 技术研究发展的趋势,借鉴国外已有的准则或条例,一起成立了我国《重组 DNA 工作安全管理条例》领导小组,负责条例的制定。我国第一个有关生物安全的标准和办法是 1990 年制定的《基因工程产品质量控制标准》,该标准规定了基因工程药物的质量必须满足安全性要求,但对基因工程试验研究、中间试验及应用过程等的安全并未作具体规定,因此只具有有限的指导价值。

1993 年 12 月,国家科学技术委员会发布了《基因工程安全管理办法》,目的是从技术角度对转基因生物进行宏观管理与协调。该办法是一个对全国转基因生物工程安全管理的总纲,分总则、安全等级和安全性评价、申报和审批、安全控制措施、法律责任和附则 6 个部分,该办法对从事基因工程工作的单位、上级主管部门和全国基因工程安全委员会的职责作了明确的划分和规定,并将国外有关机构中的安全委员会职能赋予了各单位的学术委员会。明确规定在国内从事的任何基因工程工作,包括试验研究、中间试验、工业化生产、基因工程体的释放以及国外引进的基因工程体的试验或释放,都要遵照此办法实行统一管理。管理办法将基因工程划分为 4 个安全等级并实行安全等级分类控制和归口审批的制度。另外,管理办法还规定了有关申报手续、安全控制措施和法律责任,并决定成立全国基因工程安全委员会,负责基因工程安全监督和协调。此管理办法为全国第一个对转基因生物安全管理的部门规章,除了起到类似 NIH 准则的技术指南作用外,更重要的是为我国基因工程安全管理建立了一个明确、有效的管理框架。从本质上说,它是我国的生物技术管理的协调大纲,是我国有关生物安全的纲领性文件,对我国生物技术的健康发展具有重大的历史意义。但由于操作性不强,客观上并未真正实施。

1996 年 7 月,农业部颁布《农业生物基因工程安全管理实施办法》,对转基因生物的安全性评价和控制措施进行了详细的规定,并于 1996 年 11 月正式实施。该办法内容具体、针对性强、涉及面广,对转基因生物工程体及其产品的试验研究、中间试验、环境释放及商品化生产过程中的安全性评价都作了明确的说明,评价的内容包括人体健康和生态环境两方面。同时,对外国研制的农业生物遗传工程体及其产品在我国境内进行中间试验、环境释放或商品化生产的问题也作出了具体规定,具有较强的操作性。另外,在管理机构上设立了农业生物基因工程安全管理办公室及农业生物基因工程安全委员会,负责全国农业生物遗传工程体及其产品的中间试验、环境释放和商品化生产过程中的安全性评价工作。

2001 年 5 月公布实施的《农业转基因生物安全管理条例》明确了要对外来转基因农业生物进行管理,目的是加强农业转基因生物安全管理,保障人体健康和动植物、微生物安全,保护生态环境,促进农业转基因生物技术研究,这是我国生物安全管理政策的进一步发展和完善。该条例对于农业转基因生物研究与试验、生产与加工、经营、进出口、监督检查、法律责任等作了详尽的规定。对农业转基因生物建立了四项管理制度：第一，农业转基因生物安全管理部际联席会议制度，该机构由农业、科技、环境保护、卫生、外经贸、检验检疫等有关部门的负责人组成，负责研究、协调农业转基因生物安全管理工作中的重大问题；第二，农业转基因生物安全分级管理评价制度，农业转基因生物按照其对人类、动植物、微生物和生态环境的危险程度，分为Ⅰ、Ⅱ、Ⅲ、Ⅳ4个等级，由国务院农业行政主管部门制定具体划分标准；第三，农业转基因生物安全评价制度；第四，农业转基因生物标识制度，实行标识管理的农业转基因生物目录，由国务院农业行政主管部门及国务院有关部门制定、调整并公布。在法律责任方面，规定了行政责任（如第五十五条）、民事责任（如第五十四条）、刑事责任（如第五十三条）。该条例作为我国第一部国家层次的生物安全法规，标志着我国对农业转基因生物安全开始进入全过程管理阶段。

2002年3月起，我国逐步实施了一系列农业转基因生物管理办法，包括《农业转基因生物安全评价管理办法》、《农业转基因生物进口安全管理办法》、《农业转基因生物标识管理办法》、《关于对农业转基因生物进行标识的紧急通知》等。此三部管理办法分别对农业转基因生物的安全评价规程、进口安全管理和标签制度作了较为具体的规定，基本上体现了对转基因生物安全的全程管理和控制的理念，操作性强，在实践中效果明显。我国逐步建立健全生物安全管理法规体系，明确规定将生物技术的试验研究、中间试验、环境释放、商品化生产、销售、使用等方面的管理纳入法制化轨道，特别是对农业转基因生物实施标识管理，是大多数国家加强农业转基因生物安全管理的通行做法，也是消费者的普遍要求。

1990年卫生部颁布《人用重组DNA制品质量控制要点》。该规定对医药生物技术的基本管理政策与美国食品和药物管理局（FDA）类似，强调管理应着重于产品本身的特性和危险性，而非生产过程。规定经过几年实践，并遵照国家《基因工程安全管理办法》指导原则，又制定了《新生物制品审批办法》。《新药评审办法》和《新生物制品审批办法》是卫生部新药评审中心管理医药生物技术产品的法规依据。2002年7月，卫生部制定了旨在对转基因食品进行监督管理，保障消费者健康和知情同意权的《转基因食品卫生管理法》。

1997年，中国轻工总会根据《基因工程安全管理办法》的原则，组织专家编制《轻化食品生物技术产品安全管理细则》。

我国还以科学的、建设性的态度，积极参与国际社会制定《生物安全议定书》的历次会议和谈判。中国在签署《国际植物保护公约》、《保护生物多样性公约》及《生物安全议定书》后，为履行有关公约，在全球环境基金和联合国环境规划署的支持下，由国家环境保护总局联合农业部、科技部、教育部、中国科学院、国家食品药品监督管理局等于2000年编制完成了《中国国家生物安全框架》，提出了中国生物安全政策体系和法规体系的国家框架方案。在政策体系框架中首先规定了中国生物安全管理的总体目标，即通过制定政策、法规以及相关的技术准则，建立管理机构和完善监督机制等各个方面，保证将现代生物技术活动及其产品可能产生的风险降到最低程度，最大限度地保护生物多样性、生态环境和人类健康，同时促使现代生物技术的研究、开发与产业化发展以及产品的越境转移能够有序地进行。接着框架提出了生物安全管理的主要原则、对象和方法、现代生物技术产品市场开发指导方针与政策及释放的环境管理制度。在法规体系框架中，首先评述了法规现状和法规体系，接着规定了国家生物安全法律、法规的主要内容和制定原则。另外，框架还规定了转基因活生物体及其产品风险评估和风险管理的技术准则框架以及生物安全管理的国家能力建设等方面的内容。

除此之外，为加强病原微生物实验室生物安全管理，保护实验室工作人员和公众的健康，国务院于2004年11月12日公布了《病原微生物实验室生物安全管理条例》，并于当日起施行。该条例先后于2016年、2018年修订。

思考与练习题

1. 阐述生物多样性、物种多样性和生态系统多样性的概念和相互关系。
2. 生物多样性受到的威胁主要有哪些方面?
3. 如何确定生物多样性优先保护区?
4. 简述自然保护区设计的方法。
5. 简述生物安全评价的内容、程序和步骤。
6. 转基因生物面临哪些安全问题?
7. 入侵生物在入侵地疯狂生长的原因有哪些?
8. 简述生物入侵的危害性。

第10章　干扰生态学和恢复生态学

10.1　干扰及其生态学意义

10.1.1　干扰的定义、类型及性质

1. 干扰的定义

干扰(disturbance)是自然界一种重要而又广泛存在的现象。就其字面含义而言，干扰是平静的中断，正常过程的打扰或妨碍。在经典生态学中，干扰被认为是影响群落结构和演替的重要因素。在生态学领域内，干扰的定义很多，常见的干扰定义主要有：干扰是显著地改变系统正常格局的事件；干扰是一个对个体或群体产生的不连续的、间断的斩杀(killing)、位移(displacement)或损害(damage)，这种作用能直接或间接地为新的有机体的定居创造机会；干扰是一种突发性事件，对个体或群体产生破坏或毁灭性作用。S. T. A. Pickett 和 P. White (1985)将干扰定义为相对来说非连续的事件，它破坏生态系统、群落或种群的结构，改变资源、养分的有效性或者改变物理环境。而 Pycket 认为，对干扰予以定义的困难在于不能把原因(cause)和结果(effects)相对区分。因此，他认为干扰应定义为原因，即一种物理作用或因素。诸多文献几乎都混淆了干扰的原因和结果，原因应属于环境的变化，而结果是指有机体、种群或群落的反应。实际上，对干扰定义的困难还在于许多词义的相近，如扰动(perturbation)、胁迫(stress)等。目前较统一的认识是，扰动偏重于过程，胁迫倾向于结果。从生态因子角度考虑，干扰较普遍和典型的定义是：群落外部不连续存在、间断发生的因子的突然作用或连续存在因子超“正常”范围的波动，这种作用或波动能引起有机体、种群或群落发生全部或部分明显变化，使其结构和功能受到损害或发生改变。

2. 干扰的类型

1) 干扰的分类方法

根据不同原则，干扰可分为不同类型。按干扰产生的来源，干扰可以分为自然干扰和人为干扰。自然干扰是指无人为活动介入的自然环境条件下发生的干扰，如火、风暴、火山爆发、地壳运动、洪水泛滥、病虫害等。人为干扰是在人类有目的行为指导下，对自然进行的改造或生态建设，如烧荒种地、森林砍伐、放牧、农田施肥、修建大坝或道路、土地利用结构改变等。从人类的角度出发，人类活动是一种生产活动，一般不称为干扰。但对于自然生态系统来说，人类的所作所为均是一种干扰。

依据干扰的功能可将其分为内部干扰和外部干扰两种。内部干扰是在相对静止的长时间内发生的小规模干扰，对生态系统演替起到重要作用。对此，许多学者认为是自然过程的一部分，而不是干扰。外部干扰(如火灾、风暴、砍伐等)是短期内的大规模干扰，打破了自然生态系统的演替过程。

依据干扰的机制可以将其分为物理干扰、化学干扰和生物干扰。物理干扰，如森林退化引起的局部气候变化、土地覆被减少引起的土壤侵蚀及土地沙漠化等；化学干扰，如土地污染以

及大气污染引起的酸雨等;生物干扰主要为病虫害暴发、外来种入侵等引起的生态平衡失调。

根据干扰传播特征,可以将干扰分为局部干扰和跨边界干扰。前者指干扰仅在统一生态系统内部扩散,后者可以跨越生态系统边界扩散到其他类型的缀块。

2) 常见的干扰类型

(1) 火。火是一种自然界中最常见的干扰类型,它对生态环境的影响早已为人们所关注。一些研究表明,火(草原火、森林火)可以促进或保持较高的第一生产力。北美的一些科学家通过研究发现,火干扰可以提高生物生产力的机制在于消除了地表积聚的枯枝落叶层,改变了区域小气候、土壤结构与养分。同时火干扰在一定程度上可以影响物种的结构和多样性,这主要取决于不同物种对火干扰的敏感程度。

(2) 放牧。有人类历史以来,放牧就成为一种重要的人为干扰。它不仅可以直接改变草地的形态特征,而且可以改变草地的生产力和草种结构。D. G. Milchunas(1993)研究发现,放牧对于那些放牧历史较短的草原来说是一种严重干扰,这是因为原来的草种组成尚未适应放牧这种过程。而对于已有较长放牧历史的草原,放牧已经不再成为干扰,因为这种草地的物种已经适应了放牧行为,对放牧这种干扰具有较强的适应能力,进一步的放牧不会对草原生态系统造成影响。一些研究发现适度放牧可以使草场保持较高的物种多样性,促进草地景观物质和养分的良性循环,因此放牧可以作为管理草场、提高物种多样性和草场生产力的有效手段。然而放牧具有一定的针对性,对于某种物种适宜,而对于其他物种也许不适宜。如何掌握放牧的规模和尺度成为生态学家研究的焦点。

(3) 土壤物理干扰。土壤物理干扰包括土地的翻耕、平整等,它改变了土壤的结构和养分状况。对于具有长期农业种植历史的地区,大多物种已经适应了这种干扰,其影响往往较小。对于初次受到土壤物理干扰的地区,自然生态系统往往受到的影响较大。一些研究发现土壤物理干扰可以导致地表粗糙度增加,为外来物种提供一个安全的场所。土地翻耕有利于外来物种的入侵,可以减少物种的丰富度。

(4) 土壤施肥。土壤施肥对于养分比较贫缺的地区而言影响尤为突出,更有利于外来种的入侵。这种干扰与放牧、火烧、割草相反,可以增加土壤中的养分,而放牧、火烧和割草常是带走土壤中的养分,导致土壤养分匮乏。土壤施肥不仅改变了土壤中养分或化学成分,在一定程度上可以导致淡水体的富营养化,还促进了某些物种的快速生长,并导致其他物种的灭绝,造成物种丰富度的急剧减少。将上述几种干扰有机地结合起来,研究土壤中养分的循环与平衡,对于土地管理和物种多样性保护具有重要意义。

(5) 践踏。与前面几种干扰相似,践踏的结果是在现有的生态系统中产生空地,为外来物种的入侵提供有利场所。与此同时,也可以阻碍原来优势种的生长。适度的践踏,减缓优势种的生长,可以促使自然生态系统保持较高的物种丰富度。然而践踏的季节和时机对物种结构的恢复、生长的影响具有显著差别,并具有针对性,践踏对于大多数物种来说具有负面的影响,但对于个别物种影响甚微。

(6) 外来物种入侵。外来物种入侵是一种严重的干扰类型,它往往是由于人类活动或其他一些自然过程而有目的或无意识地将一种物种带到一个新的地方。人类主导下的农作物品种引进就是一种有目的的外来种入侵,其结果是外来物种对本地种的干扰。如澳州对家兔的引入,起初并未想到它们会很快适应新的生存环境,并在短时间内大面积扩散,最终成为对当地生物造成危害的一个物种,其形成的生态环境影响是深远的,在较大程度上改变了原来的景观面貌和景观生态过程。

(7) 其他干扰类型。洪水泛滥、森林采伐、城市建设、矿山开发和旅游等也是人们比较熟悉的人为干扰，它们对生态系统、景观格局及其形成过程的影响具有较大的人为性。

3. 干扰的性质

(1) 干扰具有较大的相对性。自然界中发生的同样事件，在某种条件下可能对生态系统形成干扰，在另外一种环境条件下可能是生态系统的正常波动。是否对生态系统形成干扰，不仅仅取决于干扰的本身，还取决于干扰发生的客体。对干扰事件反应不敏感的自然体，或抗干扰能力较强的生态系统，往往在干扰发生时不会受到较大影响，这种干扰行为只能成为系统演变的自然过程。

(2) 干扰具有明显的尺度性。由于研究尺度的差异，对干扰的定义也有较大差异。如生态系统内部病虫害的发生，可能影响到物种结构的变异，导致某些物种的消失或泛滥，对于种群来说，是一种严重的干扰行为，但由于对整个群落的生态特征没有产生影响，从生态系统的尺度上来说，病虫害不是干扰而是一种正常的生态行为。同理，对于生态系统成为干扰的事件，在景观尺度上可能是一种正常的扰动。在自然界，干扰的规模、频率、强度和季节性与时空尺度相关。

(3) 干扰又可以看作对生态演替过程的再调节。通常情况下，生态系统沿着自然的演替轨道发展。在干扰的作用下，生态系统的演替过程发生加速或倒退，干扰成为生态系统演替过程中的一个不协调的小插曲。最常见的例子如森林火灾，若没有火灾的发生，各种森林经历从发育、生长、成熟一直到老化的不同阶段，这个过程要经过几年或几十年的发展，一旦森林火灾发生，大片林地被毁灭，火灾过后，森林发育不得不从头开始，可以说火灾使森林的演替发生倒退。但从另一层含义上，又可以说火灾促进了森林系统的演替，使一些本该淘汰的树种加速退化，促进新的树种发育。干扰的这种属性具有较大的主观性，主要取决于人类如何认识森林的发育过程。另一个例子是土地沙化过程，在自然环境影响下，如全球变暖、地下水位下降、气候干旱化等，地球表面许多草地、林地将不可避免地发生退化，但在人为干扰下，如过度放牧、过度砍伐森林，将会加速这种退化过程，可以说干扰促进了生态演替的过程。然而通过合理的生态建设，如植树造林、封山育林、退耕还林、引水灌溉等，可以使其向反方向逆转。

(4) 干扰经常是不协调的。干扰常常是在一个较大的景观中形成一个不协调的异质斑块，新形成的斑块往往具有一定的大小、形状。干扰扩散的结果可能导致景观内部异质性提高，未能与原有景观格局形成一个协调的整体。这个过程会影响到干扰景观中各种资源的可获取性和资源结构的重组，其结果是复杂的、多方面的。

(5) 干扰在时空尺度上具有广泛性。干扰反映了自然生态演替过程的一种自然现象，对于不同的研究客体，干扰的定义是有区别的，但干扰存在于自然界的各个尺度的各个空间。在景观尺度上，干扰往往是指能对景观格局产生影响的突发事件，而在生态系统尺度上，对种群或群落产生影响的突发事件就可以看作干扰，而从物种的角度，能引起物种变异和灭绝的事件就可以认为是较大的干扰行为。

表10-1列出了干扰的一般性质与特点。

表10-1　干扰的一般性质与特点

干扰的性质	含　义
分布	空间分布包括地理、地形、环境、群落梯度
频率	一定时间内干扰发生的次数

续表

干扰的性质	含　义
重复间隔	从本次干扰发生到下次干扰发生的时间长短
周期	频率的倒数
预测性	由干扰的重复间隔的倒数来测定
面积	受干扰的面积,即每次干扰过后一定时间内景观被干扰的面积
规模和强度	干扰事件对格局与过程,或对生态系统结构与功能的影响程度
影响度	对生物有机体、群落或生态系统的影响程度
协同性	对其他干扰的影响(如火山对干旱,虫害对倒木)

10.1.2　干扰的生态学意义

长期以来,干扰的生态学意义一直未引起生态学家的重视,主要是因为以前生态学家更多考虑的是生态系统的平衡和稳定,关注生态演替中顶级群落的发展和形成。随着研究深入,发现干扰在物种多样性形成和保护中起着重要作用,适度的干扰不仅对生态系统无害,而且可以促进生态系统的演化和更新,有利于生态系统的持续发展。在这种意义上,干扰可以看作生态演变过程中不可缺少的自然现象。干扰的生态影响主要反映在景观中各种自然因素的改变,例如火灾、森林砍伐等干扰,导致景观中局部地区光、水、能量、土壤养分的改变,进而导致微生态环境的变化,直接影响到地表植物对土壤中各种养分的吸收和利用,这样在一定时段内将会影响到土地覆被的变化。另外,干扰的结果还可以影响到土壤中的生物循环、水分循环、养分循环,进而促进景观格局的改变。

1. 干扰与景观异质性

景观异质性与干扰具有密切关系。在一定意义上,景观异质性可以说是不同时空尺度上频繁发生干扰的结果。每一次干扰都会使原来的景观单元发生某种程度的变化,在复杂多样、规模不一的干扰作用下,异质性的景观逐渐形成。有些生态学家认为干扰增强,景观异质性将增加,但在极强干扰下,将会导致更高或更低的景观异质性。例如:山区的小规模森林火灾可以形成一些新的小斑块,增加了山地景观的异质性;当森林火灾较大时,可能烧掉山区的森林、灌丛和草地,将大片山地变为均质的荒凉景观。干扰对景观的影响不仅仅取决于干扰的性质,在较大程度上还与景观性质有关,对干扰敏感的景观结构,在受到干扰时受到的影响较大,而对干扰不敏感的景观结构,可能受到的影响较小。干扰可能导致景观异质性的增加或降低,反过来,景观异质性的变化同样会增强或减弱干扰在空间上的扩散与传播。景观的异质性是否会促进或延缓干扰在空间的扩散,将取决于干扰的类型和尺度、景观中各种斑块的空间分布格局、各种景观元素的性质、对干扰的传播能力和相邻斑块的相似程度。徐化成等在研究中国大兴安岭的火干扰时,发现林地中一个微小的沟对火在空间上的扩散起到显著的阻滞作用。

2. 干扰与景观破碎化

干扰对景观破碎化的影响比较复杂。主要有两种情况:其一是一些规模较小的干扰可以导致景观破碎化,像上述的山区森林火灾,强度较小时将在基质中形成小的斑块,导致景观结构的破碎化。当火灾足够强大时,将导致景观的均质化而不是景观的进一步破碎化。这是因为在较大干扰条件下，景观中现存的各种异质性斑块将会遭到毁灭，整个区域形成一片荒芜之地，火灾过后的景观会成为一个较大的均匀基质。但这种干扰同时也破坏了原来所有景观系统的特征和生态功能。这往往是人们所不期望发生的。干扰所形成的景观破碎化将直接影响到物种在生态系统中的生存和生物多样性保护。景观对干扰的反应存在一个阈值，只有在干扰规模和强度高于这个阈值时，景观格局才会发生质的变化，而在较小干扰作用下，干扰不会对景观稳定性产生影响。Tang研究了林地砍伐的物理特征与景观稳定性的关系，发现林地砍伐的位置在影响景观的稳定性上比砍伐林地斑块的形状更为重要，坡地上的林地砍伐常常会导致大面积坡面的不稳定性，如滑坡、泥石流、塌方等。

3. 干扰与物种多样性

干扰对物种的影响有利有弊，在研究干扰对物种多样性影响时，除了考虑干扰本身的性质外，还必须研究不同物种对各种干扰的反应，即物种对干扰的敏感性。如果干扰条件相同，反应敏感的物种在较小的干扰时，即会发生明显变化，而反应不敏感的物种可能受到的影响较小，只有在较强的干扰下，反应不敏感的生物群落才会受到明显影响。许多研究表明，适度干扰下生态系统具有较高的物种多样性，在较低和较高频率的干扰作用下，生态系统中的物种多样性均趋于下降。这是因为在适度干扰作用下，生境受到不断的干扰，一些新的物种或外来物种尚未完成发育就又受到干扰，这样在群落中新的优势种始终不能形成，从而保持了较高的物种多样性。在频率较低的干扰条件下，由于生态系统的长期稳定发展，某些优势种会逐渐形成，而导致一些劣势种逐渐淘汰，从而造成物种多样性下降。例如草地上的人畜践踏，就存在这种特征。

4. 干扰有利于促进系统的演化

对于许多自然干扰而言，其作用特征首先是斑块化的。换言之，干扰往往始于系统的局部，其作用是影响生态系统的时空异质性。在斑块环境内，物种间的相互关系(包括捕食与被捕食的相互作用)会发生变化，有些干扰作用能降低一个或少数几个物种的优势度，为其他竞争相同资源能力较差的物种相对增加了资源。斑块的出现可增加环境异质性，为物种特化和资源分配提供了有利条件。这意味着，环境异质性可增加物种多样性，有利于系统的自然演化。当然，斑块中物种多样性如何变化，还取决于历史上曾发生过的对系统干扰的强度、时间尺度及频率分布。一般来说，经常遭受干扰且出现大斑块的群落，在干扰后演替早期生物多样性增加，甚至达到最大值，而在缺少干扰的情况下，随时间的推移多样性下降。在很少遭受大尺度干扰的群落中，生物多样性最大值出现在演替的后期。

5. 干扰是维持生态平衡和稳定的因子

一般来说，经常处于变化环境中的物种要比稳定环境中生存的物种更可能忍受环境压力。因为不稳定的群落中常生活着对环境适应能力强，能忍受高死亡率的物种。正是从这个意义上说，不稳定的生物群落常常具有较强的恢复力。对于某些地区的森林生态系统，周期性的干扰能起到负反馈的作用。例如在加拿大，成熟的森林表现出许多衰老的特征，如生产力下降等。但周期性的火干扰使这里的森林生态系统得到不断更新，周期性的火干扰已是群落稳定的调控因子。

6. 干扰能调节生态关系

干扰对生物群落中生物间各种生态关系的影响是极其复杂的，也是多方面的。人们对这个领域的研究还仅仅是开始。如许多研究认为，干扰斑块内种群遗传学上表现出差异，但这种差异与干扰发生的概率、种间相互作用的机制及作用结果的变化程度等存在何种关系，人们还不完全清楚。目前学者们研究较多且较公认的是草原放牧干扰的生态学意义,适度放牧即轻度干扰能促进群落的生物多样性和生产力提高。干扰的影响是复杂的,因而要求在研究干扰时,必须从综合角度和更高层次出发,研究各种干扰事件的不同影响。研究表明,对自然干扰的人为干涉的结果往往是适得其反,产生较多负面影响。例如适度的火灾和洪水,在较大程度上可以促进生物多样性保护,但由于火灾和洪水常常对人类活动造成巨大经济损失,因此,常常受到人类的直接干涉。这种行为可以说是人类对自然干扰的人为再干扰,其结果不仅仅是导致生物多样性减少,还会导致经济、社会、文化等人文景观多样性的减少。

10.2　自然干扰与人为干扰

10.2.1　自然干扰

在自然生态系统中,自然干扰常包括森林火灾、病虫害、风暴等。所有森林系统都会经历自然干扰。林火是森林系统中最常见的一种自然干扰。对于世界大多数森林流域来讲,过去发生的森林干扰的周期为 50～350 年(有时可高达 500 年)。一般来讲,一种类型的森林有与气候相一致的林火发生周期。比如,中国广东省鼎湖山的亚热带常绿森林的林火周期约为 400 年,加拿大不列颠哥伦比亚省(BC 省)中部半干旱的小杆松森林的林火周期为 100～120 年,而其南部干旱的 ponderosa 森林则是 25～50 年。一个典型的林火燃烧包括 4 个主要阶段,即预热、火焰燃烧、炭燃烧和冷却阶段。每个阶段都取决于燃料、热度与氧三个因素的配合,这三个因素常被称作火的三角形(图 10-1)。

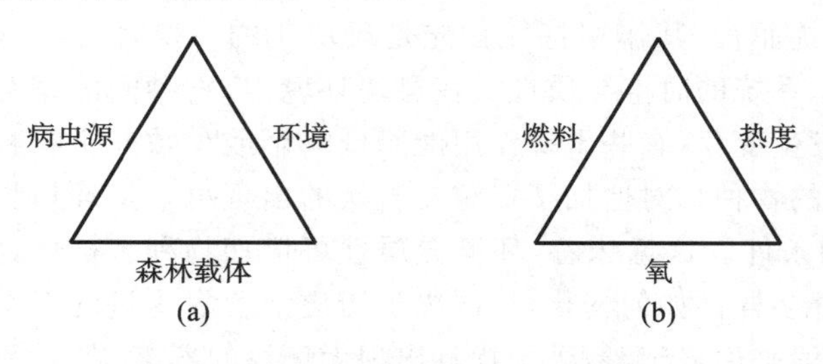

图 10-1　病虫与火干扰的三角形

(引自陈利顶和傅伯杰,2000)

10.2.2　人为干扰

人为干扰是指人类为了满足对自然资源的需求与利用而对自然系统作出的改变。例如森林采伐、采矿、道路修建、水资源不合理利用及排污等。人类干扰随着人口的不断增加而增强。例如世界森林资源由于采伐及林地农田化,正以较快的速度减少。森林的减少及不断增加的 CO_2 的排放造成空气中 CO_2 等增温气体在过去几十年内增加几十倍,使得全球面临气候变暖的巨大威胁。理解人为干扰对自然系统的影响是十分重要的。由于工业化的不断推进,大量的污染物通过水或气等作为载体而进入并污染自然生态系统。这些污染物不仅对许多生物造成十分严重的破坏,对人类的健康也是十分有害的。在森林流域中,森林采伐可以说是最重要的人类干扰。森林采伐特别是大面积的砍伐对森林流域的各个过程都有一定的影响,且这种影响直接取决于采伐的面积、强度及采伐的方式。采伐面积越大,其影响也越大。生态过程往往存在临界值,这个临界值是指当干扰(如采伐)的影响达到一定强度时,这些生态过程便可发生统计学上的明显改变。例如,许多研究表明,在一个森林流域中,当采伐面积达到或超过30%时,流域中的径流(特别是洪峰值)就会发生明显的变化,而当采伐强度低于这个临界值时,径流的变化在统计意义上变化不明显。当然,此临界值还取决于其他因素(流域的特征、气候等)。森林采伐,根据采伐利用水平可区分为树干采伐、整株采伐和全树采伐。不同的采伐利用强度,其对环境的影响是不同的。例如树干采伐留下的枝条因含有大量的养分,对土壤生产力就有较重要的作用,且这些枝叶对保持土壤下渗能力,控制水土流失及为一些小型动物提供生境都有生态上的意义。然而这些枝叶也可能在一些系统中诱发或传播病虫害,或为火灾提供燃料。全树采伐不仅影响地上部分,也直接影响地下部分的生物量及土壤理化特性,对系统的影响最大。森林采伐不仅仅是将树木拿走,还包括修路及采伐后的"炼山"过程。为了采伐,修路与维持是必需的,特别在北美,机器采伐是最主要的采伐工具,而要使采伐机器到达采伐地及采伐后的木头能运出,就必须筑路。可以讲,筑路是采伐的一个重要部分。许多研究表明,筑路对流域的水文有重要的影响。修筑的道路可将坡面上的地表径流或一部分壤中流拦截,而被拦截的径流汇入路旁的沟中。所以筑路具有明显的汇流作用,其结果是使径流峰值发生的时间提早、峰值加大。此外,筑路还可诱发坡面的泥石流,增加水中的泥沙含量等。森林被伐后,剩下的林叶被烧掉,其目的是减少火灾或病虫害的作用,但这种"炼山"也可减少大量的地面覆盖,增加地面径流与水土流失,因为土壤中养分的减少而影响土壤长期生产力。从上面的分析可看出,森林采伐不仅仅是一个将树拿走的过程,它是一个包括筑路、采伐和伐后处理的干扰系统。每个环节都可对系统产生影响。研究人类干扰对流域的影响,必须把干扰作为一个系统来看待。由于自然生态系统本身的可持续性,人们往往把自然生态系统作为设计经营管理措施的重要参照。在北美,有一个较时尚的说法:"如果不知道如何经营与维持生态系统,问自然。"然而,这一思路也引起不少的争论与误导。一部分人以自然干扰为由而争辩人类干扰的正当性,认为既然森林肯定会遭受自然干扰(例如火烧),就能采伐而利用。也有人认为人类干扰可以模仿自然干扰,这样既可以利用自然资源为人类提供物品,又不至于破坏自然系统过程。也有的认为人类是不可能模仿自然干扰的。造成这些争论的关键是对自然干扰与人为干扰的差别没有较全面的认识。认识自然干扰与人为干扰的差别,对于人类能否模仿自然干扰便可作出一个明智的判断,也有助于在设计人类经营管理措施时尽可能考虑一些自然过程。人类干扰与自然干扰的差别主要表现在干扰本身及干扰的影响两大方面。下面主要介绍自然干扰与人为干扰本身的区别。关于它们干扰所产生的影响方面的区别,可参见 Wei 和 Sun 的著作《流域生态系统过程与管理》。

自然干扰与人类干扰本身的区别主要体现在以下几个方面。

(1) 干扰的间隔或周期。人类干扰的发生期或间隔通常是一个特定值。例如,森林经营管理中的轮伐期。而自然干扰的发生周期常常有较大的变异范围(尽管平均值也常用)。

(2) 干扰的发生过程。自然干扰的发生过程常常是随机的,取决于许多因素,而人类干扰的发生过程是确定的,取决于人类的需求与决策。

10.3 人为干扰的主要形式

早期对干扰的研究,主要集中在自然干扰及其对植物群落、种群结构和动态影响方面。随着人类活动的加剧,人为的干扰已经改变了陆地和各气候带的自然生态系统,同时,人为干扰已经被认为是驱动种群、群落和生态系统演化的动力。因此,人为干扰及其对生态系统影响的研究,已经成为现代生态学研究的热点。人类对生态系统干扰的形式和途径很多,它们产生的效应和表现形式也多种多样。人类对生态系统的干扰主要有以下几种形式。

10.3.1　传统劳作方式对生态系统的干扰

1.对森林和草原植被的砍伐与开垦

人类的这种干扰对自然环境构成的危害,始于10000多年前的早期农业并持续到现在。如备受人们关注的热带雨林的砍伐,这种干扰导致一系列生态环境问题的发生。森林大量被砍伐后,不仅导致森林植被的退化、水土流失加剧、区域环境的变化,而且会因生物环境的破坏导致生物多样性的丧失等。

2.采集

据统计,全球80%的人口依赖于传统医药。传统医药的85%与野生动植物有关。例如,美国用途最广泛的150种医药中118种源于自然,其中74%来源于植物,18%源于真菌。我国中药对野生动植物的利用和依赖更是闻名于世。因此,一些经济、药用及珍稀野生生物采集是人类对自然生态系统长期施加的一种直接干扰。

3.采樵

采樵是不可忽视的一种干扰方式。在这种干扰中,人们的重要目的是满足对能源的需求,对生态系统造成的影响则是破坏了物质循环的正常进行。如对林下枯落物的利用,不单单意味着生态系统能量和养分的减少,而且破坏了地被层及其土壤动物的生存环境。以采樵为目的而对草原枯落物的反复掠取,则是造成草原退化的重要原因。

4.狩猎和捕捞

狩猎是一种特殊的干扰方式。在历史上,人们曾以此作为维生的手段之一。森林中除存在着大量的野生动物外,还有杂食和寄生动物等。人类以经济和食用为目的的非计划性狩猎,尤其是对种群数量很少的濒危动物的捕杀,将会严重破坏动物种群的生殖和繁衍,甚至造成物种的灭绝。人类对水生生物资源的适度捕捞,可保持水产品的持续利用。但是,在种群繁殖前的大量捕捞,则会导致种群生殖年龄提前、个体小型化、种群数量急剧下降等。

10.3.2　环境污染

人类在不断发展工农业的同时,也向自然环境排放了大量的生活垃圾、工业垃圾、农药及其他对环境有毒有害的污染物。这是人类社会对自然生态系统的另一种最主要的直接干扰方式。工业废水的直接排放使许多水域被污染,水质下降甚至丧失水的使用价值。大量化石燃料的使用以及向大气排放的各种污染物,不仅使空气受到污染,而且进入大气的硫氧化物、氮氧化物在与水蒸气结合后形成极易电离的硫酸和硝酸,导致大气酸度增加,许多地区甚至因此而酸雨成灾,对生态系统和土壤等产生灾难性的影响,这方面的干扰及其危害相当广泛和严重。

10.3.3　不断出现的新干扰形式

随着人类社会的发展,人为干扰也在不断出现新的形式,如旅游、探险活动等。这些干扰也都对自然生态环境造成了不同程度的破坏。人类对生态系统的直接干扰还会产生许多间接的影响，如森林的砍伐不仅使本区域的生态环境发生变化，而且还对整个流域的径流造成影响，使河流的水文特征改变。采樵不仅直接对草原植被的再生造成危害，同时还因植被状况的改变而间接影响着土壤盐分和地下水源分布的变化。水域的污染不仅直接危害水生生物的生存安全，而且还能通过生物对有害物质的富集而对人们的身体健康构成威胁。因此，人为干扰具有广泛性、多变性、潜在性、协同性、累积和放大性等特征。

10.4　干扰生态学的理论

10.4.1　干扰层次性原理

景观具有层次结构，不同层次的功能不一样。上级层次是系统(或景观)的边界约束条件，用于解释集中注意层次的意义；下部层次可以解释和控制集中注意层次的现象和过程(图 10-2)。

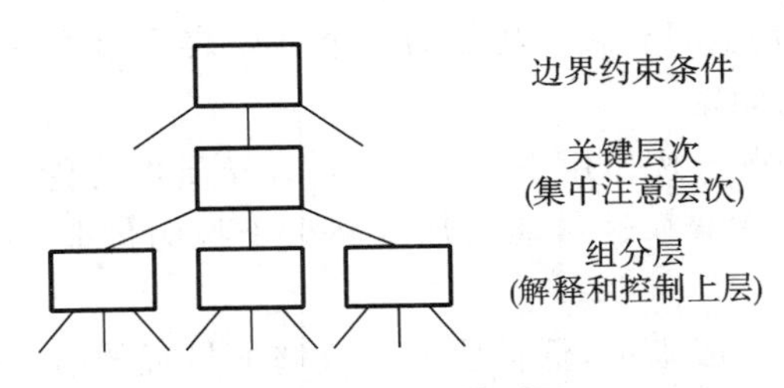

图 10-2　层次模型图

(引自 O'Neill，1986)

生态学中最常用的层次水平是细胞—个体—种群—群落—生态系统—景观，干扰在不同层次上的机制、功能、效果不一样(表 10-2)。

表 10-2　研究层次与干扰

	层次(大→小)	干扰举例
A. 植物获取能量级	群丛	火
	个体*	倒木
	树冠	风、暴雨
	叶子	食草、啃食
	组织	病原体
	细胞	细胞膜破裂
B. 资源分配与共存级	群落	资源转变
	集团*	共有资源的丧失
	个体	死亡
C. 营养级	生态系统*	流动堵塞
	分室	载体破坏
	载体	改变代谢或控制特征

注：本表引自魏斌等，1996。

* 代表中心层次。

高层次干扰对低层次实体(组分或系统)是干扰,如火对群丛、个体、树冠都是干扰因子;低层干扰对高层次水平则不一定是干扰,只是胁迫(胁迫削弱、改变结构,胁迫后能恢复;干扰则使结构发生质的变化,不能恢复),如风是树冠的干扰因子,对群丛而言只是一种胁迫因子。

10.4.2 干扰尺度原理

尺度是景观生态学中极为重要的概念。Risser(1984)提出的五条景观生态原理均与尺度有关,这是因为景观的结构、功能和变化均受尺度的限制,干扰也不例外。尺度包括时间尺度(所研究生态系统动态变化的时间间隔)和空间尺度(所研究生态系统面积和大小)。干扰的规模随不同的景观异质性及对象有所差异,某一干扰因素对某一特定对象来讲可能是干扰,但对其他对象就不一定是干扰。例如,食草在个体水平上是干扰,但在生态系统上可能没有影响,而仅仅是构型上的变化。

10.4.3 干扰传播原理

干扰越过景观的传播是空间异质性功能的一个重要表现形式,影响干扰传播的因素有两个,即异质性和干扰强度与频率。

(1) 异质性:异质性是在干扰作用下形成的,同时异质性可能是限制干扰传播的主要因素。Pickett、Whilte 认为景观异质性可能增加或减少干扰的传播,反过来干扰又会产生新的景观格局。

(2) 干扰强度与频率:一般来讲,低强度的干扰增加景观的多样性,严重干扰则降低景观多样性(或异质性);此外干扰对象(主要是敏感性)不同,干扰强度的影响也不一样。影响效果与干扰频率和干扰强度有关。例如,暴雨的频率远低于阵雨出现的频率,但在大多数地区,土壤的侵蚀是在少数大暴雨期间发生。

10.4.4 干扰生态学的应用

1. 自然干扰在植被学分类中的应用

植被学分类中有发生学派和外貌学派。两个学派均强调自然干扰对植被分类的影响,但对火的重要性有不同的认识。外貌学派认为,在一定的时间内,火限定了外貌分类的植物成分;而发生学派认为,决定植物成分的是最近五年的火灾频率与强度。外貌一般在短期内形成,而形成物种却是长期的演化的结果。

2. 干扰的预测与恢复生态学

如同材料物体在不同受力作用下产生不同情况的应变一样,不同景观结构对不同性质干扰的传播,往往出现不一致的异质性变化。在敏感性较低的地区,频率作用大于强度;在敏感性中等的地区,强度的作用大于频率(表 10-3)。景观生态学中的干扰性质和理论,有助于恢复生态学的研究。

表 10-3 干扰的预测

景观敏感性	干扰性质		干扰影响范围	变化状态描述
	强度	频率		
小	低	高	<5%	结构变化不大
小	低	高	55%～75%	未受干扰地群集数目减少,受干扰地增加

续表

景观敏感性	干扰性质		干扰影响范围	变化状态描述
	强度	频率		
小	高	低	<5%	结构变化不大
小	高	高	75%～95%	未受干扰地群集数目急剧下降，受干扰地群集数目增加
中	低	低	<5%	结构变化不大
中	低	高	>50%	未受干扰地碎裂成大量群集
中	高	低	>95%	未受干扰地原始结构转变为干扰地的结构
中	高	高	>95%	未受干扰地原始结构转变为干扰地的结构

注：本表引自魏斌等，1996。

恢复是生态学理论的最终目标。为将干扰与恢复结合起来，应明确以下两点：①理论上讲，生态系统是一个软系统，它不可能在干扰后恢复到同一点；即便它尽可能恢复到原来的功能，但它绝不可能有同样的生物和化学组成。②生态恢复的程度不但取决于受干扰的强度、频率等，还与干扰对象的状态有关。

10.5　退化生态系统的定义、成因、类型和特征

10.5.1　退化生态系统的定义

退化生态系统(degraded ecosystem)是相对于健康生态系统(healthy ecosystem)而言的。退化生态系统是一类“病态”生态系统，它是指在一定的时空背景下，生态系统受到自然、人为因素或二者的共同干扰，使生态系统的某些要素或系统整体发生不利于生物和人类生存要求的量变和质变，系统的结构和功能发生与其原有的平衡状态或进化方向相反的位移。具体表现为生态系统的基本结构和固有功能的破坏或丧失、生物多样性下降、稳定性和抗逆能力减弱以及生产力下降，故又称为“受害或受损”生态系统(damaged ecosystem)。

10.5.2　退化生态系统的成因

自然干扰和人为干扰是生态系统退化的两大触发因子。自然干扰是指一些天文因素变异而引起的全球环境变化(如冰期、间冰期的气候冷暖波动)，以及地球自身的地质地貌过程(如火山爆发、地震、滑坡和泥石流等自然灾害)和区域气候变异(如大气环境、洋流及水分模式的改变等)。人为干扰主要包括人类社会中所发生的一系列的社会、经济、文化生活或过程(如工农业活动、城市化、商业、旅游和战争等)。人为干扰往往叠加在自然干扰之上，共同加速生态系统的退化。某些干扰(如人口过度增长、人口流动等)对生态系统或环境不仅会形成静态压力，而且会产生动态压力。一方面，干扰能通过对个体的综合影响，引起种群的年龄结构、大小、遗传结构以及群落的丰富度、优势度与结构的改变；另一方面，干扰可直接破坏或毁灭环境和生态系统的某些组分，造成系统资源短缺和某些生态过程或生态链的断裂，最终导致整个生态系统的崩溃。

干扰的类型、强度和频度在很大程度上决定着生态系统退化的方向和程度。自然干扰总

是使生态系统返回到生态演替的早期状态，某些周期性的自然干扰在生态演替过程中起着反馈的作用，使生态系统处于一种稳定平衡状态，但一些剧变或突发性的自然干扰(火山爆发、洪水等)往往会导致生态系统的彻底毁坏。人为干扰可直接或间接地加速或减缓生态系统退化的进程。在一些地区，人类活动产生的干扰对生态退化起着主要作用，并常造成生态系统的逆向演替，产生土地荒漠化、生物多样性丧失等不可逆变化和不可预料的生态后果。

10.5.3　退化生态系统的类型

根据退化过程及生态学特征，退化生态系统可分为不同的类型。彭少麟等(2000)将退化生态系统分为裸地、森林采伐迹地、弃耕地、沙漠化地、采矿废弃地和垃圾堆放场六种类型。显然这种分类主要适用于陆地生态系统。实际上生态退化还包括水生生态系统的退化(水体富营养化、干涸等)和大气生态系统的退化(大气污染、全球气候变暖等)。常见的退化生态系统类型有以下六种。

1. 裸地

裸地(barren)或称为光板地，通常具有较为极端的环境条件，或是较为潮湿，或是较为干旱，或是盐渍化程度较深，或是缺乏有机质甚至无有机质，或是基质移动性强等。裸地可分为原生裸地(primary barren)和次生裸地(secondary barren)两种。原生裸地主要是自然干扰所形成的，而次生裸地则多是人为干扰所造成的，如废弃地等。

2. 森林采伐迹地

森林采伐迹地(logging slash)是人为干扰形成的退化类型，其退化程度随采伐强度和频度而异。据世界粮农组织调查，1980—1990 年全球森林以每年 1.1×10^7～1.5×10^7 hm^2 的速度在消失。联合国、欧洲、芬兰有关机构联合调查研究预测，1990—2025 年，全球森林将以每年 1.6×10^7～2.0×10^7 hm^2 的速度消失。与最后一季冰川期结束后相比，亚太地区、欧洲、非洲、拉丁美洲和北美洲等地的原始森林覆盖面积分别减少约 88%、62%、45%、41%和 39%。七个森林大国中，巴西、中国、印尼和刚果(金)的森林面积以每年 0.1%～1%的速度递减。俄罗斯、加拿大和美国以每年 0.1%～0.3%的速度递增。目前世界原始森林已有 2/3 消失。中国现有林用地 2.6×10^8 km^2，森林覆盖率仅为 18%；在十大自然资源中，森林资源最为短缺，人均占有森林面积仅相当于世界平均水平的 11.7%。20 世纪 50 年代初期，海南岛森林面积占 25.7%，现在只有 7.25%；西双版纳当时为 55.5%，现在只有 28%。

3. 弃耕地

弃耕地(abandoned land)是人为干扰形成的退化类型，其退化状态随弃耕的时间而异。

4. 沙漠

沙漠(desert)可由自然干扰或人为干扰形成。按目前荒漠化的发展速度，未来 20 年内全世界将有 1/3 的耕地消失。目前全球荒漠化土地面积达 3.6×10^7 km^2，占陆地面积的 1/4，并以每年 1.8×10^5 km^2 的速度扩展(比整个美国纽约州还大)；100 多个国家和地区的 12 亿多人受到荒漠化的威胁，3.6×10^9 hm^2 土地受荒漠化的影响，每年造成直接经济损失 420 多亿美元。我国已成为世界荒漠化面积最大、分布最广、危害最严重的国家之一。荒漠化土地面积超 1.0×10^9 hm^2，占国土面积的近 1/3。据中国、加拿大和美国合作项目的研究，1998 年中国荒漠化灾害造成的直接经济损失约为 541 亿元人民币。

5. 废弃地

废弃地包括工业废弃地、采矿废弃地和垃圾堆放场。工业废弃地是所有废弃地类型中情况最多样化的废弃地。有一些工业对土壤的本底没有很大的污染，而一些工业尤其是化学工业，对土壤具有相当大的污染。采矿废弃地(mine derelict)是指采矿活动破坏的、非经治理则无法使用的土地。垃圾堆放场(wastes stack bank)或堆埋场是家庭、城市、工业等堆积废物的地方，是人为干扰形成的。

6. 受损水域

从长远的角度看，自然原因是水域生态系统退化的主要因素，但随着工业化的发展，人为干扰大大加剧了退化的进程。大量未经处理的生活和工业污水直接排放到自然水域中，使水源的质量下降，水域的功能减弱，包括对水中生物生长、发育和繁殖的危害，甚至使水域丧失饮用水的功能。

10.5.4 退化生态系统的特征

生态系统退化后，原有的平衡状态被打破，系统的结构、组分和功能都会发生变化，随之而来的是系统的稳定性减弱、生产能力降低、服务功能弱化。从生态学角度分析，与正常生态系统相比，退化生态系统表现出如下特征(表 10-4)。

表 10-4　退化生态系统与正常生态系统特征之比较

特　征	退化生态系统	正常生态系统
总生产量/总呼吸量	<1	1
生物量/单位能流值	低	高
食物链	直线状，简化	网状，以碎食链为主
矿质营养物质	开放或封闭	封闭
生态联系	单一	复杂
敏感性、脆弱性和稳定性	高	低
抗逆能力	弱	强
信息量	低	高
熵值	高	低
多样性(包括生态系统、物种、基因、生化物质的多样性)	低	高
景观异质性	低	高
层次结构	简单	复杂

注：本表引自包维楷、陈庆恒，1999。

1. 生物多样性变化

系统的特征种类、优势种类首先消失，与之共生的种类也逐渐消失，接着依赖其提供环境和食物的从属性依赖种因不适应而相继消失。而系统的伴生种迅速发展，种类增加，如喜光种类、耐旱种类或对生境尚能忍受的先锋种类趁势侵入、滋生繁殖。物种多样性的数量可能并未有明显的变化，多样性指数可能并不下降，但多样性的性质发生变化，质量明显下降，价值降低，因而功能衰退。

2. 层次结构简单化

生态系统退化后，反映在生物群落中的种群特征上，常表现为种类组成发生变化，优势种群结构异常；在群落层次上，表现为群落结构的矮化，整体景观的破碎。例如，因过度放牧而退化的草原生态系统，最明显特征是牲畜喜食植物种类的减少，其他植被也因牧群的践踏，物种的丰富度下降，植物群落趋于简单化和矮小化，部分地段还因此出现沙化和荒化。

3. 食物网结构变化

由于生态系统结构受到损害、层次结构简单化以及食物网的破裂，有利于系统稳定的食物网简单化，食物链缩短，部分链断裂和解环，单链营养关系增多，种间共生、附生关系减弱，甚至消失。如随着森林的消失，某些类群的生物如鸟类、动物、微生物也因失去了良好的栖居条件和隐蔽点及足够的食源而随之消失。由于食物网结构的变化，系统自组织、自调节能力减弱。

4. 能量流动出现危机和障碍

由于退化生态系统食物关系的破坏，能量的转化及传递效率会随之降低。主要表现为系统总光能固定的作用减弱，能流规模降低，能流格局发生不良变化；能流过程发生变化，捕食过程减弱或消失，腐化过程弱化，矿化过程加强而吸储过程减弱；能流损失增多，能流效率降低。

5. 物质循环发生不良变化

生物循环减弱而地球化学循环增强是退化生态系统的重要特征。物质循环通常具有两个主要的流动途径，即生物学的“闭路”或称生物循环以及地球化学的“开放”循环或称生物地球化学循环。生物循环主要在生命系统与活动库中进行。由于系统退化，层次结构简单化，食物网解链、解环或链缩短、断裂，甚至消失，使得生物循环的周转时间变短，周转率降低，因而系统的物质循环减弱，活动库容量变小，流量变小，生态过程减弱；生物地球化学循环主要在环境与储存库中进行，由于生物循环减弱，活动库容量小，相对于正常的生态系统而言，生物难以滞留相对较多的物质于活动库中，而储存库容量增大，因而生物地球化学循环加强。总体而言，物质循环由闭合向开放转化，同时由于生物多样性及其组成结构的不良变化，生物循环与生物地球化学循环组成的大循环功能减弱，对环境的保护和利用作用减弱，环境退化。最明显的莫过于系统中的水循环、氮循环和磷循环，由生物控制转变为物质控制，系统由关闭转向开放。如森林的退化，导致其系统内土壤和养分被输送到毗邻的水生系统，又引起富营养化等新的问题。当今全球范围内的干旱化、局部的水灾原因也就在于此。

6. 系统生产力变化

根据结构与功能统一的原理，受损生态系统物种组成和群落结构的变化，必然导致能流与物流的改变。物种组成和群落结构变化的影响，通常反映在生态系统生物生产力的下降上，如砍伐后的森林、退化后的草地等。当然，在某些特定条件下也有例外，如贫营养化的水域中，适当地人为增加水体的营养物质，不仅能提高生态系统的生物生产力，而且能增加群落的生物多样性，改善生态系统中的生态关系。

7. 生物利用和改造环境能力弱化及功能衰退

这主要表现在：固定、保护、改良土壤及养分能力弱化，调节气候能力削弱；水分维持能力减弱，地表径流增加，引起土壤退化；防风固沙能力弱化；美化环境等文化环境价值降低或丧失。这导致系统生境的退化，在山地系统中尤为明显。

8. 系统稳定性下降

在正常系统中，生物相互作用占主导地位，环境的随机干扰较小，系统在某一平衡点附近摆动。有限的干扰所引起的偏离将被系统固有的生物相互作用（反馈）抗衡，使系统很快回到原来的状态，系统是稳定的。但在退化系统中，由于结构成分不正常，系统在正反馈机制驱使下远离平衡，其内部相互作用太强，以致系统不能稳定下来。

综上所述，退化生态系统首先是组成和结构发生变化，导致其功能退化和生态过程弱化，引起系统自我维持能力减弱且不稳定。但系统成分与其结构的改变是系统退化的外在表现，功能退化才是退化的本质，因此退化生态系统功能的变化是判断生态系统退化程度的重要标志。另一方面，由于植物及其种群属于生态系统的第一性生产者，是生态系统有机物质的最初来源和能量流动的基础。所以植物群落的外貌形态和结构状况又通过系统中次级消费者、分解者的影响而决定着系统的动态，制约着系统的整体功能。因此，在退化生态系统中，结构与功能也是统一的，通过结构的变化，也可以推测出功能的改变。

10.5.5　退化生态系统恢复重建的目标

退化生态系统恢复与重建的基本目标或要求主要包括：①实现生态系统的地表基底稳定性，因为地表基底（地质地貌）是生态系统发育与存在的载体，基底不稳定（如滑坡），就不可能保证生态系统的持续演替与发展；②恢复植被和土壤，保证一定的植被覆盖率和土壤肥力；③增加种类组成和生物多样性；④实现生物群落的恢复，提高生态系统的生产力和自我维持能力；⑤减少或控制环境污染；⑥增加视觉和美学享受。

10.5.6　退化生态系统恢复重建的步骤

退化生态系统的恢复与重建一般分为以下几个步骤：①首先要明确被恢复对象，并确定系统边界；②进行退化生态系统的诊断分析，包括生态系统的物质与能量流动与转化分析，退化主导因子、退化过程、退化类型、退化阶段与强度的诊断与辨识；③进行生态退化的综合评判，确定恢复目标；④进行退化生态系统恢复与重建的自然、经济、社会、技术可行性分析；⑤进行恢复与重建的生态规划与风险评价，建立优化模型，提出决策与具体的实施方案；⑥进行实地恢复与重建的优化模式试验与模拟研究，通过长期定位观测试验，获取在理论和实践中具可操作性的恢复重建模式；⑦对一些成功的恢复与重建模式进行示范与推广，同时要加强后续的动态监测与评价。

作为一个实例，下面介绍喀斯特退化生态系统的诊断特征。

研究表明，喀斯特森林群落的绿色生物量为149.123 t/hm^2，远低于同生态位的非喀斯特森林群落。成熟生态系统受到超过自身可承受阈值的破坏性外因（自然或人为）干扰时，生态系统将表现出结构简化、生态过程受阻、功能状态受损，即生态系统受损而出现退化的趋势。据此喀斯特退化生态系统可分为以下几类：①结构受损型，即在自然或人为因素影响下，生态系统的结构直接受到破坏，表现为生态系统的组分发生变化，随后引起生态系统物质循环过程受阻、功能失调等。比较常见的干扰有樵采砍伐、挖取药材、寻求工业原料、病虫害等。②景观受损型，即生态系统内部结构组分基本上没有受到影响，但生态系统的面积减少，同时生态系统由成片连续分布变成不连续分布的斑块，斑块之间在空间上相对隔离。如喀斯特峰丛洼地中环形农田的分布，农田顺坡向峰丛延伸，造成峰丛植被面积不断缩小，局限于峰丛顶端，各斑块之间相互分离或由狭窄廊道连接，形成片段化景观。③复合型，即兼有前面两种类型的特征，生态系统受损往往表现为结构和景观上同时发生变化。

喀斯特地区土壤特性：喀斯特地区土壤多为土质较黏重的富铁性黏土，气候高温多雨，长期强烈的化学淋溶作用使风化物中较小的黏粒（0.001 mm以下）发生垂直下移，形成上松（上层质地轻，孔隙度高，可达50%，水分容易下渗）下黏（质地黏重，孔隙度低，渗透性小）的物理性状不同的界面，不同界面的碳酸盐岩系的抗风蚀能力强，导致土壤剖面中通常缺乏C层（母质层)。基质母岩和上层土壤之间,存在明显不同的界面,岩土之间的黏着力与亲和力大为降低,土壤稳定性差,遇降雨冲刷极易产生水土流失和石漠化。此外,碳酸盐岩溶蚀性强,90%的溶蚀物随水流失,加之岩石中 Si、As、Fe 等成土元素含量较低,年平均成土模数仅为 50 t/km^2。

喀斯特地区植被特性:喀斯特地区的生态系统退化主要是原始顶级植被在受到外界干扰情况下发生的系统逆向演替,是一个在时间维度不连续的突变或渐变过程。喀斯特顶级群落为常绿阔叶林,其环境基底地表性质与无植被覆被区一致,地表缺乏土被层,植被主要生长在石缝隙中,大径级乔木数量不多,却为系统的优势群落;具有明显的分层现象,植被群落结构完整,树种结构复杂,乔木层发达,林下荫蔽多为由落叶腐烂形成的富含有机质的腐殖土,动植物物种丰富,小生境复杂,系统稳定性高。

喀斯特地区水文特性:主要是人类活动对喀斯特生态环境影响极大,如毁林垦荒破坏植被,使水分的水平运动速率加快,影响了水分在表层岩溶带的垂直运动。由于缺乏植被的保护,雨季易造成洪涝,旱季易形成干旱,影响植被生态环境的稳定性,导致生态环境进一步恶化。

10.6 恢复生态学的概念与基本理论

10.6.1 生态恢复的定义

生态恢复的定义颇多,但大多数都强调受损的生态系统要恢复到理想的状态,由于受到一些现实条件的限制,如缺乏对生态系统历史的了解、恢复时间太长、生态系统中关键种的消失、费用太高等,这种理想状态不可能达到。直到 2004 年,国际恢复生态学会正式定义:生态恢复是指帮助那些退化、受损或毁坏的生态系统恢复的过程。

与生态恢复相关的术语有恢复(restoration)、修复(rehabilitation)、改良(reclamation)、修补(remediation)、更新(renewal)、再植(revegetation)、再造林(reforestation)、生态工程(ecological engineering),它们从不同角度反映了生态恢复与重建的基本意图。其中,恢复是指退化生态系统恢复到未被损害前的完美状态的行为,是完全意义上的恢复,既包括回到原始状态,又包括完美和健康的含义。修复则被定义为把一个事物恢复到先前的状态的行为,其行为与恢复相似,但不包括达到完美状态的含义,意味着不一定恢复到起始状态的完美程度,因此这个词被广泛用于所有退化状态的改良工作,更具有现实意义。

生态恢复有如此多的术语,一方面说明生态恢复实践较多,针对不同的实际问题采用不同的术语;另一方面也说明生态恢复从术语到概念尚需规范和统一。

10.6.2 恢复生态学的定义

恢复生态学(restoration ecology)是一门关于生态恢复(ecological restoration)的学科,主要研究生态恢复的生态学原理和恢复过程中的科学问题。我们通常所说的生态恢复主要是指帮助某些退化、受损或者已经被毁坏的生态系统进行恢复处理。生态恢复一般有以下几种方法:重建、复垦、改进、修复、舒缓、重造、更新、再植、再造林等生态工程。

10.6.3 生态恢复后的特征

当生态系统拥有充足的生物与非生物资源,在没有外界帮助的情况下能维持系统的正常发展，就可以认为这个系统恢复了。恢复后的生态系统在结构和功能上能自我维持，对正常幅度的干扰和环境压力表现出足够弹性，能与相邻生态系统有生物、非生物流动及文化作用。

国际恢复生态学会列出了九个特征，作为判定生态恢复是否完成的标准：①生态系统恢复后的特征应该与参照系统类似，而且有适当的群落结构；②生态系统恢复后有尽可能多的乡土种，在恢复后的生态系统中，允许外来驯化种、非入侵性杂草和作物的协同进化种存在；③生态系统恢复后，维持系统持续演化或稳定所必需的所有功能群都出现了，如果它们没有出现，在自然条件下也应该有重新定居的可能性；④生态系统恢复后的环境应该能够保证那些对维持生态系统稳定或沿正确方向演化起关键作用的物种的繁殖；⑤生态系统恢复后在其所处演化阶段的生态功能正常，没有功能失常的征兆；⑥生态系统恢复后能较好地融入一个大的景观或生态系统组群中，并通过生物和非生物流动与其他系统相互作用；⑦周围景观中对恢复生态系统的健康和完整性构成威胁的潜在因素得到消除或已经减轻到最低程度；⑧恢复的生态系统能对正常的、周期性的环境压力保持良好的弹性，从而维持生态系统的完整性；⑨与作为参照的生态系统保持相同程度的自我维持力，在现有条件下，恢复生态系统应该具有能够自我维持无限长时间的潜能。

此外，生态恢复目标也可加入上述清单。例如，生态恢复的一个目标就是在适当的情况下恢复生态系统，使之能为社会提供特定的产品或服务。也就是说，恢复生态系统是能为社会提供产品和服务的自然资本。生态恢复的另一个目标是为某些珍稀物种提供栖息地，或者作为某些经过筛选的物种的基因库。生态恢复的其他目标还包括：提供美学的享受，融合各种重要的社会行为。

10.6.4　恢复生态学的基本内容

1. 生境恢复

生境是指某个种的个体或群体为完成生命过程需要的在一定面积上的资源和环境条件下的联合体，近来也有指同类的植被或土地覆盖类型。生境恢复的目标受生态的、社会的、经济的、历史的条件和哲学观的影响，有些生境恢复甚至还要考虑与先锋种、区域内的干扰相匹配。恢复的生境要考虑物种特征的生境要求（食物要求、庇护与繁殖要求、移动与扩散能力、对环境的反应能力、与其他种的种间关系）、在斑块内的特征（植被结构、种类组成、关键资源、地表覆盖），以及在景观上的特征（斑块的大小与形状、资源的距离、连接度、基底特征）。生境恢复的过程可以看作某个区域从一个低质量生境的退化状态向高质量生境的改进过程。

2. 种群恢复

种群恢复主要研究以下五个方面的内容：原始种群的个体数量、遗传多样性对种群定居、建立、生长和进化潜力的影响；地方适应性和生活史特征在种群成功恢复中的作用；景观元素的空间排列对复合种群动态和种群过程（如迁移）的影响；遗传漂变、基因流和选择对种群在一个经常加速、演替时间框架内持久性的影响；种间相互作用对种群动态和群落发展的影响。典型的种群尺度的生态恢复就是物种回归，它是指在迁地保护的基础上，通过人工繁殖把植物引入其原来分布的自然或半自然的生境中，以建立具有足够的遗传资源来适应进化改变、可自然维持和更新的新种群。

种群恢复的理论来自种群生态学和复合种群理论。一般认为,种群的命运由种群统计学参数、环境参数、遗传因子及它们的互相作用决定,生境破坏和破碎化会导致常驻种种群减小和增加居住群间的隔离,进而导致迁移和基因流的减少。而事实上,地方种群通过形态可塑性和适应性遗传分化两种方式来适应环境及其变化。适应性遗传分化导致地方适应,基因流限制会引起近亲繁殖和遗传漂变,而这又会导致小种群平均适合度的降低。因此,在恢复生态学中要考虑通过遗传挽救来避免低适合度种群。遗传多样性恢复不仅包括遗传挽救,还包括增加基因流而影响中性变异和适应性变异。因此,在恢复时要考虑种子转移区的种源原则,即在乡土种的个体(种子、幼苗、成年植株)的地理分布内的移植。另要考虑关键种的影响可能超越种群水平,产生扩展的表型效应,这种效应能影响生态系统诸如氮矿化、凋落物分解和与植物相连的昆虫群落结构等。

3. 群落恢复

群落尺度上的恢复最关注如下问题:最接近自然的恢复重点要强调群落的功能(如营养结构)而不是特定的物种。虽然用物种和多样性来衡量恢复较为简单,但事实上在群落中重建所有的乡土种几乎是不可能的,有时甚至可以考虑用恢复哪些植物功能特征来代替恢复哪些物种。物种多样性与群落稳定性有关系,但也要考虑在区域物种库中有些种类是功能冗余的。植物群落在种群建立过程中存在定居限制,通过护理植物的方式可以解除部分定居限制。生境恢复要考虑到能够满足物种及其功能恢复的需要,而不只是种类恢复。可以利用群落演替和扩散理论来调控自然演替过程并促进恢复。通过自然演替方式恢复原始林很困难是因为存在环境条件及定居限制,而且这些限制因子因种而异,这种种类依赖性又由功能群决定。此外,生物群落由生物与环境相互作用以及各种生物间的相互影响而形成,因而在群落恢复中要考虑生物群落的直接相互作用(消费、寄生、化感作用)、互利共生(植物-真菌相互作用、植物-传粉者相互作用)和间接相互作用。

4. 生态系统恢复

生态系统尺度的恢复主要是“重建参考生态系统中发生的物种间有一定特征的组合”,国际恢复生态学会指出了恢复了的生态系统必须具有的结构、功能和动态方面的九个特征,其中最主要还是考虑生态系统功能的恢复。生态系统恢复过程中,地上部分与地下部分的连接与生态过程的恢复由植物、动物和微生物等生物组分功能特征谱决定。

10.6.5　恢复生态学的基本理论

1. 恢复生态学理论基础

(1) 生态因子间的不可替代性和交互作用:作用于生物体的生态因子,都具有各自的特殊功能和作用。每个因子对生物的作用是同等重要、缺一不可的。植物在生长发育过程中,各种生态因子都不能孤立存在。

(2) 最小因子定律:每种植物都需要一定种类和一定量的营养物质。如果环境中缺乏其中的一种,植物就发育不良,甚至死亡;如果这种营养物质处于少量状态,植物的生长量就变小。

(3) 耐受性定律:任何一个生态因子在数量上或质量上不足或过多,就会使该生物衰退或不能生存。

(4) 能量定律:生态系统中能量转换的可能性、方向和范围等遵循热力学三大定律。

(5) 种群空间分布格局原理：种群的空间分布格局在总体上有随机、均匀和集群分布格局等方式，由种的生物学特性、种内与种间关系和环境因素的综合影响决定。

(6) 种群密度制约原理：种群不是简单的个体集合体，而是一个具有一定的自我调节机制的系统。种群能按自身的性质及环境的状况调节它们的数量，在一定的空间和时间里，常有一定的相对稳定性。

(7) 生物群落演替原理：植物群落随时间依次替代，最后达到相对稳定。依次替代的顺序是先锋物种侵入、定居和繁殖，改善退化生态系统的生态环境，使适宜物种生存并不断取代低级的物种，直至群落恢复到原来的外貌和物种成分。

(8) 生态适应性原理：生物与环境的协同进化，使得生物对生态环境产生了生态上的依赖。

(9) 生态系统的结构理论：包括物质结构、时空结构和营养结构。物质结构指的是系统中的生物种群组成及其量比关系。生物种群在时间和空间上的分布构成了系统的时空结构。生产者、消费者和分解者通过食物营养关系组成系统的营养结构。

(10) 生物多样性原理：植物因其为消费者和分解者提供食物、生境和多样性的异质空间而构成生物多样性的基础。

2. 在自身发展过程中产生的理论

1) 状态过渡模型及阈值(即恢复的概念模型理论)

早期的恢复生态学理论主要参考演替理论，认为生态系统处于静止的、单一的、稳定的状态，生态恢复也就是恢复成历史上的某个状态。Bradshaw 据此提出退化生态系统恢复过程中结构与功能变化曲线的模型。现代生态学认为生态系统是不断变化的、非线性的，具有非平衡态且具有多稳定状态，不同稳定态之间有阈值存在。Allen 提出了经典的基于演替观的简单状态和跃迁模型(图 10-3)，但这类恢复必须是在生物种类损失不多、生态系统功能受损不严重的生态系统上进行。如果生态系统受损超越了受生物或非生物因子控制的不可逆的阈值，生态系统恢复将遵循 Whisenant 所提出的更复杂的恢复状态和跃迁模型(图 10-4)，该图显示生态退化是分步完成的，而且要跨越被生物或非生物控制的跃迁阈值。Hobbs、Norton 和 Allen 提出了更具普遍性的状态和跃迁模型(图 10-5)，假设生态系统存在多种状态，生态系统在退化过程中就会涉及退化阻力。后来 Whisenant、King 和 Hobbs 又提出三阈值模型，主要不同之处是在非生物阈值后面加上了个生物-非生物反馈阈值。Bestelmeyer 根据格局、过程和退化的关系提出了一个阈值体系，该体系将阈值分为格局阈值、过程阈值和退化阈值。此外，Zedler 在研究了大量恢复实例的基础上提出了生态恢复谱理论。

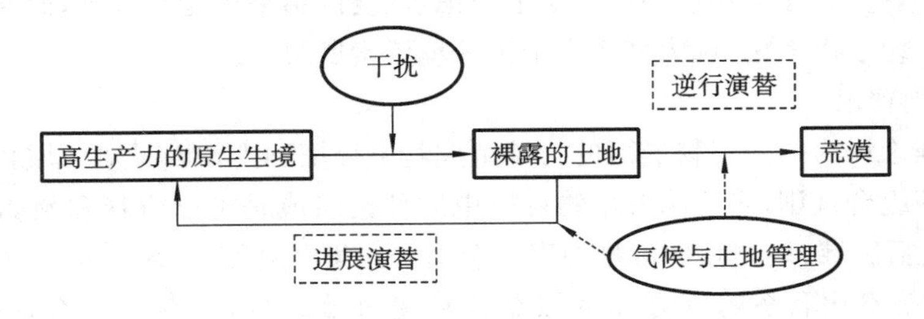

图 10-3　基于演替观的简单状态和跃迁模型

2) 自我设计与人为设计理论

自我设计和人为设计理论是从恢复生态学中产生的理论，并在生态恢复实践中得到广泛应用。人为设计理论认为：通过工程方法和植物重建可直接恢复退化生态系统，但恢复的类

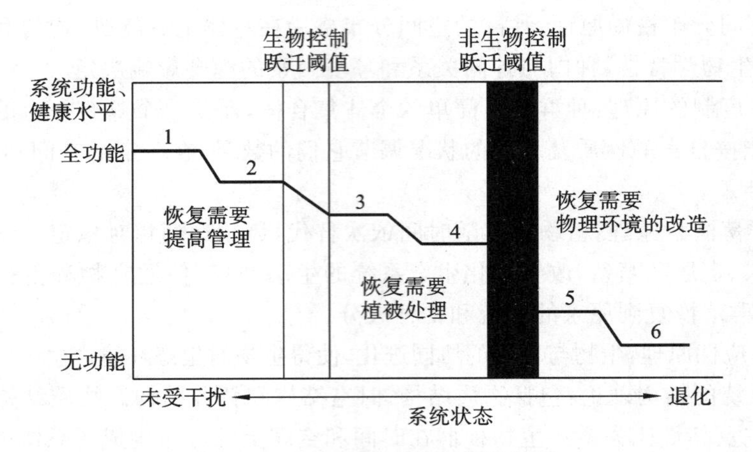

图 10-4 更复杂的状态和跃迁模型

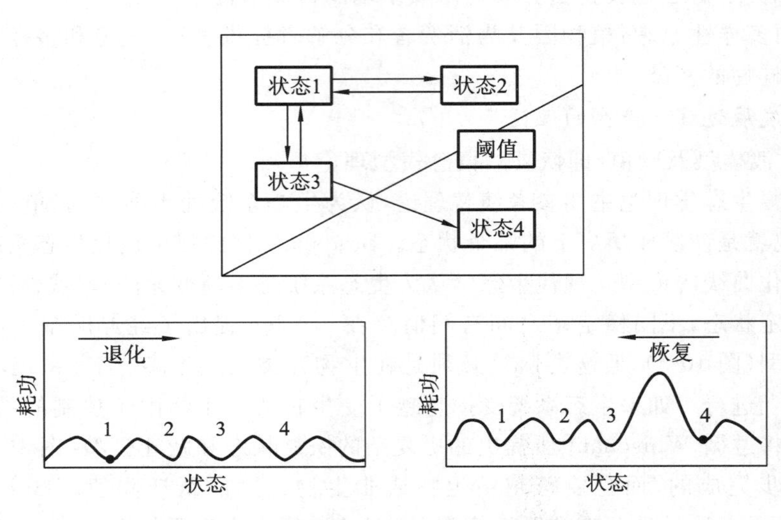

图 10-5 最具普遍性的状态和跃迁模型

型可能是多样的。这一理论把物种生活史作为植被恢复的重要因子，并认为通过调整物种生活史方法可以加快植被恢复。而自我设计理论认为：只要有足够的时间，随着时间的进程，退化生态系统将根据环境条件合理地组织自己，并会最终改变其组分。这两种理论不同点在于：人为设计理论把恢复放在个体或种群层次上考虑，恢复的结果可能有多种；而自我设计理论把恢复放在生态系统层次考虑，认为恢复完全由环境因素所决定。

3）集合规则理论

集合规则理论认为一个植物群落的物种组成基于环境和生物因子对区域物种库中植物种的选择与过滤的组合规则，它意味着生物群落中的种类组成是可以解释和预测的。已有研究表明：物种库包括区域、地方和群落物种库三个层次。集合规则主要显示在群落中哪个种能发生、哪些组合是不相联系的等方面的限制或环境过滤条件；群落的集合规则有生态位相关的过程、物种是平等的中性过程、特化和扩散过程三种解释；生物间相互作用的集合规则主要基于物种和功能群等生物组分的频率，而生物与非生物环境因子间相互作用的集合规则强调基于确定性、随机性及多稳态模型的生态系统结构和动态响应，这更符合生态恢复的目标。

10.7　受损生态系统的恢复

10.7.1　生态恢复的目标

广义的恢复目标是通过修复生态系统功能并补充生物组分而使受损的生态系统回到一个更自然的条件下（NRC，1992）。R. J. Hobbs 和 D. A. Norton（1996）认为，恢复退化生态系统的目标是建立合理的内容组成（种类丰富度及多度）、结构（植被和土壤的垂直结构）、格局（生态系统成分的水平安排）、异质性（各组分由多个变量组成）和功能（诸如水、能量、物质流动等基本生态过程的表现）。事实上，进行生态恢复的目标不外乎以下四个：①修复诸如废弃矿地这样极度退化的生境；②提高退化土地的生产力；③在被保护的景观内去除干扰以加强保护；④对现有生态系统进行合理利用与保护，维持其服务功能。

由于生态系统具有复杂性和动态性，虽然恢复生态学强调对受损生态系统进行恢复，但恢复生态学的首要目标仍是保护自然的生态系统，因为保护在生态系统恢复中具有重要的参考作用；第二个目标是恢复现有的退化生态系统，尤其是与人类关系密切的生态系统；第三个目标是对现有的生态系统进行合理管理，避免退化；第四个目标是保持区域文化的可持续发展；其他的目标还包括实现景观层次的整合性、保持生物多样性及保持良好的生态环境。V. T. Parker（1997）认为，恢复的长期目标应是生态系统可持续性的恢复，但由于这个目标的时间尺度太大，加上生态系统是开放的，可能导致恢复后的系统状态与原状态不同。

10.7.2　生态恢复的原则

生态恢复的原则一般包括自然法则、社会经济技术原则和美学原则（图 10-6）。自然法则是生态恢复的基本原则，也就是说，只有遵循自然规律的恢复才是真正意义上的恢复，否则只能是事倍功半；社会经济技术原则是生态恢复的后盾与支柱，在一定程度上制约着恢复的可能性、水平和深度；美学原则是指受损生态系统的恢复应给人以美的享受，实现整体的和谐。

10.7.3　生态恢复评价

1. 生态恢复评价的原则

1）与恢复目标一致

明确的生态恢复目标对于恢复工程实施的指导及评价具有重要作用，任何恢复工程都应有明确的恢复目标，这个目标既可以是能够测量的生态结果，也可以是易于感知的美学结果。生态恢复的评价要紧紧围绕生态恢复的目标开展，具体的评价工作要针对特定的恢复目标。

2）代表性与全面性相结合

生态恢复的重点是恢复退化生态系统的功能，并且能够达到自我维持的状态。为了评价恢复生态系统是否达到自我维持的功能状态，需要对生态系统结构特征、过程和功能特征进行全面评价。国际恢复生态学会（2004）提出了九个生态系统的特征作为判断生态恢复是否成功的参考标准，但是由于恢复资源的限制，很少有研究能够监测所有这些特征。因此，选择与恢复目标密切相关的、最能反映问题的代表性指标进行重点评价尤为必要。

3）可操作性

很多学者对生态恢复评价的指标给予了关注（高彦华等，2003），Bradsaw（1993）提出可持

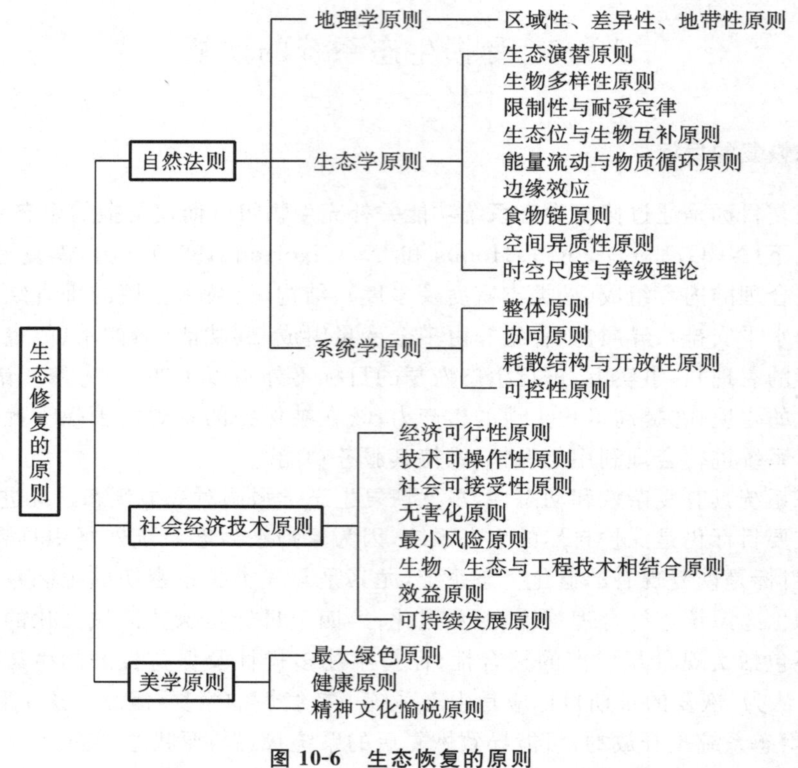

图 10-6 生态恢复的原则

(引自任海、彭少麟,2002)

续性是判断生态恢复的标准之一。有学者认为,恢复是指系统的结构与功能恢复到接近其受干扰以前的结构与功能,其中功能指标包括食物网结构(任海和彭少麟,2002;高彦华等,2003)。可持续性、合理的食物网结构是一个恢复成功的生态系统应具备的特征,但是这些指标由于概念不清,或者测量难度较大,在具体的评价过程中的可操作性很差。因此,在评价过程中应本着可操作性的原则,选择易于获取和测量的指标。

4) 动态性

恢复生态系统是个动态演替的过程,生态系统结构的恢复可能只需很短的时间,而生态系统功能则需要在恢复措施实施后的十几年,甚至上百年的时间才能够恢复,动态的评估能够保证目标生态系统向着期望的状态进展。对于一些在国家层面上实施的持续时间很长的生态恢复工程,比如中国的退耕还林还草工程,需要长期的动态监测评价,以便能够及时发现恢复过程中存在的问题,调整恢复策略和纠正政策执行偏差。

2. 生态恢复评价的标准

生态恢复的结果可以通过很多不同的方式进行评估。生态恢复是否在经济上可行,利益相关者是否满意,是否具有美学的愉悦感,是否保护了基础设施,恢复是否增加了社区教育的机会,是否促进了恢复科学的发展,恢复措施是否达到效果等都可以成为生态恢复评价的着眼点(董世魁等,2009)。

Palmer 等(2005) 建议从生态上的成功、利益相关者的成功和学习认知上的成功三个方面来评价一个恢复工程是否成功,在三个方面都能取得较好效果的恢复被认为是最有效的恢复。Palmer 等(2005) 认为恢复工程达到生态上的成功可以从是否具有参考系统、生态系统组分、自我维持能力、评价的完整性以及恢复措施是否对生态系统造成损害等方面进行评价，利益相关者的成功通过对于不同利益相关者的满足程度进行评价，而学习认知上的成功主要是特定的恢复工程对于促进恢复生态学的发展、提高工程管理经验和提供具体恢复措施方面给予的借鉴。

10.7.4　生态恢复的技术方法

生态恢复技术是恢复生态学的重点研究领域，但目前还是一个薄弱环节。由于不同退化生态系统在地域上存在差异性，加上外部干扰类型和强度不同，导致生态系统所表现出的退化类型、退化阶段、过程及其响应机制也各不相同，因此，在对不同类型的退化生态系统进行恢复的过程中，其恢复目标、侧重点及选用的配套关键技术往往也有所不同。尽管如此，对于一般退化生态系统而言，大致需要以下几类基本的恢复技术：①非生物环境因素（包括土壤、水体、大气）的恢复技术；②生物因素（包括物种、种群和群落）的恢复技术；③生态系统（包括结构与功能）的总体规划、设计与组装技术。

不同类型（如森林、草地、农田、湿地、湖泊、河流、海洋）、不同程度的退化的生态系统，其恢复方法亦不同。从生态系统的组分角度看，主要包括非生物系统和生物系统的恢复。无机环境的恢复技术包括水体恢复技术（如控制污染、去除富营养化、换水、排涝和灌溉）、土壤恢复技术（如耕作制度和方式的改变、施肥、土壤改良、表土稳定、控制水土侵蚀、换土及分解污染物等）、空气恢复技术（如烟尘吸附、生物和化学吸附等）。生物系统的恢复技术包括植被（物种的引入、品种改良、植物快速繁殖、植物的搭配、植物的种植、林分改造等）、消费者（捕食者的引进、病虫害的控制）和分解者（微生物的引种及控制）的重建技术和生态规划技术。

10.7.5　生态恢复的一般操作程序

生态系统恢复可分步进行，并可参照退化生态系统恢复重建的要求进行。具体操作程序如图 10-7 所示。

10.7.6　受损生态系统的恢复实践

1. 受损森林生态系统的修复

森林是陆地生态系统的主体，具有复杂的结构和功能，不仅为人类提供大量的木质林产品和非木质林产品，并具有历史、文化、美学、休闲等方面的价值，在保障农牧业生产条件、维持生物多样性、保护生态环境、减缓自然灾害、调节全球碳平衡和生物地球化学循环等方面起着不可替代的作用。天然林是指起源于天然状态而不是起源于人工栽培，未经干扰或干扰程度较轻仍然保持较好自然性或干扰后自然恢复的森林，包括原天然林区的残留原始林或过伐林、天然次生林及不同程度的退化森林、疏林地。天然林是森林生态系统的主体，是木材和非木质林产品的重要来源。与人工林相比，天然林具有较高的生物多样性、较复杂的群落结构、较丰富的生境特征和较高的生态系统稳定性。

一般地讲，受损森林生态系统的修复应根据受损程度及所处地区的地质、地形、土壤特性及降水等气候特点确定优先性与重点。比如，热带和亚热带降雨量较大的地区，森林严重受损后的裸露地面的土壤极易迅速被侵蚀，坡度较大的地区还会因为泥石流及塌方等破坏植被生存的基本环境条件。因此，对这类生态系统进行修复时，应优先考虑对土壤等自然条件的保护，可主要采取一些工程措施及生态工程技术，如在易发生泥石流的地区进行工程防护，对坡

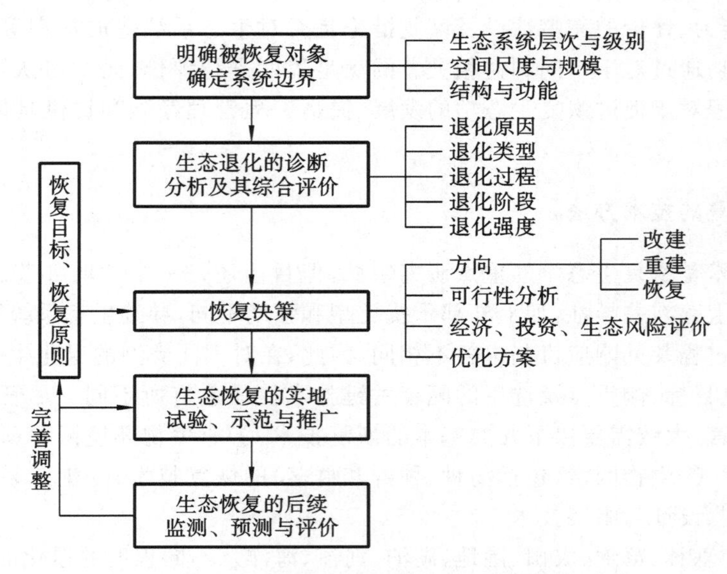

图 10-7 退化生态系统恢复的一般操作程序与内容

(仿章家恩等,1999)

地设置缓冲带或栽种快速生长的适宜草类以保持水土等,在此前提下考虑对生物群落的整体修复方案。干扰程度较轻且自然条件能够保持较稳定的受损生态系统,则重点考虑生物群落的整体修复。对受损森林生态系统的修复,要遵循生态系统的演替规律,加大人工辅助措施,促进群落的正向演替。

1) 封山育林

这是最简单易行、经济有效的方法,因为封山可最大限度地减少人为干扰,为原生植物群落的恢复提供适宜的生态条件,使生物群落由逆向演替向正向演替发展,使被破坏的森林生态系统逐渐恢复到顶级状态。

2) 林分改造

为了促进森林的快速演替,可对受损后处于演替早期阶段的群落进行林分改造,引种当地植被中的优势种、关键种和因受损而消失的重要生物种类,以加速生态系统正向演替的速度。

3) 透光抚育或遮光抚育

这种方法主要是通过改善林地环境条件来促使群落实现正向演替。如在亚热带(如广东),森林的演替需经历针叶林、真阔叶混交林和阔叶林阶段。在针叶林或其他先锋群落中,对已生长的先锋针叶树或阔叶树进行择伐,可促进林下其他阔叶树的生长,使其尽快演替成顶级群落;再如,在东北,红松纯林不易成活,而纯的阔叶树也不易长期存活,采用“栽针保阔”的人工修复途径,可实现当地森林的快速修复。

4) 林业生态工程技术

林业生态工程是根据生态学、林学及生态控制论原理,设计、建造与调控以木本植物为主的人工符合生态系统的工程技术,其目的在于保护、改善与持续利用自然资源与环境。它是受损生态系统恢复与重建的重要手段。具体内容包括四个方面:①区域的总体方案;②时空结构设计;③食物链设计;④特殊生态工程设计,如工矿区林业生态工程、严重退化的盐渍地等的生态恢复工程(盛连喜等,2002)。

2. 受损草地生态系统的修复

草地生态修复已经成为恢复生态学研究的重要领域，也是实践中快速发展的系统工程。

我国的草地面积大、分布广、生态脆弱，随着利用和干扰的加剧，出现了很多环境和生态问题。不少草地生态系统甚至受到严重破坏，使系统的结构和功能发生了根本改变，严重威胁到区域经济和社会的可持续发展，甚至威胁到国家的生态安全。草地生态修复工作很重要。北方草原区城镇化的快速发展给城镇周边草地带来了巨大压力和干扰，草地损害严重；草原上大型露天煤矿开发形成的巨量排土场，占用了草地，破坏了草地自然景观，给区域环境造成巨大风险。这两类受损草地的生态修复将会成为我国生态修复工作中新的重点。

从各国尤其是我国的研究成果看，受损草地的修复主要有三种方法。

1）围栏养护，轮草轮牧

对受损严重的草地实行围栏养护是一种有效的修复措施。这一方法的实质，是消除外来干扰，主要依靠生态系统具有的自我修复能力，适当辅之以人工措施来加快其恢复。实际上，在环境条件不变时，只要排除使其受损的干扰因素，给予足够的时间，受损生态系统都可以通过这种方法得以恢复。对于那些破坏严重的草地生态系统，自然修复比较困难时，可因地制宜地进行松土、浅耕翻或适时火烧等措施改善土壤结构，播种群落优势牧草草种，人工增施肥料和合理放牧等方法来促进恢复（P. E. Gaynor，1990）。

2）重建人工草地

这是减缓天然草地的压力，改进畜牧业生产方式而采用的修复方法，常用于已完全荒弃的退化草地。它是受损生态系统重建的典型模式，它不需要过多地考虑原有生物群落的结构等，而且多是由经过选择的优良牧草为优势种的单一物种所构成的群落。其最明显的特点是，既能使荒废的草地很快产出大量牧草，获得经济效益，同时又能使生态环境得到改善。实施这种重建措施，涉及区域性产业结构的调整，以及种植业与养殖业的关系。因此，其关键是要有统筹安排，尤其是要疏通好市场销售环节，实现牧草产品的正常销售，以确保牧民种植的积极性。

3）实施合理的牲畜育肥生产模式

这种修复方法实行的是季节畜牧业。它是合理利用多年生草地（人工或自然草地）每年中的不同生长期，进行幼畜放牧育肥的方式，即在青草期利用牧草，加快幼畜的生长，而在冬季来临前便将家畜出售。这种生产模式既可改变以精料为主的高成本育肥方式，又可解决长期困扰草地畜牧业畜群结构不易调整的问题。采用这种技术的关键是牲畜品种问题，要充分利用现代生物技术，培育适合现代畜牧业这种生产模式的新品种。

草地修复中应考虑的其他问题包括代表性的草种、外来草种、灌木的入侵、动物的出入、草地的长期动态变化等。由于草原面积大，对于其变化的监测可利用遥感技术进行。

3. 受损河流生态系统的修复

1）河流生态恢复的内容及其研究现状

受损河流是河流生态恢复的主要对象。目前的研究主要集中在从河流连续性、整体性角度出发，运用水文学、生态学等原理，应用生态工程法来改善河流水质、增加河流水量、重建和丰富河流生态系统结构和功能、建构多种河流形态、建立河流与周边环境联系，以及对受损河流生态恢复效益进行分析与评价。

具体方法如下：

（1）建立沿岸绿化带，加强植被的生态功能。在城区，沿岸绿化带的设计要与城市的绿化、美化相结合，使其既实现保护环境的目的，又能满足市民游乐和休闲的需要；在乡村地段，沿岸的绿化设计在树种选择和群落结构上，要把实现环境保护的生态效益与提高经济效益相结合。

(2) 人工清淤。在许多泥沙和污染物沉积严重的河流，尤其是河流的城市河段，单靠控制污染源并不能解决问题。在枯水季节，采取人工清淤是恢复河流正常功能和修复受损生态系统的措施之一。清出的污泥可铺垫在河流两岸，与沿岸绿化相结合，发展沿岸植被。

(3) 控制污染源。河流污染是河流生态系统受损的主要原因之一。控制污染源向河流的不断排放，依靠水源的更新和系统自身的自净能力，受损河流生态系统就会得到较快恢复。世界各国在这方面都有成功经验，我国一些大江大河的治理，也收到了明显成效。在目前还不能实现零排放的情况下，根据河流的稀释自净能力，制定河流污染物总量控制目标，建立排放许可制度，仍是受损河流生态系统修复的重要措施。

(4) 科学调控河水流量和流速。这种修复措施对于兴建大坝的河流尤其重要。在一些干旱或缺水地区，大坝以下河段在枯水季节常常断流，而在汛期又开闸放水，成为泄洪道。这就从根本上破坏了下游河段的生态环境和生态功能。因此，科学调度、调控水量和水的流速，成为这类受损河流生态修复的重要措施。

(5) 加强渔业管理。水生生物资源枯竭是受损河流生态系统的共同特征，造成这种状况的原因很多。除以上提及的情况外，许多河流水生生物资源的枯竭，是由于受到强烈的人为破坏，不按规定的捕捞规格、捕捞季节、捕捞方式作业，甚至使用毒药毒害、炸药等手段毁灭性地捕获，对水生态系统造成严重损害。加强管理，严禁乱捕和过捕，严格执行禁渔期制度等，也是受损河流修复时不应忽视的重要措施。

总之，受损河流生态系统的修复方法，应当根据人类活动对其环境影响的方式、内容和程度不同而有所不同。要充分掌握各种影响的危害机制，根据现场的具体情况提出合适的生态修复方案。同时，还要认识到修复工程也会对环境产生冲击，以及这些冲击的范围会产生什么样的负面影响。既不能陷于绝对的环境主义，又必须把环境作为系统中的重要因素加以考虑。另外，修复后应使其适应自然的营造力，依靠生态系统自身的演替规律来维护和发展。

2) 河流生态恢复的主要技术

(1) 微生物强化方法。微生物强化方法又称投菌法，主要是利用微生物的降解作用降解水体中的污染物。当水体污染严重而又缺乏有效微生物作用时，投加微生物可以促进有机污染物降解。

(2) 植物净化方法。植物净化方法的核心是将植物种植到水面上，利用植物的生长从污染水体中吸收大量污染物(主要是氮、磷等营养元素)，从而净化水体。

(3) 生物过滤方法。生物过滤方法又称渗流生物膜技术，是指利用河流中的水生植物、沙石和沉积物表面生长的生物膜降解净化河流有机污染物，其生物膜主要由藻类、细菌、原生动物等组成，称为周丛生物。可以用卵石等作填料在河滩或者河岸构筑渗流生物膜净化床，强化去除有机污染物的作用。渗流生物膜净化床因填料材料和粒径的不同，除了生物降解有机物外，还可能产生物理吸附、沉降、过滤等作用，去除悬浮物和氮、磷、重金属等。

(4) 除藻技术。除藻技术主要有利用病毒控制藻类生长的技术、利用有益微生物去除丝状蓝绿藻技术和超声波蓝绿藻去除技术。①利用病毒控制藻类生长的技术，目前已分离出侵噬蓝藻的病毒(称为蓝藻噬菌体)，实验证明，蓝藻接种该病毒后，藻体数量明显降低，藻类生长受到抑制。②利用有益微生物去除丝状蓝绿藻技术，是利用生物过滤器内填充的大量有益微生物去除藻类，当污水流经该过滤器时有益微生物能捕食和分解丝状蓝绿藻，从而可达到净化水质的目的。③超声波蓝绿藻去除技术，是指利用超声波辐射破坏藻类液胞，从而使它们沉入湖底，进而被细菌分解。

(5) 自然型河流构建技术。构建自然型河流，是指通过河流生态系统的修复，恢复、提高河流的自净能力。自然型河流构建技术主要包括生物和物理两部分。

①生物部分：自然型河流构建技术中应用的生物主要是水生植物和动物。水生生物吸收水中的氮、磷，有些水生植物如凤眼莲、满江红等能较高浓度地富集重金属离子，芦苇则能抑制藻类生长。此外，水生植物还能通过减缓水流流速促进颗粒物的沉降。

②物理部分：构建复杂多变的河床、河滩结构；富于变化的河流物理环境有利于形成复杂的河流动植物群落，保持河流水生生物多样性。

(6) 土壤生物工程。土壤生物工程是一项建立在土壤工程基础上的生物工程，它是采用存活植物及其他辅助材料来构筑各类边坡（山地斜坡、江河湖库堤岸和海岸岸坡等）结构，实现稳定边坡、减少水土流失和改善栖息地生境等功能的集成工程技术。

4. 受损湖泊生态系统的修复

与河流生态系统不同，湖泊生态系统的封闭性更大，自我恢复能力更弱。因此，对受损湖泊的修复要比河流更复杂。目前，对受损湖泊生态系统的修复技术主要有以下几点：①严禁围湖造田；②营造林地，提高湖泊周围整个流域的植被覆盖率，减少面源污染的危害，增强涵养水源的能力；③加大人为调控湖泊水位的力度，尽量防止水位频繁剧烈变化，维持湖泊的最低水位，防止湖泊的干枯；④对于已有大量淤积的湖泊，清淤是十分有效的修复措施，这样既可恢复水体空间，又能使水质得以改善。

在受损湖泊生态系统的修复研究和实践中，富营养化的修复研究最多。具体方法如下：①用工程方法分流或切断进入湖泊的点源污染，减少向湖泊中输入污染物和过多营养物质；②实施以改进农业耕作方式，减少化肥和农药施用为基础的面源控制，减少湖泊营养物质的进入。同时，生物学和生态学的措施也有了一些进展。

5. 受损湿地生态系统的修复

湿地是地球上水陆相互作用形成的独特生态系统，是自然界最富生物多样性的生态景观和人类最重要的生存环境之一。在蓄洪防旱、调节气候、控制土壤侵蚀、促淤造陆、降解环境污染方面起着极其重要的作用。湿地是地球上最脆弱的生态系统之一，在维持自然平衡中起着重要作用。由于大多数人未意识到湿地的重要功能，随着社会和经济的发展，全球大部分湿地资源丧失或退化，严重影响了湿地生态区域生态、经济和社会的可持续发展。

湿地退化和受损的原因是人类活动的干扰，其内在实质是系统结构的紊乱和功能的减弱与破坏，而外在表现上则是生物多样性的下降或丧失以及自然景观的衰退。湿地恢复和重建最主要的理论基础是生态演替。湿地恢复的方法可归纳如下：①尽可能采用工程与生物措施相结合的方法恢复；②恢复湿地与河流的连接，为湿地供水（如扎龙自然保护区的引嫩江水工程）；③恢复洪水的干扰，利用水文过程加快恢复（利用水周期、深度、年或季节变化、持留时间等改善水质）；④停止从湿地抽水，控制污染物的流入，修饰湿地的地形或景观，改良湿地土壤（调整有机质含量及营养含量等）；⑤根据不同湿地选择最佳位置重建湿地的生物群落；⑥减少人类干扰，提高湿地的自我维持功能（如扎龙自然保护区的居民迁出）；⑦建立缓冲带以保护自然的和恢复的湿地；⑧发展湿地恢复的工程和生物方法，建立不同区域和类型湿地的数据库；⑨开展各种湿地结构、功能和动态的研究；⑩建立湿地稳定性和持续性的评价体系。

下面是湿地生态系统保护规划研究的实例：山西洪洞汾河国家湿地公园生态保护规划研究。

(1) 简介：洪洞汾河湿地公园处于洪洞县境内。主体包括汾河洪洞段全段及其一级支流洪安涧河入汾口段，东北至堤村乡杨洼庄村，西南至甘亭镇天井村，大致呈南北走向，规划范围主要包括汾河和洪安涧河河堤范围内的水体、河滩地和河流阶地等。规划范围内汾河流程45.8 km，洪安涧河流程1.4 km，规划总面积1295.01 hm^2。介于东经111°33′35″～111°41′56″，北纬36°09′48″～36°30′06″之间。

(2) 资源状况：据调查和相关资料统计，湿地公园内维管束植物有62科107属144种(含变种)。其中蕨类植物1科2属2种、裸子植物4科5属7种、被子植物57科100属135种。湿地公园内湿地植物资源丰富，通过现场考察，发现大片的香蒲群系、芦苇群系、水葱群系、藨草群系、水芹群系、水蓼群系等。河漫滩周边以拂子茅、芦苇、柽柳、蒲草为主，间有车前等。低洼水分多的河漫滩还有少量草甸，间有羊角菜、猪毛菜、臭蒿、罗布麻、马豆等典型的湿地植物，非常适合湿地动物的生存。有脊椎动物24目51科158种，其中，鱼类有2目2科4种、两栖类动物2目2科4种、爬行类动物3目4科8种、鸟类动物11目34科121种、哺乳动物6目9科21种。洪洞汾河湿地公园是山西丘陵地区具有典型性、代表性的河流湿地，河流水量丰沛，泥沙含量较大，淤积速度快，河漫滩湿地发育充分。湿地类型丰富，包含河流湿地3型和人工湿地2型：河流湿地包括永久性河流、季节性或间歇性河流、洪泛平原湿地；人工湿地包括库塘、水产养殖场。湿地水量季节变化规律明显，湿地特征显著。

(3) 存在的问题：

①管理机构、基础设施缺乏，管理体系不健全；

②湿地面积减少；

③重工业发展后遗症——水质污染问题仍较为突出；

④枯水期水体自净能力较差，湿地生态系统破坏问题仍较严重；

⑤煤炭经济主导下的生态环境保护压力增加；

⑥水利工程与湿地保护工程的协调性差。

(4) 对策和建议：

①加强湿地保护管理机构建设，完善基础设施，确保湿地水源稳定。在汾河国家湿地公园的湿地公园管理局内组建由专业技术人员组成的湿地保护管理队伍，健全湿地保护管理体系。争取GEF项目等的支持，着重解决项目区湿地生物多样性面临的威胁，协调各方面关系和利益，采取政策、法规、行政、经济等多种手段，保障湿地公园的水源稳定。

②加强湿地的生境恢复重建，同时加强湿地的科研、监测和科普宣教工作。湿地公园建设中，以保护和恢复湿地生态系统为首要目的和任务。通过对湿地植被与生境的保护和恢复，为动物提供理想栖息地，增加野生动物种类和数量。同时在湿地公园建设过程中，应该把湿地的科研监测和宣教放在重要位置，规划相应的工程项目，为湿地公园的建设奠定良好的基础，并大力开展湿地科普宣传教育，让民众加入到保护湿地的队伍中。

③严格控制污水排放，稳定提升水质。汾河在洪洞县境内全长45.8 km，沿岸人口分布较为集中，工厂数量较多。必须严格控制工业污水和生活污水的排放，污水必须处理后达到指定标准，才能排放到汾河中去。

④强化执法督察，严禁挖沙取土等破坏湿地行为。制定枯水期湿地公园水资源调配规划，保证枯水期湿地公园水质。

⑤加强湿地保护与水利工程的协调。湿地保护管理部门必须与水利部门相互协调，在进行水利施工时，必须使用生态型措施，保证既能满足泄洪蓄水的要求，又能最大限度地保护湿地及其生态系统，实现双赢。

⑥旅游发展和湿地保护有效结合，促进产业结构优化升级。

6.受损海岛生态系统的修复

岛屿在发展保护生物学理论中占有重要的地位。但是目前关于海岛恢复的研究还非常少，还没有从海岛恢复试验中总结出一般性的理论。

一般来说，海岛的恢复过程如下：了解海岛退化前的物理、生物、气候、古植物、文化及经济背景；将海岛进行功能分类；确定恢复的目标；理解海岛恢复的过程；开发适于海岛恢复的技术(如在海边营造防护林，林后营造防护林网，林网内种植作物的防护林网技术；迎风口造林技术；消灭灾害性草食动物技术等)；制定海岛恢复计划并实施；改造生境并引入适宜的乡土种；海岛恢复后的管理等。

在恢复被外来种占据的乡土种时，研究种的生活史特征非常重要，因为海岛上的引进种缺乏植物、动物和微生物间的协同进化，很难成活；恢复和维持退化海岛的水分循环与平衡过程较大陆退化生态系统更为重要；引种不适当时，新入侵的外来种由于缺乏病虫害和捕食者，很容易控制全岛，形成生态灾难。由于隔离性，海岛的遗传多样性一般较少，恢复时可尽量增加海岛物种的遗传多样性，以增加海岛生物抗逆性的潜力；严格控制动物引进，防止动物失控(例如，澳大利亚引入的兔子繁殖太快，大量啃食草资源，减少了羊的饲料，严重影响到澳大利亚的羊毛产量)；如果可能的话，尽量选择附近无人干扰的岛屿作参考，而且最好是将这些无人干扰的岛屿设立为自然保护区。此外，最关键的是要选择好适生的关键种，因为关键种数量大，控制了群落的能流，会改变整个海岛生态系统的结构、功能和动态，是组成新的生境的重要部分，而且会修饰现存的生境。例如，在海岛的无林地带植造一片新的森林，这片新的森林可能影响乡土植物种类的定居及扩散，也可能为一些低密度的害虫提供适生环境，还可能影响土壤质量等。

7.矿区废弃地的修复

1）矿区废弃地的概念和危害性

矿区废弃地是指矿区开采后失去了功能或原有功能不能被重复利用、失去原有的经济价值而被遗弃的土地。矿区废弃地的特点和危害性受采矿、冶炼等因素的影响，在应用过程中，矿区土壤逐渐呈现周期性侵蚀和温度波动大的问题，致使其功能呈现逐渐下降的趋势。同时，采矿作业中金属污染问题的突显也在一定程度上对矿区开采环境造成了一定的损害，比如植被损害、土地挖损、塌陷等。为了实现人与自然的和谐相处，要求当代采矿行业在发展过程中对上述问题进行有效处理。另外，矿区废弃地也会对周围环境造成一定的危害。这主要体现在以下两方面：①重金属物质、剧毒氰化物等给农田环境带来一定的污染；②固体废弃物的排放威胁到生态系统的有效维护，并造成较大的经济损失。为此，必须加强对矿区废弃地的处理。

2）矿区废弃地的修复方法

矿区生态环境的修复范围主要是：被污染土壤的治理改良；被破坏的植被的复种、修复和保护；被破坏的原有景观的恢复。矿区废弃地靠自然植被修复很难在短时期内达到要求，需人为利用生物、工程技术进行复垦和植被重建，从而实现矿山群落的自然演替，减少水土流失，遏制环境荒漠化,最终达到原生态生物多样性的要求。其主要的修复方法如下。

(1) 尾矿的综合利用。

未经处理的尾矿不仅占用了大量土地,而且污染环境,因此尾矿的综合利用与治理是矿区废弃地修复中的重要环节。尾矿的利用包括:①从尾矿中进一步回收共生的有价元素,不仅可以提高矿山经济效益,而且减少了污染;②作为二次资源制取新形态物质,如铬渣中含Cr(Ⅵ),有致癌作用,且水溶性较强,无控制地堆积会对环境造成极大危害,利用矿渣与铬渣结合物作混合材料可以提高水泥的强度,还使铬渣中的Cr(Ⅵ)得到有效固化,解除毒性,具有重要的社会效益、环境效益和经济效益;③用作井下采空区的充填材料。

(2) 污染土壤的修复。

矿区废弃地修复的重要环节之一是土壤治理,它包括矿山周围地区土壤质量的改善、覆盖在土壤上的尾矿及废弃矿石堆性能的改良。如重金属污染大多集中于地表数厘米或较浅层,可挖去污染层,用无污染客土盖于污染土之上。但是此法需消耗大量劳动力,并需要有丰富的客土资源为条件。矿区废弃地因受重金属影响导致土地污染严重,要想对废弃地进行生态恢复,就必须先恢复其生态平衡。土壤破坏的根源在于矿产中的重金属严重破坏了土壤的活性,在有害物质的影响下,土壤的养分大量流失,使其丧失原有价值。因此,要想改善矿区废弃地的土壤,就必须先恢复土壤原有的活性,主要包括对土壤重金属污染的治理和物理化学性质的还原等。通过对表皮土壤的覆盖和培养绿色植物的方式来改造土壤的物理性质。根据土壤成分有选择地添加一些有机物和无机物来恢复土壤的化学性质。采用种植绿色植物和培育微生物的方法来清除掉土壤中所含有的重金属成分。

另外,对矿山土壤进行化学改良是必要的,因为矿山尾矿及废弃矿中均缺少植被生长所必需的有机质、氮、磷、钾等物质。例如,对富含较高碳酸钙及较高 pH 值的矿区废弃物,可利用适当的煤炭腐殖酸物质进行改良。研究表明,施用低热值煤炭腐殖酸物质,仅仅依靠干湿交替的土壤热化过程,就可以提高石灰性土壤中磷供应水平,从而达到对土壤的改良作用。有机肥对多种污染物在土壤中的固定有明显影响。研究表明,适量使用有机肥可以防止作物的汞污染,这可能是因为汞与腐殖酸的螯合作用降低了汞的迁移能力。值得注意的是,有机肥对各种污染物的作用在不同的土壤中的表现不一样,因而在施加有机肥时应根据不同土壤慎重对待,根据科学研究并结合实践,施加适当种类和适量的有机肥。

(3) 植被修复。

矿区废弃物及尾矿经过长期的堆置会在其表面覆盖一层植被。研究表明,矿山废弃时间在 4～5 年,植物种类较少,且多为一二年生草本植物;植物种类增幅较大时期是 7～15 年,而 15～38 年间植物种类数量增多的幅度较小。这一研究启示我们,人类完全可以利用人工种植植被的办法来改善和恢复生态系统。在调研基础上,借鉴国内外经验,首先对污染元素进行分析,再对土壤的物化、生化性质进行分析,查明土壤的 pH 值、地表水、通气性、土壤氮素及土壤温度等,进而选择树种。树种的选择是植被恢复中最为关键的一环,植物种类的选择应遵循以下原则:①矿区废弃地重金属等有毒有害物质的含量高,应选择对干旱、贫瘠、盐碱等有抵抗能力的、对有毒有害物质耐受范围广的树种。重金属耐性植物通过植物吸收、植物挥发和植物固定,不仅能耐重金属毒性,还可以适应废弃地的极端贫瘠、土壤结构不良等恶劣环境,部分耐性植物还能富集高浓度的重金属,而被广泛地用于被重金属污染土地的修复。目前,国际上已陆续报道数百种重金属耐性植物，并有多个品种已经商品化，供废弃地的复垦之需。②根据矿区废弃地的条件，选择根系发达，能固土、固氮和有较快生长速率的植物，植物最好落叶丰富，易于分解，较快形成松软的枯枝落叶层，提高土壤的保水保肥能力。

因此，对不同的矿山进行植被修复时应考虑污染物、矿区地域、耐性植物等有关因素。值得注意的是，不论矿区选择何树种，都不能单独种植。因为在某一环境内，任何生物的生存都离不开群落，这是由生物的多样性所决定的。因此，树种选好后只能作为优先树种来种植，要达到长久治理的目的，必须进行多树种间种。

(4) 微生物修复。

恢复一个受损矿山的生态系统，只有土壤、植被的恢复是不够的，还需要恢复微生物群落。地球上存在的微生物可能超过 18 万种，一般 1 g 土壤中就包含 10000 多个不同的微生物种。如此众多的生物种在矿山生态系统的恢复中起着至关重要的作用。不同的微生物对不同的污染物也有一定的适应性。如氧化亚铁硫杆菌在 pH 值为 3 时能将 Fe^{2+} 氧化成 Fe^{3+}；在汞污染的河泥中，还存在一些抗汞的微生物(假单胞菌属等)，能把甲基汞还原成单质汞；土生假丝酵母和青霉等能使砷酸盐形成甲基砷；光合紫细菌则能使硒转化为硒酸盐。因此，在矿山生态重建中，微生物的恢复是至关重要的一环。微生物系统的恢复不仅要恢复该地区原有的生态，而且要接种其他微生物，以除去或减少污染物，因此必须适当地选择微生物进行接种。

目前，能恢复土壤活性的微生物有两种：营养微生物，该种类型的微生物具有固氮作用；营养抗污染微生物，该种类型的微生物具有转化金属离子的作用。它们在改善土壤环境方面的作用很大。

3) 矿区废弃地综合修复

对于任何一个生态系统的修复都不能把以上方法孤立地加以利用，而应该综合分析与评估，只有综合利用上述方法才能取得较大的成功。矿区废弃地综合修复流程见图 10-8。

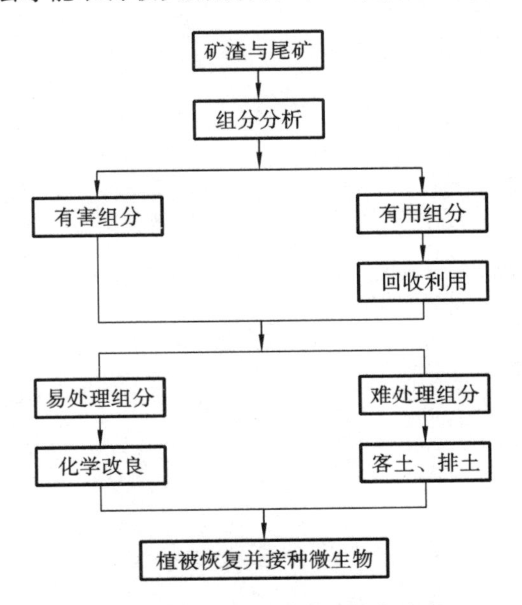

图 10-8　矿区废弃地综合修复流程

思考与练习题

1. 何谓干扰？适度干扰在生态学上有哪些积极作用？
2. 何谓退化生态系统？导致生态系统退化的原因有哪些？
3. 简述人类对生态系统干扰的方式、途径和特点。当前有什么新的发展趋势？
4. 常见退化生态系统的类型有哪几种？比较退化生态系统与正常生态系统的特征。
5. 如何理解生态恢复和恢复生态学的概念？试述生态恢复与恢复生态学的关系。
6. 生态恢复的最终目标是什么？如何理解生态恢复是理论性与实践性的结合？
7. 用一实例说明如何应用恢复生态学原理指导生态恢复实践，具体提出恢复的目标、原则、措施与程序。

第 11 章　污染生态系统修复

环境污染（environmental pollution）是指有害物质或有害因子输入大气、水和土壤等环境介质，并在这些环境介质中扩散、迁移和转化，使生态系统的结构与功能发生变化，对人类或其他生物的正常生存和发展产生不利影响的现象。环境污染是比较定性的概念，并不是有害物质或因子进入环境就等于产生了污染，而是必须当这些外来物质使环境系统结构和功能发生本质变化且产生不利影响时，才造成污染。其中能够造成环境污染的物质或因子称为环境污染物，简称为污染物。

环境污染源可分为自然污染源和人为污染源，对人类生产和生活造成重大影响的通常为人为污染源，包括化学污染物和生物类污染物（如肠细菌、炭疽杆菌和病毒等）。化学污染物主要分为有机污染物和无机污染物两大类。有机污染物主要是指化学农药、酚、多环芳烃、多氯联苯、石油烃等。无机污染物主要是指重金属如镉、汞、铅、砷、铬、镍、铜、锌等，放射性核素如铯、锶、铀等，营养物质如氮、磷、硫等，还有其他物质如氟、酸、碱等。要解决、根除环境污染和生态破坏及其所造成的危害与后果，就必须对受污染和影响的生态系统生物与环境之间相互作用的生态过程进行系统研究。

11.1　污染物在环境中迁移、转化过程及其生态效应

11.1.1　环境中污染物迁移、转化的主要生态过程

1. 污染物的扩散-混合过程

1）大气湍流扩散-混合过程

化学污染物在大气介质中扩散的主要原因是化学梯度势，属于湍流扩散，可以近似地看作分子扩散，遵循 Fick 定律，其基本扩散方程为

$$\frac{\partial C}{\partial t} = D\frac{\partial^2 C}{\partial X^2}$$

式中：C 为化学污染物的质点浓度；D 为扩散系数；X 为扩散距离；t 为时间。其基本假定是：由湍流所引起的局地的某种属性的通量与这种属性的局地梯度成正比，通量的方向与梯度方向相反。

大气湍流扩散以垂直扩散过程占优势，污染物在大气中的扩散形式与污染源密切相关，可以分为点源扩散、线源扩散和面源扩散。

2）河流湍流扩散-混合过程

化学污染物在河流中的扩散，受源强、河流两岸和流场的影响。对于瞬时点源，当化学污染物进入很宽的河流时，其变化浓度为

$$C(X,t) = \frac{M}{\sqrt{4\pi Dt}}\exp\left[-\frac{(X-\xi)^2}{4Dt}\right]$$

式中：M 为瞬时源的源强；$\xi=ut$，u 为平均流速，t 为时间。

对于不宽的河流,污染物扩散受河流两岸的限制,污染物在两个界面间发生多重反射,其变化浓度为

$$C(X,t)=\sum_{-\infty}^{\infty}\frac{1}{\sqrt{4\pi Dt}}\exp\left[-\frac{(X-2nL)^2}{4Dt}\right]$$

式中:n 为河岸反射的次数;L 为混合过程段的长度。

污染物发生湍流混合作用,直至剖面浓度均匀为止。

2. 化学污染物的吸附-解吸过程

吸附是污染物在生态系统中一种常见的现象,指污染物在气-固或液-固两相生态介质中,在固相中浓度升高的过程。它包括一切使溶质从气相或液相转入固相的反应,如静电吸附、化学吸附、分配、沉淀、配位及共沉淀等。吸附包括吸持和分配两个过程。吸持指污染物在固相上的表面吸附现象,是一种固定点位吸附作用。分配是土壤、沉积物中的有机物质对外来污染物的溶解作用。

1)吸附剂与吸附质

吸附剂(adsorbent)是指用来作为吸附载体的物质,如土壤、活性炭、石英砂、腐殖质等。吸附质(adsorbate)是指吸附于载体之上的物质。吸附剂和吸附质之间的物理或化学作用力使两者构成了一个吸附体系。

2)吸附平衡

物质在载体上的吸附是一个动态的过程,在部分分子被吸附到载体表面的同时,也有许多有机物分子从吸附剂上解离,当吸附速率与解吸速率达到同一水平时,在吸附剂上的吸附量将保持不变,这一状态称为吸附平衡(adsorption equilibrium)。

3)吸附等温线

在一个吸附体系中,污染物在固相介质上的吸附量与其液相浓度之间的依赖关系曲线称为吸附等温线。由于吸附量因化合物和土壤、沉积物的理化特性及组成的变化而变化,吸附等温线因化合物和生态条件的不同而差异较大。Giles(1960,1974)将吸附等温线分为三种类型,并对三种等温线的发生条件进行归纳和总结(图 11-1)。

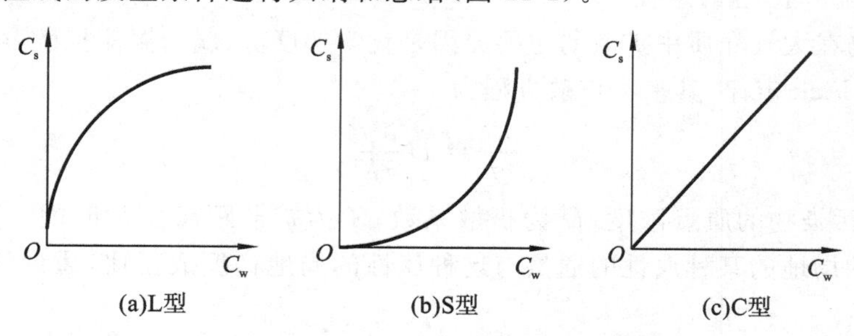

图 11-1 吸附等温线的类型

L 型吸附等温线通常在以下条件下发生:①吸附质与吸附剂之间具有多种相互作用;②吸附质分子之间具有较强的分子间引力,导致吸附质分子相互结成团状结构;③吸附质和溶剂之间不存在或存在很小的竞争吸附作用。该类型的吸附等温线见于亲脂性溶剂在亲脂性表面的吸附、可离子化的溶质在亲水性表面的吸附过程中。

S 型吸附等温线的发生具有以下条件:①吸附剂与吸附质之间为固定位点吸持作用;②具有中等强度的、温和的分子间引力;③在吸附质不同分子之间、吸附质与溶剂之间及不同吸附质之间存在竞争吸附现象。疏水性溶质在亲脂性位点上的吸附、亲脂性溶质在亲脂性表面的

吸附及亲水性溶质在亲水性表面的吸附均可观察到 S 型吸附等温线。

C 型吸附等温线对疏水性污染物在土壤、沉积物上的吸附较为普遍。其发生条件为：①吸附剂为多孔介质；② 吸附剂相对单一；③溶质与吸附剂之间的吸引力远大于溶剂对溶质的吸引力。该种类型的吸附常见于非离子型化合物在有机质表面的吸附中，大多数疏水性污染物在较小的浓度范围内的吸附遵循 C 型吸附等温线。

吸附过程的重要性在于它可以显著地影响污染物在生态系统中的行为和归宿。当结构相同的两个分子在被吸附于固体颗粒表面或深藏于颗粒内部时，会表现出与被水和离子包围状态下完全不同的性质。水生生态系统中游离态的污染物分子易挥发，而吸附态离子则倾向随土壤、沉积物颗粒沉降至底泥中。从生物净化的角度看，污染物分子必须接触到微生物、植物或动物才能被其吸收和降解，游离态分子的运动与迁移比固态物质内层的分子快得多，因此游离态分子吸收速率、降解速率要比吸附态分子大得多。

3. 黏土矿物对污染物的晶体化学及固定过程

土壤、沉积物介质中含有大量的黏土矿物，多属于铝硅酸盐，其一个重要的晶体化学特征就是能进行类质同象替代。

1∶1 型黏土矿物，如高岭土、珍珠陶土、高岭石等由于其 SiO_4 四面体可以变形扭曲，MO_6 八面体可以扭曲和转动，基本不发生类质同象替代。该类黏土矿物永久电荷极少，因而相对地对污染物的固定量少，所以南方以高岭石为主的热带、亚热带土壤，对污染物的承纳能力明显较低。但是，高岭石的 MO_6 八面体的 OH 基团中的 H 在一定的酸碱度条件下能向外解离，使高岭石表面产生一定量的负电荷，从而对带正电荷的污染物如 Pb^{2+}、Hg^{2+} 等重金属有一定程度的固定能力。

蒙脱石族黏土矿物的晶体化学特征是具有类质同象替代，而且不仅发生在 SiO_4 四面体的 Al^{3+}、Mn^{2+} 置换 Si^{4+}，还发生在 MO_6 八面体的 Mg^{2+}、Fe^{2+}、Fe^{3+} 置换 Al^{3+}。所以蒙脱石族黏土矿物存在四面体负电荷或八面体负电荷，其表面就产生一定大小的静电吸引力，把符号相反的阳离子如 Cd^{2+}、Hg^{2+} 等重金属污染物加以固定。此外，蒙脱石族黏土矿物层间阳离子是可以交换的，有毒阳离子可以交换下蒙脱石族黏土矿物层间部分无毒阳离子。因此，以蒙脱石族黏土矿物为主的土壤，如北方的黑钙土、栗钙土等对污染物的承载能力一般较大。

云母族黏土矿物包括钾云母、钠云母、钙云母和珍珠云母等，云母族黏土矿物的同晶替代与蒙脱石族黏土矿物相似，也发生在 SiO_4 四面体和 MO_6 八面体中的阳离子之间及其层间阳离子之间。以 SiO_4 四面体 Al^{3+} 替代 Si^{4+} 为主，而 Mg^{2+}、Fe^{2+}、Fe^{3+}、Mn^{2+}、Ti^{4+}、Ni^{3+}、Li^{+}、Cr^{3+}、V^{5+} 和 Co^{3+} 替代 Al^{3+} 较为少见。同时，云母族黏土矿物层间由 K^{+} 来平衡，其键能强，固定的 K^{+} 在少数情况下部分被 Mg^{2+}、Ca^{2+}、Na^{+} 和 H^{+} 所替换，因此，该类黏土矿物层间阳离子置换对污染物的固定作用不强。总体来说，以云母族黏土矿物为主的土壤对污染物的承纳能力介于以高岭石族黏土矿物为主的土壤和蒙脱石族黏土矿物为主的土壤之间。

伊利石层与层由 K^{+} 来连接，其层间电荷比云母小，层间阳离子数也较云母少，因此伊利石对污染物的固定能力比云母大得多。以伊利石黏土矿物为主的土壤对污染物的固定能力要大于以云母族黏土矿物为主的土壤。

绿泥石黏土矿物的晶体构造单元层由滑石层和氢氧镁石层两种基本层构成，类质同象不仅发生在 SiO_4 四面体层和 MO_6 八面体层内，还发生在水镁石层，因而绿泥石永久电荷数较多，固定能力也大，以绿泥石黏土矿物为主的土壤有较大的污染物承纳能力。

4. 污染物的溶解-沉淀过程

溶解-沉淀过程是生态系统中发生的最普遍、最基本的过程。当污染物进入生态系统,在生态介质、生态组分的作用下,会发生溶解-沉淀过程,并受温度、压力等因素的影响。例如,土壤介质中汞化合物的沉淀或矿物可以部分地溶解于土壤溶液中,并转化为 Hg^{2+} 和 Hg_2^{2+};相反,土壤溶液中的 Hg^{2+} 和 Hg_2^{2+} 也可与土壤介质中的其他化学成分如 CO_3^{2-}、Cl^-、S^{2-}、I^-、OH^-、NH_3、SO_4^{2-}、HPO_4^{2-} 等发生化学反应形成沉淀,构成土壤汞的溶解-沉淀动态过程。

5. 污染物的配位-解离过程

配位-解离过程也是生态系统中发生的最基本和最普遍的过程之一。特别是当水溶液中存在过量的 OH^-、Cl^-、I^-、SO_4^{2-}、CNS^-、CN^- 或 Y^- 时,这种配位作用更易发生。

例如,当 Hg^{2+} 进入土壤介质后,与土壤介质中的羟基发生配位反应,并可以同土壤中其他化学成分发生配位作用。其中,尤以卤素特别是 Cl^- 的配位作用最为重要,因为重金属中汞对 Cl^- 的亲和力最强。同时,不同氯化物浓度对土壤中汞的配位-解离过程有明显的影响。当土壤溶液中的 Cl^- 浓度为 3.5×10^{-5} mg/kg 时,有 $[HgCl]^+$ 形成,当 Cl^- 浓度大于 1.1×10^{-3} mg/kg 时,有 $HgCl_2$ 的形成,而当 Cl^- 浓度大于 350 mg/kg 时,生成 $[HgCl_3]^-$ 和 $[HgCl_4]^{2-}$。土壤中 Cl^- 的配位作用,可大大提高土壤中汞的溶解度和生物有效性,当 Cl^- 为 1 mol/L 时,氢氧化汞和硫化汞的溶解度分别可增加 1.1×10^5 倍和 3.61×10^7 倍;当 Cl^- 为 0.0001 mol/L 时,氢氧化汞和硫化汞的溶解度分别可增加 55 倍和 408 倍。

此外,土壤有机质对土壤中的汞起配位或螯合作用,使外界输入土壤中的汞得以富集积累,因此富含有机质的土壤中往往汞含量较高。

6. 污染物的生物降解过程

在微生物、酶或植物分泌物作用下,进入土壤介质中的污染物会发生降解作用,转化为毒性不同的其他化学物质。

1) 一般的有机污染物的生物降解

一般的有机污染物如淀粉、蛋白质、脂肪等,主要存在于生活污水中,它们在水解酶的作用下,首先降解为低分子的糖、氨基酸、脂肪酸和甘油等。在好氧条件下,进一步分解为 CO_2、H_2O 和无机盐类;在厌氧条件下,转化为有机酸、醇类和各种还原性气体。

2) 烃类化合物的生物降解

烃类化合物包括烷烃、烯烃、环烷烃、芳香烃等。在水体或土壤中,烷烃首先形成脂肪酸或醇,然后进一步降解。烯烃首先形成脂肪酸,然后在甲基上发生氧化作用,形成烯酸,再通过氧化作用形成二醇化合物。环烷烃一般不容易发生降解。苯在细菌作用下,发生双羟基作用形成儿茶酚,进而进一步降解形成乙醛和丙酮酸,或转化为乙酰 CoA 和琥珀酸。菲和萘等芳香烃首先转化为水杨酸,然后转为儿茶酸,再转化为乙醛和丙酮酸。

3) 有机农药的生物降解过程

有机氯农药的生物降解并不容易,研究表明,在厌氧条件下,一些微生物可使 DDT 转化为 DDD。在产气杆菌和氢极毛杆菌属的共同作用下,DDT 经过脱氢、脱氯、水解、还原、羟基化和环破裂等过程后,可转化为对氯苯酸或对氯苯乙酸。

有机磷农药在细菌的作用下,首先降解为二烷苯基磷酸盐和硫代磷酸盐,然后降解为磷酸、硫酸和碳酸盐等。

4) 邻苯二甲酸酯类化合物的生物降解过程

邻苯二甲酸酯类化合物的生物降解反应首先是由微生物酯酶作用水解为邻苯二甲酸单

酯，再生成邻苯二甲酸和相应的醇。在好氧条件下，邻苯二甲酸在加氧酶的作用下，生成3，4-二羟基邻苯二甲酸或5，5-二羟基邻苯二甲酸后，形成原儿茶酸（3，4-二羟基苯甲酸）等双酚化合物，芳香环开裂形成相应的有机酸，进而转化为丙酮酸、琥珀酸等进入三羧酸循环，最终转化为CO_2、H_2O和无机盐类。试验表明，低相对分子质量的邻苯二甲酸酯类化合物一周内的生物降解率可达到90%，而多数高相对分子质量的邻苯二甲酸酯类化合物要在12天后生物降解率才能达到90%。在厌氧条件下，邻苯二甲酸酯类化合物首先降解为邻苯二甲酸单酯和邻苯二甲酸，进而转化为苯甲酸，最终转化为CO_2、H_2O和无机盐类。不过，在厌氧条件下，邻苯二甲酸酯类化合物的生物降解率很低，不容易发生。

7. 污染物的生物吸收-摄取过程

1）植物的吸收过程

植物在生长过程中不断通过根系吸收、光合作用及呼吸作用等代谢过程为其提供物质和能量，同时也从环境中吸收和摄取污染物。污染物可以从土壤及土壤水沿根系吸收过程进入植物体，植物也可通过呼吸作用由叶片、茎、果实等吸收大气中的污染物。

植物根系吸收是污染物进入植物体的主要途径之一。污染物在植物体内经导管运输，以叶片蒸腾作用为主要动力输送到植物体的不同组织。污染物到达植物根系表层首先要面对植物根系表皮的选择性吸收作用，根系内表皮含有一层不透水的硬组织，由于该层硬组织的疏水特性，污染物能否通过内皮层进入根系内部将取决于其理化性质。一般来说，污染物溶解性越强，辛醇-水分配系数越低，其通过内皮层硬组织带的能力越弱；相反，污染物溶解性越弱，辛醇-水分配系数越高，通过硬组织带的能力越强。进入内皮层后污染物向上迁移的能力则相反，溶解性高、辛醇-水分配系数低的污染物较溶解性低、辛醇-水分配系数高的污染物更容易随植物的蒸腾流和汁液迁移，从而造成有些污染物在根系中残留量高于茎、叶、果实，而有些污染物则向地上部分迁移的现象。

污染物通过植物叶片进入植物体有三种途径：直接喷施过程，如农药、液态肥料和生长调节剂等；大气颗粒物沉降积累于叶面后进入植物体；植物通过气孔从周围大气介质中吸收污染物。

植物叶片外表通常包被一层角质层，对通过叶片进入植物体的污染物通量有明显的影响。角质层通常含有蜡质，对非极性有机化合物有较高的亲和性，所以极性较强的污染物可以通过角质层进入植物体，而非极性污染物则大多数积累于角质层，被生物降解或光解。同时，污染物通过角质层的速率还与植物种类密切相关。不同植物角质层的组成、结构与厚度对污染物的吸收通量、传输时间有决定性影响。

气孔是植物叶片表面物质传输的主要通道，植物可以将体内污染物随蒸腾拉力排至体外，同时也有大量污染物通过呼吸作用进入体内。研究表明，植物体内的疏水性较强的有机污染物主要来自土壤挥发和大气沉降，通过叶片吸收进入而不是从根系输入。

2）动物对污染物的摄取-吸收过程

污染物进入动物体内主要通过表皮吸收、呼吸作用及摄食等途径。

动物皮肤由于暴露在环境中，经常与许多污染物接触，动物皮肤通常对污染物的通透性较低，可在一定程度上防止污染物的吸收。不同动物皮肤的通透性差异很大，例如腔肠动物、节肢动物、两栖动物等表皮细胞防止外源污染物侵袭的能力较小，污染物渗透体表后可直接进入体液或组织细胞。对于哺乳动物来说，污染物进入体内必须首先通过表皮角质层，其主要过程是简单扩散。扩散速率取决于角质层的厚度、外源污染物性质与浓度等。通过角质层后，污染物必须经过真皮才能进入全身循环。真皮结构虽然较为疏松，但血浆是水溶性液体，所以脂溶性大、容易透过表皮的物质不易透过真皮而被阻隔在皮肤之外。

污染物呼吸吸收以肺为主，主要针对高等动物。肺泡上皮细胞层很薄且表面积大，大气中挥发性气体、气溶胶及飘尘上吸附的污染物可以透过肺泡进入毛细血管。该过程主要是肺泡和血浆中污染物浓度差引起的扩散作用，其扩散速率取决于污染物状态、脂溶性等因素。气体、细颗粒气溶胶和辛醇-水分配系数高的物质更容易被吸收。同时肺的通气量和血流量对污染物的吸收也有显著的影响，二者比值越高，吸收速率越快。大气飘尘进入肺部后，颗粒物在气管和肺泡表面沉积，难溶于水的污染物将通过吞噬作用被吸收，易溶于水的物质将被扩散吸收。

摄食吸收是污染物进入动物体内的主要途径。其主要机理是消化道壁内的体液和消化道内容物之间浓度差引起的简单扩散作用。也有个别污染物是通过动物吸收营养素的专用转运系统进行主动吸收。污染物的摄食吸收途径受多种因素的影响，主要包括胃肠的蠕动速率、胃酸等消化液、肠道中的微生物群以及污染物与食物中其他成分在消化道中是否会发生特殊化学反应等。

8. 污染物的生物积累-放大过程

环境中的污染物被生物吸收后，有一个不断积累和逐渐放大的过程，这是典型的污染生态过程。

以水生生态系统为例，浮游植物吸收、积累水或沉积物中的污染物。尽管这些污染物在植物体内并不用高，但当这些浮游植物被浮游动物食用和消化，浮游动物又被鱼类捕获和食用后，污染物就逐渐在食物链中积累起来，特别是在顶级捕食者体中积累到很高的浓度。图11-2给出不同食物链中污染物的积累-放大过程。如浮游藻类中 DDT 的质量分数为 8.0×10^{-8}，到蜗牛体内升高到 2.6×10^{-7}，顶级捕食的燕鸥体内达到 $3.15\times10^{-6}\sim6.40\times10^{-6}$，燕鸥体内的 DDT 质量分数比浮游藻类高出 40～80 倍。

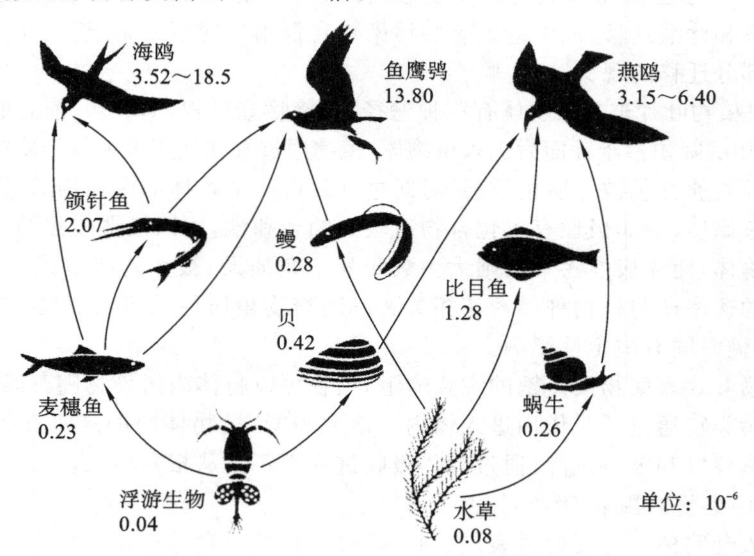

图 11-2　从浮游生物到水鸟的食物链中 DDT 质量分数的积累-放大过程

(引自 Ahlheim, 1989)

11.1.2　污染生态效应

1. 污染生态效应的概念及其机制

1) 污染生态效应的概念

生态效应指不利于生态系统中生物体生存和发展的现象。当污染物进入生态系统，参与生态系统的物质循环，必然对生态系统的组成、结构和功能产生影响，这种表现在生态系统中的响应即称为污染生态效应。通常把污染生态效应分为三个层次(图 11-3)。

(1) 生物个体污染生态效应：指污染对生物的影响表现在生物个体水平上的具体指标的反应。它是对个体生理生化过程影响的必然结果，经常涉及高度、生物量、净生产量及植物根、茎、叶等的形态指标和动物体长、体重等指标。

(2) 生物群体污染生态效应：指污染在生物种群及群落层次上的反应。它包括污染物长期暴露对物种的分布、生态型的分化、种群的结构、群落的组成与结构的变化及植被的演替等的影响。

(3) 生态系统污染生态效应：指污染对生态系统结构、功能的影响，包括生态系统的组分、结构以及物质循环、能量流动、信息传递和系统动态演化的影响。

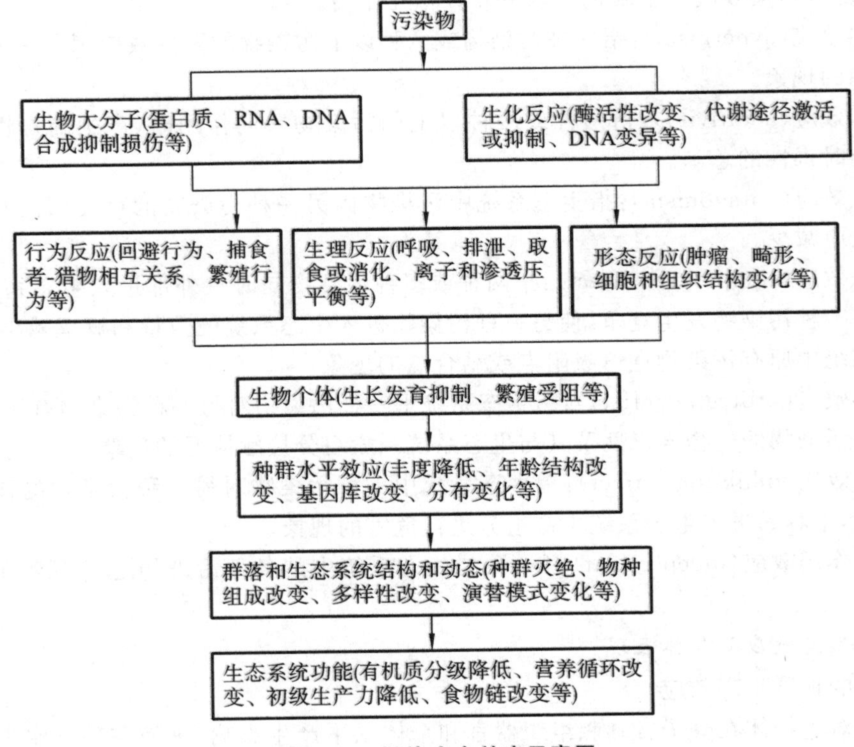

图 11-3　污染生态效应示意图

(引自卢升高，2010)

2) 污染生态效应的机制

污染物进入生态系统后，污染物与环境、污染物与污染物之间相互作用，决定了其能否为生物所吸收、转化，进而产生各种生态效应。总体来说，包括以下机制。

(1) 物理机制。

污染物在生态系统中发生渗滤、蒸发、凝聚、吸附、解吸、扩散、沉降等多种物理过程，并对生态系统产生影响，导致各种生态效应的发生。

(2) 化学机制。

化学污染物与生态系统各环境要素发生化学作用，导致污染物的存在形态不断发生变化，对生物的毒性及产生的生态效应也随之不断变化。例如土壤中重金属形态不同时，其本身性质的差异和与土壤交互作用的不同,会产生不同的生态效应。典型的如土壤中的砷,亚砷酸盐的毒性明显高于砷酸盐,即使同为砷酸盐,因所结合的金属离子不同,其毒性也有很大的差异。

(3) 生物学机制。

污染物进入生物体以后,对生物体的生长、新陈代谢、生理生化过程产生各种影响。许多污染物质进入生态系统后可被一些生物直接吸收,在生物体内积累起来。有的通过不同营养级的传递、迁移,使位于顶端的生物体内污染物富集达到严重的程度,导致生物体发生严重的疾病。相反,有些污染物质能被生物吸收,进入生物体内后在各种酶的参与下发生氧化、还原、水解、配位等反应,进而转化、降解为低毒或无毒的物质。

(4) 综合机制。

污染物进入生态系统产生污染生态效应,往往综合了许多过程,是多种污染物共同作用的结果,形成复合污染效应。主要包括以下几种相互作用。

①协同效应(synergism):指一种污染物或两种以上污染物的毒性效应因另一种污染物的存在而增加的现象。

②加和效应(additivity):指两种或两种以上的污染物共同作用时,产生的毒性或危害为其单独作用时毒性的总和。

③拮抗效应(antagonism):指生态系统中污染物因另一种污染物的存在而使其对生态系统的毒性效应减少。

④竞争效应(competitive effect):指两种或多种污染物同时从外部进入生态系统,一种污染物就与另一种污染物发生竞争,使另一种污染物进入生态系统的数量和概率减小,或者外来污染物与系统中原有污染物竞争吸附点或结合点的现象。

⑤保护效应(protective effect):指生态系统中一种污染物对另一种污染物有掩盖作用,进而改变这些污染物的生物学毒性及其与生态系统一般组分接触情况的现象。

⑥抑制效应(inhibitory effect):指生态系统中一种污染物对另一种污染物的作用使其生物活性下降,不容易进入生态系统生命组分进行危害的现象。

⑦独立作用效应(independent effect):指生态系统中的各种污染物之间不存在相互作用的现象。

2. 污染生态效应的具体表现

1)污染的种群生态效应

污染物对生物体在分子、细胞、组织器官和个体水平产生影响,进而在种群水平上表现出污染生态效应。

(1) 污染对种群动态的影响。

污染物对种群动态的影响主要表现为种群数量的改变、种群性比和年龄结构的变化、种群增长率的改变、种群调节机制的改变等。

一般来说,有毒污染物引起生物个体死亡率增加、繁殖率下降,最终导致种群密度下降,甚至导致种群灭绝。在鸟类中,污染物影响鸟类繁殖的一个典型效应是鸟蛋壳变薄。如 DDT 等能引起某些鸟类的蛋壳变薄,使得蛋易碎和易破,导致鸟类繁殖损害。蛋壳变薄已作为一个敏感指标来评价污染物对鸟类繁殖的影响,被称为蛋壳的厚薄指数(thinness index),它等于壳的质量(mg)与壳长宽积(mm^2)之比。

大量研究证明,有机污染物与藻类生长有较高的浓度剂量效应。在低浓度时刺激藻类生长的作用,称为小剂量促进效应,其原因一个是有机物作为营养源为藻类生长提供所需营养,另一方面是小剂量的污染物增加藻细胞体内一些酶的活性，刺激藻类的生长。在高浓度时对藻类生长的抑制作用，称为高剂量抑制效应，其原因是污染物对藻类细胞的组织特别是细胞膜进行直接破坏，细胞内各组织与污染物直接接触，产生毒害作用，另外污染物在藻细胞代谢中产生一些损害细胞的产物，如活性氧自由基。

污染物还可以通过改变种群的生活史进程而影响种群的动态。生物的不同的发育期对污染物的敏感性是不同的。这种敏感性差异可对种群动态产生重要影响。污染物作用于发育中的胚胎可以直接使胚胎死亡，或者使胚胎发生畸形，影响出生率，或对个体的生长、生育和死亡产生不利影响，从而影响到种群的增长率。对于某些种群，幼年个体的死亡率增加 10%对种群大小几乎不产生什么影响，然而，若成年雌性个体的死亡率增加 10%，将会对随后的种群大小产生重大影响。因此，如果污染物对种群的影响发生在对生育很重要的时期，那么对种群动态就会产生重大影响，这种影响对于那些一生只有一次生育机会的物种尤其严重。

(2) 污染对种间关系的影响。

污染物通过影响生物体的生理代谢功能，使之出现各种异常生理、心理及行为反应，从而改变原有的种间关系。例如，污染物毒害会影响到动物取食能力、捕获猎物的能力以及逃脱捕食者的能力等。

污染物能通过多种途径改变捕食者或被捕食者的行为，污染物对捕食过程中任何一种有关行为的作用都将影响到捕食的最终结局。例如，用铜喂蓝鳃鱼、用铅和锌喂斑马鱼和用烷基苯磺酸去垢剂喂旗鱼，均发现捕捉后处理时间被这些重金属延长，最终导致拒食和捕食能力下降，这可能是由于污染物引起动物的味觉阻断，动物由于缺乏味觉而不能证实被捕猎物是否可食而产生拒食。将两种猎物草虾(*Palaemonetes pugio*)和羊肉鲷(*Cyprinodon varigatus*)与捕食者海湾杀手鱼同时暴露于甲基对硫磷污染环境中，猎物之间的捕食风险发生变化：在无污染的正常环境中，羊肉鲷的捕食风险比草虾高；但在污染环境中，草虾的捕食风险上升。其原因是草虾在污染环境中活动性提高，导致其更易于被捕食者发现和捕获。将草虾与针鱼(*Lagodon rhomboides*)同时暴露于有机氯农药污染环境中，与正常环境相比，草虾的捕食脆弱性在污染条件下显著地提高。

(3) 污染与种群进化。

大量的研究表明，生物对污染物的抗性是污染胁迫下种群进化的基本过程。污染胁迫下种群进化过程实质上即抗性基因频率逐渐增加的过程。抗性(resistance)是指有机体暴露在逆境(如有毒物质、低温、干旱及病虫害等)时成功进行各项固有活动的能力。生物有机体对污染物的抗性通常有两种基本类型，即回避性(avoidance)和耐受性(tolerance)。对于污染物而言，回避性是指有机体阻止环境中过量污染物进入体内的能力。例如，机体的表皮组织对大气污染物的阻挡能力就是一种回避性，生长在盐碱地或重金属污染环境中的植物的体内盐分或重金属含量仍然保持正常水平也是具有回避性的结果。耐受性是指有机体处理过量蓄积在体内的污染物的能力。例如生长在受到重金属严重污染环境中的超量蓄积植物，其体内有很高含量的重金属，但仍然能正常生长发育，就是因为此类植物对重金属具有很强的耐受性。

2) 污染的群落生态效应

污染物可导致群落组成和结构的改变，包括优势种、生物量、丰度、种的多样性等变化。污染物对群落物种组成的影响是由于不同物种对污染物的敏感性不同引起的。对某一种特定的污染物，不同物种具有不同的敏感性。污染物可导致敏感种的消失，使群落中物种的数量下降，严重污染时将导致物种的绝迹，使物种多样性下降，耐污种类个体数增多，种类组成由复杂到简单,种类数量由多到少,生物多样性减少,甚至丧失。因此,污染导致群落物种组成及结构改变,并可能在适当的条件下形成一种新的、具有抗性的群落。

耐污种是只在某一污染条件下生存的物种。如颤蚓、蜂蝇幼虫等仅在有机物丰富的水体中生活、繁衍。敏感种是对环境条件变化反应敏感的物种。这类生物对环境因素的适应范围比较狭窄,环境条件稍有变化即不能忍受而死亡。如大型水生无脊椎动物中石蝇稚虫、石蚕蛾幼虫和蜉蝣稚虫等都喜在清洁的水体中生活,一旦水体受污染、溶解氧不足,就不能生存。

水体富营养化引起的赤潮和水华实际上是水体被营养物质污染后浮游生物群落组成与结构改变的一种现象。例如,福建沿海围垦区赤潮发生前,浮游植物种类较多,且优势种不很明显,其中硅藻类占有一定优势。赤潮发生后,原有硅藻类或基本消失,或数量迅速减少,引起浮游植物多样性迅速下降。而在赤潮发生前只少量存在的一些裸藻和甲藻类的数量随赤潮发生而迅速增加。

污染物对群落结构的影响还可通过影响种间关系(如竞争、捕食、寄生、共生等)而起作用。如重金属污染物(如铜、汞等)往往会改变水体中浮游植物的种类组成,浮游植物种类变化可能导致植食性动物种类组成变化,甚至使群落中食物链(网)发生改变。

环境污染对陆地生物群落结构的影响与其强度有直接关系。高浓度的污染物可直接引起生物体严重的病态,甚至死亡。加拿大安大略省某炼铁厂附近森林的变化是大气 SO_2 污染对群落结构影响的一个例证。该地区混交北方针叶林的优势层由白云杉、黑云杉、香脂冷杉、班克松、白扁柏、落叶松和美国五针松组成。在距炼铁厂 8 km 以内无连续的植被覆盖,8～19 km 处以草本植物占优势,在 19～27 km 区域以灌木层占优势;27 km 以内乔木的树冠层消失,在 27～37 km 区域树冠层便不连续,在 37 km 外树冠层是完整的。

国内外许多研究者都报道了重金属污染对土壤微生物群落结构和物种多样性的影响。由于不同微生物种类对不同污染物胁迫作用的抵御能力不同,土壤中污染物的存在无疑会对土壤微生物的群落结构造成一定的影响,甚至会引起优势种群的改变,同时还会使微生物的多样性降低。张雪晴等(2016)对安徽铜陵铜矿周边受 As、Cd、Cu、Zn 等重金属污染影响的土壤分析发现,随着综合污染指数的上升,与未污染的土壤(S_1)相比,土壤中细菌和真菌群落的多样性均下降,且真菌群落物种丰富度的变化大于细菌群落,因此污染物对真菌的群落结构和多样性有显著影响(表 11-1)。

表 11-1 铜矿周边土壤微生物群落多样性分析

土壤样品	综合污染指数	香农-维纳指数		均匀度		丰富度	
		细菌	真菌	细菌	真菌	细菌	真菌
S_1	0.71	3.2086	3.2643	0.9968	0.9598	25	30
S_2	3.89	3.2083	3.2185	0.9967	0.9719	25	28
S_3	4.57	3.1986	3.1197	0.9937	0.9692	25	25
S_4	8.47	3.0238	3.0503	0.9932	0.9598	21	24

3) 污染物对生态系统功能的影响

污染物作用于生态系统,会直接导致生态系统的能量流动、物质循环、信息流动发生变化。如重金属作用于农田,直接造成作物产量的降低以及重金属元素在体内的累积,系统的物流特征发生变化,重金属对植物的光合作用的影响则直接影响了生态系统的能流特征。有些有机污染物被称为环境激素,其存在大大干扰了各种动植物之间的信息传递等。

(1) 污染对初级生产的影响。

初级生产量是生态系统功能中最重要的特征之一。当进入生态系统中的污染物达到足够数量时,初级生产者会受到严重伤害,并反映出可见症状,如伤斑、枯萎直至死亡,导致初级生产量下降。例如,冶炼厂排放的大量 SO_2 废气严重影响附近的农作物、果树等的生长,使其降低产量,甚至死亡;工矿企业排放废水中含有的高浓度重金属对附近作物产生危害,导致减产;矿山和冶金重金属废水污染的湖泊生态系统中,浮游植物和高等植物因重金属毒害其种类和生物量均会显著下降。

在中等强度的污染情形中,污染物可能不会显示出对初级生产者的急性伤害,但能通过各种不产生明显症状的直接或间接作用影响初级生产量。大量研究表明,多种污染因素,如重金属、农药、大气污染物(如 SO_2、O_3、氟化物、粉尘)等都表现出对光合作用的抑制作用。例如,Cd 对水稻生长的影响首先表现在光合作用的降低,当 Cd 浓度达 5 mg/kg 时,光合效率降低 59%,光合效率的降低使初级生产量下降。在水生生态系统中,光合作用因污染抑制而使许多藻类和水生维管束植物生物量减少。

(2) 污染对物质循环的影响。

污染物能在营养循环的一些作用点上影响营养物质的动态,如改变有机物质的分解和矿化速率、营养物质吸收状况等而影响生态系统的物质循环。分解作用是生态系统中物质循环的一个重要环节。污染物能够通过影响这些分解者(细菌、放线菌、真菌、原生动物和无脊椎动物等),使污染生态系统中的微生物种群受到抑制,而降低有机质的分解和矿化速率。

研究表明,多种污染物能损害固氮生物,并抑制其固氮作用。重金属污染物对固氮菌有显著抑制作用。以 Cd、Ni、Co 和 Zn 处理沙培大豆,Cd 显著地减小大豆的根瘤数、干重,降低固氮作用。Ni 处理植株的固氮作用大大降低。

污染也可通过改变营养物质的生物有效性和循环的途径而影响生态系统的物质循环。如酸雨能改变生态系统中的营养循环过程,表现在养分加速从植物叶片和土壤淋失的过程,同时能改变土壤矿物的风化速度等。

(3) 污染与生态系统演替。

随着人类活动的加剧,环境污染作为影响生态系统演替的外源性因素已显得十分重要。在污染严重的地区,由于污染引起的初级生产量下降和环境条件的改变,已造成整个生态系统的退化,群落朝着逆向演替的方向发展,甚至可能造成整个生态系统的崩溃。因此,污染对生态系统的演替过程、动态机制的效应已引起人们的高度重视。

刘建康等对武汉东湖进行了长期生态学定位观察。发现从 20 世纪 50 年代至 90 年代中期,由于城市化的发展,人为过量地输入营养物质,东湖水生生态系统发生明显的演替变化。50 年代东湖大型水生植物覆盖率达 70%以上,水质清澈,金藻门如棕鞭藻(*Ochromonas*)、锥囊藻(*Dinobryon*)和单鞭金藻(*Chromulina*),硅藻门如窗纹藻(*Epithemia*)、异极藻(*Gomphonema*)、直链硅藻(*Melosira*)、小环藻(*Cyclotella*)出现率在 47.9%~85.7%之间(其中直链硅藻为 29.1%)。60 年代,浮游植物优势种发生明显变化,蓝藻门的微囊藻(*Microcystis*)、鱼腥藻(*Anabaena*),绿藻门的栅藻(*Scenedesmus*)等数量逐渐上升,硅藻门的直链硅藻的出现率提高到 52.8%~83.3%。70 年代平裂藻(*Merismopedia*)出现率由 1962—1963 年的 35.4% 提高到 61.1%。80 年代中期开始,浮游植物小型化加速,群体藻类如微囊藻、鱼腥藻数量显著下降,大小仅为几微米的微型藻如隐藻(*Cryptomonas*)、蓝隐藻(*Chroomonas*)出现率由 20%~30%上升至 80%~90%,数量激增。此外,小环藻

(*Cyclotella*)、针杆藻(*Synedra*)等数量亦有增加。小型颤藻(*Oscillatoria tenuis*)、中华尖头藻(*Raphidiopsis sinensis*)等在50—70年代并未发现,80年代起逐年增加,至1986年成为优势种。

在浮游植物数量大幅度增加的同时,多样性则随之下降。以代表性较强的湖中心来说,浮游植物多样性指数由1956年的3.41下降至1986年的2.26。随着环境污染的影响,30年来东湖浮游动物群落结构也发生了明显变化。60年代至80年代中期,枝角类中透明溞(*Daphnia hyalina*)和隆线溞一亚种(*D. carinata ssp.*)是绝对优势种群,80年代中期以来,这两种优势枝角类的种群密度日益减少,至90年代已趋于绝迹。在种群密度减少的同时,体型小型化趋势也极明显。

11.1.3　污染生态效应评价

污染生态效应评价就是定量地分析和评价环境污染物对生态系统的不良效应,为环境质量评估、调控和环境管理提供科学依据。科学地度量和评价污染物的环境生态效应,对于制定科学、有效的环境保护措施,保护环境,保障人类健康,保持人类社会可持续发展具有重要意义。

1. 污染生态效应评价的指标体系

生态系统中的污染物直接或间接影响生活在系统中的生物,产生一系列生态效应,在生态系统、群落、种群、个体及个体以下水平上均有体现。为完整、准确反映污染物的生态效应,需要通过一定的指标来表示这些影响。

(1) 生物个体指标:主要包括生物个体形态指标,如植物的高度、生物量、根长等,动物的体长、体重等;生理生化指标,主要涉及对生物新陈代谢过程的影响,如植物的吸收机能、光合作用、呼吸作用、蒸腾作用、反应酶的活性与组成、次生物质代谢等。

(2) 生物种群指标:主要包括种群密度、数量、结构方面的相关指标。例如绝对密度、相对密度、出生率、死亡率、性比、年龄结构等指标。

(3) 生物群落指标:生物群落反映生活在一个地区的各种生物和环境之间的相互关系,从群落水平进行污染生态效应评价更具有实际生态学意义。评价指标可以从群落组成与结构、群落动态、生态、分布等方面进行选取。如采用群落生物完整性指数、组成多样性指数、生物种群数量变化、生物量与生产力、种间关系、生态对策、动态演替等指标。

(4) 生态系统指标:生态系统评价指标主要包括生态系统组成结构变化、生态系统稳定性、生物与环境关系、系统营养库、初级生产量、生物体型分布、物种多样性等方面。常用指标如BT、GPP、NPP、GEP、生物完整性指数、生态能质、多样性指数、富营养化指数等。

2. 污染生态效应评价的类型与方法

1) 污染生态效应评价的类型

污染生态效应评价包括回顾性评价、现状评价和预测评价三大类。

(1) 回顾性评价是通过各种手段获取区域或生态系统的历史生态资料,对生态系统的组成、结构和功能变化及已经发生的演替过程进行评价。回顾性评价一方面要收集过去积累的生态环境资料,还需进行采样分析,进行生态效应模拟,推算过去的生态环境状况。作为事后评价,回顾性评价可以对生态环境变化预测的结果进行检验。

(2) 现状评价是根据污染物的不同,针对污染物对生态系统的生物组成、物理环境产生的变化进行评价,对生态系统整体结构与功能、区域生态环境变化及自然资源消耗进行评价。现状评价应阐明生态系统类型、基本结构和特点，各种生态因子之间的相互关系，同时，需要阐明污染物的种类、理化特性、对生物体的毒性，污染物对生态系统中生物个体、种群、群落、生态系统造成的影响，以及污染生态效应发生的机制、污染生态效应发生的程度。

(3) 预测评价是在影响识别、现状调查与评价基础上进行的，通过模拟研究与系统分析，预测未来不同时段污染物对区域生态系统及生物的污染生态效应，并提出相应的污染生态效应控制对策与措施。

2) 污染生态效应评价的方法

(1) 叠置法：该方法是将一套表示生态环境特征或污染生态效应的图进行叠加，作出复合图，以表示生态系统的特征，指明污染物在生态系统各部位的污染物效应的性质和程度。早期的方法是将研究区域划分为若干地理单元，在每个单元根据调查所获得资料作出每个评价因素的污染生态效应图，用颜色、阴影的深浅来表示生态效应的影响程度。随着计算机技术的广泛应用，将研究区域网格化，通过空间叠加分析方法可以定性评价污染物的生态效应，还可以通过加权来反映研究区多种生态效应的相对重要性。

(2) 列表清单法：该方法是将所选择的污染生态效应参数列在一张表格里，可以反映污染物在生态系统中不良的或有益的生态效应，并表示其相对强弱。

(3) 矩阵法：建立污染生态效应分析矩阵(表 11-2)，在水平方向上列出生态系统的生物和环境因子，垂直方向上列出污染因子，矩阵小网格的对角线左上方标出影响大小的数值，右下方标出污染物影响的相对重要程度，矩阵的右侧纵行给出各个污染因子对污染生态效应的贡献大小及重要程度，矩阵下方给出各个生态因子受影响的大小和相对重要性。矩阵法可以看作清单的一种概括表现形式，它可以说明哪些行为影响到哪些环境特性，并指出影响的大小。矩阵法包括利奥波德矩阵法、迭代矩阵法、奥德姆(Odum)最优通道矩阵法、摩尔(Moore)影响矩阵法、广义组分相关矩阵法等。

表 11-2　矩阵法的基本结构

	污染因子 1	污染因子 2	…	污染因子 n	污染因子总影响
生态效应 1	M_{11}/W_{11}	M_{12}/W_{12}	…	M_{1n}/W_{1n}	$\sum_{j=1}^{n} M_{1j}W_{1j}$
生态效应 2	M_{21}/W_{21}	M_{22}/W_{22}	…	M_{2n}/W_{2n}	$\sum_{j=1}^{n} M_{2j}W_{2j}$
⋮	⋮	⋮	⋱	⋮	⋮
生态效应 m	M_{m1}/W_{m1}	M_{m2}/W_{m2}	…	M_{mn}/W_{mn}	$\sum_{j=1}^{n} M_{mj}W_{mj}$
生态总效应	$\sum_{i=1}^{m} M_{i1}W_{i1}$	$\sum_{i=1}^{m} M_{i2}W_{i2}$	…	$\sum_{i=1}^{m} M_{in}W_{in}$	$\sum_{i=1}^{m}\sum_{j=1}^{n} M_{ij}W_{ij}$

(4) 网络法：该方法可以鉴别和累计污染物对生态系统的直接和间接影响。网络法经常表示为树枝状(图 11-4)。利用影响树可以表示污染物对生态系统产生的各种原发性效应和次生效应。网络法主要有两种形式：因果网络法和影响网络法。

因果网络法的实质是一个包含规划与调整行为、行为与受影响因子以及各因子之间联系的网络图。因果网络图的优点在于可以识别环境影响的发生途径，便于依据因果关系考虑减缓及补给措施，缺点在于因果关系要么过于详细，致使在一些不太重要或者根本不可能发生的一些影响上花费太多时间、人力、物力和财力，要么就是因果关系考虑得过于笼统，导致遗漏重

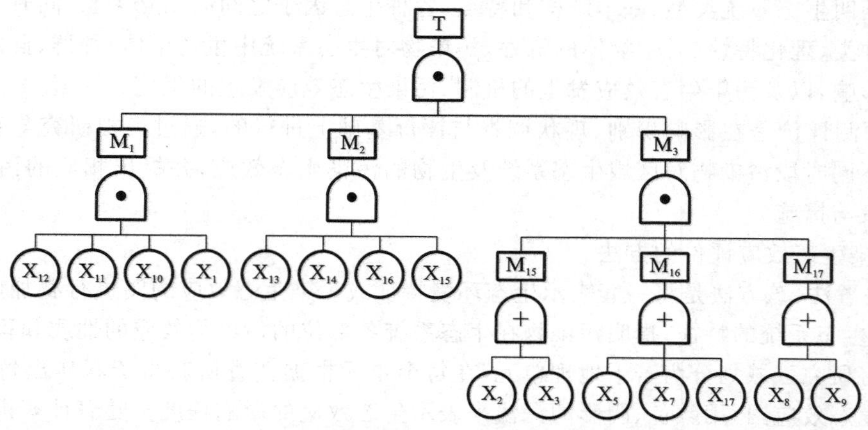

T—生态系统破坏；M_1—水域生态系统破坏；M_2—陆域生态系统破坏；M_3—自然环境系统破坏；M_{15}—地质灾害发生；M_{16}—水环境恶化；M_{17}—局地气候变化；X_1—生态流量不能保障；X_2—滑坡；X_3—塌方；X_5—危险化学品泄漏；X_7—污废水排放事故；X_8—水库引起气温变化；X_9—水库引起湿度变化；X_{10}—鱼类产卵场消失；X_{11}—鱼类栖息地消失；X_{12}—珍稀鱼类消失；X_{13}—珍稀保护动物消失；X_{14}—珍稀保护植物消失；X_{15}—水土保持措施失效；X_{16}—泄洪引发水土流失；X_{17}—水库对库区气候的影响

图 11-4 河流水电站工程生态效应评价网络图

(引自徐天宝,2016)

要影响,尤其可能遗漏间接影响。

影响网络法则是将影响树中对经济行为与环境因子进行的综合分类以及因果网络法中对高层次影响的清晰的追踪描述结合进来,最后形成一个包含经济行为、环境因子和影响联系这三个评价因子的网络。

3.污染生态效应评价的主要内容

污染生态效应评价一是对受污染影响的生态系统组成、结构与功能变化进行评价,二是对污染物的物理、化学性质及生态毒理学效应进行评价。其主要内容如图 11-5 所示。

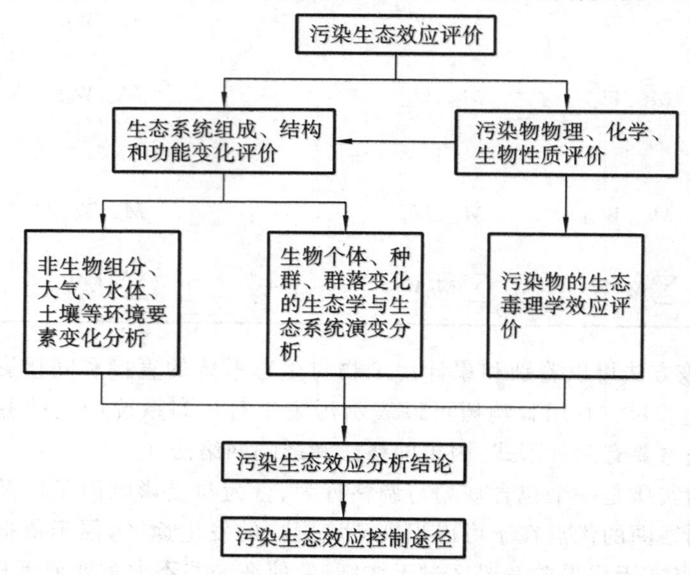

图 11-5 污染生态效应评价的内容

11.2　污染生态诊断

污染生态诊断就是按照一套综合诊断程序和行之有效的检验方法(物理法、化学法、生物学方法、生态毒理学方法等)对区域生态系统质量进行说明、评定和预测。污染生态诊断是建立在对污染状况和污染源全面调查基础上的。通过对生态系统现状的监测,了解主要污染物对生态系统各要素的污染程度及范围;通过对污染源的全面调查,确定主要污染源和主要污染物及其排放特征。在此基础上,研究污染物的分布和扩散规律,探讨污染发生的机制,掌握生态系统质量变化的规律。

污染因素对生态系统的危害有一阈值,此阈值是判断生态系统污染及污染程度的重要依据,也是制定生态系统污染标准的科学依据。

11.2.1　生态系统污染衡量标准

1. 环境背景值

环境背景值是指环境要素在未受污染的情况下,环境本身所固有的元素含量,以及环境中能量分布的正常值。它可作为诊断生态系统污染程度的参照值,如果污染物含量超过了环境背景值和能量分布异常,表明生态系统可能受到了污染。但在人类的长期活动,特别是现代农业生产活动的影响下,自然环境的化学成分和含量水平发生了明显的变化。要找到一个区域的环境要素的背景值是很困难的。因此,环境背景值实际上是相对不受直接污染情况下环境要素的基本化学组成。

土壤背景值是在不受或少受人类活动影响和现代工业污染与破坏的情况下,土壤原来固有的化学组成和结构特征。但由于人类活动和现代工业发展的影响,加上土壤本身所具有的多样性和不均匀性等特征,土壤元素的背景值是统计性的,它是一个范围值,而不是一个确定值。

植物的背景值是指在良好的环境条件下生长于具有背景值的土壤中某一植物的可食部分的化学组成和营养特征,这里所指的良好环境条件包括正常情况下的水、肥、气候等因素。

2. 环境质量标准

环境质量标准是为保护人群健康和生存环境,对环境要素中有害物容许含量所作的规定,体现了国家的环境保护政策和要求以及经济和技术发展的水平。环境质量一般分为水质标准、大气质量标准、土壤质量标准和生物质量标准。

制定环境质量标准的主要科学依据是环境质量基准。环境质量基准和环境质量标准是两个不同的概念。前者是由化学物暴露对象之间的剂量-效应关系确定的,不考虑社会、经济、技术等人为因素,不具有法律效力;后者是以前者为依据,并考虑社会、经济和技术因素,经过综合分析而制定的,由国家管理机关颁布,具有法律的效力。

3. 环境容量

环境容量是以生态系统为基础,在一定区域与一定期限内,遵循环境质量标准,既保证农产品生物学质量,又不使环境遭到污染时,环境所能容纳污染物的最大负荷量。

从理论上讲,环境容量 M 由两个部分组成,即

$$M = K + R$$

式中:K 为基本环境容量(或称为 K 容量或稀释容量);R 为变动环境容量(或称为 R 容量或自

净容量)。前者主要表征的是自然环境的特性,后者主要表征的是污染物质的特性。所以环境容量是自然环境的基本属性之一,由自然环境特性和污染物质特性所共同确定。

4. 临界浓度

临界浓度是指环境中某种污染物对人或其他生物不产生不良或有害影响的最大剂量或浓度。它反映环境介质中的污染物作用于研究对象,在不同浓度或剂量下引起危害作用的种类和程度。按作用对象的不同,可分为卫生临界浓度(对人群健康的影响)、生态临界浓度(对动植物及生态系统的影响)和物理临界浓度(对材料、能见度、气候等的影响)。

5. 污染的程度分级

在生态系统污染评价中,目前国内外尚无统一的评价标准,以往绝大多数的国内外文献报道,均用背景值加 2 倍或 3 倍标准差作为污染标准。但这种污染评价方法没有与元素的毒理学性质联系起来,也没有与元素的生态环境效应联系起来。而且其得出的指数不具有等价的属性,难于进行不同元素间污染程度的对比。为此,采用指数评价法,以既考虑污染物的毒理学性质和生态效应,又考虑污染物的环境效应的某区域土壤的临界浓度作为评价标准。

$$P = C/C_s$$

式中:C 为土壤中污染物的实测浓度(mg/kg);C_s 为土壤中污染物的临界浓度(mg/kg);P 为土壤中污染物的污染指数。根据土壤中污染物的污染指数的大小,一般将污染的严重程度分级分为 7 个级别(表 11-3)。

表 11-3 土壤污染严重程度分级

污染级名	污染指数范围	级别
背景区	≤背景值	1
安全区	背景值~0.7	2
警戒区	0.7~1.0	3
轻度污染区	1.0~1.5	4
中度污染区	1.5~2.0	5
重度污染区	2.0~2.5	6
严重污染区	>2.5	7

11.2.2 污染生态诊断方法

1. 敏感植物指示法

当生态系统受到污染后,利用植物对污染的生态反应和生理生化反应"信号",可以诊断生态系统被污染的状况。

1) 症状法

植物受到污染影响后,常常会在植物形态上,尤其是叶片上出现肉眼可见的伤害症状,即可见症状,不同的污染物质和浓度所产生的症状及程度各不相同。根据敏感植物在不同环境下叶片的受害症状、程度、颜色变化和受害面积等指标,来指示生态系统的污染程度,以诊断主要污染物的种类和范围。

2) 生长量法

生长量法利用植物在污染生态区和清洁区生长量的差异来诊断和评价生态系统污染状

况。一般影响指数越大，说明生态系统污染越严重。

$$IA=\frac{W_0}{W_m}$$

式中：IA 为影响指数；W_0 为清洁区（即对照区）植物生长量；W_m 为诊断区（即污染区）植物生长量。

3）清洁度指标法

清洁度指标法利用敏感植物种类、数量和分布的变化来指示大气环境的污染状况。通常指数越大，说明空气质量越好。以地衣生态调查为例，可用下式求得各监测点大气清洁度指数（IAP）：

$$IAP=\sum_{i=1}^{n}(Q\times f)/10$$

式中：IAP 为大气清洁度指数；n 为地衣种类数；Q 为种的生态指数（即平均数）；f 为种的优势度（即目测盖度及频度的综合）。

4）种子发芽和根伸长的毒性试验

本方法可用于测定受试物对陆生植物种子萌发和根部伸长的抑制作用，以诊断受试物对陆生植物胚胎发育的影响。种子在含一定浓度受试物的基质中发芽，当对照组种子发芽率在65％以上，根长达 2 cm 时，试验结束，测定不同处理浓度种子的发芽率和根伸长抑制率。计算发芽率和根长的平均值、标准差，对浓度-反应曲线进行拟合优度的测定，计算种子发芽率和根伸长的 EC_{10} 和 EC_{50}。

5）陆生植物生长试验

该测试可用于诊断受试物对陆生植物的毒性、生态效应，估计受试物对植物生长及生产力的影响。植物幼苗生长在一定浓度的受试物环境中，时间以 14 天为宜，用生长指标和中毒症状与对照的相应参数加以比较。将试验植物种子 20 粒，直接播种在盆内支持介质中，出苗后间苗，每盆保留 10 株生长整齐一致的幼苗。试验从处理开始至结束，共 14 天。试验结束，调查测定各处理植物的生长参数，统计植物全株、根和地上部分的长度、鲜重与干重的平均值与标准差，对各处理样和对照样作图，给出浓度-反应曲线，并进行拟合优度的测定，计算 EC_{10} 和 EC_{50}。

6）生活力指标法

此方法是利用植物在生态系统中生长发育所受到的影响来诊断生态系统的污染状况。通常是先确定调查点，再确定调查物种，然后确定植物生活力指标调查项目并分级定出诊断标准。实地调查时，在每个调查点上选定几株样树，然后对每株样树进行评定，将各项目的评价值加起来除以调查项目，就可以得到影响指数。指数越大，生态系统污染越严重。

2. 敏感动物指示法

1）蚯蚓指示法

选用蚯蚓进行筛选试验是为了诊断污染生态系统中化学物质对土壤中动物的急性伤害。基本原理是将蚯蚓置于含不同浓度受试物的土壤中，饲养 7 天和 14 天，评价其死亡率，应包括使生物无死亡发生和全部死亡的两组浓度。最后根据受试物处理浓度和死亡率数据，计算 LC_{50} 和置信限。

2）鱼类回避试验

许多研究表明，行为是一种早期和敏感的毒理学指标，人或动物接触相对低剂量（或浓度）

的环境毒物后,常是在出现临床症状或生理生化指标改变之前,表现出行为功能障碍。行为测试目前已较广泛用于有机溶剂、重金属(尤其是铅、汞)、工业废气、农药等神经毒理学研究。

回避反应是鱼类行为方式之一,目前对污染物产生回避反应的水生动物种类主要有鱼、虾、蟹。水生昆虫等也有一定回避能力。

在天然条件下,观察回避反应难度较大,所以目前多在实验室进行。测量回避行为的参数有两个:一是受试动物进入清水区和废水区的次数(尾数);二是滞留时间。一般肉眼观察时,可 30 min 记录一次;也可采用自动观测装置。由试验结果可以计算出鱼类回避率,其计算公式如下:

$$\text{鱼类回避率} = \frac{E-A}{E} \times 100$$

式中:E 代表进入清水区的鱼的尾数(4 次试验总计);A 为进入废水区的鱼的尾数(4 次试验总计)。

通常以受试鱼类进入废水区和清水区次数或时间各占 50%,表示中性反应;进入清水区次数或时间超过 50%,表示有某种程度的回避。但要注意生物之间差异性和室内外结果的综合分析。

3. 发光细菌诊断法

利用发光杆菌作为指示生物的方法,是一种快速、简便、灵敏、廉价的诊断方法,并与其他水生生物测定的毒性数据有一定的相关性,因此,该方法对有毒化学品的筛选、诊断和评价具有重要意义,也可作为诊断、评价污染生态系统内化学物毒性的指标。

明亮发光杆菌(*Photobacterium phosphoreum*)在正常生活状态下,体内荧光素(FMN)在有氧参与时,经荧光酶的作用会产生荧光,光波长的峰值在 490 nm 左右。当细胞活性高时,细胞内 ATP 含量高,发光强;休眠细胞 ATP 含量明显下降,发光弱;当细胞死亡时,ATP 立即消失,发光即停止。处于活性期的发光菌,当受到外界毒性物质(如重金属离子、氯代芳烃等有机毒物、农药、染料等)的影响,菌体就会受抑制甚至死亡,体内 ATP 含量也随之降低甚至消失,发光减弱甚至消失,并呈线性相关。

将待测化合物配成 5 个以上的浓度等级,以 2 mL 3%NaCl 溶液作空白对照,用生物毒性测试仪测定发光强度。记录样品管和对照管的发光强度,可根据下式求得:

$$\text{相对发光强度} = \frac{\text{样品管发光强度}}{\text{对照管发光强度}} \times 100\%$$

将浓度对数和相对发光率进行回归分析,用直线内插法求出相对发光率为 50%时所对应的化合物浓度,即 EC_{50}。

4. 遥感诊断法

遥感技术是指从遥远的地方,对所要研究的对象进行探测的技术。这种技术不需要与目标物接触即可获得来自目标的某些信息。如可以根据目标物的电磁波特征信息的收集、传输、处理、分析,来探测和识别地物的性质、空间和时间分布、变化规律。

遥感技术能够监测全球性大气、土壤、水质、植物污染,掌握污染源的位置、污染物的性质及扩散的动态变化,及时了解污染物对生态系统的影响,从而采取积极的防护措施。

1) 水环境污染诊断

水污染的种类很多,主要是由石油及固体废弃物引起的水面污染,由悬沙、泥沙、微生物等悬浮物质在水中引起的污染,由化学废弃物、放射性废弃物等溶解性物质引起的水污染。近几十年来，我国先后对海河、渤海湾、大连湾、珠江、苏南大运河等大型水体进行了遥感测定，研究了有机污染、油污染、富营养化等；利用水色遥感资料估算了渤海湾表层水叶绿素的含量，并建立其与海水光谱反射率之间相关关系的模型，定量地划分了有机污染区域。

在有石油生产的海面及港口等水域中，石油污染是一个普遍存在的问题。由于在紫外、蓝光及红外等波段的油膜反射均高于海水，故可针对不同情况选用紫外遥感、可见光与近红外遥感、热红外遥感、微波遥感等进行诊断、监测。

在水体富营养化监测方面，宋挺等(2016)利用空间分辨率较高的中分辨率成像光谱仪(MODIS)数据(空间分辨率 250 m，每天过境 4 次)进行连续监测，发现太湖宜兴西部沿岸与竺山湖水域交界处有连续多日的稳定蓝藻聚集区域，然后利用空间分辨率较高的环境一号卫星电荷耦合元件传感器(CCD)数据(空间分辨率 30 m，每 3 天过境 2 次)结合实地观测对蓝藻聚集原因进行分析，得出此次蓝藻富集是由高密度沉水植物的阻隔作用导致的，并对沉水植物区域进行了提取与面积统计。其研究结果验证了利用多源遥感数据进行沉水植物与藻类水华预警的可行性和便捷性。

2) 土壤污染遥感诊断

各种岩石、土壤、植被及水体等均有其独特的光谱特征。地物光谱特征的差异，是遥感技术识别各类地物的主要依据，也是应用遥感技术开展土壤重金属污染评价的理论基础。目前遥感技术对土壤重金属污染评价研究主要有两个方向：一是植被反演。根据地表植被覆盖以及重金属在植被根茎、叶片中富集，植被在重金属胁迫下叶绿素等光谱特征发生变化的特点，通过植被光谱数据反演土壤中的重金属含量，间接评价重金属污染。二是土壤监测。利用重金属对土壤波谱特性的影响，通过土壤光谱数据监测重金属含量。土壤监测方法的原理是，利用光谱分析方法室内测定土壤发射光谱数据，经线性回归分析或指数回归分析、标准化比值计算、特征光谱宽化处理后，建立重金属元素含量与发射率变量之间的土壤重金属反演模型，定量反演出土壤重金属含量。Thomas Kemper 等(1998 年)在西班牙 Aznalcóllar 尾矿库溃坝事件土壤重金属污染监测中，基于多元线性回归分析(MLR)和人工神经网络(ANN)方法分别通过化学分析、特征光谱(近红外反射光谱)手段监测土壤重金属含量，两种手段对 As、Fe、Hg、Pb、S、Sb 等 6 种元素监测有较高的相似度，为相似矿区环境的监测提供了较好的借鉴。李淑敏等(2010 年)以北京为研究区，研究土壤中 8 种重金属(Cr、Ni、Cu、Zn、As、Cd、Pb、Hg)的含量与热红外发射率的关系，分析了土壤重金属的特征光谱，并模拟预测了重金属含量的回归模型。宋练等(2014 年)以重庆市万盛采矿区为研究区，通过光谱特征物质之间的自相关性来分析土壤中光谱特征物质，在回归分析的基础上建立 As、Cd、Zn 重金属含量的遥感定量反演模型，监测三种重金属含量，结果表明土壤在近红外波段和可见光波段的反射值比值与土壤中 As、Cd、Zn 含量存在较好相关性。

3) 大气污染遥感诊断

利用气象卫星，大气遥感可以定期监测大气温度及水蒸气垂直分布情况。虽然不可能用遥感手段直接识别物理量如气溶胶含量和各种有害气体，但有些微量气体分子的辐射和吸收光谱是固定的，如二氧化碳、水蒸气、甲烷、臭氧等，所以可反演推算大气的吸收、辐射及散射光谱。通过遥感图像可以直接分析出大气气溶胶的分布和光学厚度，而大气污染的程度和性质只能利用间接解译标志来推断，这是因为有害气体通常不能在遥感图像上直接显示出来。

大气卫星都携有探测大气反射辐射、发射辐射的红外通道，这使得气象卫星能够对雾霾类天气进行监测。通过这些探测，土壤、植被、水体等下垫面对太阳辐射的反射辐射和自身的发射辐射都能被遥感到。

雾的粒子由水滴或冰晶组成,它具有较大的粒子尺度和充足的水蒸气含量,已经达到了饱和状态,这主要是因为雾是由靠近地面的水蒸气凝结或凝华形成的。因为液态水或冰晶组成的雾的散射基本上不受波长的影响,所以在遥感图像上雾主要是乳白色或青白色,它具有显著的日变化和明显的雾区与晴空区的界限。霾主要由各种污染物组成,如大量极细的尘、硫酸盐、硝酸盐、碳氢化合物等,细粒子气溶胶污染是霾天气的本质。霾是非水溶性的,这是由于干粒子的存在使得水蒸气含量不能达到饱和状态,由上述多种污染物形成的霾,包含大量的散射波长较长的光,所以在遥感图像上霾主要是黄色或灰色,与雾相比,没有明显的日变化和显著的与晴空区的界限。刮大风时,地面的各种沙尘物质被风卷起,从而形成了沙尘天气,黄土高原、蒙古高原、西部沙漠、沙化农田以及中亚沙漠是导致中国沙尘性天气的主要沙尘来源,因此分布尺度跨度大的一些粒子比如黏土、硅酸铝、石英等是决定沙尘质的主要物质。由于沙尘天气主要发生在水蒸气含量非常小、饱和状态非常低的沙漠及附近的半干旱地区,因此沙尘粒子一般具有较长的散射波长,在遥感图像上主要是黄色或深黄色。

4) 植物污染遥感诊断

植物作为指示生态系统污染的一种指标,已得到人们普遍的承认。在显示和查明植被受污染破坏的状况时,遥感方法是不可代替的技术手段,它能够迅速、准确地提供给人们大范围的植被污染危害状况。因此,应用遥感技术监测生态系统污染越来越受到人们的重视,得到了广泛的应用。目前常用的植被胁迫遥感监测指标主要有植被指数和红边参数等。

(1) 植被指数:利用卫星不同波段探测数据组合而成的、能反映植物生长状况的指数。红波段被植物叶绿素强吸收,进行光合作用制造干物质,是光合作用的代表性波段;近红外波段位于绿色植被强反射光谱区,是叶子健康状况最灵敏的标志,对植被结构差异、植物长势与植被含水量反应敏感,指示着植物光合作用能否正常进行。通过这两个波段探测值的不同组合,可得到不同的植被指数。Dunagan 等以归一化植被指数、比值植被指数和红边参数为因子,用逐步回归法建立回归模型,分析树叶中的汞含量;田国良等也用归一化植被指数和比值植被指数分析受铜、镉污染的水稻的变化,结果发现在水稻分蘖初期归一化植被指数效果较好,而在拔节期比值植被指数监测污染状况较好。Jackson 研究指出,采用两个或多个植被指数比采用单一指数值更能完整地评价整个生长期的植物受污染情况。植被指数灵敏度取决于植被本身类型、环境湿度、大气等条件,并且受太阳高度角、观测角度、地表倾斜以及辐射强度等因素的影响。为了削弱这些因素对植被光谱数据的干扰,针对不同的生物物理特性,目前产生了约 150 种植被指数。

近年来随着高光谱遥感技术的发展,高光谱植被指数也逐渐发展起来,高光谱分辨率仪器所获得的连续波段宽度一般在 10 nm 以内,因此这种数据能够以足够的光谱分辨率区分出那些具有诊断性光谱特征的地表物质。这对于采用植被指数监测污染提供了新的手段。

(2) 红边参数:Bonham Carter 于 1988 年首次提出红边的概念,并且指出红边参数与叶绿素含量之间有密切关系。红边即由于植物体内叶绿素对入射光的吸收,造成植物反射光谱从红光波段到近红外波段(660～780 nm)出现一个陡峭的爬升脊。植物在生长期,叶绿素含量增加,红光吸收率增加,与生长期之前的光谱相比,则红边向波长较长的方向移动,即红移。如果植物受到污染,叶绿素含量将降低,红光反射率增加,与正常生长的植被相比,红边位置将向波长较短的方向移动,即蓝移。它是描述植被色素状态和健康状况的重要指示波段,在植物曲线中最具诊断性。许多研究提出,根据红边拐点的位移情况可以说明植物是否受到污染,由获得的光谱数据精确确定植被不同时间点红边的位置是植被污染监测的关键。

表 11-4 列出了遥感监测受污染植物的相关案例。

表 11-4　遥感监测受污染植物的相关案例

污染物	受胁迫植物	分析方法	研究者
锌	黑麦草	植被指数、偏最小二乘法	Kooistra 等,2003
	白菜	反射率变化程度和蓝移程度	陈思宁等,2007
汞	芥末菠菜	植被指数、微分光谱、红边参数、逐步回归	Dunagan,2007
铜	白菜	反射率变化程度和蓝移程度	刘素红,2007
	农作物	红边参数、微分光谱、人工神经网络	Liang 等,2008
	小麦	反射率变化程度和蓝移程度	迟光宇,2005
铅	草地	红边参数、主成分分析、微分光谱、红边参数	Kooistra 等,2004
	草地	微分光谱、红边参数、植被指数	Clevers 等,2004
	水稻		任红艳,2005
镉、铜	水稻	植被指数	田国良等,1990
铜矿区	矿区植物	最大吸收程度	甘甫平等,2004
	芦苇	微分光谱、红边参数	卢霞等,2007
金矿区	赤松	红边参数、倒置高斯模型	吴继友等,1997
	矿区植物	植被指数、水效应指数	徐瑞松,1992
锡矿尾矿	地肾蕨、地青蒿	植被指数	李娜,2007
石油	污染区植物	红边参数、拉格朗日插值、多项式拟合、光谱混合分析、主成分分析	Li 等,2003
	洋槐	光谱积分、蓝移程度	王云鹏,2000

11.3　环境污染的治理与修复

11.3.1　传统环境污染治理与修复

1. 污染治理与修复的概念

(1) 污染治理(treatment):指采用一些措施使受污染的环境不再对系统中生物或其周围环境产生负面影响。

(2) 污染修复(remediation):在使污染环境得到治理后,虽然可能在结构上发生某些变化,但最终还能够恢复未污染之前的功能,使污染环境重新焕发出生机与活力而被重新使用。

2. 传统的污染治理与修复方法

1) 生物修复

生物修复(bioremediation)主要是指微生物修复,即利用天然存在的或人为培养的专性微生物对污染物的吸收、代谢和降解等功能,将环境中有毒污染物转化为无毒物质甚至彻底去除的环境污染修复技术。生物修复之所以主要是指微生物修复,是因为人类最早利用生物来修复污染环境的生命形式主要是微生物,而且对于污水处理来说其应用技术比较成熟,影响也极其广泛。但生物包括微生物、植物、动物等,特别是近些年来,植物修复已成为环境科学的热点,同时也为公众所接受,因而,广义的生物修复既包括微生物修复、植物修复,也包括植物与微生物的联合修复。

2) 植物修复

植物修复(phytoremediation)是指利用植物及其根际圈微生物体系的吸收、挥发和转化、降解的作用机制来清除环境中污染物质的污染环境治理技术。植物修复途径主要包括:

(1) 利用超积累植物,去除污染土壤或水体甚至大气中的重金属;

(2) 利用挥发植物,以气体挥发的形式修复污染土壤或水体;

(3) 利用固化植物,钝化土壤或水体中有机或无机污染物,使之减轻对生物体的毒害;

(4) 利用植物本身特有的利用、转化或水解作用,使环境中污染物得以降解和脱毒;

(5) 利用植物根际圈共生或非共生特效降解微生物体系的降解作用,修复被有机污染物污染的土壤或水体;

(6) 利用绿化植物,净化污染空气。

广义的植物修复包括利用植物净化空气(如室内空气污染和城市烟雾控制等),利用植物及其根际圈微生物体系净化水体(如污水的湿地处理系统、水体富营养化的防治等)和治理污染土壤(包括重金属及有机污染物质等)。狭义的植物修复主要指利用植物及其根际圈微生物体系净化污染土壤或污染水体,而通常所说的植物修复主要是指利用重金属超积累植物的提取作用去除污染土壤或水体中的重金属。能够达到污染环境修复要求的特殊植物统称为修复植物。例如:对空气净化效果好的绿化树木和花卉等;能直接吸收、转化有机污染物质的降解植物;利用根际圈生物降解有机污染物的根际圈降解植物;提取重金属的超积累植物、挥发植物和用于污染现场稳定的固化植物等。

3) 微生物联合修复

要将植物修复与微生物修复截然分开是不可能的,因为对于绝大多数植物来说,植物的生命活动与其根际环境中微生物的生命活动是密不可分的,许多情况下还形成共生关系,如菌根(真菌与植物共生体)、根瘤(细菌与植物共生体)等。在修复植物对污染物质起作用的同时,其根际圈微生物体系也在起作用,只不过植物对污染物修复起绝对作用,因而还应称其为植物修复。而对于以微生物降解为主要机制的根际圈生物降解修复来说,对污染物起到修复作用的主要是根际圈微生物体系,虽然植物对污染物也起到某些直接降解或转化作用,但主要是微生物在起主导作用。植物只是为这些微生物更好地生存创造了有利条件,但这些条件是至关重要的。因此,根际圈生物降解修复也可以叫做植物-微生物联合修复。

4) 物理修复

物理修复(physical remediation)是根据物理学原理,采用一定的工程技术,使环境中污染物部分或彻底去除或转化为无害形式的一种污染环境治理方法。相对于其他修复方法,物理修复一般需要研制大中型修复设备,因此其耗费也相对昂贵。

物理修复方法很多,如大气污染治理的除尘(如重力除尘法、惯性力除尘法、离心力除尘法、过滤除尘法和静电除尘法等),污水处理的沉淀、过滤和气浮,污染土壤修复的置土换土法、物理分离、蒸汽浸提、固定低温冰冻等。

5) 化学修复

化学修复(chemical remediation)是利用加入环境介质中的化学修复剂与污染物发生一定

的化学反应，使污染毒性被去除或降低的修复技术。

化学修复方法应用十分广泛。例如：气体污染物治理的湿式除尘法、燃烧法，含硫、氮废气的净化等；污水处理的氧化、还原、化学沉淀、萃取、絮凝等。相对于其他污染土壤修复技术，化学修复技术发展较早，也较为成熟。污染土壤化学修复技术目前主要涵盖以下几方面的技术类型：化学淋洗技术；溶剂浸提技术；化学氧化修复技术；化学还原与还原脱氯修复技术；土壤性能改良修复技术等。

11.3.2　污染的生态修复

1. 生态修复的定义

生态修复(ecological remediation)是在生态学原理指导下，以生物修复为基础，结合各种物理修复、化学修复以及工程技术措施，通过优化组合，使之达到最佳效果和最低耗费的一种综合的修复污染环境的方法。目前，理论和技术上可行的污染修复技术主要有植物修复、微生物修复、酶学修复、动物修复、化学修复、物理修复和各种联合方式修复等几大类，有些修复技术已经进入现场应用阶段并取得了较好的治理效果。然而，无论是化学修复、物理修复，还是植物修复、微生物修复，都存在着这样或那样的缺点，都不能对环境污染进行根治。只有对污染环境实施生态修复，才能彻底阻断污染物进入食物链的途径，才能最大限度地防止对人体健康的损害，从而最为有效地促进环境的可持续发展。

2. 生态修复的特点

污染环境生态修复是根据生态学原理对多种修复方式进行优化综合，其特点如下。

(1) 严格遵循循环再生、和谐共存、整体优化、区域分异等生态学原理。

(2) 生态修复主要是通过微生物和植物等的生命活动来完成的，影响生物生活的各种因素也将成为影响生态修复的重要因素，因此，生态修复也具有影响因素多而复杂的特点。

(3) 多学科交叉生态修复的顺利施行，需要生态学、物理学、化学、植物学、微生物学、分子生物学、栽培学和环境工程等多学科的参与，因此，多学科交叉也是生态修复的特点。

3. 生态修复的机制

1) 污染物的生物吸收与富集机制

土壤或水体受重金属污染后，植物会不同程度地从根际圈内吸收重金属，吸收数量的多少受植物根系生理功能及根际圈内微生物群落组成、还原电位、重金属种类和浓度以及土壤的理化性质等因素影响，其吸收机理是主动吸收还是被动吸收尚不清楚。植物对重金属的吸收可能有以下三种情形。

一是完全的“避”，这可能是当根际圈内重金属浓度较低时，根依靠自身的调节功能完成自我保护，也可能是无论根际圈内重金属浓度有多高，植物本身就具有这种“避”机理，可以免受重金属毒害，但这种情形可能很少。

二是植物通过适应性调节后，对重金属产生耐性，吸收根际圈内重金属，植物本身虽也能生长，但根、茎、叶等器官及各种细胞器受到不同程度的伤害，使植物生物量下降。这种情形可能是植物根对重金属被动吸收的结果。

第三种情形是指某些植物因具有某种遗传机理，将一些重金属元素作为其营养需求，即使在根际圈内该元素浓度过高也不受其伤害，超积累植物就属于这种情况。

2) 有机污染物的生物降解机制

生物降解是指通过生物的新陈代谢活动将污染物质分解成简单化合物的过程。由于微生物具有各种化学作用能力,如氧化脱羧作用、脱氯作用、脱氢作用、水解作用等,同时本身繁殖速度快,遗传变异性强,也使得它的酶系能以较快的速度适应变化了的环境条件,而且对能量利用的效率更高,因而具有将大多数污染物质降解为无机物质(如二氧化碳和水)的能力,在有机污染物质降解过程中起到了很重要的作用,因此生物降解通常是指微生物降解。微生物具有降解有机污染物的潜力,但有机污染物能否被降解还要看这种有机污染物是否具有可生物降解性。可生物降解性是指有机化合物在微生物作用下转变为简单小分子化合物的可能性。

细菌除直接利用自身的代谢活动降解有机污染物外,还能以环境中有机质为主要营养源,对大多数有机污染物进行降解,如多种细菌可利用植物根分泌的儿茶素和香豆素降解多氯联苯(二环的共代谢),也可以对低相对分子质量或低环有机污染物进行降解,微生物常将有机物作为唯一的碳源和能源进行矿化,而对于高相对分子质量的和多环的有机污染物多环芳烃(三环以上的)、氯代芳香化合物、氯酚类物质、多氯联苯、二噁英及部分石油烃等则采取共代谢的方式降解。这些污染物有时可被一种细菌降解,但多数情况是由多种细菌共同参与的联合降解。

菌根真菌在促进植物根对有机污染物吸收的同时,也对根际圈内大多数有机污染物尤其是持久性有机污染物(POPs)部分降解。

腐生真菌及一些土壤动物对污染物质也有一定的降解作用。白腐真菌能产生一套氧化木质素和腐殖酸的降解酶,这些酶包括木质素过氧化物酶、锰过氧化物酶和漆酶,除能降解一些污染物,也能锁定一些污染物,以减少对植物的毒害。

3) 有机污染物的转化机制

转化或降解有机污染物是微生物正常的生命活动或行为。这些物质被摄入体内后,微生物以其作为营养源加以代谢。

4) 生态修复的强化机制

对于污染程度较高且不适于生物生存的污染环境来说,必须先采用物理或化学修复的方法,将污染水平降到能够降到的最低水平,然后采用生物修复。如仍达不到修复要求,就要考虑采用生态修复的方法,而在生态修复实施之前,先要将环境条件控制在能够利于生物生长的状态。但直接利用修复生物进行生态修复,其修复效率还是很低的,这就需要采用一些强化措施,进而形成整套的修复技术。

强化机制分为两个方面:一是提高生物本身的修复能力;二是提高环境中污染物的可生物利用性,如深层曝气、投入营养物质、投加添加剂等。

4. 生态修复的基本方式

根据生态修复的作用原理,生态修复有以下几种方式:微生物-物理修复;微生物-化学修复;微生物-物理-化学修复;植物-化学修复;植物-物理修复;植物-微生物修复;植物-微生物-化学修复;植物-微生物-物理修复。其相互关系如图 11-6 所示。

5. 污染生态修复的关键问题

1) 最佳生态条件的确定

生态修复是以微生物修复和植物修复为主要核心内容的一个比较“年轻”的研究领域。因此,微生物修复和植物修复需要解决的关键问题也应该是生态修复有待解决的关键问题。也就是说,生态修复要达到最大成功,必须充分发挥物理、化学修复与植物、微生物修复经有机结合和技术优化后所产生的优势。当然,这取决于多种因素,从技术参数上大体可涉及以下方面。

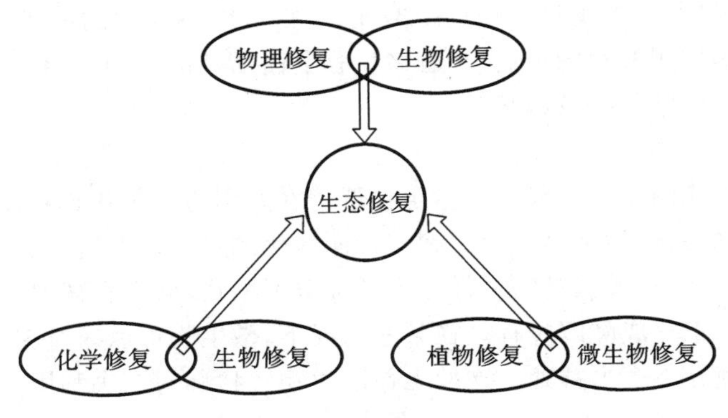

图 11-6　污染生态修复的基本方式

(1) 水分。

水分是调控微生物、植物和细胞游离酶活性的重要因子之一。特别是水分通过对介质通透性能、可溶性物质的特性和数量、渗透压、溶液 pH 值和不饱和水力学传导率发生作用，而对污染土壤及地下水和污染地表水体的生态修复产生重要影响。

(2) 营养物质。

氮、磷和其他营养物质缺乏时，特异或修复生物的生长也会受限制。营养供应、共氧化底物及其他促进生物生长的各种物质(包括投加方法、投加时间和投加剂量等)的充足与否是生态修复的另一主要限制因子。许多研究者针对生物修复的最佳生态条件建议，C、N、P 的最佳比例为 100：10：1。相对来说，表层土壤的修复主要是针对表层土壤养分供给与调控，较容易实施。然而，生态修复的成功不仅在于表层，更主要的是对亚表层甚至深层土壤及地下水污染的成功去除。因此，亚表层生态调控技术，即生态修复所需物质进入亚表层的技术，是生态修复技术的重要组成部分。

(3) 处理场地。

处理场地中存在的化学污染物及其浓度不应显著抑制微生物或酶的降解活性和超积累植物的吸收作用，否则应加以稀释；处理的化学污染物必须是生物可利用的；在处理点或反应器中的条件必须适合生物生长，为此首先有必要对处理场地本身及处理过程所需达到的生态条件进行了解和设置。

(4) 氧气与电子受体。

充分的氧气供给是生态修复重要的一环。在植物修复中，由于植物根的呼吸作用，在亚表层介质中，常常需要一定数量的氧气；在微生物修复中，微生物降解的速率常常取决于终端电子受体供给的速率。而在介质微生物种群中，很大一部分是把氧气作为其终端电子受体的。另外，氧化还原电位对亚表层环境中微生物种群的代谢过程也产生影响。

(5) 介质物理化学因素。

有机质含量、黏粒含量、CEC 和 pH 值、环境温度及影响环境温度的气候变化，磷肥和钙肥的可利用性，也影响生态修复过程。其中，生物修复的最适 pH 是 5.5～8.5，最适温度范围为 15～45 ℃。

2) 微生物接种

微生物接种是指把一些与土著微生物群落有关的具有独特或专性代谢功能的微生物引入污染处理现场的过程，它是作为生态修复基础的生物修复的重要环节。生物修复在应用上的成功与高效,体现在接种后微生物生物量的增加、生物可降解程度的改善、微生物群落结构的最优化与良好的降解作用过程的控制、土著微生物群落活性的增强,特别是接种微生物能显著地影响污染物的生态化学行为及归宿。

3) 共代谢作用与二次利用

生物修复中的共代谢作用一般是指微生物群落在利用另一种化学物质作为碳源和能源的同时,使环境中存在的其他污染物也得以参与代谢转化的过程。在这一过程中,污染物的去除或毒性的降低,完全是间接或偶然的事件。为了降解污染物,微生物需要与其他支持它们生长的化合物或基质共存来完成降解过程。在某些情况下,微生物可以通过转移反应转移污染物,这些转移反应对细胞并不产生益处。这种无益的生物转移称为二次利用。共代谢就是一种典型而重要的二次利用过程。

从某种意义上来说,共代谢只是微生物转化的一种特殊类型。由于它的存在,某些污染物(如石油烃和有机染料)通过生物修复后,尽管原污染物的浓度有所降低,但转化产物总体上会导致对生态系统更大的毒性,而且产生于共代谢过程的部分氧化终产物不易被土著微生物降解。因此有必要从生态毒理学角度对生物降解过程进行生物评价。

4) 生物有效性及其改善

在生态修复过程中,还常常遇到这样一个问题:不论生态条件多么优化,环境介质(土壤、水、沉积物或大气尘粒)本身对污染物的吸附或其他固定作用,隔断了专性微生物、酶和植物与污染物直接的接触,导致了专性微生物、酶和植物对污染物的生物可降解性和对投加的营养物质的可利用能力或程度(即生物有效性)的降低。通过对生物有效性的改善,可以增大生物降解的速率。

5) 生物进化及其利用

污染环境能够“锻炼”生物的耐受力。在污染环境下,我们容易筛选获得对污染物有较强降解或超积累能力的微生物或植物。相反,在清洁环境中,我们常常难以获得生物修复过程中所需的专性微生物或超积累植物。可见,就专性微生物或超积累植物的筛选而言,污染环境所带来的生物进化的积极意义值得考虑。

一方面,需要对污染环境中的生物降解和生物积累过程进行识别,并从生物进化的角度,通过有意识、长时间的驯化,在实验条件下获得具有更强的生物降解或生物积累能力的微生物或超积累植物,并积极应用这些生物进化的机制,包括对生物转录因子进行调控和利用,为生态修复达到技术上的完全成熟打下基础;另一方面,需要在生态修复结束后,应用生物进化原理对引入的专性微生物加以有目的的控制,包括投入污染环境中的种群数量随污染物浓度降低而逐渐减少,最后消失的过程,以及将其加以提取用于其他污染点修复的方法等。

11.4 生态工程

20 世纪 60 年代以来,全球性的生态危机逐渐爆发,迫使人们不断寻求解决相应生态问题的对策,来加强资源环境的保护。在这一宏观背景下,生态工程诞生并发展成为一个全新的、多学科相互渗透的应用领域。50 多年来,生态工程这一应用生态学科的分支领域在世界上迅速发展,成为全球生态系统管理与调控的重要工具。

11.4.1　生态工程的概念与发展

生态工程是应用生态学科体系的组成部分，是依据生态学理论和方法研究和解决环境问题而产生的新兴分支领域。生态工程有其特定的内涵、基本特征、尺度和边界。作为生态学领域的分支之一，在诸多相关学科当中，生态工程与应用生态学的联系最为紧密。

1. 生态工程的概念

20世纪60年代，美国著名生态学家H. T. Odum从生态系统的自我设计过程出发，提出了“生态工程”这一概念，将其定义为“人类运用少量辅助能而对以自然能为主的系统进行的环境控制”。1979年，我国生态学家马世骏提出了以“整体、协调、循环、再生”为核心的生态工程基本概念，1987年马世骏又将其进一步修订为“生态工程是利用生态系统中物种共生与物质循环再生原理及结构与功能协调原则，结合结构最优化方法设计的分层多级利用物质的生产工艺系统。生态工程的目标就是在促进自然界良性循环的前提下，充分发挥物质的生产潜力，防止环境污染，达到经济效益与生态效益同步发展”。后来，W. J. Mitsch和S. E. Jørgensen将生态工程定义为“为了人类社会及其自然环境二者的利益而对二者进行的设计”，1993年又将这一定义修改为“为了二者的共同利益而对人类社会及其自然环境加以综合的、可持续的生态系统设计”。1996年，在北京召开的国际生态工程大会上，将生态工程定义为“生态工程是人类认识和改造世界的一种系统方法，将社会经济与其自然环境综合在一起，并达到两方面效益相统一的可持续生态系统的规划、设计与管理的系统科学方法与组合技术手段”，“生态工程是生态科学的合理扩展，必须以生态学原理为基础，与生态和社会文化条件相结合，实施系统评价、规划、设计、建设与管理，实现生态系统内部的功能优化、结构和谐、过程高效，促进系统的可持续发展”。结合我国的实际情况，颜京松在2001年提出，生态工程定义可修订为：“为了人类社会和自然双双受益，着眼于生态系统，特别是社会-经济-自然复合生态系统的可持续发展能力的整合工程技术。促进人与自然和谐，经济与环境协调发展，从追求一维的经济增长或自然保护，走向富裕、健康、文明三位一体的复合生态繁荣和可持续发展。”

2. 生态工程的内涵

从以上各种定义来看，生态工程有以下主要内涵：①生态工程实践是基于生态学理论；②生态工程是一个宽泛的概念，包括所有类型的生态系统以及与之相互联系、相互作用的潜在人类活动；③包括工程设计的概念与含义；④存在一个潜在的价值体系。在这四个基本内涵当中，第一点是关键和基础，也就是说生态工程必须以生态学理论为基础；第二点的内容与应用有关，是指生态工程代表了一种新的设计范例，它最为明显的应用价值在于设计并实践生态系统与人类之间的相互作用；第三点将设计引入生态工程概念当中，明确表明设计是工程的关键，成功的工程设计需要依据严格的方法论；最后一点表明了生态工程的目标，即可利用的价值。

从生态工程宽泛的定义当中，反映出生态工程有许多内涵，可将其应用到许多不同领域当中。总体来说，生态工程的应用主要在四个方面：①设计各种生态系统，来代替人工系统或能源密集型系统，从而满足人类需要（如环境工程）；②恢复受损生态系统，缓解对资源的过度开发（如生态恢复）；③管理、利用和保护自然资源（如林业生态工程）；④将人类社会和生态系统紧密结合起来，进行环境治理和环境建设（如景观建筑、城市规划、城市园林设计等）。

3. 生态工程的特征

从生态工程内涵可以看出，生态工程的基本特征如下：具有在系统工程领域相联系的多元成分与多重目的;具有整体性、协调性、循环与自主特征;经济效益、生态效益和社会效益协调发展;具有多学科相结合的特征;具有鲜明的伦理学特征。

生态工程不同于环境工程,环境工程属于解决污染问题的科学原理的应用范畴,多依靠装置设备去除、转化或控制污染物,而生态工程是应用综合技术对自然环境进行规划、设计和重建,其核心是利用生态系统的自我维持功能不断地对自然环境进行改造。传统环境保护工程、清洁生产工程和生态工程在对象、目标、模式、设计、结构、功能等方面有明显的区别(表11-5)。

表 11-5 传统环境保护工程、清洁生产工程和生态工程的区别

工程类别	传统环境保护工程	清洁生产工程	生态工程
对象	局部环境-污染物排放点	工艺流程-技术链	社会-经济-自然复合生态系统
目标	单一,污染物减量,达标排放	单一,污染物产生最少化,零排放	多目标,优化功能,同步获得生态环境、经济和社会效益
方向	环境影响	工艺过程	生态功能
模式	先污染后末端治理	寓环保于生产中	寓环保于生产和消费中,从“源”到“汇”,再从“汇”到“源”,良性循环
设计原则	人为的恢复	部分模拟自然	按自然设计
策略	补救污染	防止污染	能力建设
结构	链式、刚性	链式、刚性	网状、自适应性
规模	单一化、大型化	单一化、组合化	多样化、组合化
系统耦合	纵向,部门内	纵向,部门内	纵向、横向,区域、部门内外
物流途径	开放式,向环境排放	半开放式,产品输出、废物在内部转化、再生	组合式,从“源”到“汇”,再从“汇”到“源”,良性循环
主要过程	物理的	人+机器	人+自然
功能	处理“三废”达标	产品+“三废”处理	产品+生态服务+社会服务
能源	化石燃料及电为主	化石燃料及电为主	太阳能、风能等自然能及可再生能源为主
人类介入	从外部	友好参与	天人和谐
稳定性	对外部依赖性高	对外部依赖性高	抗外部干扰能力强
代价	高	可耐受	合理
可持续能力	低	适当	高
历史	30 多年	10 多年	3000 多年
循环	可接受	合乎需要	绝对需要
共生	很少	可采取	强烈地需要
环境效益	局部,当前	局部,当前	整体,长远
经济效益	投入运转费高,无直接收入	增产节约,有直接收入	投入及运转费低,多层分级利用,增加收入

4. 生态工程的发展

自 20 世纪 60 年代，美国的 H. T. Odum 正式提出生态工程概念以来，生态工程方面的研究与实践迅速发展。1989 年，W. J. Mitsch 和 S. E. Jørgensen 在其《生态工程》一书中提出了生态工程的对象、基本原理和方法论，推动了生态工程在全球范围内的发展。1992 年国际性的生态工程杂志《Journal of Ecological Engineer》正式出版，1993 年国际生态工程学会成立，大力地推动了生态工程理论的完善与实践的发展。

1996 年，由国际生态工程学会、国际科联环境问题科学委员会中国委员会、中国科学院、瑞士 Stensund 应用生态中心联合主办的国际生态工程会议在北京举行，会议明确了生态工程的定义与基本特征，论证了生态工程对于可持续发展的重要作用，交流了在生态工程领域研究的最新成果与建设的经验，着重在农业生态工程、退化生态系统恢复生态工程、农工复合系统生态工程、污染控制生态工程、害虫控制生态工程等方面进行了详细的讨论。1998 年，国际生态工程学会议在印度的加尔各答举行会议，强调传统的生产管理实践中的环境问题以及采用环境友好技术、清洁生产技术有效地利用自然和生物资源。2001 年，国际生态工程会议在新西兰举行，会议主题为"发展城市生态系统与农村生态系统"，强调综合景观服务及生产功能。2004 年在希腊的 Thessaloniki 召开了"植被在改善陡坡稳定性中的应用"这一国际生态工程会议，讨论了生态工程各个研究领域的最新研究进展，而且重点强调生态工程新方法、新技术的开发和应用。

在生态工程领域，W. J. Mitsch 和 S. E. Jørgensen 是自 H. T. Odum 之后两位在世界上很有影响力的人物。他们首创性开发了湖泊和湿地生态模型，并在全球范围内广泛传播，成为一个有效的工具被广泛应用于可持续水资源管理方面，为全球性水资源利用与管理作出了重大贡献。S. E. Jørgensen 和 W. J. Mitsch 于 2004 年获得斯德哥尔摩水奖。

在西方发达国家和地区，生态危机主要表现在由高度工业化、城市化及强烈集约型的农业经营所造成的严重环境污染和破坏。因此，主要运用生态工程来达到治理污染、保护生态环境的目的。由于我国所面临的生态危机已经不单纯是环境污染，而是与人口增长、环境与资源破坏、能源短缺等紧密相关，因此我国的生态工程不仅解决环境保护问题，而更重要的是以生态、经济及社会综合效益最高为目标。在研究方面，主要是在多学科渗透和结合的基础上，着重于系统组分间关系的综合，探索系统的功能和发展趋势；在应用方面，由最初的农业生态工程及污水处理与利用生态工程，扩展到多种生态产业，生态工程的范围涉及农业、环保、林业、养殖、村镇规划、城建等各个领域。所有这些均以人与自然和谐、可持续发展为目标，应用生态工程的方法论和技术路线，按各地的自然、经济、社会条件，因地因类制宜规划地区的生态建设。可见，我国与西方发达国家生态工程各有侧重(表 11-6)。

表 11-6　我国和西方发达国家生态工程的区别

项目	西方发达国家	中　国
背景	经济及科学技术发达，生态危机主要表现在环境污染	经济及科学技术不及发达国家，生态危机表现在人口众多、资源破坏、能源不足、环境污染
理论基础	生态学原理为主，综合多门自然学科	生态学原理为主，综合多门应用技术学科和社会学科
对象	以自然生态系统为主，偶尔兼顾经济效益	以社会-经济-自然复合生态系统为主

续表

项目	西方发达国家	中　国
目的	环境保护为主	经济、生态、环境和社会的综合效益
设计原则	自我设计为主,辅以人为干预	按经济、生态和社会的预期目标,人为干预为主
技术路线	主要强调强制函数	主要通过生态工艺技术调控系统内部结构和功能
辅助能	化石燃料和电能为主	人力为主,化石燃料或电耗少
再生循环	可采用	绝对需要
商品生产	通常没有	饲料、农、渔、畜等产品及一些轻工原料
生物多样性	单纯	复杂
价值	美化环境、自然资源保护,无市场价值	高产、优质、低耗、高效生产商品,废物充分利用

11.4.2　生态工程的基本原理

1. 生态工程的生态学原理

1）生态位原理

生态位是生态学研究中广泛使用的概念,每一种生物在多维的生态空间中都有其理想的生态位,而每一种环境因素都给生物提供了现实的生态位。这种理想生态位与现实生态位之差一方面迫使生物去寻求、占领和竞争良好的生态位,另一方面也迫使生物不断地适应环境,调节自己的理想生态位,并通过自然选择,实现生物与环境的世代平衡。因此在生态工程设计及技术应用中,如能合理运用生态位原理,把适宜而有经济价值的物种引入系统中,填充空白的生态位而阻止一些有害的杂草、病虫、有害鸟兽的侵袭,就可以形成一个具有多样化物种及种群稳定的生态系统,充分利用高层次空间生态位,使有限的光、气、热、水、肥资源得到合理利用,最大限度地减少资源的浪费,增加生物量与产量。如稻田养鱼就是把鱼引入稻田中,鱼可以吃掉水稻生长发育过程中所发生的一些害虫,为稻田施肥,而水稻则为鱼类生长提供一定的饵料,从而取得互惠互利的效果。

2）限制因子原理

生物的生长发育离不开环境,并适应环境的变化,但生态环境中的生态因子如果超过生物的适应范围,对生物就有一定的限制作用。只有当生物与其居住环境条件高度相适应时,生物才能最大限度地利用环境方面的优越条件,并表现出最大的增产潜力。因此在生态工程建设与生态工程技术应用中,必须考虑生态因子的限制作用。

3）食物链原理

在自然生态系统中,由生产者、消费者、分解者所构成的食物链,从生态学原理看,它是一条能量转化链、物质传递链,也是一条价值增值链。绿色植物被草食动物取食,草食动物被肉食动物吃掉,植物和动物残体又可被小动物和低等动物分解,以这种吃与被吃而形成了食物链关系,更多是形成了一种复杂的食物链网。但在人工生态系统与生态工程中,这条食物链往往缩减了,缩减了的食物链不利于能量的有效转化和物质的有效利用,同时还降低生态系统的稳定性，加重环境污染。因此根据生态系统的食物链原理，在生态系统与生态工程的设计建设中，可以将各营养级因食物选择而废弃的生物物质和作为粪便排泄的生物物质，通过加环与相应的生物载体进行转化，延长食物链的长度，并提高生物能的利用率。如在经济树林中养殖土鸡、鸡粪喂猪、猪粪制造沼气、沼渣肥田、稻田养鱼、鱼吃害虫而保障水稻丰产，从而形成了一种以人为中心的网络状食物链的种养方式，其资源利用效率与经济效益要比单一种养方式大得多。

4）整体效应原理

系统是由相互作用和相互联系的若干组成部分结合而成的具有特定功能的整体，其基本的特性就是集合性，表现在系统各组分间相互联系、依赖、作用、制约而形成不可分割的整体，整体的作用和效应要比各部门之和来得大。由于生态工程是涉及生物、环境、资源以及社会经济要素的社会-经济-自然的复合系统，因此生态工程的建设要达到能流的转化率高，物流循环规模大，信息流畅，价值流增加显著，即整体效应最好，就需要合理调配组装协调系统的各个组分，使整个系统的总体生产力提高。整体效应的取得要取决于系统的结构，结构决定功能。生态工程强调在不同层次上，根据自然资源、社会经济条件按比例有机组装和调节，以整体协调优化求高产、高效、持续发展。

5）生物与环境相互适应、协同进化原理

生物的生存、繁衍不断从环境中摄取能量、物质和信息，生物的生长发育依赖于环境，并受环境的强烈影响。外界环境中影响生物生命活动的各种能量、物质和信息因素称为生态因子。生态因子既有生物和生命活动所需的利导因子，也有限制生物生存和生命活动的限制因子。利导因子促进生物的生长发育，而限制因子则制约生物生长与生产的发展，因而在当地的生态工程建设中必须充分分析当地利导因子及限制因子的数量和质量，以选择适宜的物种和模式。

生态系统作为生物与环境的统一体，既要求生物适应其生存环境，又有生物对生存环境的改造作用，这就是所谓的协同进化原理。协同进化原理认为生物与环境应看作相互依存的整体，生物不只是被动地受环境作用和限制，而是在生物生命活动过程中，通过排泄物、死体、残体等释放能量、物质于环境，使环境得到物质补偿，保证生物的延续。

6）效益协调统一原理

生态工程系统是一个社会-经济-自然复合生态系统，是自然再生产和经济再生产交织的复合生产过程，具有多种功能与效益，既有自然的生态效益，又有社会的经济效益，只有生态与经济效益相互协调，才能发挥系统的整体综合效益。

生态工程的设计、建设与应用都是以追求综合效益为最终目标的。在其建设与调控中，将经济与生态工程建设有机交织地进行，如农业开发与生态环境建设结合，资源利用与增殖结合，乡镇农业开发与环保防污建设结合等，就是将所追求的生态效益、经济效益和社会效益融为一体。

2. 生态工程技术调控原理

生态工程技术调控通常是指通过对现有生态系统中的某个环节或几个环节进行扩大、缩小、置换、添加或功能变换，以及对其所处的生态经济环境进行适当的改变，最终不断地提高生态工程整体的生态经济效益。

1）生态工程的自然调控原理

自生原理中的自我组织、自我优化、自我调节、自我再生、自我设计和自我繁殖等是国外生态工程设计中应用的主要依据，这种生态系统的自生、自我设计作用对维护系统的相对稳定和工程的可持续性具有重要意义。

自我组织和自我设计是生态工程设计技术调控中的主要原理。它是系统不借助外力形成具有充分组织形态的有序结构,也即生态系统通过反馈作用,依照最小能耗原理建立内部结构和生态工程的行为。自我优化是具有自组织能力的生态系统,在发育过程中,向能耗最小、功率最大、资源分配和反馈作用分配最佳的方向进化。H. T. Odum 认为生态工程的本质就是生态系统的自组织,生态工程的设计与建造、人类的调控和干预仅是提供系统一些组分间匹配的机会,其他过程则由自然通过选择和协同进化来完成。H. T. Odum 强调生态工程的本质是管理与控制自组织,充分利用生态系统处理和利用自然能源。W. J. Mitsch 将这个观点进一步扩展成自组织即自我设计。在多数情况下,自组织被用于让自然选择适宜的物种,在这种情况下,生态工程学家提供额外的许多物种的种子,通过生物的繁殖,从而形成种群、群落,这样自组织就产生了。

例如,如果目标是创建湿地系统用于处理废水,生态工程学家将设计一种传统的容器结构,同时控制适当的水流流入与流出量,在系统中种植来自其他系统群落的物种,以利于生物部分的自组织贯穿于整个湿地的系统设计和建设中。

自组织原理是生态系统中一个显著的特征,对生态学家来说,它是一个新的用于同其他非常熟悉的传统技术相结合的工具。

自组织可以借助种植已经适应所关注环境系统条件的物种来加速,这需要来自环境设计和物种适应性两方面的知识。生物的适应性存在来源于达尔文的进化论,物种受环境梯度影响,并与其他物种产生相互作用(竞争与捕食)。生物适应性的机制包括生理、形态和行为学特征,一个生物的生态位从某种意义上来讲就是它的全体适应性的总和。预适应性的实质其实就是“预先存在的特性使生物适应于新的环境”。

2) 生态工程的人工调控原理

在生态工程的设计建设与技术调控中必须以自然生态系统稳定性的调节机制为基础,人工调节必须与系统内部的自然调控相互结合。人工调控途径按其对象分为环境调控、生物调控、系统结构调控、输入与输出调控、复合调控等。

(1) 环境调控。

改善生态环境,满足生物生长发育的需要。例如:植树造林,改善农田小气候;地膜覆盖,提高地温与土壤水分;种植豆科绿肥,增加土壤肥力与改善土壤结构。

(2) 生物调控。

通过良种选育、杂交良种,应用遗传与基因工程技术,创造出转化效率高、能适应外界环境的优良物种,达到对资源的充分利用。

(3) 系统结构调控。

通过调整生态系统结构,改善系统中能量与物质的流动与分配,增强系统的机能。

(4) 输入与输出调控。

生态系统工程中输入的光、热、水、气等因子非人工所能控制,但输入的部分肥料、水源、土壤、种子等在其质与量上可以部分地受到人为调控。如输入符合系统的内部运行机制与规律,其输出则有利于环境质量的改善和系统功能的增强;如果输入不符合系统的运行规律,则输出会使环境质量降低,系统功能削弱。

(5) 复合调控。

生态工程的复合调控是自然调控与社会调控两者之间交互联结而成的调控,不仅要考虑系统的自然环境，还要考虑各种社会条件，如政策和法律、市场交易、交通运输等影响到系统的运行规律及机制。复合调控的机制也明显地分在三个层次上进行，最低层次的自然调控、第二层次的经营者直接调节与第三层次的社会间接调控相互联系密切。因此在进行生态工程建设与技术调整过程中，经营者在制订计划和实施直接调控时除了要考虑系统的自然状况外，还必须考虑各种社会条件，经营者的行为和决策总要不同程度地受到市场等因素的制约。

11.4.3　污染控制生态工程

生态工程技术已被成功地应用于水、土、气、固体废物等环境污染防治及复合污染防治领域。目前广泛应用的技术主要包括稳定塘与水生生物净化技术、土地处理技术、污水回用与养殖技术、污染土壤恢复与无害化利用技术、固体废物处置与利用技术、大气污染防治生态工程、矿山生态恢复与污染控制技术等。

1. 污水稳定塘处理技术

通过物理和生物过程处理有机废水的池塘统称为污水稳定塘(wastewater stabilization pond)。在中国习惯上称为氧化塘。氧化塘是一种利用藻类和细菌两类生物间功能上的协同作用处理污水的生态系统。由藻类的光合作用产生的氧以及空气中的氧来维持好气状态，使池塘内废水中的有机物在微生物作用下进行生物降解。

在氧化塘中藻类起着重要作用，所以在去除 BOD 的同时，营养盐类也能被有效地去除。效果良好的氧化塘不仅能使污水中 80%～95%的 BOD 去除，而且能去除 90%以上的氮、80%以上的磷。伴随着营养盐的去除，藻类进行着 CO_2 的固定、有机物的合成。通常除去 1 mg 氮，能获藻体 10 mg；除去 1 mg 磷，能获藻体 50 mg。大量增殖的藻体会随处理水流出，如果能采用一定的方法回收藻类，或在氧化塘的出水端设养鱼池，或对氧化塘出水加以混凝沉淀等处理，将可使处理水质大大提高。目前，氧化塘已广泛用于城市污水及食品、制革、造纸、石油化工、农药等工业废水的处理。污水经氧化塘处理后，BOD 去除率可达 50%～90%，大肠杆菌去除率可达约 98%。氧化塘的优点是构筑物简单、投资运行费用低、维护管理简便，但占地面积较大。

氧化塘可以划分为兼性塘、厌氧塘、曝气塘、好氧塘、水生植物塘和生态系统塘等不同类型。

1) 兼性塘

兼性塘(facultative pond)，深度一般在 1.0～2.5 m，由上层好氧区、中层兼氧区和底部厌氧区组成。在上层好氧区，阳光能透入，藻类的光合作用旺盛，释氧多，是好氧微生物对有机物的氧化和代谢区域；中层兼氧区阳光不能透入，溶解氧不足，以兼性微生物占优势；底部厌氧区是厌氧微生物占主导地位，对沉淀于塘底的底泥进行厌氧发酵。兼性塘主要应用于处理工业、农业废水和生活污水。BOD 的去除率在 70%～95%，最高达 99%。

2) 厌氧塘

厌氧塘(anaerobic pond)主要以厌氧微生物为主，厌氧塘的有机负荷很高，BOD_5 的表面负荷一般在 33.6～56 g/m^2，BOD_5 的去除率为 50%～80%，塘深 2 m 以上。厌氧塘处理出水的 BOD_5 为 100～500 mg/L，其后通常置有兼性塘和好氧塘。

3) 曝气塘

曝气塘(aerated pond)是以机械曝气装置补氧的人工塘，塘深一般在 2～5 m，水力停留时间 4～5 d。BOD_5 去除率能达到 50%～90%。曝气塘 BOD_5 负荷为 0.03～0.06 kg/(m^3 · d)。

曝气可使塘内污水中固体或部分固体保持在悬浮状态,具有搅拌和充氧双重功能。

4) 好氧塘

好氧塘(aerobic pond),是完全依靠藻类光合作用供氧的稳定塘。其水深一般小于1.0 m,以保证阳光能透射到水底,保障藻类在每个深度均能进行光合作用。好氧塘在应用中一般采用塘系统,或同其他污水处理技术结合形成复合系统,在系统中既可以用来代替一级或一二级处理,又可承接二级(包括常规二级或其他相当于二级)出水代替深度处理技术。

5) 水生植物塘

水生植物塘(hydrophyte pond),是由水生维管束植物和藻类为主体的稳定塘。维管束植物的主要作用是同化和储存污染物、向根部输送氧气、为微生物存活提供条件。目前应用较多的是以水葫芦或水浮莲为主的浮水植物塘。塘的深度应保证水生植物须根分布在大部分水流区,以提供充分的净化机会,因此,一般水深应在0.9 m以下。其有机污染负荷≤30 kg(BOD)/(hm^2 · d)时,该系统可保证良好的运行效果。

6) 生态系统塘

由于普通好氧塘和兼性塘对藻类缺乏控制,往往出水中藻类含量过多,造成承接水体的二次污染,利用稳定塘系统进行水产养殖,就可在水体中形成由原生动物、浮游动物、底栖动物、鱼类、禽类等参与的多条食物链。它们与塘环境形成复杂的塘生态系统。

这种塘系统将水处理与利用相结合,以太阳能作为初始能源,对进水中多种多样的污染物进行降解与净化,并通过多条食物链交错构成的复杂的食物网迁移转化,参与各营养级生物的代谢过程,最后转变为可供人类食用的动物食品,完成了物质在生态系统中的循环,在有效去除污染物的同时,实现了污水的资源化。

需要注意的是,当进水中含有重金属和难降解有机物时,可通过食物链在动物体内富集,如供人食用可对健康造成威胁,因此,必须对进塘污水水质实行严格控制。

2. 污水土地处理系统

利用土地以及其中的微生物和植物根系对污染物的净化能力来处理已经过预处理的污水或废水,同时利用其中的水分和肥分促进农作物、牧草或树木生长的工程设施称为土地处理系统(land treatment system)。

1) 污水土地处理系统的净化机理

土地处理是利用土地生态系统的自净能力来净化污水的。土地生态系统的净化机理包括土壤的过滤截留、物理和化学的吸附、化学分解、生物氧化以及植物和微生物的摄取等作用。它的主要过程如下:污水通过土壤时,土壤将污水中处于悬浮和溶解状态的有机物质截留下来,在土壤颗粒的表面形成一层薄膜,这层薄膜里充满着细菌,它能吸附污水中的有机物,并利用空气中的氧气,在好氧细菌的作用下,将污水中的有机物转化为无机物;土地上生长的植物,其根系吸收污水中的水分和被细菌矿化了的无机养分,再通过光合作用转化为植物的组分,从而实现将有害的污染物转化为有用物质的目的,并使污水得到净化处理。

污水土地处理系统一般由污水的预处理设施,污水的调节与储存设施,污水的输送、布水及控制系统,土地处理区和排出水收集系统组成。因此土地处理系统是以土地为主的、统一的、完整的系统。

2) 土地处理系统的主要类型

(1) 地表漫流系统(overland flow system):地表漫流(OF)系统(图11-7),是将污水定量地投配到具有较缓坡度、土壤渗透性较低且生长着茂密植被的土地表面上,污水沿地表呈薄层缓慢而均匀地流动，经一段距离后得到净化的一种污水处理系统。该系统的净化原理是利用“土壤-植物-微生物-水”体系对污染物的巨大容纳、缓冲和降解能力。缓慢的水流提供了良好的好氧条件，为微生物创造了良好的呼吸环境；分布于地表的生物膜对污染物有吸附、降解的作用；植物起到了均匀布水以及吸收污染物的作用；阳光促进污染物的分解。地表漫流系统的影响因素主要为三个方面：土壤的理化性质；土地表面的坡度和平整度；植被的覆盖率和稠密度。该法适用于透水性差的土壤及平坦而有均匀适度坡度(2%～8%)的田块。

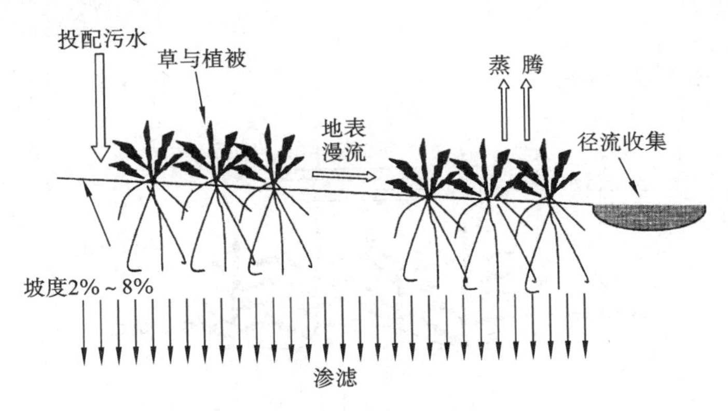

图 11-7　地表漫流系统

(2) 慢速渗滤系统(slow-rate system)：慢速渗滤(SR)系统(图 11-8)，是将污水有效地投配到土地或种有植物的土地表面，经过土壤表面渗流以及土壤-植物系统内部垂直渗滤得到净化的土地处理系统。这是污水土地处理技术中水和营养成分利用率最高、经济效益最大的一种类型。水力负荷和有机负荷是慢速渗滤系统的重要设计参数。水力负荷的选用，除与污水自身的水质因素有关外，主要与土壤质地和植物的选择有关。主要选用渗水性良好、污水传导性能强的土壤；植物选择主要考虑能最大限度地吸收氮、磷及有机物等营养物质，耐水湿，生长期长，易于管理。有机负荷通过对单位面积的污染负荷和通化容量的计算，有控制地投配，使处理系统在最佳状态下连续运行。慢速渗滤系统包含土壤胶体的机械截留、离子交换等物理化学固定作用以及土壤酶与微生物的降解、转化，被植物吸收利用等生物化学作用，故污水净化效率高，出水水质优良。由于它与农业生产紧密结合，投入少，故被广泛采用。

(3) 快速渗滤系统(rapid infiltration system)：快速渗滤(RI)系统(图 11-9)是将污水有控制地投配到具有良好渗滤性的土地表面，污水在向下渗滤过程中经过物理、化学和生物化学等一系列作用而得到净化。快速渗滤系统的影响因素主要为三个方面：运行周期(湿干比)；渗透系数；水力负荷。快速渗滤系统采用周期处理模式，即定期投配污水使渗滤系统淹没和土壤表面干燥氧化交替进行，使渗滤土壤表层好氧条件周期性地再生，从而使截留在浅层土壤的污染物充分有效地分解，对 COD、BOD、氮有很好的处理效率。土壤的质地和结构影响着处理系统的渗透系数，水力负荷与渗透系数密切相关。渗透系数小的土壤，其空隙较小，渗透率较低，出水水质较好。该系统的显著优势是可以终年运行，且成本和能耗低，因此具有广阔的应用空间。

(4) 湿地系统(wetland system)：湿地处理系统(图 11-10)是在土壤-植物-微生物复合生态系统中，有控制地投配污水使土壤经常处于饱和状态，污水在生态系统运行过程中，经过土壤和耐水湿植物联合作用，得到充分净化的污水处理系统。湿地处理系统包括天然湿地和人工湿地处理系统。其中人工湿地处理系统是人工设计的、模拟自然湿地结构和功能的复合体，

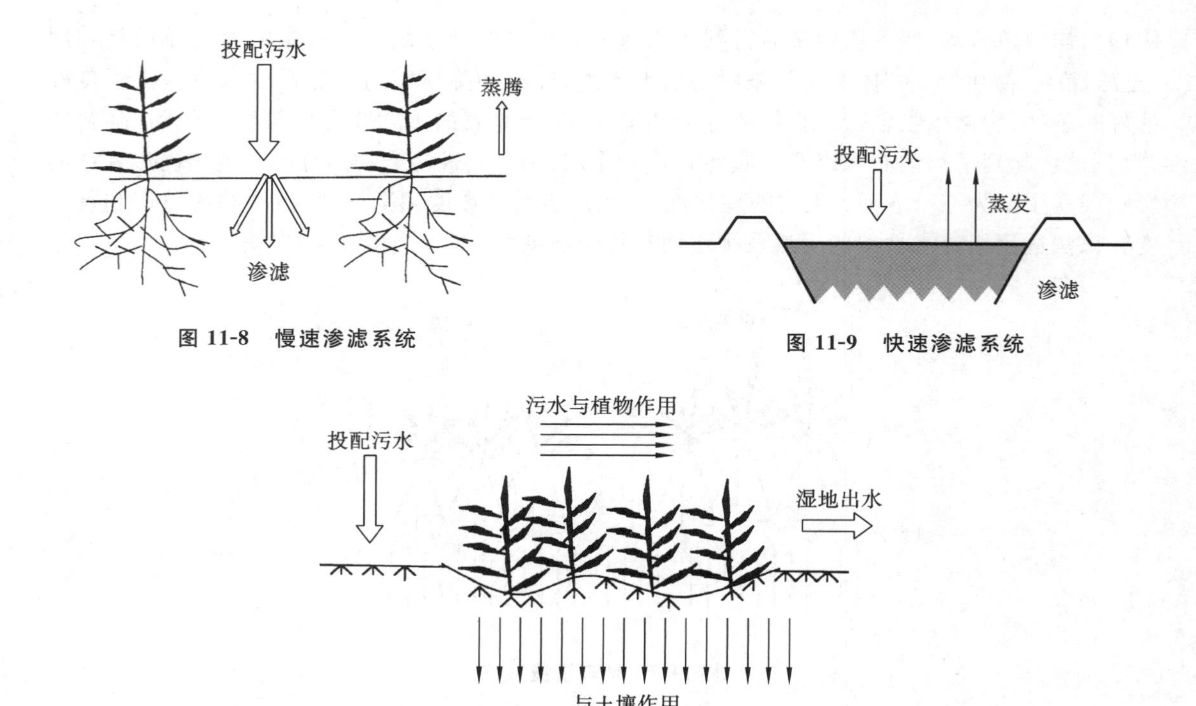

图 11-8 慢速渗滤系统

图 11-9 快速渗滤系统

图 11-10 湿地处理系统

由水、处于水饱和状态的基质、挺水植物、沉水植物和动物等组成,并通过其中一系列生物、物理、化学过程实现污水净化。应用人工湿地处理系统处理废水,其净化效率优于氧化塘,运转费用低于常规的污水处理厂。特别是湿地系统对废水处理厂难以去除的营养元素有较好的净化效果。它对 BOD 的去除率一般在 60%~95%,对 COD 的去除率可达 50%~90%,对 N、P 的去除率也在 60%~90%。人工湿地处理系统的主要设计因素为土壤结构、渗透性等理化指标,植被选择、覆盖率等生物指标,水力负荷、投放周期等运行指标。该系统出水水质稳定,水力负荷大,污染负荷高,并可形成生态景观,具有良好的环境效益和经济效益。

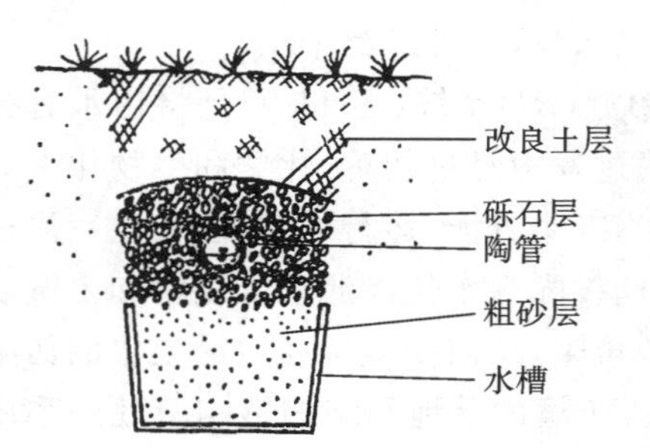

图 11-11 地下渗滤系统

(5) 地下渗滤系统(subsurface infiltration system):地下渗滤(SI)系统(图 11-11)是将污水投配在土壤亚表面,通过毛细管浸润、渗滤和重力作用向四周土壤扩散和运动,利用土壤-微生物及土壤-植物生态系统的净化功能,使污水中的污染物在生态系统的物质循环中逐渐降解,从而净化水质的中小规模的自然生态处理系统。地下渗滤系统的影响因素主要有两方面:一是处理土壤的选择。土壤的质地、结构、渗透性能和化学性质对地下渗滤系统的处理能力和净化效果有很大的影响。二是有机负荷和水力负荷的选取。地下渗滤系统适合处理高浓度的有机污染物,合适的水力负荷可以维持土壤中污染物的投配与处理之间良好的平衡,保证系统高效、连续运行。地下渗滤系统具有处理出水水质好、运行稳定且费用低、管理操作简单、占地少且不破坏景观、没有异味等优点。

各类污水土地处理系统的适用范围见表 11-7。

表 11-7　各类污水土地处理系统的适用范围

系统工艺类型	适宜处理的污水类型	处理规模/(m^3/d)
地表漫流	小城镇生活污水	100～5000
慢速渗滤	中小城市生活污水	5000～100000
快速渗滤	中等城市生活污水	10000～150000
湿地系统	中小城市或村镇生活污水	1000～100000
地下渗滤	社区、郊区或村镇生活污水	50～300

3. 固体废物处理生态工程

固体废物的无害化与资源化，是资源可持续利用的重要途径之一。应用生态环境工程技术处理固体废物，是实现固体废物无害化、资源化的重要手段。目前，这一技术的研究与应用主要集中在农业废弃物、城市垃圾与污水处理厂污泥等。

1）城市生活垃圾堆肥技术

堆肥法是将垃圾中的固体有机物经过微生物的作用，变成性质稳定的类似土壤的腐殖土，以供农田、果园、蔬菜保护地等使用。通过堆肥，可消灭或大大减少垃圾所携带的致病性微生物及幼虫，消除垃圾恶臭，改善公共卫生。同填埋或焚烧方法相比，堆肥法具有不占或少占耕地、回收氮磷资源、不污染环境等优点。

垃圾堆肥是在微生物作用下垃圾中有机物的生化降解过程，由于堆肥内的环境不同，可以是厌气菌为主的腐败发酵过程，也可以是好气菌为主的氧化分解过程。好氧堆肥同厌氧堆肥相比，主要优点为处理周期短，不会产生臭气，其堆肥产物除 CO_2 与水外，化学性质稳定，不会对环境造成影响，故当前垃圾堆肥均以好氧堆肥为主。垃圾堆肥所需的必要条件如下。

（1）微生物：不论何种堆肥，起主要作用的微生物均为细菌、放线菌与真菌，这些微生物来自混入垃圾的土壤、食品废弃物或其他有机废物，其数量一般在 10^6～10^{25} 个/kg，正是由于这些微生物的生长与繁殖所引起的代谢过程形成了垃圾的生化变化。加入特殊培养的菌种或经过驯化的微生物，常可加速堆肥过程，缩短堆肥周期。

（2）湿度：任何生化过程均需水作为介质，垃圾堆肥时的含水量应在 45%～65%之间，以利于微生物的生存与繁殖，因此通常需补充一定水分。

（3）养分：适宜微生物生长繁殖的碳氮比应在（30～35）：1，而一般垃圾的碳氮比均较高，同时缺磷严重，补充氮磷的方法包括：①加入氮磷营养溶液；②加入城市污水污泥；③加入适量粪便。应以垃圾中有效碳为依据计算氮、磷补给量。

（4）温度：垃圾堆肥由于嗜热菌和嗜温菌的作用，可使垃圾堆内温度升高，最高可达 60 ℃，故其温度可反映微生物生化活动的状况。

（5）通风：对于城市垃圾机械化堆肥，通风与搅拌是必要的，其目的是使垃圾与空气充分接触，促使好氧菌生长，但又要防止热量和水分的丧失。

堆肥可分为间歇法与连续法两种。间歇堆肥是将收集的垃圾成批堆肥，一旦一批垃圾堆积之后就不再增添新鲜垃圾，直至让其在微生物作用下成为腐殖土样物质；连续堆肥则是指堆肥系统垃圾的输入与成品的输出均呈连续性，故较间歇法要求更高的机械化程度与复杂的设计施工。在应用上，前者适用于小的社区和农村，后者适用于大型堆肥厂。

2）城市垃圾的蚯蚓处理生态工程方法

利用蚯蚓处理垃圾是一种投资少、见效快、简单易行且效益高的工艺方法。它既可以作为一个独立成套的垃圾处理系统，也可以作为垃圾处理场的一个处理环节，通常需设计为垃圾堆肥-蚯蚓处理两阶段处理系统。

蚯蚓处理垃圾的过程实际上是蚯蚓和微生物共同处理的过程，二者构成了以蚯蚓为主导的蚯蚓-微生物处理系统。在此系统中，蚯蚓直接吞食垃圾，经消化后，可将垃圾中有机质转化为简单可给态物质，这些物质同蚯蚓排出的钙盐与黏液结合即形成蚓粪颗粒，蚓粪颗粒是微生物生长的理想基质，另一方面微生物分解或半分解的垃圾有机物，是蚯蚓的优质食物，二者构成了互相依存的关系。研究结果表明，有蚯蚓存在的堆肥成品中的微生物数量可比无蚯蚓堆肥成品中的微生物数量高出一倍。

实验表明，对于城市生活垃圾，主要的限制性因素是垃圾的有机成分所占比例，而只要其比例大于40%，蚯蚓即可正常生存和繁殖。

同单纯堆肥工艺相比，垃圾的蚯蚓处理工艺具有如下优点：①其过程为生物处理过程，无不良环境影响，对垃圾有机物消化完全彻底，其最终产物较单纯堆肥具有更高的肥效；②对垃圾减容作用更为明显，实验表明，单纯堆肥法减容效果一般为15%～20%，经蚯蚓处理后，其减容可超过30%；③除获得大量优质肥外，还可获得由垃圾中生产的大量蚓体。

蚯蚓含有很高的蛋白质，其干物质蛋白质含量可达70%，是畜禽的良好饲料。同时蚯蚓在医药及食品中均具有很高的利用价值。除处理垃圾外，蚯蚓还可用来处理酒厂、畜禽加工厂以及农业固体废物及废水。

3）污水污泥的堆肥与土地处理利用

在城市污水和工业废水处理过程中，可产生许多沉淀物与悬浮物。这些物质有的是从污水中直接分离出来，如沉砂池与一沉池中沉淀物，有的则是从污水处理过程中产生，如活性污泥法产生的活性污泥、生物膜和混凝法产生的沉淀污泥。一般说来，城市二级污水处理厂产生的污泥量占污水总量的0.3%～0.5%(体积分数)。深度处理可使污泥量增加0.5～1.0倍。污泥的处置费用可占污水处理厂总费用的20%～50%。随着城市污水处理厂的大量建立，污泥的处理和处置将成为一个新的重大环境问题。

污泥经堆肥处理后再进行土地处理，不仅完成了污泥的最终处置，而且充分利用了污泥中氮、磷、微量元素等资源，这是一种值得推广的污泥处理途径。

污泥堆肥处理的机制是利用微生物发酵所产生的热量使污泥熟化，污泥中的有机物降解为相对稳定的腐殖质类物质、生物细胞物质、水及CO_2。污泥堆肥要解决的另一个重要问题是杀灭污泥中的病原菌和寄生虫卵，以最大限度消除其农业利用的环境影响。

污泥堆肥与固体废物堆肥的区别是：①不需对原料进行分选、粉碎，运行方便；②污泥中不含塑料、玻璃等，便于农用。

污泥适宜堆肥的含水率一般为50%～60%。在堆肥时，需加入膨胀材料和堆肥改良物如木屑、粉碎的植物秸秆等。加膨胀材料的目的是控制污泥堆肥的空隙度与含水率，改善通风条件，使堆肥混合物稳定。加堆肥改良物的目的是增加污泥的碳源，使碳氮比增加至(25～35)∶1。

污泥堆肥按需氧程度可分为好氧堆肥与厌氧堆肥，按温度条件可分为中温堆肥和高温堆肥，根据其工艺条件可分为敞式堆肥和密封堆肥。目前污泥堆肥通常采用好氧高温堆肥，该工艺的特点是堆肥温度高、有机物分解彻底、灭菌效果好、堆肥周期短，但堆肥后可造成氮的含量降低。需要注意的是，由于污泥中污染物种类复杂，为保障食品安全和防止土壤与地下水污染，必须保证污泥中污染物含量符合国家标准。

4. 大气污染防治的生态工程

大气污染防治的生态工程主要靠绿色植物完成，经过筛选，作为工程措施的绿色植物，在吸收与吸附污染物净化大气化学污染、物理污染与生物污染方面均能发挥重要作用。

1) 植物对大气中化学污染物的净化作用

大气中的化学污染物包括二氧化碳、二氧化氮、氟化氢、氯气、乙烯、苯、光化学烟雾等无机或有机气体，以及汞等重金属蒸气及大气飘尘所吸附的重金属化合物。

据报道，每公顷臭椿和白毛杨每年可分别吸收 SO_2 13.02 kg 与 14.07 kg，1 kg 柳杉林叶在生长季节中每日可吸收 3 g SO_2，女贞叶中含硫量可占到叶片干物质的 2%。SO_2 在通过高宽分别为 15 m 的林带后，其浓度可下降 25%～75%；每公顷蓝桉阔叶林叶片干重 2.5 t，在距污染源 400～500 m 处，每年可吸收氯气几十千克，在较高浓度的熏气实验条件下，每平方米女贞叶在 2 h 内可吸收氯气 121.2 mg。

植物可吸收有机、无机蒸气，加拿大杨、桂香柳可吸收醛、酮、酚等有机蒸气，大部分高等植物均可吸收空气中的 Pb 与 Hg，其能力除因树种而有很大不同外，也与大气中 Pb 和 Hg 的浓度有关。一般来说，落叶阔叶树高于常绿针叶树种。每公顷臭椿每年可吸收 46 g Pb 与 0.105 g Hg，桧柏则分别为 3 g 与 0.021 g。据实测，北京燕山石化区 1 hm^2 苗木的 Pb、Hg 累积量已分别达 36 g 与 0.05 g。

在选择植物对大气污染物净化时，不仅要考虑其对污染物的吸收净化能力，同时也要求其对该污染物有较强的耐性。

2) 植物对大气物理性污染的净化作用

(1) 植物对大气飘尘的去除效果。

大气污染物除有毒气体外，也包括大量粉尘。据估计，地球上每年由于人为活动排放的降尘为 3.7×10^5 t，利用植物吸尘、减尘常具有满意效果。根据国外资料，云杉成林树木的吸尘能力为 32 t/(hm^2 · a)，桧树为 36.4 t/(hm^2 · a)，水青冈则为 68 t/(hm^2 · a)。据测定，绿化较好的城市的平均降尘只相当于未绿化好的城市的 1/9～1/8。

植物除尘的效果与植物种类、种植面积、密度、生长季节等因素有关。在一般情况下，高大、树叶茂密的树木较矮小、树叶稀少的树木吸尘效果好，植物的叶型、着生角度、叶面粗糙度等也对除尘效果有明显的影响。山毛榉林吸附灰尘量为同面积云杉的 2 倍，而杨树的吸尘量仅为同面积榆树的 1/7，后者的滞尘量可达 12.27 g/m^3。

(2) 植物对空气中细颗粒物的去除效果。

大气细颗粒物($PM_{2.5}$)，已逐渐成为空气污染的首要污染物。$PM_{2.5}$因其危害人体健康、携带病菌和污染物且沉降困难，影响范围广，控制和治理难度大，已经成为国内外公众、政府和学者共同关注的重要问题。在目前尚不能完全依赖污染源治理以解决环境问题的情况下，借助植被的清除机制是缓解城市大气污染压力的有效途径，城市园林绿化就是其一。国内外已有许多关于植物滞留细颗粒物方面的研究。赵松婷等以北京市常用园林植物为例，应用直接采样、电镜分析和统计分析的方法，对选定园林植物滞留不同粒径大气颗粒物的特征及规律进行了系统分析。结果表明，29 种园林植物叶片表面大部分为 PM_{10}，均在 94%以上，其中 $PM_{2.5}$ 在 85%以上；对乔灌木单位叶面积滞尘量进行比较，植物个体之间滞尘能力有很大的差异。雪松（*Cedus deodara*）的滞尘量是绦柳（*Salix pendula*）的 43 倍，小叶黄杨（*Buxus* microphylla)的滞尘量是紫荆(*Cercis chinensis*)的 28 倍；灌木中小叶黄杨(*Buxus microphylla*)滞留 $PM_{2.5}$ 的能力最强，大叶黄杨(*Euonymus japonicus*)次之，乔木中银杏(*Ginkgo biloba*)滞留 $PM_{2.5}$ 的能力最强；整株树滞留 $PM_{2.5}$ 能力较强的有国槐(*Sophora japonica*)、银杏、臭椿(*Ailanthus altissima*)、毛白杨(*Populus tomentosa*)、旱柳(*Salix matsudana*)、圆柏(*Sabina chinensis*)和杜仲(*Eucommia ulmoides*)，灌木和藤本中滞留 $PM_{2.5}$ 能力较强的有榆叶梅(*Amygdalus triloba*)、木槿(*Hibiscus syriacus*)、钻石海棠(*Malus sparkler*)、紫丁香(*Syringa oblata*)和小叶黄杨；园林植物叶表面不论是通过细胞之间的排列形成的沟槽还是通过各种条状突起、波状突起和脊状突起形成的沟槽，沟槽越密集、深浅差别越大，越有利于滞留大气颗粒物，且叶表面有蜡质、腺毛等结构及叶片能分泌黏性的油脂和汁液也有利于大气颗粒物的滞留。

3) 植物对城市热污染的防治作用

城市是人类改变地表状态的最大场所，城市建设使大量的建筑物、混凝土或沥青路面代替了田野和植物，大大改变了地表反射率和蓄热能力，形成了同农村差别显著的热环境。同时，由于人口稠密，工业集中，因此形成了市区温度明显高于周围地区的现象，这一现象称为“热岛”效应。由“热岛”效应造成的城市内外温差一般达 0.5～1.5 ℃。植被是控制地表温度最具影响的因素之一，其丰度影响太阳辐射在可感热和潜热通量间的分配，其斑块分布、大小和表面特征差异会影响覆盖区和裸地之间地表温度的差异。绿地对于缓解城市“热岛”效应有着显著的作用，据报道在夏季城市绿化区的气温可比裸露区低 2～4 ℃，同时，大气其他指标也有明显改善。因此，提高城市绿化覆盖率是减轻“热岛”效应的重要措施之一。研究表明，植被覆盖率越高，控制和减少城市“热岛”效应的作用越明显。但是当植被覆盖率较为固定或是变化不大时，城市绿地系统的空间分布形态直接影响城市的“热岛”效应。密集均匀的绿地系统形式更加有利于减少城市的“热岛”效应。

5. *矿山生态恢复与环境污染控制*

矿山根据其产品性质分为冶金矿山(如黑色金属、有色金属等)与非金属矿山(如煤矿、石料等)，根据其开采方式分为露天矿山与井下采矿。不同性质的矿山与不同的开采方式对生态环境破坏的过程与特点均有很大差异。

矿山开采引起的生态破坏由以下三个过程构成：①开采活动对土地的直接破坏，如露天开采会直接破坏地表土层与植被，地下开采可导致地层塌陷等；②矿山开采过程中的废弃物需占用大面积的堆置场地，从而导致对原有生态系统的破坏；③矿山开采过程中的废水、废气和固体废物中的有害成分，通过径流、大气交流等方式，可对矿山周围地区的大气、水体与土地造成污染，其污染影响空间可远远超过矿区本身范围。

根据上述三个过程，可以把矿山开采的生态影响概括为景观破坏型、生物破坏型和环境质量破坏型。矿山恢复的生态工程，其实质是对上述三种破坏类型的生态恢复与重建，在这个意义上，这一生态工程兼有生态环境工程与环境生态工程的性质。

1) 稳定化技术

稳定化有两层含义，即地表景观的稳定与矿区废弃物的稳定。对于由采矿形成的凹陷、由回填形成的平地和由废弃物堆放形成的坡面，在生态重建开始前，必须采取有效措施以保证其景观特征的稳定性。废弃物稳定化的定义是阻止其向周围环境释放毒性物质。稳定化技术一般由以下三个方面组成：①工程方法，包括填埋、覆盖、隔离、夯实等；②生物方法，如植物固定；③化学方法，如增加其化学稳定性等。

2）植被恢复技术

植被恢复技术主要包括植物品种的筛选与土壤条件的改善。植物品种的筛选应首先强调对土壤的适应性和对土壤的良性影响。这种适应性是指对土壤毒性的耐性。植物品种对土壤的良性影响除改善土壤的物理状况外，更主要的是增加土壤的肥力。由于被恢复的植被将构成一个群落，不同物种间相互作用的生态学机制也应作为重要因素予以考虑。此外，恢复植被的经济效益已越来越为人们所重视。

3）就地生态修复

就地生态修复的技术过程由污染现场的彻底调查、处理能力研究、铲除污染源、生态修复技术的设计与实施、通过监测手段对该技术执行情况进行评估等 5 个基本环节组成。其中，污染现场的彻底调查需要弄清污染地区的污染类型与水平、生物学特性和含水土层的特征。污染特征的评价，主要决定该污染土壤是否需要进行生态修复以及采用生态修复进行治理的可行性。当弄清了污染地区的生物学特性后，就可以对有着特异降解功能的微生物是否适用于该地区作出判断；含水土层特征的了解，主要为生物降解过程特定环境的适用性、水力学设计以及系统的运转提供信息。

就地微生物生态修复是否成功，主要取决于是否存在激发污染物降解的合适的微生物种类以及是否对污染现场的环境条件进行改善或加以有效的管理。也就是说，污染土壤的微生物生态修复的技术关键，在于所需要的营养物质、共氧化基质、电子受体和其他促进微生物生长的各种物质的投加（包括投加方法、投加时间和投加剂量）等。

思考与练习题

1. 污染物在环境中迁移、转化有哪些基本过程？
2. 污染对生态系统的影响主要表现在哪些方面？
3. 试述污染生态诊断的主要方法及应用。
4. 试述生态修复的特点及机制。
5. 试述水污染治理生态工程的主要形式。

第12章　生态监测与生态风险评价

12.1　生态监测概述

随着中国经济的快速发展，人们对各类生态系统开发利用的规模和强度越来越大，对自然生态系统造成了深远影响，甚至造成了不可逆转的破坏，阻碍了生态系统、社会经济的可持续发展。近年来，国家在生态保护方面的努力和投入逐年加大，取得了积极成效，但生态环境整体恶化的趋势仍没有得到根本遏制，区域性、局部性生态环境问题依旧突出，生态服务功能退化，生态系统自我调控、自我恢复能力减弱，部分生态环境破坏严重的地区已经直接或间接地危害到人民群众的身心健康，并制约了经济和社会的发展。与此同时，由于生态系统本身的复杂性、综合性、区域性特点，国内整体生态环境状况和变化趋势仍不够清晰，基础性工作不到位，导致了生态环境保护、建设、管理和决策略显盲目，缺乏针对性。因此，必须从生态系统管理的角度开展生态环境监测工作，研究生态环境的自然变化以及受到人为干扰后的变化规律，分析产生问题的自然事件或人为活动及过程，这样才能为区域生态环境保护和管理决策提供有力的技术支撑，有针对性地进行生态环境保护，不断提高生态文明水平。

12.1.1　生态监测的内涵及意义

生态监测(ecological monitoring)作为一种系统地收集地球自然资源信息的技术方法，起始于20世纪60年代后期，至今已有约50年的发展历史，但多年来人们对于生态监测的概念始终有着不同的理解。全球环境监测系统(GEMS)将生态监测定义为一种能够低廉便捷地获取大面积生态支持系统能力数据的综合技术；20世纪70年代末，有苏联学者提出生态监测的概念就是"生物圈综合监测"，认为生态监测是一套观测、评价、预测生物圈状况及其变化的技术体系；美国A. Hirch博士则认为生态监测是对人类活动影响下自然生态结构和功能的监测。张建辉等认为，生态监测在某种程度上，是从不同尺度上对各类生态系统结构和功能的时空格局度量，主要通过监测生态系统的条件及其变化、对环境压力的反应及其趋势而获得。万本太提出生态监测是以生态学原理为理论基础，运用可比且较成熟的方法，对不同尺度的生态环境质量状况及其变化趋势进行连续观测、评价的综合技术。

从上面各种观点可以看出，尽管人们对生态监测的理解不尽相同，但都强调了将生态学原理作为生态监测的理论基础；将生态系统作为监测对象，监测内容不只局限于环境污染物，而更着重人类活动对生态系统所产生的整体影响和变化。因此，生态监测可以定义为以生态学原理为理论基础，综合运用物理、化学、生化、生态学等可比的和成熟的技术手段，对生态环境中的各个要素、生物与环境之间的相互关系、生态系统结构和功能进行监控和测试，获取具有代表性的信息，评价生态环境状况及其变化趋势的技术活动，它为合理利用资源、改善生态环境提供决策依据。

生态环境关乎社会的和谐，而生态文明建设也对生态环境的状况提出了新的要求，生态环境监测应用具有深远的现实意义。作为环境监测的重要组成部分，生态监测既是一项基础性工作，为生态保护决策和生态环境规划提供可靠数据、科学依据，又是一种技术，能分析当前的生态状态、预测生态发展态势，为生态保护管理提供技术支撑、技术服务，对实现生态环境可持续发展和生态文明建设意义重大。

12.1.2　生态监测的内容与目标任务

生态监测是以标准化的方法在特定时间、空间内重复分析测定生态系统状况。其根本目的是获取生态系统的类型、结构、功能及各要素的现状和变化信息，进而评价生态环境质量现状并预测发展趋势，因此，生态监测的对象就是生态系统，其目标是认识生态系统的状态和演变趋势，为合理利用自然资源、生态保护和建设提供决策依据，促进生态系统和人类社会协调发展。

根据生态系统的层级系统理论，将层级系统中个体水平以上的层次作为生态监测的对象，具体为个体、种群、群落、生态系统、景观、区域（生物群系，biome）、全球（生物圈，biosphere）。生态系统除了指自然生态系统之外，也逐渐被扩展为包括经济系统和社会系统的复合生态系统。因此，生态监测的对象可归纳为环境要素、生物要素、生态格局、生态关系、社会环境等五个方面。

(1) 环境要素监测：对生态环境中的非生命成分进行监测，既包括自然因子监测（如气候、水文、地质条件等自然要素监测），也包括环境因子监测（如大气污染物、水体污染物、土壤污染物、噪声、热污染、放射性、景观格局等人类活动影响下的环境监测）。

(2) 生物要素监测：对生态环境中的生命成分进行监测，包括对生物个体、种群、群落、生态系统等的组成、数量、动态的统计、调查和监测，也包括污染物在生物体中的迁移、转化、传递过程中的含量及变化监测。

(3) 生态格局监测：运用景观生态学中的一些基础理论，如景观结构和功能原理、生物多样性原理、物种流动原理、养分再分配原理、景观变化原理、等级（层次）理论、空间异质性原理等，对一定区域内生物与环境之间构成的生态环境系统的组合方式、镶嵌特征、动态变化以及空间分布格局等进行的监测。

(4) 生态关系监测：对生物与环境相互作用及其发展规律进行的监测。围绕生态演变过程、生态系统功能、发展变化趋势等开展监测、分析研究，其中既包括自然生态环境（如自然保护区内）监测，也包括受到干扰、污染或恢复、重建、治理后的生态环境监测。

(5) 社会环境监测：人类是生态环境的主体，但人类本身的生产、生活和发展方式也在直接或间接地影响生态环境的社会环境部分，反过来再作用于人类这个主体本身。因此，对社会环境，包括政治、经济、文化等进行监测，也是生态监测的重要内容之一。

12.1.3　生态监测的分类

生态监测是在地球的全部或者局部范围内观察和收集生命支持能力的数据并加以分析研究，以了解生态环境的现状和变化。

生态监测按照生态系统类型分为城市生态监测、农村生态监测、森林生态监测、草原生态监测、荒漠生态监测、淡水生态监测、海洋生态监测等。按照监测持续时间的长短分为长期监测（连续监测几十年甚至几百年，发现受监测生态系统的演化规律和趋势）、中期监测、短期监测（生命周期内或开发利用后一段时间或一次性监测，明确被监测生态系统的现状）。

生态监测按照监测空间尺度分为宏观生态监测和微观生态监测。

宏观生态监测的对象是研究区内各类型生态单元的组合方式、镶嵌特征、动态变化和空间分布格局以及人类活动对其影响变化,宏观生态监测以原有的自然本底图和专业图件为基础,通过遥感技术和生态图技术,将所得的空间几何信息以图件的形式表达。宏观生态监测最常用的监测手段是区域生态调查与生态统计法,但最有效的手段是“3S”技术。

微观生态监测以物理、化学或生物学的方法获取生态系统的信息。微观生态监测的对象是某一特定生态系统的自然环境、结构和功能及其在人类活动影响下的变化,主要是监测生态系统的基本结构和功能、人类特定社会经济活动对生态环境的影响、生态平衡恢复过程、环境污染等。

12.1.4 生态监测的特点

生态监测不同于环境质量监测,生态学理论及监测技术决定了它具有以下几个特点。

1. 综合性

生态监测是对个体生态、群落生态及相关的环境因素进行监测。它涉及农、林、牧、副、渔、工等各个生产领域,监测手段涉及生物、地理、环境、生态、物理、化学、计算机等诸多学科,因而对监测工作人员的专业技能要求较高,需要多专业人员协作完成。

2. 长期性

自然界中生态过程的变化十分缓慢,而且生态系统具有自我调控功能,一次或短期的监测或调查结果不能对生态系统的变化趋势作出全面、准确的判断,只有通过长期的监测和科学比对,才能准确反映生态系统的变化情况,从而为解决这些变化造成的各种问题提供科学的有效途径。如我国较为完善的森林资源清查体系为我国林业减缓与适应气候变化提供了直接证据。

3. 复杂性

生态系统是一个具有复杂结构和功能的动态系统,系统内部具有负反馈的自我调节机制,对外界干扰具有一定的调节能力和时滞性。自然因素(如洪水、干旱和火灾)和人为干扰(污染物质的排放、资源的开发利用等)这两种因素对生态系统产生影响常常很难准确区分,这给监测及数据解释带来了较大难度。

4. 分散性

生态监测平台或生态监测站的设置相隔较远,监测网络的分散性很大。同时由于生态过程的缓慢性,生态监测的时间跨度也很大,所以通常采取周期性的间断监测。

5. 具有独特的时空尺度

生态监测可分为宏观生态监测和微观生态监测。任何一个生态监测都应从这两个尺度上进行,即宏观监测以微观监测为基础,微观监测以宏观监测为主导。生态监测的宏观、微观尺度不能相互替代,二者相互补充才能真正反映生态系统在人为影响下的生物学反应。

12.1.5 生态监测发展历程与趋势

纵观生态监测的发展历程,呈现出从单一、零散、不规范向整体、综合、高技术方向发展。20 世纪 70 年代末期,苏联开展了有关生态监测方面的工作,其中包括自然环境污染监测计划、生态反应监测计划、标准自然生态系统功能指标及其人为影响变化的监测计划等,随后一些东欧国家也相继制订了本国的生态监测计划。美国于 20 世纪 70—80 年代依托其强大的技术与经济优势开始了生态监测工作，其中，最具代表性的项目是在1980年由美国国家科学基金会支持的“长期生态研究计划”，其主要工作是对森林、草原、农田、荒漠、溪流、江河、湖泊和海湾等不同类型的生态系统进行多方位的研究和监测，主要内容包括环境因子和生物因子各变量的长期监测、生物多样性变化监测、生态失调模式与频率的研究和物种目录的编辑等。在技术手段上，利用了遥感技术，并推广使用了地理信息系统。该项目的实施是在国家乃至更大尺度上进行长时间、大尺度生态观测和研究工作的新起点。1988年由美国环境保护署发起，由多个部门参加，开展了全国性的“环境监测与评价项目”工作，其工作内容是对农业区、干旱区、河口近岸、森林、五大湖区、地表水、湿地等生态类型进行监测，其目的是分析和评价各类生态系统的现状和变化趋势，揭示主要环境问题，为环境监理、决策和科研服务。从20世纪50年代以来，尤其是70年代以来，我国也开展了一系列的环境、资源和污染的调查与研究工作，各相关部门和单位（如国家环保、农业、林业、海洋、气象部门和中国科学院等）都相继建立了一批生态研究和环境监测站点。如国家环保部门生态监测站有内蒙古草原生态环境监测站、新疆荒漠生态环境监测站、内陆湿地生态监测站（以洞庭湖湿地生态监测为主，对太湖及其他湖泊湿地也进行了一定的湿地生态监测）。海洋生态监测网以天津（渤海湾）、广州（两江口）、上海（长江口）为骨干，进行典型海湾、渔场的海洋生态监测。森林生态监测站有吉林抚松森林生态监测站、武夷山森林生态监测站、西双版纳热带雨林生态监测站。流域生态监测网主要是长江三峡生态监测网，对长江流域、三峡库区的生态环境进行定期监测。农业生态监测站有江苏大丰县农业生态监测站，对农业生态中的有关问题进行监测；部分市、县监测站亦对农田土壤、作物进行监测。自然陆地生态监测站有黄山太平陆地生态监测站、张家界（武陵源）陆地生态监测站，对自然风景区、丘陵陆地生态进行监测。国家农业部门在国家、省、县三级建立了四个（农业、渔业、农垦、畜牧）监测中心站和农业生态环境监测网络。国家林业部门设有森林生态定位研究站，国家海洋部门设有海洋生态监测站，国家气象部门设有观测局部气候因素与作物生长关系的生态监测站，中国科学院在全国主要生态区设有生态定位研究站，长期进行生态、气候变化监测。

尽管各部门已经建立起自己的生态监测网络，但从整体上看，我国生态监测现状与社会经济发展及生态文明建设的要求还存在着较大的差距，主要表现在以下几方面：第一，生态监测分别由不同的专业和业务部门单独进行，缺乏综合协调和必要的沟通，缺乏信息共享，导致重复工作多，监测成本高、质量水平低；第二，监测技术体系尚不完善，没有形成统一的监测网络体系和评估指标体系，许多单项监测结果过于专业化，难以被群众接受，社会效益差；第三，限于航天遥感发展水平和监测力量薄弱、分散，多数监测周期间隔过长，时效性差；第四，生态监测与经济监测评估相对分离，难以在国民经济评价考核中运用，不适应生态文明建设的行政决策需要。

2012年11月，党的“十八大”将“建设生态文明”纳入社会发展“五位一体”总体布局，明确指出“建设生态文明，是关系人民福祉、关乎民族未来的长远大计”，向全国人民发出了“努力建设美丽中国”的伟大号召。2013年1月，环境保护部正式印发《全国生态保护“十二五”规划》，认为中国生态环境整体恶化的趋势仍未得到根本遏制，并明确提出要加强重点生态区域的保护和管理，恢复受破坏区域的生态功能，防止新的人为破坏，深化生态示范建设，构筑生态安全屏障。中国的生态监测工作已进入加速发展的重要战略机遇期，必须为建设生态文明提供有力的技术支撑，在建设美丽中国的过程中发挥保驾护航的作用。从国家现实需求、生态监测现状以及监测技术发展历史规律来看，未来国内生态监测的总体发展趋势可以归纳为以下五个方面。

(1) 生态环境地面监测站点不断增多,各部门监测资源进一步有效整合,统一的国家生态环境监测网络逐步形成。同时,国际合作与交流更加紧密,大尺度的生态监测及其相关科研项目更多实施,大范围跨区域的生态监测信息联网共享将成为可能。

(2) 天地一体化的生态监测技术体系得以建立,技术方法趋向标准化、规范化、自动化、智能化,监测数据的可比性、连续性、代表性持续增强,仪器设备向多功能、集成化、系统化方向发展,监测业务由劳动密集型向技术密集型转变。

(3) 针对不同生态类型的评价指标体系、评价方法更加完善,生态环境质量综合评价技术更加成熟,并逐步从现状与变化评价转向生态风险评价,能够实现生态环境质量变化趋势的预测预警。

(4) 传统的地面调查和监测技术与新兴的遥感监测技术有机结合,计算机技术的发展将推进遥感监测、地面定点监测、调查与统计分析的进一步融合,生态监测业务化平台的数字化、网络化、智能化水平大幅提升,从宏观和微观角度全面监测不同尺度生态环境状况。

(5) 随着生态监测的内容、指标体系的丰富和完善,分析测试方法涉及的学科领域更加庞杂。同时,诸如高分辨率遥感监测、电磁台网监测、高功率激光器等一系列新技术、新方法也将越来越多地应用到生态监测中。

总之,为了更好地适应生态保护和管理的需求,生态监测工作需要对目前的监测任务和工作进行统一布置,对实行"一把尺子"的现状进行调整,未来要根据自然区域(如区域、流域等)开展有针对性的综合监测与评价,拓展生物、生态、土壤等监测要素,同时开展监测指标、评价方法的研究,制定相应的技术规范,加强数据质量控制及监测能力建设等,完善现有的环境监测技术体系。

12.2　生态监测指标体系构建与监测分析

生态监测指标体系的选择与确定是进行生态监测的前提,其选取的优劣直接关系到生态监测自身能否揭示生态系统的现状、变化和发展趋势。生态监测指标选择要充分考虑生态系统的功能及不同生态类型间相互作用的关系;另一方面,社会、经济发展程度不同的地区,对环境质量和价值的要求和评价也不一样。

12.2.1　生态监测指标选取原则

生态监测指标体系是一个庞大的系统,生态监测的指标多而杂,在可作为监测指标的众多要素中,科学性、实用性、代表性、可行性尤为重要。因此,选择与确定生态监测指标体系应遵循以下原则。

(1) 代表性:确定的指标体系应能反映生态系统的主要特征,表征主要的生态环境问题。

(2) 敏感性:选取那些对特定生态环境敏感的生态因子,并以结构和功能指标为主,以此反映生态过程的变化。

(3) 综合性:要真实反映生态系统质量问题,需要选取物理、化学、生物、生态、生理、环境等多种指标体系才能作出全面客观的评价。即一个地区生态系统的状态优劣,需借助于各方面监测指标的综合评判,否则难免会犯"盲人摸象"的错误。

(4) 可行性:指标体系的确定要因地制宜,同时要便于操作,并尽量和生态环境考核指标挂钩。

(5) 简易化:在确保能客观真实反映生态监测结果的前提下,对同种类型的生态系统在不同地区进行生态监测时,可从大量影响生态系统变化的因子中选取易监测、针对性强、能说明问题的关键性指标进行研究。

(6) 可比性:很多生态问题已是全球性问题,所确定的指标体系尽量与国际接轨,进行不同站点间生态监测结果比较分析,不同监测站点间同类型生态系统监测应按统一的指标体系进行。

(7) 经济性:在不影响生态监测结果客观真实的前提下,尽可能以最少费用获得必要的生态系统信息。

12.2.2　生态监测指标体系构建

国外开展区域生态监测时间较长,国内生态监测则开展较晚,且目前大都局限于对特定生态系统微观生态过程与生态因子监测。根据监测目的不同,各地已提出相应的生态监测指标体系,对生态监测的发展起到了一定的促进作用,但目前全国仍没有一套成熟的生态监测指标体系。

生态监测指标体系主要指一系列能敏感反映生态系统基本特征及生态环境变化趋势并相互印证的项目,是生态监测的主要内容和基本工作。生态监测指标的选择首先要考虑生态类型及系统的完整性。一般来讲,陆地生态系统(森林生态系统、草原生态系统、荒漠生态系统、农田生态系统)指标体系分为气象、水文、土壤、植物、动物和微生物六个要素;水体生态系统(淡水生态系统、湿地生态系统和海洋生态系统等)指标体系分为水文、气象、水质、底质、浮游植物、浮游动物、游泳动物、底栖生物和微生物九个要素。除上述自然指标外,指标体系的选择要根据生态系统各自特点、类型及干扰方式同时兼顾以下三方面,即人为指标(人文景观、人文因素等)、一般监测指标(常规生态监测指标、重点生态监测指标等)和应急监测指标(自然和人为因素造成的突发性生态问题)。

随着社会经济的快速发展,气候变化、生态恶化、能源资源安全、重大自然灾害等全球性问题日益突出,应将与全球性问题密切相关的内容优先列入我国目前开展的生态监测指标体系中。例如:气候变化所引起的生态系统或动植物区系位移的监测;珍稀濒危动植物物种分布及栖息地的监测;水土流失、荒漠化、草原沙化退化、生态脆弱带等面积及时空分布和环境影响的监测;人类活动对陆地生态系统包括森林、草原、农田和荒漠等结构和功能影响的监测;水体污染对水体生态系统包括湖泊、水库、河流和海洋等结构和功能影响的监测;主要污染物(农药、化肥、有机物、重金属)在土壤、植物、水体中的迁移和转化的监测;水土流失、荒漠化及草原退化地优化治理模式的生态平衡监测等。

12.2.3　生态监测技术方法

生态监测是对生态监测体系的各项指标进行测量和定量,通过统计分析来确定整个生态系统的发展态势。生态监测方法主要包括生物测定、生物标记、化学、物理、野外调查、遥感、航测等方法。这些方法主要针对种群、群落、生态系统与景观尺度的监测,相应层次的监测都有相应的监测手段和生态学意义。因此,在开展生态监测之前,应明确监测的主要层次和尺度,在选择监测方法时,要注意现有的条件,结合实际选择出最佳监测方案,包括采用方法及使用设备,监测频度、时间和周期,数据的整理和监测报告的编写等。常规的方法可以参考环境监测、生物监测及生态学方法进行;对于宏观的生态质量反映,应借助现代“3S”技术,以数字地形数据、图件数据、属性数据和遥感数据为基础,形成现代化的大尺度生态质量监测、评价与管理系统。此外,选择监测方法时还要注意以下几点:①监测数据在数量和类型上应满足统计学要求;②要进行周期性连续观测;③要对生态效应进行综合分析,探索干扰机制;④应具备必要的专业知识和严谨的科学态度。

目前生态监测技术从监测的空间性来看可分为地面监测、空中监测和遥感监测三种。

1. 地面监测

地面监测是最基本也是不可缺少的传统技术手段。地面监测是在所监测区域建立固定站,由人徒步或越野车等交通工具按规划的路线进行定期采样、测量,然后对样品进行理化分析来得到反映生态系统特征的数据。地面监测是“直接”数据,其数据准确度较高,许多生态结构与功能的变化只能通过地面监测获得主要信息。地面监测数据可很好验证空中监测和遥感监测数据是否准确,提高监测数据的精确性,并可对遥感数据进行解释。但地面监测只能收集几千米到几十千米范围内的数据,过程较烦琐,实时性不强,费用较高。

2. 空中监测

空中监测是在空中通过目视或者低空拍摄垂直照片的技术进行抽样,从而完成对生态系统的监测,它是目前最为经济有效的生态监测技术。空中监测首先绘制工作区域图,将坐标网覆盖所研究区域,典型的坐标是 10 km×10 km 一小格,飞行时,这个坐标图用于系统地记录位置,以及发送分析获得的数据,将坐标画在比例为 1∶250000 的地图上或地球资源卫星的图像上,形成空中监测数据图。一般采用 4～6 座单引擎轻型飞机,由驾驶员、领航员和两名观察记录员共 4 人执行任务。飞行速度约 150 km/h,高度约 100 m,观察员前方有一观察框,视角约 90°,观察地面宽度约 250 m。

3. 遥感监测

遥感监测是生态监测中最为重要的监测手段,目前已将遥感、地理信息系统和全球定位一体化的“3S”技术应用于生态监测。如利用地球资源卫星监测天气、农作物生长状况、森林病虫害、空气和地表水的污染情况等已经普及。遥感监测最大的优点是覆盖面宽,可以获得人工难以到达的高山、丛林等资料,但由于被监测距离较远,监测精度受到影响。由于目前资料来源增加,费用相对降低。

为更全面、完整地表征生态系统的特征及发展趋势,在对具体生态系统进行生态监测时,应尽量采用国家标准方法。若无国家标准或相关的操作规范,应尽量采用该学科较权威或大家公认的方法。一些特殊指标可按目前生态站常用的监测方法。同时综合考虑每种监测技术手段的优缺点,运用不同的监测技术手段获取客观真实的数据资料。

12.2.4 生态监测方案制定

生态监测总体思路是宏观遥感监测与地面监测(或野外考察)相结合,两者相辅相成。因此,在进行生态监测指标划分时,势必采用宏观生态监测指标、地面调查监测指标两套体系。

根据现有条件选择生态监测具体技术方法后,结合生态监测主要目标,确定最佳监测方案。方案的制定大体包含以下几点:生态问题的提出,生态监测台站的选址,监测的内容、方法及设备,生态系统要素及监测指标的确定,监测场地、监测频度及周期描述,数据的整理(观测数据、实验分析数据、统计数据、文字数据、图形及图像数据),建立数据库,信息或数据输出,信息的利用(编制生态监测项目报表,针对提出的生态问题建立模型,预测预报,评价和规划,政策制定)等。

12.3　生态评价

12.3.1　生态评价的内涵与实质

生态系统是由生物和环境所组成的，因此，要评价生态系统，首先要分别对生物物种、生态环境进行评价，然后对生态系统进行整体性评价，这样才能对生态系统有综合的认识。

生态评价(ecological assessment)是以区域生态系统为评价对象，利用生态学原理、生态经济学理论和系统论方法，对研究区域内各子系统(即自然或环境子系统、社会子系统、经济子系统)的发展状态、发展水平和发展趋势作出客观评价，为生态文明建设和可持续发展提供决策依据。

生态评价包括生态环境质量评价及生态环境影响评价。生态环境质量评价是按照一定的评价标准和运用综合评价方法，对某一区域的生态环境质量进行评定及预测。它可为生态环境规划及生态环境建设提供科学依据。生态环境影响评价是通过许多生物和生态学的方法，对人类开发建设活动可能导致的生态环境影响进行分析和预测。其目的是确定某一地区的生态负荷及环境容量，为制定生态环境区域规划及环境法规等提供科学依据，以期获得资源利用率最高、经济效益最好、生态影响最小的良性开发。

生态评价实质是一个多属性决策问题，是将多维空间的信息通过一定规则压编到一维空间进行比较。由于不同评价者对系统目标的理解不同，评判方法和角度也不相同，因而评判结果有一定的主观性，对同一系统状态可能有不同的评判结果。所以生态评价不应是对系统状态的精确表述，而是系统发展趋势的一种相对测度。生态评价包括三个要素：评价者、评价对象、评价参照系。

(1) 评价过程受评价者效用原则及个人偏好影响，也受其识别能力和环境状况的局限，具有明显的主观性。

(2) 评价对象的信息往往是不完全的、粗糙的、模糊的及随机变化的，具有一定的不确定性。

(3) 生态评价比较的是一个多周性的目标系统，生态因子空间不是全序，而是偏序。

12.3.2　生态评价的内容及目标

生态评价的内容主要包含三个子系统：①经济子系统，其表现为采用可持续的生产、消费、交通和住区发展模式，实现清洁生产和文明消费，不仅重视经济增长数量，更追求质量的提高，提高资源的再生和综合利用水平。还要考虑区域发展能力建设，如产业结构合理程度等。经济子系统是建设生态区域的物质基础和必要条件。②社会子系统，其表现为人们有自觉的生态意识、生态伦理和环境价值观，提倡节约资源和能源的可持续消费方式。生活质量、人口数量、人口质量及健康水平与社会进步、经济发展相适应，最大限度地促进人与自然的和谐。③自然环境子系统，其表现为发展以保护自然为基础，与环境的承载能力相协调，自然环境及其演进过程得到最大限度的保护，合理利用一切自然资源和保护生命支持系统，开发建设始终保持在环境承载能力之内。

生态评价是可持续发展从理论探讨阶段进入实际操作阶段的前提，通过评价应达到以下具体目标：①对生态系统运行现状进行评价。通过生态评价来反映生态系统的运行状况，判断和测度生态的发展水平、有利条件和不利条件，为各级政府、有关部门、企业和公众了解可持续发展现状提供科学的判断依据。②监测生态系统状态的变化趋势。通过应用长时间连续性的生态监测数据，全面反映生态系统各方面状态的变化趋势，寻找不利变化的因素，及时扭转不利的变化趋势，使其回归到良性发展的轨道。③提供生态系统监测预警。对于既定的经济社会发展目标，输入端的物质投入量(特别是不可再生资源的开采、投入量)、输出端的废弃物排放量、资源利用率和循环利用率等都有一个合理的运行范围，如果超出了正常合理范围，生态系统将是不可持续的。因此，要在建立有关警戒标准的基础上，建立生态预警系统，以便及时采取调控手段，使经济社会发展处于安全范围内运行。④为优化管理决策提供依据。通过生态评价了解生态发展状况，发现阻碍其发展的不利环节，为优化管理决策提供科学的依据。

12.3.3　生态评价任务

生态评价的主要任务是认识生态环境的特点与功能，明确人类活动对生态环境影响的性质及程度，提出为维持生态环境功能和自然资源可持续利用而应采取的对策和措施。

(1) 保护生态系统的整体性。构成生态系统的生物因子和非生物因子相互联系、彼此制约，形成具有复杂关系的结构整体，其中任何一个因子发生变化或受到损害，都会影响到系统的整体结构，甚至造成不可逆的变化。例如，在成层分布的热带雨林，砍伐掉最高层次的望天树，其下层喜阴的林木就会因不堪热带骄阳的暴晒而受到损害或枯萎，系统也会因此失去平衡。因此，在进行生态环境影响评价时，应注重生态系统因子间的相互关系和整体性分析。把握其整体性，可起到提纲挈领之效。

(2) 保护生物多样性。生物多样性有基因(遗传)多样性、物种多样性和生态系统多样性三个层次。

(3) 保护区域性生态环境。区域性生态环境问题(包括水土流失、沙漠化、次生盐碱化等)是制约区域可持续发展的主要因素。拟议的建设活动不仅不应加剧区域性生态环境问题，而且应有助于区域性生态环境的改善。事实上，任何开发建设活动的生态环境影响都具有一定的区域性特点。因此，生态环境影响评价应把握区域性特点，注重区域性生态环境问题的阐明，提出解决问题的途径。

(4) 合理利用自然资源，保持生态系统的再生能力。自然生态系统都具有一定的再生和恢复功能，但是，生态系统的调节能力是有限的。如果人类过度开发利用自然资源，就会造成生态系统功能的退化。

(5) 保护生存性资源。水资源和土地资源是人类生存和发展所依赖的基本物质基础，也是保障区域可持续发展的先决条件。由于我国人口众多，水资源和耕地资源相对紧缺，而城市、村镇发展和项目建设还在不断地占用有限的耕地资源，水体污染加剧的趋势还没有得到有效遏止，因此，在进行生态环境影响评价时，应注重对水资源和土地资源等生存性资源的保护。

12.3.4　生态评价方法与评价标准

1. 生态现状评价方法

常采用的生态现状评价方法主要包括图形叠加法、生态机理分析法、类比法、列表清单法、指数评价法(综合指数法)、景观生态学方法和生产力评价法等。

1）图形叠加法

采用现场调查和室内作业相结合的方法，利用 RS 和 GIS 手段，结合实地调查和实验室分析得到的生态环境现状数据，将植被类型图、土地利用现状图、土壤侵蚀现状图、土壤类型图等相叠加，得到研究区生态环境现状图件。

2）生态机理分析法

生态机理分析法是根据人类活动的特点和受其影响的动、植物的生物学特征，依照生态学原理分析、预测工程生态影响的方法。具体步骤如下：

（1）调查环境背景现状和搜集工程组成和建设等有关资料；

（2）调查植物和动物分布，以及动物栖息地和迁徙路线；

（3）根据调查结果分别对植物或动物种群、群落和生态系统进行分析，描述其分布特点、结构特征和演化等级；

（4）识别有无珍稀濒危物种及重要经济、历史、景观和科研价值的物种；

（5）监测项目建成后该地区动物、植物生长环境的变化；

（6）根据项目建成后的环境（水、气、土和生命组分）变化，对照无人类扰动条件下动物、植物或生态系统演替趋势，预测项目对动物和植物个体、种群和群落的影响，并预测生态系统演替方向。

3）类比法

类比法是一种比较常用的定性和半定量评价方法，一般有生态整体类比、生态因子类比和生态问题类比等。根据已有的开发建设活动（项目、工程）对生态系统产生的影响来分析或预测拟进行的开发建设活动（项目、工程）可能产生的影响。选择好类比对象（类比项目）是进行类比分析或预测评价的基础，也是该法成败的关键。类比对象的选择条件如下：工程性质、工艺和规模与拟建项目基本相当，生态因子（地理、地质、气候、生物因素等）相似，项目建成已有一定时间，所产生的影响几乎全部显现。类比对象确定后，则需选择和确定类比因子及指标，并对类比对象开展调查与评价，再分析拟建项目与类比对象的差异，作出类比分析结论。

4）列表清单法

列表清单法是 Little 等于 1971 年提出的一种定性分析方法。该方法的特点是简单明了，针对性强。列表清单法适合于规模较小、工程简单的项目。列表清单法的基本做法是，将拟实施的开发建设活动的影响因素与可能受影响的生态因子分别列在同一张表格的行与列内。逐点进行分析，并逐条阐明影响的性质、强度等。由此分析开发建设活动的生态影响。

5）指数评价法（综合指数法）

指数评价法以监测点的原始监测数据统计值与评价标准之比作为分指数，然后通过数学方法综合作为生态环境质量评定尺度。近几十年来，这一方法在生态环境质量评价中得到了广泛的应用，并有了很大的发展。早期国外应用的指数法有美国的 NWF 环境质量指数法和加拿大的总环境质量指数（EQI）法等。目前最常用的是综合指数法，应用此法，可以体现生态环境评价的综合性、整体性和层次性。

6）景观生态学方法

景观生态学方法主要在空间结构分析、功能与稳定性分析方面评价生态状况。

（1）基质是景观的背景地块，是可以控制环境质量的组分。基质的判定是空间结构分析的重要内容。判定标准：相对面积大、连通程度高、有动态控制功能。可用优势度（DO）反映，优势度值由密度（R_d）、频率（R_f）和景观比例（LP）三个参数计算得出。有关计算公式如下：

$$R_d = (斑块\ i\ 的数目/斑块总数) \times 100\%$$
$$R_f = (斑块\ i\ 出现的样方数/总样方数) \times 100\%$$
$$LP = (斑块\ i\ 的面积/样地总面积) \times 100\%$$
$$DO = 0.5 \times [0.5 \times (R_d + R_f) + LP] \times 100\%$$

(2) 景观的功能与稳定性分析的内容包括生物恢复力分析、异质性分析、种群源的持久性和可达性分析、景观组织的开放性分析。景观生态学研究的基本方法包括遥感、地理信息系统、景观分析。

7) 生产力评价法

绿色植物的生产力是生态系统物流和能流的基础，它是生物与环境之间相互联系最本质的标志。衡量其功能优劣时有三个基本生物学参数：生物生长量、生物量和物种量。

生物生长量是指生物在单位空间和单位时间所产生的有机物质的数量，即生产的速率，以 $t/(hm^2 \cdot a)$ 表示，在生态环境评价中，一般不需要全面测定生物(全部动植物)的生长量，多以绿色植物的生长量代表。生物生长量既表征系统的生产能力，也在一定程度上表征系统受影响后的恢复能力。生物量是指一定空间内某个时期全部活有机体的质量，物种量是指单位空间内的物种数量。它是生态系统稳定性及系统和谐程度的表征。

生物生产力的一般表达式如下：

$$P_q = P_n + R$$
$$P_n = B_q + L + G$$

式中：P_q 为总生物生产量；P_n 为净生物生产量；R 为生物呼吸作用消耗量；B_q 为活物质生产量；L 为枯枝落叶生物量；G 为被动物消耗掉的生物量。

2. 生态恢复评价方法

常用的生态恢复评价方法有统计学方法、模糊综合评价法、压力-状态-响应(pressure-state-response, PSR)框架模型、灰色关联度分析法等。目前，对生态修复的生态评价常常多个方法综合运用，以弥补单一评价方法的不足。

1) 统计学方法

统计学方法是最常用，也是最为成熟的方法之一。例如，聚类比较、等级分析、生物多样性指数分析、线性比较(回归分析、相关分析、时间轨迹)等。

2) 模糊综合评价法

模糊综合评价法是一种将数学的模糊集合理论应用于自然环境评价的综合评价方法，常常涉及多个因素或者多个指标。评价的基本流程：①确定评价目标，这些目标为多因素组成的模糊集合；②确定指标的权重，将各种因素进行等级划分，组成模糊集合；③指标值的无量纲化，列举模糊矩阵；④选择适当的合成方法，根据权重分配将模糊矩阵合并，求出评价的定量值，进一步将环境质量本身的不确定因素进行量化。评价过程中模糊综合评价法常常与其他评价方法结合，从多个层面分析生态修复的效果。

3) 压力-状态-响应框架模型

压力-状态-响应框架模型是国际经济合作与发展组织提出的，最初用于生态安全的评价。随着生态评价研究的发展，它也应用于生态系统健康评价、生态风险评估等研究。在分析问题时，该模型对人类活动与自然环境的因果关系体现得非常清晰。

4) 灰色关联度分析法

灰色关联度分析法是一种将抽象问题实体化的评价方法，利用已有的有限信息，更为客观、真实地认识外部世界。权重的确定是关键，需先确定生态环境变化的主导因子，并根据指标之间的关联度排序，最后以关联度决定权重。后来研究者以灰色系统理论为基础，提出灰色边界模型，进而增强了聚类函数的边界模糊性，提高了分析方法的灵敏度，更充分、合理地运用了已知信息，使评价结果更为客观、准确。

3. 生态评价标准

生态系统具有多样性、区域性的特点，分布于不同区域的同类型生态系统之间，同一区域的不同生态系统无法互为参照，难以用统一的评价标准进行对比，因此，生态评价的标准和参照系难以确定。

目前确定评价标准和参照系主要有两种方法：一是在同一生物地理区系内选择未受干扰或少受干扰的同一生态系统类型作为参照系；二是从历史资料中获得评价的生态系统在较少受到人类干扰条件下的状态描述，以此作为参照系。

思考与练习题

1. 生态监测的基本方法有哪些？其原理是什么？
2. 生态监测的优点和局限性有哪些？
3. 生态监测指标选取的原则有哪些？
4. 生态评价的目的是什么？
5. 生态评价的主要方法有哪些？

第13章　生态系统管理

20世纪60年代以来，在世界经济的高速发展过程中，地球气候变暖、臭氧层破坏、大气污染和酸雨、土地退化和沙漠化、森林资源退化、陆地水域和海洋污染、生物多样性破坏等环境问题对全球生态系统和自然资源更新构成了极大的威胁。在这种情况下所提出的可持续发展归根结底是一个生态系统的管理问题。如何科学地管理地球生态系统和自然资源，维持生物圈的良好结构、功能和全球经济的可持续发展，是生态系统管理的目的。生态系统管理概念的提出是科学家对全球规模的生态、环境和资源危机的一种响应，它作为生态学、环境学和资源科学的复合领域，自然科学、人文科学和技术科学交叉的新型学科，不仅具有丰富的科学内涵，还具有迫切的社会需求和广阔的应用前景。

13.1　生态系统管理的概念及内涵

13.1.1　生态系统管理的概念

生态系统管理是指在充分认识生态系统整体性和复杂性的前提下，以持续地获得期望的物质产品、生态及社会效益为目标，并依据对关键生态过程和重要生态因子长期监测的结果而进行的管理活动。在生态系统管理的发展过程中，由于不同的生态学者和机构所关心的生态问题不同，研究对象不同，关于生态系统管理的定义也存在差异。

美国林业局认为，生态系统管理是一种基于生态系统知识的管理和评价方法，这种方法将生态系统结构、功能和过程，社会和经济目标的可持续性融合在一起。美国环境保护署则着重强调，生态系统管理是指恢复和维持生态系统健康、可持续性和生物多样性，同时支撑可持续的经济和社会。定义主要强调了生态系统管理的社会功能。

一些专业团体主要强调了管理对生态过程、生态系统结构和功能的影响。美国森林学会(SAF)的生态系统管理关注生态系统的状态，目的在于保持土地生产力、生物基因、生物多样性、景观格局和生态过程的组合。美国生态学会(ESA)认为，生态系统管理有明确的管理目标，执行一定的政策和规划，并根据实际情况作出调整，基于对生态系统作用和过程的最佳理解，管理过程必须维持生态系统组成、结构和功能的可持续性。

J. K. Agee和D. R. Johnson(1988)认为，生态系统管理涉及调整生态系统内部结构和功能、输入和输出，并获得社会渴望的条件。J. C. Overbay(1992)认为，生态系统管理利用生态学、经济学、社会学、管理学原理仔细地、专业地管理生态系统的生产、恢复，或长期维持生态系统的整体性和理想的条件、利用、产品、价值和服务。B. Goldstein(1992)强调生态系统的自然流(如能流、物流等)、结构和循环，在生态系统管理过程中要摈弃传统的保护单一元素(如某一种群或某一类生态系统)的方法。部分研究者认为，以顶极生态系统管理为主，保护当地(顶极)生态系统长期的整体性，维持生态系统结构、功能的长期稳定性是生态系统管理的主要目标和内容(R. E. Grumbine，1994)。C. A. Wood(1994)提出综合利用生态学、经济学和社会学原理管理生物学和物理学系统，以保证生态系统的可持续性、自然界多样性和景观的生产力。

N. L. Christensen(1996)则集中在生态系统的根本功能复杂性和多重相互作用的管理,强调大尺度的管理单位,熟悉生态系统过程动态的重要性或认识生态过程的尺度和土地管理价值取向间的不相称性。E. Maltby(1999)在生态系统管理中指出了人的作用,认为生态系统管理是一种物理、化学和生物过程的控制,它们将生物体及其非生命环境与人类活动的调节联系在一起,以创造一个理想的生态系统状态。

综上所述,生态系统管理的内涵主要包括以下几个方面:①生态系统管理要求将生态学和社会科学的知识和技术,以及人类自身和社会的价值整合到生态系统的管理活动中;②生态系统管理的对象主要是受自然和人类干扰的系统;③生态系统管理的效果可用生物多样性和生产力潜力来衡量;④生态系统管理要求科学家与管理者确定生态系统退化的阈值及退化根源,并在退化前采取措施;⑤生态系统管理要求利用科学知识作出对生态系统整体性损害最小的管理选择;⑥生态系统管理的时间和空间尺度应与管理目标相适应。

生态系统管理是人类以科学理智的态度利用、保护生存环境和自然资源的行为体现。可持续发展主要依赖于可再生资源特别是生物资源的合理利用,因而生态系统管理是实现可持续发展的手段和重要途径。

13.1.2 生态系统管理的发展

生态系统管理起源于传统的林业资源管理和利用过程。1864年G. P. Marsh出版的《人与自然》一书中提出,如果英国合理管理森林资源,可减少土壤侵蚀。1891—1904年间个体生态学研究比较多,自然资源管理仍以传统管理方式为主,但开始注意保护问题。1905—1945年间森林学和生态学研究较多,主要集中在群落演替、种群方面,已提出了合理利用自然资源的问题。尤其是美国生态学会提出用核心区和缓冲区的方法合理利用和保护自然生态系统,有些国家开始制定有关法律。1945—1969年间生态学体系已基本形成,自然资源利用开始强调多用途和持续产量问题。R. Carson(1962)出版的《寂静的春天》一书引起了人们对环境恶化的广泛关注。1970—1979年间生态系统生态学发展迅速,G. E. Likens (1970)认为现有的森林管理方法可能影响生态系统的功能。

G. Abrahamsen(1972)认为人类活动导致了生态系统的退化,而自然资源管理者强调多重利用、单种种植管理和保护,但人们开始认识到一些传统的资源管理方法并没有起到预期的效果。1980—1989年间有大量关于生态系统和管理方面的研究论文出现,生态学开始强调长期定位、大尺度和网络研究,生态系统管理与保护生态学、生态系统健康、生态整体性与恢复生态学相互促进和发展,美国政府(尤其是农业部)及国会积极倡导对生态系统进行科学管理。在此期间,J. K. Agee和D. R. Johnson (1988)出版了生态系统管理的第一本专著——《公园和荒野的生态管理》,他们认为生态系统管理应包括生态学上定义的边界,明确强调管理目标、管理者间的合作、监测管理结果、国家政策层次上的领导和公民参与等六个方面的内容。1990年以来,关于生态系统管理的专著陆续问世。这些专著支持大多数的资源经营活动,而且强调用环境科学知识满足社会经济目标。自此,生态学界开始注意生态系统管理,并将生态系统管理与可持续发展相联系,开始进行森林生态系统管理研究与评估,生态系统管理的基本框架逐渐形成。

13.1.3 生态系统管理的基本原则

生态系统提供人类生存所必需的产品和服务。近百年来,人口增长的速度是此前100年的5倍，人类对自然资源的过度利用和对环境的破坏已经威胁到人类的持续生存。一方面，人类已经意识到，对生态系统采取袖手旁观或掉以轻心的态度有可能破坏人类自己的生存环境而走入绝境；另一方面，人类也逐渐认识到，最终人类必须把所有生态系统管理起来，并且应该充分相信，在良好的管理下，生态系统给人类提供产品和服务的功能是可持续的。这当然不是说所有的管理方式都能达到这种自我持续的水平，而管理必须有科学的依据和良好的制度、措施，并在管理过程中逐步完善。盛连喜(2002)认为生态学的管理应遵循以下原则。

1. 整体性原则

整体性是生态系统的基本特征，各种自然生态系统都有其自身的整体运动规律，人为的随意分割都会给整个系统带来灾难。因此在管理中要遵循系统的整体性原则，切忌人为分割。

2. 动态性原则

生态系统的发育是一个动态的过程，是一个演替过程，包括正向演替和逆向演替。即使没有人为干扰，也始终处于动态变化之中。生态系统中生物与生物、生物与环境相联系，使系统在输入和输出过程中维持需求的平衡。特定生态系统的功能总是和周围生态系统相互影响的，在不同的时间和空间尺度上发生着各种生态过程。

3. 再生性原则

生态系统最显著的特征之一是具有很高的生产能力和再生功能。其主要组分生产者为地球上一切异养生物提供营养物质，是全球生物资源的营造者。异养生物对初级生产的物质进行取食加工和再生产，通过生态系统的多种功能流，如物质流、能量流等，形成次级生产。初级生产和次级生产为人类提供了几乎全部的食品、工农业生产的原料以及医药等。生态系统的这种生产能力和再造性，在管理中必须得到高度的重视，从而保证生态系统为人类提供充足的资源和良好的服务。

4. 循环利用性原则

生态系统中有些资源是有限的，并非“取之不尽，用之不竭”。因此在进行管理时要遵循经济、生态规律。

5. 平衡性原则

生态系统健康(ecosystem health)是生态系统管理的目标，一个健康的生态系统常处于稳定和自我调节的状态，生态系统各部分的结构和功能处于相互适应与协调的动态平衡状态。生态系统自我调节能力受到生态阈的制约。

6. 多样性原则

生物多样性是生态系统持续发展和保持旺盛生产力的关键。

13.1.4 生态系统管理的目标

生态系统管理的目标有两点：①管理必须使生态系统得以持续；②要使生态系统同样能对我们的后代提供产品和服务。换言之，可持续能力是公认的生态系统管理的中心目标。

有人认为生态系统健康是生态系统管理的目标。如1990年10月和1991年2月分别在美国马里兰和华盛顿召开了生态系统健康的专门会议，并将生态系统健康确定为环境管理的目标。管理着眼于保持和维护生态系统的结构、功能的可持续性，保证生态系统健康(孙儒泳，2001)。

生态系统健康是生态系统的综合特性，它具有活力、稳定和自我调节的能力。换言之，一个生态系统的生物群落在结构、功能上与理论上所描述的相近，那么它们就是健康的，否则就是不健康的。健康的生态系统具有恢复力(resilience)，保持着内稳定性(homeostasis)。系统发生变化就可能意味着健康的下降。如果系统中任何一种指示者的变化超过正常的幅度，系统的健康就受到了损害。当然，并不是说所有变化都是有害的，它与系统多样性相联系。多样性是易于量度的。事实上，生态系统健康可能更多地表现于系统创造性地利用胁迫的能力，而不是完全抵制胁迫的能力。健康的生态系统对干扰具有恢复力，有能力抵御疾病。C. S. Holling(1986)就认为这是“一个系统在面对干扰保持其结构和功能的能力”。恢复力越大，系统越健康。恢复力强调了系统的适应属性，而不是摆脱它。

13.2 生态系统管理的内容及途径

13.2.1 生态系统管理的基本要求

生态系统管理是“一个用以制定政策和管理战略，以解决资源利用和环境保护冲突，控制人类对区域环境影响的持续的、动态的过程”。其总体目标是确保区域自然资源达到最佳的持续利用，持久地维持高度的生物多样性和确实保护至关重要的生境。由于综合管理通常需要有效的政策和管理战略来实现，这种管理往往以一种政府行动来体现，是一种所谓的“集中式”生态系统综合管理。这种管理的基本要求有：①可持续性，生态系统管理将长期的可持续性作为管理活动的先决条件；②在生态系统可持续性的前提下，具体的目标应具有可监测性；③在生态学原理的指导下，不断建立适宜的生态系统功能模型，并将形态学、生理学及个体、种群、群落等不同层次上生态行为的认识上升到生态系统和景观水平，指导管理实践；④生态系统复杂性和相关性是生态系统功能实现的基础；⑤生态系统管理并不是试图维持生态系统某一种特定的状态和组成，动态发展是生态系统的本质特征；⑥生态系统过程在广泛的空间和时间尺度上进行着，并且任何特定的生态系统行为都受到周围生态系统的影响，因此，管理上不存在固定的空间尺度和时间框架；⑦人类不仅是生态系统可持续性的影响因素，也是在寻求可持续管理目标过程中生态系统整体的组成部分；⑧通过生态学研究和生态系统监测，人类不断深化对生态系统的认识，并据此及时调整管理策略，以保证生态系统功能的实现。

13.2.2 生态系统管理的数据基础

对生态系统进行管理必须搜集一些数据资料，由于生态系统的复杂性，这些数据资料可能是个体-种群、群落-生态系统、景观、生物圈等空间尺度的，同时这些空间尺度问题还与时间尺度问题相互交错。

1. 在植物个体及种群尺度上

在植物个体及种群尺度上需要的数据包括气候与微气候、地形与微地形、土壤的理化特征、消费者的层次、植物的生理生态特征、植物固定碳的格局、植物遗传、共生、营养和水分条件，这些数据的时间尺度是小时、天或年。值得指出的是，不能把幼苗的数据当作成年植株的数据用(因为幼苗常没有竞争、幼苗或成年植株对胁迫的反应不同、幼苗常没有共生菌、盆栽幼苗的生长速率与野外的不同)，在小样方内测定的数据不能当作大样方的用。

2. 在群落及生态系统尺度上

在群落及生态系统尺度上所需的数据包括气候与微气候、地形与微地形、种类组成与多度、土壤的理化特征、消费者的层次、植物组织的流通率及分解、活与死有机质的空间分布、植物对水分和营养利用的形态适应、共生、营养和水分条件,这些数据的时间尺度是年或几年。在收集这一尺度的数据时,气候因素被当作常量,样地太小时应收集更多的数据,可用更多的变量来研究生态过程的控制和反馈。确定均质样方单位比较困难,很难从本层次的样方数据推测景观层次的数据。在研究物质循环和水分关系时尺度非常重要,不能用生态系统尺度研究大动物和鸟类。

3. *在景观尺度上*

在景观尺度上所需的数据包括气候、地形、群落与生态系统类型、土壤物理特征、生态系统类型的空间分布,这些数据的时间尺度是几年至几十年。在研究景观尺度问题时,要考虑明确的边界和空间异质性;在进行尺度推绎时,部分的叠加可当作整体的性质;主要研究方法有GIS和模型研究。景观尺度是评价动物生境的最佳尺度。

4. *在生物圈尺度上*

在生物圈尺度上所需的数据包括气候、地形和植被类型。由于空间尺度太大,一些生态过程的速率较慢。气候是植被分布的决定因子,时间尺度不重要,海拔对种类分布的影响可忽略。

当然,并不是所有的生态系统管理都要收集上述数据,实际管理时只需收集核心层次的数据,并适当考虑其相邻的上、下层次的部分数据即可。

13.2.3 生态系统变化的度量

生态系统状态的自然变化一直是生态学家关注的问题,考虑干扰情况下生态系统的状态变化更是生态学家和管理者关注的问题。生态系统管理必须考虑这一变化,以确定管理方式,避免生态系统的退化。

生态系统变化的参数一般采用生物多样性、生态系统净初级生产量、土壤、非生物资源(营养库及其流动、水分吸收及利用等)和一些生理学指标。当生态系统退化时,比较敏感的指标有:植物体内合成防御性次生物质减少(容易暴发疾病和虫害);植物根系微生物减少或增加太多;物种多样性降低或种类组成向耐逆境种或 r 对策种转变;净初级生产量和净生产量下降;分解者系统中的年输入物质量增加较多;植物或群落呼吸量增加;生态系统中的营养损失增加并限制生态系统中植物的生长;在长期营养库中的最小限制性因子的变化。

确定生态系统上述变化的方法有:比较净初级生产量、分解速率的理论与实际值;估算样地间标准物质或生物体的转移;观察指示种或功能群;稳定性同位素(如 H、C、N 元素)方法;"3S"技术和谱分析方法;空间和时间尺度交叉的整体性方法(如梯度分析、边界分析);大量数据集的合成分析;生态风险评价等。从管理者和普通人角度看,他们更关注的是生态系统产品和服务功能的变化,这些指标包括:可提供的食物、药物和材料,旅游价值,气候调节作用,水和空气的净化功能,为人类提供美丽、智慧的精神生活,废物的去毒和分解,传粉播种,土壤的形成、保护及更新等。生态学家与管理者的度量指标的结合可能是生态系统管理发展的方向之一。

13.2.4 生态系统管理的要素

在进行生态系统管理时应该考虑的主要要素有:①必须把人类及其价值取向作为生态系统的一个成分;②确定明确的、可操作的目标;③确定生态系统管理的边界和单位,尤其是确定等级系统结构，以核心层次为主，适当考虑相邻层次内容；④收集适当数据，理解生态系统的复杂性和相互作用，提出合理的生态模式及生态学理解；⑤监测并识别生态系统内部的动态特征，确定生态学限定因子；⑥注意幅度和尺度，熟悉可忽略性和不确定性，并进行适应性管理；⑦确定影响管理活动的政策、法律和法规；⑧仔细选择和利用生态系统管理的工具和技术；⑨选择、分析和整合生态、经济和社会信息，并强调部门与个人间的合作；⑩实现生态系统的可持续性。应将上述要素进行归结，主要从系统角度出发，在广泛的时空尺度上，考虑到人对生态系统的影响，制定社会目标，共同决策，达到系统的可持续发展（表 13-1）。此外，在进行生态系统管理时必须考虑时间、基础设施、样方大小和经费问题（R. D. Simpson，1998）。

表 13-1　生态系统管理要素

基本要素	要素含义
可持续性	生态、社会、经济和文化的可持续发展是生态系统管理的前提，理解生态系统和构建生态模型，了解和描述生态系统的特征，实行生态系统管理
系统视角	多尺度性：生态系统涉及基因、物种、种群和景观等多个层次，且层次间存在着相互作用关系
复杂性和相关性	多尺度的相互关系及其导致的复杂系统结构，以及复杂结构支持的重要生态过程
动态性	生态系统不是静止不变的，始终处于变动和进化过程中
时空尺度	生态系统过程发生在一系列不同的时空尺度上，应该在生态边界内实行生态系统管理——传统的资源管理面对的时空尺度都不够大。生态系统管理往往是跨越行政、政治和所有权尺度的
人	人是系统的一部分，人影响着生态系统，不应该将人从自然中分离出来，而应该在寻求生态系统可持续发展的过程中将人类作为一分子考虑进来
社会目标	生态系统管理是一个社会过程，人类的价值取向在管理目标的设定过程中起到决定性的作用
共同决策	生态系统管理的空间大尺度特性使得管理必然是一个共同决策的过程，涉及政府机构、民间组织、非政府机构和私营业主与工业企业

注：本表引自于贵瑞，2001。

生态系统管理基于生态系统生态学及多个生态学学科（景观生态学、保护生物学、环境科学、社会学、经济学、管理学）之上。要求生态学家、社会经济学家和政府管理人员的通力合作，使生态系统管理更为有效，真正实现资源与环境的可持续发展。但这在现实生活中并不容易。生态学家强调政府部门和个人应该用生态学知识更深刻地理解资源问题，理解生态系统结构、功能和动态的整体性，强调要收集生物资源和生态系统过程的科学数据，强调一定时空尺度上的生态整体性与可恢复性，强调生态系统的不稳定性和不确定性，但他们往往不愿把社会价值等问题融入科学领域内。社会经济学家更注重区域的长期社会目标，强调制定经济稳定和多样化的策略，喜欢多种政策选择，尤其是希望少一些科学研究，期望生态系统的稳定性和确定性。而政府官员则考虑如何把多样性保护与生态系统整体性纳入法制体系，如何有效促进公共部门和私人协作的整体管理，如何用法律和政策促进生态经济的可持续发展，当然他们更希望把被管理的生态系统放入景观背景中考虑，因为这样所需费用较少。

尽管生态系统管理日益受到管理者和科学家的重视,但有关生态系统管理的具体内容和方法尚有一些争议(K. A. Vogt, 1997)。有人认为生态系统管理要求太多的数据,因而不可能实现。事实上,生态系统管理集中在评估那些驱动或控制某一生态系统的力量上,不必收集如此多的数据。有一些人认为生态系统管理没有一个简单的定义,不具有可操作性。事实上,生态系统管理只是提供了一个避免出现生态危机的思维方法,实际管理时还要有灵活性。

13.2.5 生态系统管理的主要技术与途径

1. 生态风险评估

生态风险评估是利用生态学、环境化学及毒理学的知识,定量确定环境危害对人类负效应的概率及强度的过程。其目的在于通过对某种环境危害效应的科学评价,为生态环境和生态系统的保护和管理提供决策依据。生态系统管理中最重要的是风险管理。风险管理是指对生态风险评估的结果采取决策与行动,是一个决策过程,又称为风险控制。风险管理的水平依赖于生态风险评价的质量和人类可使用的手段。风险管理者根据风险评估的结果,综合考虑各种因素,来决定这种风险是可接受的,还是需要减少或阻止。在生态风险管理的过程中,必须根据风险评估的结果,综合考虑各种因素进行决策。

2. 适度干扰与恢复重建

根据中等干扰理论,对生态系统的中等程度的干扰能维持较高的多样性。对生态系统的适度干扰不仅不会使生态系统受损,反而会使系统的结构和功能进一步完善,系统更加稳定。受损害生态系统的恢复和重建一般可采用两种模式。一种是生态系统受到的损害没有超过系统的阈值,并且是在可逆的情况下,外来的干扰和破坏解除后,生态系统可自然恢复。另一种是生态系统受到的损害超过系统的承载力,并且发生了不可逆的变化,在这种情况下,仅靠自然过程不能使系统恢复到初始状态,必须加以人工措施才能迅速恢复。中等干扰理论是目前生态系统管理实施的重要理论依据。

3. 清洁生产

清洁生产被称为"无公害工艺"、"无污染生产"、"废料减量化"等。它的目标是:通过资源的综合利用、替代作用、多次利用以及节能、省料、节水等方式,实现资源合理利用,减缓资源的耗竭。其主要途径有:①用无污染、少污染的产品替代毒性大、污染重的产品;②用无污染、少污染的能源和原材料替代毒性大、污染重的能源和原材料;③用能耗少、效率高、无污染、少污染的工艺设备替代能耗高、效率低、产污量大、污染重的工艺设备;④最大限度地利用能源和原材料,实现物料最大限度的厂内循环;⑤对少量的、必须排放的污染物,采用低费用、高效能的净化处理设备和"三废"综合利用措施进行最终的处理、处置。

4. 费用资源化管理与"5R"方法

目前,我国城市居民人均每日产生垃圾 0.8~1.5 kg,全国已有 200 多座城市陷入垃圾的包围之中,垃圾堆放不仅加剧环境污染,而且侵占土地面积。为了改变仅仅依赖填埋或焚烧处理废物的状况,有关学者提出了减少废物数量的"5R"方法:抵制(reject)、减少(reduce)、修复(repair)、回收(recycle)、响应(react)。

抵制,即不买难以回收或会造成浪费的产品,如选购不含汞和镉的环保电池。减少,即改变产品生产和人们购物的方式,减少过度消费和浪费,如只购买需要的商品,不购买过度包装的商品。修复,即修复损伤的物品而不更换新的物品,如修好损坏的物品再用,而不是随意丢弃。回收,即将废旧物品送到回收中心,重新制成产品,循环利用。研究表明,用回收纸的纸浆造纸比用木材造纸至少要少消耗70%的能源和50%的水;回收生产铝盒所消耗的能源仅是制造全新铝盒的10%。响应,即让生产者和消费者了解造成浪费的情况和不负责的废物管理,共同改变行为,实行源头控制,减少废物的产生量。生产者不生产带有不必要包装或过度包装的商品,延长产品的使用寿命;消费者可购买真正需要的产品,使用可以重复使用的产品,购买绿色产品,做一个绿色消费者。消费者的消费将导致生产者转变它的生产,向有利于环境的方向转变。

5. 生态工业园区

工业园区是工业化国家促进、规划和管理工业发展的一种手段。由于园区内各种工业相对集中,污染问题特别突出。各种有毒有害气体的排放,导致酸性降水、空气污染;各种废水的排放,造成水质恶化,危害人体健康;大量工业废料的堆放,污染地表水和地下水;另外,运输、储藏和处置油类、溶剂、特种金属和溶液也会增加对环境的损害。

生态工业园区(EIP)是在生态学、生态经济学、工业生态学和系统工程理论指导下,将在一定地理区域内的多种具有不同生产目的的产业,按照物质循环、生物和产业共生原理组织起来,构成一个"从摇篮到坟墓"利用资源的具有完整生命周期的产业链和产业网,以最大限度地降低对生态环境的负面影响,求得多产业综合发展的产业集团。目前,国外主要有三种类型的生态工业园区。①现有改造型,即对现已存在的工业企业通过适当的技术改造,在区域内成员间建立起废物和能量的交换关系,如丹麦的Kalundborg生态工业园区。它强调大企业与政府密切配合,通过市场交易共享水、气、废气、废物,建立一种创新的生态共生关系。②全新规划型,是在良好规划和设计的基础上,从无到有地进行建设,并创建一些基础设施使得企业间可能进行废水、废热等的交换,如美国俄克拉荷马州的Choctaw生态工业园区。③虚拟型,它是利用现代信息技术,通过园区的数学模型和数据库,首先在计算机上建立成员间的物、能交换关系,然后再在现实中加以实施。如美国和墨西哥交界处的Brownsville生态工业园区。生态工业园区在我国也进行了有益的尝试,如作为广西糖业基地之一的贵港市率先建立的贵港市国家生态工业(制糖)示范园区。

6. 实施标准化环境管理系列标准

目前由世界标准化组织(ISO)推出的环境管理系列标准为ISO14000,该标准从14001~14100,共100个标准号。实施ISO14000的目的是规范、约束企业和社会团体等所有组织的环境行为,以实现节约资源、减少环境污染、改善环境质量和促进经济发展的目标。ISO14000主要具有以下特点:确定环境保护的有效新机制;具有很强的操作性;倡导预防为主的原则和使用的广泛性。

7. 大力开展以生态工程为主的生态建设

开展以生态工程为主的生态建设是我国环境建设的主要内容。"三北防护林"、长江中上游防护林、沿海防护林等生态工程,使我国的生态建设进入新的发展时期。国家实施西部大开发战略,把以"退耕还林、还草"为核心的生态建设提到了举足轻重的地位,为西部地区生态环境的改善提供了千载难逢的机遇。增加荒漠区的林草植被,综合生产、工程和农艺措施,治理草地退化、沙化和碱化,控制荒漠化扩大;采取人工种草、飞播种草等措施,变草地粗放经营为集约经营,实现草场和畜牧业的可持续发展,则是生态建设的有益实践。

8. 加强自然保护的管理和研究,建立各种类型自然保护区

自然保护包括对自然环境和自然资源的保护,主要有两种方式。①直接保护目标生物或特殊类群,这种保护可以在自然状态下和人工环境或条件下进行。对生物与生物资源禁止任

何形式的利用,可以建立物种的长期种子库、基因库、植物园、动物园和水族馆等,保持生物的正常生长和有效繁殖。②建立各种类型的自然保护区。实际上就是通过保护物种生存繁衍的栖息地,达到实现生物多样性的长久保护目的。从1956年我国第一个自然保护区在广东肇庆鼎湖山建立开始,我国自然保护区建设得到了快速发展。这些保护区的建立,对于环境保护政策的落实、生物多样性的保护起了重大作用。

9. 信息技术的应用

以“3S”为主的信息技术应用在区域与全球资源的探测、预测与评价、全球性环境要素的动态监测分析、全球变化信息的获取,可为区域可持续发展提供信息及决策支持,并在土地资源、农业资源、水资源等管理方面起到重要作用。

以现代数据库技术为核心,将环境信息存储在计算机中,在计算机软件、硬件支持下,实现对环境信息的输入、输出、修改、增加、删除、传输、检索和计算等各种数据库技术的基本操作;结合统计数学、优化管理分析、制图输出、预测评价模型、规划决策模型等应用软件,构成一个复杂有序的、具有完整功能的环境管理信息系统(EMIS),在全面准确地查询和检索各种环境信息、分析各种空间数据、进行环境决策支持等方面促进了生态系统管理的开展。

13.3　我国几种生态系统的管理

13.3.1　农业生态系统的管理

我国人口压力大,对发展的要求很迫切。由于人均土地资源和水资源短缺,以生态系统管理的理论为基础,走可持续发展的农业生产道路是唯一的出路。以生态系统管理的理论指导的农业发展模式在国外主要有有机农业、生物农业、再生农业、轮种农业、生态农业、低耗持续农业等,在我国主要有集约持续农业与生态农业等。这些模式都兼顾了发展与环境、效率与持续诸方面。在实践中,持续农业实行资源综合管理,通过以下四个原则来实现持续发展:①提高太阳能转化效率,以形成巨大的初级生产量;②提高生物能的转化利用效率和次级生产的能量转化率;③实现对可再生资源的持续利用,以维护生态平衡;④具有比较稳定的环境净化能力,使农业生态系统成为既无废弃物,又无污染的环境净化体系。在我国,农业生态系统的调节与管理主要通过生态农业技术与生态工程来实现。

1. 我国生态农业的主要技术体系及农业生态工程

我国生态农业技术体系,既是我国传统农业技术精华与现代常规农业技术的有机结合,也是现代农业的系统工程化过程。它既包含农业生态系统不同层次的系统设计与管理,也包括实施这些技术的方案和方法。在我国生态农业建设中主要运用的农业生态技术可分为以下九类。

(1) 总体设计。

总体设计包括生态农业区域的系统条件调查与分析、资源环境潜力评价、生态农业规划,以及适合当地的生态农业经营模式的设计。

(2) 运用物质循环再生原理和多层次利用技术,实现无废弃物生产,提高资源利用率。

通过农牧结合及秸秆过腹还田,实现农业生态良性循环;有机肥同化肥配合施用,提高化肥有效利用率;通过食物链连接技术使农副产品及秸秆、粪便作为其他动物和植物的营养成分,并提高生物能多级转化效率。如农作物秸秆通过沼气发酵可以使其能量利用效率比直接燃烧提高几倍，其沼液作为再生饲料可以使其营养物质和能量的利用率增加20%。通过厌氧发酵的粪便，N、P、K的营养成分没有损失，且转化为可直接利用的活性态养分。农田用沼气肥，可在一定程度代替化肥。通过上述综合利用，氮素总利用率达90%，总能量利用率达80%。桑基鱼塘系统是在我国南方低湿地区已有3000余年历史的农业生产模式，在生态农业建设中又有所发展。在广东除桑基鱼塘外，还有果基鱼塘、蔗基鱼塘、菜基鱼塘等。在四川省成都平原水利条件较好的稻区也有较大面积的推广。在北方还通过台田方式治理低洼涝碱地，发展种植业和养殖业。

(3) 合理安排种植业结构的农作制度。

为了提高太阳能利用效率，生态农业建设十分重视按生态学原理进行作物的时间和空间的安排与管理，主要有以下三种形式。①通过合理的间作、轮作，并结合地膜覆盖、塑料大棚，以及相应的施肥、耕作技术，提高土地利用率，增加植物覆盖。②运用多层次立体种植方式，实行农林混作、间作(如在华北平原大面积推广的枣粮间作、桐粮间作、果菜间作等)。③在山区丘陵地带，根据地势高低起伏，合理安排种植业，如在红黄壤地区正在推广的从丘上到丘下，从河谷阶地到低河漫滩的“阔叶林或针阔混交林、经济林或毛竹(幼林地内可间种人工牧草)-果园或人工草地-鱼塘、果园或农田-丛竹”的立体农业布局体系。这种立体设计不但促进了红黄壤地区的土地开发，增加农民收入，而且也有效保护了水土。据20个省(市、自治区)的不完全统计，目前我国已创造出几十种类型几百个组合模式。

(4) 模拟生态系统物种共生原理，大规模推广稻田养鱼、鱼鸭混养等。

稻田养鱼在中国已有1700多年历史。在稻田养鱼基础上发展起来的新型农业技术——“稻萍鱼综合种养”，自1987年以来已经在江苏、浙江、福建、湖北、湖南、四川6省大面积推广。

(5) 应用微生物的生态技术。

它包括利用微生物农药，如苏云金杆菌、农药抗生剂防治作物和畜禽、水产病虫害，利用微生物发酵生产蛋白饲料。

(6) 包括生物防治在内的病虫害综合防治生态技术。

利用天敌昆虫(病毒、真菌、微孢子虫等)防治某些病虫害，例如赤眼蜂防治玉米螟、白僵菌防治松毛虫。实施病虫发生预测预报，采用包括选育抗性(耐性)品种、栽培、耕作防治措施在内的多种措施防治病虫害，可以减少农药用量及残留、降低成本、延缓病虫害抗药性的速度。

(7) 障碍性土壤改良的生态技术。

例如盐碱地改良和综合治理技术，沙荒地治理技术，酸、瘠红黄壤改良利用技术等。

(8) 其他农业生态技术。

以小流域综合治理为中心的旱作农业生态技术，包括梯田、等高种植，种植固埂、沟、帮的特殊植物(如香根草)在内的防治水土流失生态技术，以及各种节水栽培技术和天然降雨集水农业技术等。

(9) 区域综合治理生态技术。

我国区域综合治理以万亩左右农田范围的行政村、乡为基本单元，以其所代表的类型区为技术辐射范围。区域综合治理的试验区既是中低产田治理、农业持续发展重大关键技术和配套技术的试验研究基地，又是农业综合开发的技术依托、先进科技成果的扩散源与人才培训中心，也是科技面向生产、生产依靠科技的结合部，是科技农业和农村经济持续发展的展示窗口，堪称中国式生态农业最大的试验基地。

2.我国生态农业的实践

自生态农业在我国实施以来,已在全国广泛开展了生态农业试点研究。各地的生态农业试点示范建设均取得了良好的综合效益,显示出强大的生命力。农村能源短缺得到缓解,产、投比普遍提高,特别是在经济增长的同时明显改善了生态环境,减轻了环境污染,提高了农业生态系统的抗灾能力,增强了农业发展的后劲,达到了生态效益、社会效益和经济效益的同步增长。

总之,生态农业由于具有集约性、综合协调性和无污染性的特点,使农业生态系统的各子系统构成一有机整体,从而形成一个结构合理、功能高效、符合生态环境价值的农业经济生态系统。

13.3.2 森林生态系统的管理

人们逐渐意识到"森林是21世纪人类自身最后的生命线",为了拯救森林,使人们能更好地在"地球村"上生存和发展,人们不断寻求着森林生态系统的科学管理途径。长期的林业实践证明:森林在向人类提供各种林副产品和服务的同时,也影响到政治、经济、文化、自然等各个领域,必须从"人类-自然-社会"这个大系统出发采取整体、综合、协调的方法对其进行管理,这种方法导致森林生态系统管理这样一种新思想、新理论、新技术的出现。森林生态系统管理(forest ecosystem management)的指导思想是人类与自然的协调发展,既要承认人类对森林的经济利用需求,又要认识到这种需求的永久满足依赖于生态系统的结构与功能的维持,这充分体现了可持续发展的思想。

国际上,一些国家已开始了森林生态系统经营管理的研究与实践。1992年,美国林务局的"新展望"示范项目,是为数不多已执行的、在景观水平上的森林生态系统经营项目之一;加拿大从1990年开始致力于生态系统经营的试验和研究,1995年出台可操作的标准;我国在1996年批准了第一个关于森林生态系统经营的项目——天山森林生态系统可持续经营方法的研究。

目前森林生态系统管理的主要对策包括以下四个方面。

1) 动员全民参与绿化造林和保护森林资源的各种活动

制定各种造林和森林开发规划,健全森林管理机构,严格实行森林采伐限额制度,严格执行林木采伐许可制度和环境影响评价制度,制定法律和管理措施,有效制止各种破坏森林资源的违法行为;在农村地区鼓励农民在无法农用的荒地上造林。

2) 采用生态采伐技术

生态采伐采用结构管理的手段,可以促进森林生态系统结构的多样性。生态采伐对于结构管理的主要途径有三种。①延长轮伐期。②结构保留。在收获林分中保留有意义的结构成分,纳入新林分的经营规则,有利于新林分的发育;结构保留结合改良传统采伐方式会产生非常多的替代采伐方式,关键在于公众对哪种方式更认可。结构保留的目标是维持收获林分的生物有机体和关键生态过程,丰富下一代林分的结构。③结构恢复。结构恢复主要在于加速幼龄林结构复杂性的发育,有一系列的实现方式,包括商业性疏伐和抚育伐,制造枯林木、增加地被剩余物、人为制造树洞等特殊生境,发展和维持灌木和草本的层次等。主要手段包括:早期密度控制和结构改良技术;林地不规则营养管理技术;动态修剪技术;粗木质残体管理技术等。

借鉴农业上免耕法的思路,仿照自然经营法的主要技术环节,以人工材林为例,可以概括为:①免垦或穴垦法整地,天然更新或低密度造林,以利于形成复层、异龄、混交的森林结构;②抚育间伐时,适当保留草灌层、老龄木和枯死木、林中空地,以增加物种多样性;③收获木材时采用择伐方式,避免全树利用,残留物保留迹地,以保持森林生态系统物质循环、能量流动的协调与平衡;④利用生态系统的负反馈机制控制火灾的发生,采取生物措施防治森林病虫害。

3) 加强森林防火、病虫害防治和乱砍滥伐林木的管理

建立并健全有序的资源管理体制、林业政策法制体系;控制有林地逆转的趋势,尽快采取一些保护措施来确保森林资源的多种作用。

森林有害生物生态管理是森林生态系统管理在森林保护学科的具体体现和实际应用。害虫的生态管理(EPM)是害虫的综合管理(IPM)的进一步发展。EPM 在充分吸收 IPM 合理部分的基础上,强调维持系统的长期稳定性和提高系统的自我调控能力,在不断地收集有关信息,随时对系统进行监测、预测的基础上,以生物防治措施为主进行防治。EPM 不采用昂贵的化学农药和大规模释放天敌,其防治费用比 IPM 更低。实施 EPM 必须对生态系统的动态及自然调控机制有深入的了解,就目前对生态系统的认识水平和技术水平,还不能完全实施 EPM,有必要加强这方面的基础及应用技术研究。

4) 制定综合防治酸雨的战略和规则

确立酸雨控制政策,加强酸雨的监测,完善监测技术和网络,开展酸雨影响研究,研究不同地区酸雨污染和临界负荷,开展酸雨对森林的生态影响及其防治方案研究。

13.3.3 城市生态系统的管理

1. 生态城市的概念

生态城市,迄今为止国内外学术界对其概念还没有一个明确的界定。美国生态学家 R. Rigister 曾提出了一个十分具有概括性的定义:“生态城市追求人类和自然的健康与活力。”他认为这就是生态城市的全部内容,因为这足以指导我们的行动。我国学者黄肇义和杨东援认为:生态城市是全球或区域生态系统,它是基于生态学原理建立的自然和谐、社会公平和经济高效的复合系统,更是具有自身人文特色的自然与人工协调、人与人之间和谐的理想人居环境。这不仅强调整个城市是内部协调的一些可持续的子系统,而且具体提出了建设生态城市的目的是自然和谐、社会公平、经济高效以及人与自然、人与人之间的和谐统一。从上述定义可知,生态城市至少应符合生态经济学高效原则、人类生态学满意原则、自然生态学和谐原则。

概括起来,生态城市的内涵应有如下几个方面:①以区域为依托,形成结构合理、功能协调、联系便捷、设施齐全的城市系统;②高效利用资源和能源,产业结构合理,实现清洁生产和循环利用资源;③采用文明、节约、环保的可持续消费模式,消费效益高;④将自然融入城市,创造高质量的城市生态环境,符合生态平衡的要求;⑤保护城市历史文化遗产,注重城市自身文化建设,使城市具有文化内涵;⑥居民生活质量高,是促进身心健康发展的高标准生活环境;⑦居民有自觉的生态意识(包括资源意识、环境意识、可持续发展意识等)和环境道德观;⑧有完善的城市生态调控管理和决策系统。

2. 生态城市的建设原则

20 世纪 80 年代发展起来的生态城市理论认为城市发展存在生态极限。其理论从最初在城市中运用生态学原理,已发展到包括城市自然生态观、城市经济生态观、城市社会生态观和复合生态观等的综合城市生态理论,并从生态学角度提出了解决城市弊病的一系列对策。1996 年,R. Rigister 领导的“城市生态”组织提出了更加完整的建立生态城市(ecological

urban)的原则:①修改土地利用开发的优先权,优先开发紧凑的、多种多样的、绿色的、安全的、令人愉快的和有活力的混合土地并利用于社区,而且这些社区靠近公交车站等交通设施;②修改交通建设的优先权,把步行、自行车、马车和公共交通出行方式置于比小汽车方式优先的位置,强调"就近出行"(access by proximity);③修复被损坏的城市自然环境,尤其是河流、海滨、山脊线和湿地;④培育社会公正性,改善妇女、有色民族和残疾人的生活状况和社会状况;⑤支持地方化的农业,支持城市绿化项目,并实现社区的花园化;⑥提倡回收,采用新型、适当的资源保护技术,同时减少污染物和危险品的排放;⑦业界共同支持具有良好生态效益的经济活动,同时抑制污染、废物排放和危险有毒材料的生产和使用;⑧自觉简化生活方式,反对过多消费资源和商品;⑨开展提高公众生态可持续发展意识的宣传活动和教育项目,提高公众的局部环境意识和生物区域意识。

生态城市系统与相关因素见图 13-1。

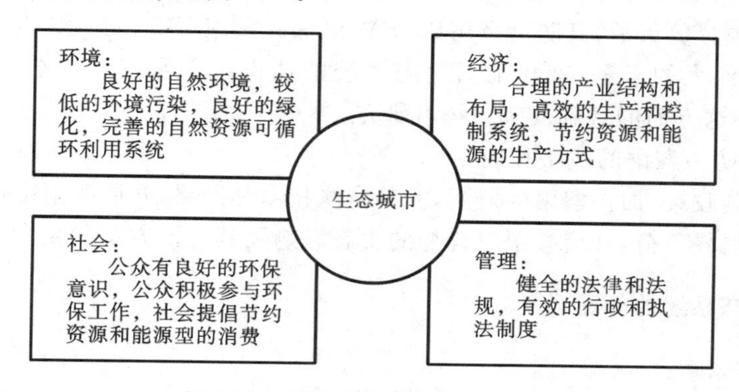

图 13-1　生态城市系统与相关因素

3. 城市-郊区复合生态系统管理对策

1) 优先发展与环境质量密切相关的基础设施建设

加快城市污水处理厂的建设,优先发展交通、供电、绿化和煤气工程等基础设施,从思想上、法规上和资金上确立与环境质量密切相关的基础设施建设的优先发展权。

2) 大力开展清洁生产工艺

在原料和能源、工艺、生产过程、产品、废弃物、管理等各个环节中减少和防止污染物的产生,尽量减小末端治理的比重,消减城市污染物的排放量。

3) 调整产业结构和工业布局

制定节约型、效益型城市工业发展战略和产业政策,坚决抑制重污染行业和工业的发展,同时避免污染向郊区转移。

4) 完善城市垃圾收集运输系统

改善垃圾填埋方式,推广垃圾焚烧与填埋相结合的资源化、减量化和无害化处理工程,使城市垃圾变废为宝,变害为利,并尽量减少侵占郊区土地资源。

5) 城市绿化与郊区绿化相结合,形成完整、统一、有机的绿地系统

形成以郊区农业和林业为基础的大地绿化,包括防护林、果园、经济植物园、风景区、自然保护区等,通过它们把郊区的新鲜空气渗透到城市的各个空间。在城市形成以公园绿地、环城绿地为主体的城镇绿地,这是改善城市人口稠密区的生态环境和城市景观的重要保证。

首先,生态园林作为城市生态系统中的功能单元,在结构和功能之间有着相互适应的关

系,能促使城市生态系统向结构完整、功能健全的方向发展,可以有效地提高城市生态系统的生态负荷能力和自我调节机能,有利于城市生态平衡的保持。其次,生态系统通过植物的光合作用,将太阳能转化成化学能,保持物质循环和能量流动。生态园林充分利用植物种群的三维绿量,提高太阳能的利用率和生物能的转化率,增加城市自净能力。另外,生态园林模拟再现植物的自然群落,营造观赏性强、艺术水平高的园林景观,美化了市容环境并提高了园林绿地的文化、休憩、娱乐功能和社会效益,为城市居民提供了和谐优美的绿色生态空间。生态园林的作用具体表现在:①调节小气候,降低城市"热岛"效应;②净化空气,减少空气污染,生态园林的复层结构增大了绿地植被的叶面积指数,有更强的净化空气、消解空气污染的能力;③净化水体、净化土壤,改善环境质量,园林植物对生活和工业污水都有一定的净化作用,并能净化土壤提高土壤肥力;④降低噪声污染和光污染,林带对噪声有一定的衰减作用,能降低噪声污染,有利于城市居民身心健康,林冠的遮光作用能有效阻挡建筑物对阳光的反射,降低光污染;⑤涵养水源,防止水土流失。

6）建设城市生态河流

城市河流是城市生态系统的组成要素之一,其供水、环保、绿化、游乐等生态功能,已逐渐被应用到生态城市建设中。传统的用混凝土等硬化覆盖河岸的城市河流整治方法,已逐步被各国否定,而建设生态河堤成为国际大趋势。城市河流整治应以保护、修复生态环境为前提,以建立良好的水环境为目的。

生态河堤是融现代水利工程学、环境科学、生物科学、生态学、美学等学科于一体的水利工程,它以"保护、创造生物良好的生存环境和自然景观"为前提,在考虑具有一定强度、安全性和耐久性的同时,充分考虑生态效果,把河堤改造成水体和土体、水体和生物相互涵养,适合生物生长的仿自然状态。

20 世纪 90 年代,很多国家对破坏河流自然环境的做法进行了反思,如德国的莱茵河,由于裁弯取直,河道从 354 km 缩减为 274 km,现在正进行河流回归自然的改造,将水泥河堤改为生态河堤。美国、法国、瑞士、奥地利等国,都在积极地修建生态河堤,恢复河岸水边植物群落与河畔林。日本在 20 世纪 90 年代初就开展了"创造多自然型河川计划",提倡凡有条件的河段应尽可能利用木桩、竹笼、卵石等天然材料来修建河堤,并将其命名为"生态河堤"。

7）倡导良好的公众环境行为

为有利于生态城市的建设管理及其成果的保护,管理者应建立制度,提倡良好的公众环境行为,形成生态城市的规矩和风尚。例如:①限制甚至拒绝摩托车进城;②限制汽车数量增长,提倡公交车,使用环保车;③提倡以自行车作为上下班交通工具,或者以步代车;④提倡使用布袋子、菜篮子、饭盒子,拒绝"白色污染";⑤提倡"绿色旅馆"、"绿色饭店",禁止旅馆业提供一次性用品;⑥提倡商店与厂家结合对商品实行全程绿色服务;⑦提倡绿色生活、绿色消费、绿色家庭;⑧有条件的城市应限制建筑高度,提倡使用洁净能源。

生态城市规划除了常规内容外,还应重点考虑以下问题。①建设生态城市首先应确定城市人口承载力,人口承载力不是指城市最大容量,而是指在满足人们健康发育及生态良性循环的前提下人口的最大限量。既要考虑人口未来增长的可能性,又要考虑满足一定生活质量的人口规模的合理性;既要考虑静态固定人口的分布规律,又要考虑周期性往返于城市与乡村和城市商业区与居住区的动态人口分布和涨落规律。②景观格局是景观元素空间布局,是城市生态系统的一个重要组成部分。③城市的产业结构决定了城市的职能和性质以及城市的基本活动方向、内容、形式及空间分布。因地制宜地按照生态学中的"共生"原理,通过企业之间以及工业、居民与生态亚系统之间的物质、能源的输入和输出进行产业结构优化,实现物质、能量的综合平衡。④提高资源合理利用效率,加快资源开发与再生利用的研究和推广,在城市区域内建立高效和谐的物流、能源供应网,实现物流的“闭路再循环”,重新确定“废物”的价值,减少污染的产生。

4. 生态城市建设管理模式

从“生态城市”概念的提出至今,世界上已有不少国家的城市生态化建设在不同程度上取得了成功。其一是以“绿色城市”为目标,增加绿色要素和绿色空间。如被称为“绿色城市”的英国米尔顿·凯恩斯市,始于 1967 年,经过 25 年的建设,至 1992 年形成了人口规模超过 15 万的城市,这个新城的公园占地超过城市总用地的 1/6,公园绿地面积高达 1750 hm^2,并在城市道路两旁有 160 hm^2 的林地,即使在大型的购物中心,也配置有精致的室内花园,人均公园绿地面积高达 100 m^2 以上。其二是制定生态城市的标准,构建新型的生态城市。美国、澳大利亚、日本等国家对生态城市制订建设计划,提出了基本要求和具体标准。

在国外生态城市建设的影响下,21 世纪我国的城市建设也将围绕“生态城市”这一主题展开。目前,我国不少城市如上海、大连、北京、广州、深圳、杭州、苏州等也提出建设生态城市的设想,并积极采取步骤加以实施。

13.3.4 旅游业生态系统的管理

1. 现代旅游业存在的问题

1) 垃圾污染日益严重

现代旅游是一种新型的高级消费形式,旅游者的不断增加使旅游区所产生的废物数量不断增加。由于目前还缺乏先进的技术手段来处理这些垃圾,随着垃圾的日积月累,这些垃圾不仅会使大好自然风光黯然失色,还会对大气和水体产生一定程度的污染。

2) 景观破坏和消亡

旅游景观的破坏和消亡,一方面是由于旅游区环境污染、恶化等自然因素造成的,如观赏石自然崩塌、山体滑坡等,使观赏景点消失,持久的干旱导致旅游区一些自然景观消失,如瀑布断流、溪潭枯竭、古树死亡等;另一方面是人为原因造成的,如景区建筑规划不够合理,胡乱建设,旅游区客流量超载,导致资源退化、名贵树种死亡,使摩崖石刻、文物古迹遭到破坏,失去原有的历史文化价值和观赏价值。

3) 水土流失

水土流失是旅游区最为常见的自然灾害,风景旅游区内不适当的开发,使地貌和植被遭受破坏,加剧了水土流失。尤其是公路两旁、湖泊水库四周、宾馆和房屋等建筑物所在地更为突出。

2. 现代旅游业存在的问题的根源

人们对旅游业存在认识观念的偏差,尚未形成保护旅游资源的社会压力及动力。如一些地区的领导和某些部门片面认为“旅游业是一项低投入、高产出的劳动密集型产业”,“旅游消耗基本上是精神消费,因此可再生旅游资源不存在耗竭的问题”。在资源紧缺和环境污染日益严重的今天,如果把环境资源耗竭纳入旅游成本中,那么旅游业应该是环境密集型或资源密集型产业。

我国目前的行政机制决定了行政部门间的条块分割,对旅游资源的管理和未来的发展形成空白区,造成决策信息的孤立。如旅游部门只考虑旅游资源开发,环保部门只考虑环境污染的防治，它们之间缺乏协调机制，致使“源头控制”难以实施；另外，旅游管理部门与规划部门之间缺乏信息、技术交流，区域总体规划与旅游规划相脱节，导致一些旅游点布局不当(如有的风景区与工业区污染源为邻)，加重了景区旅游资源与环境资源的消耗和破坏。

我国旅游业发展的时间较短，在管理上还存在许多不到位的地方。其一，管理体制尚未理顺。在旅游业发展过程中相关管理部门尚未真正发挥其管理职能，各地还普遍存在管理混乱、职责不清等问题，有些地区旅游管理部门形同虚设。其二，旅游业的立法尚不健全，致使各地区、各单位在旅游业发展及经营管理中无法可依。有些地区甚至存在“人治”代替“法治”的现象。

3. 旅游业生态管理对策

1) 保持旅游资源的原始性

为了解除工业文明的单调苦闷、逃脱城市的恶劣环境，人类开始寻求最佳的生存环境，这是产生生态旅游的动机。人类来自自然，人类与自然有着天然的亲和力，于是人类开始回归大自然，追求人类以往的那种原始味——置身于相对古朴、原始的自然区域，尽情考察和享受旖旎的风光和野生动植物。因此，生态旅游业开发应当尽量保持旅游资源的原始性和真实性。即不但要保护大自然的原始韵味，而且要保护当地特有的传统文化，避免把现代文明移植到旅游景区。旅游基础设施应与当地的自然和文化景观相协调，保护人与自然和谐的旅游美不受损害。

2) 不能超出旅游资源的承载力

生态旅游是对保护自然和环境、维护生态平衡负有责任的一种旅游方式，它同传统旅游的根本区别在于它强调对旅游资源和环境的保护。因此，生态旅游被公认为是实现旅游业可持续发展的最佳旅游方式。旅游环境承载力是旅游环境系统组成与结构特征的综合反映，是判断旅游业是否持续发展的一个重要指标。当旅游环境承载量除以旅游环境承载力的商小于1时，说明尚未超载，还有发展潜力。生态旅游的开发应当贯彻旅游环境承载力的理论，把旅游活动强度和游客数量控制在承载力范围以内。

3) 社区居民参与原则

良好的生态旅游资源常常分布在自然生态系统较脆弱、经济贫困的偏远山区，生态旅游的开发应当把社区作为一个有益的组合元素来考虑：社区居民是旅游地的主人，他们享有利用、保护和管理生态旅游资源的权利；社区居民参与旅游业可使其从旅游中获得经济效益，更重要的是能够培养和提高他们保护、管理生态旅游资源的责任感；此外，社区居民参与旅游业还可以增强他们特有的文化氛围，提高资源吸引力。

4) 利用高新技术的原则

开发生态旅游时，首先应采用高新技术科学、有效地治理旅游对环境的污染，精确地设计人地和谐美的旅游景观。如自然保护区实施核心区、过滤区和游憩区的分区规划管理模式；旅游景观的设计应当因地制宜，遵循物物相关与相生相克的规律，使旅游设施、交通系统与整个自然环境相得益彰，把对生态的破坏降到最低限度。其次应当对旅游从业人员进行技术培训。旅游从业人员提供的各种旅游服务是生态旅游产品的重要组成部分，他们是生态旅游产品的生产者之一，他们的自身素质关系到生态旅游产品的生产流程，影响到产品的质量。

思考与练习题

1.什么是生态系统管理?简述生态系统管理的主要原则。
2.生态系统管理的途径与技术有哪些?
3.生态风险评估中的最基础部分是什么?
4.根据你对钢铁企业的了解,设计一个生态工业园模式。

第 14 章　可持续发展与生态文明建设

20 世纪 60 年代以来，环境问题日益严峻，成为社会经济发展的制约因素。纵观西方工业文明的传统发展道路，不难发现那是一种以牺牲生态环境，摧毁人类的基本生存条件为代价的经济增长模式。恩格斯曾经说过："我们不要过分陶醉于我们人类对自然界的胜利。对于每一次这样的胜利，自然界都对我们进行报复。"

人类社会的发展已走到十字路口，面临着生存还是死亡的选择。人们不能不思考：人类的发展道路该如何选择？

14.1　可持续发展观

14.1.1　可持续发展观的提出

1962 年，Rachel Carson（蕾切尔·卡逊）发表了一部标志性的科普著作《寂静的春天》。该书描绘了一幅由于农药污染而造成的可怕景象，惊呼人们将会失去"春光明媚的春天"，在世界范围内引发了人类关于发展观念的争论。尽管该书的问世使卡逊一度备受攻击、诋毁，但书中提出的有关生态的观点最终还是被人们所接受。从此，环境问题也由一个边缘问题逐渐走向全球政治、经济议程的中心。

1973 年，Barbara Ward（巴巴拉·沃德）和 Rene Dubos（雷内·杜博斯）的享誉全球的著作《只有一个地球》问世，将人类生存与环境的认识推向一个新境界。该书从整个地球的发展前景出发，从社会、经济和政治的不同角度，评述经济发展和环境污染对不同国家产生的影响，呼吁各国人民重视维护人类赖以生存的地球。

同年，非正式国际著名学术团体罗马俱乐部发表了有名的研究报告《增长的极限》，明确提出"持续增长"和"合理的持久的均衡发展"的概念。该报告提出了震惊世界的结论：人类生态足迹的影响因子已然过大，生态系统反馈循环已滞后，其自我修复能力已受到严重破坏，若继续维持现有的资源消耗速度和人口增长率，人类经济与人口的增长只需百年或更短时间就将达到极限。报告呼吁人类转变发展模式：从无限增长到有限增长，并将增长限制在地球可承载的限度之内。

1987 年，联合国世界与环境发展委员会发表了一份报告《我们共同的未来》。在集中分析了全球人口、粮食、物种和遗传资源、能源、工业和人类居住等方面的情况，系统探讨了人类面临的一系列重大经济、社会和环境问题之后，该报告鲜明地提出了三个观点：①环境危机、能源危机和发展危机不能分割；②地球的资源和能源远不能满足人类发展的需要；③必须为当代人和下代人的利益改变发展模式。该报告提出了"可持续发展"的概念，将可持续发展定义为"可持续发展是在满足当代人需要的同时，不损害人类后代满足其自身需要的能力"。它明确提出了可持续发展战略，提出保护环境的根本目的在于确保人类的持续存在和持续发展。

1992 年 6 月，在巴西的里约热内卢召开了"联合国环境与发展大会"，183 个国家和 70 多个国际组织的代表出席了大会，大会通过了《21 世纪议程》。这是可持续发展理论走向实践的一个转折点。

1993 年,中国政府为落实联合国大会决议,制定了《中国 21 世纪议程》,指出“走可持续发展之路,是中国在未来和下世纪发展的自身需要和必然选择”。1996 年 3 月,我国八届人大四次会议通过的《中华人民共和国国民经济和社会发展“九五”计划和 2010 年远景目标纲要》,明确把“实施可持续发展,推进社会主义事业全面发展”作为我们的战略目标。

14.1.2　可持续发展理论与思想

1. 可持续发展理论

1) 经济学理论

(1) 增长的极限理论。该理论的基本要点是:随着人口不断增长、消费日益提高,资源不断减少、污染日益严重,制约了生产的增长;虽然科技不断进步能起到促进生产的作用,但这种作用有限,因此生产的增长是有限的。

(2) 知识经济理论。该理论认为经济发展的主要驱动力是知识和信息技术,知识经济将是未来人类的可持续发展的基础。

2) 可持续发展的生态学理论

所谓可持续发展的生态学理论,是指根据生态系统的可持续性要求,人类的经济社会发展要遵循生态学三个定律:一是高效原理,即能源的高效利用和废弃物的循环再生产;二是和谐原理,即系统中各个组成部分之间的和谐共生,协同进化;三是自我调节原理,即协同的演化着眼于其内部各组织的自我调节功能的完善和持续性,而非外部的控制或结构的单纯增长。

3) 人口承载力理论

所谓人口承载力理论,是指地球系统的资源与环境,由于自身自组织与自我恢复能力存在一个阈值,在特定技术水平和发展阶段下对于人口的承载能力是有限的。人口数量以及特定数量人口的社会经济活动对于地球系统的影响必须控制在这个限度之内,否则,就会影响甚至危及人类的持续生存与发展。这一理论被视为 20 世纪人类最重要的三大发现之一。

4) 人地系统理论

所谓人地系统理论,是指人类社会是地球系统的一个组成部分,是生物圈的重要组成,是地球系统的主要子系统。它是由地球系统所产生的,同时又与地球系统的其他子系统之间存在相互联系、相互制约、相互影响的密切关系。人类社会的一切活动,包括经济活动,都受到地球系统的气候(大气圈)、水文与海洋(水圈)、土地与矿产资源(岩石圈)及生物资源(生物圈)的影响,地球系统是人类赖以生存和社会经济可持续发展的物质基础和必要条件。而人类的社会活动和经济活动,又直接或间接影响了大气圈(大气污染、温室效应、臭氧层空洞)、岩石圈(矿产资源枯竭、沙漠化、土壤退化)及生物圈(森林减少、物种灭绝)的状态。人地系统理论是地球系统科学理论的核心,是陆地系统科学理论的重要组成部分,是可持续发展的理论基础。

可持续发展的思想是人类社会发展的产物,体现着人类对自身进步与自然环境关系的反思。这种反思反映了人类对自身以前走过的发展道路的怀疑和抛弃,也反映了人类对今后选择的发展道路和发展目标的憧憬和向往。人们逐步认识到过去的发展道路是不可持续的,或至少是持续性不够的,因而是不可取的。唯一可供选择的道路是走可持续发展之路。人类的这一次反思是深刻的,反思所得的结论具有划时代的意义。

2. 可持续发展理论的基本特征

可持续发展理论的基本特征可以简单地归纳为经济可持续发展(基础)、生态环境可持续发展(条件)和社会可持续发展(目的)。

1）可持续发展鼓励经济增长

它强调经济增长的必要性,必须通过经济增长提高当代人福利水平,增强国家实力和社会财富。但可持续发展不仅要重视经济增长的数量,更要追求经济增长的质量。也可以说,经济发展包括数量增长和质量提高两部分。数量的增长是有限的,而依靠科学技术进步,提高经济活动中的效益和质量,采取科学的经济增长方式才是可持续的。

2）可持续发展的标志是资源的永续利用和良好的生态环境

经济和社会发展不能超越资源和环境的承载能力。可持续发展以自然资源为基础,同生态环境相协调。它要求在保护环境和资源永续利用的条件下,进行经济建设,保证以可持续的方式使用自然资源和环境成本,使人类的发展控制在地球的承载力之内。要实现可持续发展,必须使可再生资源的消耗速率低于资源的再生速率,使不可再生资源的利用能够得到替代资源的补充。

3）可持续发展的目标是谋求社会的全面进步

发展不仅仅是经济问题,单纯追求产值的经济增长不能体现发展的内涵。可持续发展的观念认为,世界各国的发展阶段和发展目标可以不同,但发展的本质应当包括改善人类生活质量,提高人类健康水平,创造一个保障人们平等、自由、受教育和免受暴力的社会环境。这就是说,在人类可持续发展系统中,经济发展是基础,自然生态(环境)保护是条件,社会进步才是目的。而这三者又组成一个综合体,只要社会在每一个时间段内都能保持与经济、资源和环境的协调,这个社会就符合可持续发展的要求。显然,在新的世纪里,人类共同追求的目标是以人为本的自然-经济-社会复合系统的持续、稳定、健康的发展。

3. 可持续发展的基本原则

1）公平性原则

可持续发展的公平性原则包括两个方面:一方面是本代人的公平,即代内的横向公平;另一方面是指代际公平性,即世代之间的纵向公平性。

可持续发展不仅要实现当代人之间的公平,而且要实现当代人与未来各代人之间的公平,因为人类赖以生存与发展的自然资源是有限的。从伦理上讲,未来各代人应与当代人有同样的权利来提出他们对资源与环境的需求。可持续发展要求当代人在考虑自己的需求与消费的同时,也要对未来各代人的需求与消费负起历史的责任,因为同后代人相比,当代人在资源开发和利用方面处于一种无竞争的主宰地位。各代人之间的公平要求任何一代都不能处于支配的地位,即各代人都应有同样选择的机会空间。

2）持续性原则

资源环境是人类生存与发展的基础和条件,资源的持续利用和生态系统的可持续性是保持人类社会可持续发展的首要条件。这就要求人们根据可持续性的条件调整自己的生活方式,在生态可能的范围内确定自己的消耗标准,要合理开发、合理利用自然资源,使再生性资源能保持其再生产能力,非再生性资源不过度消耗并能得到替代资源的补充,环境自净能力能得以维持。

3）共同性原则

可持续发展关系到全球的发展。要实现可持续发展的总目标,必须争取全球共同的配合行动,这是由地球整体性和相互依存性所决定的。因此,致力于达成既尊重各方的利益,又保护全球环境与发展体系的国际协定至关重要。

4. 可持续发展的内涵

可持续发展的内涵极其丰富，可分为三个层次：第一层次的可持续发展是指资源、环境、经济和社会的协调发展，即在资源和环境得到合理的持续利用、保护条件下，取得最大经济效益和社会效益。该层次的可持续发展的理解着眼于区域，具有可操作性。第二层次的可持续发展是既满足当代人需求，又不危及后代人满足需求的能力，既符合局部人口利益，又符合全球人口利益。该层次的理解着眼于地球和地球上的人类，它包含人类在时间维和空间维上的公平性，满足广义的高效率性、生态持续性和全球共同性原则。第三层次的可持续发展就是要保持人和自然的共同协调进化，达到人和自然的共同繁荣。从空间范围看，包括区域、地球直至宇宙，所以该层次的理解着眼于人类同整个自然界。可持续发展涉及领域众多，可以从多种角度来解释。如从社会学角度看，可持续发展意味着公平分配、社会进步；从经济学角度看，可持续发展意味着在保护地球自然系统基础上的经济持续发展。

14.1.3　可持续发展的度量与指标

1. 可持续发展的度量

可持续发展的水平，通常由下面五个基本要素及其之间复杂的关系来衡量。

(1) 资源的承载能力。它是可持续发展的基本支持系统，指一个国家或地区按人口平均的资源数量和质量，以及它对本空间内人口的基本生存和发展的支撑能力。如果在世代公平的前提下能够得到满足，则具备可持续发展的条件；如不能满足，则必须依靠科技进步来挖掘开发替代资源，使资源的承载力满足区域人口的需求。

(2) 区域的生产力。它是一个国家或地区在资源、人力、技术和资本的总体水平上，可以转化为产品和服务的能力。可持续发展要求这种能力在不危及其他子系统的前提下，与人的需求同步增长。

(3) 环境的缓冲能力。人类对区域的开发、对资源的利用、对生产的发展及废弃物的排放和处理等，均应维持在环境容量的允许范围之内。

(4) 过程的稳定能力。即在系统发展过程中，要避免因自然波动和社会经济波动而带来灾难性的后果，可以通过培植系统的抗干扰能力或增加系统的弹性来维持其稳定性。

(5) 协调能力。它指人的认识能力、行为能力、决策能力和调整能力要适应总体发展水平。

2. 可持续发展的指标

1) 绿色 GDP

绿色 GDP 是绿色经济 GDP 的简称，指从 GDP 中扣除自然资源耗减价值与环境污染损失价值后剩余的国内生产总值，又称可持续发展国内生产总值。

改革现行的国民经济核算体系，对环境资源进行核算，从现行 GDP 中扣除环境资源成本和对环境资源的保护服务费用，其计算结果即为绿色 GDP。绿色 GDP 指标，实质上代表了国民经济增长的净正效应。绿色 GDP 占 GDP 的比重越高，表明国民经济增长的正面效应越高，负面效应越低；反之亦然。

2) 综合国力

综合国力(national power)是衡量一个国家基本国情和基本资源最重要的指标，也是衡量一个国家的经济、政治、军事、技术实力的综合性指标。综合国力可简单地定义为一个国家通过有目的的行动追求其战略目标的综合能力，包括经济资源、人力资本、自然资源、资本资源、知识技术资源、政府资源、军事实力和国际资源。

雷·克莱因(Ray Cline)在 1975 年提出如下国力方程:

$$P=(C+E+M)\times(S+W)$$

式中:C 为土地和人口;E 为经济实力,包括收入、能源、非燃料矿产资源、制造业、食物、贸易;M 为军事能力,包括战略平衡、作战能力、激励;S 为国家战略系数;W 为国家意愿,包括国家整合水平、领导人能力及与国家利益相关的战略。

这是一个综合性的国力方程。方程的第一部分是客观实力或硬实力,方程的第二部分是主观实力或软实力,而综合国力是二者之乘积,反映了研究者对软实力的重视,尽管软实力的计算较困难。这种方法曾被美国军方用于评估国际系统的长期趋势。

综合国力从根本上决定着一个国家的地位及其影响。鸦片战争前后,中国国力衰退,便处在被动挨打的地位。仅从 1840 年开始的战争赔款和 1894—1937 年支付的利息,就分别达到 13 亿两白银和 7.29 亿美元。

《2010 国际形势黄皮书》对 11 个国家的综合国力进行了分析评估,指标体系包括:领土与自然资源、人口、经济、军事、科技五个直接构成要素,以及社会发展、可持续性、安全与国内政治、国际贡献四个影响要素。11 个国家的综合国力排名顺序为:美国、日本、德国、加拿大、法国、俄罗斯、中国、英国、印度、意大利、巴西。中国综合国力排名第七,前三甲是美国、日本、德国;中国军事实力列第二。在军事实力指标上,美国、中国和俄罗斯位列三甲。2015 年国际综合国力排名前 10 名分别是美国、俄罗斯、中国、日本、英国、法国、德国、巴西、印度和意大利。

3）生态足迹

生态足迹也称生态占用,是指特定数量人群按照某一种生活方式所消费的、自然生态系统提供的各种商品和服务功能,以及在这一过程中所产生的废弃物由环境(生态系统)吸纳,以所需生物生产性土地(或水域)面积来表示的一种可操作的定量方法。它的应用意义如下:通过生态足迹需求与自然生态系统的承载力(亦称生态足迹供给)进行比较,即可以定量地判断某一国家或地区目前可持续发展的状态,以便对未来人类生存和社会经济发展作出科学规划和建议。它显示在现有技术条件下,指定的人口单位(一个人、一个城市、一个国家或全人类)需要多少具备生物生产力的土地和水域,来生产所需资源和吸纳所产生的废物。生态足迹通过测定现今人类为了维持自身生存而利用自然的量来评估人类对生态系统的影响。比如说一个人的粮食消费量可以转换为生产这些粮食的所需要的耕地面积,他所排放的 CO_2 总量可以转换成吸收这些 CO_2 所需要的森林、草地或农田的面积。因此它可以形象地被理解成一只负载着人类和人类所创造的城市、工厂、铁路、农田……的巨脚踏在地球上时留下的脚印大小。它的值越高,人类对生态的破坏就越严重。

14.1.4　中国的可持续发展战略

中国可持续发展战略是:坚持实施可持续发展战略,正确处理经济发展同人口、资源、环境的关系,改善生态环境和美化生活环境,改善公共设施和社会福利设施,努力开创生产发展、生活富裕的生态良好的文明发展道路。

1. 中国推进可持续发展的指导思想、总体目标

1）指导思想

以科学发展为主题,以加快转变经济发展方式为主线,以发展经济为第一要务,以提高人民群众生活质量和发展能力为根本出发点和落脚点,以改革开放、科技创新为动力,全面推进

经济绿色发展,社会和谐进步。

2) 发展目标

人口总量得到有效控制、素质明显提高,科技教育水平明显提升,人民生活持续改善,资源能源开发利用更趋合理,生态环境质量显著改善,可持续发展能力持续提升,经济社会与人口资源环境协调发展的局面基本形成。

通过国民经济结构战略性调整,完成从"高消耗、高污染、低效益"向"低消耗、低污染、高效益"转变。促进产业结构优化升级,减轻资源环境压力,改变区域发展不平衡状况,缩小城乡差别。

继续大力推进扶贫开发,进一步改善贫困地区的基本生产、生活条件,加强基础设施建设,改善生态环境,逐步改变贫困地区经济、社会、文化的落后状况,提高贫困人口生活质量和综合素质,巩固扶贫成果,尽快使尚未脱贫的农村人口解决温饱问题,并逐步过上小康生活。

建立完善的社会保障体系,全面提高人口素质,基本实现人人享有社会保障的目标;社会就业比较充分;公共服务水平大幅度提高;防灾减灾能力全面提高,灾害损失明显降低。加强职业技能培训,提高劳动者素质;建立健全国家职业资格证书制度。

合理开发和集约高效利用资源,不断提高资源承载能力,建成资源可持续利用的保障体系和重要资源战略储备安全体系。

全国大部分地区环境质量明显改善,基本遏制生态恶化的趋势,重点地区的生态功能和生物多样性得到基本恢复,农田污染状况得到根本改善。

形成健全的可持续发展法律、法规体系,完善可持续发展的信息共享和决策咨询服务体系,全面提高政府的科学决策和综合协调能力,大幅度提高社会公众参与可持续发展的程度,参与国际社会可持续发展领域合作的能力明显提高。

2. 中国可持续发展的基本原则

(1) 持续发展,重视协调的原则。以经济建设为中心,在推进经济发展的过程中,促进人与自然的和谐,重视解决人口、资源和环境问题,坚持经济、社会与生态环境的持续协调发展。

(2) 科教兴国,不断创新的原则。充分发挥科技作为第一生产力和教育的先导性、全局性和基础性作用,加快科技创新步伐,大力发展各类教育,促进可持续发展战略与科教兴国战略的紧密结合。

(3) 政府调控,市场调节的原则。充分发挥政府、企业、社会组织和公众四方面的积极性,政府要加大投入,强化监管,发挥主导作用,提供良好的政策环境和公共服务,充分运用市场机制,调动企业、社会组织和公众参与可持续发展。

(4) 积极参与,广泛合作的原则。加强对外开放与国际合作,参与经济全球化,利用国际、国内两个市场和两种资源,在更大空间范围内推进可持续发展。

(5) 重点突破,全面推进的原则。统筹规划,突出重点,分步实施,集中人力、物力和财力,选择重点领域和重点区域,进行突破,在此基础上,全面推进可持续发展战略的实施。

3. 中国实施可持续发展战略的意义

(1) 实施可持续发展战略,有利于促进生态效益、经济效益和社会效益的统一。

(2) 有利于促进经济增长方式由粗放型向集体型转变,使经济发展与人口、资源、环境相协调。

(3) 有利于国民经济持续、稳定、健康发展,提高人民的生活水平和质量。

(4) 从注重眼前利益、局部利益的发展转向长期利益、整体利益的发展,从物质资源推动型的发展转向非物质资源或信息资源(科技与知识)推动型的发展。

(5) 我国人口多,自然资源短缺,经济基础和科技水平落后,只有节约资源、保护环境,才能实现社会和经济的良性循环,使各方面的发展持续而有后劲。

从现实来看,环境问题已经成为影响中国未来发展的重要制约因素。这种制约首先是资源的限制,粗放式发展是以对自然资源的巨大消耗为代价的,对矿藏、水利、电力、森林资源高效开发,可以让中国迅速实现温饱。但要实现富裕和发达,现有的资源远远不够,例如全世界的石油加在一起,也支撑不了每个中国人去实现小汽车梦。因此,无论从自然的可承受能力,还是从公众的可接受能力来说,发展过程中遇到的人与环境的矛盾,都是不得不面对的现实问题。而且,从更长远的角度来看,也是影响未来永续发展的重要因素。

14.1.5　可持续发展的实施

1. 可持续发展的实施途径是循环经济

循环经济(cyclic economy)即物质循环流动型经济,是指在人、自然资源和科学技术的大系统内,在资源投入、企业生产、产品消费及其废弃的全过程中,把传统的依赖资源消耗的线性增长的经济,转变为依靠生态型资源循环来发展的经济。

发展循环经济,实现环境与发展协调的最高目标是实现从末端治理到源头控制,从利用废物到减少废物的质的飞跃。循环经济的根本目的是要求在经济流程中尽可能减少资源投入,减少和避免废物产生,而废弃物再生利用只是减少废物最终处理量。传统经济与循环经济的差别如表 14-1 所示。

表 14-1　传统经济与循环经济的差别

项目	传统经济	循环经济
资源利用方式	粗放利用	资源输入减量化,集约利用
资源利用率	一次性利用,利用率低	资源再利用,利用率高
废弃物处理	污染和废弃物大量排放	废弃物再生资源化
物质流动	单向流动	反复循环流动
结果	获得经济效益,同时带来环境问题	经济和生态效益相结合

循环经济“减量化、再利用、再循环”(“3R”)原则的重要性并不是并列的,而是科学有序排列的。减量化属于输入端,旨在减少进入生产和消费流程的物质量;再利用属于过程,旨在延长产品和服务的时间;再循环属于输出端,旨在把废弃物再次资源化以减少最终处理量。处理废物的优先顺序是:避免产生—循环利用—最终处置。即首先要在生产源头即输入端就充分考虑节省资源、提高单位产品对资源的利用率、预防和减少废物的产生;其次是对于源头不能削减的污染物和经过消费者使用的包装废弃物、旧货等加以回收利用,使它们回到经济循环中;只有当避免产生和回收利用都不能实现时,才允许将最终废弃物进行环境无害化处理。环境与发展协调的最高目标是实现从末端治理到源头控制,从利用废物到减少废物的质的飞跃,要从根本上减少自然资源的消耗,从而也就减少环境负载的污染。

循环经济与可持续发展一脉相承,强调社会经济系统与自然生态系统和谐共生,是集经济、技术和社会于一体的系统工程。循环经济不是单纯的经济问题,也不是单纯的技术问题和环保问题,而是以协调人与自然关系为准则,模拟自然生态系统运行方式和规律,使社会生产从数量型的物质增长转变为质量型的服务增长,推进整个社会走上生产发展、生活富裕、生态良好的文明发展道路,它要求人文文化、制度创新、科技创新、结构调整等社会发展的整体协调。

2. 循环经济的具体途径

1) 工业领域:清洁生产

清洁生产(cleaner production)是指将综合预防的环境保护策略持续应用于生产过程和产品中,以期减少对人类和环境的风险。清洁生产从本质上来说,就是对生产过程与产品采取整体预防的环境策略,减少或者消除它们对人类及环境的可能危害,同时充分满足人类需要,使社会经济效益最大化的一种生产模式。

清洁生产在不同的发展阶段或者不同的国家有不同的叫法,如"废物减量化"、"无废工艺"、"污染预防"等。但其基本内涵是一致的,即对产品和产品的生产过程、服务采取预防污染的策略来减少污染物的产生。

清洁生产的具体措施包括:不断改进设计;使用清洁的能源和原料;采用先进的工艺技术与设备;改善管理;综合利用;从源头削减污染,提高资源利用效率;减少或者避免生产、服务和产品使用过程中污染物的产生和排放。清洁生产是实施可持续发展的重要手段。

清洁生产主要强调三点:①清洁能源。包括开发节能技术,尽可能开发利用再生能源以及合理利用常规能源。②清洁生产过程。包括尽可能不用或少用有毒有害原料和中间产品。对原材料和中间产品进行回收,改善管理、提高效率。③清洁产品。包括以不危害人体健康和生态环境为主导因素来考虑产品的制造过程甚至使用之后的回收利用,减少原材料和能源使用量。

根据经济可持续发展对资源和环境的要求,清洁生产谋求达到两个目标:①通过资源的综合利用,短缺资源的代用,二次能源的利用,以及节能、降耗、节水,合理利用自然资源,减缓资源的耗竭;②减少废物和污染物的排放量,促进工业产品的生产、消耗过程与环境相融,降低工业活动对人类和环境的风险。

2) 农业领域:生态农业

生态农业(eco-agriculture),是按照生态学原理和经济学原理,运用现代科学技术成果和现代管理手段,以及传统农业的有效经验建立起来的,能获得较高的经济效益、生态效益和社会效益的现代化高效农业。它要求把发展粮食与多种经济作物生产,发展大田种植与林、牧、副、渔业,发展大农业与第二、三产业结合起来,利用传统农业精华和现代科技成果,通过人工设计生态工程,协调发展与环境之间、资源利用与保护之间的矛盾,形成生态上与经济上两个良性循环,经济、生态、社会三大效益的统一。随着中国城市化的进程加速和交通快速发展,生态农业的发展空间将得到进一步拓展。

简单地说,生态农业是在良好的生态条件下所从事的高产量、高质量、高效益农业。它不单纯着眼于单年的产量、单年的经济效益,而是追求经济、社会、生态效益的高度统一,使整个农业生产步入可持续发展的良性循环轨道。把人类梦想的"青山、绿水、蓝天、生产出来的都是绿色食品"变为现实。

生态农业的特点如下:①综合性。生态农业强调发挥农业生态系统的整体功能,以大农业为出发点,按"整体、协调、循环、再生"的原则,全面规划,调整和优化农业结构,使农、林、牧、副、渔各业和农村一、二、三产业综合发展,并使各业之间互相支持,相得益彰,提高综合生产能力。②多样性。生态农业针对我国地域辽阔,各地自然条件、资源基础、经济与社会发展水平差异较大的情况,充分吸收我国传统农业精华,结合现代科学技术,以多种生态模式、生态工程和丰富多彩的技术类型装备农业生产，使各区域都能扬长避短，充分发挥地区优势，各产业都根据社会需要与当地实际协调发展。③高效性。生态农业通过物质循环和能量多层次综合利用和系列化深加工，实现经济增值，实行废弃物资源化利用，降低农业成本，提高效益，为农村大量剩余劳动力创造农业内部就业机会，保护农民从事农业的积极性。④持续性。发展生态农业能够保护和改善生态环境，防治污染，维护生态平衡，提高农产品的安全性，变农业和农村经济的常规发展为持续发展，把环境建设同经济发展紧密结合起来，在最大限度地满足人们对农产品日益增长的需求的同时，提高生态系统的稳定性和持续性，增强农业发展后劲。

14.2　社会-经济-自然复合生态系统原理

14.2.1　社会-经济-自然复合生态系统的组成与结构

20 世纪 80 年代初，我国著名生态学家马世骏等在总结以整体、协调、循环、自生为核心的生态控制论原理基础上，指出人类社会是一类以人的行为为主导，自然环境为依托，资源流动为命脉，社会体制为经络的人工生态系统，提出了社会-经济-自然复合生态系统理论，其组成可用图 14-1 表示。

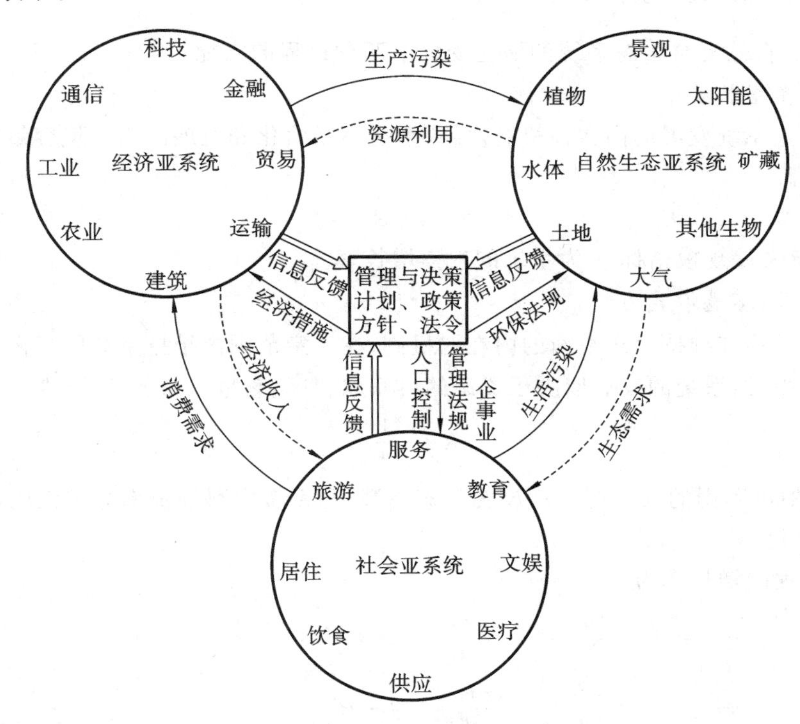

图 14-1　社会-经济-自然复合生态系统组成示意图

社会亚系统以人为中心，以满足人的生活、居住、就业、交通、文娱、教育、医疗等需求为目标，并为经济亚系统提供劳力和智力。

经济亚系统以资源为核心，由工业、农业、交通运输、建筑、贸易、金融、信息等子系统组成，以物质从分散向集中运转，能量从低质向高质聚集，信息从低序向高序的积累为特征。

自然生态亚系统以生物结构和物理结构为主，包括动植物、人工设施、人文景观和自然要素等,以生物与环境的协同共生及环境对社会经济活动的支持、容纳、缓冲和净化为特征。

复合生态系统的结构如图 14-2 所示。它由区域生态环境(物质供给的“源”、产品废弃物的“汇”和调节缓冲库)、人的栖息劳作环境(地理环境、生物环境、人工智能环境)、文化社会环境(文化、技术、组织、政治、宗教等)相互耦合而成。

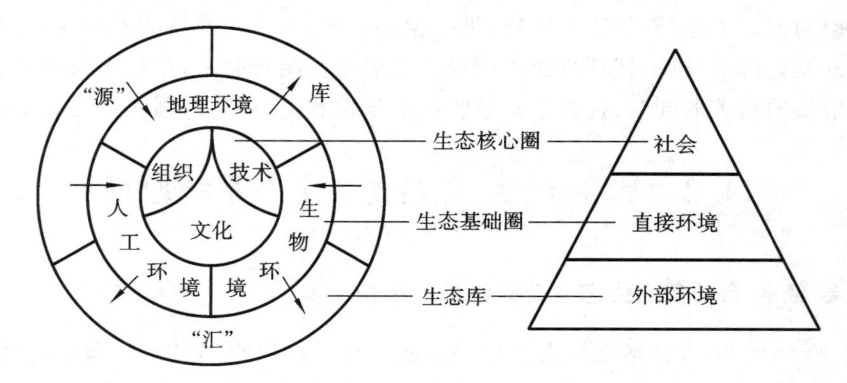

图 14-2　社会-经济-自然复合生态系统结构示意图

14.2.2　复合生态系统的演化及动力学机制

社会-经济-自然复合生态系统的演化受以下两种过程的支配。

1. 系统内禀增长率

内禀增长是系统发展的内在强机制,导致系统不断演化和发展。当环境容量很大时,系统呈指数增长,即

$$P=P_0 \cdot e^{r(t-t_0)}$$

式中:P 为系统发展规模指标;r 为系统的内禀增长率。

2. 外部资源,环境承载力

外部资源是系统维持生态平衡的内在弱机制,在一定范围内维持系统的平衡和协调,当人类活动影响很小时,系统的发展取决于资源的可获取程度,它呈双曲线模式,即

$$R=\frac{1}{J \cdot t}$$

式中:R 为 K 中可利用的部分;$J=r/K$ 为生态参数,与系统内禀增长率 r 成正比,与资源环境承载力 K 成反比。

上述两过程的增长率为

$$\frac{dP}{dt}=r \cdot P$$

$$\frac{dR}{dt}=-J \cdot R^2$$

设复合系统的发展程度 C 与 P、R 成正比,则

$$\frac{dC}{dt}=\frac{dP}{dt}+\frac{dR}{dt}=r \cdot P-J \cdot R^2=r \cdot C\left(1-\frac{C}{K}\right)$$

其发展具有图 14-3 所示的三种情况:模式Ⅰ增长率高,发展迅速,但可持续能力低;模式Ⅱ稳定性好,但系统发展缓慢;模式Ⅲ则符合可持续发展的要求。

复合生态系统的动力学机制来源于自然和社会两种作用力。自然作用力是各种形式的能

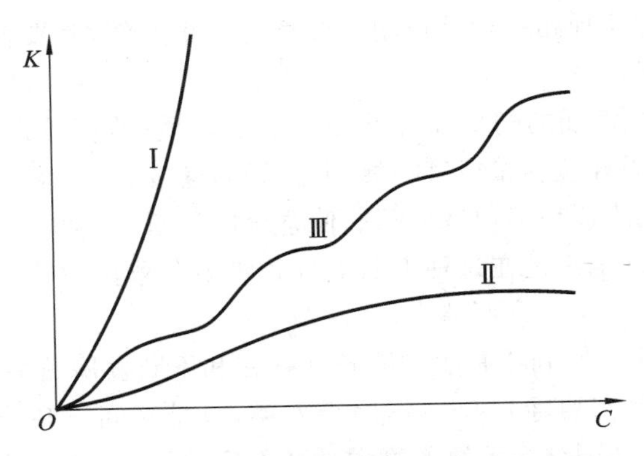

图 14-3　社会-经济-自然复合生态系统的演化模式

量,它们流经生态系统导致各种物理、化学、生物学过程和自然变迁。社会作用力有三个:经济杠杆,即货币;社会杠杆,即权力;文化杠杆,即精神。货币刺激竞争,权力诱导共生,精神孕育自生,三者相辅相成,构成复合生态系统的社会动力。自然作用力和社会作用力的耦合,导致不同层次的复合生态系统的发展,两种作用力的合理耦合和系统搭配是复合生态系统持续演替的关键,偏废其中任何一方面都可能导致灾难性的后果。当然,这种灾难性的突变也是复合生态系统的一种反馈调节机制,能进一步促进人们对复合生态系统的理解,调整管理策略,但付出的代价是巨大的。

14.2.3　复合生态系统生态控制论原理

生态控制论与传统的控制论相比,最大特点是强调可行性,即合理、合法、合情、合意的综合。合理,指符合客观规律;合法,指符合当时、当地的有关法令、法规;合情,即符合人们的行为观念并为习俗所能接受;合意,指符合决策者、利益相关者的意向(王如松,2001)。

考察各类自然和人工生态系统,可以发现存在以下控制论原理:

(1) 胜汰原理。生态系统的资源承载力和环境容纳总量在一定时空范围内恒定,但分布不均匀,这种差异导致了生态学的竞争,通过优胜劣汰促进发展。这是整个自然界和人类社会发展的普遍规律。

(2) 拓适原理。任何生物有机体、地区、部门或企业的发展都有其特定的资源生态位。成功的发展必须善于拓展其资源生态位和调整需求生态位,以改造和适应环境。只开拓不适应则缺乏发展的稳度和柔度,只适应不开拓则缺乏发展的速度和力度。

(3) 生克原理。任何一个系统的发展都存在某种利导因子主导其发展,也存在某些限制因子抑制其发展,资源的稀缺性导致系统内部的竞争和共生机制。这种相生相克的作用是提高资源利用率,增强系统自生活力,实现持续发展的必要条件,缺乏任何一种机制的系统都是没有生命力的系统。

(4) 反馈原理。复合生态系统的发展受两种反馈机制所控制:一种是作用和反作用彼此促进、相互放大的正反馈,导致系统的无止境增长或衰退;另一种是作用和反作用彼此抑制、相互抵消的负反馈,使系统维持在稳态附近。正反馈导致发展,负反馈维持平衡,在持续发展的系统中正、负反馈机制相互平衡。

(5) 乘补原理。当一个系统整体功能发生变化时,系统的某些组分会趁机膨胀成为主导组分,使系统歧变;而有些组分则能自动补偿或代替系统原有功能,使系统趋于稳定。在复合系统调控时,要特别注意这种相乘相补作用。要稳定一个系统,就要使补胜于乘;而要改变一个系统时,则要使乘大于补。

(6) 扩颈原理。系统发展的初期需要开拓与发展环境,速度较慢,进而适应环境,快速发展,呈指数式上升;最后受环境容量或某一瓶颈的限制,速度放慢,系统呈S形增长。但在复合生态系统中,人能不断地改造环境,扩展瓶颈,使系统出现新一轮的S形增长,并出现新的限制因子或瓶颈。复合生态系统正是在这种不断逼近和扩展瓶颈的过程中波浪式前进,实现持续发展的。

(7) 循环原理。物质循环利用是生物圈长期存在和不断发展的根本动因。复合生态系统的一切开发生产行为最终都要通过反馈作用于人类,只是时间早晚和强度的大小不同而已。要保持系统的持续发展,必须维持系统的物质循环再生过程。

(8) 多样性和主导性原理。系统必须有优势种和主导组分才会有发展的实力,也必须有多样化的结构和多样性成分才能提高稳定性。主导性和多样性的合理匹配是实现持续发展的前提。

(9) 生态发展原理。生态系统的发展是一种渐进有序的系统发育和功能完善过程。系统发展的目标是不断完善功能,而不是单纯的结构和组分增长。系统生产的目的在于提供服务功效,而非产品的数量或质量。

(10) 机巧原理。系统在发展过程中机会和风险是均衡的,大的机会也往往伴随着高的风险。成功发展的系统善于抓住一切适宜的机会,利用一切可以利用的力量为系统提供服务,变害为利,避开风险,减缓危机,化险为夷。

14.3 生态规划

14.3.1 生态规划的概念与发展

1. 生态规划的概念

目前,各种环境问题和环境与发展的关系问题正困扰着人类社会,其中最重要的问题是人口的剧增使得地球生命支持系统承受着越来越大的压力。与此紧密相关的另一个问题是,人类对地球上资源的大量开发和不合理的利用,致使各种资源不断减少,生态破坏和环境污染问题日趋严重,自然生态系统对人类生存和发展的支持和服务功能正面临严重的威胁。造成上述问题的原因复杂多样,人们的无知和贪婪是一个重要的方面。所幸的是,人们越来越认识到环境与发展问题的重要性,以及生态学的适合人类与环境协调发展的重要原理,注意到那些危害人类生存环境的、急功近利的、非理智的活动正是与生态学原理和目标背道而驰的。因而,通过生态规划方式来协调人与自然环境和自然资源之间的关系受到人们的重视,获得迅速发展。

由于生态规划发展迅速,应用的领域和范围不断扩大,生态规划的概念至今尚无统一的认识。不同学者在不同时期结合各自的研究工作对生态规划提出多种定义。

现代生态规划奠基人 I. McHarg 认为:“在没有任何有害条件,或多数为无害条件的情况下,针对土地的某种可能用途,确定其最适宜的地区,符合此种标准的地区便认定其本身适宜于所考虑的土地利用,利用生态学理论而制定的符合生态学要求的土地利用规划称为生态规划。”

王如松认为:“生态规划就是要通过生态辨识和系统规划,运用生态学原理、方法和系统科学手段去辨识、模拟、设计生态系统内部各种生态关系,探讨改善系统生态功能,促进人与环境关系持续协调发展的可行的调控政策。本质是一种系统认识和重新安排人与环境关系的复合生态系统规划。”刘天齐认为:“生态规划(或生态环境规划)是利用生态学原理指导下的土地利用分区规划。”欧阳志云从区域发展角度指出:“生态规划系指运用生态学原理及相关学科的知识,通过生态适宜性分析,寻求与自然和谐、资源潜力相适应的资源开发方式与社会经济发展途径。”王祥荣认为生态规划是以生态学原理和规划学原理为指导,应用系统科学、环境科学等多学科手段辨识、模拟和设计人工复合生态系统的各种关系,确定资源开发利用与保护的生态适宜度,探讨改善系统结构与功能的生态建设对策,促进人与环境关系持续、协调发展的一种规划方法。

《环境科学辞典》对生态规划下的定义为:“生态规划是在自然综合体的天然平衡情况不作重大变化,自然环境不遭受破坏和一个部门的经济活动不给另一个部门造成损害的情况下,应用生态学原理,计算并合理安排天然资源的利用及组织地域的利用。”

综上所述,不同学科和领域对生态规划有不同的理解。早期生态规划多集中在土地空间结构布局和合理利用方面,而随着生态学的不断发展和向社会经济各个领域的广泛渗透,以及复合生态系统理论的不断完善,生态规划已不仅仅限于土地利用规划、空间结构布局等方面,而是逐步扩展到经济、人口、资源、环境等诸多方面。因而,可以认为生态规划是以生态学原理为指导,应用系统科学、环境科学等多学科手段辨识、模拟和设计生态系统内部各种生态关系,确定资源开发利用和保护的生态适宜性,探讨改善系统结构和功能的生态对策,促进人与环境系统协调、持续发展的规划方法。

2. 生态规划的产生与发展

生态规划作为一种学术思想,产生于 19 世纪末以美国地理学家 G. P. Marsh(1864)、地质学家 J. W. Powell(1879)和英国生物学家 P. Geddes(1915)为代表的土地生态恢复、生态评价、生态勘测、综合规划等方面的理论与实践。

G. P. Marsh 首次提出合理规划人类活动,使其与自然协调而不是破坏自然,他的这个原则至今仍是生态规划的重要思想基础。J. W. Powell 在其《美国干旱地区土地报告》中强调要制定一种土地与水资源利用的政策,选择适于干旱和半干旱地区的新的土地利用方式、新的管理体制及生活方式。这是最早建议通过立法和政策促进与生态条件相适应的发展规划。P. Geddes 倡导综合规划,强调把规划建立在研究客观现实的基础上,周密分析地域自然环境潜力与制约因素对土地利用及区域经济的影响。在《进化的城市》一书中,他从人与环境关系出发,系统地研究了决定现代城市成长与变化的动力,强调在规划中通过充分认识与了解自然环境条件,根据自然的潜力和制约因素来制定与自然相和谐的规划方案。他认为在规划工作中规划师应先学习、了解、把握城市,然后再判断、诊治或改变。

进入 20 世纪,生态规划经历了几次大的发展。第一个高潮是以 E. Howard 为代表的田园城镇运动。他在其名著《明日,一条通向真正改革的和平之路》中提出,应建设一种兼有城市和乡村的理想城市,并称之为“Garden City”,其思想对现代城市规划起到重要作用,也为以后的生态规划理论和实践奠定了基础。

20 年代前后,以 R. E. Park 为代表的美国芝加哥古典人类生态学派,应用生态学理论研究分析城市结构与功能,以及城市中人群的分布,从城市的景观、功能、开阔空间规划方面提出了城市发展的同心圆论、扇形模式和多中心模式等观点,极大地促进了生态学思想的发展,以及向社会学、城市与区域规划及其他应用学科的渗透。在这个背景下,生态规划理论与实践都得到发展,形成第二个发展高潮。

40年代美国规划协会以田纳西河流域规划、绿带新城建设等工作为代表,在生态规划的最优单元、城乡相互作用和自然资源的保护等方面进行了大量探索研究。尤以B. Mackaye、L. Mumford的工作影响最大。他们对生态规划的定义为,综合协调某一地区可能存在的自然流、经济流和社会流,以为该地区居民的最适生活奠定适宜的自然基础。在此期间,野生生物学家、林学家A. Lepold提出了著名的"大地伦理学"理论,并将其与土地利用、管理和保护规划相结合,为生态规划作出了巨大贡献。在生态规划方法上,W. Manning提出的生态栖息环境叠置分析法,为后来的McHarg生态规划法和地理信息系统空间分析法的发展奠定了基础。

第二次世界大战以后,面对全球性的生态环境危机,生态规划进入第三个发展高潮期。生态规划从传统的地学领域向其他学科领域广泛渗透,并出现了一大批具有交叉学科知识的生态规划人员。特别是I. McHarg等的生态规划工作,为现代生态规划提供了理论与实践基础。在《结合自然的设计》一书中,I. McHarg结合海岸带土地开发、高速公路选线、流域开发、城市开敞空间规划、城市环境与人口分布、疾病、犯罪率等相互关系分析研究,提出了以适宜性为基础的综合评价和规划方法,被称为McHarg生态规划法,成为20世纪60—80年代生态规划广泛使用的方法。

进入80年代后,随着全球生态环境意识的不断增强和计算机技术的发展,在可持续发展理论、复合生态系统思想及地理信息系统技术的推动下,生态规划的理论和方法得到新的拓展。从以前强调人类活动服从自然特征和自然过程的生态决定论,转变为开始注意人类本身的价值观念和文化经济特征的影响,并综合考虑自然、生物(人)文化的相互作用,其应用越来越广。

美国的Rigister提出了建设与自然平衡的人居环境、生态城市的理念,并提出向生态城市转型所需的策略,包括城市土地利用的概念性规划、生态经济规划、持续性规划的生态规划原理。德国学者F. Vester和A. V. Hesler在进行德国法兰克福城市生态规划工作中,基于生物控制论的原理,提出了生态灵敏度分析模型,将系统科学思想、生态学理论和城市规划融为一体,用来解释、评价和规划城市复杂的系统关系。

20世纪70年代以来,景观规划与景观生态学获得极大发展,二者相互融合,促进了景观生态规划理论与实践的发展。W. Haber基于H. T. Odum的分室模型,提出了土地利用分类系统并运用于集约化农业和自然保护规划中。M. Ruzicka和L. Miklos经过20余年的研究,发展并完善了一套景观生态规划体系(LANDEP),并成为国土规划的一项基础性研究工作。R. T. T. Forman强调景观空间格局对过程的控制和影响作用,提出一个景观利用的格局优化生态规划途径。J. Ahern在其景观生态规划模式中强调对空间概念的设计和不同的规划策略的选择。

我国的生态规划工作起步较晚,但发展较快,涉及的领域也十分广泛,并且从一开始就汲取了现代生态学的新成果,与我国的城市、农村的发展,生态环境保护与可持续发展主题相结合,在生态规划的理论与实践方面进行了大量卓有成效的探索,形成了自己的特色。在理论方面,马世骏、王如松提出了社会-经济-自然复合生态系统理论,生态规划的实质就是调控复合生态系统中三个亚系统及其组分之间的生态关系,协调人类活动与自然环境的关系,实现社会经济的可持续发展。在人居环境规划方面,吴良镛院士提出的以整体的观念来处理局部的问题的规划准则和“大中小城市要协调发展，组成合理的城镇体系，逐步形成城乡之间、地区之间的综合性网络，促进城乡经济社会文化协调发展”的观点，以及在长江三角洲、京津地区人居环境发展规划的研究实践，对我国城市发展规划和人居环境建设起到了巨大的推进作用。王如松等将系统科学思想与复合生态系统理论相结合，提出了可持续发展的生态整合方法，建立了一种辨识、模拟、调控的生态规划方法及人机对话的智能辅助决策方法——泛目标生态规划，并成功地应用于天津城市生态对策分析和马鞍山市的城市发展规划中。欧阳志云等将“3S”技术与生态适宜性评价方法相结合，在区域资源环境生态适宜性评价、野生动物栖息地动态评价、自然保护体系规划等方面进行了卓有成效的探索。傅伯杰、肖笃宁等在景观生态规划的理论与方法方面开展了大量的探索研究工作，并应用于环渤海湾地区、黄土高原、辽河平原、河西走廊等地区的土地利用发展规划、景观生态安全格局建设规划等工作中，出版了多部研究著作。以上各方面的工作极大地促进了我国生态规划工作的开展。

14.3.2　生态规划的程序与内容

1. 生态规划的程序

生态规划目前尚无统一的工作程序，I. McHarg 在其著作《结合自然的设计》中，提出了一个规划的生态学框架，并通过案例研究，对生态规划的工作程序及应用进行了探讨，对后来的生态规划影响很大，成为生态规划的一个基本思路。该方法分为七个步骤，如图 14-4 所示。

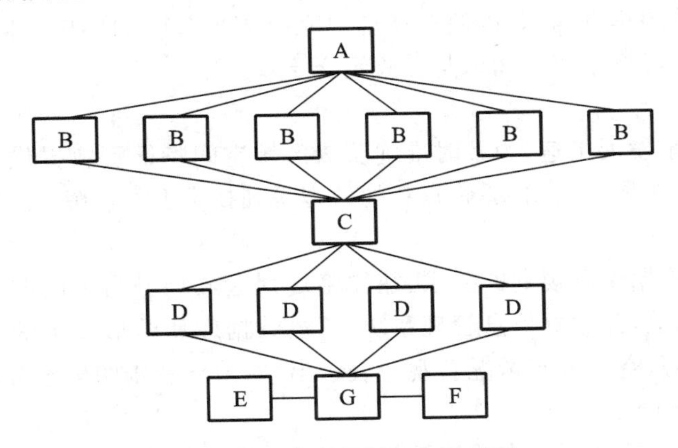

图 14-4　生态规划工作程序图

A：确定研究范围及目标；B：收集自然、人文资料；C：提取分析有关信息；D：分析相关环境与资源的性能及划分适应性等级；E：资源评价与分级准则；F：资源不同利用方向的相容性；G：综合发展（利用）的适宜性分区

欧阳志云提出区域发展生态规划由生态调查、生态评价、生态决策分析三个方面和以下七个步骤构成。①明确规划范围和规划目标。把区域发展作为规划目标显然太泛，可操作性不强，应在这个总目标下分解为具体任务。②根据规划目标与任务收集区域自然资源与环境、人口、经济产业结构等方面的资料与数据。③区域自然环境与资源的生态评价和生态经济分析。主要运用生态学、生态经济学、地学及其他相关学科的知识，对区域与规划目标有关的自然环境和资源的性能、生态过程、生态敏感性及区域生态潜力与限制因素进行综合评价。④区域社会经济结构分析。运用经济学和生态经济学理论分析评价区域农业、工业及其他经济产业部门的结构、资源利用及投入产出效益等，寻求区域社会经济发展的潜力和社会经济问题的症结。⑤按区域发展及资源开发的要求，分析评价各相关资源的生态适宜性，然后综合各单项资

源的适宜性分析结果,分析区域发展或资源开发利用的综合生态适宜性空间分布。⑥根据发展目标,以综合适宜性评价结果为基础,制定区域发展与资源利用规划方案。⑦运用生态学与经济学知识,对规划方案及其对区域生态系统的影响以及生态环境的不可逆性进行综合评价。

2. 生态规划的内容

1) 生态调查

生态调查的目的在于收集规划区域内的自然、社会、人口、经济等方面的资料和数据,为充分了解规划区域的生态过程、生态潜力与制约因素提供基础。由于规划的对象与目标不同,所涉及因素的广度与深度也不同,因而生态调查所采用的方法和手段也不尽相同。

(1) 实地调查。

实地调查是收集资料的最直接的方法,尤其在小区域大比例尺规划中,实地调查更为重要。

(2) 历史调查。

人类活动与自然环境长期相互作用与影响,资源枯竭、土地退化、环境污染、生态破坏等问题多是历史上人类不适当的活动直接或间接的后果。在生态调查中,对历史过程进行调查了解,可以为规划者提供探索人类活动与区域环境问题之间关系的线索。

(3) 公众参与的社会调查。

生态规划强调以人为本,体现公众参与。通过社会调查,可以了解区域内不同阶层人们对发展的要求和所关注的焦点问题,以便在规划中充分体现公众的愿望。同时,通过社会调查,进行专家咨询、座谈,可将专家的知识与经验结合于规划中。

(4) 遥感调查。

近年来,遥感技术发展迅速,为及时准确获取区域空间特征资料提供了十分有效的手段。随着地理信息系统的发展与应用,遥感资料的处理得到技术上的保障,已成为生态规划的重要资料来源。

在生态调查中,根据生态规划的要求,往往将规划区域划分为不同的单元,将调查资料和数据落实到每个单元上,并建立信息管理系统,通过数据库和图形显示的方式将区域社会、经济和生态环境各种要素空间分布情况直观地表示出来,为下一步的生态分析奠定基础。

2) 生态分析与评价

生态分析与评价主要运用生态系统及景观生态学理论与方法,对规划区域系统的组成、结构、功能与过程进行分析评价,认识和了解规划区域发展的生态潜力和限制因素。它主要包括以下几个方面的内容:

(1) 生态过程分析。

生态过程是由生态系统类型、组成结构与功能所决定的,是生态系统及其功能的宏观表现。自然生态过程所反映的自然资源与能流特征、生态格局与动态都是以区域的生态系统功能为基础的。同时,人类的各种活动使得区域的生态过程带有明显的人工特征。在生态规划中,受人类活动影响的生态过程及其与自然生态过程的关系是关注的重点,特别是那些与区域发展和环境密切相关的生态过程如能流、物质循环、水循环、土地承载力、景观格局等,应在规划中进行综合分析。

(2) 生态潜力分析。

狭义的生态潜力是指单位面积土地上可能达到的第一性生产力,它是一个综合反映区域光、温、水、土资源的定量指标。它们的组合所允许的最大生产力通常是该区域农、林、牧业生态系统生产力的上限。广义的生态潜力则指区域内所有生态资源在自然条件下的生产和供应能力。通过对生态潜力的分析，与现状利用和产出进行对比，可以找到制约发展的主要生态环境要素。

（3）生态格局分析。

人类的长期活动使区域景观结构与功能带有明显的人工特征。原来物种丰富的自然植物群落被单一种群的农业和林业生物群落所取代，成为大多数区域景观的基质。城镇与农村居住区的广泛分布成为控制区域功能的镶嵌体，公路、铁路、人工林带（网）与区域交错的自然河道、人工河渠自然景观残片共同构成了区域的景观格局。不同要素、区域的基质，构成生态系统第一性生产者，而在山区和丘陵区，农田则可能成为缀块镶嵌在人工、半人工或自然林中。城镇是区域镶嵌体，又是社会经济中心，它通过发达的交通网络等廊道与农村及其他城镇进行物质与能量的交换与转化。残存的自然斑块则对维护区域生态条件，保存物种及生物多样性具有重要意义。

无论是残存的自然斑块，还是人工化的景观要素及其动态，均反映在区域土地利用格局上，而生态规划的最终表达结果也反映在土地利用格局的改变上。因此，景观结构与功能的分析及格局动态评价对生态规划具有重要的实际意义。

（4）生态敏感性分析。

在复合生态系统中，不同子系统或景观斑块对人类活动干扰的反应是不同的。有的生态系统对人类干扰有较强的抵抗力，有的则具有较强的恢复力，也有的既十分脆弱，易受破坏，又不易恢复。因此，在生态规划中必须分析和评价系统各因子对人类活动的反应，进行敏感性评价。根据区域发展和资源开发活动对系统可能产生的影响，生态敏感性评价一般包括水土流失评价、自然灾害风险评价、特殊价值生态系统和人文景观评价、重要集水区评价等。

（5）土地质量与区位评价。

区域的气候条件、地理特点、生态过程、社会基础等最终反映在区域的土地质量和区位特征上。因此，对土地质量和区位的评价实际上就是对复合生态系统的评价与分析的综合和归纳。土地质量的评价因用途不同而在评价指标、内容、方法上有所不同。如在绿地系统规划中对土地质量的评价涉及的是与绿化密切相关的气候、土壤养分与土壤结构、水分有效性、植物生态特性等属性；区位的评价是为城镇发展与建设、产业的布局等提供基础，涉及的评价指标有地质地貌条件、水系分布、植被与土壤、交通、人口、土地利用现状等方面。对于评价指标和属性，可采用因素间相互关系构成模型形成综合指标，也可采用加权综合或主成分分析等方法，找出因子间的作用关系和相对权重，最终形成土地质量与区位评价图。

3）决策分析

生态规划的最终目的是提出区域发展的方案与途径，生态决策分析就是在生态评价的基础上，根据规划对象的发展与要求，以及资源环境及社会经济条件，分析和选择经济学与生态学合理的发展方案与措施。其内容包括：根据发展目标分析资源要求，通过与现状资源的匹配性分析确定初步的方案与措施，再运用生态学、经济学等相关学科知识对方案进行分析、评价和筛选。

（1）生态适宜性分析。

生态适宜性分析是生态规划的核心，也是生态规划研究得最多的方面，目标是根据区域自然资源与环境性能，按照发展的需求与资源利用要求，划分资源与环境的适宜性等级。自 I. McHarg 提出生态适宜性图形空间叠置方法以来，许多研究者对此进行了深入研究，先后提出了多种生态适宜性的评价方法。特别是随着地理信息系统技术的发展,生态适宜性分析方法得到了进一步发展和完善。

(2) 生态功能区划与土地利用布局。

根据区域复合生态系统结构及功能,对于涉及范围较广而又存在明显空间异质性的区域,要进行生态功能分区,将区域划分为不同的功能单元,研究其结构、特点、环境承载力等问题,为各区提供管理对策。区划时要综合考虑各区生态环境要素现状、问题、发展趋势及生态适宜度,提出合理的分区布局方案。

土地利用布局要以生态适宜度分析结果为基础,参照有关政策、法规及技术、经济可行性,划分出各类用地的范围、位置和面积。

(3) 规划方案的制定、评价与选择。

在前述分析评价的基础上,根据发展的目标和要求,以及资源环境的适宜性,制定具体的生态规划方案。生态规划是由一系列子规划构成的,这些规划最终是要以促进社会经济发展、生态环境条件改善及区域持续发展能力的增强为目的的。因此,必须对各项规划方案进行下面三方面的评价:

①方案与目标评价:分析各规划方案所提供的发展潜力能否满足规划目标的要求,若不满足则必须调整方案与目标,并作进一步的分析。

②成本-效益分析:对方案中资源与资本投入及实施结果所带来的效益进行分析、比较,进行经济上可行性评价,以筛选出投入低、效益高的措施方案。

③对持续发展能力的影响:发展必须考虑生态环境,有些规划可带来有益的影响,促进生态环境的改善,有的则相反。因此,必须对各方案进行可持续发展能力的评价,主要包括对自然资源潜力的利用程度、对区域环境质量的影响、对景观格局的影响、对自然生态系统的不可逆性分析、对区域持续发展能力的综合效应等方面。

生态规划由总体规划及若干个相关的子规划组成,它包括系统生态规划与调控总体规划、土地利用生态规划、人口适宜性发展规划、产业布局与结构调整规划、环境保护规划、绿地系统建设规划等;必要时,相关规划还应提供较为详细的生态设计方案。

14.4　生态文明建设

生态文明作为文明的一种形态,依据可持续发展的理念,着眼于自然和人类的可持续发展,将尊重和保护生态环境作为主旨,从维护自然、经济、社会系统的整体利益出发,尊重自然,保护自然,注重生态环境建设,致力于提高生态环境质量,使现代经济社会发展建立在生态系统良性循环的基础之上,从而有效地解决人类经济社会活动的需求同自然生态环境系统供给之间的矛盾,实现人与自然的协同进化,促进自然生态环境、经济社会的可持续发展。换言之,生态文明是指人们在改造客观物质世界的同时,不断克服改造过程中的负面效应,积极改善和优化人与自然的关系,建设有序的生态运行机制和良好的生态环境所取得的物质、精神、制度方面成果的总和。

工业文明以人类征服自然为主要特征,世界工业化的发展使征服自然的文化达到极致,一系列全球性的生态危机说明地球再也没有能力支持工业文明的继续发展,需要开创一个新的文明形态来延续人类的生存,这就是生态文明。如果说农业文明是“黄色文明”,工业文明是“黑色文明”,那生态文明就是“绿色文明”。

14.4.1　文明与生态文明

1. 文明

文明在中国文化中，指的是一种进步状态，与蒙昧相对；它是一种文雅意味，与野蛮对照。文明，是历史沉淀下来的，有益增强人类对客观世界的适应和认知、符合人类精神追求、能被绝大多数人认可和接受的人文精神、发明创造以及公序良俗的总和。文明是使人类脱离野蛮状态的所有社会行为和自然行为构成的集合，这些集合至少包括以下要素：家族观念、工具、语言、文字、信仰、宗教观念、法律、城邦和国家等。可以说，所谓文明，就是人类在克服这些矛盾的努力中所达到的历史进度。

西方文明通常被划分为四大主要时期：古代文明（公元前 3500 年—公元 500 年）、中世纪文明（500 年—1500 年）、近代文明（1500 年—1900 年）、当代文明（1900 年至今）。

如从社会形态划分，可分为原始文明、奴隶社会文明、封建社会文明、资本主义文明、社会主义文明。

以人类生产方式的变迁来对文明进行划分，则可分为游牧文明、农业文明、工业文明、生态文明。

2. 生态文明

对于生态文明，有许多种表述。狭义的生态文明，是指人与自然的关系而言的文明状态，着眼于保护自然生态环境，与自然和谐相处，侧重点在环境保护和经济形态方面。广义的生态文明，是指农业文明、工业文明之后的社会文明形态，包括人与自然的关系、人与社会的关系、人与人的关系等方面，强调共生共存、全面的和谐。总而言之，生态文明是人类遵循人、自然、社会和谐发展的规律而取得的物质与精神成果的总和，是指以人与自然、人与人、人与社会和谐共生、良性循环、持续繁荣、全面发展为基本宗旨的文化形态。

生态文明观认为，不仅人是主体，自然也是主体；不仅人有价值，自然也有价值；不仅人依靠自然，所有生命都依靠自然。人类必须尊重自然，保护自然，维护生态平衡。生态文明要求抛弃与自然对抗的科技形式，采取与自然和谐的科技形式，开辟更丰裕、更和谐的时代。生态文明作为一种新的文明形态，是人们基于对工业文明弊端的反思而提出的一种力图实现人口、资源、环境之间协调发展的文明范式。

生态文明观继承和发扬农业文明和工业文明的长处，以人类与自然作用为中心，把自然界放在人类生存与发展的物质基础的地位。从生态文明观看来，人类与生存环境的共同进化就是生态文明，威胁其共同进化就是生态愚昧；只有在最少耗费物质能量和充分利用信息进行管理，在最无愧于和最适合于人类本性的条件下，进行人类与自然之间的相互作用，才能确保社会的可持续发展，才能展现生态文明的辉煌。

生态文明是人类社会发展进程中"更高阶段和更高形态的文明"，体现了人与自然的和谐关系。生态文明是通过改善和优化人与自然的关系，建设科学的生态运行机制和良好的生态环境支撑而取得的物质、精神、制度方面积极成果的总和。生态文明的核心是人与自然和谐的价值观在经济社会发展中的落实及其成果的反映，倡导尊重自然、保护自然、合理利用自然，主动开展生态建设，实现生态良好、人与自然和谐。

实践一再告诫人们，人类的经济社会活动不可超越自然生态系统的承载阈值，超过了这个阈值就要遭受大自然的无情报复。在上下约万年的人类文明长河中，一些古老文明国家和地区，如古埃及文明、古巴比伦文明、古地中海文明和印度恒河文明、美洲玛雅文明等，之所以衰落、消亡,其共同的根源,就是过伐森林、过度放牧、过度垦荒和盲目灌溉等,使广袤的森林、草原植遭到毁坏,河道淤塞,水土流失加剧,土地沙化、盐碱化,肥沃的表土遭到侵蚀、剥离,失去了作物生长所需的大量矿物质营养,于是随着土地生产力的衰竭,它所支持的文明也就必然日渐衰落、消亡。我国黄河文明的兴盛与衰落,根本原因亦在于自然生态系统的繁茂与破坏。"顺自然生态规律者兴,逆自然生态规律者亡。"这是人类社会发展的一条铁的定律,古今中外概莫能外。

3. 生态文明的主要特征

生态文明的主要特征,可以概括为:审视的整体性、调控的综合性、物质的循环性和发展的知识性。

1) 审视的整体性

传统的工业文明关注的重点,是工业经济的快速发展。从创造物质财富的角度审视,这无疑是正确的、必要的,这种做法不顾地球生态圈大循环的整体、全局,忽视了环境容量和自然生态的承载力,以致带来了环境恶化和发展不可持续的困境。而现代生态文明,则既保持了工业文明的优点、长处,又克服了它的弱点、短处。生态文明理念所强调的是,坚持以大自然生态圈整体运行规律的宏观视角,全面审视人类社会的发展问题。它认为,人类的一切活动都必须放在自然界的大格局中考量,按自然生态规律行事。经济社会发展,既要考虑人类生存与繁衍的需要,又必须顾及生态、资源、环境的承载力,以实现人与自然和谐,发展与环境同步、双赢。强调发展必须坚持"自然生态优先原则",即"量体裁衣"、"量入为出"、"索取适度、回报相当",而不可急功近利、"竭泽而渔",肆意妄行,与自然规律、生态法则"撞车"。

2) 调控的综合性

传统工业文明时代形成的经济学、社会学、人文和自然科学,尽管蓬勃发展,硕果累累,为经济增长和社会进步作出了重大贡献,但其最大的弱点在于,相互独立分割,切断了相互间固有的内在有机联系,呈现了各展其长、各行其是的格局。其结果,一是导致整个自然生态与人类社会经济运行的大循环,难以统筹谋划、正常有序实现,带来种种顾此失彼的失衡现象,造成资源巨大浪费和其潜在生产力的束缚;二是存在孤立的不同学科研究的局限性,又很容易陷入某种片面性、表面性、盲目性、主观性,导致人口、资源、环境与经济、社会、民生之间不协调、不平衡,甚至互相矛盾、抵消,形成恶性循环,不可持续。而现代生态文明科学的显著特点,就是集生态学、经济学、社会学和其他自然、人文学科之大成,成为一门多学科相互联结的大跨度、复合型、融为一体的边缘学科。这种联结和组合,不是多个学科的简单相加,而是追求生态系统、经济系统和社会发展内在规律的有机统一,综合研究、分析、解决传统工业文明向现代生态文明转变中的重大问题。

比如,长期以来,"先污染,后治理"似乎已经成为工业化不可逾越的定律。但芬兰等北欧国家,爱尔兰、瑞士、加拿大、澳大利亚等国家,就走了一条以生态文明为主导的新型工业化道路,其经济实现了高度现代化,生态、人居环境又一直良好。关键在于这些国家把优化生态、保护环境纳入了治国方略,从发展规划、政策设计到法律、法制,都体现了人与自然和谐、发展与环境同步的生态理念,从而避免了"先污染,后治理"。在我国,威海、珠海、厦门、廊坊、三亚等一批城市,自改革开放以来,其经济发展速度都高于全国平均水平,但生态环境质量也一直良好。诀窍在于其发展理念、方针和政策,把保护和优化环境放到了应有的位置,做到了"生态立市、环境优先、发展与环境双赢"。

3）物质的循环性

能量转化、物质循环、信息传递，是全球所有生态系统最基本的功能和构成要素。实践证明，发展循环型生态经济和清洁生产，使经济活动变成为“资源—产品—废弃物—再生资源—无废弃物”的反馈或循环过程，是生态文明理念的重要体现，也是有效消除传统工业化“资源—产品—废弃物”这种简单直线生产方式弊病的有效举措。实践证明，循环型生态经济既可大幅度提高经济增长质量、效益，培育新的经济增长点，又能从根本上节能降耗减排，做到资源消耗最小化、环境损害最低化、经济效益最大化。

4）发展的知识性

传统工业化的完成，主要靠资金、资源、环境、民生等的高投入，在创造巨额财富的同时，付出了过大的资源环境代价，难以为继。而生态文明时代的经济发展，则主要靠智力开发、科学知识和技术进步。人类已经进入知识经济时代，各种新知识、新技术、新工艺、新材料、新模式雨后春笋般地涌现，特别是信息技术、生物技术的突破，正在从根本上改变人们的思维方式、生产方式和生活方式。科学技术真正变为“第一生产力”，人才资源成为“第一资源”，并转化为人力资本。这种大趋势把智力开发、技术进步推上了主导发展的“帅位”。随着时代的发展变化，人才、智力在生产力构成中的作用、重要性在不断升级：在农业经济时代是“加数效应”，在工业经济时代是“倍数效应”，在生态与知识经济时代是“指数效应”。科学研究表明：随着科学技术向生产力的转化，体能、技能、智能对社会财富的贡献之比为 1∶10∶100，即一个仅具有体能而无技能、智能者，与一个既有体能又有技能者对社会的贡献率的差距为 9 倍；与一个体能、技能、智能兼备者相比，对社会的贡献率则是 99 倍的差距。据世界银行测算，投资于物质资本，其回报率为 110%；投资于金融资本，其回报率为 120%；投资于人才开发，其回报率为 1500%。正因为如此，多年来西方发达国家一直在抢占人才、科技与知识的制高点，大幅度增加人力资本、人才培育、高新技术研发和应用的投资。可见，由工业文明向生态文明转变，不仅是理念转换和更新，更是经济发展投入要素的转型，即现代知识、技术和智力资本唱主角，起决定性作用。这是生态文明与传统工业文明的又一显著区别。

上述四大特征说明，生态文明是源于工业文明又高于工业文明的文明，其优势和优越性远非工业文明所能比拟。走生态文明之路，已是当今世界的大势所趋。

14.4.2　生态文明建设

1. 概述

生态文明建设其实就是把可持续发展提升到绿色发展高度，为后人“乘凉”而“种树”，就是不给后人留下遗憾而是留下更多的生态资产。

生态文明建设是新时代中国特色社会主义事业的重要内容，关系人民福祉，关乎民族未来，事关“两个一百年”奋斗目标和中华民族伟大复兴中国梦的实现。党中央、国务院高度重视生态文明建设，先后出台了一系列重大决策部署，推动生态文明建设取得了重大进展和积极成效。

2012 年 11 月，党的“十八大”从新的历史起点出发，作出“大力推进生态文明建设”的战略决策。2015 年 5 月，《中共中央 国务院关于加快推进生态文明建设的意见》发布。2015 年 10 月，增强生态文明建设首度被写入国家五年规划。

2. 生态文明建设的基本问题

对生态文明的理解，主要包括以下几方面：第一，生态文明是高于迄今为止其他文明的一种文明形态，是对人类传统文明的整合、重塑和升华，是人类社会进步的重要标志，是现代文明的一种高级形态。第二，生态文明突出强调人与自然的平等、共生、和谐。通过人类对自然生态严重破坏导致的恶果，以及"人类中心主义"的误区，人们逐渐认识到：人类是自然生态系统中的一员，人与自然不是主从关系，更不是征服与被征服、控制与被控制的关系。人类必须尊重自然、依靠自然、顺应自然，与自然和谐相处。只有与自然平等、共生、和谐，人类文明才能持续和发展。第三，生态文明要求维护生态安全。生态安全是生态系统延续的基本保障，每个人、每个团体都要对保护生态尽职尽责，自觉地承担建设和改善生态的责任和义务，从而形成一种平等合作关系，共同保护和建设生态系统。第四，生态文明要求经济与生态资源协调发展。生态文明要求人类选择有利于生态安全的经济发展方式，建设有利于生态平衡、节约能源资源和保护生态环境的产业结构、增长方式、消费模式。推行循环经济，提高可再生能源比重，有效控制污染物排放，保持经济发展与资源环境承载力之间的平衡，实现经济与生态协调发展。第五，生态文明要求建立可持续发展的制度体系。这种制度体系包括自然资源环境的可持续发展、经济的可持续发展、社会的可持续发展和人的可持续发展，使经济社会发展既满足当代人的需求，又不对后代人的需求构成危害，使人类文明不断延续。第六，生态文明要求形成良好的生态意识和伦理道德。生态文明要求人的文明，主张人对自然承担道德义务，倡导生态伦理道德，要求人们善待自然，不能无止境地向自然索取、破坏生态环境，在谋取物质利益时必须自我约束，树立良好的生态意识，确立绿色发展理念，提升伦理道德境界。

3. 生态文明建设的核心

人与自然和谐是人与人、人与社会和谐的重要条件。生态文明、人与社会环境和谐统一，是在人类历史发展过程中形成的人与自然可持续发展的文化成果的总和，其本质特征是人与自然和谐相处的文明形态。它不仅说明人类应该用更为文明而非野蛮的方式对待大自然，而且在文化价值观、生产方式、生活方式、社会结构上都体现出一种人与自然关系的崭新视角。人与自然共同生息，实现经济、社会、环境的共赢，关键在于人的主动性。

生态文明的核心要素是公正、高效、和谐和人文发展。工业文明那种利润最大化、财富线性积累的价值观必然造成贫富差距扩大、社会的不和谐，而生态文明建设的价值观所寻求的是一种生态公正和社会公正。在生态公正前提下的社会公正，就是财富不能为少数人积累和占有，不能只考虑经济利益的最大化，而是要考虑社会利益的最大化，保护社会弱势群体的利益。生态文明的一大特点就是寻求和谐，人与自然、人与社会、人与人之间的和谐。而工业文明社会中高污染、高排放、低效率的生产企业，实际上是对人与自然和谐的否定和破坏，继而也会影响人与人之间的和谐。因为一部分人得到好处，另一部分人受到损失，一部分群体和社会间形成矛盾，整个社会就得承受因此带来的后果。如果用生态文明的理念对企业进行选择，一定会选择那些能够促使人与人、人与自然、人与社会和谐的投资或企业。从这个角度来说，生态文明建设将会提高对企业的要求和门槛，也会逐渐促进社会的和谐。

生态文明是一种新的文明形态，它是对工业文明的改造和提升，使得人类能够实现生态公正和社会公正，能够提高经济效益、生态效益、社会效益，能够实现人与自然的和谐、人与社会的和谐、人与人的和谐。

建设生态文明，要树立尊重自然、顺应自然、保护自然的理念。顺应自然，并不是消极地顺从自然，俯首听命于自然，而是能动地认识自然、适应自然，并按照美的规律塑造美化自然，不断改善和优化人与自然的关系，也就是要坚持尊重和维护自然与塑造美化自然的统一。这就意味着人类在自然规律面前，要调整自己的行为，才能使两者达到和谐的境界。这种观念实际上在中国朴素的自然观里早有体现，"天人合一"是中华文明的自然观；《论语》说："天何言哉？四时行焉，百物生焉！"《老子》说："人法地，地法天，天法道，道法自然。"自然是一切的根源，取之自然，归之自然。所谓"取物限量、取物限时，取之有时、用之有节"，适度使用自然，不破坏自然。总而言之，尊重自然是前提，即充分尊重自然规律；顺应自然是行动，即按照自然规律，调整人类的行为；保护自然是目的，最终实现人与自然的和谐发展。

建设生态文明，要树立人与自然相和谐的生态文明观。必须转变人与世界相对立或以人为中心的观念。在传统的思维方式看来，人是世界的中心，自然界只能围绕着人、为了人而存在。其结果是自然作为对象被无限改造、征服，生态逐渐恶化。而在生态文明观看来，我们在处理人与自然的关系时，不应把人的主体性绝对化，也不能无限夸大人对自然的超越性，而是人类应当约束自己，摆正自己在自然界中的位置，关注自然的存在价值。人是自然物，是自然界的一分子，人类在改造自然的同时要把自身的活动限制在保证自然界生态系统稳定平衡的限度之内，实现人与自然的和谐共生、协调发展。正如马克思所精辟地指出的："社会是人同自然界完成了的本质的统一，是自然界的真正复活，是人的实现了的自然主义和自然界的实现了的人道主义。"需要增强建设生态文明的自觉性和坚定性，统筹好人与自然的关系，最大限度地减少经济活动对大自然自身稳定与和谐构成的影响，使经济建设与资源、环境相协调，逐步形成与生态相协调的生产、生活和消费方式，实现经济效益、社会效益和生态效益的统一。

生态文明强调人的自觉与自律，强调人与自然的相互依存、相互促进、共处共荣，倡导人际关系和谐，承认社会分工而强调人格平等，培植团结、互助、和睦、友好的人际关系。人类尊重自身首先要尊重自然，只有在与自然和谐相处的前提下，人类文明才能持久和延续。人与自然和谐相处既是生态文明的核心价值理念和根本目标，也是建设生态文明的评价标准。

4. 生态文明建设的目标

促进人的全面发展是建设生态文明的终极价值追求。建设生态文明，要始终致力于不断提高人的生活质量。"十八大"报告把生态文明建设提高到更高的战略层面，意味着把老百姓的幸福指数，把老百姓对政府的满意标准，又提高到了一个新的高度——过去主要是解决有和无的问题，现在解决的是好和坏的问题。"十八大"报告中提出要全面建成小康社会，而生态文明状况的实现程度，也是衡量小康社会的一个重要指标。"十八大"报告指出，建设生态文明是关系人民福祉、关乎民族未来的长远大计。建设生态文明，为人民群众创造良好生产生活环境，是改善民生的需要。只有把生态文明建设的理念、原则、目标等深刻融入和贯穿到经济、政治、文化、社会建设的各方面和全过程，才能全面推进现代化，为人民群众创造良好的生产生活环境。因此，推进生态文明建设是我们党坚持以人为本、执政为民，维护最广大人民群众根本利益的集中体现。因此，建设生态文明，要从解决人民群众最关心、最直接、最现实的利益问题入手，着力解决好群众普遍关注的环境问题。

坚持以人为本、促进人的全面发展是一种新的发展理念，这种发展理念认为人的需求不仅包括基本的物质需求，而且包括一系列复杂的社会的、政治的、文化的需求，它超越了纯粹的功利目的，以实现人的全面发展和人的解放为终极目的。这种发展理念是在人与自然亲密关系的基础上向人本主义的真正复归，是人道主义和自然主义的真正统一。这种新的发展理念和生态文明的理想不谋而合。建设生态文明，以现实的人的生存状态为思考核心，以塑造人的完整性和人的自我实现为理想，力图通过人的实践活动，重建人与自然、人与社会、人与人的内在统一。在此意义上，建设生态文明与坚持以人为本紧密统一在一起，并且只有二者统一，才能实现人对人的总体性的全面占有，才能实现人的真正自由。

坚持以人为本，把最广大人民的根本利益作为生态文明建设的出发点和落脚点，"既要见物，也要见人"。随着生活水平的提高，人们对生活质量提出更高的要求，对洁净的空气、清洁的饮水和绿色食品等生态条件和良好生态环境的需求越来越迫切。生态文明建设，目的是让人民群众在良好的生态环境下生活得更舒适、更幸福，要从解决人民群众最关心、最直接、最现实的利益问题入手，创造一个适合于人类生活和发展的良好生态环境。必须破除"见物不见人"的思想束缚，把生态文明建设的目的落实到改善人民生活上，坚持做到发展为了人民，发展依靠人民，发展成果由人民共享。

坚持以人为本，更加注重保障和改善民生，着力解决损害群众健康的突出环境问题，从而满足人民日益增长的对良好生态环境、对优质生态产品的需求。把"以人为本"作为根本宗旨理念和价值取向，这对于坚持生态文明建设的正确方向和科学的目标导向，不断提高建设的质量和效益，有着非常重要的理论与实践意义。

5. 生态文明建设的前提和关键

生态文明建设的前提和关键是发展。生态文明是人类文明的一个维度，也是人类发展的内在要求。从物质层面来看，生态文明倡导有节制地积累物质财富，选择一种既满足人类自身需要，又不损毁自然环境的健全发展，使经济保持可持续增长；从生产方式层面看，生态文明要求转变传统工业化生产方式，提倡清洁生产；从生活方式层面看，生态文明提倡适度消费，追求基本生活需要的满足，崇尚精神和文化的享受。

完备的发展对于生态文明建设具有不可或缺的保障作用，即生态文明的建设离不开经济的发展，经济发展为生态文明建设提供物质保障。生态文明建设是在把握自然规律的基础上积极地、能动地利用自然、改造自然，积极调整产业结构，大力改变经济增长方式，建立新型生态经济和循环经济的发展模式，走可持续发展之路，其中遇到的一切问题都要靠发展来解决。

生态文明本身是科学发展观的体现，不仅是对人类经济社会发展的经验，而且是对生态自然发展的状况的深刻总结和高度概括。因此，以人为本的科学发展观的完整内涵和精神实质具有两层含义：一是在经济社会领域里，处理人与人的社会关系是以人为本：二是在生态自然领域里，处理人与自然的生态关系是以生态为本。在此，广义的生态文明，既是科学发展、和谐发展的核心要义，也是衡量科学发展、和谐发展的根本标志。可以说，科学发展是以人为本和以生态为本的双重价值取向的内在统一，是经济社会发展观和生态自然发展观的有机统一。建设生态文明，旨在强调在产业发展、经济增长、改变消费模式的进程中，尽最大可能积极主动地节约能源资源，保护好人类赖以生存的环境。生态文明要求人类选择有利于生态安全的经济发展方式，建设有利于生态安全的产业结构，建立有利于生态安全的制度体系，逐步形成促进生态建设、维护生态安全的良性运转机制，使经济社会发展既满足当代人的需求，又对后代人的需求不构成危害，最终实现经济与生态协调发展。要正确处理加快发展和可持续发展的关系，坚持在加快发展中加强生态文明建设，在加强生态文明建设中加快发展；根据人类对自然界的逐步认识来调节我们制定的目标，通过适应性的变化和调整来达到最佳状态，推行可持续的经济发展模式，实现又好又快发展。

6. 生态文明建设的意义

中共"十八大"报告将生态文明建设，与经济建设、政治建设、文化建设、社会建设一起，列入"五位一体"总体布局。生态文明地位的提升，体现了我们党对生态文明建设更加重视，对生态发展规律的认识更加深刻，也顺应了时代的要求、民意的呼唤。从"尊重自然、顺应自然、保护自然"的理念，到"融入经济建设、政治建设、文化建设、社会建设各方面和全过程"的指引，再到“绿色发展、低碳发展、循环发展”的路径,“十八大”所理解和规划的生态文明,早已超越了单纯的节能减排、节约资源、保护环境等问题,而是上升到实现人与自然和谐共生、提升社会文明水平的现代化发展高度,并体现为工作部署、发展目标、制度设计,预示着与时俱进、改革创新的生态文明浪潮到来。

生态文明是人类在改造客观世界的同时,改善和优化人与自然的关系,建设科学有序的生态运行机制,体现了人类尊重自然、利用自然、保护自然、与自然和谐相处的文明理念。建设生态文明,树立生态文明观念,是推动科学发展、促进社会和谐的必然要求。它有助于唤醒全民族的生态忧患意识,认清生态环境问题的复杂性、长期性和艰巨性,持之以恒地重视生态环境保护工作,尽最大可能地节约能源资源、保护生态环境。生态文明观念,作为一种基础的价值导向,是构建社会主义和谐社会不可或缺的精神力量。牢固树立生态文明观念,积极推进生态文明建设,是深入贯彻落实科学发展观、推进新时代中国特色社会主义伟大事业的应有之义。

建设生态文明,要共同呵护人类赖以生存的地球家园。把生态建设上升到文明的高度,是我们党对新时代中国特色社会主义、经济社会发展规律和人类文明趋势认识的不断深化。建设生态文明,不仅对于贯彻落实科学发展观、继续推进新时代中国特色社会主义伟大事业和全面建设小康社会具有重大的现实意义,而且对于维护全球生态安全、推动人类文明进步和可持续发展具有深远的历史意义。

1）为人们的生产生活提供必需的物质基础

随着人们日益增长的物质文化需求,对生活质量提出了新的更高的要求,希望喝上干净的水、吸上清新的空气、吃上放心的食品、住上舒适的房子等。创造一个良好的生态环境,使自然生态保持动态平德和良性循环并与人们和谐相处,比以往任何时候都显得更加迫切。如果没有一个良好的生态环境,便无法实现可持续发展,更无法为人民提供良好的生活环境。建设生态文明任重而道远。

2）有助于解决我国发展中的各种难题

我国是人口大国,幅员辽阔,在我国建设生态文明,既能造福于 13 多亿人口,又将对全球生态文明建设作出重大贡献。西方发达国家经过了百年的工业革命,借助其经济技术等方面的优势,在可持续发展领域的研究与实践先走了一步,生态文明已具雏形,其成果惠及约 10 亿人口。但全球尚有 50 多亿人口处在工业文明初期或中期,生态文明刚刚萌芽。

我国是最大的发展中国家,如果我国跨入生态文明社会,不但会使全国的经济、社会、生态、环境、人文、民生面貌为之一新,而且必将大大加快全球生态文明建设进程。届时,全球“绿色版图”将明显扩大,有 1/3 以上的人口走上生态文明之路。同时,发展中国家如何在工业化进程中转化为生态文明社会,中国能够提供可资借鉴的经验。

改革开放以来,我国经济快速发展,创造了举世罕见的奇迹,成就辉煌。但发展中付出的资源、环境代价过大,发展不平衡、不协调的矛盾突出,城乡差别、地区差别、收益分配差别扩大,生态退化、环境污染加重,民生问题凸显以及道德文化领域里的消极现象等,严重制约了现代化宏伟目标的顺利实现。如何破解难题,走出困境,实现良性循环,事关改革、发展大局。这些矛盾和问题都是传统工业化带来的,若靠工业文明理念和思路应对,不但于事无补,还会使困境日益深化。只有以生态文明超越传统工业文明,坚持生态文明的理念和思路,对发展中的矛盾、问题作统筹评估,理性调控,综合治理,化逆为顺,方能突破瓶颈制约,在新的起点上实现又好又快发展、可持续发展。

一方面,我国能源资源人均拥有量远低于世界平均水平;另一方面,能源消耗又远远高于世界平均水平或发达国家。按照生态文明理念转变经济发展方式,调整优化产业结构,加快技术进步,有效降低能耗,推进经济集约化、生态化、知识化,是极其迫切、紧要的,其发展潜力是无限的。

3) 有助于根治环境危机的痼疾

科学技术造就的工业文明在创造辉煌物质财富的同时,也给人类社会带来诸如资源紧张、环境恶化、生态危机等一系列困难和挑战。继续在工业文明的框架中发展,还是另寻他路,成为摆在人们面前的一个不容回避的问题。要生存,就必须保护自然、尊重自然,与自然和谐相处。在这种背景下,生态文明的理念为大家所接受。建设生态文明既是全面建设小康社会的目标任务之一,也是实现"更高要求"的保障。

总的来看,我国物质文明建设成就卓著,城乡人民对经济发展、生活改善是满意的,但对环境恶化,则反应相当强烈。有关资料显示,"十二五"期间,四项主要污染物即化学需氧量、氨氮、二氧化硫、氮氧化物排放量大幅下降,提前半年完成"十二五"规划目标,酸雨面积已经恢复到 20 世纪 90 年代水平。2014 年,全国 5 种重点重金属污染物(铅、汞、镉、铬和类金属砷)排放总量比 2007 年下降 1/5。但总的来看,我国环境状况总体恶化的趋势尚未得到根本遏制,环境矛盾凸显,压力继续加大。一些重点流域、海域水污染严重,部分区域和城市大气灰霾现象突出,许多地区主要污染物排放量超过环境容量。农村环境污染加剧,重金属、化学品、持久性有机污染物以及土壤、地下水等污染显现。环境问题已成为引发社会矛盾、影响社会稳定的一大公害。同物质文明相比,我国生态文明建设明显滞后,是薄弱环节,亟待加大力度,加快步伐。否则,势必拖全面建设小康社会的后腿。

4) 有助于促进全民族生态道德文化素质的提高

我国环境恶化迟迟不能根本好转,这与人们的生态道德文化缺失有直接的关系。近年来,我国城乡人民的生态意识、环保观念日益增强,参与生态治理、环境保护的积极性明显提高。但是,生态道德文化尚未普遍根植于人民大众。相当多的人生态道德文化水平低下,处于"文盲、半文盲"状态。为此,必须在广大城乡居民中广泛、深入、持久地开展生态道德文化宣传教育,普及生态道德文化知识,特别要重视提高各级领导干部的生态道德文化水准,大力推进生态文明企业建设,加强生态立法,规范人们的生态行为;转变消费观念,倡导适合国情的合理适度消费;还要实行村、居民生态自治,充分发挥民间环保组织的作用,并把生态道德文化教育与生态文明建设密切结合起来,以收相互促进、事半功倍之效。

14.4.3　生态文明建设的战略任务和根本目的

1. 战略任务

党中央、国务院提出了"优、节、保、建"四大战略任务。

一是优。优化国土空间开发格局。要按照人口资源环境相均衡、经济社会生态效益相统一的原则,控制开发强度,调整空间结构,促进生产空间集约高效、生活空间宜居适度、生态空间山清水秀,给自然留下更多修复空间,给农业留下更多良田,给子孙后代留下天蓝、地绿、水净的美好家园。加快实施主体功能区战略,推动各地区严格按照主体功能定位发展,构建科学合理的城市化格局、农业发展格局、生态安全格局。提高海洋资源开发能力,坚决维护国家海洋权益,建设海洋强国。

二是节。全面促进资源节约。要集中利用资源,推动资源利用方式根本转变,加强全过程节约管理,大幅降低能源、水、土地消耗强度,提高利用效率和效益。推动能源生产和消费革命,支持节能低碳产业和新能源、可再生能源发展,确保国家能源安全。加强水源地保护和用水总量管理,建设节水型社会。严守耕地保护红线,严格土地用途管制。加强矿产资源勘查、保护、合理开发。发展循环经济,促进生产、流通、消费过程的减量化、再利用、资源化。

三是保。加大自然生态系统和环境保护力度。要实施重大生态修复工程,增强生态产品生产能力,推进荒漠化、石漠化、水土流失综合治理。加快水利建设,加强防灾减灾体系建设。坚持预防为主、综合治理,以解决损害群众健康突出环境问题为重点,强化水、大气、土壤等污染防治。坚持共同但有区别的责任原则、公平原则、各自能力原则,同国际社会一道积极应对全球气候变化。

四是建。加强生态文明制度建设。要把资源消耗、环境损害、生态效益纳入经济社会发展评价体系,建立体现生态文明要求的目标体系、考核办法、奖惩机制。建立国土空间开发保护制度,完善最严格的耕地保护制度、水资源管理制度、环境保护制度。深化资源性产品价格和税费改革,建立反映市场供求和资源稀缺程度、体现生态价值和代际补偿的资源有偿使用制度和生态补偿制度。加强环境监管,健全生态环境保护责任追究制度和环境损害赔偿制度。加强生态文明宣传教育,增强全民节约意识、环保意识、生态意识,形成合理消费的社会风尚,营造爱护生态环境的良好风气。

2. 根本目的

生态文明建设的根本目的,是努力建设美丽中国,实现中华民族永续发展;从源头上扭转生态环境恶化趋势,为人民创造良好生产生活环境,为全球生态安全作出贡献;更加自觉地珍爱自然,更加积极地保护生态,努力走向社会主义生态文明新时代。

14.4.4　生态文明建设从理念到实践

回顾"十八大"以来的生态文明建设,从理念创新、顶层设计到具体实施都取得了重大进展与辉煌成就。

1. 中国特色可持续发展之路已启程

我国的生态文明建设战略是基于中国智慧,以系统思维探索一条不同于西方的生态治理与新文明创新之路。从"十七大"提出的"两型社会"生态文明到"十八大"提出的"五位一体"生态文明,是对生态文明建设理论的一次重大创新与飞跃。为了完成对生态文明建设的总体规划与顶层设计,"十八大"以来党中央出台一系列关于生态文明建设的重要文件。从"五位一体"生态文明建设再到十八届五中全会提出的"创新、协调、绿色、开放、共享"五大发展理念,使中国生态文明战略再度深化与创新。

"十八大"之后,围绕生态文明建设,党中央、国务院连续发布了两份重要的"姊妹篇"文件:《关于加快推进生态文明建设的意见》和《生态文明体制改革总体方案》。此后,党的十八届五中全会审议通过《中共中央关于制定国民经济和社会发展第十三个五年规划的建议》,使生态文明建设总体规划系统纳入中国经济社会长期发展的战略之中。这标志着决定中国未来发展命运,引领中国未来发展的生态文明新时代已经开启。

2013 年,联合国环境规划署通过了《推广中国生态文明理念》的决定草案。中国生态文明建设战略,被国际社会认为是能够从根本上化解环境危机、给世界未来带来和谐共赢的"中国方案"。

2. 污染势头初步得到遏制

重拳出击遏制不断蔓延的污染势头,是生态文明建设迫在眉睫需要处理的问题。为此,我国出台了一系列治理污染的制度、法规。从2015年元旦开始实施被誉为“史上最严”的新环保法，到2016年12月印发《生态文明建设目标评价考核办法》，再到2017年启动最严格中央环保督察行动，都用实际行动表明了我国对遏制污染、治理环境的决心。尽管中国的环境治理还面临着重大挑战，但近几年来取得的重大成就使污染蔓延势头得到有效遏制。

3.绿色发展将成增长新动力

在“绿水青山就是金山银山”的理念指导下，大力发展生态经济，破解发展与保护对立的难题，是推进生态文明建设的基础性工程。近几年来，在绿色发展理念的引领下，中国的生态经济发展取得了重大成就。

对未来生态经济最具有全局性的革命是新能源革命。目前中国是全球最大的可再生能源生产和消费国，也是全球最大的可再生能源投资国，中国水电、风电、太阳能光伏发电装机规模居世界第一。在新能源技术创新方面以后发优势居于世界前列。“十三五”期间，我国在可再生能源领域的新增投资将达到2.5万亿元，比“十二五”期间增长近39%。

在中国工业企业转型升级过程中，绿色发展、循环经济、低碳经济、“互联网＋”等新因素成为工业经济升级的主要内容。工业生态化成为“十八大”以来中国新型工业化发展的新方向、新内容。伴随着工业化、低碳化、生态化发展的兴起，我国环保行业已成为新的经济增长点。环保产业规模从2012年的3万亿增长到2016年的5.26万亿，年增长率为15.2%。

伴随着绿色消费升级，最近几年生态旅游、康体保健、绿色消费等新兴产业成为中国增长速度最快的产业。特别是在“互联网＋”作用下，中国乡村绿色发展兴起，成为当代中国绿色发展的一道亮丽风景线。乡村绿色旅游、有机农业、乡村手工业、休闲农业等绿色产业发展潜力巨大。

作为世界第二大经济体，中国经济的稳健增长对世界经济复苏尤为重要。中国以绿色发展推动的生态文明建设，将会成为拉动世界经济增长的新动力。

4.生态治理常态化、制度化正在形成

将生态治理纳入国家治理体系，实现生态治理的常态化、制度化，是“十八大”以来国家治理现代化的重要内容。“十八大”以来，我国围绕生态治理主要取得了以下三个方面的重大进展。

(1) 生态文明建设立法先行，生态文明建设法制化效果显著。

“十八大”以来我国围绕生态治理出台一系列的法律与政策，如《大气污染防治行动计划》、《水污染防治行动计划》、新《环境保护法》施行。此外，还有《生态文明建设目标评价考核办法》、《环境保护督察方案(试行)》、《党政领导干部生态环境损害责任追究办法(试行)》等六个生态文明体制改革配套文件。这些保证生态治理制度化、常态化的法律、政策、措施等，被认为是史上最严厉的治理之法。

(2) 经济管理方式从“GDP主义”向绿色理念指导下生态化管理方式转变。

为了落实绿色发展理念，中共中央办公厅、国务院办公厅下发了《生态文明建设目标评价考核办法》。为了系统落实考核办法，环保部启动了首批国家生态文明建设示范市县评选工作。首批入选的25省46县市将为系统推进与管理生态文明建设提供先行先试的经验。目前全国已经有70多个县市明确取消了GDP考核，中国正在告别“唯GDP时代”。

(3) 大力推进生态文化建设，倡导节俭、低碳健康新生活，从我做起、全民参与。

2015年9月1日起正式实施《环境保护公众参与办法》，这是自新修订的《环境保护法》实施以来，首个对环境保护公众参与作出专门规定的部门规章。“十八大”以来，生态文明文化教育进家庭、进学校、进企业、进机关的活动正在全国各地有序推广开来。

5. 实例

1）设立国家生态文明试验区

2016年8月中共中央办公厅、国务院办公厅印发了《关于设立统一规范的国家生态文明试验区的意见》（以下简称《意见》）及《国家生态文明试验区（福建）实施方案》，2017年10月中共中央办公厅、国务院办公厅印发了《国家生态文明试验区（江西）实施方案》和《国家生态文明试验区（贵州）实施方案》。至此，福建、江西、贵州我国首批3个生态文明试验区实施方案全部获批，标志着试验区建设进入全面铺开和加速推进阶段。这3个试验区共将针对38项制度开展创新试验，充分体现了国家生态文明体制改革综合试验平台的定位和作用。此外，这3个试验区还结合各自实际，提出自行开展的改革试验任务合计28项。如福建省完善环境资源司法保障机制、开展生态系统价值核算试点，江西省探索绿色生态农业推进机制、建立生态补偿扶贫机制，贵州省开发利用生态文明大数据、建立生态文明国际合作机制等，将极大地调动和发挥地方主动性和改革首创精神。

2）浙江经验

新世纪以来，浙江省坚持以"八八战略"为总纲，生态文明建设取得了巨大成就。发达国家以两三百年的时间完成了工业化，浙江省仅仅用了二三十年的时间；发达国家以短则三五十年，长则上百年的时间实现生态环境质量的根本好转，浙江省则仅仅用了十多年时间。浙江省的经济建设是一个奇迹，浙江省的生态文明建设也是一个奇迹。总结生态文明建设的浙江经验，对全国乃至世界不乏借鉴意义。

浙江省在生态文明建设上先后实施了绿色浙江建设战略、生态省建设战略、生态浙江建设战略、"两美"浙江建设战略等重大战略，接连或同时打出了"三改一拆"、"五水共治"、"浙商回归"、"四边三化"、"四换三名"、"'811'行动计划"、"特色小镇建设"等系列组合拳，以"抓铁有痕"的毅力狠抓落实，全面推进生态文明建设，取得了显著的成绩，生态文化氛围日渐浓厚，生态经济日益繁荣，生态环境显著改善，老百姓对生态文明建设的满意度、获得感、幸福感大幅度提升。

以生态文明城市、低碳城市、生态市创建等为载体的生态城市建设举措频频。湖州市、杭州市、丽水市、宁波市成为全国生态文明先行示范区试点市，衢州市、海盐县、仙居县、天台县、泰顺县、文成县等地成为首批省级生态文明先行示范区创建地区。生态文明城市建设形成了一批生态文化美、生态经济美、生态环境美、生态人居美的先进典型，杭州市被习近平总书记誉为"生态文明之都"。基于绿色城镇建设的特色小镇建设，也形成了"一镇一产业、一镇一特色"的浙江风格。总体上看，城乡统筹的生态文明建设格局已经确立，而且已经形成了生态城市、绿色城镇、美丽乡村的差异化发展局面，走出了城市与城市、城镇与城镇、村落与村落的特色化发展之路。

思考与练习题

1. 如何认识可持续发展观？
2. 简述社会-经济-自然复合生态系统的组成与结构。
3. 简述生态规划的主要内容。
4. 如何理解文明与社会发展的关系？
5. 试分析生态文明建设的重要性。

主要参考文献

[1] 蔡晓明,尚玉吕.普通生态学[M].北京:北京大学出版社,1995.

[2] 蔡晓明.生态系统生态学[M].北京:科学出版社,2000.

[3] 陈利顶,傅伯杰,赵文武."源""汇"景观理论及其生态学意义[J].生态学报,2006,26(5):1444-1449.

[4] 陈仲新,张新时.中国生态系统效益的价值[J].科学通报,2000,45(1):17-22.

[5] 方精云,唐艳鸿,林俊达,等.全球生态学:气候变化与全球响应[M].北京:高等教育出版社,2001.

[6] 傅伯杰.地理学综合研究的途径与方法:格局与过程耦合[J].地理学报,2014,69(8):1052-1059.

[7] 傅伯杰,陈利顶,马克明,等.景观生态学原理及应用[M].北京:科学出版社,2001.

[8] 福尔曼 R,戈德罗恩 M.景观生态学[M].肖笃宁等译.北京:科学出版社,1990.

[9] 戈峰.现代生态学[M].2 版.北京:科学出版社,2002.

[10] 金岚,等.环境生态学[M].北京:高等教育出版社,1992.

[11] 赖力,黄贤金,刘伟良.生态补偿理论、方法研究进展[J].生态学报,2008,28(6):2870-2877.

[12] 李博.生态学[M].北京:高等教育出版社,2000.

[13] 李振基,陈小麟,郑海雷.生态学[M].3 版.北京:科学出版社,2007.

[14] 李洪远,鞠美庭.生态恢复的原理与实践[M].北京:化学工业出版社,2005.

[15] 李金昌,姜文来,靳乐山,等.生态价值论[M].重庆:重庆大学出版社,1999.

[16] 李文华,等.生态系统服务功能价值评估的理论、方法与应用[M].北京:中国人民大学出版社,2008.

[17] 林鹏.植物群落学[M].上海:上海科学技术出版社,1986.

[18] 林万涛.生态系统在全球变化中的调节作用[J].气候与环境研究,2005,10(2):275-280.

[19] 刘康,李团胜.生态规划——理论、方法与应用[M].北京:化学工业出版社,2004.

[20] 刘玉龙.生态补偿与流域生态共建共享[M].北京:中国水利水电出版社,2007.

[21] 刘云国,李小明.环境生态学导论[M].长沙:湖南大学出版社,2000.

[22] 骆世明,陈聿华,严斧,等.农业生态学[M].长沙:湖南科学技术出版社,1987.

[23] 马世骏.现代生态学透视[M].北京:科学出版社,1990.

[24] 牛文元.生态环境脆弱带 ECOTONE 的基础判定[J].生态学报,1989,9(2):97-105.

[25] 周婷,彭少麟.边缘效应的空间尺度与测度[J].生态学报,2008,28(7):3322-3333.

[26] 彭少麟.恢复生态学[M].北京:气象出版社,2007 .

[27] 曲仲湘,吴玉树,王焕校,等.植物生态学[M].2 版.北京:高等教育出版社,1983.

[28] 任海,刘庆,李凌浩.恢复生态学导论[M].北京:科学出版社,2008.

[29] 尚玉昌,蔡晓明.普通生态学(上册)[M].北京:北京大学出版社,1992.

[30] 沈德中.污染环境的生物修复[M].北京:化学工业出版社,2002.

[31] 沈国英,施并章.海洋生态学[M].2 版.北京:科学出版社,2002.

[32] 盛连喜,冯江,王娓.环境生态学导论[M].北京:高等教育出版社,2002.

[33] 孙儒泳.生态学进展[M].北京:高等教育出版社,2008.

[34] 孙书存,包维楷.恢复生态学[M].北京:化学工业出版社,2005.

[35] 向近敏,林雨霖,周峰.分子生态学[M].武汉:湖北科学技术出版社,2001.

[36] 肖笃宁,李秀珍,高俊,等.景观生态学[M].北京:科学出版社, 2011.

[37] 肖笃宁.论现代景观科学的形成与发展[J].地理科学,1999,19(4):379-384.

[38] 王焕校.污染生态学基础[M].昆明:云南大学出版社,1990.

[39] 王如松,杨建新.产业生态学[M].上海:上海科学技术出版社,2002.
[40] 邬建国.景观生态学:格局、过程、尺度与等级[M].北京:高等教育出版社,2007.
[41] 杨京平.生态系统管理与技术[M].北京:化学工业出版社,2004.
[42] 杨柳燕,马文漪.环境微生物工程[M].南京:南京大学出版社,1998.
[43] 于贵瑞.生态系统管理学的概念框架及其生态学基础[J].应用生态学报,2001,12(5):787-794.
[44] 云南大学生物系.植物生态学[M].北京:人民教育出版社,1980.
[45] 章家恩,徐琪.生态退化研究的基本内容与框架[J].水土保持通报,1997,17(6):46-53.
[46] 张金屯.应用生态学[M].北京:科学出版社,2003.
[47] 张坤民.可持续发展论[M].北京:中国环境科学出版社,1997.
[48] 张兰生,方修琦,任国玉.全球变化[M].北京:高等教育出版社,2000.
[49] 赵士洞,张永民,赖鹏飞.千年生态系统评估报告集[M].北京:中国环境科学出版社,2007.
[50] 赵羿,李月辉.实用景观生态学[M].北京:科学出版社,2001 .
[51] 赵志模,郭依泉.群落生态学原理与方法[M].重庆:科学技术文献出版社重庆分社,1990.
[52] 中国科学院生物多样性委员会.生物多样性研究的原理方法[M].北京:中国科学技术出版社,1994.
[53] 周文宗,刘金娥,左平,等.生态产业与产业生态学[M].北京:化学工业出版社,2005.
[54] 朱颜明,何岩,等.环境地理学导论[M].北京:科学出版社,2002.
[55] 殷鸿福,谢树成,童金南,等.谈地球生物学的重要意义[J].古生物学报,2009,48(3):293.
[56] B Freedman. Environmental ecology: The effects of pollution, disturbance, and other stresses[M]. New York: Academic Press, 1995.
[57] C H Southwick. Global ecology in human perspective[M]. Oxford: Oxford University Press, 1996.
[58] D M Wilkinson. Fundamental processes in ecology: An earth system approach[M]. Oxford: Oxford University Press, 2006.
[59] E I Newman. Applied ecology and environmental management[M]. 2nd Edition. Oxford: Blackwell Science Ltd. , 2006.
[60] F Boons, J Howard-Grenville. The social embeddedness of industrial ecology[M]. Cheltenham: Edward Elgar Publishing Ltd. , 2009.
[61] G R McPherson, S DeStefano. Applied ecology and natural resource management[M]. Cambridge: Cambridge University Press, 2003.
[62] J Birkeland. Design for sustainability: A sourcebook of integrated ecological solutions[M]. London: Earthscan Publications Ltd. , 2002.
[63] J Sanderson, L D Harris. Landscape ecology: A top-down approach[M]. Boca Raton, FL: Lewis Publishers, 2000.
[64] J Wiens, Moss M. Issues and perspectives in landscape ecology[M]. Cambridge: Cambridge University Press, 2005.
[65] J Wu, Hobbs R J. Key Topics in landscape ecology[M]. Cambridge: Cambridge University Press, 2007.
[66] J Wu, Hobbs R. Key issues and research priorities in landscape ecology: An idiosyncratic synthesis[J]. Landscape Ecology, 2002, 17(4): 355-365.
[67] L Fahrig. Landscape heterogeneity and metapopulation dynamics. In: Wu J, Hobbs R, eds. Key topics in landscape ecology[G]. Cambridge: Cambridge University Press, 2007.
[68] M B Bush. Ecology of a changing planet[M]. 3rd Edition. Upper Saddle River, NJ: Prentice Hall, Inc. , 2003.
[69] M Begon, C R Townsend, J L Harper. Ecology: From individuals to ecosystems[M]. 4th Edition. Oxford: Blackwell Publishing Ltd. , 2006.
[70] M C Molles. Ecology: Concepts & applications[M]. 4th Edition. New York: McGraw-Hill, 2006.

[71] M E Gilpin, Hanski I. Metapopulation dynamics[M]. London: Academic Press, 1991.

[72] M F Goodchild. Spatial Autocorrelation[M]. Norwich: Geo Books, 1986.

[73] M G Turner, Cardille J A. Spatial heterogeneity and ecosystem processes. In: Wu J, Hobbs R, eds. Key topics in landscape ecology[G]. Cambridge: Cambridge University Press, 2007.

[74] M G Turner, Garder R H. Quantitative methods in landscape ecology: An introduction[M]. New York: Springer-Verlag, 1991.

[75] P R V Gardingen, Foody G M, Curran P J. Scaling-up: from cell to landscape[J]. The Quarterly Review of Biology, 1999, 50(74): 547-548.

[76] R Costanza, R Arge, R Groot, et al., The value of the world's ecosystem services and natural capital [J]. Nature, 1997, 387: 253-260.

[77] R Macarthur, Wilson E, Wilson W. The theory of island biogeography[M]. Princeton: Princeton University Press, 2001.

[78] R L Smith. Ecology and field biology[M]. 5th Edition. San Francisco, CA: Benjamin/Cummings, 1996.

[79] R T T Forman. Landscape Mosaics: The ecology of landscapes and regions[M]. Cambridge: Cambridge University Press, 1995.

[80] R U Ayres, L W Ayres. A handbook of industrial ecology[M]. Cheltenham: Edward Elgar Publishing Ltd., 2002.

[81] S Harrison, Taylor A D. Empirical evidence for metapopulation dynamics[J]. Metapopulation Biology: Ecology, Genetics, and Evolution, 1997: 27-42.

[82] S E Gergel, M G Turner. Learning landscape ecology: A practical guide to concepts and techniques[M]. New York, NY: Springer, 2002.

[83] S E Jørgensen, B D Fath, S Bastianoni, et al. A new ecology: System perspective[M]. Amsterdam: Elsevier, 2007.

[84] S E Jørgensen. Encyclopedia of ecology, Volume 1-5[M]. Amsterdam: Elsevier, 2008.

[85] S T A Pickett, White P S. The ecology of natural disturbance and patch dynamics[M]. New York: Academic Press, 1985.

[86] S T Pickett, Cadenasso M L. Landscape ecology: Spatial heterogeneity in ecological systems[J]. Science, 1995, 269(5222): 331.